国家电网
STATE GRID

电网企业专业技能考核题库

电气试验工

国网宁夏电力有限公司 编

中国电力出版社
CHINA ELECTRIC POWER PRESS

内 容 提 要

本书编写依据国家职业技能鉴定、电力行业职业技能鉴定与国家电网有限公司技能等级评价（认定）相关制度、规范、标准，立足宁夏电网生产实际，融合新型电力系统构建及新时代技能人才发展目标要求。本书主要内容为电网企业技能人员技能等级认定与评价实操试题，包含技能笔答及技能操作两大部分，其中技能笔答主要以问答题形式命题，技能操作以任务书形式命题，均明确了各个环节的考核知识点、标准答案和评分标准。

本书为电网企业生产技能人员的培训教学用书，可供从事相应职业（工种）技能人员学习参考，也可作为电力职业院校教学参考书。

图书在版编目（CIP）数据

电气试验工 / 国网宁夏电力有限公司编. —北京：中国电力出版社，2022.6
电网企业专业技能考核题库
ISBN 978-7-5198-6367-8

Ⅰ. ①电… Ⅱ. ①国… Ⅲ. ①电气设备–试验–职业技能–鉴定–习题集 Ⅳ. ①TM64-44

中国版本图书馆 CIP 数据核字（2022）第 002182 号

出版发行：中国电力出版社
地　　址：北京市东城区北京站西街 19 号（邮政编码 100005）
网　　址：http://www.cepp.sgcc.com.cn
责任编辑：马　丹　王　欢（010-63412240）
责任校对：黄　蓓　常燕昆　朱丽芳　于　维
装帧设计：郝晓燕
责任印制：钱兴根

印　　刷：北京天宇星印刷厂
版　　次：2022 年 6 月第一版
印　　次：2022 年 6 月北京第一次印刷
开　　本：889 毫米×1194 毫米　16 开本
印　　张：31.75
字　　数：914 千字
定　　价：120.00 元

《电网企业专业技能考核题库　电气试验工》

编　委　会

主　　任　衣立东

副 主 任　陈红军　贺　文

成　　员　贺　波　刘志远　王世杰　刘晓宏　池长斌　韦　鹏
　　　　　杨剑锋　王国功　何　锐　欧阳怀　谢卫宁　郭文东
　　　　　张建国　张云峰　陆彦虎　支占宁　薛玉龙　黎　炜
　　　　　严南征　蒋超伟　何　楷　朱洪波　康国林　惠　亮
　　　　　邱　枫　何鹏飞　王金泉　逯偲宏　王　卓

《电网企业专业技能考核题库　电气试验工》

编　写　组

主　　编　相中华

副 主 编　白　涛　查　辉　马飞跃　刘　刚

编写人员　翟　亮　饶　艺　张汉杰　侯　峰　赵中标　李浩然
　　　　　李延亮　黄福敏　海　月　李杰雅　王国东　简　雷
　　　　　李文涛　陶　莉　王东方　杨　磊　马小龙　张金龙
　　　　　吴　敏　邓　翔　李民坤　张鑫翰

审稿人员　李　辛　周　秀　马文长　何　帅　艾　峤　田　禄
　　　　　康亚丽

前 言

国网宁夏电力有限公司以国家职业技能鉴定、电力行业职业技能鉴定与国家电网有限公司技能等级评价（认定）相关制度、规范、标准为依据，主要针对电网企业各类技能工种的初级工、中级工、高级工、技师、高级技师等人员，以专业操作技能为主线，立足宁夏电网生产实际，结合新型电力系统构建要求，编写了《电网企业专业技能考核题库》丛书。丛书在编写原则上，以职业能力建设为核心；在内容定位上，突出针对性和实用性，涵盖了国家电网有限公司相关政策、标准、规程、规定及现代电力系统新设备、新技术、新知识、新工艺等内容。

丛书的深度、广度遵循了“适应发展需求、立足实践应用”的工作思路，全面涵盖了国家电网有限公司技能等级评价（认定）内容，能够为国网宁夏电力有限公司实施技能等级评价（认定）专业技能考核命题提供依据，也可服务于同类电网企业技能人员能力水平的考核与认定。本套丛书可供电网企业技能人员学习参考，可作为电网企业生产技能人员的培训教学用书，也可作为电力职业院校教学参考用书。

由于时间和水平有限，难免存在疏漏之处，恳请各位专家和读者提出宝贵意见。

目　录

第一部分 初级工

第一章　电气试验工初级工技能笔答

Jb0302532001　吸收比的定义是什么？为什么要测量吸收比？（5分）

考核知识点：绝缘电阻测试

难易度：中

标准答案：

（1）吸收比是指被试品 60s 和 15s 时绝缘电阻的比值，用 K 表示，$K = R_{60s}/R_{15s}$。

（2）设备绝缘在直流电压的作用下，会产生三种电流：一是由电子、离子极化形成的电容电流；二是由于偶极子、夹层极化形成的吸收电流；三是带电离子在电场作用下定向移动形成的电导电流，由于这三种电流的共同作用，使得测量设备绝缘电阻时存在一个吸收过程，电容电流和吸收电流随时间的增加衰减为 0，而电导电流则随时间的增加趋于定值。

（3）对于大容量设备（变压器、电缆等），这种吸收过程较长，尤其是吸收电流随时间衰减较慢，为了排除吸收电流的影响，通常要求将 60s 的绝缘电阻值，作为被试品的绝缘电阻值。

（4）设备绝缘良好的吸收比应大于 1.3，当设备绝缘受潮后吸收比值降低，因此它是判断设备绝缘受潮的一个重要指标，但吸收比不能用来发现受潮、脏污以外的其他局部绝缘缺陷。

Jb0302533002　外施工频交流耐压试验的概念和意义是什么？（5分）

考核知识点：交流耐压试验

难易度：中

标准答案：

（1）工频交流耐压试验是对电气设备绝缘施加高出设备额定工作电压一定值的工频试验电压，并持续一定时间（1min），观察绝缘是否发生击穿或其他异常情况。

（2）工频交流耐压试验对设备绝缘的考验是相当严格的，通过这项试验能发现很多绝缘缺陷，尤其是可以有效地检查出集中性的绝缘缺陷，可以鉴定电气设备的耐电强度、判断电气设备能否继续运行，是保证电气设备绝缘水平避免发生绝缘事故的重要手段。

（3）分层介质在交、直流电压下的电压分布是不相同的，交流电压是按照介质的电容成反比分布，直流电压是按照介质的电阻成正比分布，因此工频交流耐压试验符合设备绝缘的实际运行情况，能更有效的发现绝缘缺陷，因此工频交流耐压试验是各项试验中具有决定意义的一项试验。

Jb0302531003　测量绝缘电阻能发现哪些缺陷？（5分）

考核知识点：绝缘电阻测试

难易度：易

标准答案：

测量绝缘电阻是一项最简便而又最常用的试验项目，通常用兆欧表（也称绝缘电阻表，俗称摇表）进行测量。一般根据测得的试品在 1min 时的绝缘电阻的大小，可以检测出绝缘是否有贯通的集中性缺陷、整体受潮或贯通性受潮。

Jb0302531004　为什么要进行交流耐压试验？（5分）

考核知识点：交流耐压试验

难易度：易

标准答案：

交流耐压试验是鉴定电力设备绝缘强度的最严格、最有效和最直接的试验方法，它对判断电力设备能否继续参加运行具有决定性的意义，也是保证设备绝缘水平避免发生绝缘事故的重要手段。

Jb0302533005 高压开关柜绝缘水平降低事故的原因是什么？（4分）

考核知识点：开关柜绝缘

难易度：中

标准答案：

绝缘水平是反映在绝缘上的各种电压（包括运行电压和各种过电压）、各种限压措施、绝缘强度这三者之间的关系。绝缘水平降低事故的原因主要表现为：

（1）外绝缘对地闪络、击穿。

（2）内绝缘对地闪络、击穿。

（3）相间绝缘对地闪络、击穿。

（4）雷电过电压闪络、击穿。

（5）绝缘子套管和电容套管闪络、污闪、击穿、爆炸。

（6）提升杆闪络。

（7）TA 闪络、击穿、爆炸。

（8）绝缘子断裂等。

Jb0302531006 SF_6断路器绝缘不良、发生闪络的原因是什么？如何处理？（4分）

考核知识点：SF_6断路器

难易度：易

标准答案：

主要原因如下：

（1）瓷套管有污秽或有其他异物。

（2）瓷套管炸裂或绝缘不良。

处理方法如下：

（1）清理污秽及其他异物。

（2）更换不合格的瓷套管。

Jb0302532007 简述测量变压器绝缘电阻和吸收比的意义。（5分）

考核知识点：变压器绝缘电阻

难易度：易

标准答案：

测量变压器绝缘电阻和吸收比（或极化系数），是检查变压器绝缘状态的简便方法。对绝缘受潮、局部缺陷，如绝缘部件破裂、引出线接地等，均能有效地检出。经验表明，变压器的绝缘在干燥前后，其绝缘电阻变化倍数比介质损失变化倍数大得多。所以变压器在干燥过程中，主要是测量绝缘电阻和吸收比，以了解绝缘情况。

Jb0302531008 什么是设备绝缘试验的综合分析判断？（4分）

考核知识点：绝缘试验分析

难易度：易

标准答案：

（1）与标准、规程的规定值比较。

（2）与历次的试验结果比较（纵向比较）。

（3）与同类设备的试验结果比较（横向比较）。

（4）综合该设备的特点和运行情况进行分析。

Jb0302531009　简述工频交流耐压时间规定为 1min 的含义。（5 分）

考核知识点：交流耐压试验

难易度：易

标准答案：

绝缘的击穿电压值与加压的持续时间有关，尤以有机绝缘特别明显，其击穿电压随加压时间的增加而逐渐下降。标准规定耐压时间为 1min，一是为了使试品可能存在的绝缘弱点暴露出来（如热击穿），二是不致因时间过长而引起不应有的绝缘损伤或击穿。

Jb0302533010　为什么要对电力设备做交流耐压试验？交流耐压试验有哪些特点？（10 分）

考核知识点：交流耐压试验

难易度：难

标准答案：

交流耐压试验是鉴定电力设备绝缘强度最有效和最直接的方法。

电力设备在运行中，绝缘长期受电场、温度和机械振动的作用会逐渐发生劣化，其中包括整体劣化和部分劣化，形成缺陷。例如由于局部地方电场比较集中或者局部绝缘比较脆弱就存在局部的缺陷。各种预防性试验方法，各有所长，均能分别发现一些缺陷，反映出绝缘的状况，但其他试验方法的试验电压往往都低于电力设备的工作电压，作为安全运行的保证还不够有力。直流耐压试验虽然试验电压比较高，能发现一些绝缘的弱点，但是由于电力设备的绝缘大多数都是组合电介质，在直流电压的作用下，其电压是按电阻分布的，所以使用直流做试验就不一定能够发现交流电力设备在交流电场下的弱点，例如发电机的槽部缺陷在直流下就不易被发现。交流耐压试验符合电力设备在运行中所承受的电气状况，同时交流耐压试验电压一般比运行电压高，因此通过试验后，设备有较大的安全裕度，所以这种试验已成为保证安全运行的一个重要手段。

由于交流耐压试验所采用的试验电压比运行电压高得多，过高的电压会使绝缘介质损失增大、发热、放电，会加速绝缘缺陷的发展，因此，从某种意义上讲，交流耐压试验是一种破坏性试验。

在进行交流耐压试验前，必须预先进行各项非破坏性试验，如测量绝缘电阻、吸收比、介质损耗因数 $\tan\delta$、直流泄漏电流等，对各项试验结果进行综合分析，以决定该设备是否受潮或含有缺陷。若发现已存在问题，需预先进行处理，待缺陷消除后，方可进行交流耐压试验，以免在交流耐压试验过程中，发生绝缘击穿，扩大绝缘缺陷，延长检修时间，增加检修工作量。

Jb0302531011　基尔霍夫定律的内容是什么？（4 分）

考核知识点：基尔霍夫定律

难易度：易

标准答案：

基尔霍夫定律包括基尔霍夫第一定律和基尔霍夫第二定律。

基尔霍夫第一定律：对任何一个节点，任何一个平面或空间的封闭区域，流入的电流之和总是等于流出的电流之和，即，流入电流（或流出电流）的代数和等于零。

基尔霍夫第二定律：对任何一个闭合回路，其分段电压降之和等于电动势之和。

Jb0302531012　工频交流耐压试验的意义是什么？（5 分）

考核知识点：交流耐压试验

难易度：易

标准答案：

工频交流耐压试验是考验被试品绝缘承受工频过电压能力的有效方法，对保证设备安全运行具有重要意义。工频交流耐压试验时的电压、波形、频率和被试品绝缘内部中的电压的分布，均符合实际运行情况，因此能有效地发现绝缘缺陷。

Jb0302531013　双绕组变压器测量低压绕组绝缘电阻时应将哪些部位接地？（3 分）

考核知识点：变压器绝缘电阻测试

难易度：易

标准答案：

高压绕组、铁芯、外壳。

Jb0302533014　《电流互感器精益化评价细则》中对电流互感器外绝缘评判小项有哪些？（4 分）

考核知识点：电流互感器评价细则

难易度：中

标准答案：

（1）外绝缘表面清洁，绝缘子无破损、无裂纹、法兰无开裂，没有放电、严重电晕现象，单个缺釉不大于 $25mm^2$，釉面杂质总面积不超过 $100mm^2$。

（2）金属法兰与瓷件浇装部位黏合应牢固，防水胶完好，喷砂均匀，无明显电腐蚀。

（3）复合绝缘套管表面无放电和老化迹象，套管伞裙无变形、破损情况。

（4）采用防污型瓷套，爬电比距符合污秽等级要求。污秽等级不满足要求时，应喷涂 RTV 涂料且状态良好或加装增爬裙且状态良好。

Jb0302533015　什么是相对介电系数？（3 分）

考核知识点：相对介电系数

难易度：易

标准答案：

设电容器极板间以真空为介质时的电容为 C_0，极板间填充某种电介质时，其电容为 C，则电容 C 与 C_0 的比值叫做电介质的相对介电系数 ε_r，即 $\varepsilon_r=C/C_0$。

Jb0302533016　什么是绝缘材料？影响绝缘材料电阻率的主要因素有哪些？（4 分）

考核知识点：绝缘材料电阻率

难易度：易

标准答案：

绝缘材料是用来隔离带电体或不同电位的导体，以保证电气安全。

影响绝缘材料电阻率的因素主要有温度、湿度、杂质和电场强度。

Jb0302532017　简述套管绝缘电阻测试的目的、接线及标准。(10 分)

考核知识点：套管绝缘电阻测试

难易度：中

标准答案：

(1)测试套管的绝缘电阻能有效地发现其绝缘整体受潮、脏污、贯穿性缺陷以及绝缘击穿和严重过热老化等缺陷。

(2)测试接线。

纯瓷套管：将套管的一次侧(导电杆)接入绝缘电阻表的“L”端，法兰(接地端)接入绝缘电阻表的“E”端。

电容套管主绝缘：将套管的一次侧(导电杆)接入绝缘电阻表的“L”端，末屏接入绝缘电阻表的“E”端。

电容套管末屏绝缘：将套管的末屏接入绝缘电阻表的“L”端，外壳及地接入绝缘电阻表的“E”端。

(3)判断标准：20℃套管主绝缘的绝缘电阻值不应低于 10 000MΩ，末屏对地的绝缘电阻不应低于 1000MΩ。

Jb0302522018　画出绝缘介质在直流电压下的等值电路图及电流随时间变化的关系曲线。(6 分)

考核知识点：绝缘介质绝缘电阻

难易度：中

标准答案：

如图 Jb0302522018 所示。

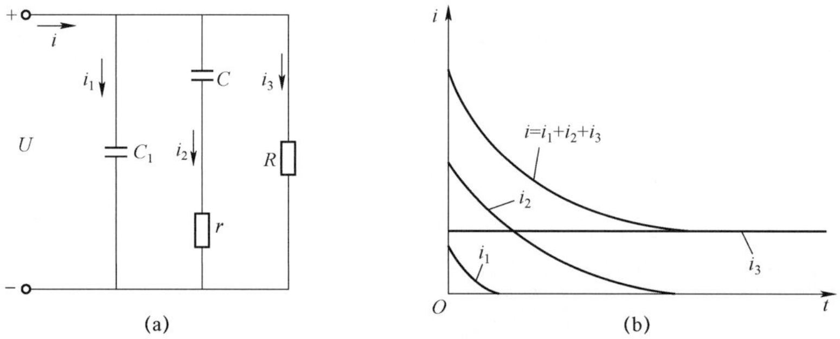

图 Jb0302522018

(a)绝缘介质的等值电路；(b)直流电压下通过绝缘介质的电流随时间变化的曲线

Jb0302532019　简述绝缘电阻试验的一般规定。(7 分)

考核知识点：绝缘电阻测试

难易度：中

标准答案：

(1)使用前应对绝缘电阻表进行检查。

(2)测试的外部条件(指一次引线)应与前次条件相同。

(3)绕组绝缘电阻测量宜在顶层油温低于 50℃时进行测量，并记录顶层油温，SF_6 气体绝缘变压器及干式变压器记录绕组温度。

(4)对于电流互感器，当有两个一次绕组时，还应测量一次绕组间的绝缘电阻。有末屏端子的，测量末屏对地的绝缘电阻。

（5）少油、真空断路器应分别在分、合闸状态下进行测量。

（6）应将被试绕组自身的端子短接，非被试绕组也应短接并与外壳连接后接地。

（7）测试前对地充分放电，并解除设备外接线，电容量较大的被试品（如大、中型变压器及电容器等）应充分放电。

Jb0302531020　如何对绝缘电阻测试结果判断分析？（6 分）

考核知识点：绝缘电阻测试

难易度：中

标准答案：

（1）绝缘电阻的数值。所测得的绝缘电阻的数值不应小于一般允许值，若低于一般允许值，应进一步分析，查明原因。对电容量较大的高压电气设备的绝缘状况，主要以吸收比和极化指数的大小作为判断的依据。如果吸收比和极化指数有明显下降，说明其绝缘受潮或油质严重劣化。

（2）试验数值的相互比较。在设备未明确规定最低值的情况下，将结果与有关数据比较，包括同一设备的各相的数据，同类设备间的数据，出厂试验数据，耐压前后数据，与历次同温度下的数据比较等，结合其他试验综合判断。

（3）应排除湿度、温度和脏污的影响。由于温度、湿度、脏污等条件对绝缘电阻的影响很明显，所以对试验结果进行分析时，应排除这些因素的影响，特别应考虑温度的影响。温度的换算可参考下式进行：

$$R_2 = R_1 \times 1.5^{(t_1 - t_2)/10}$$

式中　R_1、R_2——温度为 t_1、t_2 时的绝缘电阻值（MΩ）。

Jb0302531021　用绝缘电阻表测量电气设备的绝缘电阻时应注意些什么？（7 分）

考核知识点：绝缘电阻测试

难易度：中

标准答案：

应注意以下几点：

（1）根据被测试设备不同的电压等级，正确选用相应电压等级的绝缘电阻表。

（2）使用时应将绝缘电阻表水平放置。

（3）测量大容量电气设备绝缘电阻时，测量前被试品应充分放电，以免残余电荷影响测量的准确性。

（4）绝缘电阻表达到额定转速再搭上火线，同时记录时间。

（5）指针平稳或达到规定时间后再读取测量数值。

（6）先断开火线，再停止摇动绝缘电阻表手柄转动或关断绝缘电阻表电源。

（7）对被试品充分放电。

Jb0302532022　影响绝缘电阻测量的因素有哪些，各产生什么影响？（4 分）

考核知识点：绝缘电阻测试

难易度：易

标准答案：

影响测量的因素有：

（1）温度。温度升高，绝缘介质中的极化加剧，电导增加，绝缘电阻降低。

（2）湿度。湿度增大，绝缘表面易吸附潮气形成水膜，表面泄漏电流增大，影响测量准确性。

（3）放电时间。每次测量绝缘电阻后应充分放电，放电时间应大于充电时间，以免被试品中的残余电荷流经绝缘电阻表中流比计的电流线圈，影响测量的准确性。

Jb0302511023　已知某电源频率为 f=100Hz，试求其角频率 ω 和周期 T。（5 分）

考核知识点：电机学

难易度：易

标准答案：

解：

$$\omega = 2\pi f = 2\times3.14\times100 = 628\ (\text{rad/s})$$

$$T = 1/f = 1/100 = 0.01\ (\text{s})$$

答：其角频率 ω 为 628rad/s，周期 T 为 0.01s。

Jb0302521024　画出用一台单相全绝缘电压互感器测量电压的接线图。（3 分）

考核知识点：电压互感器接线图

难易度：中

标准答案：

如图 Jb0302521024 所示。

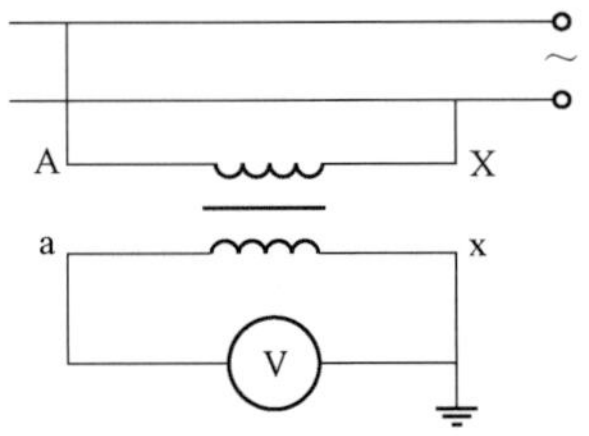

图 Jb0302521024

Jb0302531025　测量绝缘子绝缘电阻能有效地发现绝缘子哪些缺陷？（4 分）

考核知识点：绝缘子绝缘电阻测试

难易度：易

标准答案：

（1）贯穿性裂纹或有裂纹（龟裂）。

（2）湿气、灰尘及脏污入侵后造成的绝缘不良。

（3）绝缘击穿。

（4）严重过热老化。

Jb0302531026　对带放电计数器的避雷器应进行底座绝缘电阻测试，其目的是什么？（3 分）

考核知识点：避雷器底座绝缘电阻测试

难易度：易

标准答案：

（1）检查底座绝缘是否受潮。

（2）检查瓷套是否出现裂纹。

（3）保证放电计数器在避雷器动作时能够正确计数。

Jb0302532027 什么是电介质的介质损耗？影响介质损耗的主要因素有哪些？（5分）

考核知识点： 电介质的介质损耗

难易度： 易

标准答案：

在交流电压作用下，电介质把部分电能转变为热能，这部分能量叫电介质的介质损耗，简称介损。它主要由三部分组成：一是由泄漏电流引起的电阻损耗；二是极化过程中，介质分子交变定向排列时相互碰撞而引起的极化损耗。三是局部放电引起的损耗。

影响介质损耗的主要因素有频率、温度、湿度、场强。

Jb0302532028 什么是绝缘材料的老化？影响绝缘材料老化的主要原因有哪些？（4分）

考核知识点： 绝缘材料的老化

难易度： 易

标准答案：

电气设备中的绝缘材料在运行过程中，由于各种因素的长期作用，会发生一系列不可逆的物理、化学变化，从而导致其电气性能和机械性能的下降，通称为老化。

影响绝缘材料老化的因素很多，主要有热、电、光照、氧化、机械作用、辐射、微生物等。

Jb0302521029 使用回路电阻仪测试断路器导电回路电阻时采用内接法还是外接法？解释原因并画出测试接线图。（7分）

考核知识点： 断路器回路电阻测试

难易度： 中

标准答案：

使用回路电阻仪测试断路器导电回路电阻时采用外接法。

原因是：如果测试时采用内接法，因为电流表有内阻，在内接法的电路中电流表两端有电压，所以电压表测出的电压是电流表和待测回路电阻消耗的电压之和，比待测电阻两端的电压值大，利用计算，这样测得的电阻值比真实值偏大，就产生了实验误差。

$$R=\frac{U}{I}$$

如图 Jb0302521029 所示。

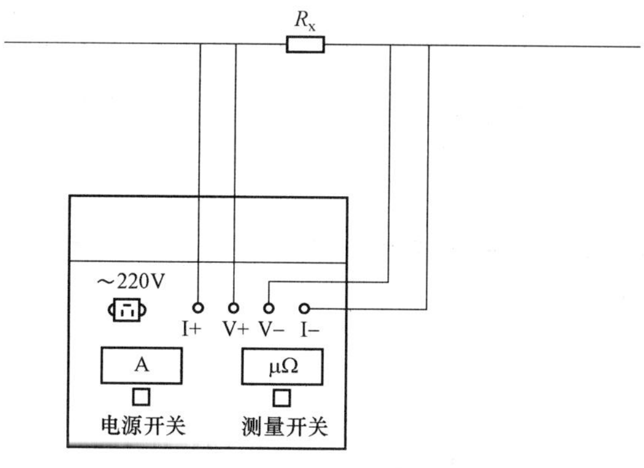

图 Jb0302521029

Jb0302531030　为什么测量高压断路器主回路电阻时，通常通以 100A 至额定电流的任一数值的电流？（5 分）

考核知识点：断路器回路电阻测试

难易度：易

标准答案：

因为高压断路器工作电流通常大于 100A。在主回路中通以 100A 以上的电流，可以使回路中接触面上的一层极薄的膜电阻击穿，所测得的主回路电阻值与实际工作时的电阻值比较接近。

Jb0302532031　通过负载特性试验，可发现变压器的哪些缺陷？（4 分）

考核知识点：变压器负载特性试验

难易度：中

标准答案：

通过负载试验可以发现变压器的以下缺陷：

（1）变压器各金属结构件（如电容环、压板、夹件等）或油箱箱壁中，由于漏磁通所致的附加损耗过大。

（2）油箱盖或套管法兰等的涡流损耗过大。

（3）其他附加损耗的增加。

（4）绕组的并绕导线有短路或错位。

Jb0302531032　110kV SF_6 断路器的机械特性试验一般是指测量断路器的哪些内容？（3 分）

考核知识点：断路器机械特性试验

难易度：易

标准答案：

（1）固有分、合闸时间及同期差。

（2）分、合闸速度。

（3）测量断路器操作机构的分闸电磁铁和合闸接触器的最低动作电压。

Jb0302532033　互感器励磁特性试验的目的是什么？（5 分）

考核知识点：互感器励磁特性试验

难易度：中

标准答案：

互感器励磁特性试验的目的主要是检查互感器铁芯质量，通过磁化曲线的饱和程度判断互感器有无匝间短路，通过电压互感器励磁特性曲线试验，根据铁芯励磁特性合理选择配置互感器，避免电压互感器产生铁磁谐振过电压。电流互感器励磁特性试验同时还是误差试验的补充和辅助试验，通过试验，可以检验电流互感器的仪表保安系数、准确限值系数及复合误差。

Jb0302531034　简述测量高压断路器导电回路电阻的意义。（5 分）

考核知识点：断路器回路电阻测试

难易度：易

标准答案：

导电回路电阻的大小，直接影响通过正常工作电流时是否产生不能允许的发热及通过短路电流时开关的开断性能，它是反映安装检修质量的重要标志。

Jb0302531035 如何测量变压器介质损耗因数 $\tan\delta$？(5 分)

考核知识点：变压器试验

难易度：易

标准答案：

因电力变压器的外壳直接接地，所以现场测量时采用交流电桥反接线方式进行。为避免绕组电感和励磁损耗给测量带来的误差，试验时需将绕组各相短路，非测量绕组各相短路接地。

Jb0302531036 测量互感器一次、二次绕组的直流电阻是为了检查电气设备回路的完整性，以便及时发现哪些缺陷？（2 分）

考核知识点：互感器直流电阻测试

难易度：易

标准答案：

导线断裂；接头开焊；接触不良；匝间短路。

Jb0302532037 断路器回路电阻测试不合格时，怎样查找不合格部位？（5 分）

考核知识点：断路器回路电阻测试

难易度：中

标准答案：

如发现断路器回路电阻增大或超过标准值，可将断路器进行数次电动合闸后再进行测试。如电阻值变化不大，可分段查找以确定接触不良的部位（如断路器有几个断口或多个接触面时），并进行处理。如有主副触头或多个并联支路，应对并联的每一对触头分别进行测量。测量时，非被测量触头间应垫以薄绝缘物。

Jb0302532038 简述使用标准冲击电流法进行避雷器放电计数器动作测试的试验步骤。（4 分）

考核知识点：避雷器放电计数器试验

难易度：中

标准答案：

（1）按照放电计数器测试仪的接线要求进行接线。

（2）接线完成后打开仪器电源开关，达到检测仪要求的状态后，按检测仪面板上的动作计数器按钮，使冲击电流发生器发出的冲击电流作用于放电计数器，记录动作情况。

（3）测试 3～5 次，每次时间间隔不少于 30s。

（4）应记录放电计数器试验前后的放电指示位数，原则上应将放电计数器指示位数通过多次动作试验恢复到试验前的位置。

Jb0302512039 一台型号为 BW10.5－10－1 的高压并联电容器，内部接线方式为 2 并 14 串（两两并联成一组，十四组再串联），设每个电容元件电容量均相同 C=1，求当该电容器内部一个元件短路和开路两种情况下电容器的电容变化率？（10 分）

考核知识点：电容器电容量计算

难易度：难

标准答案：

解：

（1）设电容器的总电容量为 C_N，每组并联后的电容量为 C_0，串联组数为 m，则有：

$$C_{\mathrm{N}}=\frac{C_0}{m}=\frac{2}{14}\approx 0.143$$

（2）当电容器内部发生一个元件短路时，则短路后电容量 C_{N1} 为：

$$C_{\mathrm{N1}}=\frac{C_0}{m-1}=\frac{2}{13}\approx 0.154$$

（3）短路电容变化率 ΔC_1 为：

$$\Delta C_1=\frac{C_{\mathrm{N1}}-C_{\mathrm{N}}}{C_{\mathrm{N}}}\times 100\%=\frac{0.154-0.143}{0.143}\times 100\%\approx 7.7\%$$

（4）当电容器内部发生一个元件开路时，设开路组的电容为 C_1，完好组的电容为 C_2，$C_2=C_{\mathrm{N1}}=0.154$，则开路电容量 C_{N2} 为：

$$C_{\mathrm{N2}}=\frac{C_1\times C_2}{C_1+C_2}\approx 0.133$$

（5）开路电容变化率 ΔC_2 为：

$$\Delta C_2=\frac{C_{\mathrm{N2}}-C_{\mathrm{N}}}{C_{\mathrm{N}}}\times 100\%=\frac{0.133-0.143}{0.143}\times 100\%\approx -7\%$$

答：当该电容器内部一个元件短路和开路时，电容量变化率分别为 7.7%和 – 7%。

Jb0302531040　简述避雷器放电计数器的基本原理。（5 分）

考核知识点：避雷器放电计数器测试

难易度：易

标准答案：

避雷器通过雷电波、操作波和工频过电压时，强大的工作电流从计数器的非线性电阻通过，经过直流变换，对电磁线圈放电而使计数器吸动一次来实现测量避雷器动作次数的装置。

Jb0302531041　简述放电计数器定期试验的意义。（5 分）

考核知识点：避雷器放电计数器

难易度：易

标准答案：

由于密封不良，放电计数器在运行中可能进入潮气或水分，使内部元件锈蚀，导致计数器不能正确动作，因此需定期试验以判断计数器是否状态良好、能否正常动作。

Jb0302512042　一把 U=220V、P_1=75W 的电烙铁，接在交流电压源 u=311sin314t 上，求：（1）通过电烙铁的电流的有效值 I 及电烙铁的电阻 R;（2）将这把电烙铁接在 U=110V 的交流电源上，问它消耗的功率 P 是多少？（7 分）

考核知识点：电路

难易度：中

标准答案：

解：（1）交流电压源 U 的有效值 $U=\dfrac{311}{\sqrt{2}}=220\,(\mathrm{V})$

$$R=\frac{U^2}{P_1}=\frac{220^2}{75}=645.33\,(\Omega)$$

$$i=\frac{u}{R}=\frac{311\sin 314t}{645.33}\approx 0.482\sin 314t$$

$$I=\frac{0.482}{\sqrt{2}}=0.341\,(\text{A})$$

（2） $P=\frac{U^2}{R}=\frac{110^2}{645.33}=18.75\,(\text{W})$

答：通过电烙铁的电流的有效值 I 为 0.341A，电烙铁的电阻为 645.33Ω；将这把电烙铁接在 U=110V 的交流电源上，它消耗的功率 P 是 18.75W。

Jb0302531043　直接影响断路器关合和开断性能的因素有哪些？（4 分）

考核知识点：断路器机械特性

难易度：易

标准答案：

（1）断路器的分、合闸速度。

（2）分、合闸时间。

（3）分、合闸不同期程度。

（4）分合闸线圈的动作电压。

Jb0302531044　避雷器放电计数器试验有哪些注意事项？（4 分）

考核知识点：避雷器放电计数器

难易度：中

标准答案：

（1）应记录放电计数器试验前后的放电指示数值。

（2）检查放电计数器不存在破损或内部积水现象。

（3）放电计数器放电时，应防止电容器对绝缘电阻表反充电损坏绝缘电阻表。

（4）带有泄漏电流表的计数器，在试验时应检验泄漏电流表的准确性。

Jb0302531045　影响油品击穿电压的因素有哪些？（4 分）

考核知识点：绝缘油耐压

难易度：中

标准答案：

（1）水分是影响油品击穿电压的因素。

（2）油中微量的气泡会使击穿电压明显下降。

（3）油品温度对击穿电压也有影响。

（4）油中含有游离碳及水分时，油的击穿电压随碳微粒量的增加而下降。

Jb0302531046　比值 C_2H_2/H_2 的作用是什么？（5 分）

考核知识点：绝缘油特征气体

难易度：易

标准答案：

装有有载调压的变压器，常常发生调压开关油箱中的油向主油箱渗漏，或有载调压开关油箱与变压器共用一个储油罐，或两者的储油罐连通，致使开关油箱中由于开关操作产生的大量氢气和乙炔污染主油箱中的油，C_2H_2/H_2 有助于对这种情况的判断。

Jb0302531047　有毒、易燃、易爆物品如何存放？（5分）

考核知识点：安全防护意识

难易度：易

标准答案：

凡是有毒、易燃、易爆的化学药品不准存放在化验室的架子上，应储放在隔离的房间和柜内，或远离厂房的地方，并有专人负责保管，易爆物品、剧毒药品应有两把钥匙分别由两人保管，使用和报废药品应有严格的管理制度。对有挥发性的药品也应存放在专门的柜内。

Jb0302532048　绝缘油中水分对绝缘油特性有哪些影响？（5分）

考核知识点：绝缘油特征

难易度：易

标准答案：

绝缘油中的微水含量是绝缘油质量的主要控制指标之一。绝缘油中微量水分的存在，对绝缘介质的电气性能与理化性能都有极大的危害，水分可导致绝缘油的击穿电压降低，介质损耗因数增大，水分是油氧化作用的主要催化剂，促进绝缘油老化，使绝缘性能劣化、受潮，损坏设备，导致电力设备的运行可靠性和寿命降低，甚至危及人身安全。

Jb0302531049　变压器油的物理特性包括哪些？（5分）

考核知识点：变压器油特性

难易度：易

标准答案：

黏度、密度、凝固点、闪点、界面张力。

Jb0302533050　为什么白天耐压试验合格的绝缘油，有时过了一个晚上耐压就不合格了呢？（5分）

考核知识点：绝缘油特性

难易度：中

标准答案：

影响绝缘油电气强度的因素很多，如油吸收水分、污染和温度变化等。如只将油放了一个晚上，耐压强度便降低了，其主要原因是油中吸收了水分。绝缘油极容易吸收水分，尤其是晚上气温下降时，空气中相对湿度升高，空气中的水分更容易浸入而溶解于油中，当油中含有微量水分时，绝缘油的耐压强度便明显下降。

Jb0302531051　绝缘油在电力设备中的作用是什么？（5分）

考核知识点：绝缘油作用

难易度：中

标准答案：

（1）绝缘作用。

（2）冷却散热作用。

（3）灭弧作用。

（4）间接状态信息载体作用。

（5）保护作用。

Jb0302532052 高压电气设备中 SF_6 气体水分的主要来源是什么？（5分）

考核知识点：SF_6 气体设备

难易度：中

标准答案：

（1）SF_6 新气中含有的水分。

（2）SF_6 电气设备生产装配中混入的水分。

（3）SF_6 电气设备中的固体绝缘材料带有的水分。

（4）SF_6 电气设备中的吸附剂含有的水分。

（5）大气中的水汽通过 SF_6 电气设备密封薄弱环节渗透到设备内部。

Jb0302533053 变压器油中气体的其他来源有哪些？（8分）

考核知识点：变压器油

难易度：难

标准答案：

（1）空气或其他原因由外面带入的，如新装充氮变压器所用氮气含污染杂质等。

（2）有些气体可能不是设备故障造成的。如：油中含有水可以与铁作用生成氢气；过热的铁芯层间油膜裂解也生成氢气；新的不锈钢部件中也可能在钢加工过程中或焊接时吸附氢而慢慢释放到油中；油在阳光照射下也可以生成某些气体等。

（3）某些操作也可生成故障气体，如有载调压变压器中切换开关油室的油向变压器主油箱渗漏；或极性开关在某个位置动作时悬浮电位放电的影响等。

（4）油冷却系统（如潜油泵）的故障产生的气体也会进入到变压器的本体油中。

Jb0302533054 影响油中气体溶解度的主要因素有哪些？（4分）

考核知识点：油中气体

难易度：中

标准答案：

影响油中气体溶解度的主要因素是压力和温度，当故障气体在运行变压器油中已达到饱和状态时，若温度或压力发生变化，则两相失去平衡，气体有可能进一步溶解或析出。

（1）压力。当其他条件相同时，气体在油中的溶解度随压力的变化而变化，即压力增大时，气体溶解度增大；反之，则减小。

（2）温度。温度的变化对气体的溶解也有一定影响。但温度改变时，对不同气体的溶解度产生不同的影响，CO、N_2、O_2 随温度的升高，气体的溶解度增大，大部分烃类气体的溶解度随温度的升高而减小。

Jb0302531055 SF_6 气体中含水对设备及其安全运行有何危害？（6分）

考核知识点：SF_6 设备

难易度：中

标准答案：

（1）当 SF_6 气体中含水超过一定限度时气体的稳定性会受到破坏，使 SF_6 气体耐压及击穿电压下降，对电气设备危害很大。

（2）SF_6 气体含水会使某些电弧分解气发生反应，产生腐蚀性极强的 HF 和 SO_2 等酸性气体，加速设备腐蚀。

（3）由于 SF_6 水解反应会阻碍六氟化硫分解物的复原，从而增加气体中的有毒有害杂质的组分和含量。

Jb0302531056　为什么要对 SF_6 电气设备进行检漏试验？（2 分）

考核知识点：SF_6 设备检漏试验

难易度：易

标准答案：

SF_6 电气设备中气体绝缘介质的绝缘与灭弧能力主要依赖于有足够的充气密度（压力）和气体的高纯度，设备中气体的泄漏直接影响设备的绝缘性能。所以，SF_6 气体泄漏量的检查是 SF_6 电气设备交接和运行监督的主要项目之一。

Jb0302532057　SF_6 断路器气体密度过低发出警报如何处理？（5 分）

考核知识点：SF_6 设备

难易度：易

标准答案：

（1）密度监视器有误差。检查密度监视器的报警标准。

（2）气体泄漏。检查最近气体填充后的运行记录，如果气体压力大于 0.01MPa/a 的速度下降，必须用检漏仪检测，更换密封件和其他已损坏的部件。

（3）防爆膜破裂。检查压力升高的原因，若为电弧的原因，必须更换灭弧室。

Jb0302531058　SF_6 的基本特性是什么？（5 分）

考核知识点：SF_6 气体

难易度：易

标准答案：

SF_6 是一种无色、无嗅、无毒、不可燃的惰性气体，化学性质稳定，有优良的灭弧和绝缘性能。其相对密度在气态时为 6.16g/cm^3（20℃，0.1MPa 时），在液态时为 1400g/cm^3（20℃时）；在相同状态下约是空气相对密度的 5 倍，其灭弧能力是空气的 100 倍。

Jb0302531059　表压力与绝对压力的区别与联系是什么？（4 分）

考核知识点：气体压力表

难易度：易

标准答案：

（1）以完全真空为基准算起的压力是绝对压力，它的大小等于大气压与表压力之和。

（2）用当地的大气压作为基准算起的压力是表压力。

Jb0302533060　SF_6 气体中混有水分有何危害？（8 分）

考核知识点：SF_6 气体

难易度：难

标准答案：

SF_6 气体中混有水分，造成的危害有两个方面。

（1）水分引起化学腐蚀，干燥的 SF_6 气体是非常稳定的，在温度低于 500℃时一般不会自行分解，但是在水分较多时，200℃以上就可能产生水解：$2SF_6+6H_2O \rightarrow 2SO_2+12HF+O_2$，生成物中的 HF 具有很强的腐蚀性，且是对生物肌体有强烈腐蚀的剧毒物，SO_2遇水生成硫酸，也有腐蚀性。水分的危险，更重要的是在电弧作用下，SF_6分解过程中的反应。在反应中的最后生成物中有SOF_2、SO_2F_4、SOF_4、SF_4和 HF，都是有毒气体。

（2）水分对绝缘的危害。水分的凝结对沿面绝缘也是有害的，通常气体中混杂的水分是以水蒸气形式存在，在温度降低时可能凝结成露水附着在零件表面，在绝缘件表面可能产生沿面放电（闪络）而引起事故。

Jb0302533061 如何比较准确地测量 SF_6气体湿度？（7 分）

考核知识点：SF_6气体湿度测试

难易度：难

标准答案：

（1）测量管道和接头等部件质量良好，处理合格。测量管道采用不锈钢材质或者聚四氯乙烯材质。保持所有部件清洁干燥，减少测量误差。

（2）正确选择测量仪器，保证仪器处于良好状态。除正确保管仪器外，应定期进行校验，一般每年校验 1 次。

（3）SF_6气体湿度测定仪与 SF_6设备之间的管路连接应密闭不漏。

（4）应采用合适的测量方法。如采用露点法仪器，推荐取样气体的压力为 0.1MPa 时进行测量。

（5）宜在晴好天气进行测量，以免空气中过多的水蒸气影响测量准确性。

（6）环境温度对测量气体湿度也有相当大的影响，建议每次测量时的温度相近，以利于比较。测量时的环境温度在 20℃左右为好，并在报告中注明测试温度。

（7）断路器充气后一般应稳定 48h 后再进行测量。

Jb0302532062 SF_6气体纯度的主要检测方法有哪些？（5 分）

考核知识点：SF_6气体纯度测试

难易度：易

标准答案：

SF_6气体纯度的主要检测方法有：电化学传感器法、气相色谱法、声速测量法、红外光谱法、高压击穿法和电子捕获法，应用较多的是电化学传感器法和气相色谱法。

Jb0302532063 SF_6气体湿度常用的检测方法有哪些？（3 分）

考核知识点：SF_6气体湿度测试

难易度：易

标准答案：

SF_6气体湿度常用的检测方法为：质量法、电解法、阻容法、露点法等，其中阻容法、露点法应用较广。

Jb0302532064 简述 SF_6设备解体检修时的安全防护。（5 分）

考核知识点：SF_6设备

难易度：易

标准答案：

检修人员在对故障设备解体前，应穿衣裤连体的专用工作服，戴塑料式软胶手套和专用防毒面具。SF_6设备解体后，检修人员应立即撤离作业现场，并对作业现场采取强力通风措施，在通风换气 30～60min 后再进入现场工作。解体检修中使用的防护用品都应作为有毒废物处理。

Jb0302532065　简述室内 SF_6 设备发生泄漏故障时的应急处理措施。(5分)

考核知识点： SF_6 设备

难易度： 中

标准答案：

若室内 SF_6 设备发生故障引起气体的大量泄漏时，工作人员在撤离事故现场前，应开启室内通风换气装置，事故发生 4h 内，任何进入室内的人员必须穿防护服、戴手套、护目镜及自养式氧气呼吸装置；事故后清扫故障现场及设备内部的固体分解产物时，工作人员也应采取同样的安全防护措施；对发生中毒征兆的工作人员，需及时送医院诊治。

Jb0302531066　紧急救护的基本原则是什么？创伤急救的原则是什么？（4分）

考核知识点： 安全防护

难易度： 易

标准答案：

（1）紧急救护的基本原则是在现场采取积极措施，保护伤员的生命，减轻伤情，减少痛苦，并根据伤情需要，迅速与医疗急救中心（医疗部门）联系救治。

（2）创伤急救原则上是先抢救、后固定、再搬运，并注意采取措施，防止伤情加重或污染。需要送医院救治的，应立即做好保护伤员措施后送医院救治。

Jb0302531067　为什么要采用定点法测量故障点的距离？定点法有哪几种？（5分）

考核知识点： 定点法测量

难易度： 易

标准答案：

测距只能估计故障区段，实际过程中要求更准确地判断故障地点以减少挖掘量。因此，在开挖前要先准确定点，测量的绝对误差应不大于 1m。对长度为数十米的短电缆，可不必测量而直接定点，且故障点多在终端头。定点法有多种，包括声测法、感应法、探针法和电流方向法。

Jb0302531068　变电检测管理坚持什么原则。(3分)

考核知识点： 变电检测管理

难易度： 易

标准答案：

变电检测管理坚持“安全第一、统筹安排、分级负责、标准作业、应试必试”的原则。

Jb0302532069　电流对人体的伤害程度与通电时间的长短有何关系？（5分）

考核知识点： 安全防护

难易度： 易

标准答案：

通电时间越长，引起心室颤动的危险也越大。这是因为通电时间越长，人体电阻因出汗等原因而降低，导致通过人体的电流增加，触电的危险性也随之增加。此外，心脏每搏动一次，中间约有 0.1～0.2s 的时间对电流最为敏感。通电时间越长，与心脏最敏感瞬间重合的可能性也就越大，危险性也就越大。

Jb0302531070　高压设备外壳接地有何作用？（3分）

考核知识点： 接地

难易度：易

标准答案：

高压设备的外壳接地是为了防止电气设备在绝缘损坏时，外壳带电而误伤工作人员，这种接地也称为保护接地。

Jb0302531071 高压试验现场应做好哪些现场安全措施？（5分）

考核知识点：安全防护

难易度：易

标准答案：

试验现场应装设遮栏或围栏，向外悬挂“止步，高压危险！”的标示牌，并派人看守。被试设备两端不在同一点时，另一端还应派人看守。非试验人员不得进入试验现场。

Jb0302533072 为什么电力设备绝缘带电测试要比停电预防性试验更能提高检测的有效性？（6分）

考核知识点：电气试验知识基础

难易度：中

标准答案：

停电预防性试验一般仅进行非破坏性试验，其试验电压一般小于10kV。而带电测试则是在运行电压下，采用专用仪器测试电力设备的绝缘参数，它能真实地反映电力设备在运行条件下的绝缘状况，由于试验电压通常远高于10kV（如110kV系统为64～73kV，220kV系统为127～146kV），因此有利于检测出内部绝缘缺陷。另一方面带电测试可以不受停电时间限制，随时可以进行，也可以实现微机监控的自动检测，在相同温度和相似运行状态下进行测试，其测试结果便于相互比较，并且可以测得较多的带电测试数据，从而对设备绝缘可靠地进行统计分析，有效地保证电力设备的安全运行。因此带电测试与停电预防性试验比较，更能提高检测的有效性。

Jb0302531073 保证安全的组织措施是什么？（5分）

考核知识点：安全防护

难易度：易

标准答案：

① 现场勘察制度；② 工作票制度；③ 工作许可制度；④ 工作监护制度；⑤ 工作间断、转移和终结制度。

Jb0302531074 保证安全的技术措施是什么？（4分）

考核知识点：安全防护

难易度：易

标准答案：

① 停电；② 验电；③ 接地；④ 悬挂标示牌和装设遮拦（围栏）。

Jb0302531075 如何填写电力设备例行试验报告？（5分）

考核知识点：试验报告填写

难易度：难

标准答案：

（1）按照报告格式填写设备铭牌、引用规程。

（2）填写试验时间、温度、湿度、油温、压力等信息。

（3）写明试验结果，必要时进行温度换算，便于与历史实验数据进行比较。对试验结果进行判断是否合格。

（4）写明试验人员和记录人员姓名等，并经审核通过。

（5）计算准确、数据齐全、字迹清楚、无涂改痕迹。

第二章　电气试验工初级工技能操作

Jc0302541002　10kV 断路器绝缘电阻测试。（100 分）

考核知识点： 断路器试验

难易度： 易

技能等级评价专业技能考核操作工作任务书

一、任务名称

10kV 断路器绝缘电阻测试。

二、适用工种

电气试验工初级工。

三、具体任务

（1）工作状态为模拟 10kV 断路器停电，工作内容为断路器例行试验。

（2）工作任务：

1）断路器绝缘电阻测试。

2）根据试验记录出具试验报告，并对数据进行分析。

四、工作规范及要求

（1）工器具使用及安全措施。

（2）按要求进行高压试验。

（3）出具试验报告和试验结果分析。

五、考核及时间要求

（1）本考核操作时间为 60 分钟，包括试验接线和报告整理，时间到停止考评。

（2）试验过程中如试验仪器、试验电源出现故障，可向考评员申请故障排除，故障排除时间不计入考核。

（3）按照技能操作要求进行操作，试验报告包括试验项目、仪器型号、试验结果等。

（4）试验过程中如遇突发状况，如不涉及人身、设备安全，则由试验人员自行排查、处理；如危及人身、设备安全，则应立即停止操作，人员及时撤离作业现场。

技能等级评价专业技能考核操作评分标准

工种	电气试验工					评价等级	初级工
项目模块	断路器试验—绝缘电阻测试					编号	Jc0302541002
单位			准考证号			姓名	
考试时限	60 分钟		题型	单项操作		题分	100 分
成绩		考评员		考评组长		日期	
试题正文	10kV 断路器绝缘电阻测试						
需要说明的问题和要求	（1）试验过程 1 人操作，数据分析在试验过程中完成。 （2）操作过程应注意安全，按照标准化作业流程做好安全措施。 （3）现场完成试验结果分析，出具试验报告。 （4）检测仪器可选考场提供或自带						

续表

序号	项目名称	质量要求	满分	扣分标准	扣分原因	得分
1	试验前准备					
1.1	工器具使用	熟练正确使用各种工器具	5	未正确使用一次扣1分，扣完为止		
1.2	试验记录	收集被试设备基础信息和历史试验数据	5	未收集被试设备历次试验报告扣1分； 未记录被试设备铭牌，现场温、湿度等条件的，每处扣1分，扣完为止		
1.3	仪器、仪表选择	选择合适的试验仪器、仪表	5	选用仪器不合适扣3分； 未检查试验仪器合格证或校验证书扣2分		
1.4	安全措施	（1）办理工作票、交代安全注意事项，分工明确，并做好记录。 （2）设置高压试验安全围栏。 （3）安全工器具使用。 （4）试验仪器正确接地	10	试验仪器未正确接地扣2分； 未检查安全工器具扣3分； 安全措施交代不清楚或未确认签字扣2分； 试验前未将试验区域用安全围栏隔离扣3分		
2	试验开展					
2.1	试验接线	（1）仪器现场布置合理。 （2）电源开关接通前，试验仪器接线应准确无误	10	试验接线接错一次扣5分； 试验前未检查试验接线扣3分； 接线不规范扣1～3分； 上述扣分，扣完为止		
2.2	试验流程	（1）试验前仪器、仪表自检，正确选择试验电压，试验过程中高声呼唱。 （2）应分别在分合闸状态下测量绝缘电阻。 （3）待数值稳定，记录各绕组绝缘电阻数值。 （4）试验前后及变更接线应对设备充分放电	30	未进行仪器、仪表自检扣3分； 试验过程中未高声呼唱每次扣2分； 试验过程中失误一次扣5分； 试验过程中监护不到位扣5～10分； 缺少试验项目的扣5分； 试验前后及变更接线未对被试设备放电扣10分； 上述扣分，扣完为止		
3	结果分析					
3.1	试验报告	结合测试数据做出分析判断，出具试验报告	25	试验数据分析不准确扣5分； 试验结论不正确扣5分； 试验报告填写不规范扣1～5分； 未给出试验结论扣5分		
4	试验结束					
4.1	现场恢复	清理现场，人员撤离	6	被试设备有遗留物品扣2分； 仪器、工器具等未定置恢复扣2分； 未检查或清理现场扣2分		
4.2	办理收工手续	向考评员汇报试验结果，并办理工作终结手续	4	未汇报试验结果扣2分； 未办理工作票终结手续扣2分		
合计			100			

Jc0302542003　10kV 电压互感器外施工频耐压试验。（100 分）

考核知识点：电压互感器试验

难易度：中

技能等级评价专业技能考核操作工作任务书

一、任务名称

10kV 电压互感器外施工频耐压试验。

二、适用工种

电气试验工初级工。

三、具体任务

（1）工作状态为模拟10kV电压互感器停电，工作内容为电压互感器交接试验。

（2）工作任务：

1）电压互感器外施工频耐压试验。

2）根据试验记录出具试验报告，并对数据进行分析。

四、工作规范及要求

（1）工器具使用及安全措施。

（2）按要求进行高压试验。

（3）出具试验报告和试验结果分析。

五、考核及时间要求

（1）本考核操作时间为60分钟，包括试验接线和报告整理，时间到停止考评。

（2）试验过程中如试验仪器、试验电源出现故障，可向考评员申请故障排除，故障排除时间不计入考核。

（3）按照技能操作要求进行操作，试验报告包括试验项目、仪器型号、试验结果等。

（4）试验过程中如遇突发状况，如不涉及人身、设备安全，则由试验人员自行排查、处理；如危及人身、设备安全，则应立即停止操作，人员及时撤离作业现场。

技能等级评价专业技能考核操作评分标准

工种	电气试验工				评价等级	初级工
项目模块	电压互感器试验—外施工频耐压试验				编号	Jc0302542003
单位		准考证号			姓名	
考试时限	60分钟	题型	单项操作		题分	100分
成绩		考评员		考评组长	日期	
试题正文	10kV电压互感器外施工频耐压试验					
需要说明的问题和要求	（1）试验过程单人操作，数据分析在试验过程中完成。 （2）操作过程应注意安全，按照标准化作业流程做好安全措施。 （3）现场完成试验结果分析，出具试验报告。 （4）检测仪器可选考场提供或自带					

序号	项目名称	质量要求	满分	扣分标准	扣分原因	得分
1	试验前准备					
1.1	工器具使用	熟练正确使用各种工器具	5	未正确使用一次扣1分，扣完为止		
1.2	试验记录	收集被试设备基础信息和历史试验数据	5	未收集被试设备历次试验报告扣1分； 未记录被试设备铭牌，现场温、湿度等条件的，每处扣1分，扣完为止		
1.3	仪器、仪表选择	选择合适的试验仪器、仪表	5	选用仪器不合适扣3分； 未检查试验仪器合格证或校验证书扣2分		
1.4	安全措施	（1）办理工作票、交代安全注意事项，分工明确，并做好记录。 （2）设置高压试验安全围栏。 （3）安全工器具使用。 （4）试验仪器正确接地	10	试验仪器未正确接地扣2分； 未检查安全工器具扣3分； 安全措施交代不清楚或未确认签字扣2分； 试验前未将试验区域用安全围栏隔离扣3分		
2	试验开展					

续表

序号	项目名称	质量要求	满分	扣分标准	扣分原因	得分
2.1	试验接线	（1）仪器现场布置合理。 （2）高压引线应尽量缩短，并采用专用的高压试验线，必要时用绝缘物支持牢固。 （3）有绕组的被试品进行外施交流耐压试验时，应将被试绕组自身的所有端子短接，非被试绕组也应短接并与外壳连接后接地。 （4）电源开关接通前，试验仪器接线应准确无误	10	试验接线接错一次扣5分； 试验前未检查试验接线扣3分； 接线不规范扣1～3分； 上述扣分，扣完为止		
2.2	试验流程	（1）试验前，测试绝缘电阻，其值应正常。 （2）将一次绕组短接加压，二次绕组短路与外壳一起接地，接线无误后，确保调压器在零位，试验回路中过电流和过电压保护应整定正确。 （3）加压过程中应有人监护并呼唱。接通试验电源，进行升压，操作人员的手应放在电源开关上，如有紧急情况应迅速断开电源。 （4）升压必须从零（或接近于零）开始，切不可冲击合闸。升压速度在75%试验电压以前，可以是任意的，自75%电压开始应均匀升压，均为每秒2%试验电压的速率升压。升至试验电压后，开始计时并读取试验电压。耐压试验后，迅速均匀降压到零（或接近于零），然后切断电源。 （5）测试绝缘电阻，其值应正常。 （6）试验前后及变更接线应对设备充分放电	30	加压前后未测试绝缘电阻扣5分； 加压前，调压器未归零扣2分； 试验过程中未高声呼唱每次扣2分； 试验过程中失误一次扣5分； 试验过程中监护不到位扣5～10分； 缺少试验项目的扣5分； 试验前后及变更接线未对被试设备放电扣10分； 上述扣分，扣完为止		
3	结果分析					
3.1	试验报告	结合测试数据做出分析判断，出具试验报告	25	试验数据分析不准确扣5分； 试验结论不正确扣5分； 试验报告填写不规范扣1～5分； 未给出试验结论扣5分		
4	试验结束					
4.1	现场恢复	清理现场，人员撤离	6	被试设备有遗留物品扣2分； 仪器、工器具等未定置恢复扣2分； 未检查或清理现场扣2分		
4.2	办理收工手续	向考评员汇报试验结果，并办理工作终结手续	4	未汇报试验结果扣2分； 未办理工作票终结手续扣2分		
合计			100			

Jc0302541004　10kV 互感器绝缘电阻测试。（100分）

考核知识点： 互感器试验

难易度： 易

技能等级评价专业技能考核操作工作任务书

一、任务名称

10kV 互感器绝缘电阻测试。

二、适用工种

电气试验工初级工。

三、具体任务

（1）工作状态为模拟10kV电压互感器停电，工作内容为电压互感器例行试验。

（2）工作任务：

1）电压互感器一次绕组、二次绕组、绝缘电阻测试；

2）根据试验记录出具试验报告，并对数据进行分析。

四、工作规范及要求

（1）工器具使用及安全措施。

（2）按要求进行高压试验。

（3）出具试验报告和试验结果分析。

五、考核及时间要求

（1）本考核操作时间为60分钟，包括试验接线和报告整理，时间到停止考评。

（2）试验过程中如试验仪器、试验电源出现故障，可向考评员申请故障排除，故障排除时间不计入考核。

（3）按照技能操作要求进行操作，试验报告包括试验项目、仪器型号、试验结果等。

（4）试验过程中如遇突发状况，如不涉及人身、设备安全，则由试验人员自行排查、处理；如危及人身、设备安全，则应立即停止操作，人员及时撤离作业现场。

技能等级评价专业技能考核操作评分标准

工种	电气试验工				评价等级	初级工
项目模块	互感器试验—绝缘电阻测试				编号	Jc0302541004
单位		准考证号			姓名	
考试时限	60分钟	题型	单项操作		题分	100分
成绩		考评员		考评组长	日期	
试题正文	10kV互感器绝缘电阻测试					
需要说明的问题和要求	（1）试验过程单人操作，数据分析在试验过程中完成。 （2）操作过程应注意安全，按照标准化作业流程做好安全措施。 （3）现场完成试验结果分析，出具试验报告。 （4）检测仪器可选考场提供或自带					

序号	项目名称	质量要求	满分	扣分标准	扣分原因	得分
1	试验前准备					
1.1	工器具使用	熟练正确使用各种工器具	5	未正确使用一次扣1分，扣完为止		
1.2	试验记录	收集被试设备基础信息和历史试验数据	5	未收集被试设备历次试验报告扣1分； 未记录被试设备铭牌，现场温、湿度等条件的，每处扣1分，扣完为止		
1.3	仪器、仪表选择	选择合适的试验仪器、仪表	5	选用仪器不合适扣3分； 未检查试验仪器合格证或校验证书扣2分		

续表

序号	项目名称	质量要求	满分	扣分标准	扣分原因	得分
1.4	安全措施	（1）办理工作票、交代安全注意事项，分工明确，并做好记录。 （2）设置高压试验安全围栏。 （3）安全工器具使用。 （4）试验仪器正确接地	10	试验仪器未正确接地扣2分； 未检查安全工器具扣3分； 安全措施交代不清楚或未确认签字扣2分； 试验前未将试验区域用安全围栏隔离扣3分		
2	试验开展					
2.1	试验接线	（1）仪器现场布置合理。 （2）电源开关接通前，试验仪器接线应准确无误	10	试验接线接错一次扣5分； 试验前未检查试验接线扣3分； 接线不规范扣1～3分； 上述扣分，扣完为止		
2.2	试验流程	（1）试验前仪器、仪表自检，正确选择试验电压，试验过程中高声呼唱。 （2）应测量一次绕组对二次绕组及地、二次绕组对一次绕组及地绝缘电阻。 （3）待数值稳定，记录各绕组绝缘电阻数值。 （4）试验前后及变更接线应对设备充分放电	30	未进行仪器、仪表自检扣3分； 试验过程中未高声呼唱每次扣2分； 试验过程中失误一次扣5分； 试验过程中监护不到位扣5～10分； 缺少试验项目的扣5分； 试验前后及变更接线未对被试设备放电扣10分； 上述扣分，扣完为止		
3	结果分析					
3.1	试验报告	结合测试数据做出分析判断，出具试验报告	25	试验数据分析不准确扣5分； 试验结论不正确扣5分； 试验报告填写不规范扣1～5分； 未给出试验结论扣5分		
4	试验结束					
4.1	现场恢复	清理现场，人员撤离	6	被试设备有遗留物品扣2分； 仪器、工器具等未定置恢复扣2分； 未检查或清理现场扣2分		
4.2	办理收工手续	向考评员汇报试验结果，并办理工作终结手续	4	未汇报试验结果扣2分； 未办理工作票终结手续扣2分		
合计			100			

Jc0302542005　10kV 电流互感器外施工频耐压试验。（100 分）

考核知识点：电流互感器试验

难易度：中

技能等级评价专业技能考核操作工作任务书

一、任务名称

10kV 电流互感器外施工频耐压试验。

二、适用工种

电气试验工初级工。

三、具体任务

（1）工作状态为模拟 10kV 电流互感器停电，工作内容为电流互感器交接试验。

（2）工作任务：

1）电流互感器外施工频耐压试验。

2）根据试验记录出具试验报告，并对数据进行分析。

四、工作规范及要求

（1）工器具使用及安全措施。

（2）按要求进行高压试验。

（3）出具试验报告和试验结果分析。

五、考核及时间要求

（1）本考核操作时间为60分钟，包括试验接线和报告整理，时间到停止考评。

（2）试验过程中如试验仪器、试验电源出现故障，可向考评员申请故障排除，故障排除时间不计入考核。

（3）按照技能操作要求进行操作，试验报告包括试验项目、仪器型号、试验结果等。

（4）试验过程中如遇突发状况，如不涉及人身、设备安全，则由试验人员自行排查、处理；如危及人身、设备安全，则应立即停止操作，人员及时撤离作业现场。

技能等级评价专业技能考核操作评分标准

工种	电气试验工					评价等级	初级工
项目模块	电流互感器试验—外施工频耐压试验					编号	Jc0302542005
单位			准考证号			姓名	
考试时限	60分钟		题型	单项操作		题分	100分
成绩		考评员		考评组长		日期	
试题正文	10kV电流互感器外施工频耐压试验						
需要说明的问题和要求	（1）试验过程单人操作，数据分析在试验过程中完成。 （2）操作过程应注意安全，按照标准化作业流程做好安全措施。 （3）现场完成试验结果分析，出具试验报告。 （4）检测仪器可选考场提供或自带						

序号	项目名称	质量要求	满分	扣分标准	扣分原因	得分
1	试验前准备					
1.1	工器具使用	熟练正确使用各种工器具	5	未正确使用一次扣1分，扣完为止		
1.2	试验记录	收集被试设备基础信息和历史试验数据	5	未收集被试设备历次试验报告扣1分； 未记录被试设备铭牌，现场温、湿度等条件的，每处扣1分，扣完为止		
1.3	仪器、仪表选择	选择合适的试验仪器、仪表	5	选用仪器不合适扣5分； 未检查试验仪器合格证或校验证书扣2分		
1.4	安全措施	（1）办理工作票、交代安全注意事项，分工明确，并做好记录。 （2）设置高压试验安全围栏。 （3）安全工器具使用。 （4）试验仪器正确接地	10	试验仪器未正确接地扣2分； 未检查安全工器具扣3分； 安全措施交代不清楚或未确认签字扣2分； 试验前未将试验区域用安全围栏隔离扣3分		
2	试验开展					
2.1	试验接线	（1）仪器现场布置合理。 （2）高压引线应尽量缩短，并采用专用的高压试验线，必要时用绝缘物支持牢固。 （3）有绕组的被试品进行外施交流耐压试验时，应将被试绕组自身的所有端子短接，非被试绕组也应短接并与外壳连接后接地。 （4）电源开关接通前，试验仪器接线应准确无误	10	试验接线接错一次扣5分； 试验前未检查试验接线扣3分； 接线不规范扣1～3分； 上述扣分，扣完为止		

续表

序号	项目名称	质量要求	满分	扣分标准	扣分原因	得分
2.2	试验流程	（1）试验前，测试绝缘电阻，其值应正常。 （2）将一次绕组短接加压，二次绕组短路与外壳一起接地，接线无误后，确保调压器在零位，试验回路中过电流和过电压保护应整定正确。 （3）加压过程中应有人监护并呼唱。接通试验电源，进行升压，操作人员的手应放在电源开关上，如有紧急情况应迅速断开电源。 （4）升压必须从零（或接近于零）开始，切不可冲击合闸。升压速度在 75%试验电压以前，可以是任意的，自 75%电压开始应均匀升压，均为每秒 2%试验电压的速率升压。升至试验电压后，开始计时并读取试验电压。耐压试验后，迅速均匀降压到零（或接近于零），然后切断电源。 （5）测试绝缘电阻，其值应正常。 （6）试验前后及变更接线应对设备充分放电	30	加压前后未测试绝缘电阻扣 5 分； 加压前，调压器未归零扣 2 分； 试验过程中未高声呼唱每次扣 2 分； 试验过程中失误一次扣 5 分； 试验过程中监护不到位扣 5～10 分； 缺少试验项目的扣 5 分； 试验前后及变更接线未对被试设备放电扣 10 分； 上述扣分，扣完为止		
3	结果分析					
3.1	试验报告	结合测试数据做出分析判断，出具试验报告	25	试验数据分析不准确扣 5 分； 试验结论不正确扣 5 分； 试验报告填写不规范扣 1～5 分； 未给出试验结论扣 5 分		
4	试验结束					
4.1	现场恢复	清理现场，人员撤离	6	被试设备有遗留物品扣 2 分； 仪器、工器具等未定置恢复扣 2 分； 未检查或清理现场扣 2 分		
4.2	办理收工手续	向考评员汇报试验结果，并办理工作终结手续	4	未汇报试验结果扣 2 分； 未办理工作票终结手续扣 2 分		
合计			100			

Jc0302543006　110kV 电流互感器主绝缘、末屏及二次绕组绝缘电阻试验。（100 分）

考核知识点：电流互感器试验

难易度：易

技能等级评价专业技能考核操作工作任务书

一、任务名称

110kV 电流互感器主绝缘、末屏及二次绕组绝缘电阻试验。

二、适用工种

电气试验工初级工。

三、具体任务

（1）工作状态为模拟 110kV 电流互感器停电，工作内容为电流互感器主绝缘、末屏及二次绕组绝缘电阻试验。

（2）工作任务：

1）电流互感器主绝缘、末屏及二次绕组绝缘电阻试验；

2）根据试验记录出具试验报告，并对数据进行分析。

四、工作规范及要求

（1）工器具使用及安全措施。

（2）按要求进行高压试验。

（3）出具试验报告和试验结果分析。

五、考核及时间要求

（1）本考核操作时间为60分钟，包括试验接线和报告整理，时间到停止考评。

（2）试验过程中如试验仪器、试验电源出现故障，可向考评员申请故障排除，故障排除时间不计入考核。

（3）按照技能操作要求进行操作，试验报告包括试验项目、仪器型号、试验结果等。

（4）试验过程中如遇突发状况，如不涉及人身、设备安全，则由试验人员自行排查、处理；如危及人身、设备安全，则应立即停止操作，人员及时撤离作业现场。

技能等级评价专业技能考核操作评分标准

工种	电气试验工				评价等级	初级工
项目模块	电流互感器试验—绝缘电阻试验				编号	Jc0302543006
单位		准考证号			姓名	
考试时限	60分钟	题型	单项操作		题分	100分
成绩		考评员		考评组长	日期	
试题正文	110kV电流互感器主绝缘、末屏及二次绕组绝缘电阻试验					
需要说明的问题和要求	（1）试验过程单人操作，数据分析在试验过程中完成。 （2）操作过程应注意安全，按照标准化作业流程做好安全措施。 （3）现场完成试验结果分析，出具试验报告。 （4）检测仪器可选考场提供或自带					

序号	项目名称	质量要求	满分	扣分标准	扣分原因	得分
1	试验前准备					
1.1	工器具使用	熟练正确使用各种工器具	5	未正确使用一次扣1分，扣完为止		
1.2	试验记录	收集被试设备基础信息和历史试验数据	5	未收集被试设备历次试验报告扣1分； 未记录被试设备铭牌，现场温、湿度等条件的，每处扣1分，扣完为止		
1.3	仪器、仪表选择	选择合适的试验仪器、仪表	5	选用仪器不合适扣3分； 未检查试验仪器合格证或校验证书扣2分		
1.4	安全措施	（1）办理工作票、交代安全注意事项，分工明确，并做好记录。 （2）设置高压试验安全围栏。 （3）安全工器具使用。 （4）试验仪器正确接地	10	试验仪器未正确接地扣2分； 未检查安全工器具扣3分； 安全措施交代不清楚或未确认签字扣2分； 试验前未将试验区域用安全围栏隔离扣3分		
2	试验开展					
2.1	试验接线	（1）仪器现场布置合理。 （2）电源开关接通前，试验仪器接线应准确无误	10	试验接线接错一次扣5分； 试验前未检查试验接线扣3分； 接线不规范扣1～3分； 上述扣分，扣完为止		
2.2	试验流程	（1）试验前仪器、仪表自检，正确选择试验电压，试验过程中高声呼唱。 （2）应测量一次绕组对二次绕组及地、二次绕组对一次绕组及地绝缘、末屏绝缘电阻。 （3）待数值稳定，记录各绕组绝缘电阻数值。 （4）试验前后及变更接线应对设备充分放电	30	未进行仪器、仪表自检扣3分； 试验过程中未高声呼唱每次扣2分； 试验过程中失误一次扣5分； 试验过程中监护不到位扣5～10分； 缺少试验项目的扣5分； 试验前后及变更接线未对被试设备放电扣10分； 上述扣分，扣完为止		

续表

序号	项目名称	质量要求	满分	扣分标准	扣分原因	得分
3	结果分析					
3.1	试验报告	结合测试数据做出分析判断，出具试验报告	25	试验数据分析不准确扣5分； 试验结论不正确扣5分； 试验报告填写不规范扣1～5分； 未给出试验结论扣5分		
4	试验结束					
4.1	现场恢复	清理现场，人员撤离	6	被试设备有遗留物品扣2分； 仪器、工器具等未定置恢复扣2分； 未检查或清理现场扣2分		
4.2	办理收工手续	向考评员汇报试验结果，并办理工作终结手续	4	未汇报试验结果扣2分； 未办理工作票终结手续扣2分		
合计			100			

Jc0302542007　耦合电容器绝缘电阻测试。（100分）

考核知识点：耦合电容器试验

难易度：易

技能等级评价专业技能考核操作工作任务书

一、任务名称

耦合电容器绝缘电阻测试。

二、适用工种

电气试验工初级工。

三、具体任务

（1）工作状态为模拟耦合电容器停电，工作内容为电压互感器例行试验。

（2）工作任务：

1）耦合电容器极间绝缘、低压端对地绝缘电阻测试。

2）根据试验记录出具试验报告，并对数据进行分析。

四、工作规范及要求

（1）工器具使用及安全措施。

（2）按要求进行高压试验。

（3）出具试验报告和试验结果分析。

五、考核及时间要求

（1）本考核操作时间为60分钟，包括试验接线和报告整理，时间到停止考评。

（2）试验过程中如试验仪器、试验电源出现故障，可向考评员申请故障排除，故障排除时间不计入考核。

（3）按照技能操作要求进行操作，试验报告包括试验项目、仪器型号、试验结果等。

（4）试验过程中如遇突发状况，如不涉及人身、设备安全，则由试验人员自行排查、处理；如危及人身、设备安全，则应立即停止操作，人员及时撤离作业现场。

技能等级评价专业技能考核操作评分标准

工种	电气试验工			评价等级	初级工
项目模块	耦合电容器试验—绝缘电阻测试			编号	Jc0302542007
单位		准考证号		姓名	
考试时限	60 分钟	题型	单项操作	题分	100 分
成绩		考评员		考评组长		日期	
试题正文	耦合电容器绝缘电阻测试				
需要说明的问题和要求	（1）试验过程单人操作，数据分析在试验过程中完成。 （2）操作过程应注意安全，按照标准化作业流程做好安全措施。 （3）现场完成试验结果分析，出具试验报告。 （4）检测仪器可选考场提供或自带				

序号	项目名称	质量要求	满分	扣分标准	扣分原因	得分
1	试验前准备					
1.1	工器具使用	熟练正确使用各种工器具	5	未正确使用一次扣 1 分，扣完为止		
1.2	试验记录	收集被试设备基础信息和历史试验数据	5	未收集被试设备历次试验报告扣 1 分； 未记录被试设备铭牌，现场温、湿度等条件的，每处扣 1 分，扣完为止		
1.3	仪器、仪表选择	选择合适的试验仪器、仪表	5	选用仪器不合适扣 3 分； 未检查试验仪器合格证或校验证书扣 2 分		
1.4	安全措施	（1）办理工作票、交代安全注意事项，分工明确，并做好记录。 （2）设置高压试验安全围栏。 （3）安全工器具使用。 （4）试验仪器正确接地	10	试验仪器未正确接地扣 2 分； 未检查安全工器具扣 3 分； 安全措施交代不清楚或未确认签字扣 2 分； 试验前未将试验区域用安全围栏隔离扣 3 分		
2	试验开展					
2.1	试验接线	（1）仪器现场布置合理。 （2）电源开关接通前，试验仪器接线应准确无误	10	试验接线接错一次扣 5 分； 试验前未检查试验接线扣 3 分； 接线不规范扣 1～3 分； 上述扣分，扣完为止		
2.2	试验流程	（1）试验前仪器、仪表自检，正确选择试验电压，试验过程中高声呼唱。 （2）应测量耦合电容器极间绝缘、低压端对地绝缘电阻。 （3）待数值稳定，记录各绝缘电阻数值。 （4）试验前后及变更接线应对设备充分放电	30	未进行仪器、仪表自检扣 3 分； 试验过程中未高声呼唱每次扣 2 分； 试验过程中失误一次扣 5 分； 试验过程中监护不到位扣 5～10 分； 缺少试验项目的扣 5 分； 试验前后及变更接线未对被试设备放电扣 10 分； 上述扣分，扣完为止		
3	结果分析					
3.1	试验报告	结合测试数据做出分析判断，出具试验报告	25	试验数据分析不准确扣 5 分； 试验结论不正确扣 5 分； 试验报告填写不规范扣 1～5 分； 未给出试验结论扣 5 分		
4	试验结束					
4.1	现场恢复	清理现场，人员撤离	6	被试设备有遗留物品扣 2 分； 仪器、工器具等未定置恢复扣 2 分； 未检查或清理现场扣 2 分		
4.2	办理收工手续	向考评员汇报试验结果，并办理工作终结手续	4	未汇报试验结果扣 2 分； 未办理工作票终结手续扣 2 分		
合计			100			

Jc0302541001　10kV 变压器绝缘电阻、吸收比（极化指数）的测试。（100 分）

考核知识点： 变压器试验

难易度： 中

技能等级评价专业技能考核操作工作任务书

一、任务名称

10kV 变压器绝缘电阻、吸收比（极化指数）的测试。

二、适用工种

电气试验工初级工。

三、具体任务

（1）工作状态为模拟 10kV 变压器停电，工作内容为变压器例行试验。

（2）工作任务：

1）变压器绕组绝缘电阻测试。

2）根据试验记录出具试验报告，并对数据进行分析。

四、工作规范及要求

（1）工器具使用及安全措施。

（2）按要求进行高压试验。

（3）出具试验报告和试验结果分析。

五、考核及时间要求

（1）本考核操作时间为 60 分钟，包括试验接线和报告整理，时间到停止考评。

（2）试验过程中如试验仪器、试验电源出现故障，可向考评员申请故障排除，故障排除时间不计入考核。

（3）按照技能操作要求进行操作，试验报告包括试验项目、仪器型号、试验结果等。

（4）试验过程中如遇突发状况，如不涉及人身、设备安全，则由试验人员自行排查、处理；如危及人身、设备安全，则应立即停止操作，人员及时撤离作业现场。

技能等级评价专业技能考核操作评分标准

工种	电气试验工				评价等级	初级工
项目模块	变压器试验—绝缘电阻、吸收比（极化指数）的测试				编号	Jc0302541001
单位		准考证号			姓名	
考试时限	60 分钟	题型	单项操作		题分	100 分
成绩		考评员		考评组长	日期	
试题正文	10kV 变压器绝缘电阻、吸收比（极化指数）的测试					
需要说明的问题和要求	（1）试验过程单人操作，数据分析在试验过程中完成。 （2）操作过程应注意安全，按照标准化作业流程做好安全措施。 （3）现场完成试验结果分析，出具试验报告。 （4）检测仪器可选考场提供或自带					

序号	项目名称	质量要求	满分	扣分标准	扣分原因	得分
1	试验前准备					
1.1	工器具使用	熟练正确使用各种工器具	5	未正确使用一次扣 1 分，扣完为止		
1.2	试验记录	收集被试设备基础信息和历史试验数据	5	未收集被试设备历次试验报告扣 1 分； 未记录被试设备铭牌，现场温、湿度等条件的，每处扣 1 分，扣完为止		

续表

序号	项目名称	质量要求	满分	扣分标准	扣分原因	得分
1.3	仪器、仪表选择	根据变压器容量选择量程合适的绝缘电阻测试仪	5	选用仪器不合适扣 3 分； 未检查试验仪器合格证或校验证书扣 2 分		
1.4	安全措施	（1）办理工作票、交代安全注意事项，分工明确，并做好记录。 （2）设置高压试验安全围栏。 （3）安全工器具使用。 （4）试验仪器正确接地	10	试验仪器未正确接地扣 2 分； 未检查安全工器具扣 3 分； 安全措施交代不清楚或未确认签字扣 2 分； 试验前未将试验区域用安全围栏隔离扣 3 分		
2	试验开展					
2.1	试验接线	（1）仪器现场布置合理。 （2）非被试绕组应短路接地。 （3）电源开关接通前，试验仪器接线应准确无误	10	试验接线接错一次扣 5 分； 试验前未检查试验接线扣 3 分； 接线不规范扣 1～3 分； 上述扣分，扣完为止		
2.2	试验流程	（1）试验前仪器、仪表自检，正确选择试验电压，试验过程中高声呼唱。 （2）应测量变压器高压对低压及地、低压对高压及地绝缘电阻。 （3）应准确记录 15s 及 60s 的绝缘电阻，并计算吸收比，若吸收比不合格应测量极化指数。 （4）试验前后及变更接线应对设备充分放电	30	未进行仪器、仪表自检扣 3 分； 试验过程中未高声呼唱每次扣 2 分； 试验过程中失误一次扣 5 分； 试验过程中监护不到位扣 5～10 分； 缺少试验项目的扣 5 分； 试验前后及变更接线未对被试设备放电扣 10 分； 上述扣分，扣完为止		
3	结果分析					
3.1	试验报告	结合测试数据做出分析判断，出具试验报告	25	试验数据分析不准确扣 5 分； 试验结论不正确扣 5 分； 试验报告填写不规范扣 1～5 分； 未给出试验结论扣 5 分		
4	试验结束					
4.1	现场恢复	清理现场，人员撤离	6	被试设备有遗留物品扣 2 分； 仪器、工器具等未定置恢复扣 2 分； 未检查或清理现场扣 2 分		
4.2	办理收工手续	向考评员汇报试验结果，并办理工作终结手续	4	未汇报试验结果扣 2 分； 未办理工作票终结手续扣 2 分		
合计			100			

Jc0302541010　绝缘手套试验。（100 分）

考核知识点：绝缘手套试验

难易度：易

技能等级评价专业技能考核操作工作任务书

一、任务名称

绝缘手套试验。

二、适用工种

电气试验工初级工。

三、具体任务

（1）工作状态为模拟绝缘手套检验，工作内容为绝缘手套交接试验。

（2）工作任务：

1）绝缘手套试验。

2）根据试验记录出具试验报告，并对数据进行分析。

四、工作规范及要求

（1）工器具使用及安全措施。

（2）按要求进行高压试验。

（3）出具试验报告和试验结果分析。

五、考核及时间要求

（1）本考核操作时间为60分钟，包括试验接线和报告整理，时间到停止考评。

（2）试验过程中如试验仪器、试验电源出现故障，可向考评员申请故障排除，故障排除时间不计入考核。

（3）按照技能操作要求进行操作，试验报告包括试验项目、仪器型号、试验结果等。

（4）试验过程中如遇突发状况，如不涉及人身、设备安全，则由试验人员自行排查、处理；如危及人身、设备安全，则应立即停止操作，人员及时撤离作业现场。

技能等级评价专业技能考核操作评分标准

<table>
<tr><td>工种</td><td colspan="5">电气试验工</td><td>评价等级</td><td colspan="2">初级工</td></tr>
<tr><td>项目模块</td><td colspan="5">安全工器具试验—绝缘手套试验</td><td>编号</td><td colspan="2">Jc0302541010</td></tr>
<tr><td>单位</td><td colspan="2"></td><td>准考证号</td><td colspan="2"></td><td>姓名</td><td colspan="2"></td></tr>
<tr><td>考试时限</td><td colspan="2">60 分钟</td><td>题型</td><td colspan="2">单项操作</td><td>题分</td><td colspan="2">100 分</td></tr>
<tr><td>成绩</td><td></td><td>考评员</td><td colspan="2"></td><td>考评组长</td><td></td><td>日期</td><td></td></tr>
<tr><td>试题正文</td><td colspan="8">绝缘手套试验</td></tr>
<tr><td>需要说明的问题和要求</td><td colspan="8">（1）试验过程单人操作，数据分析在试验过程中完成。
（2）操作过程应注意安全，按照标准化作业流程做好安全措施。
（3）现场完成试验结果分析，出具试验报告。
（4）检测仪器可选考场提供或自带</td></tr>
<tr><td>序号</td><td>项目名称</td><td>质量要求</td><td>满分</td><td colspan="3">扣分标准</td><td>扣分原因</td><td>得分</td></tr>
<tr><td>1</td><td>试验前准备</td><td></td><td></td><td colspan="3"></td><td></td><td></td></tr>
<tr><td>1.1</td><td>工器具使用</td><td>熟练正确使用各种工器具</td><td>5</td><td colspan="3">未正确使用一次扣 1 分，扣完为止</td><td></td><td></td></tr>
<tr><td>1.2</td><td>试验记录</td><td>收集被试设备基础信息和历史试验数据</td><td>5</td><td colspan="3">未收集被试设备历次试验报告扣 1 分；
未记录被试设备铭牌，现场温、湿度等条件的，每处扣 1 分，扣完为止</td><td></td><td></td></tr>
<tr><td>1.3</td><td>仪器、仪表选择</td><td>选择合适的试验仪器、仪表</td><td>5</td><td colspan="3">选用仪器不合适扣 3 分；
未检查试验仪器合格证或校验证书扣 2 分</td><td></td><td></td></tr>
<tr><td>1.4</td><td>安全措施</td><td>（1）办理工作票、交代安全注意事项，分工明确，并做好记录。
（2）设置高压试验安全围栏。
（3）安全工器具使用。
（4）试验仪器正确接地</td><td>10</td><td colspan="3">试验仪器未正确接地扣 2 分；
未检查安全工器具扣 3 分；
安全措施交代不清楚或未确认签字扣 2 分；
试验前未将试验区域用安全围栏隔离扣 3 分</td><td></td><td></td></tr>
<tr><td>2</td><td>试验开展</td><td></td><td></td><td colspan="3"></td><td></td><td></td></tr>
</table>

续表

序号	项目名称	质量要求	满分	扣分标准	扣分原因	得分
2.1	试验接线	（1）仪器现场布置合理。 （2）电源开关接通前，试验仪器接线应准确无误	10	试验接线接错一次扣 5 分； 试验前未检查试验接线扣 3 分； 接线不规范扣 1～3 分； 上述扣分，扣完为止		
2.2	试验流程	（1）试验前，对试品进行外观检查，测试绝缘电阻，其值应正常。 （2）绝缘手套吃水深度应满足规程要求。 （3）对绝缘手套分别进行直流耐压和交流耐压试验，接线无误后，确保调压器在零位，试验回路中过电流和过电压保护应整定正确。 （4）加压过程中应有人监护并呼唱。接通试验电源，进行升压，操作人员的手应放在电源开关上，如有紧急情况应迅速断开电源。 （5）升压必须从零（或接近于零）开始。升至试验电压后，开始计时并读取试验电压。耐压试验后，迅速均匀降压到零（或接近于零），然后切断电源。 （6）试验完毕后，立即触摸绝缘表面，不应发热，测试绝缘电阻，其值应正常。 （7）试验后应将绝缘手套在清水中冲洗数次，烘干后才可以继续使用	30	试验前未检查被试品外观扣 3 分； 加压前后未测试绝缘电阻扣 5 分； 加压前，调压器未归零扣 2 分； 试验过程中未高声呼唱每次扣 2 分； 试验过程中失误一次扣 5 分； 试验过程中监护不到位扣 5～10 分； 缺少试验项目的扣 5 分； 试验后未冲洗绝缘手套扣 5 分； 上述扣分，扣完为止		
3	结果分析					
3.1	试验报告	结合测试数据做出分析判断，出具试验报告	25	试验数据分析不准确扣 5 分； 试验结论不正确扣 5 分； 试验报告填写不规范扣 1～5 分； 未给出试验结论扣 5 分		
4	试验结束					
4.1	现场恢复	清理现场，人员撤离	6	被试设备有遗留物品扣 2 分； 仪器、工器具等未定置恢复扣 2 分； 未检查或清理现场扣 2 分		
4.2	办理收工手续	向考评员汇报试验结果，并办理工作终结手续	4	未汇报试验结果扣 2 分； 未办理工作票终结手续扣 2 分		
合计			100			

Jc0302541011　绝缘垫试验。（100 分）

考核知识点：绝缘垫试验

难易度：易

技能等级评价专业技能考核操作工作任务书

一、任务名称

绝缘垫试验。

二、适用工种

电气试验工初级工。

三、具体任务

（1）工作状态为模拟绝缘垫检验，工作内容为绝缘垫交接试验。

（2）工作任务：

1）绝缘垫试验。

2）根据试验记录出具试验报告，并对数据进行分析。

四、工作规范及要求

（1）工器具使用及安全措施。

（2）按要求进行高压试验。

（3）出具试验报告和试验结果分析。

五、考核及时间要求

（1）本考核操作时间为60分钟，包括试验接线和报告整理，时间到停止考评。

（2）试验过程中如试验仪器、试验电源出现故障，可向考评员申请故障排除，故障排除时间不计入考核。

（3）按照技能操作要求进行操作，试验报告包括试验项目、仪器型号、试验结果等。

（4）试验过程中如遇突发状况，如不涉及人身、设备安全，则由试验人员自行排查、处理；如危及人身、设备安全，则应立即停止操作，人员及时撤离作业现场。

技能等级评价专业技能考核操作评分标准

工种	电气试验工				评价等级	初级工
项目模块	安全工器具试验—绝缘垫试验				编号	Jc0302541011
单位		准考证号			姓名	
考试时限	60分钟	题型	单项操作		题分	100分
成绩		考评员		考评组长	日期	
试题正文	绝缘垫试验					
需要说明的问题和要求	（1）试验过程单人操作，数据分析在试验过程中完成。 （2）操作过程应注意安全，按照标准化作业流程做好安全措施。 （3）现场完成试验结果分析，出具试验报告。 （4）检测仪器可选考场提供或自带					

序号	项目名称	质量要求	满分	扣分标准	扣分原因	得分
1	试验前准备					
1.1	工器具使用	熟练正确使用各种工器具	5	未正确使用一次扣1分，扣完为止		
1.2	试验记录	收集被试设备基础信息和历史试验数据	5	未收集被试设备历次试验报告扣1分； 未记录被试设备铭牌，现场温、湿度等条件的，每处扣1分，扣完为止		
1.3	仪器、仪表选择	选择合适的试验仪器、仪表	5	选用仪器不合适扣3分； 未检查试验仪器合格证或校验证书扣2分		
1.4	安全措施	（1）办理工作票、交代安全注意事项，分工明确，并做好记录。 （2）设置高压试验安全围栏。 （3）安全工器具使用。 （4）试验仪器正确接地	10	试验仪器未正确接地扣2分； 未检查安全工器具扣3分； 安全措施交代不清楚或未确认签字扣2分； 试验前未将试验区域用安全围栏隔离扣3分		

续表

序号	项目名称	质量要求	满分	扣分标准	扣分原因	得分
2	试验开展					
2.1	试验接线	（1）仪器现场布置合理。 （2）电源开关接通前，试验仪器接线应准确无误	10	试验接线接错一次扣5分； 试验前未检查试验接线扣3分； 接线不规范扣1～3分； 上述扣分，扣完为止		
2.2	试验流程	（1）试验前，对试品进行外观检查，测试绝缘电阻，其值应正常。 （2）对绝缘垫进行交流耐压试验，接线无误后，确保调压器在零位，试验回路中过电流和过电压保护应整定正确。 （3）加压过程中应有人监护并呼唱。接通试验电源，进行升压，操作人员的手应放在电源开关上，如有紧急情况应迅速断开电源。 （4）升压必须从零（或接近于零）开始。升至试验电压后，开始计时并读取试验电压。耐压试验后，迅速均匀降压到零（或接近于零），然后切断电源。 （5）试验完毕后，立即触摸绝缘表面，不应发热，测试绝缘电阻，其值应正常	30	试验前未检查被试品外观扣3分； 加压前后未测试绝缘电阻扣5分； 加压前，调压器未归零扣2分； 试验过程中未高声呼唱每次扣2分； 试验过程中失误一次扣5分； 试验过程中监护不到位扣5～10分； 缺少试验项目的扣5分； 上述扣分，扣完为止		
3	结果分析					
3.1	试验报告	结合测试数据做出分析判断，出具试验报告	25	试验数据分析不准确扣5分； 试验结论不正确扣5分； 试验报告填写不规范扣1～5分； 未给出试验结论扣5分		
4	试验结束					
4.1	现场恢复	清理现场，人员撤离	6	被试设备有遗留物品扣2分； 仪器、工器具等未定置恢复扣2分； 未检查或清理现场扣2分		
4.2	办理收工手续	向考评员汇报试验结果，并办理工作终结手续	4	未汇报试验结果扣2分； 未办理工作票终结手续扣2分		
合计			100			

Jc0302542012　10kV 绝缘子外施工频耐压试验。（100分）

考核知识点：绝缘子试验

难易度：中

技能等级评价专业技能考核操作工作任务书

一、任务名称

10kV 绝缘子外施工频耐压试验。

二、适用工种

电气试验工初级工。

三、具体任务

（1）工作状态为模拟 10kV 绝缘子停电，工作内容为绝缘子交接试验。

（2）工作任务：

1）绝缘子外施工频耐压试验。

2）根据试验记录出具试验报告，并对数据进行分析。

四、工作规范及要求

（1）工器具使用及安全措施。

（2）按要求进行高压试验。

（3）出具试验报告和试验结果分析。

五、考核及时间要求

（1）本考核操作时间为60分钟，包括试验接线和报告整理，时间到停止考评。

（2）试验过程中如试验仪器、试验电源出现故障，可向考评员申请故障排除，故障排除时间不计入考核。

（3）按照技能操作要求进行操作，试验报告包括试验项目、仪器型号、试验结果等。

（4）试验过程中如遇突发状况，如不涉及人身、设备安全，则由试验人员自行排查、处理；如危及人身、设备安全，则应立即停止操作，人员及时撤离作业现场。

技能等级评价专业技能考核操作评分标准

工种	电气试验工					评价等级	初级工
项目模块	绝缘子试验—外施工频耐压试验					编号	Jc0302542012
单位			准考证号			姓名	
考试时限	60分钟		题型	单项操作		题分	100分
成绩		考评员		考评组长		日期	
试题正文	10kV绝缘子外施工频耐压试验						
需要说明的问题和要求	（1）试验过程单人操作，数据分析在试验过程中完成。 （2）操作过程应注意安全，按照标准化作业流程做好安全措施。 （3）现场完成试验结果分析，出具试验报告。 （4）检测仪器可选考场提供或自带						

序号	项目名称	质量要求	满分	扣分标准	扣分原因	得分
1	试验前准备					
1.1	工器具使用	熟练正确使用各种工器具	5	未正确使用一次扣1分，扣完为止		
1.2	试验记录	收集被试设备基础信息和历史试验数据	5	未收集被试设备历次试验报告扣1分； 未记录被试设备铭牌，现场温、湿度等条件的，每处扣1分，扣完为止		
1.3	仪器、仪表选择	选择合适的试验仪器、仪表	5	选用仪器不合适扣3分； 未检查试验仪器合格证或校验证书扣2分		
1.4	安全措施	（1）办理工作票、交代安全注意事项，分工明确，并做好记录。 （2）设置高压试验安全围栏。 （3）安全工器具使用。 （4）试验仪器正确接地	10	试验仪器未正确接地扣2分； 未检查安全工器具扣3分； 安全措施交代不清楚或未确认签字扣2分； 试验前未将试验区域用安全围栏隔离扣3分		
2	试验开展					
2.1	试验接线	（1）仪器现场布置合理。 （2）高压引线应尽量缩短，并采用专用的高压试验线，必要时用绝缘物支持牢固。 （3）电源开关接通前，试验仪器接线应准确无误	10	试验接线接错一次扣5分； 试验前未检查试验接线扣3分； 接线不规范扣1～3分； 上述扣分，扣完为止		

续表

序号	项目名称	质量要求	满分	扣分标准	扣分原因	得分
2.2	试验流程	（1）试验前，测试绝缘电阻，其值应正常。 （2）接线无误后，确保调压器在零位，试验回路中过电流和过电压保护应整定正确。 （3）加压过程中应有人监护并呼唱。接通试验电源，进行升压，操作人员的手应放在电源开关上，如有紧急情况应迅速断开电源。 （4）升压必须从零（或接近于零）开始，切不可冲击合闸。升压速度在75%试验电压以前，可以是任意的，自75%电压开始应均匀升压，均为每秒2%试验电压的速率升压。升至试验电压后，开始计时并读取试验电压。耐压试验后，迅速均匀降压到零（或接近于零），然后切断电源。 （5）测试绝缘电阻，其值应正常。 （6）试验前后及变更接线应对设备充分放电	30	加压前后未测试绝缘电阻扣5分； 加压前，调压器未归零扣2分； 试验过程中未高声呼唱每次扣2分； 试验过程中失误一次扣5分； 试验过程中监护不到位扣5～10分； 缺少试验项目的扣5分； 试验前后及变更接线未对被试设备放电扣10分； 上述扣分，扣完为止		
3	结果分析					
3.1	试验报告	结合测试数据做出分析判断，出具试验报告	25	试验数据分析不准确扣5分； 试验结论不正确扣5分； 试验报告填写不规范扣1～5分； 未给出试验结论扣5分		
4	试验结束					
4.1	现场恢复	清理现场，人员撤离	6	被试设备有遗留物品扣2分； 仪器、工器具等未定置恢复扣2分； 未检查或清理现场扣2分		
4.2	办理收工手续	向考评员汇报试验结果，并办理工作终结手续	4	未汇报试验结果扣2分； 未办理工作票终结手续扣2分		
合计			100			

Jc0302541008　10kV 套管绝缘电阻的测试。（100 分）

考核知识点：套管试验

难易度：易

技能等级评价专业技能考核操作工作任务书

一、任务名称

10kV 套管绝缘电阻的测试。

二、适用工种

电气试验工初级工。

三、具体任务

（1）工作状态为模拟 10kV 套管停电，工作内容为套管例行试验。

（2）工作任务：

1）套管绝缘电阻测试。

2）根据试验记录出具试验报告，并对数据进行分析。

四、工作规范及要求

（1）工器具使用及安全措施。

（2）按要求进行高压试验。

（3）出具试验报告和试验结果分析。

五、考核及时间要求

（1）本考核操作时间为 60 分钟，包括试验接线和报告整理，时间到停止考评。

（2）试验过程中如试验仪器、试验电源出现故障，可向考评员申请故障排除，故障排除时间不计入考核。

（3）按照技能操作要求进行操作，试验报告包括试验项目、仪器型号、试验结果等。

（4）试验过程中如遇突发状况，如不涉及人身、设备安全，则由试验人员自行排查、处理；如危及人身、设备安全，则应立即停止操作，人员及时撤离作业现场。

技能等级评价专业技能考核操作评分标准

工种	电气试验工				评价等级	初级工
项目模块	套管试验—绝缘电阻测试				编号	Jc0302541008
单位		准考证号			姓名	
考试时限	60 分钟	题型	单项操作		题分	100 分
成绩		考评员		考评组长		日期
试题正文	10kV 套管绝缘电阻的测试					
需要说明的问题和要求	（1）试验过程单人操作，数据分析在试验过程中完成。 （2）操作过程应注意安全，按照标准化作业流程做好安全措施。 （3）现场完成试验结果分析，出具试验报告。 （4）检测仪器可选考场提供或自带					

序号	项目名称	质量要求	满分	扣分标准	扣分原因	得分
1	试验前准备					
1.1	工器具使用	熟练正确使用各种工器具	5	未正确使用一次扣 1 分，扣完为止		
1.2	试验记录	收集被试设备基础信息和历史试验数据	5	未收集被试设备历次试验报告扣 1 分； 未记录被试设备铭牌，现场温、湿度等条件的，每处扣 1 分，扣完为止		
1.3	仪器、仪表选择	选择合适的试验仪器、仪表	5	选用仪器不合适扣 3 分； 未检查试验仪器合格证或校验证书扣 2 分		
1.4	安全措施	（1）办理工作票、交代安全注意事项，分工明确，并做好记录。 （2）设置高压试验安全围栏。 （3）安全工器具使用。 （4）试验仪器正确接地	10	试验仪器未正确接地扣 2 分； 未检查安全工器具扣 3 分； 安全措施交代不清楚或未确认签字扣 2 分； 试验前未将试验区域用安全围栏隔离扣 3 分		
2	试验开展					
2.1	试验接线	（1）仪器现场布置合理。 （2）电源开关接通前，试验仪器接线应准确无误	10	试验接线接错一次扣 5 分； 试验前未检查试验接线扣 3 分； 接线不规范扣 1～3 分； 上述扣分，扣完为止		

续表

序号	项目名称	质量要求	满分	扣分标准	扣分原因	得分
2.2	试验流程	（1）试验前仪器、仪表自检，正确选择试验电压，试验过程中高声呼唱。 （2）应测量套管主绝缘及末屏绝缘电阻。 （3）测量主绝缘将套管的一次侧接入绝缘电阻表“L”端，末屏接入绝缘电阻表“E”端；测量末屏绝缘时，将套管的末屏接入绝缘电阻表的“L”端，外壳及地接入绝缘电阻表的“E”端。 （4）带数值稳定后，读取绝缘电阻值。 （5）试验前后及变更接线应对设备充分放电	30	未进行仪器、仪表自检扣3分； 试验过程中未高声呼唱每次扣2分； 试验过程中失误一次扣5分； 试验过程中监护不到位扣5～10分； 缺少试验项目的扣5分； 试验前后及变更接线未对被试设备放电扣10分； 上述扣分，扣完为止		
3	结果分析					
3.1	试验报告	结合测试数据做出分析判断，出具试验报告	25	试验数据分析不准确扣5分； 试验结论不正确扣5分； 试验报告填写不规范扣1～5分； 未给出试验结论扣5分		
4	试验结束					
4.1	现场恢复	清理现场，人员撤离	6	被试设备有遗留物品扣2分； 仪器、工器具等未定置恢复扣2分； 未检查或清理现场扣2分		
4.2	办理收工手续	向考评员汇报试验结果，并办理工作终结手续	4	未汇报试验结果扣2分； 未办理工作票终结手续扣2分		
合计			100			

Jc0302541009　10kV 绝缘子绝缘电阻的测试。（100 分）

考核知识点：绝缘子试验

难易度：易

技能等级评价专业技能考核操作工作任务书

一、任务名称

10kV 绝缘子绝缘电阻的测试。

二、适用工种

电气试验工初级工。

三、具体任务

（1）工作状态为模拟 10kV 绝缘子停电，工作内容为绝缘子例行试验。

（2）工作任务：

1）绝缘子绝缘电阻测试。

2）根据试验记录出具试验报告，并对数据进行分析。

四、工作规范及要求

（1）工器具使用及安全措施。

（2）按要求进行高压试验。

（3）出具试验报告和试验结果分析。

五、考核及时间要求

（1）本考核操作时间为60分钟，包括试验接线和报告整理，时间到停止考评。

（2）试验过程中如试验仪器、试验电源出现故障，可向考评员申请故障排除，故障排除时间不计入考核。

（3）按照技能操作要求进行操作，试验报告包括试验项目、仪器型号、试验结果等。

（4）试验过程中如遇突发状况，如不涉及人身、设备安全，则由试验人员自行排查、处理；如危及人身、设备安全，则应立即停止操作，人员及时撤离作业现场。

技能等级评价专业技能考核操作评分标准

工种	电气试验工					评价等级	初级工
项目模块	绝缘子试验—绝缘电阻的测试					编号	Jc0302541009
单位			准考证号			姓名	
考试时限	60分钟		题型	单项操作		题分	100分
成绩		考评员		考评组长		日期	
试题正文	10kV绝缘子绝缘电阻的测试						
需要说明的问题和要求	（1）试验过程单人操作，数据分析在试验过程中完成。 （2）操作过程应注意安全，按照标准化作业流程做好安全措施。 （3）现场完成试验结果分析，出具试验报告。 （4）检测仪器可选考场提供或自带						

序号	项目名称	质量要求	满分	扣分标准	扣分原因	得分
1	试验前准备					
1.1	工器具使用	熟练正确使用各种工器具	5	未正确使用一次扣1分，扣完为止		
1.2	试验记录	收集被试设备基础信息和历史试验数据	5	未收集被试设备历次试验报告扣1分； 未记录被试设备铭牌，现场温、湿度等条件的，每处扣1分，扣完为止		
1.3	仪器、仪表选择	选择合适的试验仪器、仪表	5	选用仪器不合适扣3分； 未检查试验仪器合格证或校验证书扣2分		
1.4	安全措施	（1）办理工作票、交代安全注意事项，分工明确，并做好记录。 （2）设置高压试验安全围栏。 （3）安全工器具使用。 （4）试验仪器正确接地	10	试验仪器未正确接地扣2分； 未检查安全工器具扣3分； 安全措施交代不清楚或未确认签字扣2分； 试验前未将试验区域用安全围栏隔离扣3分		
2	试验开展					
2.1	试验接线	（1）仪器现场布置合理。 （2）电源开关接通前，试验仪器接线应准确无误	10	试验接线接错一次扣5分； 试验前未检查试验接线扣3分； 接线不规范扣1～3分； 上述扣分，扣完为止		
2.2	试验流程	（1）试验前仪器、仪表自检，正确选择试验电压，试验过程中高声呼唱。 （2）将绝缘电阻表的“L”端、“E”端分别接入绝缘子的两端金具或法兰。 （3）带数值稳定后，读取绝缘电阻值。 （4）试验前后及变更接线应对设备充分放电	30	未进行仪器、仪表自检扣3分； 试验过程中未高声呼唱每次扣2分； 试验过程中失误一次扣5分； 试验过程中监护不到位扣5～10分； 缺少试验项目的扣5分； 试验前后及变更接线未对被试设备放电扣10分； 上述扣分，扣完为止		
3	结果分析					

续表

序号	项目名称	质量要求	满分	扣分标准	扣分原因	得分
3.1	试验报告	结合测试数据做出分析判断，出具试验报告	25	试验数据分析不准确扣 5 分； 试验结论不正确扣 5 分； 试验报告填写不规范扣 1～5 分； 未给出试验结论扣 5 分		
4	试验结束					
4.1	现场恢复	清理现场，人员撤离	6	被试设备有遗留物品扣 2 分； 仪器、工器具等未定置恢复扣 2 分； 未检查或清理现场扣 2 分		
4.2	办理收工手续	向考评员汇报试验结果，并办理工作终结手续	4	未汇报试验结果扣 2 分； 未办理工作票终结手续扣 2 分		
合计			100			

Jc0302541013　110kV 断路器导电回路电阻试验。（100 分）

考核知识点：断路器试验

难易度：易

技能等级评价专业技能考核操作工作任务书

一、任务名称

110kV 断路器导电回路电阻试验。

二、适用工种

电气试验工初级工。

三、具体任务

（1）工作状态为模拟 110kV 断路器停电，工作内容为 110kV 断路器导电回路电阻试验。

（2）工作任务：

1）110kV 断路器导电回路电阻试验。

2）根据试验记录出具试验报告，并对数据进行分析。

四、工作规范及要求

（1）工器具使用及安全措施。

（2）按要求进行 110kV 断路器导电回路电阻试验。

（3）出具试验报告和试验结果分析。

五、考核及时间要求

（1）本考核操作时间为 60 分钟，包括试验接线和报告整理，时间到停止考评。

（2）试验过程中如试验仪器、试验电源出现故障，可向考评员申请故障排除，故障排除时间不计入考核。

（3）按照技能操作要求进行操作，试验报告包括试验项目、仪器型号、试验结果等。

（4）试验过程中如遇突发状况，如不涉及人身、设备安全，则由试验人员自行排查、处理；如危及人身、设备安全，则应立即停止操作，人员及时撤离作业现场。

技能等级评价专业技能考核操作评分标准

工种	电气试验工				评价等级	初级工	
项目模块	断路器试验—回路电阻试验				编号	Jc0302541013	
单位			准考证号		姓名		
考试时限	60 分钟		题型	单项操作	题分	100 分	
成绩		考评员		考评组长		日期	
试题正文	110kV 断路器导电回路电阻试验						
需要说明的问题和要求	（1）试验过程单人操作，数据分析在试验过程中完成。 （2）操作过程应注意安全，按照标准化作业流程做好安全措施。 （3）现场完成试验结果分析，出具试验报告。 （4）检测仪器可选考场提供或自带						

序号	项目名称	质量要求	满分	扣分标准	扣分原因	得分
1	试验前准备					
1.1	工器具使用	熟练正确使用各种工器具	5	未正确使用一次扣 1 分，扣完为止		
1.2	试验记录	收集被试设备基础信息和历史试验数据	5	未收集被试设备历次试验报告扣 1 分； 未记录被试设备铭牌，现场温、湿度等条件的，每处扣 1 分，扣完为止		
1.3	仪器、仪表选择	选择合适的回路电阻测试仪	5	选用仪器不合适扣 3 分； 未检查试验仪器合格证或校验证书扣 2 分		
1.4	安全措施	（1）办理工作票、交代安全注意事项，分工明确，并做好记录。 （2）设置高压试验安全围栏。 （3）正确使用安全工器具。 （4）试验仪器正确接地	10	安全措施交代不清楚或未确认签字扣 2 分； 试验前未将试验区域用安全围栏隔离扣 3 分； 未检查安全工器具扣 3 分； 试验仪器未正确接地扣 2 分		
2	试验开展					
2.1	试验接线	（1）仪器现场布置合理。 （2）电源开关接通前，试验仪器接线应准确无误	10	试验接线接错一次扣 2～5 分； 试验前未检查试验接线扣 3 分； 接线不规范扣 1～3 分； 上述扣分，扣完为止		
2.2	试验流程	（1）试验前仪器、仪表自检，正确选择试验电流，试验过程中高声呼唱。 （2）将断路器转至“合闸”状态，并断开相关合闸及控制电源。 （3）逐相测量三相断路器导电回路电阻值，并与规程值及历史测试值进行比对分析。 （4）试验前后及变更接线应对设备充分放电	30	未进行仪器、仪表自检扣 3 分； 试验过程中未高声呼唱每次扣 2 分； 试验过程中失误一次扣 5 分； 试验过程中监护不到位扣 5～10 分； 试验前后及变更接线未对被试设备放电扣 10 分； 上述扣分，扣完为止		
3	结果分析					
3.1	试验报告	结合测试数据做出分析判断，出具试验报告	25	试验数据分析不准确扣 5 分； 试验结论不正确扣 5 分； 试验报告填写不规范扣 1～5 分； 未给出试验结论扣 5 分		
4	试验结束					
4.1	现场恢复	清理现场，人员撤离	6	被试设备有遗留物品扣 2 分； 仪器、工器具等未定置恢复扣 2 分； 未检查或清理现场扣 2 分		
4.2	办理收工手续	向考评员汇报试验结果，并办理工作终结手续	4	未汇报试验结果扣 2 分； 未办理工作票终结手续扣 2 分		
合计			100			

Jc0302543014　GIS 主回路电阻试验。（100 分）

考核知识点：GIS 设备试验

难易度：中

技能等级评价专业技能考核操作工作任务书

一、任务名称

GIS 主回路电阻试验。

二、适用工种

电气试验工初级工。

三、具体任务

（1）工作状态为模拟 110kV GIS 设备停电，工作内容为 GIS 主回路电阻试验。

（2）工作任务：

1）GIS 主回路电阻试验。

2）根据试验记录出具试验报告，并对数据进行分析。

四、工作规范及要求

（1）工器具使用及安全措施。

（2）按要求进行 GIS 主回路电阻试验。

（3）出具试验报告和试验结果分析。

五、考核及时间要求

（1）本考核操作时间为 60 分钟，包括试验接线和报告整理，时间到停止考评。

（2）试验过程中如试验仪器、试验电源出现故障，可向考评员申请故障排除，故障排除时间不计入考核。

（3）按照技能操作要求进行操作，试验报告包括试验项目、仪器型号、试验结果等。

（4）试验过程中如遇突发状况，如不涉及人身、设备安全，则由试验人员自行排查、处理；如危及人身、设备安全，则应立即停止操作，人员及时撤离作业现场。

技能等级评价专业技能考核操作评分标准

工种	电气试验工					评价等级	初级工
项目模块	GIS 设备试验—回路电阻试验					编号	Jc0302543014
单位			准考证号			姓名	
考试时限	60 分钟		题型	单项操作		题分	100 分
成绩		考评员		考评组长		日期	
试题正文	GIS 主回路电阻试验						
需要说明的问题和要求	（1）试验过程单人操作，数据分析在试验过程中完成。 （2）操作过程应注意安全，按照标准化作业流程做好安全措施。 （3）现场完成试验结果分析，出具试验报告。 （4）检测仪器可选考场提供或自带						

序号	项目名称	质量要求	满分	扣分标准	扣分原因	得分
1	试验前准备					
1.1	工器具使用	熟练正确使用各种工器具	5	未正确使用一次扣 1 分，扣完为止		
1.2	试验记录	收集被试设备基础信息和历史试验数据	5	未收集被试设备历次试验报告扣 1 分； 未记录被试设备铭牌，现场温、湿度等条件的，每处扣 1 分，扣完为止		

续表

序号	项目名称	质量要求	满分	扣分标准	扣分原因	得分
1.3	仪器、仪表选择	选择合适的回路电阻测试仪	5	选用仪器不合适扣 3 分； 未检查试验仪器合格证或校验证书扣 2 分		
1.4	安全措施	（1）办理工作票、交代安全注意事项，分工明确，并做好记录。 （2）设置电气试验安全围栏。 （3）正确使用安全工器具。 （4）试验仪器正确接地	10	安全措施交代不清楚或未确认签字扣 2 分； 试验前未将试验区域用安全围栏隔离扣 3 分； 未检查安全工器具扣 3 分； 试验仪器未正确接地扣 2 分		
2	试验开展					
2.1	试验接线	（1）仪器现场布置合理。 （2）电源开关接通前，试验仪器接线应准确无误	10	试验接线接错一次扣 2～5 分； 试验前未检查试验接线扣 3 分； 接线不规范扣 1～3 分； 上述扣分，扣完为止		
2.2	试验流程	（1）试验前仪器、仪表自检，正确选择试验电流，试验过程中高声呼唱。 （2）合上被测 GIS 设备主回路断路器及隔离开关，并断开相关合闸及控制电源。 （3）根据现场实际合理选择测试点。 （4）逐相测量三相 GIS 主回路电阻值，并与规程值及历史测试值进行比对分析。 （5）试验前后及变更接线应对设备充分放电	30	未进行仪器、仪表自检扣 3 分； 试验过程中未高声呼唱每次扣 2 分； 试验过程中失误一次扣 5 分； 试验过程中监护不到位扣 5～10 分； 试验前后及变更接线未对被试设备放电扣 10 分； 上述扣分，扣完为止		
3	结果分析					
3.1	试验报告	结合测试数据做出分析判断，出具试验报告	25	试验数据分析不准确扣 5 分； 试验结论不正确扣 5 分； 试验报告填写不规范扣 1～5 分； 未给出试验结论扣 5 分		
4	试验结束					
4.1	现场恢复	清理现场，人员撤离	6	被试设备有遗留物品扣 2 分； 仪器、工器具等未定置恢复扣 2 分； 未检查或清理现场扣 2 分		
4.2	办理收工手续	向考评员汇报试验结果，并办理工作终结手续	4	未汇报试验结果扣 2 分； 未办理工作票终结手续扣 2 分		
合计			100			

Jc0302541015　10kV 电压互感器直流电阻试验。（100 分）

考核知识点： 互感器试验

难易度： 易

技能等级评价专业技能考核操作工作任务书

一、任务名称

10kV 电压互感器直流电阻试验。

二、适用工种

电气试验工初级工。

三、具体任务

（1）工作状态为模拟 10kV 电压互感器停电，工作内容为 10kV 电压互感器直流电阻试验。

（2）工作任务：

1）10kV 电压互感器直流电阻试验。

2）根据试验记录出具试验报告，并对数据进行分析。

四、工作规范及要求

（1）工器具使用及安全措施。

（2）按要求进行 10kV 电压互感器直流电阻试验。

（3）出具试验报告和试验结果分析。

五、考核及时间要求

（1）本考核操作时间为 60 分钟，包括试验接线和报告整理，时间到停止考评。

（2）试验过程中如试验仪器、试验电源出现故障，可向考评员申请故障排除，故障排除时间不计入考核。

（3）按照技能操作要求进行操作，试验报告包括试验项目、仪器型号、试验结果等。

（4）试验过程中如遇突发状况，如不涉及人身、设备安全，则由试验人员自行排查、处理；如危及人身、设备安全，则应立即停止操作，人员及时撤离作业现场。

技能等级评价专业技能考核操作评分标准

<table>
<tr><td>工种</td><td colspan="5">电气试验工</td><td>评价等级</td><td>初级工</td></tr>
<tr><td>项目模块</td><td colspan="5">电压互感器试验—直流电阻试验</td><td>编号</td><td>Jc0302541015</td></tr>
<tr><td>单位</td><td colspan="2"></td><td>准考证号</td><td colspan="2"></td><td>姓名</td><td></td></tr>
<tr><td>考试时限</td><td colspan="2">60 分钟</td><td>题型</td><td colspan="2">单项操作</td><td>题分</td><td>100 分</td></tr>
<tr><td>成绩</td><td></td><td>考评员</td><td colspan="2"></td><td>考评组长</td><td>日期</td><td></td></tr>
<tr><td>试题正文</td><td colspan="7">10kV 电压互感器直流电阻试验</td></tr>
<tr><td>需要说明的问题和要求</td><td colspan="7">（1）试验过程单人操作，数据分析在试验过程中完成。
（2）操作过程应注意安全，按照标准化作业流程做好安全措施。
（3）现场完成试验结果分析，出具试验报告。
（4）检测仪器可选考场提供或自带</td></tr>
</table>

序号	项目名称	质量要求	满分	扣分标准	扣分原因	得分
1	试验前准备					
1.1	工器具使用	熟练正确使用各种工器具	5	未正确使用一次扣 1 分，扣完为止		
1.2	试验记录	收集被试设备基础信息和历史试验数据	5	未收集被试设备历次试验报告扣 1 分； 未记录被试设备铭牌，现场温、湿度等条件的，每处扣 1 分，扣完为止		
1.3	仪器、仪表选择	选择合适的万用表、直流电阻测试仪	5	选用仪器不合适扣 3 分； 未检查试验仪器合格证或校验证书扣 2 分		
1.4	安全措施	（1）办理工作票、交代安全注意事项，分工明确，并做好记录。 （2）设置高压试验安全围栏。 （3）正确使用安全工器具。 （4）试验仪器正确接地	10	安全措施交代不清楚或未确认签字扣 2 分； 试验前未将试验区域用安全围栏隔离扣 3 分； 未检查安全工器具扣 3 分； 试验仪器未正确接地扣 2 分		
2	试验开展					
2.1	试验接线	（1）仪器现场布置合理。 （2）电源开关接通前，试验仪器接线应准确无误	10	试验接线接错一次扣 2～5 分； 试验前未检查试验接线扣 3 分； 接线不规范扣 1～3 分； 上述扣分，扣完为止		
2.2	试验流程	（1）试验前仪器、仪表自检，正确选择试验电流，试验过程中高声呼唱。 （2）应分别测量电流互感器一次绕组及各二次绕组直流电阻值，经过温度换算后与历史数据进行比对分析。 （3）试验前后及变更接线应对设备充分放电	30	未进行仪器、仪表自检扣 3 分； 试验过程中未高声呼唱每次扣 2 分； 试验过程中失误一次扣 5 分； 试验过程中监护不到位扣 5～10 分； 试验前后及变更接线未对被试设备放电扣 10 分； 上述扣分，扣完为止		

续表

序号	项目名称	质量要求	满分	扣分标准	扣分原因	得分
3	结果分析					
3.1	试验报告	结合测试数据做出分析判断，出具试验报告	25	试验数据分析不准确扣5分； 试验结论不正确扣5分； 试验报告填写不规范扣1～5分； 未给出试验结论扣5分		
4	试验结束					
4.1	现场恢复	清理现场，人员撤离	6	被试设备有遗留物品扣2分； 仪器、工器具等未定置恢复扣2分； 未检查或清理现场扣2分		
4.2	办理收工手续	向考评员汇报试验结果，并办理工作终结手续	4	未汇报试验结果扣2分； 未办理工作票终结手续扣2分		
合计			100			

Jc0302541016　10kV 手车断路器回路电阻测试。（100 分）

考核知识点：断路器试验

难易度：易

技能等级评价专业技能考核操作工作任务书

一、任务名称

10kV 手车断路器回路电阻测试。

二、适用工种

电气试验工初级工。

三、具体任务

（1）工作状态为模拟 10kV 手车断路器停电，已拉至检修位置，工作内容为断路器例行试验。

（2）工作任务：

1）手车断路器回路电阻测试。

2）根据试验记录出具试验报告，并对数据进行分析。

四、工作规范及要求

（1）工器具使用及安全措施。

（2）按要求进行高压试验。

（3）出具试验报告和试验结果分析。

五、考核及时间要求

（1）本考核操作时间为 60 分钟，包括试验接线和报告整理，时间到停止考评。

（2）试验过程中如试验仪器、试验电源出现故障，可向考评员申请故障排除，故障排除时间不计入考核。

（3）按照技能操作要求进行操作，试验报告包括试验项目、仪器型号、试验结果等。

（4）试验过程中如遇突发状况，如不涉及人身、设备安全，则由试验人员自行排查、处理；如危及人身、设备安全，则应立即停止操作，人员及时撤离作业现场。

技能等级评价专业技能考核操作评分标准

<table>
<tr><td>工种</td><td colspan="4">电气试验工</td><td>评价等级</td><td>初级工</td></tr>
<tr><td>项目模块</td><td colspan="4">断路器试验—回路电阻测试</td><td>编号</td><td>Jc0302541016</td></tr>
<tr><td>单位</td><td></td><td>准考证号</td><td colspan="2"></td><td>姓名</td><td></td></tr>
<tr><td>考试时限</td><td>60 分钟</td><td>题型</td><td colspan="2">单项操作</td><td>题分</td><td>100 分</td></tr>
<tr><td>成绩</td><td></td><td>考评员</td><td></td><td>考评组长</td><td>日期</td><td></td></tr>
<tr><td>试题正文</td><td colspan="6">10kV 手车断路器回路电阻测试</td></tr>
<tr><td>需要说明的问题和要求</td><td colspan="6">（1）试验过程单人操作，数据分析在试验过程中完成。
（2）操作过程应注意安全，按照标准化作业流程做好安全措施。
（3）现场完成试验结果分析，出具试验报告。
（4）检测仪器可选考场提供或自带</td></tr>
</table>

序号	项目名称	质量要求	满分	扣分标准	扣分原因	得分
1	试验前准备					
1.1	工器具使用	熟练正确使用各种工器具	5	未正确使用一次扣 1 分，扣完为止		
1.2	试验记录	收集被试设备基础信息和历史试验数据	5	未收集被试设备历次试验报告扣 1 分； 未记录被试设备铭牌，现场温、湿度等条件的，每处扣 1 分，扣完为止		
1.3	仪器、仪表选择	选择合适的试验仪器、仪表	5	选用仪器不合适扣 3 分； 未检查试验仪器合格证或校验证书扣 2 分		
1.4	安全措施	（1）办理工作票、交代安全注意事项，分工明确，并做好记录。 （2）设置高压试验安全围栏。 （3）安全工器具使用。 （4）试验仪器正确接地	10	试验仪器未正确接地扣 2 分； 未检查安全工器具扣 3 分； 安全措施交代不清楚或未确认签字扣 2 分； 试验前未将试验区域用安全围栏隔离扣 3 分		
2	试验开展					
2.1	试验接线	（1）仪器现场布置合理。 （2）电源开关接通前，试验仪器接线应准确无误	10	试验接线接错一次扣 5 分； 试验前未检查试验接线扣 3 分； 接线不规范扣 1～3 分； 上述扣分，扣完为止		
2.2	试验流程	（1）试验前仪器、仪表自检，正确选择试验电流，试验过程中高声呼唱。 （2）应先检查断路器合闸状态，正确接线，再开始测试。 （3）待数值稳定，记录各相回路电阻数值。 （4）试验前后及变更接线应对设备充分放电	30	未进行仪器、仪表自检扣 3 分； 试验过程中未高声呼唱每次扣 2 分； 试验过程中失误一次扣 5 分； 试验过程中监护不到位扣 5～10 分； 缺少试验项目的扣 5 分； 试验前后及变更接线未对被试设备放电扣 10 分； 上述扣分，扣完为止		
3	结果分析					
3.1	试验报告	结合测试数据做出分析判断，出具试验报告	25	试验数据分析不准确扣 5 分； 试验结论不正确扣 5 分； 试验报告填写不规范扣 1～5 分； 未给出试验结论扣 5 分		
4	试验结束					
4.1	现场恢复	清理现场，人员撤离	6	被试设备有遗留物品扣 2 分； 仪器、工器具等未定置恢复扣 2 分； 未检查或清理现场扣 2 分		
4.2	办理收工手续	向考评员汇报试验结果，并办理工作终结手续	4	未汇报试验结果扣 2 分； 未办理工作票终结手续扣 2 分		
合计			100			

Jc0302542017　10kV 变压器绕组直流电阻试验。（100 分）

考核知识点： 变压器试验

难易度： 易

技能等级评价专业技能考核操作工作任务书

一、任务名称

10kV 变压器绕组直流电阻试验。

二、适用工种

电气试验工初级工。

三、具体任务

（1）工作状态为模拟 10kV 变压器停电，工作内容为 10kV 变压器绕组直流电阻试验。

（2）工作任务：

1）10kV 变压器高压绕组、低压绕组直流电阻试验。

2）根据试验记录出具试验报告，并对数据进行分析。

四、工作规范及要求

（1）工器具使用及安全措施。

（2）按要求进行 10kV 变压器直流电阻试验。

（3）出具试验报告和试验结果分析。

五、考核及时间要求

（1）本考核操作时间为 60 分钟，包括试验接线和报告整理，时间到停止考评。

（2）试验过程中如试验仪器、试验电源出现故障，可向考评员申请故障排除，故障排除时间不计入考核。

（3）按照技能操作要求进行操作，试验报告包括试验项目、仪器型号、试验结果等。

（4）试验过程中如遇突发状况，如不涉及人身、设备安全，则由试验人员自行排查、处理；如危及人身、设备安全，则应立即停止操作，人员及时撤离作业现场。

技能等级评价专业技能考核操作评分标准

<table>
<tr><td>工种</td><td colspan="4">电气试验工</td><td>评价等级</td><td>初级工</td></tr>
<tr><td>项目模块</td><td colspan="4">变压器试验—绕组直流电阻试验</td><td>编号</td><td>Jc0302542017</td></tr>
<tr><td>单位</td><td></td><td>准考证号</td><td colspan="2"></td><td>姓名</td><td></td></tr>
<tr><td>考试时限</td><td>60 分钟</td><td>题型</td><td colspan="2">单项操作</td><td>题分</td><td>100 分</td></tr>
<tr><td>成绩</td><td>　　考评员</td><td></td><td>考评组长</td><td></td><td>日期</td><td></td></tr>
<tr><td>试题正文</td><td colspan="6">10kV 变压器绕组直流电阻试验</td></tr>
<tr><td>需要说明的问题和要求</td><td colspan="6">（1）试验过程单人操作，数据分析在试验过程中完成。
（2）操作过程应注意安全，按照标准化作业流程做好安全措施。
（3）现场完成试验结果分析，出具试验报告。
（4）检测仪器可选考场提供或自带</td></tr>
</table>

序号	项目名称	质量要求	满分	扣分标准	扣分原因	得分
1	试验前准备					
1.1	工器具使用	熟练正确使用各种工器具	5	未正确使用一次扣 1 分，扣完为止		
1.2	试验记录	收集被试设备基础信息和历史试验数据	5	未收集被试设备历次试验报告扣 1 分； 未记录被试设备铭牌，现场温、湿度等条件的，每处扣 1 分，扣完为止		

续表

序号	项目名称	质量要求	满分	扣分标准	扣分原因	得分
1.3	仪器、仪表选择	选择合适的直流电阻测试仪	5	选用仪器不合适扣 3 分； 未检查试验仪器合格证或校验证书扣 2 分		
1.4	安全措施	（1）办理工作票、交代安全注意事项，分工明确，并做好记录。 （2）设置高压试验安全围栏。 （3）正确使用安全工器具。 （4）试验仪器正确接地	10	安全措施交代不清楚或未确认签字扣 2 分； 试验前未将试验区域用安全围栏隔离扣 3 分； 未检查安全工器具扣 3 分； 试验仪器未正确接地扣 2 分		
2	试验开展					
2.1	试验接线	（1）仪器现场布置合理。 （2）电源开关接通前，试验仪器接线应准确无误	10	试验接线接错一次扣 2～5 分； 试验前未检查试验接线扣 3 分； 接线不规范扣 1～3 分； 上述扣分，扣完为止		
2.2	试验流程	（1）试验前仪器、仪表自检，正确选择试验电流，试验过程中高声呼唱。 （2）应分别测量变压器高压绕组及低压绕组直流电阻值，经过温度换算后与历史数据进行比对分析。 （3）试验前后及变更接线应对设备充分放电	30	未进行仪器、仪表自检扣 3 分； 试验过程中未高声呼唱每次扣 2 分； 试验过程中失误一次扣 5 分； 试验过程中监护不到位扣 5～10 分； 试验前后及变更接线未对被试设备放电扣 10 分； 上述扣分，扣完为止		
3	结果分析					
3.1	试验报告	结合测试数据做出分析判断，出具试验报告	25	试验数据分析不准确扣 5 分； 试验结论不正确扣 5 分； 试验报告填写不规范扣 1～5 分； 未给出试验结论扣 5 分		
4	试验结束					
4.1	现场恢复	清理现场，人员撤离	6	被试设备有遗留物品扣 2 分； 仪器、工器具等未定置恢复扣 2 分； 未检查或清理现场扣 2 分		
4.2	办理收工手续	向考评员汇报试验结果，并办理工作终结手续	4	未汇报试验结果扣 2 分； 未办理工作票终结手续扣 2 分		
合计			100			

Jc0302542018　10kV 变压器变比测试。（100 分）

考核知识点：变压器试验

难易度：中

技能等级评价专业技能考核操作工作任务书

一、任务名称

10kV 变压器变比测试。

二、适用工种

电气试验工初级工。

三、具体任务

（1）工作状态为模拟 10kV 变压器停电，工作内容为 10kV 变压器变比测试。

（2）工作任务：

1）10kV 变压器变比测试。

2）根据试验记录出具试验报告，并对数据进行分析。

四、工作规范及要求

（1）工器具使用及安全措施。

（2）按要求进行 10kV 变压器变比测试。

（3）出具试验报告和试验结果分析。

五、考核及时间要求

（1）本考核操作时间为 60 分钟，包括试验接线和报告整理，时间到停止考评。

（2）试验过程中如试验仪器、试验电源出现故障，可向考评员申请故障排除，故障排除时间不计入考核。

（3）按照技能操作要求进行操作，试验报告包括试验项目、仪器型号、试验结果等。

（4）试验过程中如遇突发状况，如不涉及人身、设备安全，则由试验人员自行排查、处理；如危及人身、设备安全，则应立即停止操作，人员及时撤离作业现场。

技能等级评价专业技能考核操作评分标准

工种	电气试验工				评价等级	初级工
项目模块	变压器试验—变比测试				编号	Jc0302542018
单位		准考证号			姓名	
考试时限	60 分钟	题型	单项操作		题分	100 分
成绩		考评员		考评组长	日期	
试题正文	10kV 变压器变比测试					
需要说明的问题和要求	（1）试验过程单人操作，数据分析在试验过程中完成。 （2）操作过程应注意安全，按照标准化作业流程做好安全措施。 （3）现场完成试验结果分析，出具试验报告。 （4）检测仪器可选考场提供或自带					

序号	项目名称	质量要求	满分	扣分标准	扣分原因	得分
1	试验前准备					
1.1	工器具使用	熟练正确使用各种工器具	5	未正确使用一次扣 1 分，扣完为止		
1.2	试验记录	收集被试设备基础信息和历史试验数据	5	未收集被试设备历次试验报告扣 1 分； 未记录被试设备铭牌，现场温、湿度等条件的，每处扣 1 分，扣完为止		
1.3	仪器、仪表选择	选择合适的变比测试仪	5	选用仪器不合适扣 3 分； 未检查试验仪器合格证或校验证书扣 2 分		
1.4	安全措施	（1）办理工作票、交代安全注意事项，分工明确，并做好记录。 （2）设置高压试验安全围栏。 （3）正确使用安全工器具。 （4）试验仪器正确接地	10	安全措施交代不清楚或未确认签字扣 2 分； 试验前未将试验区域用安全围栏隔离扣 3 分； 未检查安全工器具扣 3 分； 试验仪器未正确接地扣 2 分		
2	试验开展					
2.1	试验接线	（1）仪器现场布置合理。 （2）电源开关接通前，试验仪器接线应准确无误	10	试验接线接错一次扣 2～5 分； 试验前未检查试验接线扣 3 分； 接线不规范扣 1～3 分； 上述扣分，扣完为止		

续表

序号	项目名称	质量要求	满分	扣分标准	扣分原因	得分
2.2	试验流程	（1）试验前仪器、仪表自检，正确选择接二线方式，试验过程中高声呼唱。 （2）应测量变压器高压绕组对低压绕组的变比，并进行比对分析。 （3）试验前后及变更接线应对设备充分放电	30	未进行仪器、仪表自检扣3分； 试验过程中未高声呼唱每次扣2分； 试验过程中失误一次扣5分； 试验过程中监护不到位扣5～10分； 试验前后及变更接线未对被试设备放电扣10分； 上述扣分，扣完为止		
3	结果分析					
3.1	试验报告	结合测试数据做出分析判断，出具试验报告	25	试验数据分析不准确扣5分； 试验结论不正确扣5分； 试验报告填写不规范扣1～5分； 未给出试验结论扣5分		
4	试验结束					
4.1	现场恢复	清理现场，人员撤离	6	被试设备有遗留物品扣2分； 仪器、工器具等未定置恢复扣2分； 未检查或清理现场扣2分		
4.2	办理收工手续	向考评员汇报试验结果，并办理工作终结手续	4	未汇报试验结果扣2分； 未办理工作票终结手续扣2分		
合计			100			

Jc0302541019　避雷器放电计数器试验。（100分）

考核知识点：避雷器试验

难易度：易

技能等级评价专业技能考核操作工作任务书

一、任务名称

避雷器放电计数器试验。

二、适用工种

电气试验工初级工。

三、具体任务

（1）工作状态为模拟避雷器放电计数器停电，工作内容为避雷器放电计数器试验。

（2）工作任务：

1）避雷器放电计数器试验。

2）根据试验记录出具试验报告，并对数据进行分析。

四、工作规范及要求

（1）工器具使用及安全措施。

（2）按要求进行避雷器放电计数器试验。

（3）出具试验报告和试验结果分析。

五、考核及时间要求

（1）本考核操作时间为60分钟，包括试验接线和报告整理，时间到停止考评。

（2）试验过程中如试验仪器、试验电源出现故障，可向考评员申请故障排除，故障排除时间不计入考核。

（3）按照技能操作要求进行操作，试验报告包括试验项目、仪器型号、试验结果等。

（4）试验过程中如遇突发状况，如不涉及人身、设备安全，则由试验人员自行排查、处理；如危及人身、设备安全，则应立即停止操作，人员及时撤离作业现场。

技能等级评价专业技能考核操作评分标准

工种	电气试验工				评价等级	初级工	
项目模块	避雷器试验—放电计数器试验				编号	Jc0302541019	
单位			准考证号		姓名		
考试时限	60 分钟		题型	单项操作	题分	100 分	
成绩		考评员		考评组长		日期	
试题正文	避雷器放电计数器试验						
需要说明的问题和要求	（1）试验过程单人操作，数据分析在试验过程中完成。 （2）操作过程应注意安全，按照标准化作业流程做好安全措施。 （3）现场完成试验结果分析，出具试验报告。 （4）检测仪器可选考场提供或自带						

序号	项目名称	质量要求	满分	扣分标准	扣分原因	得分
1	试验前准备					
1.1	工器具使用	熟练正确使用各种工器具	5	未正确使用一次扣 1 分，扣完为止		
1.2	试验记录	收集被试设备基础信息和历史试验数据	5	未收集被试设备历次试验报告扣 1 分； 未记录被试设备铭牌，现场温、湿度等条件的，每处扣 1 分，扣完为止		
1.3	仪器、仪表选择	选择合适的计数器动作测试仪	5	选用仪器不合适扣 3 分； 未检查试验仪器合格证或校验证书扣 2 分		
1.4	安全措施	（1）办理工作票、交代安全注意事项，分工明确，并做好记录。 （2）设置电气试验安全围栏。 （3）正确使用安全工器具。 （4）试验仪器正确接地	10	安全措施交代不清楚或未确认签字扣 2 分； 试验前未将试验区域用安全围栏隔离扣 3 分； 未检查安全工器具扣 3 分； 试验仪器未正确接地扣 2 分		
2	试验开展					
2.1	试验接线	（1）仪器现场布置合理。 （2）电源开关接通前，试验仪器接线应准确无误	10	试验接线接错一次扣 2～5 分； 试验前未检查试验接线扣 3 分； 接线不规范扣 1～3 分； 上述扣分，扣完为止		
2.2	试验流程	（1）试验前仪器、仪表自检，正确选择试验电流，试验过程中高声呼唱。 （2）用标准冲击电流法进行放电计数器试验，重复 3～5 次，每次间隔不少于 30s。 （3）试验前后及变更接线应对架空线路进行充分放电	30	未进行仪器、仪表自检扣 3 分； 试验过程中未高声呼唱每次扣 2 分； 试验过程中失误一次扣 5 分； 试验过程中监护不到位扣 5～10 分； 试验前后及变更接线未对被试设备放电扣 10 分； 上述扣分，扣完为止		
3	结果分析					
3.1	试验报告	结合测试数据做出分析判断，出具试验报告	25	试验数据分析不准确扣 5 分； 试验结论不正确扣 5 分； 试验报告填写不规范扣 1～5 分； 未给出试验结论扣 5 分		
4	试验结束					
4.1	现场恢复	清理现场，人员撤离	6	被试设备有遗留物品扣 2 分； 仪器、工器具等未定置恢复扣 2 分； 未检查或清理现场扣 2 分		
4.2	办理收工手续	向考评员汇报试验结果，并办理工作终结手续	4	未汇报试验结果扣 2 分； 未办理工作票终结手续扣 2 分		
合计			100			

Jc0302542020　10kV 电容器极间电容量试验。（100 分）

考核知识点： 电容器试验

难易度： 易

技能等级评价专业技能考核操作工作任务书

一、任务名称

10kV 电容器极间电容量试验。

二、适用工种

电气试验工初级工。

三、具体任务

（1）工作状态为模拟 10kV 电容器停电，工作内容为 10kV 电容器极间电容量试验。

（2）工作任务：

1）10kV 电容器极间电容量试验。

2）根据试验记录出具试验报告，并对数据进行分析。

四、工作规范及要求

（1）工器具使用及安全措施。

（2）按要求进行 10kV 电容器极间电容量试验。

（3）出具试验报告和试验结果分析。

五、考核及时间要求

（1）本考核操作时间为 60 分钟，包括试验接线和报告整理，时间到停止考评。

（2）试验过程中如试验仪器、试验电源出现故障，可向考评员申请故障排除，故障排除时间不计入考核。

（3）按照技能操作要求进行操作，试验报告包括试验项目、仪器型号、试验结果等。

（4）试验过程中如遇突发状况，如不涉及人身、设备安全，则由试验人员自行排查、处理；如危及人身、设备安全，则应立即停止操作，人员及时撤离作业现场。

技能等级评价专业技能考核操作评分标准

工种	电气试验工					评价等级	初级工
项目模块	电容器试验—极间电容量试验					编号	Jc0302542020
单位			准考证号			姓名	
考试时限	60 分钟		题型	单项操作		题分	100 分
成绩		考评员		考评组长		日期	
试题正文	10kV 电容器极间电容量试验						
需要说明的问题和要求	（1）试验过程单人操作，数据分析在试验过程中完成。 （2）操作过程应注意安全，按照标准化作业流程做好安全措施。 （3）现场完成试验结果分析，出具试验报告。 （4）检测仪器可选考场提供或自带						

序号	项目名称	质量要求	满分	扣分标准	扣分原因	得分
1	试验前准备					
1.1	工器具使用	熟练正确使用各种工器具	5	未正确使用一次扣 1 分，扣完为止		

续表

序号	项目名称	质量要求	满分	扣分标准	扣分原因	得分
1.2	试验记录	收集被试设备基础信息和历史试验数据	5	未收集被试设备历次试验报告扣1分； 未记录被试设备铭牌，现场温、湿度等条件的，每处扣1分，扣完为止		
1.3	仪器、仪表选择	选择合适的电容量测试仪	5	选用仪器不合适扣3分； 未检查试验仪器合格证或校验证书扣2分		
1.4	安全措施	（1）办理工作票、交代安全注意事项，分工明确，并做好记录。 （2）设置高压试验安全围栏。 （3）正确使用安全工器具。 （4）试验仪器正确接地	10	安全措施交代不清楚或未确认签字扣2分； 试验前未将试验区域用安全围栏隔离扣3分； 未检查安全工器具扣3分； 试验仪器未正确接地扣2分		
2	试验开展					
2.1	试验接线	（1）仪器现场布置合理。 （2）电源开关接通前，试验仪器接线应准确无误	10	试验接线接错一次扣2～5分； 试验前未检查试验接线扣3分； 接线不规范扣1～3分； 上述扣分，扣完为止		
2.2	试验流程	（1）试验前仪器、仪表自检，正确选择试验电流，试验过程中高声呼唱。 （2）应分别测量电容器各相间电容量，经过计算后与规程值和历史数据进行比对分析。 （3）试验前后及变更接线应对设备充分放电	30	未进行仪器、仪表自检扣3分； 试验过程中未高声呼唱每次扣2分； 试验过程中失误一次扣5分； 试验过程中监护不到位扣5～10分； 试验前后及变更接线未对被试设备放电扣10分； 上述扣分，扣完为止		
3	结果分析					
3.1	试验报告	结合测试数据做出分析判断，出具试验报告	25	试验数据分析不准确扣5分； 试验结论不正确扣5分； 试验报告填写不规范扣1～5分； 未给出试验结论扣5分		
4	试验结束					
4.1	现场恢复	清理现场，人员撤离	6	被试设备有遗留物品扣2分； 仪器、工器具等未定置恢复扣2分； 未检查或清理现场扣2分		
4.2	办理收工手续	向考评员汇报试验结果，并办理工作终结手续	4	未汇报试验结果扣2分； 未办理工作票终结手续扣2分		
合计			100			

第二部分
中级工

第三章　电气试验工中级工技能笔答

Jb0302422001　油浸式三绕组电力变压器直流泄漏试验的测量部位有哪些？画出变压器泄漏电流测试接线图？（7分）

考核知识点：变压器泄漏电流测试

难易度：中

标准答案：

（1）三绕组变压器直流泄漏试验的测量部位有：一是高压绕组，中低压及外壳接地。二是中压绕组，高低压及外壳接地。三是低压绕组，高中压及外壳接地。

（2）测试接线图如图 Jb0302422001 所示。

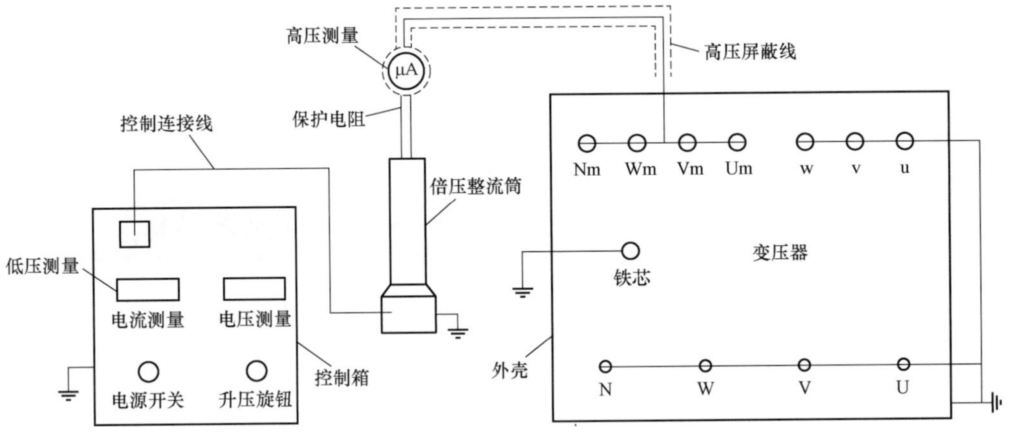

图 Jb0302422001

Jb0302431002　试比较泄漏电流测量和绝缘电阻测量有哪些相同和差别？（5分）

考核知识点：设备绝缘

难易度：难

标准答案：

测量泄漏电流的原理和测量绝缘电阻的原理本质上是完全相同的，而且能检出缺陷的性质也大致相同。但由于泄漏电流测量中所用的电源一般均由高压整流设备供给，并用微安表直接读取泄漏电流。因此，它与绝缘电阻测量相比又有以下特点。

（1）试验电压高，并且可随意调节。

（2）泄漏电流可由微安表随时监视，灵敏度高，测量重复性也较好。

（3）根据泄漏电流测量值可以换算出绝缘电阻值，而用绝缘电阻表测出的绝缘电阻值则不可换算出泄漏电流值。

（4）可以用泄漏电流与加压时间的关系曲线并测量吸收比来判断绝缘缺陷。

Jb0302431003　开展高压断路器绝缘电阻测试试验的目的是什么？（5分）

考核知识点：断路器绝缘电阻测试

难易度：易

标准答案：

高压断路器的主要绝缘部件有瓷套、拉杆和绝缘油。测量高压断路器的绝缘电阻应分别在合闸状态和分闸状态下进行。在合闸状态下主要是检查拉杆对地绝缘；在分闸状态下，主要是检查各断口之间的绝缘，通过测量可以检查出内部消弧室是否受潮或烧伤。

Jb0302432004 当充油电气设备内部发生故障时，应如何诊断？(4 分)

考核知识点：充油设备故障分析

难易度：中

标准答案：

对于一个有效的分析结果，应按以下步骤进行诊断：① 判定有无故障；② 判断故障类型；③ 诊断故障的状况，如热点温度、故障功率、严重程度、发展程度以及油中气体的饱和水平和达到气体继电器报警所需的时间等；④ 提出相应的处理措施，如能否继续运行，继续运行期间的技术安全措施和监视手段（如确定跟踪周期等），或是否需要内部监查修理等。

Jb0302433005 为什么大型变压器测量直流泄漏电流容易发现局部缺陷，而测量 $\tan\delta$ 却不易发现局部缺陷？（6 分）

考核知识点：变压器介质损耗

难易度：中

标准答案：

大型变压器体积较大，绝缘材料有油、纸、棉纱等。其绕组对绕组、绕组对铁芯、套管导电芯对外壳，组成多个并联支路。当测量绕组的直流泄漏电流时，能将各个并联支路的直流泄漏电流值反映出来。而测量 $\tan\delta$ 时，因在并联回路中的 $\tan\delta$ 是介于各并联分支中的最大值和最小值之间。其值的大小决定于缺陷部分损耗与总电容之比。当局部缺陷的 $\tan\delta$ 虽已很大时，但与总体电容之比的值仍然很小，总介质损耗因数较小，只有当缺陷面积较大时，总介质损耗因数才增大，所以不易发现缺陷。

Jb0302431006 为什么套管注油后要静置一段时间才能测量其 $\tan\delta$？（4 分）

考核知识点：绝缘油介质损耗

难易度：中

标准答案：

刚检修注油后的套管，无论是采取真空注油还是非真空注油，总会或多或少地残留少量气泡在油中。这些气泡在试验电压下往往发生局部放电，因而使实测的 $\tan\delta$ 增大。为保证测量的准确度，对于非真空注油及真空注油的套管，一般都采取注油后静置一段时间且多次排气后再进行测的方法，从而纠正偏大的误差。

Jb0302433007 35kV 变压器的充油套管为什么不允许在无油状态下做耐压试验？但又允许做 $\tan\delta$ 及泄漏电流试验？（6 分）

考核知识点：变压器套管

难易度：难

标准答案：

由于空气的介电常数 $\varepsilon_1=1$，电气强度 $E_1=30\text{kV/cm}$，而油的介电常数 $\varepsilon_2=2.2$，电气强度 E_2 可达 80～120kV/cm，若套管不充油做耐压试验，导杆表面出现的场强会大于正常空气的耐受场强，造成瓷套空腔放电，电压加在全部瓷套上，导致瓷套击穿损坏。若套管在充油状态下做耐压试验，因油的电气耐受强度比空气的高得多，能够承受导杆表面处的场强，不会引起瓷套损坏，因此不允许在无油状态下做耐压试验。套管不充油可做 $\tan\delta$ 和泄漏试验，是因为测 $\tan\delta$ 时，其试验电压 U_{exp}=10kV，测泄漏电流时，施加的电压规定为充油状态下的 U_{exp} 的 50%电压都比较低，不会出现导杆表面的场强大于空气的耐受电气强度的现象，也就不会造成瓷套损坏，故允许在无油状态下测量 $\tan\delta$ 和泄漏电流。

Jb0302432008　介电系数在绝缘结构中的意义是什么？（5 分）

考核知识点：绝缘介质的介电系数

难易度：中

标准答案：

高压电气设备的绝缘结构大都由几种绝缘介质组成，不同的绝缘介质其介电系数也不同。介电系数小的介质所承受的电场强度高，如高压设备的绝缘材料中有气隙，气隙中空气的介电系数较小，则电场强度多集中在气隙上，常使气隙中空气先行游离而产生局部放电，促使绝缘老化，甚至绝缘层被击穿，引起绝缘体电容量的变化。

因此，在绝缘结构中介电系数是影响电气设备绝缘状况的重要因素。

Jb0302433009　对变压器进行感应耐压试验的目的和原因是什么？（7 分）

考核知识点：变压器感应耐压试验

难易度：难

标准答案：

（1）对变压器进行感应耐压试验的目的是：

1）试验全绝缘变压器的纵绝缘。

2）试验分级绝缘变压器的部分主绝缘和纵绝缘。

（2）对变压器进行感应耐压试验的原因是：

1）由于在做全绝缘变压器的交流耐压试验时，只考验了变压器主绝缘的电气强度，而纵绝缘并没有承受电压，所以要做感应耐压试验。

2）对半绝缘变压器主绝缘，因其绕组首、末端绝缘水平不同，不能采用一般的外施电压法试验其绝缘强度，只能用感应耐压法进行耐压试验。为了要同时满足对主绝缘和纵绝缘试验的要求，通常借助于辅助变压器或非被试相绕组支撑被试绕组把中性点的电位抬高，一举达到两个目的。

Jb0302421010　识别图 Jb0302421010 是什么测量仪器的原理接线图。（4 分）

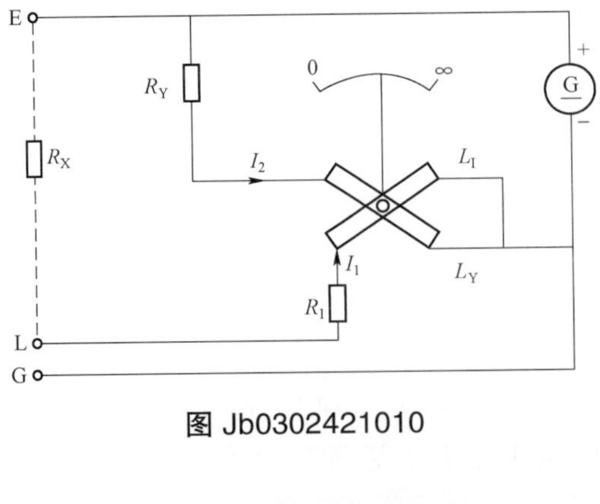

图 Jb0302421010

考核知识点：绝缘电阻表

难易度：易

标准答案：

绝缘电阻表的原理接线。

Jb0302422011　已知 T 为铁芯，N_1、N_2 为变压器的一次、二次绕组，R 为负载，画出变压器的原理图，并标出电流、电压方向。（4 分）

考核知识点：变压器

难易度：易

标准答案：

如图 Jb0302422011 所示。

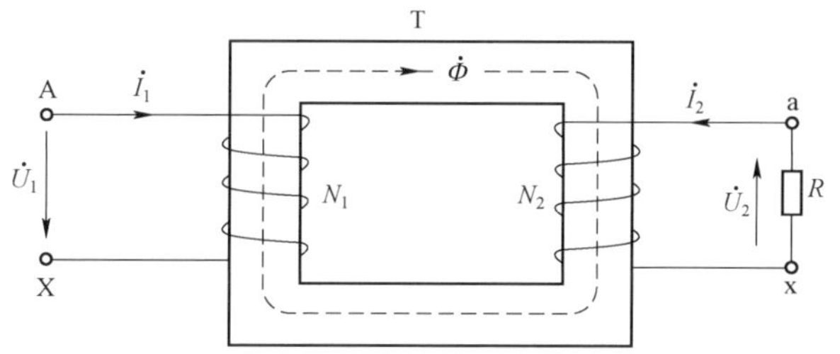

图 Jb0302422011

Jb0302432012　为什么变压器空载试验能发现铁芯的缺陷？（6 分）

考核知识点：变压器空载试验

难易度：中

标准答案：

空载损耗基本上是铁芯的磁滞损耗和涡流损失之和，仅有很小一部分是空载电流流过线圈形成的电阻损耗。因此空载损耗的增加主要反映铁芯部分的缺陷。如硅钢片间的绝缘漆质量不良，漆膜劣化造成硅钢片间短路，可能使空载损耗增大 10%～15%；穿芯螺栓、轭铁梁等部分的绝缘损坏，都会使铁芯涡流增大，引起局部发热，也使总的空载损耗增加。另外制造过程中选用了比设计值厚的或质量差的硅钢片以及铁芯磁路对接部位缝隙过大，也会使空载损耗增大。因此测得的损失情况可反映铁芯的缺陷。

Jb0302431013　变压器的作用是什么？为什么需要变压？（5 分）

考核知识点：变压器

难易度：中

标准答案：

变压器是一种静止的电气设备，借助电磁感应作用，把一种电压的交流电能转变为同频率的另一种或几种电压的交流电能。为什么需要变压呢？这是因为要将一定数量的大功率的电能输送到远方用户时，如果用较低的电压，则电流将很大，而线路的功率损耗与电流的平方成正比，从而将造成巨大的能量损失。另一方面，大电流在线路上引起很大的电压损失，使得用户无法得到足够的电压，故必须用升压变压器把要输送电能的电压升高，以减小电流。另外，用电设备的电压相对来说却较低，因此电能送到受电端后，还必须用降压变压器将电压降低到用户所需要的数值。

Jb0302432014　如何进行绝缘手套工频耐压试验？（12 分）

考核知识点：绝缘手套耐压试验

难易度：难

标准答案：

（1）对绝缘手套进行外观检查，绝缘手套内、外表面均应完好无损，无划痕、裂缝、折缝和孔洞，且尺寸应符合相关标准要求。检查时可从手套口开始挤压空气来发现有无缺陷。

（2）测试被试品绝缘电阻，绝缘电阻应正常。

（3）试验前在被试手套内注水，并将手套悬在盛满同样水的金属器皿内，手套内、外的睡眠应相同，其出水深度要满足规定要求，手套露出水面的部分要保持清洁干燥。金属器皿应用绝缘物将容器对地绝缘。试验电压的一端接金属器皿外壳，另一端经电极串接交流微安表和短路开关后接地。

（4）进行交流耐压试验，检查试验接线正确、调压器在零位后，将高压引线接上试品，接通电源，开始升压。电压应从较低值开始上升，并以大约 1000V/s 的速度逐渐升压至试验电压值，开始计时并读取试验电压。时间到后，迅速均匀降压到零，断开试验电源，并放电、挂接地线。

（5）立即触摸绝缘表面。如出现普遍或局部发热，则认为绝缘不良，应处理后再做耐压试验。

（6）测试绝缘电阻，其值应正常。

（7）耐压试验合格后的绝缘手套，从容器中取出后，应在清水中冲洗数次，烘干后才可以继续使用。

Jb0302431015　为什么有机绝缘材料制成的试品，在工频耐压试验后要用手触摸绝缘操作杆的加压部分？（4 分）

考核知识点：工频交流耐压

难易度：中

标准答案：

在对绝缘操作杆进行工频耐压试验时，若试验中无破坏性放电发生，则认为通过耐压试验。试验后应立即用手触摸绝缘表面，如出现普遍或局部发热，则说明在试验电压下绝缘操作杆泄漏电流较大，认为绝缘操作杆的绝缘不良，应立即处理，再做耐压试验。耐压试验后测试绝缘电阻应正常。

Jb0302431016　绝缘电阻试验如何进行试验接线？（4 分）

考核知识点：绝缘电阻测试

难易度：中

标准答案：

测量时，绝缘电阻表的接线端子“L”接于被试设备的高压导体上，接地端子“E”接于被试设备的外壳或接地点上，屏蔽端子“G”接于设备的屏蔽环上，以消除表面泄漏电流的影响。被试品上的屏蔽环应按图 Jb0302431016 所示的接线图，接在接近加压的高压端而远离接地部分，减少屏蔽对地的表面泄漏，以免造成绝缘电阻表过负荷。屏蔽环可以用熔丝或软铜线紧绕几圈而成。

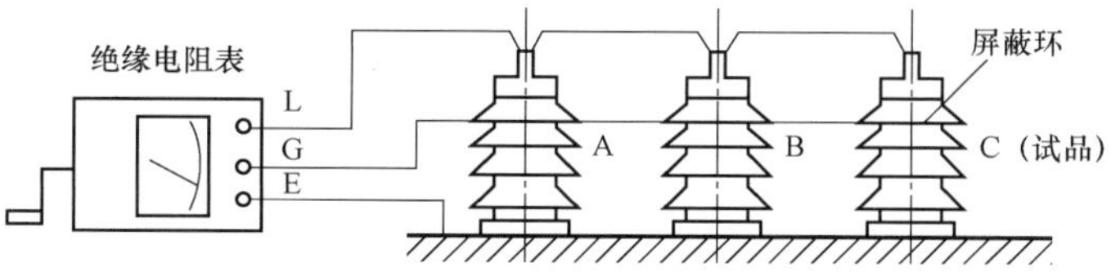

图 Jb0302431016

Jb0302431017　简述数字式电动绝缘电阻表检查方法。（3 分）

考核知识点：绝缘电阻表

难易度：易

标准答案：

先将绝缘电阻表水平放置，当绝缘电阻表“L”和“E”端子开路时，合上电源开关，其数字应显示最大值。然后将绝缘电阻表“L”和“E”端子短路，合上电源开关，其数字应显示“0”，断开电源开关。如果绝缘电阻表的指示不对，则需调换或修理后再使用。

Jb0302431018　如何选择绝缘操作杆的试验仪器和设备？（6 分）

考核知识点：交流耐压

难易度：中

标准答案：

（1）由于被试品电容量较小，一般只要有相应电压等级的工频试验变压器即可，同时选用相应电压等级的工频分压器。

（2）保护电阻一般取 0.1～0.5Ω/V，并应有足够的热容量和长度。

（3）选用单相接触式调压器，其容量与试验变压器相同。

（4）选用多量程峰值电压表。

（5）选用相应电压等级冲击电压发生器一套。

（6）选用电压等级为 2500V 的绝缘电阻表。

Jb0302431019　绝缘手套试验的注意事项有哪些？（5 分）

考核知识点：绝缘手套

难易度：中

标准答案：

（1）试验应在环境温度为 23±2℃、天气良好的情况下进行，且空气相对湿度一般不高于 80%。

（2）被试手套内部注入的水电阻率不应大于 750Ω·cm。

（3）试验人员之间应分工明确，配合默契，加压过程中应有人监护并呼唱。

（4）耐压试验时，升压必须从零（或接近于零）开始，切不可冲击合闸。

（5）升压过程中应密切监视高压回路及毫安表数值，监听被试品有无异响。

Jb0302431020　绝缘靴工频耐压试验标准是什么？（5 分）

考核知识点：安全防护

难易度：易

标准答案：

绝缘手套试验周期为半年，试验电压为 15kV，持续时间 1min，要求泄漏电流不应大于 7.5mA，试验结果根据试验中有无破坏性放电、有无出线绝缘普遍或局部发热及耐压试验前后绝缘电阻有无明显变化等综合判断。

Jb0302431021　简述验电器检查试验的步骤。(5分)

考核知识点：验电器

难易度：中

标准答案：

(1) 对被视品进行外观及尺寸检查。
(2) 验电器启动电压试验。
(3) 测试视品绝缘电阻。
(4) 工频耐压试验。
(5) 耐压试验后绝缘电阻测试。

Jb0302431022　绝缘手套试验时，作业人员应注意什么？(3分)

考核知识点：安全防护

难易度：易

标准答案：

(1) 与带电部位有足够安全距离。
(2) 金属外壳可靠接地。
(3) 站在绝缘垫上操作。

Jb0302431023　为预防人身事故发生，试验人员做绝缘服试验的目的是为了检查什么？(1分)

考核知识点：安全防护

难易度：易

标准答案：

(1) 绝缘隐患。
(2) 绝缘性能缺陷。

Jb0302432024　如何正确使用和保管绝缘手套？(4分)

考核知识点：安全防护

难易度：易

标准答案：

(1) 使用前应检查有无漏气或裂口等。
(2) 应将外衣袖口放入手套的伸长部分。
(3) 使用后必须擦干净，单独存放。
(4) 每半年应做一次试验，不合格的禁用。

Jb0302431025　什么是变压器的接线组别，测量变压器的接线组别的意义和要求是什么？(7分)

考核知识点：变压器接线组别测试

难易度：难

标准答案：

(1) 变压器的接线组别是变压器的一次和二次电压（或电流）的相位差，它按照一、二次线圈的绕向，首尾端标号，连接的方式而定，并以时钟针型式排列为0～11共12个组别。

（2）变压器联结组别必须相同是变压器并列运行的重要条件之一。若参加并列运行的变压器联结组别不一致，将出现不能允许的环流。同时由于运行，继电保护接线也必须知晓变压器的联结组别。联结组别是变压器的重要特性指标。因此在出厂、交接和绕组大修后都应测量绕组的联结组别。

（3）通常采用直流法测量变压器的接线组别，主要是核对铭牌所标示的接线组别与实测结果是否相符，以便在两台变压器并列运行时符合并列运行的条件。

Jb0302432026　简述互感器直流电阻测试的目的及判断标准。（7分）

考核知识点：互感器直流电阻

难易度：难

标准答案：

（1）测量互感器一次、二次绕组的直流电阻的目的是为了检查电气设备回路的完整性，以便及时发现因制造、运输、安装或运行中由于振动和机械应力等原因所造成的导线断裂、接头开焊、接触不良、匝间短路等缺陷。

（2）电压互感器：一次绕组直流电阻测量值，与换算到同一温度下的出厂值比较，相差不宜大于10%。二次绕组直流电阻测量值，与换算到同一温度下的出厂值比较，相差不宜大于15%。

（3）电流互感器：同型号、同规格、同批次电流互感器一、二次绕组的直流电阻和平均值的差异不宜大于 10%；一次绕组有串并联接线方式时，对电流互感器一次绕组的直流电阻测试应在正常运行方式下测量，或同时测量两种接线方式下的一次绕组的直流电阻；倒立式电流互感器的单匝一次绕组之间的差异不宜大于 30%；若有怀疑，应提高施加的测量电流，测量电流（直流值）一般不宜超过额定电流（方均根值）的50%。

Jb0302433027　GIS设备现场安装完成后为什么有条件还要增加冲击电压试验？（6分）

考核知识点：冲击电压试验

难易度：难

标准答案：

GIS设备在运输和安装过程中可能出现的绝缘缺陷就其类型讲主要有两种，一是自由导电微粒和灰尘侵入 GIS 设备内部，并在电场作用下移动造成，称为活动绝缘缺陷；二是由于绝缘件的制造缺陷、安装运输中的意外造成电极表面的损伤等，这些称为固定绝缘缺陷。GIS设备的绝缘特性决定了不同的试验电压波形对不同绝缘缺陷的灵敏度。

G1S 设备组装完成后，工频耐压试验对发现绝缘介质污染这一类型的故障比较有效，作为投运前的交接试验手段老炼效果良好；而冲击电压试验对发现绝缘子表面的脏污和导电毛刺等电场结构异常特别有效，两种试验手段具有互补性。可以说现场只进行交流耐压试验不能暴露所有的缺陷，即使交流耐压试验通过，投运时仍有可能发生闪络。工程上也出现过交流耐压试验通过，在投运阶段发生 GIS 设备内部闪络故障。因此现场需开展冲击电压试验，与交流耐压试验形成技术互补，为GIS设备投运前提供全面的最终检查。

Jb0302433028　何谓铁芯多点接地故障？大中型电力变压器发生铁芯多点接地故障常用的处理方法有哪些？（10分）

考核知识点：变压器铁芯

难易度：难

标准答案：

所谓变压器铁芯多点接地，就是当铁芯由于某种原因在某位置出现另一点接地时，则正常接地的引线上就会有环流的现象。

大中型电力变压器发生铁芯多点接地故障常用的处理方法是：

（1）临时应急处理。对于系统暂不允许停运检查的可采用在铁芯接地回路上串接电阻的临时应急措施，以限制铁芯接地回路的环流，防止故障进一步恶化。在串接电阻前，分别对铁芯接地回路的环流和开路电压进行测量，使环流限制在 300mA 以下。

（2）吊罩检查。一般在解开铁芯与夹件等连接片后，进行如下检查试验：

1）测量穿芯螺杆对铁芯的绝缘。

2）检查各间隙、槽部有无螺母、硅钢片废料等金属物。

3）对铁芯底部看不到地方用铁丝进行清理。

4）对各间隙进行油冲洗或氮气冲吹清理。

（3）电容放电排除法。对于那些铁芯毛刺、铁锈和焊渣的积聚引起的接地故障，吊罩直接检查处理往往无法奏效，可用电容放电法烧掉毛刺，用 600V 直流电压冲击把毛刺烧掉，而且冲击放电声很明显，当听不到放电声时，说明接地点已消除，测铁芯绝缘合格。

（4）不吊罩处理。对于安装于室内，且从色谱分析判断出为动态性质的接地故障，可利用榔头敲击的振动和放油时的油流使金属异物落到箱底或带出箱外，检查铁芯对地绝缘合格即可。

Jb0302423029　画出图 Jb0302423029-1 变压器绕组线电压相量图并判断其接线组别。（4 分）

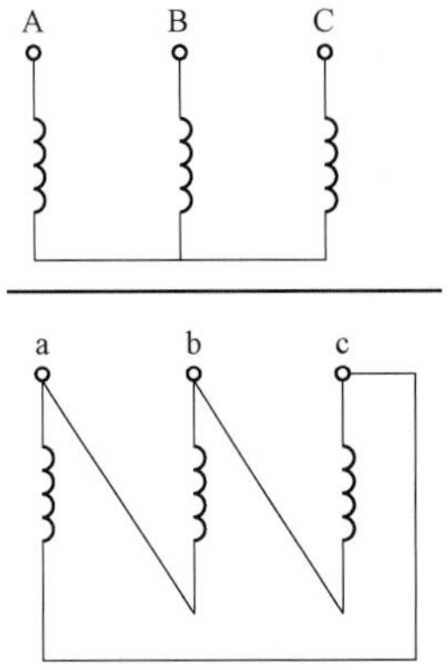

图 Jb0302423029-1

考核知识点：变压器

难易度：中

标准答案：

如图 Jb0302423029-2 所示。

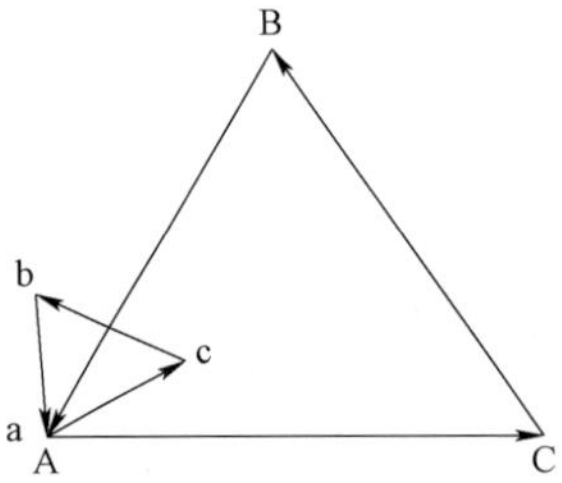

图 Jb0302423029-2

接线组别为 Y，d11。

Jb0302423030　画出移圈式调压器的简单原理图。（4 分）

考核知识点： 调压器

难易度： 中

标准答案：

如图 Jb0302423030 所示。

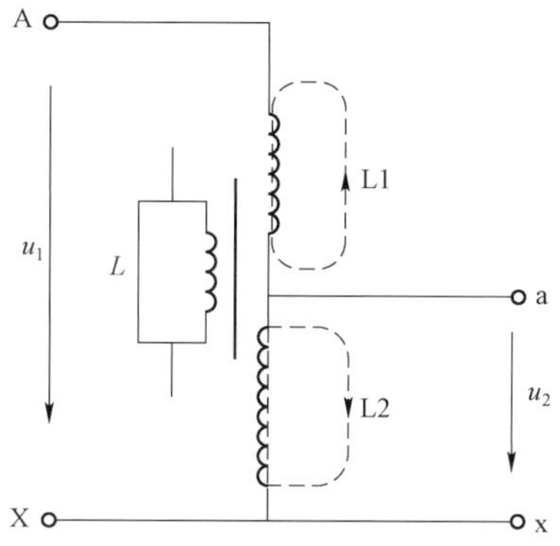

图 Jb0302423030

Jb0302431031　对一台 110kV 级电流互感器，预防性试验应做哪些项目？（3 分）

考核知识点： 互感器预防性试验

难易度： 易

标准答案：

（1）绕组及末屏的绝缘电阻。

（2）$\tan\delta$ 及电容量测量。

（3）油中溶解气体色谱分析及油试验。

Jb0302432032　直流泄漏试验可以发现哪些缺陷？试验中应注意什么？（5 分）

考核知识点： 直流泄漏试验

难易度： 难

标准答案：

做直流泄漏试验易发现贯穿性受潮、脏污及导电通道一类的绝缘缺陷。

做泄漏试验时应注意：

（1）试验必须在履行安全工作规程所要求的一切手续后进行。

（2）试验前先进行试验设备的空升试验，测出试具及引线的泄漏电流，并记录下来。确定设备无问题后，将被试品接入试验回路进行试验。

（3）试验时电压逐段上升，并相应的读取泄漏电流值，每升压一次，待微安表指示稳定后（即加上电压 1min）读取相应的泄漏电流，画出伏安特性曲线。

（4）试验前应检查接线、仪表量程、调压器零位，试验后先将调压器退回零位，再切断电源，将被试品接地放电。

（5）记录试验温度，并将泄漏电流换算到同一温度下进行比较。

Jb0302432033　变压器直流电阻三相不平衡系数偏大的常见原因有哪些？（5 分）

考核知识点： 变压器直流电阻

难易度：中

标准答案：

变压器三相直流电阻不平衡系数偏大，一般有以下几种原因：

（1）分接开关接触不良。这主要是由于分接开关内部不清洁，电镀层脱落，弹簧压力不够等原因造成。

（2）变压器套管的导电杆与引线接触不良，螺丝松动等。

（3）焊接不良。由于引线和绕组焊接处接触不良造成电阻偏大；多股并绕绕组，其中有几股线没有焊上或脱焊，此时电阻可能偏大。

（4）三角形接线一相断线。

（5）变压器绕组局部匝间、层、段间短路或断线。

Jb0302432034　测量变压器变比的目的是什么？（3分）

考核知识点：变压器变比

难易度：易

标准答案：

（1）保证绕组各个分接的电压比在技术允许的范围之内。

（2）检查绕组匝数的正确性。

（3）判定绕组各分接的引线和分接开关连接是否正确。

Jb0302432035　如何利用单相电压互感器进行高压系统的核相试验？（5分）

考核知识点：高压系统核相

难易度：中

标准答案：

在有直接电联系的系统（如环接）中，可外接单相电压互感器，直接在高压侧测定相位，此时在电压互感器的低压侧接入 0.5 级的交流电压表。在高压侧依次测量 Aa、Ab、Ac、Ba、Bb、Bc、Ca、Cb、Cc 间的电压，根据测量结果，电压接近或等于零者，为同相；约为线电压者，为异相，将测得值作图，即可判定高压侧对应端的相位。

Jb0302411036　某主变压器型号为 OSFPS－120000/220，容量比 $S_1/S_2/S_3$ 为 120 000/120 000/60 000 kVA，额定电压比 $U_{1N}/U_{2N}/U_{3N}$ 为 220/121/11kV，求该变压器各侧的额定电流 I_{1N}、I_{2N}、I_{3N}。（6分）

考核知识点：电机学

难易度：中

标准答案：

解：高压侧额定电流 I_{1N}：

$$I_{1N}=\frac{S_1}{\sqrt{3}U_{1N}}=\frac{120\,000}{\sqrt{3}\times 220}\approx 315\text{（A）}$$

中压侧额定电流 I_{2N}：

$$I_{2N}=\frac{S_2}{\sqrt{3}U_{2N}}=\frac{120\,000}{\sqrt{3}\times 121}\approx 573\text{（A）}$$

低压侧额定电流 I_{3N}：

$$I_{3N}=\frac{S_3}{\sqrt{3}U_{3N}}=\frac{60\ 000}{\sqrt{3}\times 11}\approx 3149\text{（A）}$$

答：该变压器高、中、低压侧的额定电流分别为315A、573A、3149A。

Jb0302432037 对回路电阻过大的断路器，应重点检查哪些部位？（3分）

考核知识点：断路器回路电阻

难易度：易

标准答案：

（1）静触头座与支座、中间触头与支座之间的连接螺丝是否上紧，弹簧是否压平，检查有无松动或变色。

（2）动触头、静触头和中间触头的触指有无缺损或烧毛，表面镀层是否完好。

（3）各触指的弹力是否均匀合适，触指后面的弹簧有无脱落或退火、变色。对已损部件要更换掉。

Jb0302431038 测量GIS主回路的回路电阻，可以检查哪些情况？（2分）

考核知识点：GIS设备

难易度：易

标准答案：

（1）主回路中的联结情况。

（2）触头接触情况。

Jb0302423039 图Jb0302423039为直流法测量变压器绕组接线组别，根据测量结果，判断其接线组别。（5分）

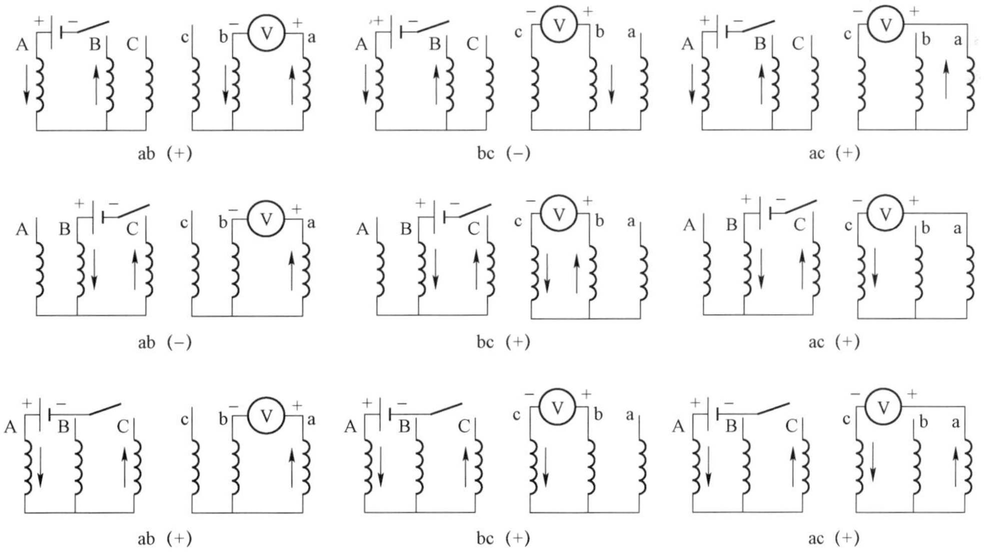

图Jb0302423039

考核知识点：变压器

难易度：中

标准答案：

此变压器连接组标号为：Y，y0。

Jb0302421040　用一个隔离开关 S，两节干电池 E 和一块直流毫伏表 PV，做一台电压互感器的极性试验，画出接线图。(4 分)

考核知识点：互感器极性

难易度：中

标准答案：

如图 Jb0302421040 所示。

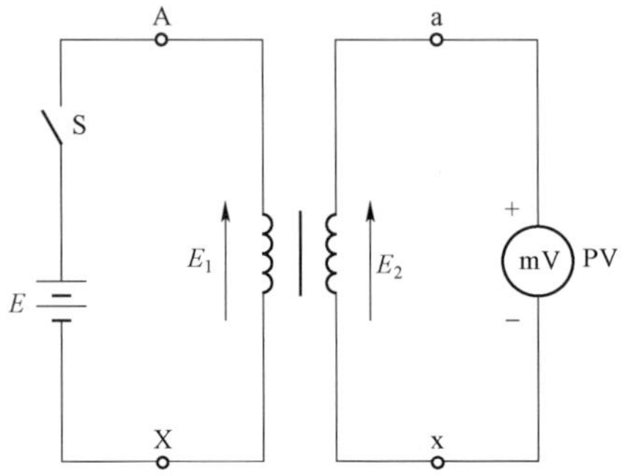

图 Jb0302421040

Jb0302432041　试验中有时发现绝缘电阻较低，泄漏电流大而被认为不合格的被试品，为何同时测得的 tanδ 值还合格呢？（ 5 分 ）

考核知识点：绝缘介质

难易度：中

标准答案：

绝缘电阻较低，泄漏电流大而不合格的试品，一般表明在被试的并联等值电路中，某一支路绝缘电阻较低，而若干并联等值电路的 tanδ 值总是介于并联电路中各支路最大与最小 tanδ 值之间，且比较接近体积较大或电容较大部分的值，只有当绝缘状况较差部分的体积很大时，实测 tanδ 值才能反映出不合格值，当此部分体积较小时，测得整体的 tanδ 值不一定很大，可能小于规定值，对于大型变压器的试验，经常出现这种现象，应引起注意，避免误判断。

Jb0302433042　测量接地电阻时应注意什么？（ 10 分 ）

考核知识点：接地电阻

难易度：难

标准答案：

应注意以下几点：

（1）测量时，被测的接地装置应与避雷线断开。

（2）电流极、电压极应布置在与线路或地下金属管道垂直的方向上。

（3）应避免在雨后立即测量接地电阻。

（4）采用交流电流表、电压表法时，电极的布置宜用三角形布置法，电压表应使用高内阻电压表。

（5）被测接地体 E、电压极 P 及电流极 C 之间的距离应符合测量方法的要求。

（6）所用连接线截面电压回路不小于 1.5mm^2，电流回路应适合所测电流数值；与被测接地体 E

相连的导线电阻不应大于 R_x 的 2%～3%。试验引线应与接地体绝缘。

（7）仪器的电压极引线与电流极引线间应保持 1m 以上距离，以免使自身发生干扰。

（8）应反复测量 3～4 次，取其平均值。

（9）使用地阻表时发现干扰，可改变地阻表转动速度。

（10）测量中当仪表的灵敏度过高时，可将电极的位置提高，使其插入土中浅些。当仪表灵敏度不够时，可给电压极和电流极插入点注入水而使其湿润，以降低辅助接地棒的电阻。

Jb0302433043　为什么要测量系统电容电流？（5 分）

考核知识点：系统电容电流

难易度：中

标准答案：

在 6～66kV 电压等级电网中广泛采用中性点不接地系统，当其电容电流在规程要求的限值以上时，当发生单相接地时极易发生弧光过电压引发成设备事故，必须装设消弧线圈以补偿电容电流。对于中性点经电阻接地系统，为了正确选择中性点电阻器的电阻值，也应知道电网单相接地时的电容电流值。因此，准确测量系统电容电流大小是保证系统安全可靠运行的一项重要技术措施。

Jb0302413044　画出 TV 开口三角法测量系统电容电流的接线图。（4 分）

考核知识点：系统电容电流

难易度：易

标准答案：

TV 开口三角法测量系统电容电流的接线如图 Jb0302413044 所示。

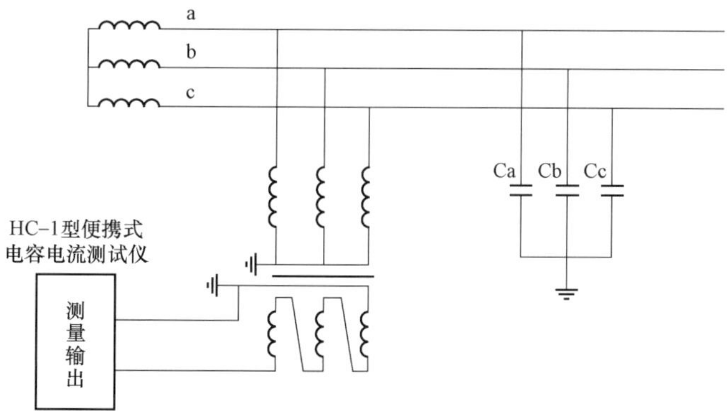

图 Jb0302413044

Jb0302433045　如何测量金属氧化物避雷器的工频参考电压？（8 分）

考核知识点：金属氧化物避雷器

难易度：难

标准答案：

工频参考电压是无间隙金属氧化物避雷器的一个重要参数，它表明阀片的伏安特性曲线饱和点的位置。运行一定时期后，工频参考电压的变化能直接反映避雷器的老化、变质程度。

所谓工频参考电压是指将制造厂规定的工频参考电流（以阻性电流分量的峰值表示，通常约为 1～20mA），施加于金属氧化物避雷器，在避雷器两端测得的峰值电压，即为工频参考电压。

由于在带电运行条件下受相邻相间电容耦合的影响，金属氧化物避雷器的阻性电流分量不易测准，当发现阻性电流有可疑现象时，应测量工频参考电压，它能进一步判断该避雷器是否适于继续使用。

判断的标准是与初始值和历次测量值比较。当有明显降低时就应对避雷器加强监视，110kV 及以上的避雷器，参考电压降低超过 10%时，应查明原因，若确定是老化造成的，宜退出运行。

Jb0302432046 变压器短路阻抗测试试验标准有哪些？（4 分）

考核知识点：变压器短路阻抗

难易度：中

标准答案：

（1）容量 100MVA 及以下且电压等级 220kV 以下的变压器，初值差不超过±2%。

（2）容量 100MVA 以上或电压等级 220kV 以上的变压器，初值差不超过±1.6%。

（3）容量 100MVA 及以下且电压等级 220kV 以下的变压器三相之间的最大相对互差不应大于 2.5%。

（4）容量 100MVA 以上或电压等级 220kV 以上的变压器三相之间的最大相对互差不应大于 2%。

Jb0302431047 简述接地引下线与接地网的导通试验意义。（5 分）

考核知识点：接地引下线

难易度：易

标准答案：

接地引下线是电力设备与地网的连接部分，在电力设备的长时间运行过程中，连接处有可能因受潮等因素影响，出现节点锈蚀，甚至断裂等现象，导致接地引下线与主接地网连接点电阻增大，从而不能满足电力规程的要求，使设备在运行中存在安全隐患，严重时会造成设备失地运行。

Jb0302431048 接地网接地阻抗测试时若接地电阻表指示摆动严重，可能是哪些原因造成的？（2 分）

考核知识点：接地网阻抗

难易度：易

标准答案：

（1）电流线、电压线与电极或接地电阻表端子接触不良。

（2）电极与土壤接触不良。

Jb0302431049 接地装置的诊断性试验项目包括哪些？（3 分）

考核知识点：接地装置

难易度：易

标准答案：

（1）接触电压测量。

（2）跨步电压测量。

（3）开挖检查。

Jb0302431050 如何用电流表、电压表测量接地电阻？（8 分）

考核知识点：接地电阻

难易度：中

标准答案：

接通电源后，首先将开关 S 闭合，用电流表测出线路电流 I，用高内阻电压表测出接地极 E 与电位探测极 T 之间的电阻 R_X 上的电压 U，则接地电阻 $R_X=\frac{U}{I}$。

测量接地电阻时要注意安全，必要时戴绝缘手套，见图 Jb0302431050。

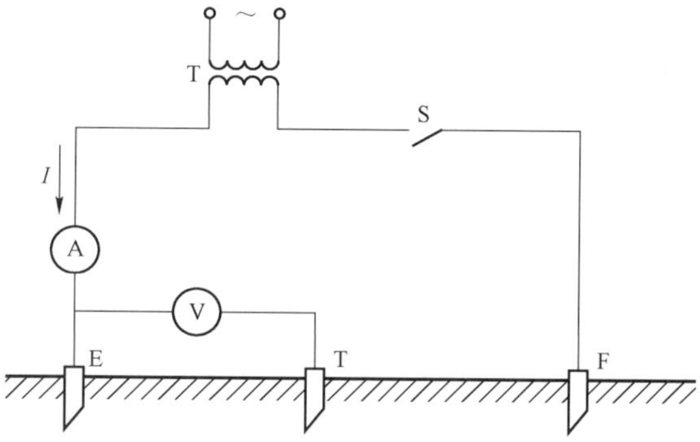

图 Jb0302431050

Jb0302431051　测定油品闪点对生产运行有何意义？（5 分）

考核知识点：绝缘油

难易度：中

标准答案：

（1）从油品的闪点可以判断其馏分组成的轻重。

（2）从闪点可以鉴定油品发生火灾的危险性，电力系统使用的变压器油，闪点的变化、高低更为重要。

（3）对某些润滑油来说，同时测定开口、闭口闪点，可以作为油品有无含有低沸点混入物的指标，用于生产检查。

Jb0302431052　取油样应注意哪些事项？（5 分）

考核知识点：绝缘油取样

难易度：易

标准答案：

要求所取的油样能代表油箱本体油中溶解气体的含量，一般在下部放油阀取油样。但不排除在特殊情况下由不同位置取油样的必要性。用注射器取样。取样过程应保持密封。

为避免油在光照下发生变化和逸散，取样容器要避光保存并及时分析。

Jb0302422053　根据 GB/T 50150—2016《电气装置安装工程电气设备交接试验标准》SF_6封闭式组合电器的交接试验项目有哪些？

考核知识点：组合电器交接试验

难易度：易

标准答案：

（1）测量主回路的导电电阻。

（2）封闭式组合电器内各元件的试验。

（3）密封性试验。

（4）测量 SF_6 气体含水量。

（5）主回路的交流耐压试验。

（6）组合电器的操动试验。

（7）气体密度继电器压力表和压力动作的检查。

Jb0302431054　何为油品的闪点？闪点测试目的？（6 分）

考核知识点：绝缘油

难易度：中

标准答案：

定义：在规定的条件下，加热油品所逸出的蒸气和空气组成的混合物与火焰接触发生瞬间闪火时的最低温度。闭口闪点是用规定的闭口杯闪点测定器所测得的闪点，单位℃。

测试目的：闪点可鉴定油品发生火灾的危险性，闪点越低，油品越易燃烧，火灾危险性越大，所以油品的闪点是一个安全指标。按闪点的高低可确定其运送、储存和使用的各种防火安全措施。

Jb0302433055　根据变压器油的色谱分析数据，诊断变压器内部故障的原理是什么？（8 分）

考核知识点：变压器油色谱

难易度：难

标准答案：

电力变压器绝缘多是油纸组合绝缘，内部潜伏性故障产生的烃类气体来源于油纸绝缘的热裂解，热裂解的产气量、产气速度以及生成烃类气体的不饱和度，取决于故障点的能量密度。故障性质不同，能量密度也不同，裂解产生的烃类气体也不同，电晕放电主要产生氢，电弧放电主要产生乙炔，高温过热主要产生乙烯。故障点的能量不同，上述各种气体产生的速率也不同。这是由于在油纸等碳氢化合物的化学结构中因原子间的化学键不同，各种键的键能也不同。含有不同化学键结构的碳氢化合物有程度不同的热稳定性，因而得出绝缘油随着故障点的温度升高而裂解生成烃类的顺序是烷烃、烯烃和炔烃。同时，又由于油裂解生成的每一烃类气体都有一个相应最大产气率的特定温度范围，从而导出了绝缘油在变压器的各不相同的故障性质下产生不同组分、不同含量的烃类气体的简单判据。

Jb0302432056　简述 SF_6 气体分解产物检测的数据分析与处理。（8 分）

考核知识点：SF_6 气体

难易度：难

标准答案：

（1）检测结果用体积分数表示，单位为 μL/L。

（2）取两次重复检测结果的算术平均值作为最终检测结果，所得结果应保留小数点后 1 位有效数字。

（3）若设备中 SF_6 气体分解产物 SO_2 或 H_2S 含量出现异常，应结合 SF_6 气体分解产物的 CO、CF_4 含量及其他状态参量变化、设备电气特性、运行工况等，对设备状态进行综合诊断。

（4）SF_6 电气设备的分解物控制指标（20℃）见表 Jb0302432056。

表 Jb0302432056　　SF_6 分解产物成分分析

试验项目	要求	
分解产物（20℃，0.1013MPa）	SO_2（μL/L）	≤1（注意值）
	H_2S（μL/L）	≤1（注意值）

Jb0302432057　用露点仪测量 SF_6 气体含水量为什么常采用取样气体压力等于 0.1MPa 压力下测量？（5 分）

考核知识点：SF_6

难易度：中

标准答案：

一般用露点仪测量有两种方法。一种是取样气体压力等于大气压即 0.1MPa 下测量，测量的露点按上述方法换算成体积比含水量；另一种方法是取样气体压力等于其工作压力，此时测量露点将代表设备内所含水蒸气的真实露点，但 SF_6 气体的工作压力较高时，其本身液化温度也比较高，从而使测量困难。如 SF_6 气体工作压力为 0.7MPa，其液化温度为 −20℃，因此用该方法测量是不可能测到比 −20℃更低的露点，也就不一定能测到真实的水蒸气含量。因此通常采用 0.1MPa 压力下进行测量。

Jb0302432058　色谱油样在保存和运输过程中有哪些要求？（5 分）

考核知识点：绝缘油

难易度：中

标准答案：

（1）色谱样品保存不能超过 4 天。

（2）油样和气样保存必须避光、防尘。

（3）运输过程中应尽量避免剧烈振动。

（4）空运时要避免气压变化。

（5）保证注射器芯干净无卡涩、破损。

Jb0302431059　SF_6 气体的检测环境有何要求？（3 分）

考核知识点：SF_6 气体

难易度：易

标准答案：

（1）环境温度不宜低于 5℃。

（2）相对湿度不大于 80%。

（3）若在室外不应在有雷、雨、雾、雪的环境下进行检测。

Jb0302432060　目前 SF_6 气体纯度检测仪绝大部分采用热导传感器，与其他检测方法相比，热导传感器的优势有什么？（4 分）

考核知识点：SF_6 气体

难易度：易

标准答案：

（1）检测范围大，最高检测浓度可达 100%。

（2）热导传感器系统集成度高，工作稳定性好，使用寿命长。

（3）具有“广谱”性，可检测几乎所有的气体。

（4）使用单纯的热导传感器，检测装置结构简单，价格便宜，使用维护方便。

Jb0302432061　为了对试验结果作出正确的分析，必须考虑哪几个方面的情况？（10分）

考核知识点：试验数据的分析判断。

难易度：难

标准答案：

为了对试验结果作出正确的判断，必须考虑下列几个方面的情况。

（1）把试验结果和有关标准的规定值相比较，符合标准要求的为合格，否则应查明原因，消除缺陷。但对那些标准中仅有参考值或未作规定的项目，不应作轻率的判断，而应参考其他项目制造厂规定和历史状况进行状态分析。

（2）和过去的试验记录进行比较，这是一个比较有效的判断方法。如试验结果与历年记录相比无显著变化，或者历史记录本身有逐渐的微小变化，说明情况正常。如果和历史记录相比有突变，则应查明，找出故障加以排除。

（3）对三相设备进行三相之间试验数据的对比，不应有显著的差异。

（4）和同类设备的试验结果相对比，不应有显著差异。

（5）试验条件的可比性，气象条件和试验条件等对试验的影响。

（6）最后必须指出，各种试验项目对不同设备和不同故障的有效性和灵敏度是不同的，这一点对分析试验结果、排除故障等具有重大意义。

Jb0302431062　试验升压的步骤是怎样的？升压过程应注意哪些事项？（5分）

考核知识点：交流耐压试验

难易度：中

标准答案：

（1）由试验负责人下令加压，操作人员应复诵“准备升压”并鸣铃示警，然后操作人员合上电源，按试验要求规定的升压速率升高电压到规定的试验电压值。升压过程中应有专人监护并呼唱，并有人监视试验设备及试品。

（2）在升压过程中，若发现异常情况，应立即停止试验，迅速将电压降至零，断开电源。

（3）试验遇到恶劣气象条件，应评估对人身和设备的影响，必要时应中止试验。

Jb0302432063　变电检测人员培训标准有哪些？（5分）

考核知识点：人员培训

难易度：易

标准答案：

专业管理人员熟悉变电设备检测流程、检测标准，掌握国家电网公司变电检测通用管理规定及细则制定的各项管理要求。检测人员熟悉设备的结构特点、工作原理，具备现场检测相关技术技能，掌握现场检测方法、工器具及仪器仪表操作方法。

Jb0302432064　变电检测管理应坚持的原则是什么？请详细陈述。（6分）

考核知识点：变电检测管理

难易度：中

标准答案：

变电检测管理坚持“安全第一、统筹安排、分级负责、标准作业、应试必试”的原则。

（1）安全第一指检测工作应保证人身、设备安全，不发生人身伤害，不影响设备正常运行。

（2）统筹安排指检测计划和工程项目计划结合、二次设备校验和一次设备检测结合、同一间隔设备检测工作结合，统筹安排，减少间隔或回路设备停电次数和时间。

（3）分级负责指一类变电站执行国网评价中心、省评价中心、省检修公司三级检测机制；其他变电站执行省评价中心、运维单位二级检测机制。

（4）标准作业指检测工作应全面执行标准化作业，应实现对作业风险、关键环节的有效控制，确保作业全过程安全和质量的可控、能控、在控。

（5）应试必试指严格按照周期、标准开展检测工作。

Jb0302432065 电气试验时，对试验装置有何要求？（5 分）

考核知识点：安全防护

难易度：中

标准答案：

（1）试验装置的金属外壳应可靠接地。高压引线应尽量缩短，并采用专用的高压试验线，必要时用绝缘物支持牢固。

（2）试验装置的电源开关，应使用明显断开的双极刀闸。为了防止误合刀闸，可在刀刃或刀座上加绝缘罩。

（3）试验装置的低压回路中应有两个串联电源开关，并加装过载自动跳闸装置。

Jb0302433066 为什么《电力设备预防性试验规程》规定电力设备预防性试验应在空气相对湿度 80%以下进行？（6 分）

考核知识点：安全防护

难易度：中

标准答案：

实测表明，在空气相对湿度较大时进行电力设备预防性试验，所测出的数据与实际值相差甚多。例如，当空气相对湿度大于 75%时，测得避雷器的绝缘电阻由 2000MΩ以上降为 180MΩ以下；10kV 电缆的泄漏电流由 20μA 以下上升为 150μA 以上，且三相值不规律、不对称；35kV 多油断路器的介质损耗因数由 3%上升为 8%，从而使测量结果无法参考。

造成测量值与实际值差别甚大的主要原因：一是水膜的影响；二是电场畸变的影响。当空气相对湿度较大时，绝缘物表面将出现凝露或附着一层水膜，导致表面绝缘电阻大为降低，表面泄漏电流大为增加。另外，凝露和水膜还可能导致导体和绝缘物表面电场发生畸变，电场分布更不均匀，从而产生电晕现象，直接影响测量结果。为准确测量，通常在空气相对湿度为 65%以下进行。

Jb0302433067 何谓悬浮电位？试举例说明高压电力设备中的悬浮放电现象及其危害？（5 分）

考核知识点：悬浮电位

难易度：中

标准答案：

高压电力设备中某一金属部件，由于结构上的原因或运输过程和运行中造成断裂，失去接地，处于高压与低压电极间，按其阻抗形成分压。而在这一金属上产生一对地电位，称之为悬浮电位。悬浮电位由于电压高，场强较集中，一般会使周围固体介质烧坏或炭化，也会使绝缘油在悬浮电位作用下分解出大量特征气体，从而使绝缘油色谱分析结果超标。

变压器高压套管末屏失去接地会形成悬浮电位放电。

Jb0302432068 《国家电网公司变电检测通用管理规定》规定变电检测现场如何实施？（4分）

考核知识点：五通管理规定

难易度：易

标准答案：

（1）开工前，工作负责人应做好技术交底和安全措施交底。

（2）开工后，工作负责人组织实施，做好现场安全、技术和结果控制。

（3）班组成员严格按照仪器设备操作规范、标准作业卡进行现场检测，检测现场应无杂物，使用的工器具、材料应摆放整齐有序；及时排除检测方法、检测仪器以及环境干扰问题。

（4）及时、准确记录保存试验数据、检测图谱。

Jb0302432069 《国家电网公司变电检测通用管理规定》规定变电检测管理坚持“安全第一、统筹安排、分级负责、标准作业、应试必试”的原则，其中“统筹安排”指什么？（3分）

考核知识点：五通管理规定

难易度：易

标准答案：

统筹安排指检测计划和工程项目计划结合、二次设备校验和一次设备检测结合、同一间隔设备检测工作结合，统筹安排，减少间隔或回路设备停电次数和时间。

Jb0302432070 《国家电网公司变电检测通用管理规定》规定变电检测管理坚持“安全第一、统筹安排、分级负责、标准作业、应试必试”的原则，其中“分级负责”指什么？（4分）

考核知识点：五通管理规定

难易度：易

标准答案：

分级负责指一类变电站执行国网评价中心、省评价中心、省检修公司三级检测机制；其他变电站执行省评价中心、运维单位二级检测机制。

Jb0302432071 《国家电网公司变电检测通用管理规定》规定变电检测管理坚持“安全第一、统筹安排、分级负责、标准作业、应试必试”的原则，其中“标准作业”指什么？（3分）

考核知识点：五通管理规定

难易度：易

标准答案：

标准作业指检测工作应全面执行标准化作业，应实现对作业风险、关键环节的有效控制，确保作业全过程安全和质量的可控、能控、在控。

第四章　电气试验工中级工技能操作

Jc0302442001　35kV 变压器泄漏电流测试。（100 分）

考核知识点：变压器试验

难易度：中

技能等级评价专业技能考核操作工作任务书

一、任务名称

35kV 变压器泄漏电流测试。

二、适用工种

电气试验工中级工。

三、具体任务

（1）工作状态为模拟 35kV 变压器停电，工作内容为变压器例行试验。

（2）工作任务：

1）变压器泄漏电流测试。

2）根据试验记录出具试验报告，并对数据进行分析。

四、工作规范及要求

（1）工器具使用及安全措施。

（2）按要求进行高压试验。

（3）出具试验报告和试验结果分析。

五、考核及时间要求

（1）本考核操作时间为 60 分钟，包括试验接线和报告整理，时间到停止考评。

（2）试验过程中如试验仪器、试验电源出现故障，可向考评员申请故障排除，故障排除时间不计入考核。

（3）按照技能操作要求进行操作，试验报告包括试验项目、仪器型号、试验结果等。

（4）试验过程中如遇突发状况，如不涉及人身、设备安全，则由试验人员自行排查、处理；如危及人身、设备安全，则应立即停止操作，人员及时撤离作业现场。

技能等级评价专业技能考核操作评分标准

<table>
<tr><td>工种</td><td colspan="5">电气试验工</td><td>评价等级</td><td>中级工</td></tr>
<tr><td>项目模块</td><td colspan="5">变压器试验—泄漏电流测试</td><td>编号</td><td>Jc0302442001</td></tr>
<tr><td>单位</td><td colspan="2"></td><td>准考证号</td><td colspan="2"></td><td>姓名</td><td></td></tr>
<tr><td>考试时限</td><td colspan="2">60 分钟</td><td>题型</td><td colspan="2">单项操作</td><td>题分</td><td>100 分</td></tr>
<tr><td>成绩</td><td></td><td>考评员</td><td colspan="2"></td><td>考评组长</td><td></td><td>日期</td></tr>
<tr><td>试题正文</td><td colspan="7">35kV 变压器泄漏电流测试</td></tr>
<tr><td>需要说明的问题和要求</td><td colspan="7">（1）试验过程单人操作，数据分析在试验过程中完成。
（2）操作过程应注意安全，按照标准化作业流程做好安全措施。
（3）现场完成试验结果分析，出具试验报告。
（4）检测仪器可选考场提供或自带</td></tr>
</table>

续表

序号	项目名称	质量要求	满分	扣分标准	扣分原因	得分
1	试验前准备					
1.1	工器具使用	熟练正确使用各种工器具	5	未正确使用一次扣1分，扣完为止		
1.2	试验记录	收集被试设备基础信息和历史试验数据	5	未收集被试设备历次试验报告扣1分； 未记录被试设备铭牌，现场温、湿度等条件的，每处扣1分，扣完为止		
1.3	仪器、仪表选择	选择合适的试验仪器、仪表	5	选用仪器不合适扣3分； 未检查试验仪器合格证或校验证书扣2分		
1.4	安全措施	（1）办理工作票、交代安全注意事项，分工明确，并做好记录。 （2）设置高压试验安全围栏。 （3）安全工器具使用。 （4）试验仪器正确接地	10	试验仪器未正确接地扣2分； 未检查安全工器具扣3分； 安全措施交代不清楚或未确认签字扣2分； 试验前未将试验区域用安全围栏隔离扣3分		
2	试验开展					
2.1	试验接线	（1）仪器现场布置合理。 （2）非被试绕组应短路接地。 （3）泄漏电流测试线应使用屏蔽线，测试线与套管夹角应尽量大。 （4）电源开关接通前，试验仪器接线应准确无误	10	试验接线接错一次扣1分； 非被试绕组未短路接地扣2分； 测试线未使用屏蔽线扣2分； 试验前未检查试验接线扣2分； 接线不规范扣1～3分		
2.2	试验流程	（1）试验前进行测试仪器过压整定并检验仪器在整定值能否可靠动作。 （2）确保试验接线无误，电压输出在零位，接通试验电源，进行升压。 （3）升压过程中，监视泄漏电流（或电流表差值），同时监视试验电压，若电流值上升慢数值小，且电压已快接近试验电压时，应匀速放慢升压，达到试验电压时，从微安表中读取数据，记录泄漏电流值，降压至零。 （4）试验前后及变更接线应对设备充分放电	30	未进行仪器检验扣3分；. 加压前，调压器未归零扣2分； 试验过程中未高声呼唱每次扣2分； 试验过程中监护不到位扣5～10分； 加压未达试验电压或超过试验电压扣5分； 泄漏电流未从微安表处读取扣3分； 试验前后及变更接线未对被试设备放电扣10分； 上述扣分，扣完为止		
3	结果分析					
3.1	试验报告	结合测试数据做出分析判断，出具试验报告	25	试验数据分析不准确扣5分； 试验结论不正确扣5分； 试验报告填写不规范扣1～5分； 未给出试验结论扣5分		
4	试验结束					
4.1	现场恢复	清理现场，人员撤离	6	被试设备有遗留物品扣2分； 仪器、工器具等未定置恢复扣2分； 未检查或清理现场扣2分		
4.2	办理收工手续	向考评员汇报试验结果，并办理工作终结手续	4	未汇报试验结果扣2分； 未办理工作票终结手续扣2分		
合计			100			

Jc0302441002　35kV 电压互感器绝缘电阻测试。（100 分）

考核知识点：电压互感器试验

难易度：易

技能等级评价专业技能考核操作工作任务书

一、任务名称

35kV 电压互感器绝缘电阻测试。

二、适用工种

电气试验工中级工。

三、具体任务

（1）工作状态为模拟 35kV 电压互感器停电，工作内容为互感器例行试验。

（2）工作任务：

1）互感器绝缘电阻测试。

2）根据试验记录出具试验报告，并对数据进行分析。

四、工作规范及要求

（1）工器具使用及安全措施。

（2）按要求进行高压试验。

（3）出具试验报告和试验结果分析。

五、考核及时间要求

（1）本考核操作时间为 60 分钟，包括试验接线和报告整理，时间到停止考评。

（2）试验过程中如试验仪器、试验电源出现故障，可向考评员申请故障排除，故障排除时间不计入考核。

（3）按照技能操作要求进行操作，试验报告包括试验项目、仪器型号、试验结果等。

（4）试验过程中如遇突发状况，如不涉及人身、设备安全，则由试验人员自行排查、处理；如危及人身、设备安全，则应立即停止操作，人员及时撤离作业现场。

技能等级评价专业技能考核操作评分标准

工种	电气试验工				评价等级	中级工
项目模块	电压互感器试验—绝缘电阻测试				编号	Jc0302441002
单位		准考证号			姓名	
考试时限	60 分钟	题型	单项操作		题分	100 分
成绩		考评员		考评组长	日期	
试题正文	35kV 电压互感器绝缘电阻测试					
需要说明的问题和要求	（1）试验过程单人操作，数据分析在试验过程中完成。 （2）操作过程应注意安全，按照标准化作业流程做好安全措施。 （3）现场完成试验结果分析，出具试验报告。 （4）检测仪器可选考场提供或自带					

序号	项目名称	质量要求	满分	扣分标准	扣分原因	得分
1	试验前准备					
1.1	工器具使用	熟练正确使用各种工器具	5	未正确使用一次扣 1 分，扣完为止		
1.2	试验记录	收集被试设备基础信息和历史试验数据	5	未收集被试设备历次试验报告扣 1 分； 未记录被试设备铭牌，现场温、湿度等条件的，每处扣 1 分，扣完为止		
1.3	仪器、仪表选择	选择合适的试验仪器、仪表	5	选用仪器不合适扣 3 分； 未检查试验仪器合格证或校验证书扣 2 分		

续表

序号	项目名称	质量要求	满分	扣分标准	扣分原因	得分
1.4	安全措施	（1）办理工作票、交代安全注意事项，分工明确，并做好记录。 （2）设置高压试验安全围栏。 （3）安全工器具使用。 （4）试验仪器正确接地	10	试验仪器未正确接地扣 2 分； 未检查安全工器具扣 3 分； 安全措施交代不清楚或未确认签字扣 2 分； 试验前未将试验区域用安全围栏隔离扣 3 分		
2	试验开展					
2.1	试验接线	（1）仪器现场布置合理。 （2）电源开关接通前，试验仪器接线应准确无误	10	试验接线接错一次扣 5 分； 试验前未检查试验接线扣 3 分； 接线不规范扣 1～3 分； 上述扣分，扣完为止		
2.2	试验流程	（1）试验前仪器、仪表自检，正确选择试验电压，试验过程中高声呼唱。 （2）应测量一次绕组对二次绕组及地、二次绕组对一次绕组及地绝缘电阻。 （3）待数值稳定，记录各绕组绝缘电阻数值。 （4）试验前后及变更接线应对设备充分放电	30	未进行仪器、仪表自检扣 3 分； 试验过程中未高声呼唱每次扣 2 分； 试验过程中失误一次扣 5 分； 试验过程中监护不到位扣 5～10 分； 缺少试验项目的扣 5 分； 试验前后及变更接线未对被试设备放电扣 10 分； 上述扣分，扣完为止		
3	结果分析					
3.1	试验报告	结合测试数据做出分析判断，出具试验报告	25	试验数据分析不准确扣 5 分； 试验结论不正确扣 5 分； 试验报告填写不规范扣 1～5 分； 未给出试验结论扣 5 分		
4	试验结束					
4.1	现场恢复	清理现场，人员撤离	6	被试设备有遗留物品扣 2 分； 仪器、工器具等未定置恢复扣 2 分； 未检查或清理现场扣 2 分		
4.2	办理收工手续	向考评员汇报试验结果，并办理工作终结手续	4	未汇报试验结果扣 2 分； 未办理工作票终结手续扣 2 分		
合计			100			

Jc0302441003　35kV 变压器绝缘电阻、吸收比（极化指数）的测试。（100 分）

考核知识点：变压器试验

难易度：易

技能等级评价专业技能考核操作工作任务书

一、任务名称

35kV 变压器绝缘电阻、吸收比（极化指数）的测试。

二、适用工种

电气试验工中级工。

三、具体任务

（1）工作状态为模拟 35kV 变压器停电，工作内容为变压器例行试验。

（2）工作任务：

1）变压器绕组绝缘电阻测试。

2）根据试验记录出具试验报告，并对数据进行分析。

四、工作规范及要求

（1）工器具使用及安全措施。

（2）按要求进行高压试验。

（3）出具试验报告和试验结果分析。

五、考核及时间要求

（1）本考核操作时间为60分钟，包括试验接线和报告整理，时间到停止考评。

（2）试验过程中如试验仪器、试验电源出现故障，可向考评员申请故障排除，故障排除时间不计入考核。

（3）按照技能操作要求进行操作，试验报告包括试验项目、仪器型号、试验结果等。

（4）试验过程中如遇突发状况，如不涉及人身、设备安全，则由试验人员自行排查、处理；如危及人身、设备安全，则应立即停止操作，人员及时撤离作业现场。

技能等级评价专业技能考核操作评分标准

工种	电气试验工					评价等级	中级工
项目模块	变压器试验—绝缘电阻、吸收比（极化指数）的测试					编号	Jc0302441003
单位		准考证号				姓名	
考试时限	60 分钟	题型	单项操作			题分	100 分
成绩		考评员		考评组长		日期	
试题正文	35kV 变压器绝缘电阻、吸收比（极化指数）的测试						
需要说明的问题和要求	（1）试验过程单人操作，数据分析在试验过程中完成。 （2）操作过程应注意安全，按照标准化作业流程做好安全措施。 （3）现场完成试验结果分析，出具试验报告。 （4）检测仪器可选考场提供或自带						

序号	项目名称	质量要求	满分	扣分标准	扣分原因	得分
1	试验前准备					
1.1	工器具使用	熟练正确使用各种工器具	5	未正确使用一次扣 1 分，扣完为止		
1.2	试验记录	收集被试设备基础信息和历史试验数据	5	未收集被试设备历次试验报告扣 1 分； 未记录被试设备铭牌，现场温、湿度等条件的，每处扣 1 分，扣完为止		
1.3	仪器、仪表选择	根据变压器容量选择量程合适的绝缘电阻测试仪	5	选用仪器不合适扣 3 分； 未检查试验仪器合格证或校验证书扣 2 分		
1.4	安全措施	（1）办理工作票、交代安全注意事项，分工明确，并做好记录。 （2）设置高压试验安全围栏。 （3）安全工器具使用。 （4）试验仪器正确接地	10	试验仪器未正确接地扣 2 分； 未检查安全工器具扣 3 分； 安全措施交代不清楚或未确认签字扣 2 分； 试验前未将试验区域用安全围栏隔离扣 3 分		
2	试验开展					
2.1	试验接线	（1）仪器现场布置合理。 （2）试验装置的金属外壳应可靠接地，高压引线应尽量缩短，并采用专用的高压试验线，必要时用绝缘物支持牢固。 （3）电源开关接通前，试验仪器接线应准确无误	10	试验接线接错一次扣 5 分； 试验前未检查试验接线扣 3 分； 接线不规范扣 1～3 分； 上述扣分，扣完为止		

续表

序号	项目名称	质量要求	满分	扣分标准	扣分原因	得分
2.2	试验流程	（1）试验前仪器、仪表自检，正确选择试验电压，试验过程中高声呼唱。 （2）应测量变压器高压对低压及地、低压对高压及地绝缘电阻。 （3）应准确记录15s及60s的绝缘电阻，并计算吸收比，若吸收比不合格应测量极化指数。 （4）试验前后及变更接线应对设备充分放电	30	未进行仪器、仪表自检扣3分； 试验过程中未高声呼唱每次扣2分； 试验过程中失误一次扣5分； 试验过程中监护不到位扣5～10分； 缺少试验项目的扣5分； 试验前后及变更接线未对被试设备放电扣10分； 上述扣分，扣完为止		
3	结果分析					
3.1	试验报告	结合测试数据做出分析判断，出具试验报告	25	试验数据分析不准确扣5分； 试验结论不正确扣5分； 试验报告填写不规范扣1～5分； 未给出试验结论扣5分		
4	试验结束					
4.1	现场恢复	清理现场，人员撤离	6	被试设备有遗留物品扣2分； 仪器、工器具等未定置恢复扣2分； 未检查或清理现场扣2分		
4.2	办理收工手续	向考评员汇报试验结果，并办理工作终结手续	4	未汇报试验结果扣2分； 未办理工作票终结手续扣2分		
合计			100			

Jc0302441004　35kV 断路器绝缘电阻测试。（100 分）

考核知识点：断路器试验

难易度：易

技能等级评价专业技能考核操作工作任务书

一、任务名称

35kV 断路器绝缘电阻测试。

二、适用工种

电气试验工中级工。

三、具体任务

（1）工作状态为模拟35kV断路器停电，工作内容为断路器例行试验。

（2）工作任务：

1）断路器绝缘电阻测试。

2）根据试验记录出具试验报告，并对数据进行分析。

四、工作规范及要求

（1）工器具使用及安全措施。

（2）按要求进行高压试验。

（3）出具试验报告和试验结果分析。

五、考核及时间要求

（1）本考核操作时间为60分钟，包括试验接线和报告整理，时间到停止考评。

（2）试验过程中如试验仪器、试验电源出现故障，可向考评员申请故障排除，故障排除时间不计入考核。

（3）按照技能操作要求进行操作，试验报告包括试验项目、仪器型号、试验结果等。

（4）试验过程中如遇突发状况，如不涉及人身、设备安全，则由试验人员自行排查、处理；如危及人身、设备安全，则应立即停止操作，人员及时撤离作业现场。

技能等级评价专业技能考核操作评分标准

工种	电气试验工					评价等级	中级工
项目模块	断路器试验—绝缘电阻测试					编号	Jc0302441004
单位			准考证号			姓名	
考试时限	60 分钟		题型	单项操作		题分	100 分
成绩		考评员		考评组长		日期	
试题正文	35kV 断路器绝缘电阻测试						
需要说明的问题和要求	（1）试验过程单人操作，数据分析在试验过程中完成。 （2）操作过程应注意安全，按照标准化作业流程做好安全措施。 （3）现场完成试验结果分析，出具试验报告。 （4）检测仪器可选考场提供或自带						

序号	项目名称	质量要求	满分	扣分标准	扣分原因	得分
1	试验前准备					
1.1	工器具使用	熟练正确使用各种工器具	5	未正确使用一次扣 1 分，扣完为止		
1.2	试验记录	收集被试设备基础信息和历史试验数据	5	未收集被试设备历次试验报告扣 1 分； 未记录被试设备铭牌，现场温、湿度等条件的，每处扣 1 分，扣完为止		
1.3	仪器、仪表选择	选择合适的试验仪器、仪表	5	选用仪器不合适扣 3 分； 未检查试验仪器合格证或校验证书扣 2 分		
1.4	安全措施	（1）办理工作票、交代安全注意事项，分工明确，并做好记录。 （2）设置高压试验安全围栏。 （3）安全工器具使用。 （4）试验仪器正确接地	10	试验仪器未正确接地扣 3 分； 未检查安全工器具扣 3 分； 安全措施交代不清楚或未确认签字扣 2 分； 试验前未将试验区域用安全围栏隔离扣 3 分		
2	试验开展					
2.1	试验接线	（1）仪器现场布置合理。 （2）电源开关接通前，试验仪器接线应准确无误	10	试验接线接错一次扣 5 分； 试验前未检查试验接线扣 3 分； 接线不规范扣 1～3 分； 上述扣分，扣完为止		
2.2	试验流程	（1）试验前仪器、仪表自检，正确选择试验电压，试验过程中高声呼唱。 （2）应分别在分合闸状态下测量绝缘电阻。 （3）待数值稳定，记录各绕组绝缘电阻数值。 （4）试验前后及变更接线应对设备充分放电	30	未进行仪器、仪表自检扣 3 分； 试验过程中未高声呼唱每次扣 2 分； 试验过程中失误一次扣 5 分； 试验过程中监护不到位扣 5～10 分； 缺少试验项目的扣 5 分； 试验前后及变更接线未对被试设备放电扣 10 分； 上述扣分，扣完为止		
3	结果分析					
3.1	试验报告	结合测试数据做出分析判断，出具试验报告	25	试验数据分析不准确扣 5 分； 试验结论不正确扣 5 分； 试验报告填写不规范扣 1～5 分； 未给出试验结论扣 5 分		
4	试验结束					
4.1	现场恢复	清理现场，人员撤离	6	被试设备有遗留物品扣 2 分； 仪器、工器具等未定置恢复扣 2 分； 未检查或清理现场扣 2 分		
4.2	办理收工手续	向考评员汇报试验结果，并办理工作终结手续	4	未汇报试验结果扣 2 分； 未办理工作票终结手续扣 2 分		
合计			100			

Jc0302441005　35kV 电流互感器外施工频耐压试验。(100 分)

考核知识点： 电流互感器试验

难易度： 中

技能等级评价专业技能考核操作工作任务书

一、任务名称

35kV 电流互感器外施工频耐压试验。

二、适用工种

电气试验工中级工。

三、具体任务

（1）工作状态为模拟 35kV 电流互感器停电，工作内容为电流互感器交接试验。

（2）工作任务：

1）电流互感器外施工频耐压试验。

2）根据试验记录出具试验报告，并对数据进行分析。

四、工作规范及要求

（1）工器具使用及安全措施。

（2）按要求进行高压试验。

（3）出具试验报告和试验结果分析。

五、考核及时间要求

（1）本考核操作时间为 60 分钟，包括试验接线和报告整理，时间到停止考评。

（2）试验过程中如试验仪器、试验电源出现故障，可向考评员申请故障排除，故障排除时间不计入考核。

（3）按照技能操作要求进行操作，试验报告包括试验项目、仪器型号、试验结果等。

（4）试验过程中如遇突发状况，如不涉及人身、设备安全，则由试验人员自行排查、处理；如危及人身、设备安全，则应立即停止操作，人员及时撤离作业现场。

技能等级评价专业技能考核操作评分标准

工种	电气试验工					评价等级	中级工
项目模块	电流互感器试验—外施工频耐压试验					编号	Jc0302441005
单位			准考证号			姓名	
考试时限	60 分钟		题型	单项操作		题分	100 分
成绩		考评员		考评组长		日期	
试题正文	35kV 电流互感器外施工频耐压试验						
需要说明的问题和要求	（1）试验过程单人操作，数据分析在试验过程中完成。 （2）操作过程应注意安全，按照标准化作业流程做好安全措施。 （3）现场完成试验结果分析，出具试验报告。 （4）检测仪器可选考场提供或自带						

序号	项目名称	质量要求	满分	扣分标准	扣分原因	得分
1	试验前准备					
1.1	工器具使用	熟练正确使用各种工器具	5	未正确使用一次扣 1 分，扣完为止		
1.2	试验记录	收集被试设备基础信息和历史试验数据	5	未收集被试设备历次试验报告扣 1 分； 未记录被试设备铭牌，现场温、湿度等条件的，每处扣 1 分，扣完为止		
1.3	仪器、仪表选择	选择合适的试验仪器、仪表	5	选用仪器不合适扣 3 分； 未检查试验仪器合格证或校验证书扣 2 分		

续表

序号	项目名称	质量要求	满分	扣分标准	扣分原因	得分
1.4	安全措施	（1）办理工作票、交代安全注意事项，分工明确，并做好记录。 （2）设置高压试验安全围栏。 （3）安全工器具使用。 （4）试验仪器正确接地	10	试验仪器未正确接地扣 2 分； 未检查安全工器具扣 3 分； 安全措施交代不清楚或未确认签字扣 2 分； 试验前未将试验区域用安全围栏隔离扣 3 分		
2	试验开展					
2.1	试验接线	（1）仪器现场布置合理。 （2）高压引线应尽量缩短，并采用专用的高压试验线，必要时用绝缘物支持牢固。 （3）有绕组的被试品进行外施交流耐压试验时，应将被试绕组自身的所有端子短接，非被试绕组也应短接并与外壳连接后接地。 （4）电源开关接通前，试验仪器接线应准确无误	10	试验接线接错一次扣 5 分； 试验前未检查试验接线扣 3 分； 接线不规范扣 1～3 分； 上述扣分，扣完为止		
2.2	试验流程	（1）试验前，测试绝缘电阻，其值应正常。 （2）将一次绕组短接加压，二次绕组短路与外壳一起接地，接线无误后，确保调压器在零位，试验回路中过电流和过电压保护应整定正确。 （3）加压过程中应有人监护并呼唱。接通试验电源，进行升压，操作人员的手应放在电源开关上，如有紧急情况应迅速断开电源。 （4）升压必须从零（或接近于零）开始，切不可冲击合闸。升压速度在 75%试验电压以前，可以是任意的，自 75%电压开始应均匀升压，均为每秒 2%试验电压的速率升压。升至试验电压后，开始计时并读取试验电压。耐压试验后，迅速均匀降压到零（或接近于零），然后切断电源。 （5）测试绝缘电阻，其值应正常。 （6）试验前后及变更接线应对设备充分放电	30	加压前后未测试绝缘电阻扣 5 分； 加压前，调压器未归零扣 2 分； 试验过程中未高声呼唱每次扣 2 分； 试验过程中失误一次扣 5 分； 试验过程中监护不到位扣 5～10 分； 缺少试验项目的扣 5 分； 试验前后及变更接线未对被试设备放电扣 10 分； 上述扣分，扣完为止		
3	结果分析					
3.1	试验报告	结合测试数据做出分析判断，出具试验报告	25	试验数据分析不准确扣 5 分； 试验结论不正确扣 5 分； 试验报告填写不规范扣 1～5 分； 未给出试验结论扣 5 分		
4	试验结束					
4.1	现场恢复	清理现场，人员撤离	6	被试设备有遗留物品扣 2 分； 仪器、工器具等未定置恢复扣 2 分； 未检查或清理现场扣 2 分		
4.2	办理收工手续	向考评员汇报试验结果，并办理工作终结手续	4	未汇报试验结果扣 2 分； 未办理工作票终结手续扣 2 分		
合计			100			

Jc0302441006　35kV 全绝缘电压互感器外施工频耐压试验。（100 分）

考核知识点：电压互感器试验

难易度：中

技能等级评价专业技能考核操作工作任务书

一、任务名称

35kV 全绝缘电压互感器外施工频耐压试验。

二、适用工种

电气试验工中级工。

三、具体任务

（1）工作状态为模拟 35kV 电压互感器停电，工作内容为电压互感器交接试验。

（2）工作任务：

1）电压互感器外施工频耐压试验。

2）根据试验记录出具试验报告，并对数据进行分析。

四、工作规范及要求

（1）工器具使用及安全措施。

（2）按要求进行高压试验。

（3）出具试验报告和试验结果分析。

五、考核及时间要求

（1）本考核操作时间为 60 分钟，包括试验接线和报告整理，时间到停止考评。

（2）试验过程中如试验仪器、试验电源出现故障，可向考评员申请故障排除，故障排除时间不计入考核。

（3）按照技能操作要求进行操作，试验报告包括试验项目、仪器型号、试验结果等。

（4）试验过程中如遇突发状况，如不涉及人身、设备安全，则由试验人员自行排查、处理；如危及人身、设备安全，则应立即停止操作，人员及时撤离作业现场。

技能等级评价专业技能考核操作评分标准

<table>
<tr><td>工种</td><td colspan="5">电气试验工</td><td>评价等级</td><td>中级工</td></tr>
<tr><td>项目模块</td><td colspan="5">电压互感器试验—外施工频耐压试验</td><td>编号</td><td>Jc0302441006</td></tr>
<tr><td>单位</td><td colspan="2"></td><td>准考证号</td><td colspan="2"></td><td>姓名</td><td></td></tr>
<tr><td>考试时限</td><td colspan="2">60 分钟</td><td>题型</td><td colspan="2">单项操作</td><td>题分</td><td>100 分</td></tr>
<tr><td>成绩</td><td></td><td>考评员</td><td colspan="2"></td><td>考评组长</td><td></td><td>日期</td><td></td></tr>
<tr><td>试题正文</td><td colspan="8">35kV 全绝缘电压互感器外施工频耐压试验</td></tr>
<tr><td>需要说明的问题和要求</td><td colspan="8">（1）试验过程单人操作，数据分析在试验过程中完成。
（2）操作过程应注意安全，按照标准化作业流程做好安全措施。
（3）现场完成试验结果分析，出具试验报告。
（4）检测仪器可选考场提供或自带</td></tr>
</table>

序号	项目名称	质量要求	满分	扣分标准	扣分原因	得分
1	试验前准备					
1.1	工器具使用	熟练正确使用各种工器具	5	未正确使用一次扣 1 分，扣完为止		
1.2	试验记录	收集被试设备基础信息和历史试验数据	5	未收集被试设备历次试验报告扣 1 分； 未记录被试设备铭牌，现场温、湿度等条件的，每处扣 1 分，扣完为止		
1.3	仪器、仪表选择	选择合适的试验仪器、仪表	5	选用仪器不合适扣 3 分； 未检查试验仪器合格证或校验证书扣 2 分		

续表

序号	项目名称	质量要求	满分	扣分标准	扣分原因	得分
1.4	安全措施	（1）办理工作票、交代安全注意事项，分工明确，并做好记录。 （2）设置高压试验安全围栏。 （3）安全工器具使用。 （4）试验仪器正确接地	10	试验仪器未正确接地扣 2 分； 未检查安全工器具扣 3 分； 安全措施交代不清楚或未确认签字扣 2 分； 试验前未将试验区域用安全围栏隔离扣 3 分		
2	试验开展					
2.1	试验接线	（1）仪器现场布置合理。 （2）高压引线应尽量缩短，并采用专用的高压试验线，必要时用绝缘物支持牢固。 （3）有绕组的被试品进行外施交流耐压试验时，应将被试绕组自身的所有端子短接，非被试绕组也应短接并与外壳连接后接地。 （4）电源开关接通前，试验仪器接线应准确无误	10	试验接线接错一次扣 5 分； 试验前未检查试验接线扣 3 分； 接线不规范扣 1～3 分； 上述扣分，扣完为止		
2.2	试验流程	（1）试验前，测试绝缘电阻，其值应正常。 （2）将一次绕组短接加压，二次绕组短路与外壳一起接地，接线无误后，确保调压器在零位，试验回路中过电流和过电压保护应整定正确。 （3）加压过程中应有人监护并呼唱。接通试验电源，进行升压，操作人员的手应放在电源开关上，如有紧急情况应迅速断开电源。 （4）升压必须从零（或接近于零）开始，切不可冲击合闸。升压速度在75%试验电压以前，可以是任意的，自 75%电压开始应均匀升压，均为每秒 2%试验电压的速率升压。升至试验电压后，开始计时并读取试验电压。耐压试验后，迅速均匀降压到零（或接近于零），然后切断电源。 （5）测试绝缘电阻，其值应正常。 （6）试验前后及变更接线应对设备充分放电	30	加压前后未测试绝缘电阻扣 5 分； 加压前，调压器未归零扣 2 分； 试验过程中未高声呼唱每次扣 2 分； 试验过程中失误一次扣 5 分； 试验过程中监护不到位扣 5～10 分； 缺少试验项目的扣 5 分； 试验前后及变更接线未对被试设备放电扣 10 分； 上述扣分，扣完为止		
3	结果分析					
3.1	试验报告	结合测试数据做出分析判断，出具试验报告	25	试验数据分析不准确扣 5 分； 试验结论不正确扣 5 分； 试验报告填写不规范扣 1～5 分； 未给出试验结论扣 5 分		
4	试验结束					
4.1	现场恢复	清理现场，人员撤离	6	被试设备有遗留物品扣 2 分； 仪器、工器具等未定置恢复扣 2 分； 未检查或清理现场扣 2 分		
4.2	办理收工手续	向考评员汇报试验结果，并办理工作终结手续	4	未汇报试验结果扣 2 分； 未办理工作票终结手续扣 2 分		
合计			100			

Jc0302441007　110kV 变压器铁芯、夹件绝缘电阻测试。（100 分）

考核知识点：变压器试验

难易度：易

技能等级评价专业技能考核操作工作任务书

一、任务名称

110kV 变压器铁芯、夹件绝缘电阻测试。

二、适用工种

电气试验工中级工。

三、具体任务

（1）工作状态为模拟 110kV 变压器停电，工作内容为变压器例行试验。

（2）工作任务：

1）变压器铁芯、夹件绝缘电阻测试。

2）根据试验记录出具试验报告，并对数据进行分析。

四、工作规范及要求

（1）工器具使用及安全措施。

（2）按要求进行高压试验。

（3）出具试验报告和试验结果分析。

五、考核及时间要求

（1）本考核操作时间为 60 分钟，包括试验接线和报告整理，时间到停止考评。

（2）试验过程中如试验仪器、试验电源出现故障，可向考评员申请故障排除，故障排除时间不计入考核。

（3）按照技能操作要求进行操作，试验报告包括试验项目、仪器型号、试验结果等。

（4）试验过程中如遇突发状况，如不涉及人身、设备安全，则由试验人员自行排查、处理；如危及人身、设备安全，则应立即停止操作，人员及时撤离作业现场。

技能等级评价专业技能考核操作评分标准

工种	电气试验工				评价等级	中级工
项目模块	变压器试验—铁芯、夹件绝缘电阻测试				编号	Jc0302441007
单位		准考证号			姓名	
考试时限	60 分钟	题型	单项操作		题分	100 分
成绩		考评员		考评组长	日期	
试题正文	110kV 变压器铁芯、夹件绝缘电阻测试					
需要说明的问题和要求	（1）试验过程单人操作，数据分析在试验过程中完成。 （2）操作过程应注意安全，按照标准化作业流程做好安全措施。 （3）现场完成试验结果分析，出具试验报告。 （4）检测仪器可选考场提供或自带					

序号	项目名称	质量要求	满分	扣分标准	扣分原因	得分
1	试验前准备					
1.1	工器具使用	熟练正确使用各种工器具	5	未正确使用一次扣 1 分，扣完为止		
1.2	试验记录	收集被试设备基础信息和历史试验数据	5	未收集被试设备历次试验报告扣 1 分； 未记录被试设备铭牌，现场温、湿度等条件的，每处扣 1 分，扣完为止		
1.3	仪器、仪表选择	根据变压器容量选择量程合适的绝缘电阻测试仪	5	选用仪器不合适扣 3 分； 未检查试验仪器合格证或校验证书扣 2 分		

续表

序号	项目名称	质量要求	满分	扣分标准	扣分原因	得分
1.4	安全措施	（1）办理工作票、交代安全注意事项，分工明确，并做好记录。 （2）设置高压试验安全围栏。 （3）安全工器具使用。 （4）试验仪器正确接地	10	试验仪器未正确接地扣 2 分； 未检查安全工器具扣 3 分； 安全措施交代不清楚或未确认签字扣 2 分； 试验前未将试验区域用安全围栏隔离扣 3 分		
2	试验开展					
2.1	试验接线	（1）仪器现场布置合理。 （2）试验装置的金属外壳应可靠接地，高压引线应尽量缩短，并采用专用的高压试验线，必要时用绝缘物支持牢固。 （3）电源开关接通前，试验仪器接线应准确无误	10	试验接线接错一次扣 5 分； 试验前未检查试验接线扣 3 分； 接线不规范扣 1～3 分； 上述扣分，扣完为止		
2.2	试验流程	（1）试验前仪器、仪表自检，正确选择试验电压，试验过程中高声呼唱。 （2）应分别测量变压器铁芯、夹件对地绝缘电阻。 （3)应准确记录 60s 的绝缘电阻。 （4）试验前后及变更接线应对设备充分放电	30	未进行仪器、仪表自检扣 3 分； 试验过程中未高声呼唱每次扣 2 分； 试验过程中失误一次扣 5 分； 试验过程中监护不到位扣 5～10 分； 缺少试验项目的扣 5 分； 试验前后及变更接线未对被试设备放电扣 10 分； 上述扣分，扣完为止		
3	结果分析					
3.1	试验报告	结合测试数据做出分析判断，出具试验报告	25	试验数据分析不准确扣 5 分； 试验结论不正确扣 5 分； 试验报告填写不规范扣 1～5 分； 未给出试验结论扣 5 分		
4	试验结束					
4.1	现场恢复	清理现场，人员撤离	6	被试设备有遗留物品扣 2 分； 仪器、工器具等未定置恢复扣 2 分； 未检查或清理现场扣 2 分		
4.2	办理收工手续	向考评员汇报试验结果，并办理工作终结手续	4	未汇报试验结果扣 2 分； 未办理工作票终结手续扣 2 分		
合计			100			

Jc0302453008　110kV 电流互感器绝缘电阻测量、介损及电容量测试。（100 分）

考核知识点： 电流互感器试验

难易度： 中

技能等级评价专业技能考核操作工作任务书

一、任务名称

110kV 电流互感器绝缘电阻测量、介损及电容量测试。

二、适用工种

电气试验工中级工。

三、具体任务

（1）工作状态为模拟 110kV 电流互感器停电，工作内容为变压器例行试验。

（2）工作任务：

1）电流互感器绝缘电阻测量、介损及电容量测试。

2）根据试验记录出具试验报告，并对数据进行分析。

四、工作规范及要求

（1）工器具使用及安全措施。

（2）按要求进行高压试验。

（3）出具试验报告和试验结果分析。

五、考核及时间要求

（1）本考核操作时间为60分钟，包括试验接线和报告整理，时间到停止考评。

（2）试验过程中如试验仪器、试验电源出现故障，可向考评员申请故障排除，故障排除时间不计入考核。

（3）按照技能操作要求进行操作，试验报告包括试验项目、仪器型号、试验结果等。

（4）试验过程中如遇突发状况，如不涉及人身、设备安全，则由试验人员自行排查、处理；如危及人身、设备安全，则应立即停止操作，人员及时撤离作业现场。

技能等级评价专业技能考核操作评分标准

工种	电气试验工					评价等级	中级工
项目模块	电流互感器试验—绝缘电阻测量、介损及电容量测试					编号	Jc0302453008
单位			准考证号			姓名	
考试时限	60分钟		题型	单项操作		题分	100分
成绩		考评员		考评组长		日期	
试题正文	110kV电流互感器绝缘电阻测量、介损及电容量测试						
需要说明的问题和要求	（1）试验过程单人操作，数据分析在试验过程中完成。 （2）操作过程应注意安全，按照标准化作业流程做好安全措施。 （3）现场完成试验结果分析，出具试验报告。 （4）检测仪器可选考场提供或自带						

序号	项目名称	质量要求	满分	扣分标准	扣分原因	得分
1	试验前准备					
1.1	工器具使用	熟练正确使用各种工器具	5	未正确使用一次扣1分，扣完为止		
1.2	试验记录	收集被试设备基础信息和历史试验数据	5	未收集被试设备历次试验报告扣1分； 未记录被试设备铭牌，现场温、湿度等条件的，每处扣1分，扣完为止		
1.3	仪器、仪表选择	选择合适的绝缘电阻测试仪和介损及电容量测试仪	5	选用仪器不合适扣3分； 未检查试验仪器合格证或校验证书扣2分		
1.4	安全措施	（1）办理工作票、交代安全注意事项，分工明确，并做好记录。 （2）设置高压试验安全围栏。 （3）安全工器具使用。 （4）试验仪器正确接地	10	试验仪器未正确接地扣2分； 未检查安全工器具扣3分； 安全措施交代不清楚或未确认签字扣2分； 试验前未将试验区域用安全围栏隔离扣3分		
2	试验开展					
2.1	试验接线	（1）仪器现场布置合理。 （2）试验装置的金属外壳应可靠接地，高压引线应尽量缩短，并采用专用的高压试验线，必要时用绝缘物支持牢固。 （3）电源开关接通前，试验仪器接线应准确无误	10	试验接线接错一次扣5分； 试验前未检查试验接线扣3分； 接线不规范扣1～3分； 上述扣分，扣完为止		

续表

序号	项目名称	质量要求	满分	扣分标准	扣分原因	得分
2.2	试验流程	（1）试验前仪器、仪表自检，正确选择试验电压、测试方式，试验过程中高声呼唱。 （2）应分别测量电流互感器一次绕组、二次绕组及末屏对地绝缘电阻，并应准确记录 60s 的绝缘电阻。 （3）应测量电量互感器一次绕组介损及电容量并记录测试数据。 （4）试验前后及变更接线应对设备充分放电	30	未进行仪器、仪表自检扣 3 分； 试验过程中未高声呼唱每次扣 2 分； 试验过程中失误一次扣 5 分； 试验过程中监护不到位扣 5～10 分； 缺少试验项目的扣 5 分； 试验前后及变更接线未对被试设备放电扣 10 分； 上述扣分，扣完为止		
3	结果分析					
3.1	试验报告	结合测试数据做出分析判断，出具试验报告	25	试验数据分析不准确扣 5 分； 试验结论不正确扣 5 分； 试验报告填写不规范扣 1～5 分； 未给出试验结论扣 5 分		
4	试验结束					
4.1	现场恢复	清理现场，人员撤离	6	被试设备有遗留物品扣 2 分； 仪器、工器具等未定置恢复扣 2 分； 未检查或清理现场扣 2 分		
4.2	办理收工手续	向考评员汇报试验结果，并办理工作终结手续	4	未汇报试验结果扣 2 分； 未办理工作票终结手续扣 2 分		
合计			100			

Jc0302441009 35kV 套管绝缘电阻的测试。（100 分）

考核知识点：套管试验

难易度：易

技能等级评价专业技能考核操作工作任务书

一、任务名称

35kV 套管绝缘电阻的测试。

二、适用工种

电气试验工中级工。

三、具体任务

（1）工作状态为模拟 35kV 套管停电，工作内容为套管例行试验。

（2）工作任务：

1）套管绝缘电阻测试。

2）根据试验记录出具试验报告，并对数据进行分析。

四、工作规范及要求

（1）工器具使用及安全措施。

（2）按要求进行高压试验。

（3）出具试验报告和试验结果分析。

五、考核及时间要求

（1）本考核操作时间为 60 分钟，包括试验接线和报告整理，时间到停止考评。

（2）试验过程中如试验仪器、试验电源出现故障，可向考评员申请故障排除，故障排除时间不计入考核。

（3）按照技能操作要求进行操作，试验报告包括试验项目、仪器型号、试验结果等。

（4）试验过程中如遇突发状况，如不涉及人身、设备安全，则由试验人员自行排查、处理；如危及人身、设备安全，则应立即停止操作，人员及时撤离作业现场。

技能等级评价专业技能考核操作评分标准

<table>
<tr><td>工种</td><td colspan="7">电气试验工</td><td>评价等级</td><td>中级工</td></tr>
<tr><td>项目模块</td><td colspan="7">套管试验—绝缘电阻测试</td><td>编号</td><td>Jc0302441009</td></tr>
<tr><td>单位</td><td colspan="2"></td><td colspan="2">准考证号</td><td colspan="3"></td><td>姓名</td><td></td></tr>
<tr><td>考试时限</td><td colspan="2">60 分钟</td><td colspan="2">题型</td><td colspan="3">单项操作</td><td>题分</td><td>100 分</td></tr>
<tr><td>成绩</td><td></td><td colspan="2">考评员</td><td colspan="2"></td><td>考评组长</td><td></td><td>日期</td><td></td></tr>
<tr><td>试题正文</td><td colspan="9">35kV 套管绝缘电阻的测试</td></tr>
<tr><td>需要说明的问题和要求</td><td colspan="9">（1）试验过程单人操作，数据分析在试验过程中完成。
（2）操作过程应注意安全，按照标准化作业流程做好安全措施。
（3）现场完成试验结果分析，出具试验报告。
（4）检测仪器可选考场提供或自带</td></tr>
</table>

序号	项目名称	质量要求	满分	扣分标准	扣分原因	得分
1	试验前准备					
1.1	工器具使用	熟练正确使用各种工器具	5	未正确使用一次扣 1 分，扣完为止		
1.2	试验记录	收集被试设备基础信息和历史试验数据	5	未收集被试设备历次试验报告扣 1 分； 未记录被试设备铭牌，现场温、湿度等条件的，每处扣 1 分，扣完为止		
1.3	仪器、仪表选择	选择合适的试验仪器、仪表	5	选用仪器不合适扣 3 分； 未检查试验仪器合格证或校验证书扣 2 分		
1.4	安全措施	（1）办理工作票、交代安全注意事项，分工明确，并做好记录。 （2）设置高压试验安全围栏。 （3）安全工器具使用。 （4）试验仪器正确接地	10	试验仪器未正确接地扣 2 分； 未检查安全工器具扣 3 分； 安全措施交代不清楚或未确认签字扣 2 分； 试验前未将试验区域用安全围栏隔离扣 3 分		
2	试验开展					
2.1	试验接线	（1）仪器现场布置合理。 （2）电源开关接通前，试验仪器接线应准确无误	10	试验接线接错一次扣 5 分； 试验前未检查试验接线扣 3 分； 接线不规范扣 1～3 分； 上述扣分，扣完为止		
2.2	试验流程	（1）试验前仪器、仪表自检，正确选择试验电压，试验过程中高声呼唱。 （2）应测量套管主绝缘及末屏绝缘电阻.。 （3）测量主绝缘将套管的一次侧接入绝缘电阻表“L”端，末屏接入绝缘电阻表“E”端；测量末屏绝缘时，将套管的末屏接入绝缘电阻表的“L”端，外壳及地接入绝缘电阻表的“E”端。 （4）带数值稳定后，读取绝缘电阻值。 （5）试验前后及变更接线应对设备充分放电	30	未进行仪器、仪表自检扣 3 分； 试验过程中未高声呼唱每次扣 2 分； 试验过程中失误一次扣 5 分； 试验过程中监护不到位扣 5～10 分； 缺少试验项目的扣 5 分； 试验前后及变更接线未对被试设备放电扣 10 分； 上述扣分，扣完为止		

续表

序号	项目名称	质量要求	满分	扣分标准	扣分原因	得分
3	结果分析					
3.1	试验报告	结合测试数据做出分析判断，出具试验报告	25	试验数据分析不准确扣 5 分； 试验结论不正确扣 5 分； 试验报告填写不规范扣 1～5 分； 未给出试验结论扣 5 分		
4	试验结束					
4.1	现场恢复	清理现场，人员撤离	6	被试设备有遗留物品扣 2 分； 仪器、工器具等未定置恢复扣 2 分； 未检查或清理现场扣 2 分		
4.2	办理收工手续	向考评员汇报试验结果，并办理工作终结手续	4	未汇报试验结果扣 2 分； 未办理工作票终结手续扣 2 分		
合计			100			

Jc0302442010 10kV 电力电缆直流耐压和泄漏电流测试。（100 分）

考核知识点：电力电缆试验

难易度：中

技能等级评价专业技能考核操作工作任务书

一、任务名称

10kV 电力电缆直流耐压和泄漏电流测试。

二、适用工种

电气试验工中级工。

三、具体任务

（1）工作状态为模拟 10kV 电力电缆停电，工作内容为电力电缆诊断试验。

（2）工作任务：

1）电力电缆直流耐压和泄漏电流测试。

2）根据试验记录出具试验报告，并对数据进行分析。

四、工作规范及要求

（1）工器具使用及安全措施。

（2）按要求进行高压试验。

（3）出具试验报告和试验结果分析。

五、考核及时间要求

（1）本考核操作时间为 60 分钟，包括试验接线和报告整理，时间到停止考评。

（2）试验过程中如试验仪器、试验电源出现故障，可向考评员申请故障排除，故障排除时间不计入考核。

（3）按照技能操作要求进行操作，试验报告包括试验项目、仪器型号、试验结果等。

（4）试验过程中如遇突发状况，如不涉及人身、设备安全，则由试验人员自行排查、处理；如危及人身、设备安全，则应立即停止操作，人员及时撤离作业现场。

技能等级评价专业技能考核操作评分标准

工种	电气试验工					评价等级	中级工
项目模块	电力电缆试验—直流耐压和泄漏电流测试					编号	Jc0302442010
单位		准考证号				姓名	
考试时限	60 分钟	题型	单项操作			题分	100 分
成绩		考评员		考评组长		日期	
试题正文	10kV 电力电缆直流耐压和泄漏电流测试						
需要说明的问题和要求	（1）试验过程单人操作，数据分析在试验过程中完成。 （2）操作过程应注意安全，按照标准化作业流程做好安全措施。 （3）现场完成试验结果分析，出具试验报告。 （4）检测仪器可选考场提供或自带						

序号	项目名称	质量要求	满分	扣分标准	扣分原因	得分
1	试验前准备					
1.1	工器具使用	熟练正确使用各种工器具	5	未正确使用一次扣 1 分，扣完为止		
1.2	试验记录	收集被试设备基础信息和历史试验数据	5	未收集被试设备历次试验报告扣 1 分； 未记录被试设备铭牌，现场温、湿度等条件的，每处扣 1 分，扣完为止		
1.3	仪器、仪表选择	选择合适的试验仪器、仪表	5	选用仪器不合适扣 3 分； 未检查试验仪器合格证或校验证书扣 2 分		
1.4	安全措施	（1）办理工作票、交代安全注意事项，分工明确，并做好记录。 （2）设置高压试验安全围栏。 （3）安全工器具使用。 （4）试验仪器正确接地	10	试验仪器未正确接地扣 2 分； 未检查安全工器具扣 3 分； 安全措施交代不清楚或未确认签字扣 2 分； 试验前未将试验区域用安全围栏隔离扣 3 分		
2	试验开展					
2.1	试验接线	（1）仪器现场布置合理。 （2）直流高压端引线与周围接地体之间应保持足够的放电距离，与直流高压端邻近的易感应电荷的设备均应可靠接地。 （3）电源开关接通前，试验仪器接线应准确无误	10	试验接线接错一次扣 5 分； 高压引线设置不合理扣 3 分； 试验前未检查试验接线扣 3 分； 接线不规范扣 1～3 分		
2.2	试验流程	（1）对电缆充分放电，拆除电缆两端终端头与其他设备的连接线。 （2）将直流发生器高压端引出线与电缆被试相连接，加压相对地应有足够的距离。电缆金属铠甲及护套和非试验相可靠接地。 （3）试验前进行测试仪器过压整定并检验仪器在整定值能否可靠动作。 （4）确保试验接线无误，电压输出在零位，接通试验电源，进行升压。 （5）升压过程中，试验电压可分 4～6 个阶段均匀升压，每阶段停留 1min，打开微安表短路开关读取各点泄漏电流值。 （6）试验结束后，应迅速均匀地降低电压，不可突然切断电源，当电缆电压降到 1/2 试验电压后使用放电棒经放电电阻放电，多次放电无火花时，再通过接地线放电。 （7）试验前后及变更接线应对设备充分放电	30	试验前未对电缆充分放电扣 5 分； 未进行仪器检验扣 3 分；. 加压前，调压器未归零扣 2 分； 试验过程中未高声呼唱每次扣 2 分； 试验过程中监护不到位扣 5～10 分； 加压未达试验电压或超过试验电压扣 5 分； 泄漏电流未从微安表处读取扣 3 分； 对电缆放电不规范扣 5 分； 试验前后及变更接线未对被试设备放电扣 10 分； 上述扣分，扣完为止		

续表

序号	项目名称	质量要求	满分	扣分标准	扣分原因	得分
3	结果分析					
3.1	试验报告	结合测试数据做出分析判断，出具试验报告	25	试验数据分析不准确扣5分； 试验结论不正确扣5分； 试验报告填写不规范扣1～5分； 未给出试验结论扣5分		
4	试验结束					
4.1	现场恢复	清理现场，人员撤离	6	被试设备有遗留物品扣2分； 仪器、工器具等未定置恢复扣2分； 未检查或清理现场扣2分		
4.2	办理收工手续	向考评员汇报试验结果，并办理工作终结手续	4	未汇报试验结果扣2分； 未办理工作票终结手续扣2分		
合计			100			

Jc0302441011　10kV 绝缘操作杆试验。（100 分）

考核知识点：绝缘操作杆试验

难易度：中

技能等级评价专业技能考核操作工作任务书

一、任务名称

10kV 绝缘操作杆试验。

二、适用工种

电气试验工中级工。

三、具体任务

（1）工作状态为模拟绝缘操作杆检验，工作内容为绝缘操作杆交接试验。

（2）工作任务：

1）绝缘操作杆试验。

2）根据试验记录出具试验报告，并对数据进行分析。

四、工作规范及要求

（1）工器具使用及安全措施。

（2）按要求进行高压试验。

（3）出具试验报告和试验结果分析。

五、考核及时间要求

（1）本考核操作时间为 60 分钟，包括试验接线和报告整理，时间到停止考评。

（2）试验过程中如试验仪器、试验电源出现故障，可向考评员申请故障排除，故障排除时间不计入考核。

（3）按照技能操作要求进行操作，试验报告包括试验项目、仪器型号、试验结果等。

（4）试验过程中如遇突发状况，如不涉及人身、设备安全，则由试验人员自行排查、处理；如危及人身、设备安全，则应立即停止操作，人员及时撤离作业现场。

技能等级评价专业技能考核操作评分标准

工种	电气试验工				评价等级	中级工
项目模块	安全工器具试验—绝缘操作杆试验				编号	Jc0302441011
单位		准考证号			姓名	
考试时限	60分钟	题型	单项操作		题分	100分
成绩		考评员		考评组长	日期	
试题正文	10kV 绝缘操作杆试验					
需要说明的问题和要求	（1）试验过程单人操作，数据分析在试验过程中完成。 （2）操作过程应注意安全，按照标准化作业流程做好安全措施。 （3）现场完成试验结果分析，出具试验报告。 （4）检测仪器可选考场提供或自带					

序号	项目名称	质量要求	满分	扣分标准	扣分原因	得分
1	试验前准备					
1.1	工器具使用	熟练正确使用各种工器具	5	未正确使用一次扣1分，扣完为止		
1.2	试验记录	收集被试设备基础信息和历史试验数据	5	未收集被试设备历次试验报告扣1分； 未记录被试设备铭牌，现场温、湿度等条件的，每处扣1分，扣完为止		
1.3	仪器、仪表选择	选择合适的试验仪器、仪表	5	选用仪器不合适扣3分； 未检查试验仪器合格证或校验证书扣2分		
1.4	安全措施	（1）办理工作票、交代安全注意事项，分工明确，并做好记录。 （2）设置高压试验安全围栏。 （3）安全工器具使用。 （4）试验仪器正确接地	10	试验仪器未正确接地扣2分； 未检查安全工器具扣3分； 安全措施交代不清楚或未确认签字扣2分； 试验前未将试验区域用安全围栏隔离扣3分		
2	试验开展					
2.1	试验接线	（1）仪器现场布置合理。 （2）电源开关接通前，试验仪器接线应准确无误	10	试验接线接错一次扣5分； 试验前未检查试验接线扣3分； 接线不规范扣1～3分； 上述扣分，扣完为止		
2.2	试验流程	（1）试验前，对试品进行外观及尺寸检查，测试绝缘电阻，其值应正常。 （2）将高压引线接至绝缘操作杆，接线无误后，确保调压器在零位，试验回路中过电流和过电压保护应整定正确。 （3）加压过程中应有人监护并呼唱。接通试验电源，进行升压，操作人员的手应放在电源开关上，如有紧急情况应迅速断开电源。 （4）升压必须从零（或接近于零）开始，切不可冲击合闸。升压速度在75%试验电压以前，可以是任意的，自75%电压开始应均匀升压，均为每秒2%试验电压的速率升压。升至试验电压后，开始计时并读取试验电压。耐压试验后，迅速均匀降压到零（或接近于零），然后切断电源。 （5）试验完毕后，立即触摸绝缘表面，不应发热，测试绝缘电阻，其值应正常。 （6）试验前后及变更接线应对设备充分放电	30	试验前未检查被试品外观扣3分； 加压前后未测试绝缘电阻扣5分； 加压前，调压器未归零扣2分； 试验过程中未高声呼唱每次扣2分； 试验过程中失误一次扣5分； 试验过程中监护不到位扣5～10分； 缺少试验项目的扣5分； 试验前后及变更接线未对被试设备放电扣10分； 上述扣分，扣完为止		

续表

序号	项目名称	质量要求	满分	扣分标准	扣分原因	得分
3	结果分析					
3.1	试验报告	结合测试数据做出分析判断，出具试验报告	25	试验数据分析不准确扣5分； 试验结论不正确扣5分； 试验报告填写不规范扣1～5分； 未给出试验结论扣5分		
4	试验结束					
4.1	现场恢复	清理现场，人员撤离	6	被试设备有遗留物品扣2分； 仪器、工器具等未定置恢复扣2分； 未检查或清理现场扣2分		
4.2	办理收工手续	向考评员汇报试验结果，并办理工作终结手续	4	未汇报试验结果扣2分； 未办理工作票终结手续扣2分		
合计			100			

Jc0302441012　10kV避雷器绝缘电阻测试。（100分）

考核知识点：避雷器试验

难易度：易

技能等级评价专业技能考核操作工作任务书

一、任务名称

10kV避雷器绝缘电阻测试。

二、适用工种

电气试验工中级工。

三、具体任务

（1）工作状态为模拟10kV避雷器停电，工作内容为避雷器例行试验。

（2）工作任务：

1）避雷器进行绝缘电阻测试。

2）根据试验记录出具试验报告，并对数据进行分析。

四、工作规范及要求

（1）工器具使用及安全措施。

（2）按要求进行高压试验。

（3）出具试验报告和试验结果分析。

五、考核及时间要求

（1）本考核操作时间为60分钟，包括试验接线和报告整理，时间到停止考评。

（2）试验过程中如试验仪器、试验电源出现故障，可向考评员申请故障排除，故障排除时间不计入考核。

（3）按照技能操作要求进行操作，试验报告包括试验项目、仪器型号、试验结果等。

（4）试验过程中如遇突发状况，如不涉及人身、设备安全，则由试验人员自行排查、处理；如危及人身、设备安全，则应立即停止操作，人员及时撤离作业现场。

技能等级评价专业技能考核操作评分标准

工种	电气试验工				评价等级	中级工
项目模块	避雷器试验—绝缘电阻测试				编号	Jc0302441012
单位		准考证号			姓名	
考试时限	60 分钟	题型	单项操作		题分	100 分
成绩		考评员		考评组长	日期	
试题正文	10kV 避雷器绝缘电阻测试					
需要说明的问题和要求	（1）试验过程单人操作，数据分析在试验过程中完成。 （2）操作过程应注意安全，按照标准化作业流程做好安全措施。 （3）现场完成试验结果分析，出具试验报告。 （4）检测仪器可选考场提供或自带					

序号	项目名称	质量要求	满分	扣分标准	扣分原因	得分
1	试验前准备					
1.1	工器具使用	熟练正确使用各种工器具	5	未正确使用一次扣 1 分，扣完为止		
1.2	试验记录	收集被试设备基础信息和历史试验数据	5	未收集被试设备历次试验报告扣 1 分； 未记录被试设备铭牌，现场温、湿度等条件的，每处扣 1 分，扣完为止		
1.3	仪器、仪表选择	选择合适的试验仪器、仪表	5	选用仪器不合适扣 3 分； 未检查试验仪器合格证或校验证书扣 2 分		
1.4	安全措施	（1）办理工作票、交代安全注意事项，分工明确，并做好记录。 （2）设置高压试验安全围栏。 （3）安全工器具使用。 （4）试验仪器正确接地	10	试验仪器未正确接地扣 2 分； 未检查安全工器具扣 3 分； 安全措施交代不清楚或未确认签字扣 2 分； 试验前未将试验区域用安全围栏隔离扣 3 分		
2	试验开展					
2.1	试验接线	（1）仪器现场布置合理。 （2）电源开关接通前，试验仪器接线应准确无误	10	试验接线接错一次扣 5 分； 试验前未检查试验接线扣 3 分； 接线不规范扣 1～3 分； 上述扣分，扣完为止		
2.2	试验流程	（1）试验前对避雷器接地放电。 （2）试验前仪器、仪表自检，正确选择试验电压，试验过程中高声呼唱。 （3）将绝缘电阻表的接地端与被试品的地线连接，避雷器高压端接绝缘电阻表“L”端。 （4）读取 1min 或稳定后的绝缘电阻值。 （5）试验前后及变更接线应对设备充分放电	30	未进行仪器、仪表自检扣 2 分； 试验前未对避雷器充分放电扣 3 分； 试验前未清洁电容器套管扣 2 分； 试验过程中未高声呼唱每次扣 3 分； 试验过程中失误一次扣 3～5 分； 试验过程中监护不到位扣 2 分； 缺少试验项目的扣 3 分； 试验前后及变更接线未对被试设备放电扣 10 分		
3	结果分析					
3.1	试验报告	结合测试数据做出分析判断，出具试验报告	25	试验数据分析不准确扣 5 分； 试验结论不正确扣 5 分； 试验报告填写不规范扣 1～5 分； 未给出试验结论扣 5 分		
4	试验结束					
4.1	现场恢复	清理现场，人员撤离	6	被试设备有遗留物品扣 2 分； 仪器、工器具等未定置恢复扣 2 分； 未检查或清理现场扣 2 分		
4.2	办理收工手续	向考评员汇报试验结果，并办理工作终结手续	4	未汇报试验结果扣 2 分； 未办理工作票终结手续扣 2 分		
合计			100			

Jc0302442013　屏蔽服装试验。（100 分）

考核知识点： 屏蔽服试验

难易度：中

技能等级评价专业技能考核操作工作任务书

一、任务名称

屏蔽服装试验。

二、适用工种

电气试验工中级工。

三、具体任务

（1）工作状态为模拟屏蔽服装检验，工作内容为屏蔽服装交接试验。

（2）工作任务：

1）屏蔽服装试验。

2）根据试验记录出具试验报告，并对数据进行分析。

四、工作规范及要求

（1）工器具使用及安全措施。

（2）按要求进行高压试验。

（3）出具试验报告和试验结果分析。

五、考核及时间要求

（1）本考核操作时间为60分钟，包括试验接线和报告整理，时间到停止考评。

（2）试验过程中如试验仪器、试验电源出现故障，可向考评员申请故障排除，故障排除时间不计入考核。

（3）按照技能操作要求进行操作，试验报告包括试验项目、仪器型号、试验结果等。

（4）试验过程中如遇突发状况，如不涉及人身、设备安全，则由试验人员自行排查、处理；如危及人身、设备安全，则应立即停止操作，人员及时撤离作业现场。

技能等级评价专业技能考核操作评分标准

工种	电气试验工					评价等级	中级工
项目模块	安全工器具试验—屏蔽服装试验					编号	Jc0302442013
单位			准考证号			姓名	
考试时限	60分钟		题型	单项操作		题分	100分
成绩		考评员		考评组长		日期	
试题正文	屏蔽服装试验						
需要说明的问题和要求	（1）试验过程单人操作，数据分析在试验过程中完成。 （2）操作过程应注意安全，按照标准化作业流程做好安全措施。 （3）现场完成试验结果分析，出具试验报告。 （4）检测仪器可选考场提供或自带						

序号	项目名称	质量要求	满分	扣分标准	扣分原因	得分
1	试验前准备					
1.1	工器具使用	熟练正确使用各种工器具	5	未正确使用一次扣1分，扣完为止		
1.2	试验记录	收集被试设备基础信息和历史试验数据	5	未收集被试设备历次试验报告扣1分； 未记录被试设备铭牌，现场温、湿度等条件的，每处扣1分，扣完为止		
1.3	仪器、仪表选择	选择合适的试验仪器、仪表	5	选用仪器不合适扣3分； 未检查试验仪器合格证或校验证书扣2分		

续表

序号	项目名称	质量要求	满分	扣分标准	扣分原因	得分
1.4	安全措施	（1）办理工作票、交代安全注意事项，分工明确，并做好记录。 （2）设置高压试验安全围栏。 （3）安全工器具使用。 （4）试验仪器正确接地	10	试验仪器未正确接地扣 2 分； 未检查安全工器具扣 3 分； 安全措施交代不清楚或未确认签字扣 2 分； 试验前未将试验区域用安全围栏隔离扣 3 分		
2	试验开展					
2.1	试验接线	（1）仪器现场布置合理。 （2）电源开关接通前，试验仪器接线应准确无误	10	试验接线接错一次扣 5 分； 试验前未检查试验接线扣 3 分； 接线不规范扣 1～3 分； 上述扣分，扣完为止		
2.2	试验流程	（1）试验前，对试品进行外观及尺寸检查，测试绝缘电阻，其值应正常。 （2）测试上衣、裤子、手套、袜子、鞋电阻。 （3）测试屏蔽服装效率。 （4）试验前后及变更接线应对设备充分放电	30	试验前未检查被试品外观扣 3 分； 加压前，调压器未归零扣 2 分； 试验过程中未高声呼唱每次扣 2 分； 试验过程中失误一次扣 5 分； 试验过程中监护不到位扣 5～10 分； 缺少试验项目的扣 5 分； 试验前后及变更接线未对被试设备放电扣 10 分； 上述扣分，扣完为止		
3	结果分析					
3.1	试验报告	结合测试数据做出分析判断，出具试验报告	25	试验数据分析不准确扣 5 分； 试验结论不正确扣 5 分； 试验报告填写不规范扣 1～5 分； 未给出试验结论扣 5 分		
4	试验结束					
4.1	现场恢复	清理现场，人员撤离	6	被试设备有遗留物品扣 2 分； 仪器、工器具等未定置恢复扣 2 分； 未检查或清理现场扣 2 分		
4.2	办理收工手续	向考评员汇报试验结果，并办理工作终结手续	4	未汇报试验结果扣 2 分； 未办理工作票终结手续扣 2 分		
合计			100			

Jc0302441014　10kV 高压并联电容器绝缘电阻测试。（100 分）

考核知识点：并联电容器试验

难易度：易

技能等级评价专业技能考核操作工作任务书

一、任务名称

10kV 高压并联电容器绝缘电阻测试。

二、适用工种

电气试验工中级工。

三、具体任务

（1）工作状态为模拟 10kV 高压并联电容器停电，工作内容为电容器例行试验。

（2）工作任务：

1）高压并联电容器进行绝缘电阻测试。

2）根据试验记录出具试验报告，并对数据进行分析。

四、工作规范及要求

（1）工器具使用及安全措施。

（2）按要求进行高压试验。

（3）出具试验报告和试验结果分析。

五、考核及时间要求

（1）本考核操作时间为 60 分钟，包括试验接线和报告整理，时间到停止考评。

（2）试验过程中如试验仪器、试验电源出现故障，可向考评员申请故障排除，故障排除时间不计入考核。

（3）按照技能操作要求进行操作，试验报告包括试验项目、仪器型号、试验结果等。

（4）试验过程中如遇突发状况，如不涉及人身、设备安全，则由试验人员自行排查、处理；如危及人身、设备安全，则应立即停止操作，人员及时撤离作业现场。

技能等级评价专业技能考核操作评分标准

工种	电气试验工					评价等级	中级工
项目模块	电容器试验—绝缘电阻测试					编号	Jc0302441014
单位			准考证号			姓名	
考试时限	60 分钟		题型	单项操作		题分	100 分
成绩		考评员		考评组长		日期	
试题正文	10kV 高压并联电容器绝缘电阻测试						
需要说明的问题和要求	（1）试验过程单人操作，数据分析在试验过程中完成。 （2）操作过程应注意安全，按照标准化作业流程做好安全措施。 （3）现场完成试验结果分析，出具试验报告。 （4）检测仪器可选考场提供或自带						

序号	项目名称	质量要求	满分	扣分标准	扣分原因	得分
1	试验前准备					
1.1	工器具使用	熟练正确使用各种工器具	5	未正确使用一次扣 1 分，扣完为止		
1.2	试验记录	收集被试设备基础信息和历史试验数据	5	未收集被试设备历次试验报告扣 1 分； 未记录被试设备铭牌，现场温、湿度等条件的，每处扣 1 分，扣完为止		
1.3	仪器、仪表选择	选择合适的试验仪器、仪表	5	选用仪器不合适扣 3 分； 未检查试验仪器合格证或校验证书扣 2 分		
1.4	安全措施	（1）办理工作票、交代安全注意事项，分工明确，并做好记录。 （2）设置高压试验安全围栏。 （3）安全工器具使用。 （4）试验仪器正确接地	10	试验仪器未正确接地扣 2 分； 未检查安全工器具扣 3 分； 安全措施交代不清楚或未确认签字扣 2 分； 试验前未将试验区域用安全围栏隔离扣 3 分		
2	试验开展					
2.1	试验接线	（1）仪器现场布置合理。 （2）电源开关接通前，试验仪器接线应准确无误	10	试验接线接错一次扣 5 分； 试验前未检查试验接线扣 3 分； 接线不规范扣 1～3 分； 上述扣分，扣完为止		
2.2	试验流程	（1）试验前对电容器充分放电，拆除电容器的所有接线，清洁电容器套管。 （2）试验前仪器、仪表自检，正确选择试验电压，试验过程中高声呼唱。 （3）被试电容器极间短接后接绝缘电阻表的“L”端，“E”端接地。 （4）读取 1min 或稳定后的绝缘电阻值。 （5）试验前后及变更接线应对设备充分放电	30	未进行仪器、仪表自检扣 2 分； 试验前未对电容器充分放电扣 3 分； 试验前未清洁电容器套管扣 2 分； 试验过程中未高声呼唱每次扣 3 分； 试验过程中失误一次扣 3～5 分； 试验过程中监护不到位扣 2 分； 缺少试验项目的扣 3 分； 试验前后及变更接线未对被试设备放电扣 10 分		

续表

序号	项目名称	质量要求	满分	扣分标准	扣分原因	得分
3	结果分析					
3.1	试验报告	结合测试数据做出分析判断，出具试验报告	25	试验数据分析不准确扣5分； 试验结论不正确扣5分； 试验报告填写不规范扣1～5分； 未给出试验结论扣5分		
4	试验结束					
4.1	现场恢复	清理现场，人员撤离	6	被试设备有遗留物品扣2分； 仪器、工器具等未定置恢复扣2分； 未检查或清理现场扣2分		
4.2	办理收工手续	向考评员汇报试验结果，并办理工作终结手续	4	未汇报试验结果扣2分； 未办理工作票终结手续扣2分		
合计			100			

Jc0302441015　10kV 绝缘梯试验。（100 分）

考核知识点：绝缘梯试验

难易度：易

技能等级评价专业技能考核操作工作任务书

一、任务名称

10kV 绝缘梯试验。

二、适用工种

电气试验工中级工。

三、具体任务

（1）工作状态为模拟绝缘梯检验，工作内容为绝缘梯交接试验。

（2）工作任务：

1）绝缘梯试验。

2）根据试验记录出具试验报告，并对数据进行分析。

四、工作规范及要求

（1）工器具使用及安全措施。

（2）按要求进行高压试验。

（3）出具试验报告和试验结果分析。

五、考核及时间要求

（1）本考核操作时间为 60 分钟，包括试验接线和报告整理，时间到停止考评。

（2）试验过程中如试验仪器、试验电源出现故障，可向考评员申请故障排除，故障排除时间不计入考核。

（3）按照技能操作要求进行操作，试验报告包括试验项目、仪器型号、试验结果等。

（4）试验过程中如遇突发状况，如不涉及人身、设备安全，则由试验人员自行排查、处理；如危及人身、设备安全，则应立即停止操作，人员及时撤离作业现场。

技能等级评价专业技能考核操作评分标准

工种	电气试验工				评价等级	中级工	
项目模块	安全工器具试验—绝缘梯试验				编号	Jc0302441015	
单位			准考证号		姓名		
考试时限	60 分钟		题型	单项操作	题分	100 分	
成绩		考评员		考评组长		日期	
试题正文	10kV 绝缘梯试验						
需要说明的问题和要求	（1）试验过程单人操作，数据分析在试验过程中完成。 （2）操作过程应注意安全，按照标准化作业流程做好安全措施。 （3）现场完成试验结果分析，出具试验报告。 （4）检测仪器可选考场提供或自带						

序号	项目名称	质量要求	满分	扣分标准	扣分原因	得分
1	试验前准备					
1.1	工器具使用	熟练正确使用各种工器具	5	未正确使用一次扣 1 分，扣完为止		
1.2	试验记录	收集被试设备基础信息和历史试验数据	5	未收集被试设备历次试验报告扣 1 分； 未记录被试设备铭牌，现场温、湿度等条件的，每处扣 1 分，扣完为止		
1.3	仪器、仪表选择	选择合适的试验仪器、仪表	5	选用仪器不合适扣 3 分； 未检查试验仪器合格证或校验证书扣 2 分		
1.4	安全措施	（1）办理工作票、交代安全注意事项，分工明确，并做好记录。 （2）设置高压试验安全围栏。 （3）安全工器具使用。 （4）试验仪器正确接地	10	试验仪器未正确接地扣 2 分； 未检查安全工器具扣 3 分； 安全措施交代不清楚或未确认签字扣 2 分； 试验前未将试验区域用安全围栏隔离扣 3 分		
2	试验开展					
2.1	试验接线	（1）仪器现场布置合理。 （2）电源开关接通前，试验仪器接线应准确无误	10	试验接线接错一次扣 5 分； 试验前未检查试验接线扣 3 分； 接线不规范扣 1～3 分； 上述扣分，扣完为止		
2.2	试验流程	（1）试验前，对试品进行外观及尺寸检查，测试绝缘电阻，其值应正常。 （2）将高压引线接至绝缘梯，接线无误后，确保调压器在零位，试验回路中过电流和过电压保护应整定正确。 （3）加压过程中应有人监护并呼唱。接通试验电源，进行升压，操作人员的手应放在电源开关上，如有紧急情况应迅速断开电源。 （4）升压必须从零（或接近于零）开始，切不可冲击合闸。升压速度在 75%试验电压以前，可以是任意的，自 75%电压开始应均匀升压，均为每秒 2%试验电压的速率升压。升至试验电压后，开始计时并读取试验电压。耐压试验后，迅速均匀降压到零（或接近于零），然后切断电源。 （5）试验完毕后，立即触摸绝缘表面，不应发热，测试绝缘电阻，其值应正常。 （6）试验前后及变更接线应对设备充分放电	30	试验前未检查被试品外观扣 3 分； 加压前后未测试绝缘电阻扣 5 分； 加压前，调压器未归零扣 2 分； 试验过程中未高声呼唱每次扣 2 分； 试验过程中失误一次扣 5 分； 试验过程中监护不到位扣 5～10 分； 缺少试验项目的扣 5 分； 试验前后及变更接线未对被试设备放电扣 10 分； 上述扣分，扣完为止		

续表

序号	项目名称	质量要求	满分	扣分标准	扣分原因	得分
3	结果分析					
3.1	试验报告	结合测试数据做出分析判断，出具试验报告	25	试验数据分析不准确扣 5 分； 试验结论不正确扣 5 分； 试验报告填写不规范扣 1～5 分； 未给出试验结论扣 5 分		
4	试验结束					
4.1	现场恢复	清理现场，人员撤离	6	被试设备有遗留物品扣 2 分； 仪器、工器具等未定置恢复扣 2 分； 未检查或清理现场扣 2 分		
4.2	办理收工手续	向考评员汇报试验结果，并办理工作终结手续	4	未汇报试验结果扣 2 分； 未办理工作票终结手续扣 2 分		
合计			100			

Jc0302441016　10kV 绝缘绳索类工具试验。（100 分）

考核知识点：绝缘绳索试验

难易度：中

技能等级评价专业技能考核操作工作任务书

一、任务名称

10kV 绝缘绳索类工具试验。

二、适用工种

电气试验工中级工。

三、具体任务

（1）工作状态为模拟绝缘绳索类工具检验，工作内容为绝缘绳索类工具交接试验。

（2）工作任务：

1）绝缘绳索类工具试验。

2）根据试验记录出具试验报告，并对数据进行分析。

四、工作规范及要求

（1）工器具使用及安全措施。

（2）按要求进行高压试验。

（3）出具试验报告和试验结果分析。

五、考核及时间要求

（1）本考核操作时间为 60 分钟，包括试验接线和报告整理，时间到停止考评。

（2）试验过程中如试验仪器、试验电源出现故障，可向考评员申请故障排除，故障排除时间不计入考核。

（3）按照技能操作要求进行操作，试验报告包括试验项目、仪器型号、试验结果等。

（4）试验过程中如遇突发状况，如不涉及人身、设备安全，则由试验人员自行排查、处理；如危及人身、设备安全，则应立即停止操作，人员及时撤离作业现场。

技能等级评价专业技能考核操作评分标准

工种	电气试验工					评价等级	中级工
项目模块	安全工器具试验—绝缘绳索类工具试验					编号	Jc0302441016
单位		准考证号				姓名	
考试时限	60 分钟	题型	单项操作			题分	100 分
成绩		考评员		考评组长		日期	
试题正文	10kV 绝缘绳索类工具试验						
需要说明的问题和要求	（1）试验过程单人操作，数据分析在试验过程中完成。 （2）操作过程应注意安全，按照标准化作业流程做好安全措施。 （3）现场完成试验结果分析，出具试验报告。 （4）检测仪器可选考场提供或自带						

序号	项目名称	质量要求	满分	扣分标准	扣分原因	得分
1	试验前准备					
1.1	工器具使用	熟练正确使用各种工器具	5	未正确使用一次扣 1 分，扣完为止		
1.2	试验记录	收集被试设备基础信息和历史试验数据	5	未收集被试设备历次试验报告扣 1 分； 未记录被试设备铭牌，现场温、湿度等条件的，每处扣 1 分，扣完为止		
1.3	仪器、仪表选择	选择合适的试验仪器、仪表	5	选用仪器不合适扣 3 分； 未检查试验仪器合格证或校验证书扣 2 分		
1.4	安全措施	（1）办理工作票、交代安全注意事项，分工明确，并做好记录。 （2）设置高压试验安全围栏。 （3）安全工器具使用。 （4）试验仪器正确接地	10	试验仪器未正确接地扣 2 分； 未检查安全工器具扣 3 分； 安全措施交代不清楚或未确认签字扣 2 分； 试验前未将试验区域用安全围栏隔离扣3分		
2	试验开展					
2.1	试验接线	（1）仪器现场布置合理。 （2）电源开关接通前，试验仪器接线应准确无误	10	试验接线接错一次扣 5 分； 试验前未检查试验接线扣 3 分； 接线不规范扣 1～3 分； 上述扣分，扣完为止		
2.2	试验流程	（1）试验前，对试品进行外观及尺寸检查，测试绝缘电阻，其值应正常。 （2）将高压引线接至绝缘梯，接线无误后，确保调压器在零位，试验回路中过电流和过电压保护应整定正确。 （3）加压过程中应有人监护并呼唱。接通试验电源，进行升压，操作人员的手应放在电源开关上，如有紧急情况应迅速断开电源。 （4）升压必须从零（或接近于零）开始，切不可冲击合闸。升压速度在75%试验电压以前，可以是任意的，自 75%电压开始应均匀升压，均为每秒 2%试验电压的速率升压。升至试验电压后，开始计时并读取试验电压。耐压试验后，迅速均匀降压到零（或接近于零），然后切断电源。 （5）试验完毕后，立即触摸绝缘表面，不应发热，测试绝缘电阻，其值应正常。 （6）试验前后及变更接线应对设备充分放电	30	试验前未检查被试品外观扣 3 分； 加压前后未测试绝缘电阻扣 5 分； 加压前，调压器未归零扣 2 分； 试验过程中未高声呼唱每次扣 2 分； 试验过程中失误一次扣 5 分； 试验过程中监护不到位扣 5 分； 缺少试验项目的扣 5 分； 试验前后及变更接线未对被试设备放电扣 5 分； 上述扣分，扣完为止		

续表

序号	项目名称	质量要求	满分	扣分标准	扣分原因	得分
3	结果分析					
3.1	试验报告	结合测试数据做出分析判断，出具试验报告	25	试验数据分析不准确扣5分； 试验结论不正确扣5分； 试验报告填写不规范扣1～5分； 未给出试验结论扣5分		
4	试验结束					
4.1	现场恢复	清理现场，人员撤离	6	被试设备有遗留物品扣2分； 仪器、工器具等未定置恢复扣2分； 未检查或清理现场扣2分		
4.2	办理收工手续	向考评员汇报试验结果，并办理工作终结手续	4	未汇报试验结果扣2分； 未办理工作票终结手续扣2分		
合计			100			

Jc0302441017　10kV 电缆线路绝缘电阻和核对相位测试。（100 分）

考核知识点：电缆线路试验

难易度：中

技能等级评价专业技能考核操作工作任务书

一、任务名称

10kV 电缆线路绝缘电阻和核对相位测试。

二、适用工种

电气试验工中级工。

三、具体任务

（1）工作状态为模拟 10kV 电缆线路停电，工作内容为电缆线路绝缘电阻和核对相位测试。

（2）工作任务：

1）电缆线路进行绝缘电阻和核对相位测试。

2）根据试验记录出具试验报告，并对数据进行分析。

四、工作规范及要求

（1）工器具使用及安全措施。

（2）按要求进行高压试验。

（3）出具试验报告和试验结果分析。

五、考核及时间要求

（1）本考核操作时间为 60 分钟，包括试验接线和报告整理，时间到停止考评。

（2）试验过程中如试验仪器、试验电源出现故障，可向考评员申请故障排除，故障排除时间不计入考核。

（3）按照技能操作要求进行操作，试验报告包括试验项目、仪器型号、试验结果等。

（4）试验过程中如遇突发状况，如不涉及人身、设备安全，则由试验人员自行排查、处理；如危及人身、设备安全，则应立即停止操作，人员及时撤离作业现场。

技能等级评价专业技能考核操作评分标准

工种	电气试验工				评价等级	中级工
项目模块	电缆试验—线路绝缘电阻和核对相位				编号	Jc0302441017
单位			准考证号		姓名	
考试时限	60分钟		题型	单项操作	题分	100分
成绩		考评员		考评组长	日期	
试题正文	10kV电缆线路绝缘电阻和核对相位					
需要说明的问题和要求	（1）试验过程单人操作，数据分析在试验过程中完成。 （2）操作过程应注意安全，按照标准化作业流程做好安全措施。 （3）现场完成试验结果分析，出具试验报告。 （4）检测仪器可选考场提供或自带					

序号	项目名称	质量要求	满分	扣分标准	扣分原因	得分
1	试验前准备					
1.1	工器具使用	熟练正确使用各种工器具	5	未正确使用一次扣1分，扣完为止		
1.2	试验记录	收集被试设备基础信息和历史试验数据	5	未收集被试设备历次试验报告扣1分； 未记录被试设备铭牌，现场温、湿度等条件的，每处扣1分，扣完为止		
1.3	仪器、仪表选择	选择合适的试验仪器、仪表	5	选用仪器不合适扣3分； 未检查试验仪器合格证或校验证书扣2分		
1.4	安全措施	（1）办理工作票、交代安全注意事项，分工明确，并做好记录。 （2）设置高压试验安全围栏。 （3）安全工器具使用。 （4）试验仪器正确接地	10	试验仪器未正确接地扣2分； 未检查安全工器具扣3分； 安全措施交代不清楚或未确认签字扣2分； 试验前未将试验区域用安全围栏隔离扣3分		
2	试验开展					
2.1	试验接线	（1）仪器现场布置合理。 （2）电源开关接通前，试验仪器接线应准确无误	10	试验接线接错一次扣5分； 试验前未检查试验接线扣3分； 接线不规范扣1～3分； 上述扣分，扣完为止		
2.2	试验流程	（1）将电缆线路两端的线路接地开关拉开，充分放电，三相线路全部悬空，线路对侧一相接地。 （2）试验前仪器、仪表自检，正确选择试验电压，试验过程中高声呼唱。 （3）试验人员用绝缘电阻表分别测量线路三相绝缘电阻，同相绝缘电阻为零，读取另两相绝缘电阻数值。 （4）试验前后及变更接线应对设备充分放电	30	未进行仪器、仪表自检扣3分； 试验前未对电缆充分放电扣5分； 试验前未通知对侧人员扣5分； 试验过程中未高声呼唱每次扣2分； 试验过程中失误一次扣5分； 试验过程中监护不到位扣5～10分； 缺少试验项目的扣5分； 试验前后及变更接线未对被试设备放电扣10分； 上述扣分，扣完为止		
3	结果分析					
3.1	试验报告	结合测试数据做出分析判断，出具试验报告	25	试验数据分析不准确扣5分； 试验结论不正确扣5分； 试验报告填写不规范扣1～5分； 未给出试验结论扣5分		
4	试验结束					
4.1	现场恢复	清理现场，人员撤离	6	被试设备有遗留物品扣2分； 仪器、工器具等未定置恢复扣2分； 未检查或清理现场扣2分		
4.2	办理收工手续	向考评员汇报试验结果，并办理工作终结手续	4	未汇报试验结果扣2分； 未办理工作票终结手续扣2分		
合计			100			

Jc0302442018　35kV 变压器变比、极性及接线组别试验。（100 分）

考核知识点：变压器试验

难易度：易

技能等级评价专业技能考核操作工作任务书

一、任务名称

35kV 变压器变比、极性及接线组别试验。

二、适用工种

电气试验工中级工。

三、具体任务

（1）工作状态为模拟 35kV 变压器停电，工作内容为 35kV 变压器变比、极性及接线组别试验。

（2）工作任务：

1）35kV 变压器变比、极性及接线组别测试。

2）根据试验记录出具试验报告，并对数据进行分析。

四、工作规范及要求

（1）工器具使用及安全措施。

（2）按要求进行变压器变比、极性及接线组别试验。

（3）出具试验报告和试验结果分析。

五、考核及时间要求

（1）本考核操作时间为 60 分钟，包括试验接线和报告整理，时间到停止考评。

（2）试验过程中如试验仪器、试验电源出现故障，可向考评员申请故障排除，故障排除时间不计入考核。

（3）按照技能操作要求进行操作，试验报告包括试验项目、仪器型号、试验结果等。

（4）试验过程中如遇突发状况，如不涉及人身、设备安全，则由试验人员自行排查、处理；如危及人身、设备安全，则应立即停止操作，人员及时撤离作业现场。

技能等级评价专业技能考核操作评分标准

<table>
<tr><td>工种</td><td colspan="7">电气试验工</td><td>评价等级</td><td>中级工</td></tr>
<tr><td>项目模块</td><td colspan="7">变压器试验—变比、极性及接线组别试验</td><td>编号</td><td>Jc0302442018</td></tr>
<tr><td>单位</td><td colspan="2"></td><td colspan="2">准考证号</td><td colspan="3"></td><td>姓名</td><td></td></tr>
<tr><td>考试时限</td><td colspan="2">60 分钟</td><td colspan="2">题型</td><td colspan="3">单项操作</td><td>题分</td><td>100 分</td></tr>
<tr><td>成绩</td><td></td><td colspan="2">考评员</td><td colspan="2"></td><td>考评组长</td><td></td><td>日期</td><td></td></tr>
<tr><td>试题正文</td><td colspan="9">35kV 变压器变比、极性及接线组别试验</td></tr>
<tr><td>需要说明的问题和要求</td><td colspan="9">（1）试验过程单人操作，数据分析在试验过程中完成。
（2）操作过程应注意安全，按照标准化作业流程做好安全措施。
（3）现场完成试验结果分析，出具试验报告。
（4）检测仪器可选考场提供或自带</td></tr>
</table>

续表

序号	项目名称	质量要求	满分	扣分标准	扣分原因	得分
1	试验前准备					
1.1	工器具使用	熟练正确使用各种工器具	5	未正确使用一次扣1分，扣完为止		
1.2	试验记录	收集被试设备基础信息和历史试验数据	5	未收集被试设备历次试验报告扣1分； 未记录被试设备铭牌，现场温、湿度等条件的，每处扣1分，扣完为止		
1.3	仪器、仪表选择	选择合适的变压器变比测试仪	5	选用仪器不合适扣3分； 未检查试验仪器合格证或校验证书扣2分		
1.4	安全措施	（1）办理工作票、交代安全注意事项，分工明确，并做好记录。 （2）设置高压试验安全围栏。 （3）正确使用安全工器具。 （4）试验仪器正确接地	10	安全措施交代不清楚或未确认签字扣2分； 试验前未将试验区域用安全围栏隔离扣3分； 未检查安全工器具扣3分； 试验仪器未正确接地扣2分		
2	试验开展					
2.1	试验接线	（1）仪器现场布置合理。 （2）电源开关接通前，试验仪器接线应准确无误	10	试验接线接错一次扣2～5分； 试验前未检查试验接线扣3分； 接线不规范扣1～3分； 上述扣分，扣完为止		
2.2	试验流程	（1）试验前仪器、仪表自检，正确选择试验电压，试验过程中高声呼唱。 （2）应分别测量变压器高压侧绕组A、B、C、O对低压侧绕组的变比、极性和接线组别。 （3）试验前后及变更接线应对设备充分放电	30	未进行仪器、仪表自检扣3分； 试验过程中未高声呼唱每次扣2分； 试验过程中失误一次扣5分； 试验过程中监护不到位扣5～10分； 试验前后及变更接线未对被试设备放电扣10分； 上述扣分，扣完为止		
3	结果分析					
3.1	试验报告	结合测试数据做出分析判断，出具试验报告	25	试验数据分析不准确扣5分； 试验结论不正确扣5分； 试验报告填写不规范扣1～5分； 未给出试验结论扣5分		
4	试验结束					
4.1	现场恢复	清理现场，人员撤离	6	被试设备有遗留物品扣2分； 仪器、工器具等未定置恢复扣2分； 未检查或清理现场扣2分		
4.2	办理收工手续	向考评员汇报试验结果，并办理工作终结手续	4	未汇报试验结果扣2分； 未办理工作票终结手续扣2分		
合计			100			

Jc0302441019 110kV 电流互感器直流电阻试验。（100 分）

考核知识点：电流互感器试验

难易度：中

技能等级评价专业技能考核操作工作任务书

一、任务名称

110kV 电流互感器直流电阻试验。

二、适用工种

电气试验工中级工。

三、具体任务

（1）工作状态为模拟110kV电流互感器停电，工作内容为110kV电流互感器直流电阻试验。

（2）工作任务：

1）110kV电流互感器直流电阻试验。

2）根据试验记录出具试验报告，并对数据进行分析。

四、工作规范及要求

（1）工器具使用及安全措施。

（2）按要求进行110kV电流互感器直流电阻试验。

（3）出具试验报告和试验结果分析。

五、考核及时间要求

（1）本考核操作时间为60分钟，包括试验接线和报告整理，时间到停止考评。

（2）试验过程中如试验仪器、试验电源出现故障，可向考评员申请故障排除，故障排除时间不计入考核。

（3）按照技能操作要求进行操作，试验报告包括试验项目、仪器型号、试验结果等。

（4）试验过程中如遇突发状况，如不涉及人身、设备安全，则由试验人员自行排查、处理；如危及人身、设备安全，则应立即停止操作，人员及时撤离作业现场。

技能等级评价专业技能考核操作评分标准

<table>
<tr><td>工种</td><td colspan="7">电气试验工</td><td>评价等级</td><td>中级工</td></tr>
<tr><td>项目模块</td><td colspan="7">电流互感器试验—直流电阻试验</td><td>编号</td><td>Jc0302441019</td></tr>
<tr><td>单位</td><td colspan="2"></td><td colspan="2">准考证号</td><td colspan="3"></td><td>姓名</td><td></td></tr>
<tr><td>考试时限</td><td colspan="2">60分钟</td><td colspan="2">题型</td><td colspan="3">单项操作</td><td>题分</td><td>100分</td></tr>
<tr><td>成绩</td><td></td><td colspan="2">考评员</td><td colspan="2"></td><td>考评组长</td><td></td><td>日期</td><td></td></tr>
<tr><td>试题正文</td><td colspan="9">110kV电流互感器直流电阻试验</td></tr>
<tr><td>需要说明的问题和要求</td><td colspan="9">（1）试验过程单人操作，数据分析在试验过程中完成。
（2）操作过程应注意安全，按照标准化作业流程做好安全措施。
（3）现场完成试验结果分析，出具试验报告。
（4）检测仪器可选考场提供或自带</td></tr>
</table>

序号	项目名称	质量要求	满分	扣分标准	扣分原因	得分
1	试验前准备					
1.1	工器具使用	熟练正确使用各种工器具	5	未正确使用一次扣1分，扣完为止		
1.2	试验记录	收集被试设备基础信息和历史试验数据	5	未收集被试设备历次试验报告扣1分； 未记录被试设备铭牌，现场温、湿度等条件的，每处扣1分，扣完为止		
1.3	仪器、仪表选择	选择合适的直流电阻测试仪	5	选用仪器不合适扣3分； 未检查试验仪器合格证或校验证书扣2分		
1.4	安全措施	（1）办理工作票、交代安全注意事项，分工明确，并做好记录。 （2）设置高压试验安全围栏。 （3）正确使用安全工器具。 （4）试验仪器正确接地	10	安全措施交代不清楚或未确认签字扣2分； 试验前未将试验区域用安全围栏隔离扣3分； 未检查安全工器具扣3分； 试验仪器未正确接地扣2分		
2	试验开展					
2.1	试验接线	（1）仪器现场布置合理。 （2）电源开关接通前，试验仪器接线应准确无误	10	试验接线接错一次扣2～5分； 试验前未检查试验接线扣3分； 接线不规范扣1～3分； 上述扣分，扣完为止		

续表

序号	项目名称	质量要求	满分	扣分标准	扣分原因	得分
2.2	试验流程	（1）试验前仪器、仪表自检，正确选择试验电流，试验过程中高声呼唱。 （2）应分别测量电流互感器一次绕组及各二次绕组直流电阻值，经过温度换算后与历史数据进行比对分析。 （3）试验前后及变更接线应对设备充分放电	30	未进行仪器、仪表自检扣 3 分； 试验过程中未高声呼唱每次扣 2 分； 试验过程中失误一次扣 5 分； 试验过程中监护不到位扣 5～10 分； 试验前后及变更接线未对被试设备放电扣 10 分		
3	结果分析					
3.1	试验报告	结合测试数据做出分析判断，出具试验报告	25	试验数据分析不准确扣 5 分； 试验结论不正确扣 5 分； 试验报告填写不规范扣 1～5 分； 未给出试验结论扣 5 分		
4	试验结束					
4.1	现场恢复	清理现场，人员撤离	6	被试设备有遗留物品扣 2 分； 仪器、工器具等未定置恢复扣 2 分； 未检查或清理现场扣 2 分		
4.2	办理收工手续	向考评员汇报试验结果，并办理工作终结手续	4	未汇报试验结果扣 2 分； 未办理工作票终结手续扣 2 分		
合计			100			

Jc0302442020　110kV 电流互感器的变比、极性试验。（100 分）

考核知识点：电流互感器试验

难易度：中

技能等级评价专业技能考核操作工作任务书

一、任务名称

110kV 电流互感器的变比、极性试验。

二、适用工种

电气试验工中级工。

三、具体任务

（1）工作状态为模拟 110kV 电流互感器停电，工作内容为 110kV 电流互感器的变比、极性试验。

（2）工作任务：

1）110kV 电流互感器的变比、极性试验。

2）根据试验记录出具试验报告，并对数据进行分析。

四、工作规范及要求

（1）工器具使用及安全措施。

（2）按要求进行 110kV 电流互感器的变比、极性试验。

（3）出具试验报告和试验结果分析。

五、考核及时间要求

（1）本考核操作时间为 60 分钟，包括试验接线和报告整理，时间到停止考评。

（2）试验过程中如试验仪器、试验电源出现故障，可向考评员申请故障排除，故障排除时间不计入考核。

（3）按照技能操作要求进行操作，试验报告包括试验项目、仪器型号、试验结果等。

（4）试验过程中如遇突发状况，如不涉及人身、设备安全，则由试验人员自行排查、处理；如危及人身、设备安全，则应立即停止操作，人员及时撤离作业现场。

技能等级评价专业技能考核操作评分标准

工种	电气试验工				评价等级	中级工
项目模块	电流互感器试验—变比、极性试验				编号	Jc0302442020
单位		准考证号			姓名	
考试时限	60 分钟	题型	单项操作		题分	100 分
成绩		考评员		考评组长	日期	
试题正文	110kV 电流互感器的变比、极性试验					
需要说明的问题和要求	（1）试验过程单人操作，数据分析在试验过程中完成。 （2）操作过程应注意安全，按照标准化作业流程做好安全措施。 （3）现场完成试验结果分析，出具试验报告。 （4）检测仪器可选考场提供或自带					

序号	项目名称	质量要求	满分	扣分标准	扣分原因	得分
1	试验前准备					
1.1	工器具使用	熟练正确使用各种工器具	5	未正确使用一次扣 1 分，扣完为止		
1.2	试验记录	收集被试设备基础信息和历史试验数据	5	未收集被试设备历次试验报告扣 1 分； 未记录被试设备铭牌，现场温、湿度等条件的，每处扣 1 分，扣完为止		
1.3	仪器、仪表选择	选择合适的变压器变比测试仪	5	选用仪器不合适扣 3 分； 未检查试验仪器合格证或校验证书扣 2 分		
1.4	安全措施	（1）办理工作票、交代安全注意事项，分工明确，并做好记录。 （2）设置高压试验安全围栏。 （3）正确使用安全工器具。 （4）试验仪器正确接地	10	安全措施交代不清楚或未确认签字扣 2 分； 试验前未将试验区域用安全围栏隔离扣 3 分； 未检查安全工器具扣 3 分； 试验仪器未正确接地扣 2 分		
2	试验开展					
2.1	试验接线	（1）仪器现场布置合理。 （2）电源开关接通前，试验仪器接线应准确无误	10	试验接线接错一次扣 2～5 分； 试验前未检查试验接线扣 3 分； 接线不规范扣 1～3 分； 上述扣分，扣完为止		
2.2	试验流程	（1）试验前仪器、仪表自检，正确选择试验电压，试验过程中高声呼唱。 （2）正确地连接测试线，接线完成后进行检查，确保测试准确、可靠。 （3）试验前后及变更接线应对设备充分放电	30	未进行仪器、仪表自检扣 3 分； 试验过程中未高声呼唱每次扣 2 分； 试验过程中失误一次扣 5 分； 试验过程中监护不到位扣 5～10 分； 试验前后及变更接线未对被试设备放电扣 10 分； 上述扣分，扣完为止		
3	结果分析					
3.1	试验报告	结合测试数据做出分析判断，出具试验报告	25	试验数据分析不准确扣 5 分； 试验结论不正确扣 5 分； 试验报告填写不规范扣 1～5 分； 未给出试验结论扣 5 分		
4	试验结束					
4.1	现场恢复	清理现场，人员撤离	6	被试设备有遗留物品扣 2 分； 仪器、工器具等未定置恢复扣 2 分； 未检查或清理现场扣 2 分		
4.2	办理收工手续	向考评员汇报试验结果，并办理工作终结手续	4	未汇报试验结果扣 2 分； 未办理工作票终结手续扣 2 分		
合计			100			

Jc0302442021 110kV 电压互感器的变比、极性试验。(100 分)

考核知识点： 电压互感器试验

难易度： 中

技能等级评价专业技能考核操作工作任务书

一、任务名称

110kV 电压互感器的变比、极性试验。

二、适用工种

电气试验工中级工。

三、具体任务

（1）工作状态为模拟 110kV 电压互感器停电，工作内容为 110kV 电压互感器的变比、极性试验。

（2）工作任务：

1）110kV 电压互感器的变比、极性试验。

2）根据试验记录出具试验报告，并对数据进行分析。

四、工作规范及要求

（1）工器具使用及安全措施。

（2）按要求进行 110kV 电压互感器的变比、极性试验。

（3）出具试验报告和试验结果分析。

五、考核及时间要求

（1）本考核操作时间为 60 分钟，包括试验接线和报告整理，时间到停止考评。

（2）试验过程中如试验仪器、试验电源出现故障，可向考评员申请故障排除，故障排除时间不计入考核。

（3）按照技能操作要求进行操作，试验报告包括试验项目、仪器型号、试验结果等。

（4）试验过程中如遇突发状况，如不涉及人身、设备安全，则由试验人员自行排查、处理；如危及人身、设备安全，则应立即停止操作，人员及时撤离作业现场。

技能等级评价专业技能考核操作评分标准

工种	电气试验工				评价等级	中级工
项目模块	电压互感器试验—变比、极性试验				编号	Jc0302442021
单位		准考证号			姓名	
考试时限	60 分钟	题型	单项操作		题分	100 分
成绩		考评员		考评组长	日期	
试题正文	110kV 电压互感器的变比、极性试验					
需要说明的问题和要求	（1）试验过程单人操作，数据分析在试验过程中完成。 （2）操作过程应注意安全，按照标准化作业流程做好安全措施。 （3）现场完成试验结果分析，出具试验报告。 （4）检测仪器可选考场提供或自带					

序号	项目名称	质量要求	满分	扣分标准	扣分原因	得分
1	试验前准备					
1.1	工器具使用	熟练正确使用各种工器具	5	未正确使用一次扣 1 分，扣完为止		
1.2	试验记录	收集被试设备基础信息和历史试验数据	5	未收集被试设备历次试验报告扣 1 分； 未记录被试设备铭牌，现场温、湿度等条件的，每处扣 1 分，扣完为止		
1.3	仪器、仪表选择	选择合适的互感器变比测试仪	5	选用仪器不合适扣 3 分； 未检查试验仪器合格证或校验证书扣 2 分		

续表

序号	项目名称	质量要求	满分	扣分标准	扣分原因	得分
1.4	安全措施	（1）办理工作票、交代安全注意事项，分工明确，并做好记录。 （2）设置高压试验安全围栏。 （3）正确使用安全工器具。 （4）试验仪器正确接地	10	安全措施交代不清楚或未确认签字扣2分； 试验前未将试验区域用安全围栏隔离扣3分； 未检查安全工器具扣3分； 试验仪器未正确接地扣2分		
2	试验开展					
2.1	试验接线	（1）仪器现场布置合理。 （2）电源开关接通前，试验仪器接线应准确无误	10	试验接线接错一次扣2～5分； 试验前未检查试验接线扣3分； 接线不规范扣1～3分； 上述扣分，扣完为止		
2.2	试验流程	（1）试验前仪器、仪表自检，正确选择试验电压，试验过程中高声呼唱。 （2）正确地连接测试线，接线完成后进行检查，确保测试准确、可靠。 （3）试验前后及变更接线应对设备充分放电	30	未进行仪器、仪表自检扣3分； 试验过程中未高声呼唱每次扣2分； 试验过程中失误一次扣5分； 试验过程中监护不到位扣5～10分； 试验前后及变更接线未对被试设备放电扣10分； 上述扣分，扣完为止		
3	结果分析					
3.1	试验报告	结合测试数据做出分析判断，出具试验报告	25	试验数据分析不准确扣5分； 试验结论不正确扣5分； 试验报告填写不规范扣1～5分； 未给出试验结论扣5分		
4	试验结束					
4.1	现场恢复	清理现场，人员撤离	6	被试设备有遗留物品扣2分； 仪器、工器具等未定置恢复扣2分； 未检查或清理现场扣2分		
4.2	办理收工手续	向考评员汇报试验结果，并办理工作终结手续	4	未汇报试验结果扣2分； 未办理工作票终结手续扣2分		
合计			100			

Jc0302441022　110kV 电压互感器直流电阻试验。（100分）

考核知识点：电压互感器试验

难易度：中

技能等级评价专业技能考核操作工作任务书

一、任务名称

110kV 电压互感器直流电阻试验。

二、适用工种

电气试验工中级工。

三、具体任务

（1）工作状态为模拟110kV电压互感器停电，工作内容为110kV电压互感器直流电阻试验。

（2）工作任务：

1）110kV 电压互感器直流电阻试验。

2）根据试验记录出具试验报告，并对数据进行分析。

四、工作规范及要求

（1）工器具使用及安全措施。

（2）按要求进行110kV电压互感器直流电阻试验。

（3）出具试验报告和试验结果分析。

五、考核及时间要求

（1）本考核操作时间为60分钟，包括试验接线和报告整理，时间到停止考评。

（2）试验过程中如试验仪器、试验电源出现故障，可向考评员申请故障排除，故障排除时间不计入考核。

（3）按照技能操作要求进行操作，试验报告包括试验项目、仪器型号、试验结果等。

（4）试验过程中如遇突发状况，如不涉及人身、设备安全，则由试验人员自行排查、处理；如危及人身、设备安全，则应立即停止操作，人员及时撤离作业现场。

技能等级评价专业技能考核操作评分标准

工种	电气试验工						评价等级	中级工
项目模块	电压互感器试验—直流电阻试验						编号	Jc0302441022
单位			准考证号				姓名	
考试时限	60分钟		题型	单项操作			题分	100分
成绩		考评员			考评组长		日期	
试题正文	110kV电压互感器直流电阻试验							
需要说明的问题和要求	（1）试验过程单人操作，数据分析在试验过程中完成。 （2）操作过程应注意安全，按照标准化作业流程做好安全措施。 （3）现场完成试验结果分析，出具试验报告。 （4）检测仪器可选考场提供或自带							

序号	项目名称	质量要求	满分	扣分标准	扣分原因	得分
1	试验前准备					
1.1	工器具使用	熟练正确使用各种工器具	5	未正确使用一次扣1分，扣完为止		
1.2	试验记录	收集被试设备基础信息和历史试验数据	5	未收集被试设备历次试验报告扣1分； 未记录被试设备铭牌，现场温、湿度等条件的，每处扣1分，扣完为止		
1.3	仪器、仪表选择	选择合适的万用表、直流电阻测试仪	5	选用仪器不合适扣3分； 未检查试验仪器合格证或校验证书扣2分		
1.4	安全措施	（1）办理工作票、交代安全注意事项，分工明确，并做好记录。 （2）设置高压试验安全围栏。 （3）正确使用安全工器具。 （4）试验仪器正确接地	10	安全措施交代不清楚或未确认签字扣2分； 试验前未将试验区域用安全围栏隔离扣3分； 未检查安全工器具扣3分； 试验仪器未正确接地扣2分		
2	试验开展					
2.1	试验接线	（1）仪器现场布置合理。 （2）电源开关接通前，试验仪器接线应准确无误	10	试验接线接错一次扣2～5分； 试验前未检查试验接线扣3分； 接线不规范扣1～3分； 上述扣分，扣完为止		
2.2	试验流程	（1）试验前仪器、仪表自检，正确选择试验电流，试验过程中高声呼唱。 （2）应分别测量电流互感器一次绕组及各二次绕组直流电阻值，经过温度换算后与历史数据进行比对分析。 （3）试验前后及变更接线应对设备充分放电	30	未进行仪器、仪表自检扣3分； 试验过程中未高声呼唱每次扣2分； 试验过程中失误一次扣5分； 试验过程中监护不到位扣5～10分； 试验前后及变更接线未对被试设备放电扣10分； 上述扣分，扣完为止		

续表

序号	项目名称	质量要求	满分	扣分标准	扣分原因	得分
3	结果分析					
3.1	试验报告	结合测试数据做出分析判断，出具试验报告	25	试验数据分析不准确扣5分； 试验结论不正确扣5分； 试验报告填写不规范扣1～5分； 未给出试验结论扣5分		
4	试验结束					
4.1	现场恢复	清理现场，人员撤离	6	被试设备有遗留物品扣2分； 仪器、工器具等未定置恢复扣2分； 未检查或清理现场扣2分		
4.2	办理收工手续	向考评员汇报试验结果，并办理工作终结手续	4	未汇报试验结果扣2分； 未办理工作票终结手续扣2分		
合计			100			

Jc0302442023　架空线路杆塔的接地阻抗试验。（100分）

考核知识点：架空线路杆塔的接地阻抗试验

难易度：中

技能等级评价专业技能考核操作工作任务书

一、任务名称

架空线路杆塔的接地阻抗试验。

二、适用工种

电气试验工中级工。

三、具体任务

（1）工作状态为模拟接地网完整，工作内容为架空线路杆塔的接地阻抗试验。

（2）工作任务：

1）架空线路杆塔的接地阻抗试验。

2）根据试验记录出具试验报告，并对数据进行分析。

四、工作规范及要求

（1）工器具使用及安全措施。

（2）按要求进行架空线路杆塔的接地阻抗试验。

（3）出具试验报告和试验结果分析。

五、考核及时间要求

（1）本考核操作时间为60分钟，包括试验接线和报告整理，时间到停止考评。

（2）试验过程中如试验仪器、试验电源出现故障，可向考评员申请故障排除，故障排除时间不计入考核。

（3）按照技能操作要求进行操作，试验报告包括试验项目、仪器型号、试验结果等。

（4）试验过程中如遇突发状况，如不涉及人身、设备安全，则由试验人员自行排查、处理；如危及人身、设备安全，则应立即停止操作，人员及时撤离作业现场。

技能等级评价专业技能考核操作评分标准

工种	电气试验工				评价等级	中级工
项目模块	架空线路杆塔试验—接地阻抗试验				编号	Jc0302442023
单位		准考证号			姓名	
考试时限	60分钟	题型	单项操作		题分	100分
成绩	考评员		考评组长		日期	
试题正文	架空线路杆塔的接地阻抗试验					
需要说明的问题和要求	（1）试验过程单人操作，数据分析在试验过程中完成。 （2）操作过程应注意安全，按照标准化作业流程做好安全措施。 （3）现场完成试验结果分析，出具试验报告。 （4）检测仪器可选考场提供或自带					

序号	项目名称	质量要求	满分	扣分标准	扣分原因	得分
1	试验前准备					
1.1	工器具使用	熟练正确使用各种工器具	5	未正确使用一次扣1分，扣完为止		
1.2	试验记录	收集被试设备基础信息和历史试验数据	5	未收集被试设备历次试验报告扣1分； 未记录被试设备铭牌，现场温、湿度等条件的，每处扣1分，扣完为止		
1.3	仪器、仪表选择	选择合适的接地阻抗测试仪	5	选用仪器不合适扣3分； 未检查试验仪器合格证或校验证书扣2分		
1.4	安全措施	（1）办理工作票、交代安全注意事项，分工明确，并做好记录。 （2）设置高压试验安全围栏。 （3）正确使用安全工器具。 （4）试验仪器正确接地	10	安全措施交代不清楚或未确认签字扣2分； 试验前未将试验区域用安全围栏隔离扣3分； 未检查安全工器具扣3分； 试验仪器未正确接地扣2分		
2	试验开展					
2.1	试验接线	（1）仪器现场布置合理。 （2）电源开关接通前，试验仪器接线应准确无误	10	试验接线接错一次扣2～5分； 试验前未检查试验接线扣3分； 接线不规范扣1～3分； 上述扣分，扣完为止		
2.2	试验流程	（1）试验前仪器、仪表自检，正确选择试验电流，试验过程中高声呼唱。 （2）合理选择测试点及测试接线，分别对测试点接地阻抗进行测试，合格后进行架空线路杆塔的接地网阻抗测试。 （3）试验前后及变更接线应对设备充分放电	30	未进行仪器、仪表自检扣3分； 试验过程中未高声呼唱每次扣2分； 试验过程中失误一次扣5分； 试验过程中监护不到位扣5～10分； 试验前后及变更接线未对被试设备放电扣10分； 上述扣分，扣完为止		
3	结果分析					
3.1	试验报告	结合测试数据做出分析判断，出具试验报告	25	试验数据分析不准确扣5分； 试验结论不正确扣5分； 试验报告填写不规范扣1～5分； 未给出试验结论扣5分		
4	试验结束					
4.1	现场恢复	清理现场，人员撤离	6	被试设备有遗留物品扣2分； 仪器、工器具等未定置恢复扣2分； 未检查或清理现场扣2分		
4.2	办理收工手续	向考评员汇报试验结果，并办理工作终结手续	4	未汇报试验结果扣2分； 未办理工作票终结手续扣2分		
合计			100			

Jc0302441024　接地网接地导通试验。（100分）

考核知识点：接地网试验

难易度：中

技能等级评价专业技能考核操作工作任务书

一、任务名称

接地网接地导通试验。

二、适用工种

电气试验工中级工。

三、具体任务

（1）工作状态为模拟接地网完整，工作内容为接地网接地导通试验。

（2）工作任务：

1）接地网接地导通试验。

2）根据试验记录出具试验报告，并对数据进行分析。

四、工作规范及要求

（1）工器具使用及安全措施。

（2）按要求进行接地网接地导通试验。

（3）出具试验报告和试验结果分析。

五、考核及时间要求

（1）本考核操作时间为60分钟，包括试验接线和报告整理，时间到停止考评。

（2）试验过程中如试验仪器、试验电源出现故障，可向考评员申请故障排除，故障排除时间不计入考核。

（3）按照技能操作要求进行操作，试验报告包括试验项目、仪器型号、试验结果等。

（4）试验过程中如遇突发状况，如不涉及人身、设备安全，则由试验人员自行排查、处理；如危及人身、设备安全，则应立即停止操作，人员及时撤离作业现场。

技能等级评价专业技能考核操作评分标准

<table>
<tr><td>工种</td><td colspan="4">电气试验工</td><td>评价等级</td><td>中级工</td></tr>
<tr><td>项目模块</td><td colspan="4">接地网试验—接地导通试验</td><td>编号</td><td>Jc0302441024</td></tr>
<tr><td>单位</td><td colspan="2"></td><td>准考证号</td><td></td><td>姓名</td><td></td></tr>
<tr><td>考试时限</td><td colspan="2">60分钟</td><td>题型</td><td>单项操作</td><td>题分</td><td>100分</td></tr>
<tr><td>成绩</td><td></td><td>考评员</td><td></td><td>考评组长</td><td>日期</td><td></td></tr>
<tr><td>试题正文</td><td colspan="6">接地网接地导通试验</td></tr>
<tr><td>需要说明的问题和要求</td><td colspan="6">（1）试验过程单人操作，数据分析在试验过程中完成。
（2）操作过程应注意安全，按照标准化作业流程做好安全措施。
（3）现场完成试验结果分析，出具试验报告。
（4）检测仪器可选考场提供或自带</td></tr>
</table>

序号	项目名称	质量要求	满分	扣分标准	扣分原因	得分
1	试验前准备					
1.1	工器具使用	熟练正确使用各种工器具	5	未正确使用一次扣1分，扣完为止		
1.2	试验记录	收集被试设备基础信息和历史试验数据	5	未收集被试设备历次试验报告扣1分； 未记录被试设备铭牌，现场温、湿度等条件的，每处扣1分，扣完为止		
1.3	仪器、仪表选择	选择合适的接地导通测试仪	5	选用仪器不合适扣3分； 未检查试验仪器合格证或校验证书扣2分		

续表

序号	项目名称	质量要求	满分	扣分标准	扣分原因	得分
1.4	安全措施	（1）办理工作票、交代安全注意事项，分工明确，并做好记录。 （2）设置高压试验安全围栏。 （3）正确使用安全工器具。 （4）试验仪器正确接地	10	安全措施交代不清楚或未确认签字扣 2 分； 试验前未将试验区域用安全围栏隔离扣 3 分； 未检查安全工器具扣 3 分； 试验仪器未正确接地扣 2 分		
2	试验开展					
2.1	试验接线	（1）仪器现场布置合理。 （2）电源开关接通前，试验仪器接线应准确无误	10	试验接线接错一次扣 2～5 分； 试验前未检查试验接线扣 3 分； 接线不规范扣 1～3 分； 上述扣分，扣完为止		
2.2	试验流程	（1）试验前仪器、仪表自检，正确选择试验电流，试验过程中高声呼唱。 （2）合理选择基准点和测试点，排除环境干扰，逐个对接地网接地引下线进行导通测试，并将测试数据与规程值和历史数据进行分析比对。 （3）试验前后及变更接线应对设备充分放电	30	未进行仪器、仪表自检扣 3 分； 试验过程中未高声呼唱每次扣 2 分； 试验过程中失误一次扣 5 分； 试验过程中监护不到位扣 5～10 分； 试验前后及变更接线未对被试设备放电扣 10 分； 上述扣分，扣完为止		
3	结果分析					
3.1	试验报告	结合测试数据做出分析判断，出具试验报告	25	试验数据分析不准确扣 5 分； 试验结论不正确扣 5 分； 试验报告填写不规范扣 1～5 分； 未给出试验结论扣 5 分		
4	试验结束					
4.1	现场恢复	清理现场，人员撤离	6	被试设备有遗留物品扣 2 分； 仪器、工器具等未定置恢复扣 2 分； 未检查或清理现场扣 2 分		
4.2	办理收工手续	向考评员汇报试验结果，并办理工作终结手续	4	未汇报试验结果扣 2 分； 未办理工作票终结手续扣 2 分		
合计			100			

Jc0302442025 独立避雷针的接地阻抗试验。（100 分）

考核知识点：独立避雷针试验

难易度：中

技能等级评价专业技能考核操作工作任务书

一、任务名称

独立避雷针的接地阻抗试验。

二、适用工种

电气试验工中级工。

三、具体任务

（1）工作状态为模拟接地网完整，工作内容为独立避雷针的接地阻抗试验。

（2）工作任务：

1）独立避雷针的接地阻抗试验。

2）根据试验记录出具试验报告，并对数据进行分析。

四、工作规范及要求

（1）工器具使用及安全措施。

（2）按要求进行独立避雷针的接地阻抗试验。

（3）出具试验报告和试验结果分析。

五、考核及时间要求

（1）本考核操作时间为60分钟，包括试验接线和报告整理，时间到停止考评。

（2）试验过程中如试验仪器、试验电源出现故障，可向考评员申请故障排除，故障排除时间不计入考核。

（3）按照技能操作要求进行操作，试验报告包括试验项目、仪器型号、试验结果等。

（4）试验过程中如遇突发状况，如不涉及人身、设备安全，则由试验人员自行排查、处理；如危及人身、设备安全，则应立即停止操作，人员及时撤离作业现场。

技能等级评价专业技能考核操作评分标准

工种	电气试验工					评价等级	中级工
项目模块	避雷针试验—接地阻抗试验					编号	Jc0302442025
单位			准考证号			姓名	
考试时限	60分钟		题型	单项操作		题分	100分
成绩		考评员		考评组长		日期	
试题正文	独立避雷针的接地阻抗试验						
需要说明的问题和要求	（1）试验过程单人操作，数据分析在试验过程中完成。 （2）操作过程应注意安全，按照标准化作业流程做好安全措施。 （3）现场完成试验结果分析，出具试验报告。 （4）检测仪器可选考场提供或自带						

序号	项目名称	质量要求	满分	扣分标准	扣分原因	得分
1	试验前准备					
1.1	工器具使用	熟练正确使用各种工器具	5	未正确使用一次扣1分，扣完为止		
1.2	试验记录	收集被试设备基础信息和历史试验数据	5	未收集被试设备历次试验报告扣1分； 未记录被试设备铭牌，现场温、湿度等条件的，每处扣1分，扣完为止		
1.3	仪器、仪表选择	选择合适的接地阻抗测试仪	5	选用仪器不合适扣3分； 未检查试验仪器合格证或校验证书扣2分		
1.4	安全措施	（1）办理工作票、交代安全注意事项，分工明确，并做好记录。 （2）设置高压试验安全围栏。 （3）正确使用安全工器具。 （4）试验仪器正确接地	10	安全措施交代不清楚或未确认签字扣2分； 试验前未将试验区域用安全围栏隔离扣3分； 未检查安全工器具扣3分； 试验仪器未正确接地扣2分		
2	试验开展					
2.1	试验接线	（1）仪器现场布置合理。 （2）电源开关接通前，试验仪器接线应准确无误	10	试验接线接错一次扣2～5分； 试验前未检查试验接线扣3分； 接线不规范扣1～3分； 上述扣分，扣完为止		
2.2	试验流程	（1）试验前仪器、仪表自检，正确选择试验电流，试验过程中高声呼唱。 （2）合理选择测试点及测试接线，分别对测试点接地阻抗进行测试，合格后进行独立避雷针的接地网阻抗测试。 （3）试验前后及变更接线应对设备充分放电	30	未进行仪器、仪表自检扣3分； 试验过程中未高声呼唱每次扣2分； 试验过程中失误一次扣5分； 试验过程中监护不到位扣5～10分； 试验前后及变更接线未对被试设备放电扣10分； 上述扣分，扣完为止		

续表

序号	项目名称	质量要求	满分	扣分标准	扣分原因	得分
3	结果分析					
3.1	试验报告	结合测试数据做出分析判断，出具试验报告	25	试验数据分析不准确扣 5 分； 试验结论不正确扣 5 分； 试验报告填写不规范扣 1～5 分； 未给出试验结论扣 5 分		
4	试验结束					
4.1	现场恢复	清理现场，人员撤离	6	被试设备有遗留物品扣 2 分； 仪器、工器具等未定置恢复扣 2 分； 未检查或清理现场扣 2 分		
4.2	办理收工手续	向考评员汇报试验结果，并办理工作终结手续	4	未汇报试验结果扣 2 分； 未办理工作票终结手续扣 2 分		
合计			100			

Jc0302442026　10kV 系统电容电流测试。(100 分)

考核知识点：系统电容电流试验

难易度：中

技能等级评价专业技能考核操作工作任务书

一、任务名称

10kV 系统电容电流测试。

二、适用工种

电气试验工中级工。

三、具体任务

（1）工作状态为模拟 10kV 系统运行，工作内容为 10kV 系统电容电流例行试验。

（2）工作任务：

1）10kV 系统电容电流测试。

2）根据试验记录出具试验报告，并对数据进行分析。

四、工作规范及要求

（1）工器具使用及安全措施。

（2）按要求进行高压试验。

（3）出具试验报告和试验结果分析。

五、考核及时间要求

（1）本考核操作时间为 60 分钟，包括试验接线和报告整理，时间到停止考评。

（2）试验过程中如试验仪器、试验电源出现故障，可向考评员申请故障排除，故障排除时间不计入考核。

（3）按照技能操作要求进行操作，试验报告包括试验项目、仪器型号、试验结果等。

（4）试验过程中如遇突发状况，如不涉及人身、设备安全，则由试验人员自行排查、处理；如危及人身、设备安全，则应立即停止操作，人员及时撤离作业现场。

技能等级评价专业技能考核操作评分标准

工种	电气试验工				评价等级	中级工
项目模块	系统电容电流测试				编号	Jc0302442026
单位		准考证号			姓名	
考试时限	60 分钟	题型	单项操作		题分	100 分
成绩		考评员		考评组长	日期	
试题正文	10kV 系统电容电流测试					
需要说明的问题和要求	（1）试验过程单人操作，数据分析在试验过程中完成。 （2）操作过程应注意安全，按照标准化作业流程做好安全措施。 （3）现场完成试验结果分析，出具试验报告。 （4）检测仪器可选考场提供或自带					

序号	项目名称	质量要求	满分	扣分标准	扣分原因	得分
1	试验前准备					
1.1	工器具使用	熟练正确使用各种工器具	5	未正确使用一次扣 1 分，扣完为止		
1.2	试验记录	收集被试设备基础信息和历史试验数据	5	未收集被试设备历次试验报告扣 1 分； 未记录被试设备铭牌，现场温、湿度等条件的，每处扣 1 分，扣完为止		
1.3	仪器、仪表选择	选择合适的试验仪器、仪表	5	选用仪器不合适扣 3 分； 未检查试验仪器合格证或校验证书扣 2 分		
1.4	安全措施	（1）办理工作票、交代安全注意事项，分工明确，并做好记录。 （2）设置高压试验安全围栏。 （3）安全工器具使用。 （4）试验仪器正确接地	10	试验仪器未正确接地扣 2 分； 未检查安全工器具扣 3 分； 安全措施交代不清楚或未确认签字扣 2 分； 试验前未将试验区域用安全围栏隔离扣 3 分		
2	试验开展					
2.1	试验接线	（1）仪器现场布置合理。 （2）电源开关接通前，试验仪器接线应准确无误	10	试验接线接错一次扣 5 分； 试验前未检查试验接线扣 3 分； 接线不规范扣 1～3 分； 上述扣分，扣完为止		
2.2	试验流程	（1）试验前仪器、仪表自检，根据 10kV 系统电压互感器接线方式，正确选择电容电流试验方式，试验过程中高声呼唱。 （2）接线过程中防止误碰误动其他二次端子。 （3）检查接线无误后，再开始测试。 （4）待数值稳定，记录试验数据，重复测试 3 次取平均值	30	未进行仪器、仪表自检扣 3 分； 试验过程中未高声呼唱每次扣 2 分； 试验过程中失误一次扣 5 分； 试验过程中监护不到位扣 5～10 分； 缺少试验项目的扣 5 分； 试验前后及变更接线未对被试设备放电扣 10 分； 上述扣分，扣完为止		
3	结果分析					
3.1	试验报告	结合测试数据做出分析判断，出具试验报告	25	试验数据分析不准确扣 5 分； 试验结论不正确扣 5 分； 试验报告填写不规范扣 1～5 分； 未给出试验结论扣 5 分		
4	试验结束					
4.1	现场恢复	清理现场，人员撤离	6	被试设备有遗留物品扣 2 分； 仪器、工器具等未定置恢复扣 2 分； 未检查或清理现场扣 2 分		
4.2	办理收工手续	向考评员汇报试验结果，并办理工作终结手续	4	未汇报试验结果扣 2 分； 未办理工作票终结手续扣 2 分		
合计			100			

Jc0302441027　35kV 电容器极间电容量测试。（100 分）

考核知识点：电容器试验

难易度：中

技能等级评价专业技能考核操作工作任务书

一、任务名称

35kV 电容器极间电容量测试。

二、适用工种

电气试验工中级工。

三、具体任务

（1）工作状态为模拟 35kV 高压并联电容器停电，工作内容为电容器例行试验。

（2）工作任务：

1）高压并联电容器进行极间电容量测试。

2）根据试验记录出具试验报告，并对数据进行分析。

四、工作规范及要求

（1）工器具使用及安全措施。

（2）按要求进行高压试验。

（3）出具试验报告和试验结果分析。

五、考核及时间要求

（1）本考核操作时间为 60 分钟，包括试验接线和报告整理，时间到停止考评。

（2）试验过程中如试验仪器、试验电源出现故障，可向考评员申请故障排除，故障排除时间不计入考核。

（3）按照技能操作要求进行操作，试验报告包括试验项目、仪器型号、试验结果等。

（4）试验过程中如遇突发状况，如不涉及人身、设备安全，则由试验人员自行排查、处理；如危及人身、设备安全，则应立即停止操作，人员及时撤离作业现场。

技能等级评价专业技能考核操作评分标准

工种	电气试验工				评价等级	中级工
项目模块	电容器试验—极间电容量试验				编号	Jc0302441027
单位		准考证号			姓名	
考试时限	60 分钟	题型	单项操作		题分	100 分
成绩	考评员		考评组长		日期	
试题正文	35kV 电容器极间电容量测试					
需要说明的问题和要求	（1）试验过程单人操作，数据分析在试验过程中完成。 （2）操作过程应注意安全，按照标准化作业流程做好安全措施。 （3）现场完成试验结果分析，出具试验报告。 （4）检测仪器可选考场提供或自带					

序号	项目名称	质量要求	满分	扣分标准	扣分原因	得分
1	试验前准备					
1.1	工器具使用	熟练正确使用各种工器具	5	未正确使用一次扣 1 分，扣完为止		
1.2	试验记录	收集被试设备基础信息和历史试验数据	5	未收集被试设备历次试验报告扣 1 分； 未记录被试设备铭牌，现场温、湿度等条件的，每处扣 1 分，扣完为止		
1.3	仪器、仪表选择	选择合适的电容量测试仪	5	选用仪器不合适扣 3 分； 未检查试验仪器合格证或校验证书扣 2 分		

续表

序号	项目名称	质量要求	满分	扣分标准	扣分原因	得分
1.4	安全措施	（1）办理工作票、交代安全注意事项，分工明确，并做好记录。 （2）设置高压试验安全围栏。 （3）正确使用安全工器具。 （4）试验仪器正确接地	10	安全措施交代不清楚或未确认签字扣 2 分； 试验前未将试验区域用安全围栏隔离扣 3 分； 未检查安全工器具扣 3 分； 试验仪器未正确接地扣 2 分		
2	试验开展					
2.1	试验接线	（1）仪器现场布置合理。 （2）电源开关接通前，试验仪器接线应准确无误	10	试验接线接错一次扣 2～5 分； 试验前未检查试验接线扣 3 分； 接线不规范扣 1～3 分； 上述扣分，扣完为止		
2.2	试验流程	（1）试验前仪器、仪表自检，正确选择试验电流，试验过程中高声呼唱。 （2）应分别测量电容器各相间电容量，经过计算后与规程值和历史数据进行比对分析。 （3）试验前后及变更接线应对设备充分放电	30	未进行仪器、仪表自检扣 3 分； 试验过程中未高声呼唱每次扣 2 分； 试验过程中失误一次扣 5 分； 试验过程中监护不到位扣 5～10 分； 试验前后及变更接线未对被试设备放电扣 10 分； 上述扣分，扣完为止		
3	结果分析					
3.1	试验报告	结合测试数据做出分析判断，出具试验报告	25	试验数据分析不准确扣 5 分； 试验结论不正确扣 5 分； 试验报告填写不规范扣 1～5 分； 未给出试验结论扣 5 分		
4	试验结束					
4.1	现场恢复	清理现场，人员撤离	6	被试设备有遗留物品扣 2 分； 仪器、工器具等未定置恢复扣 2 分； 未检查或清理现场扣 2 分		
4.2	办理收工手续	向考评员汇报试验结果，并办理工作终结手续	4	未汇报试验结果扣 2 分； 未办理工作票终结手续扣 2 分		
合计			100			

第三部分
高级工

第五章　电气试验工高级工技能笔答

Jb0302332001　充油设备进行交流耐压试验，如何分析判断其试验结果？（10分）

考核知识点：交流耐压试验

难易度：难

标准答案：

按规定的操作方法，当试验电压达到规定值时，若试验电流与电压不发生突然变化，产品内部没有放电声，试验无异常，即可认为试验合格。

对放电部位的确定，可通过放电声音和仪表的指示分析，作出如下分析判断：

（1）悬浮电位放电，仪表指示无变化，若属试品内部金属部件或铁芯没接地，出现的声音是“啪”声，这种声音的音量不大，且电压升高时，声音不增大。

（2）气泡放电，这种放电可分为贯穿性放电和局部放电两种。这种放电的声音很清脆，“哨”“哨”像铁锤击打油箱的声音伴随放电声，仪表有稍微摆动的现象。产生这类放电的原因，多是引线包扎不紧或注油后抽真空或静放时间不够。这类放电是最常见的。

（3）内部固体绝缘的击穿或沿面放电，这种情况下，产生的放电声音多数是“嘭”“嘭”的低沉声或者是“咝咝”的声音，伴随有电流表指示突然增大。

另外，有些情况下，虽然试品击穿了，但电流表的指示也可能不变，造成这种情况的原因是回路的总电抗为 $X=|X_C-X_L|$，而试品短路时 $X_C=0$，若原来试品的容抗 X_C 与试验变压器漏抗之比等于2，那么 X_C 虽然为零，但回路的 X 仍为 X_L，即电抗没变，所以电流表指示不变。

Jb0302331002　测量变压器铁芯绝缘电阻时应注意哪些问题，变压器在交接或大修后铁芯绝缘电阻的判断标准是什么？（5分）

考核知识点：变压器铁芯

难易度：中

标准答案：

在测量变压器铁芯绝缘电阻时，将铁芯引出小套管的接地线解开时要注意，不能使小套管漏油或渗油。另外，有些变压器铁芯引出后经小套管、胶木绝缘子沿变压器外壳，在变压器本体底部接地。因此在测量变压器铁芯绝缘电阻时，应在铁芯引出小套管处进行测量，以免胶木绝缘子绝缘不良而带来测量误差。对铁芯没有接地引出线的变压器进行预防性试验时不进行此项试验。

测量铁芯绝缘电阻，应与以前测试结果相比无显著差别。在交接或大修后，应采用2500V绝缘电阻表测量铁芯对地的绝缘电阻，持续时间1min，无闪络及击穿现象。

Jb0302333003　怎样测量CVT主电容 C_1 和分压电容 C_2 的介损？（10分）

考核知识点：CVT测试

难易度：难

标准答案：

测量主电容 C_1 和 $\tan\delta_1$ 的接线如图Jb0302333003－1所示。试验时由CVT的中间变压器二次绕组励磁加压。E点接地，分压电容 C_2 的“δ”点接高压电桥标准电容器的高压端，主电容 C_1 高压端

接高压电桥的 C_x 端，按正接线法测量。由于"δ"绝缘水平所限，试验时电压不应超过 3kV，为此可在"δ"点与地间接入一静电电压表进行电压监视。此时由 C_2 与 C_n 串联构成标准支路，由于 C_n 的 $\tan\delta$ 近似于零，而电容量 C_2 远大于 C_n，故不影响电压监视及测量结果。

测量分压电容 C_2 和 $\tan\delta_2$ 接线如图 Jb0302333003－2 所示。由 CVT 中间变压器二次绕组励磁加压。E 点接地，分压电容 C_2 的"δ"点接高压电桥的 C_x 端，主电容 C_1 高压端与标准电容 C_n 高压端相接，按正接线法测量。试验电压 4～6.5kV 应在高压侧测量，此时 C_1 与 C_n 串联组成标准支路。为防止加压过程中，绕组过载，最好在回路中串入一个电流表进行电流监视。

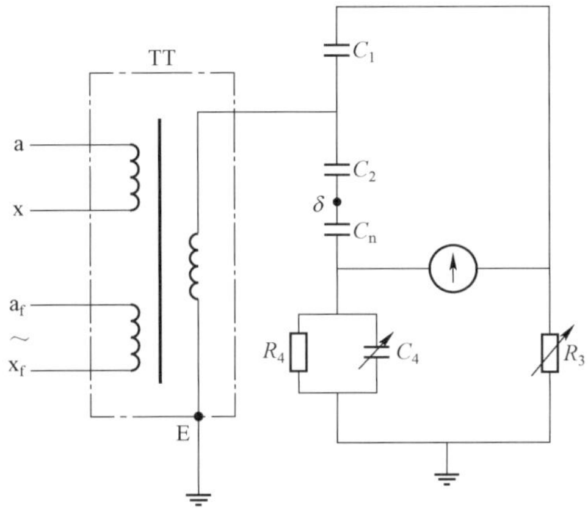

图 Jb0302333003－1

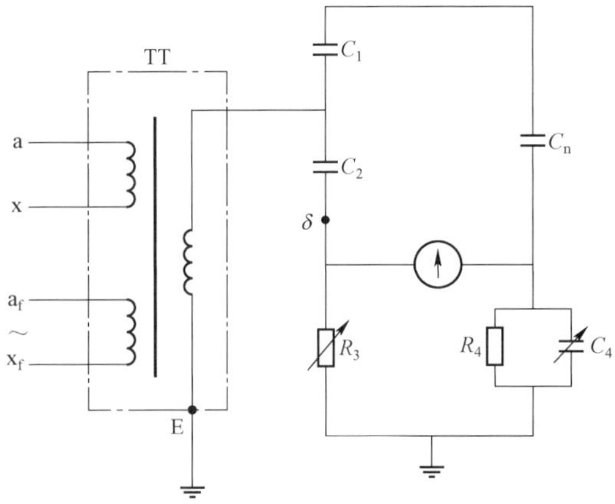

图 Jb0302333003－2

CVT 在测量完毕后，应注意其 δ 端一定要接地，即把刀闸 S 合上，以防止 CVT 带电后二次输出端有异常电压指示。

Jb0302332004　简述并画出串级试验变压器的工作原理。（7 分）

考核知识点：串级式试验变压器

难易度：中

标准答案：

串级变压器的原理接线如图 Jb0302332004 所示。图中第一台试验变压器的高压侧绕组 n_2 的一端接地；另一端串联一绕组 n_3，它供电给第二台变压器初级绕组 n_4，而 n_4 和 n_5 各有一端与变压器的外壳连接，它们都处于第一台高压端的电位，因此第二台变压器的外壳应对地绝缘。显然，第二台变压器高压端的对地电压就是两台变压器高压输出电压之和。

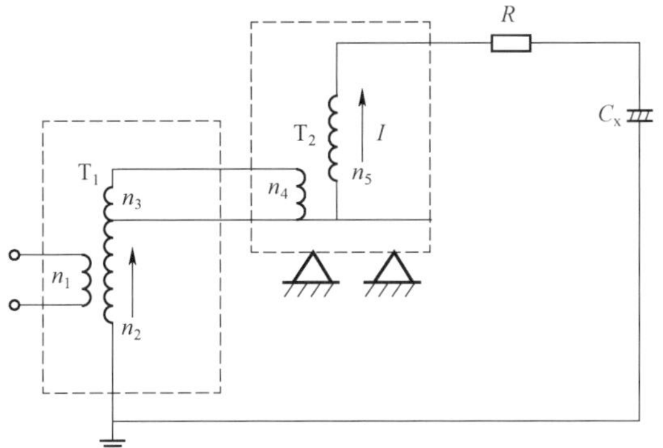

图 Jb0302332004

Jb0302322005　图 Jb0302322005 是什么接线图？（3 分）

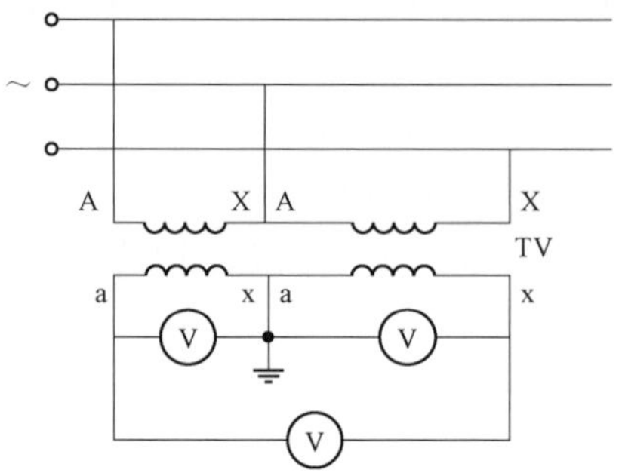

图 Jb0302322005

考核知识点： 互感器

难易度： 易

标准答案：

是用两台全绝缘电压互感器测量三相电压接线图。

Jb0302322006　图 Jb0302322006-1 为绝缘并联等值电路，画出其相量图。（4 分）

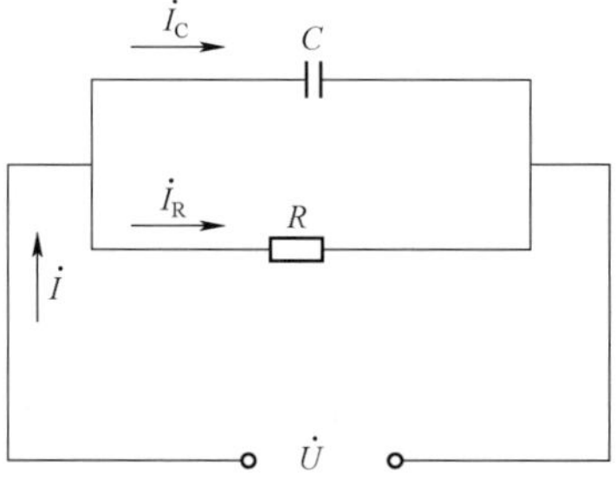

图 Jb0302322006-1

考核知识点： 电路

难易度： 易

标准答案：

如图 Jb0302322006–2 所示。

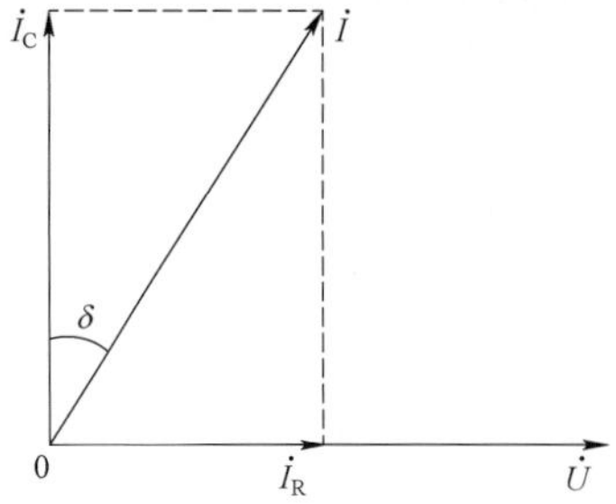

图 Jb0302322006-2

Jb0302332007　为什么说测量电气设备的介质损耗因数 tanδ，对判断设备绝缘的优劣状况具有重要意义？（5 分）

考核知识点： 介质损耗因数

难易度：中

标准答案：

在绝缘受潮和有缺陷时，泄漏电流要增加，在绝缘中有大量气泡、杂质和受潮的情况，将使夹层极化加剧，极化损耗要增加。这样，介质损耗角正切 $\tan\delta$ 的大小就直接与绝缘的好坏状况有关。同时，介质损耗引起绝缘内部发热，温度升高，这促使泄漏电流增大，有损极化加剧，介质损耗增大使绝缘内部更热，如此循环，可能在绝缘弱的地方引起击穿，故介质损耗值既反映了绝缘本身的状态，又可反映绝缘由良好状况向劣化状况转化的过程。同时介质损耗本身就是导致绝缘老化和损坏的一个因素。

Jb0302333008　为什么油纸电容型电流互感器的介质损耗因数一般不进行温度换算？（8 分）

考核知识点：电流互感器介质损耗因数

难易度：难

标准答案：

油纸绝缘的介质损耗因数 $\tan\delta$ 与温度的关系取决于油与纸的综合性能。良好的绝缘油是非极性介质，油的 $\tan\delta$ 主要是电导损耗，它随温度升高而增大。而纸是极性介质，其 $\tan\delta$ 由偶极子的松弛损耗所决定，一般情况下，纸的 $\tan\delta$ 在 -40～60℃的温度范围内随温度升高而减小。因此，不含导电杂质和水分的良好油纸绝缘，在此温度范围内其 $\tan\delta$ 没有明显变化，所以可不进行温度换算。若要换算，也不宜采用充油设备的温度换算方式，因为其温度换算系数不符合油纸绝缘的 $\tan\delta$ 随温度变化的真实情况。

当绝缘中残存有较多水分与杂质时，$\tan\delta$ 与温度的关系就不同于上述情况，$\tan\delta$ 随温度升高明显增加。如两台 220kV 电流互感器通入 50%额定电流，加温 9h，测取通入电流前后 $\tan\delta$ 的变化，$\tan\delta$ 初始值为 0.53%的一台无变化，$\tan\delta$ 初始值为 0.8%的一台则上升为 1.1%。实际上已属非良好绝缘（Q/GDW 1168—2013《输变电设备状态检修试验规程》要求值为不大于 0.8%），故 $\tan\delta$ 随温度上升而增加。因此，当常温下测得的 $\tan\delta$ 较大时，为进一步确认绝缘状况，应考查高温下的 $\tan\delta$ 变化，若高温下 $\tan\delta$ 明显增加时，则应认为绝缘存在缺陷。

Jb0302333009　做 GIS 交流耐压试验时应特别注意什么？（5 分）

考核知识点：GIS 交流耐压

难易度：难

标准答案：

（1）规定的试验电压应施加在每一相导体和金属外壳之间，每次只能一相加压，其他相导体和接地金属外壳相连接。

（2）当试验电源容量有限时，可将 GIS 用其内部的断路器或隔离开关分断成几个部分分别进行试验，同时不试验的部分应接地，并保证断路器断口，断口电容器或隔离开关断口上承受的电压不超过允许值。

（3）GIS 内部的避雷器在进行耐压试验时应与被试回路断开，GIS 内部的电压互感器、电流互感器的耐压试验应参照相应的试验标准执行。

Jb0302313010　一台电容分压器高压臂 C_1 由四节（n=4）100kV，C=0.006 6μF 的电容器串联组成，低压臂 C_2 由二节 2.0kV，2.0μF 的电容器并联组成，测量电压 U_1 为交流 400kV，求高、低压臂 C_1、C_2 的值 C_1、C_2、分压比 K 和低压臂上的电压值 U_2。（8 分）

考核知识点：电容分压器

难易度：中

标准答案：

解：

高压臂：

$$C_1=\frac{C}{n}=\frac{0.006\,6}{4}=0.001\,65\text{（μF）}$$

低压臂由 2 台 2.0μF 的电容器并联组成，则

$$C_2=2\times 2.0=4\text{（μF）}$$

分压比：

$$K=\frac{C_1+C_2}{C_1}=\frac{0.001\,65+4}{0.001\,65}=2425$$

低压臂上的电压值 U_2 为：

$$U_2=\frac{U_1}{K}=\frac{400\times 10^3}{2425}=165\text{（V）}$$

答：高压臂 C_1 为 0.001 65μF，低压臂 C_2 为 4μF，分压比为 2425，低压臂上的电压值是 165V。

Jb0302332011　测试变压器绕组连同套管的介质损耗角正切值 tanδ的目的主要是检查什么？（4 分）

考核知识点：介质损耗因数

难易度：易

标准答案：

（1）变压器整体是否受潮。

（2）变压器绝缘油及纸是否劣化。

（3）变压器绕组上是否附着油泥。

（4）变压器存在严重局部缺陷。

Jb0302331012　测量介质损耗角正切值有何意义？（5 分）

考核知识点：介质损耗因数

难易度：中

标准答案：

测量介质损耗角正切值是绝缘试验的主要项目之一。它在发现绝缘受潮、老化等分布性缺陷方面比较灵敏有效。在交流电压的作用下，通过绝缘介质的电流包括有功分量和无功分量，有功分量产生介质损耗。介质损耗在电压频率一定的情况下，与 tanδ成正比。对于良好的绝缘介质，通过电流的有功分量很小，介质损耗也很小，tanδ很小，反之则增大。因此通过介质损耗角正切值的测量就可以判断绝缘介质的状态。

Jb0302331013　简述交流耐压试验步骤。（5 分）

考核知识点：交流耐压试验

难易度：难

标准答案：

（1）被试品在耐压试验前，应先进行其他常规试验，合格后再进行耐压试验。被试品试验接线并检查确认接线正确。

（2）接通试验电源，开始升压进行试验，升压过程中应密切监视高压回路，监听被试品有何异响。

（3）升至试验电压，开始计时并读取试验电压。

（4）计时结束，降压然后断开电源。并将被试设备放电并短路接地。

（5）耐压试验结束后，进行被试品绝缘试验检查，判断耐压试验是否对试品绝缘造成破坏。油浸式设备耐压后应进行油色谱分析。

Jb0302332014 交流电压作用下的电介质损耗主要包括哪几部分，怎么引起的？（5 分）

考核知识点： 电介质损耗

难易度： 中

标准答案：

一般由下列三部分组成。

（1）电导损耗。它是由泄漏电流流过介质而引起的。

（2）极化损耗。因介质中偶极分子反复排列相互克服摩擦力造成的，在夹层介质中，边界上的电荷周期性的变化造成的损耗也是极化损耗。

（3）游离损耗。气隙中的电晕损耗和液、固体中局部放电引起的损耗。

Jb0302331015 变压器负载损耗试验为什么最好在额定电流下进行？（3 分）

考核知识点： 变压器负载损耗

难易度： 易

标准答案：

变压器负载损耗试验的目的主要是测量变压器负载损耗和阻抗电压。变压器负载损耗的大小和流过绕组的电流的平方成正比，如果流过绕组的电流不是额定电流，那么测得的损耗将会有较大误差。

Jb0302331016 测量变压器局部放电有何意义？（5 分）

考核知识点： 变压器局部放电

难易度： 中

标准答案：

许多变压器的损坏，不仅是由于大气过电压和操作过电压作用的结果，也是由于多次短路冲击的积累效应和长期工频电压下局部放电造成的。绝缘介质的局部放电虽然放电能量小，但由于它长时间存在，对绝缘材料产生破坏作用，最终会导致绝缘击穿。为了能使 110kV 及以上电压等级的变压器安全运行，进行局部放电试验是必要的。

Jb0302333017 影响系统电压的因素是什么？(9 分)

考核知识点： 系统电压

难易度： 易

标准答案：

系统电压是由系统的潮流分布决定的，影响系统电压的主要因素是：

（1）由于生产、生活、气象等因素引起的负荷变化。

（2）无功补偿容量的改变。

（3）系统运行方式改变引起的功率分布和网络阻抗的变化。

（4）系统故障。

Jb0302322018　图 Jb0302322018 是做什么试验用的？并写出各元件名称。（3 分）

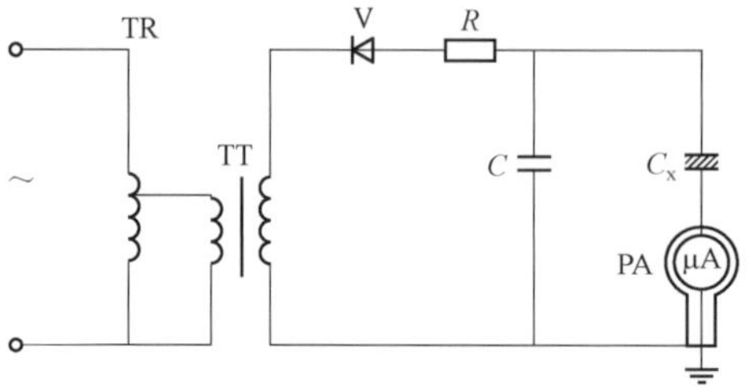

图 Jb0302322018

考核知识点： 直流泄漏试验

难易度： 易

标准答案：

该电路是做直流泄漏试验用的原理接线图。图 Jb0302322018 中：TR—自耦调压器；TT—试验变压器；V—二极管；R—保护电阻；C—稳压电容；PA—微安表；C_x—被试品。

Jb0302322019　图 Jb0302322019 是什么试验项目的接线图？并写出各元件的名称。（5 分）

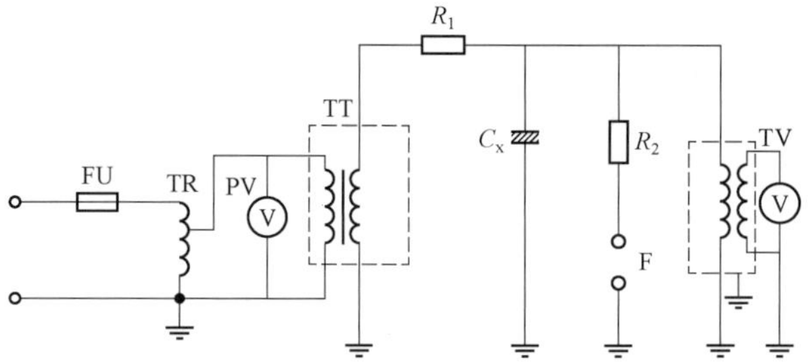

图 Jb0302322019

考核知识点： 交流耐压试验

难易度： 易

标准答案：

是交流耐压原理接线图。图 Jb0302322019 中：FU—熔断器；TR—调压器；PV—试验电压表；TT—试验变压器；R_1—限流电阻；C_x—被试品；R_2—限流保护电阻；F—放电间隙；TV—测量用电压互感器。

Jb0302322020　画出测量 110kV 电容型套管主绝缘 $\tan\delta$ 和末屏对地 $\tan\delta$ 的试验接线图并简述各自的规程标准。（8 分）

考核知识点： 套管介质损耗

难易度： 难

标准答案：

图 Jb0302322020 为主绝缘 $\tan\delta$ 的试验接线图。

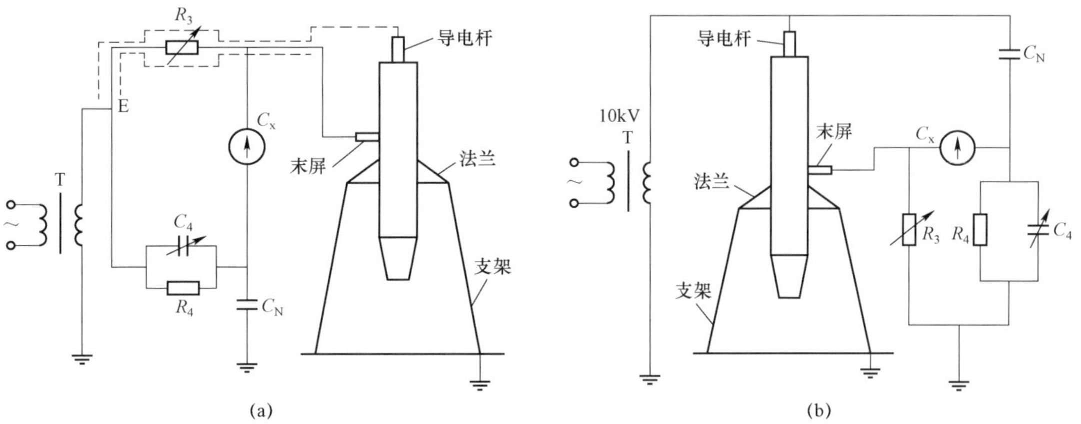

图 Jb0302322020

（a）主绝缘 tanδ的试验接线图；（b）末屏对地 tanδ的接线试验图

规程标准为：110kV 电容型套管主绝缘 tan$\delta \leqslant 1\%$，电容量初值差不超过±5%，当套管末屏绝缘电阻不能满足要求时，可通过测量末屏介质损耗因数作进一步判断，110kV 电容型套管末屏对地 tan$\delta \leqslant 2\%$。

Jb0302331021　套管和绝缘子交流耐压试验时的注意事项有哪些？（7 分）

考核知识点：交流耐压

难易度：难

标准答案：

（1）在进行交流耐压试验前，应先进行其他绝缘试验，合格后才能进行耐压试验。

（2）充油套管经运输或注油后，交流耐压试验前还应将试品按规定静置足够的时间，以排除内部可能残存的空气。

（3）被试品按试验电压要求与带电或其他设备保持足够的安全距离。

（4）升压过程中要密切监视高压回路、试验设备、测试仪表，监听被试品有何异响。

（5）有时耐压试验进行了数十秒钟，中途因故失去电源而使试验中断，在查明原因恢复电源后，应重新进行全时间的持续耐压试验，不可进行“补足时间”的试验。

Jb0302331022　如何对介质损耗试验测试结果进行分析？（5 分）

考核知识点：介质损耗

难易度：中

标准答案：

将结果与有关数据比较，包括同一设备的各相的数据，同类设备间的数据，出厂试验数据，耐压前后数据，与历次同温度下的数据比较等。为便于比较，宜将不同温度下测得的数值换算至 20℃，20～80℃温度范围内，经验公式为 $\tan\delta=\tan\delta_0\times1.3^{(t-t_0)}$，式中 tan$\delta_0$：温度为 t_0 时的介质损耗因数值（一般取 t_0=20℃）；tanδ：温度为 t 时的介质损耗因数值；若试验结果超标，结合绝缘电阻、绝缘油试验、耐压、红外成像、高压介损等试验项目结果综合判断。

Jb0302332023　用 QS1 型西林电桥测量试品介质损耗因数时，若测量结果为 −tanδ，是否表明试品介质损耗很小？（5 分）

考核知识点：介质损耗

难易度：中

标准答案：

不一定，用 QS1 型西林电桥测量 tanδ时，出现（$-\tan\delta$）值的原因主要有：在潮湿天气条件下瓷套表面凝结水膜，加接保护环，套管内部油质劣化，套管抽压小套管绝缘电阻降低，试验装置屏蔽不完善等，在试品内部或测试电路中形成三端 T 形网络、电场的干扰以及标准电容介质损耗大于试品介质损耗或者三种影响同时存在所引起。而试品出现$-\tan\delta$时，是没有物理意义的。因此，当出现$-\tan\delta$时，必须查明原因，消除$-\tan\delta$的测量值。

Jb0302332024　为什么测量 110kV 及以上高压电容型套管的介质损耗因数时，套管的放置位置不同，往往测量结果有较大的差别？（5 分）

考核知识点：介质损耗

难易度：中

标准答案：

测量高压电容型套管的介质损耗因数时，由于其电容小，当放置不同时，因高压电极和测量电极对周围未完全接地的构架、物体、墙壁和地面的杂散阻抗的影响，会对套管的实测结果有很大影响。不同的放置位置，这些影响又各不相同，所以往往出现分散性很大的测量结果。因此，测量高压电容型套管的介质损耗因数时，要求垂直放置在妥善接地的套管架上进行，而不应该把套管水平放置或用绝缘索吊起来在任意角度进行测量。

Jb0302333025　测量小容量试品的介质损耗因数时，为什么要求高压引线与试品的夹角不小于 90°？（6 分）

考核知识点：介质损耗

难易度：难

标准答案：

由于试品容量很小，高压引线与试品的杂散电容对测量的影响不可忽视。图 Jb0302333025 为测量互感器介质损耗因数的接线图。高压引线与试品（端绝缘和支架）间存在杂散电容 C_0，当瓷套表面存在脏污并受潮时，该杂散电流存在有功分量，使介质损耗因数的测量结果出现正误差。某单位曾对一台电压互感器在高压引线角度α为 10°、45° 和 90° 下进行测量，测得的介质损耗因数 $\tan\delta 10:\tan\delta 45:\tan\delta 90=4:2:1$。显然，为了测量准确，应尽量减小高压引线与试品间的杂散电容，在气候条件较差的情况下尤为重要。由上述实测结果表明，当高压引线与试品夹角为 90° 时，杂散电容最小，测量结果最接近实际介质损耗因数 tanδ。

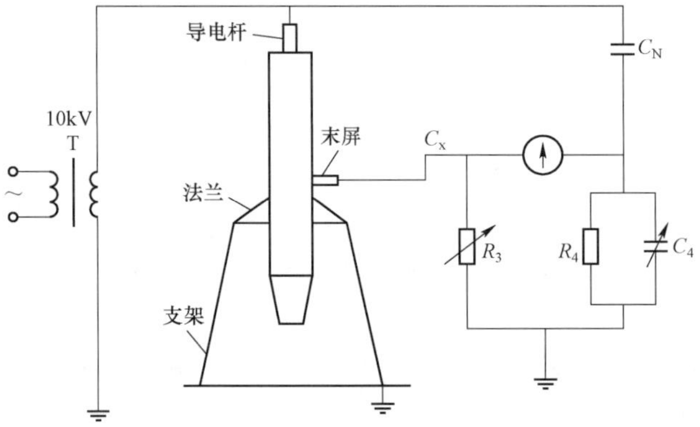

图 Jb0302333025

Jb0302333026 为什么要对电力设备做交流耐压试验？交流耐压试验有哪些特点？（8分）

考核知识点： 交流耐压试验

难易度： 难

标准答案：

交流耐压试验是鉴定电力设备绝缘强度最有效和最直接的方法。

电力设备在运行中，绝缘长期受着电场、温度和机械振动的作用会逐渐发生劣化，其中包括整体劣化和部分劣化，形成缺陷。例如，由于局部地方电场比较集中或者局部绝缘比较脆弱就存在局部的缺陷。各种预防性试验方法，各有所长，均能分别发现一些缺陷，反映出绝缘的状况，但其他试验方法的试验电压往往都低于电力设备的工作电压，作为安全运行的保证还不够有力。直流耐压试验虽然试验电压比较高，能发现一些绝缘的弱点，但是由于电力设备的绝缘大多数都是组合电介质，在直流电压的作用下，其电压是按电阻分布的，所以使用直流做试验就不一定能够发现交流电力设备在交流电场下的弱点。交流耐压试验符合电力设备在运行中所承受的电气状况，同时交流耐压试验电压一般比运行电压高，因此通过试验后，设备有较大的安全裕度，所以这种试验已成为保证安全运行的一个重要手段。

在进行交流耐压试验前，必须预先进行各项非破坏性试验，如测量绝缘电阻、吸收比、介质损耗因数 $\tan\delta$、直流泄漏电流等，对各项试验结果进行综合分析，以决定该设备是否受潮或含有缺陷。若发现已存在问题，需预先进行处理，待缺陷消除后，方可进行交流耐压试验，以免在交流耐压试验过程中，发生绝缘击穿，扩大绝缘缺陷，延长检修时间，增加检修工作量。

Jb0302331027 高压套管电容量和介质损耗因数试验影响测量的因素有哪些？（4分）

考核知识点： 介质损耗

难易度： 中

标准答案：

（1）抽压小套管绝缘不良。

（2）相对湿度较大。

（3）套管附近的木梯、构架、引线等所形成的杂散损耗。

（4）自高压电源接到试品导电杆顶端的高压引线。

Jb0302332028 怎样根据变压器直流电阻的测量结果对变压器绕组及引线情况进行判断？（8分）

考核知识点： 变压器直流电阻

难易度： 难

标准答案：

应根据以下标准进行判断：

（1）1600kVA 以上变压器，各相绕组电阻相互间的差别不应大于三相平均值的 2%，无中性点引出的绕组，线间差别不应大于三相平均值的 1.0%。

（2）1600kVA 及以下变压器，相间差别一般不大于三相平均值的 4%，线间差别一般不大于三相平均值的 2%。

（3）与以前相同部位测得值（换算到同一温度下）比较其变化不应大于 2%。

如果测算结果超出标准规定，应查明原因。一般情况下，三相电阻不平衡的原因有以下几种。

（1）分接开关接触不良。分接开关接触不良，反映在一两个分接处电阻偏大，而且三相之间不平衡。这主要是分接开关不清洁，电镀层脱落，弹簧压力不够等。固定在箱盖上的分接开关，也可能是在箱盖紧固以后，使开关受力不均造成接触不良。

（2）焊接不良。由于引线和绕组焊接处接触不良，造成电阻偏大。多股并联绕组，其中有一二股没有焊上，这时一般电阻偏大较多。

（3）三角形联结绕组，其中一相断线，测出的三个线端电阻都比设计值相差得多，其关系为2:1:1。

此外，变压器套管的导电杆和绕组连接处，由于接触不良也会引起直流电阻增加。

Jb0302332029　什么是断路器的合—分时间？测量断路器合—分时间的必要性有哪些？（8分）

考核知识点：断路器

难易度：难

标准答案：

合—分时间，也叫“金短时间”，顾名思义就是金属短接时间，指的是断路器重合闸动作时，合闸操作中第一极触头接触瞬间起到随后的分闸操作中所有极中弧触头都分离瞬间的时间间隔。

当系统中发生接地或者短路故障时，按照规定的操作顺序，断路器在跳闸后会进行重合闸操作，若重合闸时短路故障仍未消除，断路器需立即跳闸，此重合又跳闸的过程即为一次合—分操作。

如三相的合—分时间过短，超出厂家和规程的规定，则断路器重合闸时，特别是切断永久短路故障情况下，会因灭弧室的绝缘强度和灭弧能力没有足够恢复，将不具备铭牌上的开断能力，会出现断路器不能切断故障电流，或出现重燃或重击穿，导致严重的电网事故。

如合—分时间过长，则在断路器重合闸时，由于断路器不能及时快速切除故障而导致电网稳定破坏事故。

因此，准确的测量断路器的合分时间，对掌握断路器开断短路电流的能力至关重要。

Jb0302332030　电力变压器绕组发生对地击穿故障的原因是什么？（6分）

考核知识点：电力变压器

难易度：中

标准答案：

（1）因主绝缘老化或有剧烈折断等缺陷。

（2）变压器油受潮。

（3）绕组内有杂物落入。

（4）过电压。

（5）短路对绕组变形。

（6）缺油。

Jb0302332031　电力变压器突然喷油的原因是什么？（5分）

考核知识点：变压器故障

难易度：中

标准答案：

变压器呼吸器或加油栓有喷油现象时，一般有以下几种原因：

（1）变压器二次侧短路，而保护未动作。

（2）变压器匝间短路。

（3）变压器内部放电造成短路。

（4）出气孔堵塞，影响了油的正常呼吸。

上述某个原因或共同作用使变压器内部温升增加，导致油箱内压力增加而喷油。

Jb0302332032 变压器三相直流电阻不平衡（不平衡的系数大于 2%）的原因是什么？怎样检查？（8 分）

考核知识点：变压器直流电阻

难易度：难

标准答案：

（1）工艺上的缺陷。

（2）接头处接触不良。

（3）分接开关接触不良。

（4）多股并绕的线圈有断股。

（5）有匝间短路。

这些问题对变压器来说往往是致命的，轻则造成局部发热，重则烧毁变压器。因此，建议对测试数据与以前历史数据进行对比，对比时应换算到 20℃的电阻值，如与历史数据一致，可以认为不平衡是设计造成的，如果有较大变化，应立即退出运行，尽快查明原因。

Jb0302331033 根据 GB 50150—2016 电气装置安装工程电气设备交接试验标准中，变压器绕组连同套管的直流电阻测试各相或各绕组间差别不应大于多少？（5 分）

考核知识点：试验规程

难易度：中

标准答案：

1600kVA 及以下三相变压器，各相绕组相互间的差别不应大于 4%，无中性点引出的绕组，线间各绕组相互间差别不应大于 2%；1600kVA 及以下三相变压器，各相绕组相互间的差别不应大于 2%，无中性点引出的绕组，线间各绕组相互间差别不应大于 1%。

Jb0302313034 某变压器测得星形连接侧的直流电阻为 R_{ab}=0.563Ω，R_{bc}=0.572Ω，R_{ca}=0.56Ω，试求相电阻 R_a、R_b、R_c 及相间最大差别；如果求其相间差别超过 4%，试问故障相在哪里？（12 分）

考核知识点：变压器直流电阻

难易度：难

标准答案：

解：

$$R_a=\frac{R_{ab}+R_{ca}-R_{bc}}{2}=\frac{0.563+0.56-0.572}{2}=0.275\,5\,(\Omega)$$

$$R_b=\frac{R_{ab}+R_{bc}-R_{ca}}{2}=\frac{0.563+0.572-0.56}{2}=0.287\,5\,(\Omega)$$

$$R_c=\frac{R_{bc}+R_{ca}-R_{ab}}{2}=\frac{0.56+0.572-0.563}{2}=0.284\,5\,(\Omega)$$

a 相 b 相电阻的差别最大为：

$$\frac{R_b-R_a}{\frac{1}{3}(R_a+R_b+R_c)}\times100\%=\frac{0.287\,5-0.275\,5}{\frac{1}{3}(0.275\,5+0.287\,5+0.284\,5)}\times100\%=4.25\%$$

所以故障可能是 b 相有焊接不良点或接触不良；也可能故障在 a 相，即 a 相制造时匝数偏少或有匝间短路故障，应结合电压比试验、空载试验结果综合判断。

答：相电阻 R_a、R_b、R_c 分别为 0.275 5Ω，0.287 5Ω，0.284 5Ω，相间最大差别为 4.25%，如相间差别超过 4%，故障可能是 b 相有焊接不良点或接触不良，也可能故障在 a 相，应结合电压比试验空载试验结果综合判断。

Jb0302331035　测量断路器动作时间和速度的意义是什么？（5分）

考核知识点：断路器特性试验

难易度：中

标准答案：

断路器的动作时间、速度是保证断路器正常工作和系统安全运行的重要参数，断路器动作过快，易造成断路器部件的损坏，缩短断路器的寿命，甚至造成事故；断路器动作过慢，则会加长灭弧时间、烧坏触头，造成越级跳闸甚至引起爆炸，加重设备的损坏和运行系统的稳定。

Jb0302331036　直接影响断路器关合和开断性能的原因？（4分）

考核知识点：断路器特性试验

难易度：易

标准答案：

（1）断路器的分、合闸速度。

（2）分、合闸时间。

（3）分、合闸不同期程度。

（4）分合闸线圈的动作电压。

Jb0302322037　画出QS1型西林电桥的原理接线图（正接线）。（4分）

考核知识点：西林电桥

难易度：中

标准答案：

如图Jb0302322037所示。

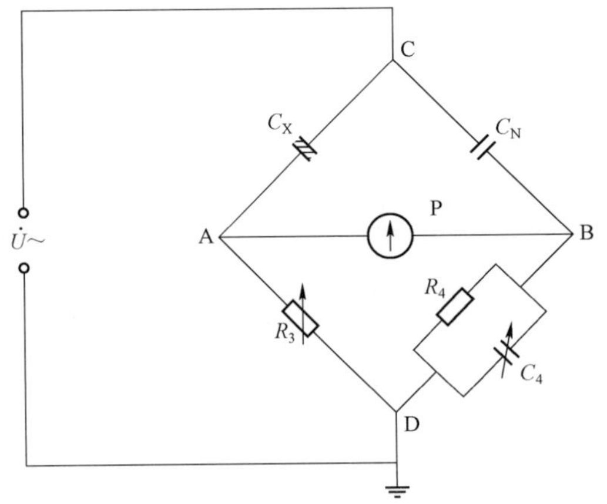

图 Jb0302322037

Jb0302322038　图Jb0302322038接线是什么试验接线？（3分）

考核知识点：介质损耗测试

难易度：中

标准答案：

测量介损的反接线法。

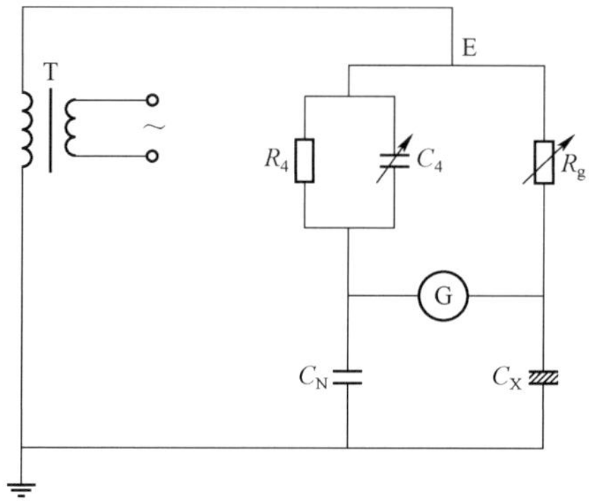

图 Jb0302322038

Jb0302322039 用图 Jb0302322039 中（a）、（b）两种接线测量 R_X 的直流电阻，当 R_X 较大时，采用哪种接线？（3 分）

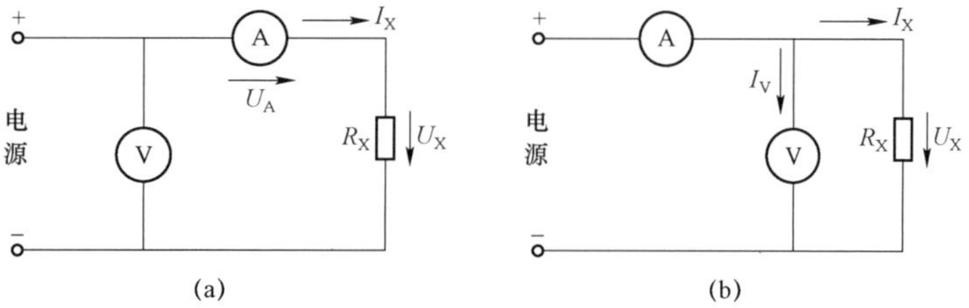

图 Jb0302322039

（a）电压表前接；（b）电压表后接

考核知识点： 直流电阻

难易度： 易

标准答案：

采用图 Jb0302322039（a）接线。

Jb0302322040 分别画出使用“接地电阻测量仪”和“电压表—电流表法”两种方法测量接地电阻的原理接线图。（8 分）

考核知识点： 接地电阻测量

难易度： 中

标准答案：

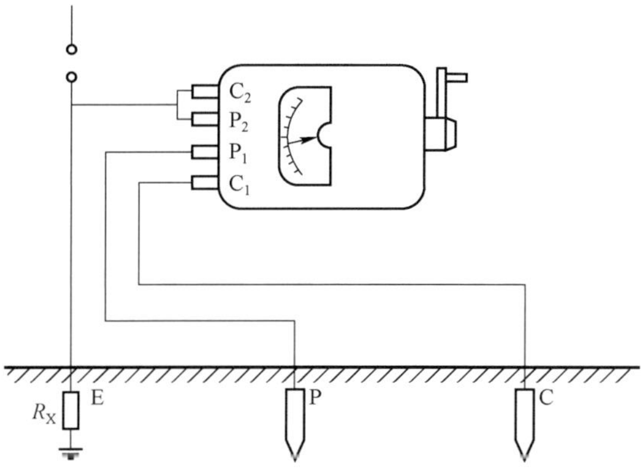

图 Jb0302322040－1

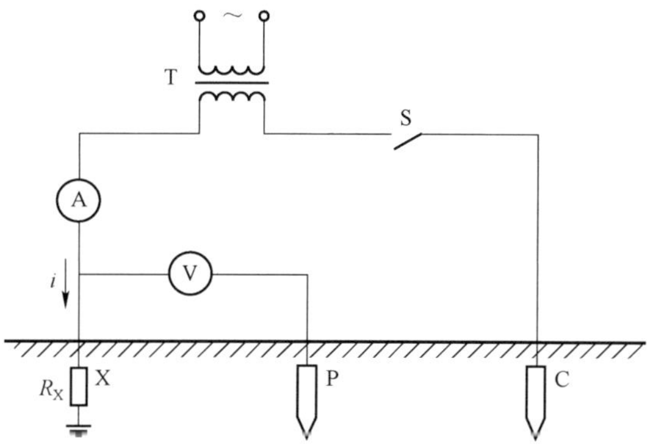

图 Jb0302322040－2

图 Jb0302322040－1 中 E－P 长度等于 0.618 倍 P－C 长度。

图 Jb0302322040－2 中 X－P 长度等于 0.618 倍 X－C 长度。

Jb0302322041　土壤电阻率测试一般使用什么方法？画出该种方法的原理接线图并写出计算公式。（8 分）

考核知识点：土壤电阻率测试

难易度：中

标准答案：

土壤电阻率测试方法一般为四极法，四极法适用于测试被试电极较远地区或较大区域的土壤，以及水平或垂直分层不均匀的土壤特性。

四极等距法测试土壤电阻率的原理接线图为 Jb0302322041 所示。

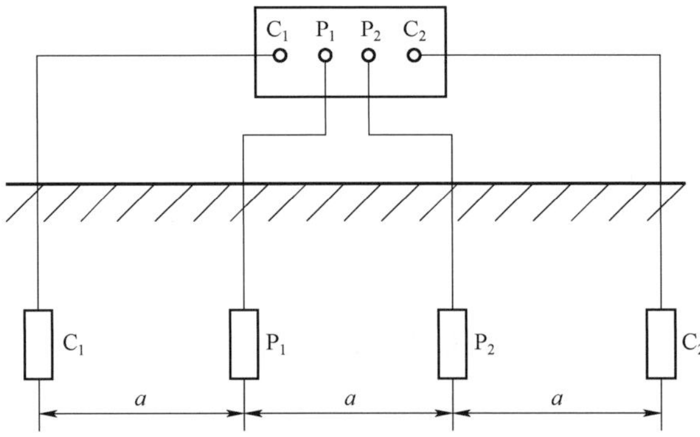

图 Jb0302322041

四极等距法中，可根据极间距离 a 及接地阻抗测试仪测试得到的接地阻抗值 R，通过下面公式得到被测场地的视在土壤电阻率ρ：

$$\rho = 2\pi aR$$

Jb0302333042　对绕组频率响应试验数据如何分析和处理？（12 分）

考核知识点：绕组频率响应

难易度：难

标准答案：

根据试验规程进行判断，利用待试设备的历史测试数据，或者同型号、同批次的另一台待试设备的测试数据，来进行横向、纵向比较分析，然后做出较为可靠的诊断结论。

用频率响应法分析判断待试设备绕组变形，主要是对绕组幅频响应特性进行纵向或横向比较，并综合考虑待试设备遭受短路冲击的情况、待试设备结构、电气试验及油中溶解气体分析等因素。根据相关系数的大小，可较直观地反映出待试设备绕组幅频响应特性的变化，通常可作为待试设备绕组变形的辅助手段。

待试设备绕组幅频响应特性曲线中波峰或波谷分布位置及数量的变化，是分析待试设备绕组变形的重要依据。

当频响特性曲线低频段（1～100kHz）的波峰或波谷发生明显变化，绕组电感可能改变，可能存在匝间或饼间短路的情况。对绝大多数待试设备来说，其三相绕组低频段的响应特性曲线应非常相似，如果存在差异应及时查明原因。

当频响特性曲线中频段（100～600kHz）的波峰或波谷发生明显变化，绕组可能发生扭曲和鼓包等局部变形现象。

当频响特性曲线高频段（＞600kHz）的波峰或波谷发生明显变化，绕组的对地电容可能改变，可能存在线圈整体移位或引线位移等情况。

Jb0302321043　试画出变压器绕组各分接位置电压比试验接线图。（4分）

考核知识点：变压器

难易度：中

标准答案：

如图 Jb0302321043 所示。

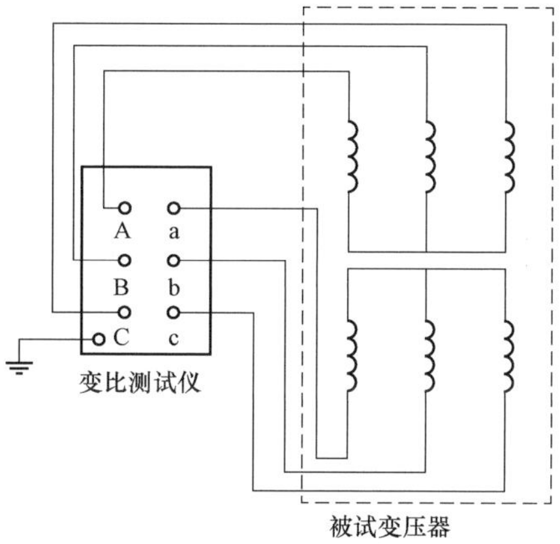

图 Jb0302321043

Jb0302331044　接地网接低阻抗对测试环境有什么要求？（3分）

考核知识点：接地网

难易度：易

标准答案：

（1）干燥季节和土壤未冻结时进行。

（2）不应在雷、雨、雪中或雨、雪后立即进行。

（3）现场区域满足试验安全距离要求。

Jb0302331045　测试盐密和灰密对待测绝缘子有什么要求？（3分）

考核知识点：绝缘子

难易度：易

标准答案：

（1）待测绝缘子经连续3年积污后，绝缘子表面污秽度趋于饱和。

（2）现场污秽度检测主要是针对运行的待测绝缘子，利用停电期间进行测量。也可对运行绝缘子串附近的不带电绝缘子进行测量。

Jb0302331046　接地电阻的测量为什么不应在雨后不久就进行？（5分）

考核知识点：接地电阻测试

难易度： 易

标准答案：

因为接地体的接地电阻值随地中水分增加而减少，如果在刚下过雨不久就去测量接地电阻，得到的数值必然偏小，为避免这种假象，不应在雨后不久就测接地电阻，尤其不能在大雨或久雨之后立即进行这项测试。

Jb0302331047　地网联通测试试验标准是什么？（6分）

考核知识点： 接地联通测试

难易度： 中

标准答案：

（1）状况良好的设备测试值应在50mΩ以下。

（2）50～200mΩ的设备状况尚可，宜在后期测试关注其变化，重要设备宜在适当时候检查处理。

（3）200mΩ～1Ω的设备状况不佳，对重要设备应尽快检查处理，其他设备宜在适当时候检查处理。

（4）1Ω以上的设备与主网未连接，应尽快检查处理。

（5）独立避雷针的测试值应在500mΩ以上。

（6）测试值相对明显高于其他设备但绝对值又不大的，按状况尚可对待。

Jb0302321048　试画出用等距四极法测土壤电阻率的接线图（用电流表、电压表测量）。（4分）

考核知识点： 土壤电阻率

难易度： 易

标准答案：

如图Jb0302321048所示。

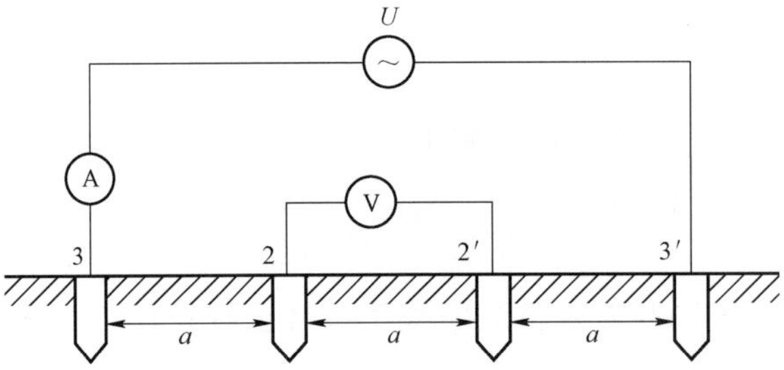

图 Jb0302321048

Jb0302322049　有一台隔离变压器，一只刀闸，一块电流表和一块电压表，画出测量地网接地电阻交流电流电压表法接线图。（4分）

考核知识点： 土壤电阻率测试

难易度： 中

标准答案：

如图Jb0302322049所示。

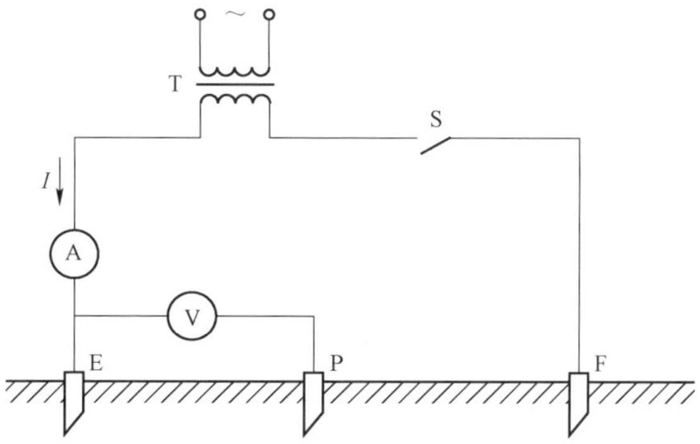

图 Jb0302322049

Jb0302332050 测量绝缘油的 tanδ时，为什么一般要将油加温到约 90℃后再进行？（5 分）

考核知识点：绝缘油介质损耗测试

难易度：中

标准答案：

绝缘油的 tanδ值随温度升高而增大，越是老化的油，其 tanδ随温度的变化也越快。例如，老化了的油在 20℃时 tanδ值仅相当于新油 tanδ值的 2 倍，在 100℃时可相当于 20 倍。也常遇到这种情况，20℃时油的 tanδ值不大，而 90℃所测得的 tanδ又远远超过标准，所以应尽量在高温时测量油的 tanδ。

另外，变压器油的温度常能达到 70～90℃，所以测量 90℃绝缘油的 tanδ值对保证变压器安全运行是一个较重要的参数。

Jb0302332051 简述测量 SF_6气体的含水量露点法测量原理。（5 分）

考核知识点：SF_6气体测试

难易度：易

标准答案：

露点法测量原理，使被测气体在恒定的压力下，以一定流量经露点仪测试室中的抛光金属镜面，此镜面用人工方法冷却。当气体中的水蒸气随着镜面温度的逐渐降低而达到饱和时，镜面上开始出现露，此时所测量的镜面温度即为露点温度，通过露点温度求得所要求的气体含水量。

Jb0302333052 气相色谱法的分离原理是什么？为什么要对变压器油进行色谱分析？（6 分）

考核知识点：油色谱分析

难易度：中

标准答案：

气相色谱法的分离原理是利用样品中各组分在流动相和固定相中吸附力或溶解度不同，即分配系数不同。当两相作相对运动时，样品各组分在两相间进行反复多次的分配，不同分配系数的组分在色谱柱中的运动速度就不同，滞留时间就不同，分配系数小的速度较快，反之则速度较慢，当样品流经一定的柱长后，样品的各组分就得到了分离。

色谱分析法是对运行中的变压器内部可能有局部过热或局部放电两种形式的故障进行分析的方法。故障时故障点周围的变压器油和固体绝缘材料因发热而产生气体，其中大部分气体不断溶入油中，用气相色谱分析的方法可把溶入油中的气体及含量分析出来，借此判断变压器内部潜在故障的性质和严重程度。

Jb0302332053　如何利用 QS1 型西林电桥简易地测量出绝缘油的介损 tanδ值？（5 分）

考核知识点：介质损耗测试

难易度：中

标准答案：

测量绝缘油的 tanδ值除了需要有介损试油杯外，还必须使用测量精度高、量程下限较小的高压电桥，一般使用 QS1 型西林电桥，但由于 QS1 型西林电桥不便于现场使用，所以在现场测油的介损 tanδ值可用 QS1 型西林电桥进行测量，此时需按电桥正接线，在 R4 臂上并入 353.7Ω电阻。按电桥实测值除以 10 即为所试绝缘油的 tanδ值。测量可在常温和 90℃两种温度下进行。但精确的测量仍应用 QS1 型西林电桥进行。

Jb0302332054　为什么对含有少量水分的变压器油进行击穿电压试验时，在不同的温度时分别有不同的耐压数值？（5 分）

考核知识点：绝缘油击穿电压试验

难易度：中

标准答案：

造成这种现象的原因是变压器油中的水分在不同温度下的状态不同，因而形成“小桥”的难易程度不同。在 0℃以下水分结成冰，油黏稠，“搭桥”效应减弱，耐压值较高。略高于 0℃时，油中水呈悬浮胶状，导电“小桥”最易形成，耐压值最低。温度升高，水分从悬浮胶状变为溶解状，较分散，不易形成导电“小桥”，耐压值增高。在 60～80℃时，达到最大值。当温度高于 80℃时，水分形成气泡，气泡的电气强度较油低，易放电并形成更多气泡搭成气泡桥，耐压值又下降了。

Jb0302331055　色谱油样在保存和运输过程中有哪些要求？（5 分）

考核知识点：绝缘油

难易度：易

标准答案：

（1）色谱样品保存不能超过 4 天。

（2）油样和气样保存必须避光、防尘。

（3）运输过程中应尽量避免剧烈振动。

（4）空运时要避免气压变化。

（5）保证注射器芯干净无卡涩、破损。

Jb0302332056　SF_6电气设备检漏试验分哪几种形式？（5 分）

考核知识点：SF_6 设备气体检漏

难易度：易

标准答案：

SF_6 分子具有极强的负电特性，所以检漏仪均利用这一特性检测 SF_6 气体泄漏情况。SF_6 电气设备的气体泄漏检查可分为定性和定量两种形式。定性检查是直接对设备各接头进行检测，可以查出设备泄漏点的位置。定量检查是通过包扎检查或压力折算求出泄漏点的泄漏量，从而得到气室的年泄漏率。定量法又可分为挂瓶检漏法、整机扣罩法、局部包扎法和压力降法。

Jb0302332057　SF_6气体湿度的检测周期及检测标准是什么？（8 分）

考核知识点：SF_6 气体

难易度： 难

标准答案：

检测周期：

（1）六氟化硫设备气体压力在正常压力范围内，在六氟化硫设备上无各种外部作业。

（2）新投运测一次，若接近注意值，半年之后应再测一次。

（3）新充（补）气 48h 之后至 2 周之内应测量一次。

（4）气体压力明显下降时应定期跟踪测量气体湿度。

（5）充气完毕静置 24h 后进行 SF_6 湿度检测。

表 Jb0302332057　　项目检测标准

试验项目	试验部位	新充气后（μL/L）	运行中（μL/L）
湿度（H_2O）	有电弧分解物的气室	≤150	≤300（注意值）
	无电弧分解物的气室	≤250	≤500（注意值）
	箱体及开关（SF_6 绝缘变压器）	≤125	≤220（注意值）
	电缆箱及其他（SF_6 绝缘变压器）	≤220	≤375（注意值）

Jb0302333058　如何在瓦斯继电器上取气样？（5 分）

考核知识点： 瓦斯继电器

难易度： 中

标准答案：

在气体继电器的放气嘴上套上一段乳胶管，乳胶管另一头接一个小型金属三通阀与注射器连接。各连接处密封良好，转动三通阀，用气体继电器内的气体冲洗管路及注射器，转动三通阀排空注射器，再转动三通阀，取样。取样后关闭放气嘴，转动三通的方向，使之封住注射器口，取下三通及乳胶管，立即用胶帽封住注射器。

Jb0302332059　高电压技术研究的内容有哪几个方面？（9 分）

考核知识点： 高电压技术

难易度： 难

标准答案：

高电压技术研究的内容相当广泛，主要有下列四个方面。

（1）绝缘问题的研究。绝缘的作用就是只让电荷沿导线方向移动，而不让它往其他任何方向移动，这是高电压技术中最关键的问题，涉及绝缘的问题有：各种绝缘的特性。各种绝缘在高电压下的放电原理和耐电强度。各种绝缘的结构、生产和老化规律以及各种绝缘和大自然的关系，如气候环境。怎样才能延长各种绝缘的寿命等。

（2）过电压问题的研究。电力设备除了承受交流或直流工作电压的作用外，还会遇到雷电过电压和内部过电压的作用，过电压对电力设备的绝缘会带来严重的危害。因此就需要研究过电压的发生和变化规律以及防止过电压引起事故的技术措施。

（3）高电压试验与测量技术的研究。为了研究绝缘和过电压问题，就必须进行各种高电压试验，因而就必须研究试验的方法、测量技术以及研制各种高电压测试设备。

（4）电瓷防污闪问题的研究。

Jb0302332060　对现场使用的电气仪器、仪表有哪些基本要求？（5分）

考核知识点：电气仪表使用规范

难易度：难

标准答案：

对现场使用的电气仪器、仪表的基本要求有：

（1）要有足够的准确度，仪表的误差应不大于测试所需准确度等级的规定，并有定期检验合格证书。

（2）抗干扰的能力要强，即测量误差不应随时间、温度、湿度以及电磁场等外界因素的影响而显著变化，其误差应在规定的范围内。

（3）仪表本身消耗的功率越小越好，否则在测小功率时，会使电路工况改变而引起附加误差。

（4）为保证使用安全，仪表应有足够的绝缘水平。

（5）要有良好的读数装置，被测量的值应能直接读出。

（6）使用维护方便、坚固，有一定的机械强度。

（7）便于携带，有较好的耐振能力。

Jb0302332061　对高压试验人员的基本安全要求有哪些？（8分）

考核知识点：安全防护

难易度：中

标准答案：

（1）高压试验人员应具有高压试验专业知识，熟悉设备和试品，熟悉《电力安全工作规程 高压试验室部分》，并经培训考试合格后方能从事高压试验工作。

（2）新参加高压试验的实习人员，应在有经验的高压试验人员监护下参加指定的高压试验工作，不宜担任工作负责人和监护人。

（3）外来的参加试验人员，应进行现场安全工作培训和技术交底。

（4）高压试验人员对《电力安全工作规程 高压试验室部分》每年进行一次考试。

（5）此外，高压试验人员应身体健康，无妨碍高压试验工作的病症。学会紧急救护法，特别要学会触电急救法。了解消防的一般知识，会使用试验室的消防设施。

Jb0302332062　仪器、仪表如何保管和使用？（6分）

考核知识点：仪器、仪表保管

难易度：难

标准答案：

（1）仪器、仪表应有专人负责，妥善保管。各单位应建立台账，具备出厂合格证、使用说明书、质保书、检定证书、分析软件和操作手册等档案资料。

（2）仪器、仪表管理应纳入公司 PMS 系统，各单位应完整、规范地在 PMS 系统登记本单位的仪器仪表台账。

（3）仪器、仪表的保管、使用环境条件以及运输中的冲击、振动应符合其技术性能要求。

（4）使用人员在携带仪器前往现场途中，要防止仪器过分振动和碰撞，及时做好相应防范措施。在使用过程中防止仪器受潮。

（5）仪器、仪表保养每季不少于 1 次，确保处于完好状态。

（6）仪器、仪表发生故障时，应由专业修理人员修理，检测合格后方能投入使用。

Jb0302313063　为了降低小功率单相交流电动机的转速，可采用降低电动机端电压的方法。为此，在电源和电动机之间串联一个电感 *L*，如图 Jb0302313063 所示。已知电动机的电阻 *r*=190Ω，电抗 *x*=260Ω，电源电压 *U*=220V，频率 *f*=50Hz，要使电动机的端电压 *U′*=180V，试求所需串联的电感 *L*。（5 分）

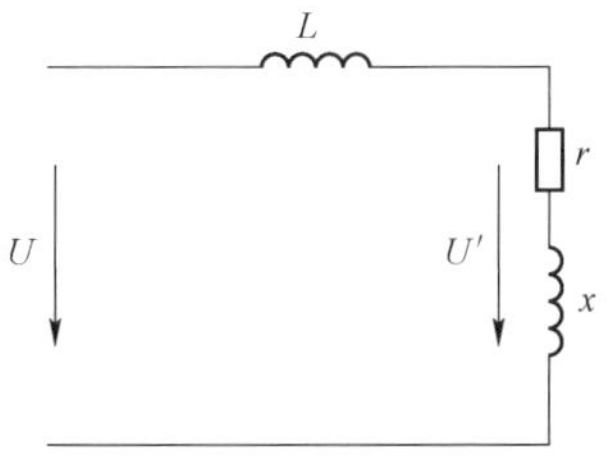

图 Jb0302313063

考核知识点：电机学

难易度：难

标准答案：

解：设电路总阻抗为 Z，设电动机阻抗为 Z'，先求线路中的电流：

$$I=\frac{U'}{Z'}=\frac{U'}{\sqrt{r^2+x^2}}=\frac{180}{\sqrt{190^2+260^2}}=0.559\text{（A）}$$

而
$$U=IZ=I\times\sqrt{r^2+(X_L+x)^2}=0.559\times\sqrt{190^2+(X_L+260)^2}=220\text{（V）}$$

所以
$$X_L+260=\sqrt{\left(\frac{U}{I}\right)^2-190^2}=\sqrt{\left(\frac{220}{0.559}\right)^2-190^2}=344.66\text{（Ω）}$$

即
$$X_L=344.66-260=84.66\text{（Ω）}$$

$$L=\frac{X_L}{2\pi f}=\frac{84.66}{2\times3.14\times50}\approx0.2696\text{（H）}$$

答：所需串联的电感为 0.269 6H。

Jb0302331064　起重设备哪些人员应经专业技术培训，并经实际操作及有关安全规程考试合格、取得合格证后方可独立上岗作业，其合格证种类应与所操作（指挥）的起重机类型相符合。（2 分）

考核知识点：安全防护

难易度：易

标准答案：

（1）指挥人员。

（2）操作人员。

Jb0302333065　电压谐振发生的条件是什么？电流谐振发生的条件是什么？（6 分）

考核知识点：谐振

难易度：难

标准答案：

由电感线圈（可用电感 *L* 串电阻 *R* 模拟）和电容元件（电容量为 *C*）串联组成的电路中，当感抗等于容抗时会产生电压谐振，深入分析如下：

（1）当 L、C 一定时，电源的频率 f 恰好等于电路的固有振荡频率，即 $f=\frac{1}{(2\pi\sqrt{LC})}$。

（2）当电源频率一定时，调整电感量 L，使 $L=\frac{1}{[(2\pi f)2C)]}$。

（3）当电源频率一定时，调整电容量 C，使 $C=\frac{1}{[(2\pi f)2L)]}$。

在电感线圈（可用电感 L 串电阻 R 模拟）和电容元件（电容量为 C）并联组成的电路中，满足下列条件之一，就会发生电流谐振。

（1）电源频率 $f=\frac{1}{2\pi}\sqrt{\frac{1}{LC}-\left(\frac{R}{L}\right)^2}$。

（2）调整电容量，使 $C=\frac{L}{R^2+(2\pi fL)^2}$。

（3）当 $2\pi fCR\leqslant 1$ 时，调节电感 L 也可能产生电流谐振。

Jb0302332066　以相位相关性为基础的超声波局放检测流程主要有哪几种检测模式？（4分）

考核知识点：超声波局放检测

难易度：易

标准答案：

（1）连续检测模式。

（2）相位检测模式。

（3）脉冲检测模式。

（4）时域波形检测模式。

Jb0302331067　《国家电网公司变电检测通用管理规定》中变电检测工作如何分类？各指什么？（3分）

考核知识点：五通管理规定

难易度：易

标准答案：

检测工作分为停电试验和带电检测两类。带电检测指设备在运行状态下，采用检测仪器对其状态量进行的现场检测。停电试验指需要设备退出运行才能进行的试验。

Jb0302332068　符合什么条件的设备，停电试验周期可以在《国家电网公司变电检测通用管理规定》第二十八条周期调整后的基础上最多延迟1个年度？（3分）

考核知识点：五通管理规定

难易度：易

标准答案：

（1）巡检中未见可能危及该设备安全运行的任何异常。

（2）带电检测显示设备状态良好。

（3）上次试验与其前次试验结果相比无明显差异。

（4）没有任何可能危及设备安全运行的家族缺陷。

（5）上次试验以来，没有经受严重的不良工况。

Jb0302333069　设备有哪些情况，需提前或尽快安排停电试验？（6 分）

考核知识点：安全防护

难易度：中

标准答案：

有下列情形之一的设备，需提前或尽快安排停电试验：

（1）巡检中发现有异常，此异常可能是重大质量隐患所致。

（2）带电检测显示设备状态不良。

（3）以往的例行试验有朝着注意值或警示值方向发展的明显趋势；或者接近注意值或警示值。

（4）存在重大家族缺陷。

（5）经受了较为严重不良工况，不进行试验无法确定其是否对设备状态有实质性损害。

（6）判定设备继续运行有风险，则不论是否到期，都应列入最近的年度试验计划，情况严重时，应尽快退出运行，进行试验。

Jb0302333070　相对介质损耗因数和电容量比值检测时，参考设备的选择原则是什么？（3 分）

考核知识点：相对介质损耗

难易度：易

标准答案：

一般选择停电例行试验数据比较稳定、与被试设备处于同一母线或直接相连母线上的其他同相设备，宜选择同类型电容型设备。选定的参考设备一般不再改变，以便于进行对比分析。

第六章　电气试验工高级工技能操作

Jc0302341001　10kV 断路器外施工频耐压试验。(100 分)

考核知识点：断路器试验

难易度：中

技能等级评价专业技能考核操作工作任务书

一、任务名称

10kV 断路器外施工频耐压试验。

二、适用工种

电气试验工高级工。

三、具体任务

(1) 工作状态为模拟 10kV 断路器停电，工作内容为断路器交接试验。

(2) 工作任务：

1) 断路器外施工频耐压试验。

2) 根据试验记录出具试验报告，并对数据进行分析。

四、工作规范及要求

(1) 工器具使用及安全措施。

(2) 按要求进行高压试验。

(3) 出具试验报告和试验结果分析。

五、考核及时间要求

(1) 本考核操作时间为 60 分钟，包括试验接线和报告整理，时间到停止考评。

(2) 试验过程中如试验仪器、试验电源出现故障，可向考评员申请故障排除，故障排除时间不计入考核。

(3) 按照技能操作要求进行操作，试验报告包括试验项目、仪器型号、试验结果等。

(4) 试验过程中如遇突发状况，如不涉及人身、设备安全，则由试验人员自行排查、处理；如危及人身、设备安全，则应立即停止操作，人员及时撤离作业现场。

技能等级评价专业技能考核操作评分标准

<table>
<tr><td>工种</td><td colspan="5">电气试验工</td><td>评价等级</td><td>高级工</td></tr>
<tr><td>项目模块</td><td colspan="5">断路器试验—外施工频耐压试验</td><td>编号</td><td>Jc0302341001</td></tr>
<tr><td>单位</td><td colspan="2"></td><td>准考证号</td><td colspan="2"></td><td>姓名</td><td></td></tr>
<tr><td>考试时限</td><td colspan="2">60 分钟</td><td>题型</td><td colspan="2">单项操作</td><td>题分</td><td>100 分</td></tr>
<tr><td>成绩</td><td></td><td>考评员</td><td colspan="2"></td><td>考评组长</td><td></td><td>日期</td></tr>
<tr><td>试题正文</td><td colspan="7">10kV 断路器外施工频耐压试验</td></tr>
<tr><td>需要说明的问题和要求</td><td colspan="7">(1) 试验过程单人操作，数据分析在试验过程中完成。
(2) 操作过程应注意安全，按照标准化作业流程做好安全措施。
(3) 现场完成试验结果分析，出具试验报告。
(4) 检测仪器可选考场提供或自带</td></tr>
</table>

续表

序号	项目名称	质量要求	满分	扣分标准	扣分原因	得分
1	试验前准备					
1.1	工器具使用	熟练正确使用各种工器具	5	未正确使用一次扣1分，扣完为止		
1.2	试验记录	收集被试设备基础信息和历史试验数据	5	未收集被试设备历次试验报告扣1分； 未记录被试设备铭牌，现场温、湿度等条件的，每处扣1分，扣完为止		
1.3	仪器、仪表选择	选择合适的试验仪器、仪表	5	选用仪器不合适扣3分； 未检查试验仪器合格证或校验证书扣2分		
1.4	安全措施	（1）办理工作票、交代安全注意事项，分工明确、并做好记录。 （2）设置高压试验安全围栏。 （3）安全工器具使用。 （4）试验仪器正确接地	10	试验仪器未正确接地扣2分； 未检查安全工器具扣3分； 安全措施交代不清楚或未确认签字扣2分； 试验前未将试验区域用安全围栏隔离扣3分		
2	试验开展					
2.1	试验接线	（1）仪器现场布置合理。 （2）高压引线应尽量缩短，并采用专用的高压试验线，必要时用绝缘物支持牢固。 （3）电源开关接通前，试验仪器接线应准确无误	10	试验接线接错一次扣5分； 试验前未检查试验接线扣3分； 接线不规范扣1～3分； 上述扣分，扣完为止		
2.2	试验流程	（1）试验前，测试绝缘电阻，其值应正常。 （2）合闸状态时，在断路器一端进行加压，外壳接地，分闸状态时，一端加压，另一端与外壳相连并接地，接线无误后，确保调压器在零位，试验回路中过电流和过电压保护应整定正确。 （3）加压过程中应有人监护并呼唱。接通试验电源，进行升压，操作人员的手应放在电源开关上，如有紧急情况应迅速断开电源。 （4）升压必须从零（或接近于零）开始，切不可冲击合闸。升压速度在75%试验电压以前，可以是任意的，自75%电压开始应均匀升压，均为每秒2%试验电压的速率升压。升至试验电压后，开始计时并读取试验电压。耐压试验后，迅速均匀降压到零（或接近于零），然后切断电源。 （5）测试绝缘电阻，其值应正常。 （6）试验前后及变更接线应对设备充分放电	30	加压前后未测试绝缘电阻扣5分； 加压前，调压器未归零扣2分； 试验过程中未高声呼唱每次扣2分； 试验过程中失误一次扣5分； 试验过程中监护不到位扣5分； 缺少试验项目的扣5分； 试验前后及变更接线未对被试设备放电扣5分； 上述扣分，扣完为止		
3	结果分析					
3.1	试验报告	结合测试数据做出分析判断，出具试验报告	25	试验数据分析不准确扣5分； 试验结论不正确扣5分； 试验报告填写不规范扣1～5分； 未给出试验结论扣5分		
4	试验结束					
4.1	现场恢复	清理现场，人员撤离	6	被试设备有遗留物品扣2分； 仪器、工器具等未定置恢复扣2分； 未检查或清理现场扣2分		
4.2	办理收工手续	向考评员汇报试验结果，并办理工作终结手续	4	未汇报试验结果扣2分； 未办理工作票终结手续扣2分		
合计			100			

Jc0302342002　35kV 变压器介质损耗角正切值 tanδ的测试。（100 分）

考核知识点： 变压器试验

难易度： 易

技能等级评价专业技能考核操作工作任务书

一、任务名称

35kV 变压器介质损耗角正切值 tanδ的测试。

二、适用工种

电气试验工高级工。

三、具体任务

（1）工作状态为模拟 35kV 变压器停电，工作内容为变压器例行试验。

（2）工作任务：

1）变压器介质损耗角正切值 tanδ测试。

2）根据试验记录出具试验报告，并对数据进行分析。

四、工作规范及要求

（1）工器具使用及安全措施。

（2）按要求进行高压试验。

（3）出具试验报告和试验结果分析。

五、考核及时间要求

（1）本考核操作时间为 60 分钟，包括试验接线和报告整理，时间到停止考评。

（2）试验过程中如试验仪器、试验电源出现故障，可向考评员申请故障排除，故障排除时间不计入考核。

（3）按照技能操作要求进行操作，试验报告包括试验项目、仪器型号、试验结果等。

（4）试验过程中如遇突发状况，如不涉及人身、设备安全，则由试验人员自行排查、处理；如危及人身、设备安全，则应立即停止操作，人员及时撤离作业现场。

技能等级评价专业技能考核操作评分标准

工种	电气试验工					评价等级	高级工
项目模块	变压器试验—介质损耗角正切值 tanδ的测试					编号	Jc0302342002
单位			准考证号			姓名	
考试时限	60 分钟		题型	单项操作		题分	100 分
成绩		考评员		考评组长		日期	
试题正文	35kV 变压器介质损耗角正切值 tanδ的测试						
需要说明的问题和要求	（1）试验过程单人操作，数据分析在试验过程中完成。 （2）操作过程应注意安全，按照标准化作业流程做好安全措施。 （3）现场完成试验结果分析，出具试验报告。 （4）检测仪器可选考场提供或自带						

序号	项目名称	质量要求	满分	扣分标准	扣分原因	得分
1	试验前准备					
1.1	工器具使用	熟练正确使用各种工器具	5	未正确使用一次扣 1 分，扣完为止		
1.2	试验记录	收集被试设备基础信息和历史试验数据	5	未收集被试设备历次试验报告扣 1 分； 未记录被试设备铭牌，现场温、湿度等条件的，每处扣 1 分，扣完为止		

续表

序号	项目名称	质量要求	满分	扣分标准	扣分原因	得分
1.3	仪器、仪表选择	选择合适的试验仪器、仪表	5	选用仪器不合适扣 3 分； 未检查试验仪器合格证或校验证书扣 2 分		
1.4	安全措施	（1）办理工作票、交代安全注意事项，分工明确、并做好记录。 （2）设置高压试验安全围栏。 （3）安全工器具使用。 （4）试验仪器正确接地	10	试验仪器未正确接地扣 2 分； 未检查安全工器具扣 3 分； 安全措施交代不清楚或未确认签字扣 2 分； 试验前未将试验区域用安全围栏隔离扣 3 分		
2	试验开展					
2.1	试验接线	（1）仪器现场布置合理。 （2）尽量缩短引线，引线较长时，可能产生较大误差。 （3）电源开关接通前，试验仪器接线应准确无误	10	试验接线接错一次扣 5 分； 试验前未检查试验接线扣 3 分； 接线不规范扣 1～3 分； 上述扣分，扣完为止		
2.2	试验流程	（1）试验前应将各绕组接地放电。 （2）被试变压器的测试端三相用裸铜线短接，非被试端三相短路与变压器外壳连接后接地。确认接线无误后，将电压升至试验电压。 （3）加压过程中应有人监护并呼唱。 （4）应测量变压器高压对低压及地、低压对高压及地、高低压对地介质损耗角正切值。 （5）记录试验数据，记录后切断电源。 （6）试验前后及变更接线应对设备充分放电	30	试验前未对各绕组短接放电扣 3 分； 试验过程中未高声呼唱每次扣 2 分； 试验过程中失误一次扣 5 分； 试验过程中监护不到位扣 5～10 分； 缺少试验项目的扣 5 分； 试验前后及变更接线未对被试设备放电扣 10 分； 上述扣分，扣完为止		
3	结果分析					
3.1	试验报告	结合测试数据做出分析判断，出具试验报告	25	试验数据分析不准确扣 5 分； 试验结论不正确扣 5 分； 试验报告填写不规范扣 1～5 分； 未给出试验结论扣 5 分		
4	试验结束					
4.1	现场恢复	清理现场，人员撤离	6	被试设备有遗留物品扣 2 分； 仪器、工器具等未定置恢复扣 2 分； 未检查或清理现场扣 2 分		
4.2	办理收工手续	向考评员汇报试验结果，并办理工作终结手续	4	未汇报试验结果扣 2 分； 未办理工作票终结手续扣 2 分		
合计			100			

Jc0302342003 35kV 电流互感器介质损耗角正切值 tanδ的测试。（100 分）

考核知识点： 电流互感器试验

难易度： 中

技能等级评价专业技能考核操作工作任务书

一、任务名称

35kV 电流互感器介质损耗角正切值 tanδ的测试。

二、适用工种

电气试验工高级工。

三、具体任务

（1）工作状态为模拟 35kV 电流互感器停电，工作内容为电流互感器例行试验。

（2）工作任务：

1）电流互感器介质损耗角正切值 tanδ测试。

2）根据试验记录出具试验报告，并对数据进行分析。

四、工作规范及要求

（1）工器具使用及安全措施。

（2）按要求进行高压试验。

（3）出具试验报告和试验结果分析。

五、考核及时间要求

（1）本考核操作时间为 60 分钟，包括试验接线和报告整理，时间到停止考评。

（2）试验过程中如试验仪器、试验电源出现故障，可向考评员申请故障排除，故障排除时间不计入考核。

（3）按照技能操作要求进行操作，试验报告包括试验项目、仪器型号、试验结果等。

（4）试验过程中如遇突发状况，如不涉及人身、设备安全，则由试验人员自行排查、处理；如危及人身、设备安全，则应立即停止操作，人员及时撤离作业现场。

技能等级评价专业技能考核操作评分标准

工种	电气试验工					评价等级	高级工
项目模块	电流互感器试验—介质损耗角正切值 tanδ的测试					编号	Jc0302342003
单位			准考证号			姓名	
考试时限	60 分钟		题型	单项操作		题分	100 分
成绩		考评员		考评组长		日期	
试题正文	35kV 电流互感器介质损耗角正切值 tanδ的测试						
需要说明的问题和要求	（1）试验过程单人操作，数据分析在试验过程中完成。 （2）操作过程应注意安全，按照标准化作业流程做好安全措施。 （3）现场完成试验结果分析，出具试验报告。 （4）检测仪器可选考场提供或自带						

序号	项目名称	质量要求	满分	扣分标准	扣分原因	得分
1	试验前准备					
1.1	工器具使用	熟练正确使用各种工器具	5	未正确使用一次扣 1 分，扣完为止		
1.2	试验记录	收集被试设备基础信息和历史试验数据	5	未收集被试设备历次试验报告扣 1 分； 未记录被试设备铭牌，现场温、湿度等条件的，每处扣 1 分，扣完为止		
1.3	仪器、仪表选择	选择合适的试验仪器、仪表	5	选用仪器不合适扣 3 分； 未检查试验仪器合格证或校验证书扣 2 分		
1.4	安全措施	（1）办理工作票、交代安全注意事项，分工明确、并做好记录。 （2）设置高压试验安全围栏。 （3）安全工器具使用。 （4）试验仪器正确接地	10	试验仪器未正确接地扣 2 分； 未检查安全工器具扣 3 分； 安全措施交代不清楚或未确认签字扣 2 分； 试验前未将试验区域用安全围栏隔离扣 3 分		
2	试验开展					
2.1	试验接线	（1）仪器现场布置合理。 （2）尽量缩短引线，引线较长时，可能产生较大误差。 （3）电源开关接通前，试验仪器接线应准确无误	10	试验接线接错一次扣 5 分； 试验前未检查试验接线扣 3 分； 接线不规范扣 1～3 分； 上述扣分，扣完为止		

续表

序号	项目名称	质量要求	满分	扣分标准	扣分原因	得分
2.2	试验流程	（1）使用放电棒对电流互感器绕组放电接地，拆除一次、二次连接线，一次、二次绕组分别短接。 （2）采用反接线测量，一次绕组加压，二次绕组短接接地。确认接线无误后，将电压升至试验电压。 （3）加压过程中应有人监护并呼唱。 （4）记录试验数据，记录后切断电源。 （5）试验前后及变更接线应对设备充分放电	30	试验前未对各绕组短接放电扣 3 分； 试验过程中未高声呼唱每次扣 2 分； 试验过程中失误一次扣 5 分； 试验过程中监护不到位扣 5～10 分； 缺少试验项目的扣 5 分； 试验前后及变更接线未对被试设备放电扣 10 分； 上述扣分，扣完为止		
3	结果分析					
3.1	试验报告	结合测试数据做出分析判断，出具试验报告	25	试验数据分析不准确扣 5 分； 试验结论不正确扣 5 分； 试验报告填写不规范扣 1～5 分； 未给出试验结论扣 5 分		
4	试验结束					
4.1	现场恢复	清理现场，人员撤离	6	被试设备有遗留物品扣 2 分； 仪器、工器具等未定置恢复扣 2 分； 未检查或清理现场扣 2 分		
4.2	办理收工手续	向考评员汇报试验结果，并办理工作终结手续	4	未汇报试验结果扣 2 分； 未办理工作票终结手续扣 2 分		
合计			100			

Jc0302341004　110kV 变压器绝缘电阻、吸收比（极化指数）的测试。（100 分）

考核知识点：变压器试验

难易度：中

技能等级评价专业技能考核操作工作任务书

一、任务名称

110kV 变压器绝缘电阻、吸收比（极化指数）的测试。

二、适用工种

电气试验工高级工。

三、具体任务

（1）工作状态为模拟 110kV 电流互感器停电，工作内容为电流互感器例行试验。

（2）工作任务：

1）110kV 变压器的绝缘电阻、吸收比（极化指数）的测试。

2）根据试验记录出具试验报告，并对数据进行分析。

四、工作规范及要求

（1）工器具使用及安全措施。

（2）按要求进行高压试验。

（3）出具试验报告和试验结果分析。

五、考核及时间要求

（1）本考核操作时间为 60 分钟，包括试验接线和报告整理，时间到停止考评。

（2）试验过程中如试验仪器、试验电源出现故障，可向考评员申请故障排除，故障排除时间不计入考核。

（3）按照技能操作要求进行操作，试验报告包括试验项目、仪器型号、试验结果等。

（4）试验过程中如遇突发状况，如不涉及人身、设备安全，则由试验人员自行排查、处理；如危及人身、设备安全，则应立即停止操作，人员及时撤离作业现场。

技能等级评价专业技能考核操作评分标准

工种	电气试验工				评价等级	高级工
项目模块	变压器试验—绝缘电阻、吸收比（极化指数）的测试				编号	Jc0302341004
单位		准考证号			姓名	
考试时限	60 分钟	题型	单项操作		题分	100 分
成绩		考评员		考评组长	日期	
试题正文	110kV 变压器绝缘电阻、吸收比（极化指数）的测试					
需要说明的问题和要求	（1）试验过程单人操作，数据分析在试验过程中完成。 （2）操作过程应注意安全，按照标准化作业流程做好安全措施。 （3）现场完成试验结果分析，出具试验报告。 （4）检测仪器可选考场提供或自带					

序号	项目名称	质量要求	满分	扣分标准	扣分原因	得分
1	试验前准备					
1.1	工器具使用	熟练正确使用各种工器具	5	未正确使用一次扣 1 分，扣完为止		
1.2	试验记录	收集被试设备基础信息和历史试验数据	5	未收集被试设备历次试验报告扣 1 分； 未记录被试设备铭牌，现场温、湿度等条件的，每处扣 1 分，扣完为止		
1.3	仪器、仪表选择	根据变压器容量选择量程合适的绝缘电阻测试仪	5	选用仪器不合适扣 3 分； 未检查试验仪器合格证或校验证书扣 2 分		
1.4	安全措施	（1）办理工作票、交代安全注意事项，分工明确、并做好记录。 （2）设置高压试验安全围栏。 （3）安全工器具使用。 （4）试验仪器正确接地	10	试验仪器未正确接地扣 2 分； 未检查安全工器具扣 3 分； 安全措施交代不清楚或未确认签字扣 2 分； 试验前未将试验区域用安全围栏隔离扣 3 分		
2	试验开展					
2.1	试验接线	（1）仪器现场布置合理。 （2）高压引线应尽量缩短，并采用专用的高压试验线，必要时用绝缘物支持牢固。 （3）电源开关接通前，试验仪器接线应准确无误	10	试验接线接错一次扣 5 分； 试验前未检查试验接线扣 3 分； 接线不规范扣 1～3 分； 上述扣分，扣完为止		
2.2	试验流程	（1）试验前仪器、仪表自检，正确选择试验电压，试验过程中高声呼唱。 （2）应测量变压器高压对中低压及地、中压对高低压及地、低压对高中压及地绝缘电阻。 （3）应准确记录 15s 及 60s 的绝缘电阻，并计算吸收比，若吸收比不合格应测量极化指数。 （4）试验前后及变更接线应对设备充分放电	30	未进行仪器、仪表自检扣 3 分； 试验过程中未高声呼唱每次扣 2 分； 试验过程中失误一次扣 5 分； 试验过程中监护不到位扣 5～10 分； 缺少试验项目的扣 5 分； 试验前后及变更接线未对被试设备放电扣 10 分； 上述扣分，扣完为止		

续表

序号	项目名称	质量要求	满分	扣分标准	扣分原因	得分
3	结果分析					
3.1	试验报告	结合测试数据做出分析判断，出具试验报告	25	试验数据分析不准确扣 5 分； 试验结论不正确扣 5 分； 试验报告填写不规范扣 1～5 分； 未给出试验结论扣 5 分		
4	试验结束					
4.1	现场恢复	清理现场，人员撤离	6	被试设备有遗留物品扣 2 分； 仪器、工器具等未定置恢复扣 2 分； 未检查或清理现场扣 2 分		
4.2	办理收工手续	向考评员汇报试验结果，并办理工作终结手续	4	未汇报试验结果扣 2 分； 未办理工作票终结手续扣 2 分		
合计			100			

Jc0302341005　110kV 断路器绝缘电阻测试。（100 分）

考核知识点： 断路器试验

难易度： 中

技能等级评价专业技能考核操作工作任务书

一、任务名称

110kV 断路器绝缘电阻测试。

二、适用工种

电气试验工高级工。

三、具体任务

（1）工作状态为模拟 110kV 断路器停电，工作内容为断路器例行试验。

（2）工作任务：

1）断路器绝缘电阻测试。

2）根据试验记录出具试验报告，并对数据进行分析。

四、工作规范及要求

（1）工器具使用及安全措施。

（2）按要求进行高压试验。

（3）出具试验报告和试验结果分析。

五、考核及时间要求

（1）本考核操作时间为 60 分钟，包括试验接线和报告整理，时间到停止考评。

（2）试验过程中如试验仪器、试验电源出现故障，可向考评员申请故障排除，故障排除时间不计入考核。

（3）按照技能操作要求进行操作，试验报告包括试验项目、仪器型号、试验结果等。

（4）试验过程中如遇突发状况，如不涉及人身、设备安全，则由试验人员自行排查、处理；如危及人身、设备安全，则应立即停止操作，人员及时撤离作业现场。

技能等级评价专业技能考核操作评分标准

工种	电气试验工					评价等级	高级工
项目模块	断路器试验—绝缘电阻测试					编号	Jc0302341005
单位			准考证号			姓名	
考试时限	60分钟		题型	单项操作		题分	100分
成绩		考评员		考评组长		日期	
试题正文	110kV断路器绝缘电阻测试						
需要说明的问题和要求	（1）试验过程单人操作，数据分析在试验过程中完成。 （2）操作过程应注意安全，按照标准化作业流程做好安全措施。 （3）现场完成试验结果分析，出具试验报告。 （4）检测仪器可选考场提供或自带						

序号	项目名称	质量要求	满分	扣分标准	扣分原因	得分
1	试验前准备					
1.1	工器具使用	熟练正确使用各种工器具	5	未正确使用一次扣1分，扣完为止		
1.2	试验记录	收集被试设备基础信息和历史试验数据	5	未收集被试设备历次试验报告扣1分； 未记录被试设备铭牌，现场温、湿度等条件的，每处扣1分，扣完为止		
1.3	仪器、仪表选择	选择合适的试验仪器、仪表	5	选用仪器不合适扣3分； 未检查试验仪器合格证或校验证书扣2分		
1.4	安全措施	（1）办理工作票、交代安全注意事项，分工明确、并做好记录。 （2）设置高压试验安全围栏。 （3）安全工器具使用。 （4）试验仪器正确接地	10	试验仪器未正确接地扣2分； 未检查安全工器具扣3分； 安全措施交代不清楚或未确认签字扣2分； 试验前未将试验区域用安全围栏隔离扣3分		
2	试验开展					
2.1	试验接线	（1）仪器现场布置合理。 （2）电源开关接通前，试验仪器接线应准确无误	10	试验接线接错一次扣5分； 试验前未检查试验接线扣3分； 接线不规范扣1～3分； 上述扣分，扣完为止		
2.2	试验流程	（1）试验前仪器、仪表自检，正确选择试验电压，试验过程中高声呼唱。 （2）应分别在分合闸状态下测量绝缘电阻。 （3）待数值稳定，记录各绕组绝缘电阻数值。 （4）试验前后及变更接线应对设备充分放电	30	未进行仪器、仪表自检扣3分； 试验过程中未高声呼唱每次扣2分； 试验过程中失误一次扣5分； 试验过程中监护不到位扣5～10分； 缺少试验项目的扣5分； 试验前后及变更接线未对被试设备放电扣10分； 上述扣分，扣完为止		
3	结果分析					
3.1	试验报告	结合测试数据做出分析判断，出具试验报告	25	试验数据分析不准确扣5分； 试验结论不正确扣5分； 试验报告填写不规范扣1～5分； 未给出试验结论扣5分		
4	试验结束					
4.1	现场恢复	清理现场，人员撤离	6	被试设备有遗留物品扣2分； 仪器、工器具等未定置恢复扣2分； 未检查或清理现场扣2分		
4.2	办理收工手续	向考评员汇报试验结果，并办理工作终结手续	4	未汇报试验结果扣2分； 未办理工作票终结手续扣2分		
合计			100			

Jc0302341006　35kV 断路器外施工频耐压试验。（100 分）

考核知识点：断路器试验

难易度：中

技能等级评价专业技能考核操作工作任务书

一、任务名称

35kV 断路器外施工频耐压试验。

二、适用工种

电气试验工高级工。

三、具体任务

（1）工作状态为模拟 35kV 断路器停电，工作内容为断路器交接试验。

（2）工作任务：

1）断路器外施工频耐压试验。

2）根据试验记录出具试验报告，并对数据进行分析。

四、工作规范及要求

（1）工器具使用及安全措施。

（2）按要求进行高压试验。

（3）出具试验报告和试验结果分析。

五、考核及时间要求

（1）本考核操作时间为 60 分钟，包括试验接线和报告整理，时间到停止考评。

（2）试验过程中如试验仪器、试验电源出现故障，可向考评员申请故障排除，故障排除时间不计入考核。

（3）按照技能操作要求进行操作，试验报告包括试验项目、仪器型号、试验结果等。

（4）试验过程中如遇突发状况，如不涉及人身、设备安全，则由试验人员自行排查、处理；如危及人身、设备安全，则应立即停止操作，人员及时撤离作业现场。

技能等级评价专业技能考核操作评分标准

<table>
<tr><td>工种</td><td colspan="5">电气试验工</td><td>评价等级</td><td>高级工</td></tr>
<tr><td>项目模块</td><td colspan="5">断路器试验—外施工频耐压试验</td><td>编号</td><td>Jc0302341006</td></tr>
<tr><td>单位</td><td colspan="2"></td><td>准考证号</td><td colspan="2"></td><td>姓名</td><td></td></tr>
<tr><td>考试时限</td><td colspan="2">60 分钟</td><td>题型</td><td colspan="2">单项操作</td><td>题分</td><td>100 分</td></tr>
<tr><td>成绩</td><td></td><td>考评员</td><td colspan="2"></td><td>考评组长</td><td></td><td>日期</td><td></td></tr>
<tr><td>试题正文</td><td colspan="8">35kV 断路器外施工频耐压试验</td></tr>
<tr><td>需要说明的问题和要求</td><td colspan="8">（1）试验过程单人操作，数据分析在试验过程中完成。
（2）操作过程应注意安全，按照标准化作业流程做好安全措施。
（3）现场完成试验结果分析，出具试验报告。
（4）检测仪器可选考场提供或自带</td></tr>
</table>

序号	项目名称	质量要求	满分	扣分标准	扣分原因	得分
1	试验前准备					
1.1	工器具使用	熟练正确使用各种工器具	5	未正确使用一次扣 1 分，扣完为止		
1.2	试验记录	收集被试设备基础信息和历史试验数据	5	未收集被试设备历次试验报告扣 1 分；未记录被试设备铭牌，现场温、湿度等条件的，每处扣 1 分，扣完为止		

续表

序号	项目名称	质量要求	满分	扣分标准	扣分原因	得分
1.3	仪器、仪表选择	选择合适的试验仪器、仪表	5	选用仪器不合适扣 3 分； 未检查试验仪器合格证或校验证书扣 2 分		
1.4	安全措施	（1）办理工作票、交代安全注意事项，分工明确、并做好记录。 （2）设置高压试验安全围栏。 （3）安全工器具使用。 （4）试验仪器正确接地	10	试验仪器未正确接地扣 2 分； 未检查安全工器具扣 3 分； 安全措施交代不清楚或未确认签字扣 2 分； 试验前未将试验区域用安全围栏隔离扣 3 分		
2	试验开展					
2.1	试验接线	（1）仪器现场布置合理。 （2）高压引线应尽量缩短，并采用专用的高压试验线，必要时用绝缘物支持牢固。 （3）电源开关接通前，试验仪器接线应准确无误	10	试验接线接错一次扣 5 分； 试验前未检查试验接线扣 3 分； 接线不规范扣 1～3 分； 上述扣分，扣完为止		
2.2	试验流程	（1）试验前，测试绝缘电阻，其值应正常。 （2）合闸状态时，在断路器一端进行加压，外壳接地，分闸状态时，一端加压，另一端与外壳相连并接地，接线无误后，确保调压器在零位，试验回路中过电流和过电压保护应整定正确。 （3）加压过程中应有人监护并呼唱。接通试验电源，进行升压，操作人员的手应放在电源开关上，如有紧急情况应迅速断开电源。 （4）升压必须从零（或接近于零）开始，切不可冲击合闸。升压速度在 75%试验电压以前，可以是任意的，自 75%电压开始应均匀升压，均为每秒 2%试验电压的速率升压。升至试验电压后，开始计时并读取试验电压。耐压试验后，迅速均匀降压到零（或接近于零），然后切断电源。 （5）测试绝缘电阻，其值应正常。 （6）试验前后及变更接线应对设备充分放电	30	加压前后未测试绝缘电阻扣 5 分； 加压前，调压器未归零扣 2 分； 试验过程中未高声呼唱每次扣 2 分； 试验过程中失误一次扣 5 分； 试验过程中监护不到位扣 5～10 分； 缺少试验项目的扣 5 分； 试验前后及变更接线未对被试设备放电扣 5～10 分； 上述扣分，扣完为止		
3	结果分析					
3.1	试验报告	结合测试数据做出分析判断，出具试验报告	25	试验数据分析不准确扣 5 分； 试验结论不正确扣 5 分； 试验报告填写不规范扣 1～5 分； 未给出试验结论扣 5 分		
4	试验结束					
4.1	现场恢复	清理现场，人员撤离	6	被试设备有遗留物品扣 2 分； 仪器、工器具等未定置恢复扣 2 分； 未检查或清理现场扣 2 分		
4.2	办理收工手续	向考评员汇报试验结果，并办理工作终结手续	4	未汇报试验结果扣 2 分； 未办理工作票终结手续扣 2 分		
合计			100			

Jc0302342007　110kV 变压器泄漏电流测试。（100 分）

考核知识点：变压器试验

难易度：难

技能等级评价专业技能考核操作工作任务书

一、任务名称

110kV 变压器泄漏电流测试。

二、适用工种

电气试验工高级工。

三、具体任务

（1）工作状态为模拟 110kV 断路器停电，工作内容为变压器交接试验。

（2）工作任务：

1）变压器泄漏电流测试。

2）根据试验记录出具试验报告，并对数据进行分析。

四、工作规范及要求

（1）工器具使用及安全措施。

（2）按要求进行高压试验。

（3）出具试验报告和试验结果分析。

五、考核及时间要求

（1）本考核操作时间为 60 分钟，包括试验接线和报告整理，时间到停止考评。

（2）试验过程中如试验仪器、试验电源出现故障，可向考评员申请故障排除，故障排除时间不计入考核。

（3）按照技能操作要求进行操作，试验报告包括试验项目、仪器型号、试验结果等。

（4）试验过程中如遇突发状况，如不涉及人身、设备安全，则由试验人员自行排查、处理；如危及人身、设备安全，则应立即停止操作，人员及时撤离作业现场。

技能等级评价专业技能考核操作评分标准

工种	电气试验工					评价等级	高级工
项目模块	变压器试验—泄漏电流测试					编号	Jc0302342007
单位			准考证号			姓名	
考试时限	60 分钟		题型	单项操作		题分	100 分
成绩		考评员		考评组长		日期	
试题正文	110kV 变压器泄漏电流测试						
需要说明的问题和要求	（1）试验过程单人操作，数据分析在试验过程中完成。 （2）操作过程应注意安全，按照标准化作业流程做好安全措施。 （3）现场完成试验结果分析，出具试验报告。 （4）检测仪器可选考场提供或自带						

序号	项目名称	质量要求	满分	扣分标准	扣分原因	得分
1	试验前准备					
1.1	工器具使用	熟练正确使用各种工器具	5	未正确使用一次扣 1 分，扣完为止		
1.2	试验记录	收集被试设备基础信息和历史试验数据	5	未收集被试设备历次试验报告扣 1 分； 未记录被试设备铭牌，现场温、湿度等条件的，每处扣 1 分，扣完为止		
1.3	仪器、仪表选择	选择合适的试验仪器、仪表	5	选用仪器不合适扣 3 分； 未检查试验仪器合格证或校验证书扣 2 分		

续表

序号	项目名称	质量要求	满分	扣分标准	扣分原因	得分
1.4	安全措施	（1）办理工作票、交代安全注意事项，分工明确、并做好记录。 （2）设置高压试验安全围栏。 （3）安全工器具使用。 （4）试验仪器正确接地	10	试验仪器未正确接地扣 2 分； 未检查安全工器具扣 3 分； 安全措施交代不清楚或未确认签字扣 2 分； 试验前未将试验区域用安全围栏隔离扣 3 分		
2	试验开展					
2.1	试验接线	（1）仪器现场布置合理。 （2）非被试绕组应短路接地。 （3）泄漏电流测试线应使用屏蔽线，测试线与套管夹角应尽量大。 （4）电源开关接通前，试验仪器接线应准确无误	10	试验接线接错一次扣 5 分； 非被试绕组未短路接地扣 5 分； 测试线未使用屏蔽线扣 3 分； 试验前未检查试验接线扣 3 分； 接线不规范扣 1～3 分； 上述扣分，扣完为止		
2.2	试验流程	（1）试验前进行测试仪器过压整定并检验仪器在整定值能否可靠动作。 （2）确保试验接线无误，电压输出在零位，接通试验电源，进行升压。 （3）升压过程中，监视泄漏电流（或电流表差值），同时监视试验电压，若电流值上升慢数值小，且电压已快接近试验电压时，应匀速放慢升压，达到试验电压时，从微安表中读取数据，记录泄漏电流值，降压至零。 （4）试验前后及变更接线应对设备充分放电	30	未进行仪器检验扣 3 分；. 加压前，调压器未归零扣 2 分； 试验过程中未高声呼唱每次扣 2 分； 试验过程中监护不到位扣 5～10 分； 加压未达试验电压或超过试验电压扣 5 分； 泄漏电流未从微安表处读取扣 3 分； 试验前后及变更接线未对被试设备放电扣 10 分； 上述扣分，扣完为止		
3	结果分析					
3.1	试验报告	结合测试数据做出分析判断，出具试验报告	25	试验数据分析不准确扣 5 分； 试验结论不正确扣 5 分； 试验报告填写不规范扣 1～5 分； 未给出试验结论扣 5 分		
4	试验结束					
4.1	现场恢复	清理现场，人员撤离	6	被试设备有遗留物品扣 2 分； 仪器、工器具等未定置恢复扣 2 分； 未检查或清理现场扣 2 分		
4.2	办理收工手续	向考评员汇报试验结果，并办理工作终结手续	4	未汇报试验结果扣 2 分； 未办理工作票终结手续扣 2 分		
合计			100			

Jc0302341008　110kV 互感器绝缘电阻测试。（100 分）

考核知识点：互感器试验

难易度：中

技能等级评价专业技能考核操作工作任务书

一、任务名称

110kV 互感器绝缘电阻测试。

二、适用工种

电气试验工高级工。

三、具体任务

（1）工作状态为模拟 110kV 互感器停电，工作内容为互感器例行试验。

（2）工作任务：

1）互感器绝缘电阻测试。

2）根据试验记录出具试验报告，并对数据进行分析。

四、工作规范及要求

（1）工器具使用及安全措施。

（2）按要求进行高压试验。

（3）出具试验报告和试验结果分析。

五、考核及时间要求

（1）本考核操作时间为 60 分钟，包括试验接线和报告整理，时间到停止考评。

（2）试验过程中如试验仪器、试验电源出现故障，可向考评员申请故障排除，故障排除时间不计入考核。

（3）按照技能操作要求进行操作，试验报告包括试验项目、仪器型号、试验结果等。

（4）试验过程中如遇突发状况，如不涉及人身、设备安全，则由试验人员自行排查、处理；如危及人身、设备安全，则应立即停止操作，人员及时撤离作业现场。

技能等级评价专业技能考核操作评分标准

工种	电气试验工					评价等级	高级工
项目模块	互感器试验—绝缘电阻测试					编号	Jc0302341008
单位			准考证号			姓名	
考试时限	60 分钟		题型	单项操作		题分	100 分
成绩		考评员		考评组长		日期	
试题正文	110kV 互感器绝缘电阻测试						
需要说明的问题和要求	（1）试验过程单人操作，数据分析在试验过程中完成。 （2）操作过程应注意安全，按照标准化作业流程做好安全措施。 （3）现场完成试验结果分析，出具试验报告。 （4）检测仪器可选考场提供或自带						

序号	项目名称	质量要求	满分	扣分标准	扣分原因	得分
1	试验前准备					
1.1	工器具使用	熟练正确使用各种工器具	5	未正确使用一次扣 1 分，扣完为止		
1.2	试验记录	收集被试设备基础信息和历史试验数据	5	未收集被试设备历次试验报告扣 1 分； 未记录被试设备铭牌，现场温、湿度等条件的，每处扣 1 分，扣完为止		
1.3	仪器、仪表选择	选择合适的试验仪器、仪表	5	选用仪器不合适扣 3 分； 未检查试验仪器合格证或校验证书扣 2 分		
1.4	安全措施	（1）办理工作票、交代安全注意事项，分工明确、并做好记录。 （2）设置高压试验安全围栏。 （3）安全工器具使用。 （4）试验仪器正确接地	10	试验仪器未正确接地扣 2 分； 未检查安全工器具扣 3 分； 安全措施交代不清楚或未确认签字扣 2 分； 试验前未将试验区域用安全围栏隔离扣 3 分		
2	试验开展					
2.1	试验接线	（1）仪器现场布置合理。 （2）电源开关接通前，试验仪器接线应准确无误	10	试验接线接错一次扣 5 分； 试验前未检查试验接线扣 3 分； 接线不规范扣 1～3 分； 上述扣分，扣完为止		

续表

序号	项目名称	质量要求	满分	扣分标准	扣分原因	得分
2.2	试验流程	（1）试验前仪器、仪表自检，正确选择试验电压，试验过程中高声呼唱。 （2）应测量一次绕组对二次绕组及地、二次绕组对一次绕组及地绝缘电阻，有末屏端子的，测量末屏对地的绝缘电阻。 （3）待数值稳定，记录各绕组绝缘电阻数值。 （4）试验前后及变更接线应对设备充分放电	30	未进行仪器、仪表自检扣 3 分； 试验过程中未高声呼唱每次扣 2 分； 试验过程中失误一次扣 5 分； 试验过程中监护不到位扣 5～10 分； 缺少试验项目的扣 5 分； 试验前后及变更接线未对被试设备放电扣 10 分； 上述扣分，扣完为止		
3	结果分析					
3.1	试验报告	结合测试数据做出分析判断，出具试验报告	25	试验数据分析不准确扣 5 分； 试验结论不正确扣 5 分； 试验报告填写不规范扣 1～5 分； 未给出试验结论扣 5 分		
4	试验结束					
4.1	现场恢复	清理现场，人员撤离	6	被试设备有遗留物品扣 2 分； 仪器、工器具等未定置恢复扣 2 分； 未检查或清理现场扣 2 分		
4.2	办理收工手续	向考评员汇报试验结果，并办理工作终结手续	4	未汇报试验结果扣 2 分； 未办理工作票终结手续扣 2 分		
合计			100			

Jc0302342009　110kV 套管介质损耗角正切值 tanδ和电容量的测试。（100 分）

考核知识点：套管试验

难易度：中

技能等级评价专业技能考核操作工作任务书

一、任务名称

110kV 套管介质损耗角正切值 tanδ和电容量的测试。

二、适用工种

电气试验工高级工。

三、具体任务

（1）工作状态为模拟 110kV 变压器停电，工作内容为 110kV 侧套管例行试验。

（2）工作任务：

1）套管主绝缘介质损耗角正切值 tanδ和电容量测试。

2）根据试验记录出具试验报告，并对数据进行分析。

四、工作规范及要求

（1）工器具使用及安全措施。

（2）按要求进行高压试验。

（3）出具试验报告和试验结果分析。

五、考核及时间要求

（1）本考核操作时间为 60 分钟，包括试验接线和报告整理，时间到停止考评。

（2）试验过程中如试验仪器、试验电源出现故障，可向考评员申请故障排除，故障排除时间不计入考核。

（3）按照技能操作要求进行操作，试验报告包括试验项目、仪器型号、试验结果等。

（4）试验过程中如遇突发状况，如不涉及人身、设备安全，则由试验人员自行排查、处理；如危及人身、设备安全，则应立即停止操作，人员及时撤离作业现场。

技能等级评价专业技能考核操作评分标准

工种	电气试验工				评价等级	高级工
项目模块	套管试验—主绝缘介质损耗角正切值 $\tan\delta$ 和电容量的测试				编号	Jc0302342009
单位		准考证号			姓名	
考试时限	60 分钟	题型	单项操作		题分	100 分
成绩		考评员		考评组长	日期	
试题正文	110kV 套管介质损耗角正切值 $\tan\delta$ 和电容量的测试					
需要说明的问题和要求	（1）试验过程单人操作，数据分析在试验过程中完成。 （2）操作过程应注意安全，按照标准化作业流程做好安全措施。 （3）现场完成试验结果分析，出具试验报告。 （4）检测仪器可选考场提供或自带					

序号	项目名称	质量要求	满分	扣分标准	扣分原因	得分
1	试验前准备					
1.1	工器具使用	熟练正确使用各种工器具	5	未正确使用一次扣 1 分，扣完为止		
1.2	试验记录	收集被试设备基础信息和历史试验数据	5	未收集被试设备历次试验报告扣 1 分； 未记录被试设备铭牌，现场温、湿度等条件的，每处扣 1 分，扣完为止		
1.3	仪器、仪表选择	选择合适的试验仪器、仪表	5	选用仪器不合适扣 3 分； 未检查试验仪器合格证或校验证书扣 2 分		
1.4	安全措施	（1）办理工作票、交代安全注意事项，分工明确、并做好记录。 （2）设置高压试验安全围栏。 （3）安全工器具使用。 （4）试验仪器正确接地	10	试验仪器未正确接地扣 2 分； 未检查安全工器具扣 3 分； 安全措施交代不清楚或未确认签字扣 2 分； 试验前未将试验区域用安全围栏隔离扣 3 分		
2	试验开展					
2.1	试验接线	（1）仪器现场布置合理。 （2）尽量缩短引线，引线较长时，可能产生较大误差。 （3）电源开关接通前，试验仪器接线应准确无误	10	试验接线接错一次扣 5 分； 试验前未检查试验接线扣 3 分； 接线不规范扣 1～3 分； 上述扣分，扣完为止		
2.2	试验流程	（1）拆除套管一次连接线并放电，打开末屏接地线，用干燥清洁柔软的布擦去被试套管外绝缘表面的脏污。 （2）采用正接线测量，将高压套管短接加压，测量线 Cx 接至被测相末屏小套管，非被试相末屏接地。确认接线无误后，将电压升至试验电压。 （3）加压过程中应有人监护并呼唱。 （4）记录试验数据，记录后切断电源。 （5）试验前后及变更接线应对设备充分放电	30	试验前未清洁被试套管外绝缘表面扣 3 分； 试验过程中未高声呼唱每次扣 2 分； 试验过程中失误一次扣 5 分； 试验过程中监护不到位扣 5～10 分； 缺少试验项目的扣 5 分； 试验前后及变更接线未对被试设备放电扣 10 分； 上述扣分，扣完为止		

续表

序号	项目名称	质量要求	满分	扣分标准	扣分原因	得分
3	结果分析					
3.1	试验报告	结合测试数据做出分析判断，出具试验报告	25	试验数据分析不准确扣 5 分； 试验结论不正确扣 5 分； 试验报告填写不规范扣 1～5 分； 未给出试验结论扣 5 分		
4	试验结束					
4.1	现场恢复	清理现场，人员撤离	6	被试设备有遗留物品扣 2 分； 仪器、工器具等未定置恢复扣 2 分； 未检查或清理现场扣 2 分		
4.2	办理收工手续	向考评员汇报试验结果，并办理工作终结手续	4	未汇报试验结果扣 2 分； 未办理工作票终结手续扣 2 分		
合计			100			

Jc0302341010　10kV 套管交流耐压试验。（100 分）

考核知识点：套管试验

难易度：中

技能等级评价专业技能考核操作工作任务书

一、任务名称

10kV 套管交流耐压试验。

二、适用工种

电气试验工高级工。

三、具体任务

（1）工作状态为模拟 10kV 套管停电，工作内容为套管交接试验。

（2）工作任务：

1）套管交流耐压试验。

2）根据试验记录出具试验报告，并对数据进行分析。

四、工作规范及要求

（1）工器具使用及安全措施。

（2）按要求进行高压试验。

（3）出具试验报告和试验结果分析。

五、考核及时间要求

（1）本考核操作时间为 60 分钟，包括试验接线和报告整理，时间到停止考评。

（2）试验过程中如试验仪器、试验电源出现故障，可向考评员申请故障排除，故障排除时间不计入考核。

（3）按照技能操作要求进行操作，试验报告包括试验项目、仪器型号、试验结果等。

（4）试验过程中如遇突发状况，如不涉及人身、设备安全，则由试验人员自行排查、处理；如危及人身、设备安全，则应立即停止操作，人员及时撤离作业现场。

技能等级评价专业技能考核操作评分标准

工种	电气试验工				评价等级	高级工
项目模块	套管试验—交流耐压试验				编号	Jc0302341010
单位		准考证号			姓名	
考试时限	60 分钟	题型	单项操作		题分	100 分
成绩		考评员		考评组长	日期	
试题正文	10kV 套管交流耐压试验					
需要说明的问题和要求	（1）试验过程单人操作，数据分析在试验过程中完成。 （2）操作过程应注意安全，按照标准化作业流程做好安全措施。 （3）现场完成试验结果分析，出具试验报告。 （4）检测仪器可选考场提供或自带					

序号	项目名称	质量要求	满分	扣分标准	扣分原因	得分
1	试验前准备					
1.1	工器具使用	熟练正确使用各种工器具	5	未正确使用一次扣 1 分，扣完为止		
1.2	试验记录	收集被试设备基础信息和历史试验数据	5	未收集被试设备历次试验报告扣 1 分； 未记录被试设备铭牌，现场温、湿度等条件的，每处扣 1 分，扣完为止		
1.3	仪器、仪表选择	选择合适的试验仪器、仪表	5	选用仪器不合适扣 3 分； 未检查试验仪器合格证或校验证书扣 2 分		
1.4	安全措施	（1）办理工作票、交代安全注意事项，分工明确、并做好记录。 （2）设置高压试验安全围栏。 （3）安全工器具使用。 （4）试验仪器正确接地	10	试验仪器未正确接地扣 2 分； 未检查安全工器具扣 3 分； 安全措施交代不清楚或未确认签字扣 2 分； 试验前未将试验区域用安全围栏隔离扣 3 分		
2	试验开展					
2.1	试验接线	（1）仪器现场布置合理。 （2）高压引线应尽量缩短，并采用专用的高压试验线，必要时用绝缘物支持牢固。 （3）电源开关接通前，试验仪器接线应准确无误	10	试验接线接错一次扣 5 分； 试验前未检查试验接线扣 3 分； 接线不规范扣 1～3 分； 上述扣分，扣完为止		
2.2	试验流程	（1）试验前，测试绝缘电阻，其值应正常。 （2）将套管的一次侧接入交流耐压装置高压部分，法兰及末屏接地。 （3）加压过程中应有人监护并呼唱。接通试验电源，进行升压，操作人员的手应放在电源开关上，如有紧急情况应迅速断开电源。 （4）升压必须从零（或接近于零）开始，切不可冲击合闸。升压速度在 75%试验电压以前，可以是任意的，自 75%电压开始应均匀升压，均为每秒 2%试验电压的速率升压。升至试验电压后，开始计时并读取试验电压。耐压试验后，迅速均匀降压到零（或接近于零），然后切断电源。 （5）测试绝缘电阻，其值应正常。 （6）试验前后及变更接线应对设备充分放电	30	加压前后未测试绝缘电阻扣 5 分； 加压前，调压器未归零扣 2 分； 试验过程中未高声呼唱每次扣 2 分； 试验过程中失误一次扣 5 分； 试验过程中监护不到位扣 5～10 分； 缺少试验项目的扣 5 分； 试验前后及变更接线未对被试设备放电扣 5～10 分； 上述扣分，扣完为止		
3	结果分析					

续表

序号	项目名称	质量要求	满分	扣分标准	扣分原因	得分
3.1	试验报告	结合测试数据做出分析判断，出具试验报告	25	试验数据分析不准确扣5分； 试验结论不正确扣5分； 试验报告填写不规范扣1～5分； 未给出试验结论扣5分		
4	试验结束					
4.1	现场恢复	清理现场，人员撤离	6	被试设备有遗留物品扣2分； 仪器、工器具等未定置恢复扣2分； 未检查或清理现场扣2分		
4.2	办理收工手续	向考评员汇报试验结果，并办理工作终结手续	4	未汇报试验结果扣2分； 未办理工作票终结手续扣2分		
合计			100			

Jc0302342011　35kV避雷器直流1mA电压（U_{1mA}）及0.75U_{1mA}下的泄漏电流试验。（100分）

考核知识点： 避雷器试验

难易度： 中

技能等级评价专业技能考核操作工作任务书

一、任务名称

35kV避雷器直流1mA电压（U_{1mA}）及0.75U_{1mA}下的泄漏电流试验。

二、适用工种

电气试验工高级工。

三、具体任务

（1）工作状态为模拟35kV避雷器停电，工作内容为35kV避雷器直流1mA电压（U_{1mA}）及0.75U_{1mA}下的泄漏电流试验。

（2）工作任务：

1）35kV避雷器直流1mA电压（U_{1mA}）及0.75U_{1mA}下的泄漏电流试验。

2）根据试验记录出具试验报告，并对数据进行分析。

四、工作规范及要求

（1）工器具使用及安全措施。

（2）按要求进行35kV避雷器直流1mA电压（U_{1mA}）及0.75U_{1mA}下的泄漏电流试验。

（3）出具试验报告和试验结果分析。

五、考核及时间要求

（1）本考核操作时间为60分钟，包括试验接线和报告整理，时间到停止考评。

（2）试验过程中如试验仪器、试验电源出现故障，可向考评员申请故障排除，故障排除时间不计入考核。

（3）按照技能操作要求进行操作，试验报告包括试验项目、仪器型号、试验结果等。

（4）试验过程中如遇突发状况，如不涉及人身、设备安全，则由试验人员自行排查、处理；如危及人身、设备安全，则应立即停止操作，人员及时撤离作业现场。

技能等级评价专业技能考核操作评分标准

工种	电气试验工				评价等级	高级工
项目模块	避雷器试验—直流 1mA 电压（U_{1mA}）及 $0.75U_{1mA}$ 下的泄漏电流试验				编号	Jc0302342011
单位		准考证号			姓名	
考试时限	60 分钟	题型	单项操作		题分	100 分
成绩		考评员		考评组长	日期	
试题正文	35kV 避雷器直流 1mA 电压（U_{1mA}）及 $0.75U_{1mA}$ 下的泄漏电流试验					
需要说明的问题和要求	（1）试验过程单人操作，数据分析在试验过程中完成。 （2）操作过程应注意安全，按照标准化作业流程做好安全措施。 （3）现场完成试验结果分析，出具试验报告。 （4）检测仪器可选考场提供或自带					

序号	项目名称	质量要求	满分	扣分标准	扣分原因	得分
1	试验前准备					
1.1	工器具使用	熟练正确使用各种工器具	5	未正确使用一次扣 1 分，扣完为止		
1.2	试验记录	收集被试设备基础信息和历史试验数据	5	未收集被试设备历次试验报告扣 1 分； 未记录被试设备铭牌，现场温、湿度等条件的，每处扣 1 分，扣完为止		
1.3	仪器、仪表选择	选择合适的直流高压发生器	5	选用仪器不合适扣 3 分； 未检查试验仪器合格证或校验证书扣 2 分		
1.4	安全措施	（1）办理工作票、交代安全注意事项，分工明确、并做好记录。 （2）设置高压试验安全围栏。 （3）安全工器具使用。 （4）试验仪器正确接地	10	安全措施交代不清楚或未确认签字扣 2 分； 试验前未将试验区域用安全围栏隔离扣 3 分； 未检查安全工器具扣 3 分； 试验仪器未正确接地扣 2 分		
2	试验开展					
2.1	试验接线	（1）仪器现场布置合理。 （2）电源开关接通前，试验仪器接线应准确无误	10	试验接线接错一次扣 2～5 分； 试验前未检查试验接线扣 3 分； 接线不规范扣 1～3 分； 上述扣分，扣完为止		
2.2	试验流程	（1）试验前仪器、仪表自检，正确选择试验电压、电流，试验过程中高声呼唱。 （2）将无间隙金属氧化物避雷器表面擦拭干净，拆除全部接线。 （3）分别测试 35kV 避雷器直流 1mA 电压（U_{1mA}）及 $0.75U_{1mA}$ 下的泄漏电流。 （4）将测试值与规程值及历史测试值进行比对分析。 （5）试验前后及变更接线应对架空线路进行充分放电	30	未进行仪器、仪表自检扣 3 分； 试验过程中未高声呼唱每次扣 2 分； 试验过程中失误一次扣 5 分； 试验过程中监护不到位扣 5～10 分； 试验前后及变更接线未对被试设备放电扣 10 分； 上述扣分，扣完为止		
3	结果分析					
3.1	试验报告	结合测试数据做出分析判断，出具试验报告	25	试验数据分析不准确扣 5 分； 试验结论不正确扣 5 分； 试验报告填写不规范扣 1～5 分； 未给出试验结论扣 5 分		
4	试验结束					
4.1	现场恢复	清理现场，人员撤离	6	被试设备有遗留物品扣 2 分； 仪器、工器具等未定置恢复扣 2 分； 未检查或清理现场扣 2 分		
4.2	办理收工手续	向考评员汇报试验结果，并办理工作终结手续	4	未汇报试验结果扣 2 分； 未办理工作票终结手续扣 2 分		
合计			100			

Jc0302341012 10kV 绝缘子交流耐压试验。(100 分)

考核知识点：绝缘子试验

难易度：易

技能等级评价专业技能考核操作工作任务书

一、任务名称

10kV 绝缘子交流耐压试验。

二、适用工种

电气试验工高级工。

三、具体任务

(1) 工作状态为模拟 10kV 绝缘子停电，工作内容为绝缘子交接试验。

(2) 工作任务：

1) 绝缘子交流耐压试验。

2) 根据试验记录出具试验报告，并对数据进行分析。

四、工作规范及要求

(1) 工器具使用及安全措施。

(2) 按要求进行高压试验。

(3) 出具试验报告和试验结果分析。

五、考核及时间要求

(1) 本考核操作时间为 60 分钟，包括试验接线和报告整理，时间到停止考评。

(2) 试验过程中如试验仪器、试验电源出现故障，可向考评员申请故障排除，故障排除时间不计入考核。

(3) 按照技能操作要求进行操作，试验报告包括试验项目、仪器型号、试验结果等。

(4) 试验过程中如遇突发状况，如不涉及人身、设备安全，则由试验人员自行排查、处理；如危及人身、设备安全，则应立即停止操作，人员及时撤离作业现场。

技能等级评价专业技能考核操作评分标准

工种	电气试验工				评价等级	高级工
项目模块	绝缘子试验—交流耐压试验				编号	Jc0302341012
单位		准考证号			姓名	
考试时限	60 分钟	题型	单项操作		题分	100 分
成绩	考评员		考评组长		日期	
试题正文	10kV 绝缘子交流耐压试验					
需要说明的问题和要求	(1) 试验过程单人操作，数据分析在试验过程中完成。 (2) 操作过程应注意安全，按照标准化作业流程做好安全措施。 (3) 现场完成试验结果分析，出具试验报告。 (4) 检测仪器可选考场提供或自带					

序号	项目名称	质量要求	满分	扣分标准	扣分原因	得分
1	试验前准备					
1.1	工器具使用	熟练正确使用各种工器具	5	未正确使用一次扣 1 分，扣完为止		
1.2	试验记录	收集被试设备基础信息和历史试验数据	5	未收集被试设备历次试验报告扣 1 分； 未记录被试设备铭牌，现场温、湿度等条件的，每处扣 1 分，扣完为止		

续表

序号	项目名称	质量要求	满分	扣分标准	扣分原因	得分
1.3	仪器、仪表选择	选择合适的试验仪器、仪表	5	选用仪器不合适扣 3 分； 未检查试验仪器合格证或校验证书扣 2 分		
1.4	安全措施	（1）办理工作票、交代安全注意事项，分工明确、并做好记录。 （2）设置高压试验安全围栏。 （3）安全工器具使用。 （4）试验仪器正确接地	10	试验仪器未正确接地扣 2 分； 未检查安全工器具扣 3 分； 安全措施交代不清楚或未确认签字扣 2 分； 试验前未将试验区域用安全围栏隔离扣 3 分		
2	试验开展					
2.1	试验接线	（1）仪器现场布置合理。 （2）高压引线应尽量缩短，并采用专用的高压试验线，必要时用绝缘物支持牢固。 （3）电源开关接通前，试验仪器接线应准确无误	10	试验接线接错一次扣 5 分； 试验前未检查试验接线扣 3 分； 接线不规范扣 1～3 分； 上述扣分，扣完为止		
2.2	试验流程	（1）试验前，测试绝缘电阻，其值应正常。 （2）将绝缘子的一次侧接入交流耐压装置高压部分，法兰及末屏接地。 （3）加压过程中应有人监护并呼唱。接通试验电源，进行升压，操作人员的手应放在电源开关上，如有紧急情况应迅速断开电源。 （4）升压必须从零（或接近于零）开始，切不可冲击合闸。升压速度在 75%试验电压以前，可以是任意的，自 75%电压开始应均匀升压，均为每秒 2%试验电压的速率升压。升至试验电压后，开始计时并读取试验电压。耐压试验后，迅速均匀降压到零（或接近于零），然后切断电源。 （5）测试绝缘电阻，其值应正常。 （6）试验前后及变更接线应对设备充分放电	30	加压前后未测试绝缘电阻扣 5 分； 加压前，调压器未归零扣 2 分； 试验过程中未高声呼唱每次扣 2 分； 试验过程中失误一次扣 5 分； 试验过程中监护不到位扣 5～10 分； 缺少试验项目的扣 5 分； 试验前后及变更接线未对被试设备放电扣 5～10 分； 上述扣分，扣完为止		
3	结果分析					
3.1	试验报告	结合测试数据做出分析判断，出具试验报告	25	试验数据分析不准确扣 5 分； 试验结论不正确扣 5 分； 试验报告填写不规范扣 1～5 分； 未给出试验结论扣 5 分		
4	试验结束					
4.1	现场恢复	清理现场，人员撤离	6	被试设备有遗留物品扣 2 分； 仪器、工器具等未定置恢复扣 2 分； 未检查或清理现场扣 2 分		
4.2	办理收工手续	向考评员汇报试验结果，并办理工作终结手续	4	未汇报试验结果扣 2 分； 未办理工作票终结手续扣 2 分		
合计			100			

Jc0302341013　35kV 高压并联电容器绝缘电阻测试。（100 分）

考核知识点： 电容器试验

难易度： 易

技能等级评价专业技能考核操作工作任务书

一、任务名称

35kV 高压并联电容器绝缘电阻测试。

二、适用工种

电气试验工高级工。

三、具体任务

（1）工作状态为模拟 35kV 高压并联电容器停电，工作内容为电容器例行试验。

（2）工作任务：

1）高压并联电容器进行绝缘电阻测试。

2）根据试验记录出具试验报告，并对数据进行分析。

四、工作规范及要求

（1）工器具使用及安全措施。

（2）按要求进行高压试验。

（3）出具试验报告和试验结果分析。

五、考核及时间要求

（1）本考核操作时间为 60 分钟，包括试验接线和报告整理，时间到停止考评。

（2）试验过程中如试验仪器、试验电源出现故障，可向考评员申请故障排除，故障排除时间不计入考核。

（3）按照技能操作要求进行操作，试验报告包括试验项目、仪器型号、试验结果等。

（4）试验过程中如遇突发状况，如不涉及人身、设备安全，则由试验人员自行排查、处理；如危及人身、设备安全，则应立即停止操作，人员及时撤离作业现场。

技能等级评价专业技能考核操作评分标准

<table>
<tr><td>工种</td><td colspan="5">电气试验工</td><td>评价等级</td><td>高级工</td></tr>
<tr><td>项目模块</td><td colspan="5">电容器试验—绝缘电阻测试</td><td>编号</td><td>Jc0302341013</td></tr>
<tr><td>单位</td><td colspan="2"></td><td>准考证号</td><td colspan="2"></td><td>姓名</td><td></td></tr>
<tr><td>考试时限</td><td colspan="2">60 分钟</td><td>题型</td><td colspan="2">单项操作</td><td>题分</td><td>100 分</td></tr>
<tr><td>成绩</td><td></td><td>考评员</td><td></td><td>考评组长</td><td></td><td>日期</td><td></td></tr>
<tr><td>试题正文</td><td colspan="7">35kV 高压并联电容器绝缘电阻测试</td></tr>
<tr><td>需要说明的问题和要求</td><td colspan="7">（1）试验过程单人操作，数据分析在试验过程中完成。
（2）操作过程应注意安全，按照标准化作业流程做好安全措施。
（3）现场完成试验结果分析，出具试验报告。
（4）检测仪器可选考场提供或自带</td></tr>
</table>

序号	项目名称	质量要求	满分	扣分标准	扣分原因	得分
1	试验前准备					
1.1	工器具使用	熟练正确使用各种工器具	5	未正确使用一次扣 1 分，扣完为止		
1.2	试验记录	收集被试设备基础信息和历史试验数据	5	未收集被试设备历次试验报告扣 1 分； 未记录被试设备铭牌，现场温、湿度等条件的，每处扣 1 分，扣完为止		
1.3	仪器、仪表选择	选择合适的试验仪器、仪表	5	选用仪器不合适扣 3 分； 未检查试验仪器合格证或校验证书扣 2 分		

续表

序号	项目名称	质量要求	满分	扣分标准	扣分原因	得分
1.4	安全措施	（1）办理工作票、交代安全注意事项，分工明确、并做好记录。 （2）设置高压试验安全围栏。 （3）安全工器具使用。 （4）试验仪器正确接地	10	试验仪器未正确接地扣 2 分； 未检查安全工器具扣 3 分； 安全措施交代不清楚或未确认签字扣 2 分； 试验前未将试验区域用安全围栏隔离扣 3 分		
2	试验开展					
2.1	试验接线	（1）仪器现场布置合理。 （2）电源开关接通前，试验仪器接线应准确无误	10	试验接线接错一次扣 5 分； 试验前未检查试验接线扣 3 分； 接线不规范扣 1～3 分； 上述扣分，扣完为止		
2.2	试验流程	（1）试验前对电容器充分放电，拆除电容器的所有接线，清洁电容器套管。 （2）试验前仪器、仪表自检，正确选择试验电压，试验过程中高声呼唱。 （3）被试电容器极间短接后接绝缘电阻表的“L”端，“E”端接地。 （4）读取 1min 或稳定后的绝缘电阻值。 （5）试验前后及变更接线应对设备充分放电	30	未进行仪器、仪表自检扣 3 分； 试验前未对电容器充分放电扣 5 分； 试验前未清洁电容器套管扣 2 分； 试验过程中未高声呼唱每次扣 2 分； 试验过程中失误一次扣 5 分； 试验过程中监护不到位扣 5 分； 缺少试验项目的扣 3 分； 试验前后及变更接线未对被试设备放电扣 5 分； 上述扣分，扣完为止		
3	结果分析					
3.1	试验报告	结合测试数据做出分析判断，出具试验报告	25	试验数据分析不准确扣 5 分； 试验结论不正确扣 5 分； 试验报告填写不规范扣 1～5 分； 未给出试验结论扣 5 分		
4	试验结束					
4.1	现场恢复	清理现场，人员撤离	6	被试设备有遗留物品扣 2 分； 仪器、工器具等未定置恢复扣 2 分； 未检查或清理现场扣 2 分		
4.2	办理收工手续	向考评员汇报试验结果，并办理工作终结手续	4	未汇报试验结果扣 2 分； 未办理工作票终结手续扣 2 分		
合计			100			

Jc0302341014　35kV 避雷器绝缘电阻测试。（100 分）

考核知识点：避雷器试验

难易度：易

技能等级评价专业技能考核操作工作任务书

一、任务名称

35kV 避雷器绝缘电阻测试。

二、适用工种

电气试验工高级工。

三、具体任务

（1）工作状态为模拟 35kV 避雷器停电，工作内容为避雷器例行试验。

（2）工作任务：

1）避雷器进行绝缘电阻测试。

2）根据试验记录出具试验报告，并对数据进行分析。

四、工作规范及要求

（1）工器具使用及安全措施。

（2）按要求进行高压试验。

（3）出具试验报告和试验结果分析。

五、考核及时间要求

（1）本考核操作时间为60分钟，包括试验接线和报告整理，时间到停止考评。

（2）试验过程中如试验仪器、试验电源出现故障，可向考评员申请故障排除，故障排除时间不计入考核。

（3）按照技能操作要求进行操作，试验报告包括试验项目、仪器型号、试验结果等。

（4）试验过程中如遇突发状况，如不涉及人身、设备安全，则由试验人员自行排查、处理；如危及人身、设备安全，则应立即停止操作，人员及时撤离作业现场。

技能等级评价专业技能考核操作评分标准

工种	电气试验工				评价等级	高级工
项目模块	避雷器试验—绝缘电阻测试				编号	Jc0302341014
单位		准考证号			姓名	
考试时限	60分钟	题型	单项操作		题分	100分
成绩		考评员		考评组长	日期	
试题正文	35kV避雷器绝缘电阻测试					
需要说明的问题和要求	（1）试验过程单人操作，数据分析在试验过程中完成。 （2）操作过程应注意安全，按照标准化作业流程做好安全措施。 （3）现场完成试验结果分析，出具试验报告。 （4）检测仪器可选考场提供或自带					

序号	项目名称	质量要求	满分	扣分标准	扣分原因	得分
1	试验前准备					
1.1	工器具使用	熟练正确使用各种工器具	5	未正确使用一次扣1分，扣完为止		
1.2	试验记录	收集被试设备基础信息和历史试验数据	5	未收集被试设备历次试验报告扣1分； 未记录被试设备铭牌，现场温、湿度等条件的，每处扣1分，扣完为止		
1.3	仪器、仪表选择	选择合适的试验仪器、仪表	5	选用仪器不合适扣3分； 未检查试验仪器合格证或校验证书扣2分		
1.4	安全措施	（1）办理工作票、交代安全注意事项，分工明确、并做好记录。 （2）设置高压试验安全围栏。 （3）安全工器具使用。 （4）试验仪器正确接地	10	试验仪器未正确接地扣2分； 未检查安全工器具扣3分； 安全措施交代不清楚或未确认签字扣2分； 试验前未将试验区域用安全围栏隔离扣3分		
2	试验开展					
2.1	试验接线	（1）仪器现场布置合理。 （2）电源开关接通前，试验仪器接线应准确无误	10	试验接线接错一次扣5分； 试验前未检查试验接线扣3分； 接线不规范扣1～3分； 上述扣分，扣完为止		

续表

序号	项目名称	质量要求	满分	扣分标准	扣分原因	得分
2.2	试验流程	（1）试验前对避雷器接地放电。 （2）试验前仪器、仪表自检，正确选择试验电压，试验过程中高声呼唱。 （3）将绝缘电阻表的接地端与被试品的地线连接，避雷器高压端接绝缘电阻表“L”端。 （4）读取 1min 或稳定后的绝缘电阻值。 （5）试验前后及变更接线应对设备充分放电	30	未进行仪器、仪表自检扣 2 分； 试验前未对避雷器充分放电扣 3 分； 试验前未清洁电容器套管扣 2 分； 试验过程中未高声呼唱每次扣 3 分； 试验过程中失误一次扣 3～5 分； 试验过程中监护不到位扣 2 分； 缺少试验项目的扣 3 分； 试验前后及变更接线未对被试设备放电扣 10 分； 上述扣分，扣完为止		
3	结果分析					
3.1	试验报告	结合测试数据做出分析判断，出具试验报告	25	试验数据分析不准确扣 5 分； 试验结论不正确扣 5 分； 试验报告填写不规范扣 1～5 分； 未给出试验结论扣 5 分		
4	试验结束					
4.1	现场恢复	清理现场，人员撤离	6	被试设备有遗留物品扣 2 分； 仪器、工器具等未定置恢复扣 2 分； 未检查或清理现场扣 2 分		
4.2	办理收工手续	向考评员汇报试验结果，并办理工作终结手续	4	未汇报试验结果扣 2 分； 未办理工作票终结手续扣 2 分		
合计			100			

Jc0302342015　35kV 电力电缆直流耐压和泄漏电流测试。（100 分）

考核知识点：电力电缆试验

难易度：难

技能等级评价专业技能考核操作工作任务书

一、任务名称

35kV 电力电缆直流耐压和泄漏电流测试。

二、适用工种

电气试验工高级工。

三、具体任务

（1）工作状态为模拟 35kV 电力电缆停电，工作内容为电力电缆诊断试验。

（2）工作任务：

1）电力电缆直流耐压和泄漏电流测试。

2）根据试验记录出具试验报告，并对数据进行分析。

四、工作规范及要求

（1）工器具使用及安全措施。

（2）按要求进行高压试验。

（3）出具试验报告和试验结果分析。

五、考核及时间要求

（1）本考核操作时间为 60 分钟，包括试验接线和报告整理，时间到停止考评。

（2）试验过程中如试验仪器、试验电源出现故障，可向考评员申请故障排除，故障排除时间不计入考核。

（3）按照技能操作要求进行操作，试验报告包括试验项目、仪器型号、试验结果等。

（4）试验过程中如遇突发状况，如不涉及人身、设备安全，则由试验人员自行排查、处理；如危及人身、设备安全，则应立即停止操作，人员及时撤离作业现场。

技能等级评价专业技能考核操作评分标准

工种	电气试验工					评价等级	高级工
项目模块	电力电缆试验—直流耐压和泄漏电流测试					编号	Jc0302342015
单位			准考证号			姓名	
考试时限	60 分钟		题型	单项操作		题分	100 分
成绩		考评员		考评组长		日期	
试题正文	35kV 电力电缆直流耐压和泄漏电流测试						
需要说明的问题和要求	（1）试验过程单人操作，数据分析在试验过程中完成。 （2）操作过程应注意安全，按照标准化作业流程做好安全措施。 （3）现场完成试验结果分析，出具试验报告。 （4）检测仪器可选考场提供或自带						

序号	项目名称	质量要求	满分	扣分标准	扣分原因	得分
1	试验前准备					
1.1	工器具使用	熟练正确使用各种工器具	5	未正确使用一次扣 1 分，扣完为止		
1.2	试验记录	收集被试设备基础信息和历史试验数据	5	未收集被试设备历次试验报告扣 1 分； 未记录被试设备铭牌，现场温、湿度等条件的，每处扣 1 分，扣完为止		
1.3	仪器、仪表选择	选择合适的试验仪器、仪表	5	选用仪器不合适扣 3 分； 未检查试验仪器合格证或校验证书扣 2 分		
1.4	安全措施	（1）办理工作票、交代安全注意事项，分工明确、并做好记录。 （2）设置高压试验安全围栏。 （3）安全工器具使用。 （4）试验仪器正确接地	10	试验仪器未正确接地扣 2 分； 未检查安全工器具扣 3 分； 安全措施交代不清楚或未确认签字扣 2 分； 试验前未将试验区域用安全围栏隔离扣 3 分		
2	试验开展					
2.1	试验接线	（1）仪器现场布置合理。 （2）直流高压端引线与周围接地体之间应保持足够的放电距离，与直流高压端邻近的易感应电荷的设备均应可靠接地。 （3）电源开关接通前，试验仪器接线应准确无误	10	试验接线接错一次扣 5 分； 高压引线设置不合理扣 3 分； 试验前未检查试验接线扣 3 分； 接线不规范扣 1～3 分； 上述扣分，扣完为止		
2.2	试验流程	（1）对电缆充分放电，拆除电缆两端终端头与其他设备的连接线。 （2）将直流发生器高压端引出线与电缆被试相连接，加压相对地应有足够的距离。电缆金属铠甲及护套和非试验相可靠接地。 （3）试验前进行测试仪器过压整定并检验仪器在整定值能否可靠动作。 （4）确保试验接线无误，电压输出在零位，接通试验电源，进行升压。 （5）升压过程中，试验电压可分 4～6 个阶段均匀升压，每阶段停留 1min，打开微安表短路开关读取各点泄漏电流值。	30	试验前未对电缆充分放电扣 5 分； 未进行仪器检验扣 3 分；. 加压前，调压器未归零扣 2 分； 试验过程中未高声呼唱每次扣 2 分； 试验过程中监护不到位扣 5～10 分； 加压未达试验电压或超过试验电压扣 5 分； 泄漏电流未从微安表处读取扣 3 分； 对电缆放电不规范扣 5 分；		

续表

序号	项目名称	质量要求	满分	扣分标准	扣分原因	得分
2.2	试验流程	(6)试验结束后，应迅速均匀地降低电压，不可突然切断电源，当电缆电压降到 1/2 试验电压后使用放电棒经放电电阻放电，多次放电无火花时，再通过接地线放电。 (7)试验前后及变更接线应对设备充分放电	30	试验前后及变更接线未对被试设备放电扣 10 分； 上述扣分，扣完为止		
3	结果分析					
3.1	试验报告	结合测试数据做出分析判断，出具试验报告	25	试验数据分析不准确扣 5 分； 试验结论不正确扣 5 分； 试验报告填写不规范扣 1～5 分； 未给出试验结论扣 5 分		
4	试验结束					
4.1	现场恢复	清理现场，人员撤离	6	被试设备有遗留物品扣 2 分； 仪器、工器具等未定置恢复扣 2 分； 未检查或清理现场扣 2 分		
4.2	办理收工手续	向考评员汇报试验结果，并办理工作终结手续	4	未汇报试验结果扣 2 分； 未办理工作票终结手续扣 2 分		
合计			100			

Jc0302343016 不带并联电阻的阀型避雷器放电电压试验。(100 分)

考核知识点：阀型避雷器试验

难易度：中

技能等级评价专业技能考核操作工作任务书

一、任务名称

不带并联电阻的阀型避雷器放电电压试验。

二、适用工种

电气试验工高级工。

三、具体任务

(1)工作状态为模拟不带并联电阻的阀型避雷器停电，工作内容为不带并联电阻的阀型避雷器放电电压试验。

(2)工作任务：

1)不带并联电阻的阀型避雷器放电电压试验。

2)根据试验记录出具试验报告，并对数据进行分析。

四、工作规范及要求

(1)工器具使用及安全措施。

(2)按要求进行不带并联电阻的阀型避雷器放电电压试验。

(3)出具试验报告和试验结果分析。

五、考核及时间要求

(1)本考核操作时间为 60 分钟，包括试验接线和报告整理，时间到停止考评。

(2)试验过程中如试验仪器、试验电源出现故障，可向考评员申请故障排除，故障排除时间不计入考核。

(3)按照技能操作要求进行操作，试验报告包括试验项目、仪器型号、试验结果等。

（4）试验过程中如遇突发状况，如不涉及人身、设备安全，则由试验人员自行排查、处理；如危及人身、设备安全，则应立即停止操作，人员及时撤离作业现场。

技能等级评价专业技能考核操作评分标准

工种	电气试验工				评价等级	高级工	
项目模块	避雷器试验—放电电压试验				编号	Jc0302343016	
单位		准考证号			姓名		
考试时限	60 分钟	题型	单项操作		题分	100 分	
成绩		考评员		考评组长		日期	
试题正文	不带并联电阻的阀型避雷器放电电压试验						
需要说明的问题和要求	（1）试验过程单人操作，数据分析在试验过程中完成。 （2）操作过程应注意安全，按照标准化作业流程做好安全措施。 （3）现场完成试验结果分析，出具试验报告。 （4）检测仪器可选考场提供或自带						

序号	项目名称	质量要求	满分	扣分标准	扣分原因	得分
1	试验前准备					
1.1	工器具使用	熟练正确使用各种工器具	5	未正确使用一次扣 1 分，扣完为止		
1.2	试验记录	收集被试设备基础信息和历史试验数据	5	未收集被试设备历次试验报告扣 1 分； 未记录被试设备铭牌，现场温、湿度等条件的，每处扣 1 分，扣完为止		
1.3	仪器、仪表选择	选择合适的变压器、调压器、保护电阻、分压器等	5	选用仪器不合适扣 3 分； 未检查试验仪器合格证或校验证书扣 2 分		
1.4	安全措施	（1）办理工作票、交代安全注意事项，分工明确、并做好记录。 （2）设置高压试验安全围栏。 （3）安全工器具使用。 （4）试验仪器正确接地	10	安全措施交代不清楚或未确认签字扣 2 分； 试验前未将试验区域用安全围栏隔离扣 3 分； 未检查安全工器具扣 3 分； 试验仪器未正确接地扣 2 分		
2	试验开展					
2.1	试验接线	（1）仪器现场布置合理。 （2）电源开关接通前，试验仪器接线应准确无误	10	试验接线接错一次扣 2～5 分； 试验前未检查试验接线扣 3 分； 接线不规范扣 1～3 分； 上述扣分，扣完为止		
2.2	试验流程	（1）试验前仪器、仪表自检，正确选择试验电压，试验过程中高声呼唱。 （2）对不带并联电阻的阀型避雷器施加交流电压，并记录避雷器间隙击穿时的电压读数，测试 3 次，取平均值作为测试数据。 （3）试验前后及变更接线应对架空线路进行充分放电	30	未进行仪器、仪表自检扣 3 分； 试验过程中未高声呼唱每次扣 2 分； 试验过程中失误一次扣 5 分； 试验过程中监护不到位扣 5～10 分； 试验前后及变更接线未对被试设备放电扣 10 分； 上述扣分，扣完为止		
3	结果分析					
3.1	试验报告	结合测试数据做出分析判断，出具试验报告	25	试验数据分析不准确扣 5 分； 试验结论不正确扣 5 分； 试验报告填写不规范扣 1～5 分； 未给出试验结论扣 5 分		
4	试验结束					
4.1	现场恢复	清理现场，人员撤离	6	被试设备有遗留物品扣 2 分； 仪器、工器具等未定置恢复扣 2 分； 未检查或清理现场扣 2 分		
4.2	办理收工手续	向考评员汇报试验结果，并办理工作终结手续	4	未汇报试验结果扣 2 分； 未办理工作票终结手续扣 2 分		
合计			100			

Jc0302343017 带间隙的氧化锌避雷器放电电压试验。（100 分）

考核知识点：氧化锌避雷器试验

难易度：中

技能等级评价专业技能考核操作工作任务书

一、任务名称

带间隙的氧化锌避雷器放电电压试验。

二、适用工种

电气试验工高级工。

三、具体任务

（1）工作状态为模拟带间隙的氧化锌避雷器停电，工作内容为带间隙的氧化锌避雷器放电电压试验。

（2）工作任务：

1）带间隙的氧化锌避雷器放电电压试验。

2）根据试验记录出具试验报告，并对数据进行分析。

四、工作规范及要求

（1）工器具使用及安全措施。

（2）按要求进行带间隙的氧化锌避雷器放电电压试验。

（3）出具试验报告和试验结果分析。

五、考核及时间要求

（1）本考核操作时间为 60 分钟，包括试验接线和报告整理，时间到停止考评。

（2）试验过程中如试验仪器、试验电源出现故障，可向考评员申请故障排除，故障排除时间不计入考核。

（3）按照技能操作要求进行操作，试验报告包括试验项目、仪器型号、试验结果等。

（4）试验过程中如遇突发状况，如不涉及人身、设备安全，则由试验人员自行排查、处理；如危及人身、设备安全，则应立即停止操作，人员及时撤离作业现场。

技能等级评价专业技能考核操作评分标准

<table>
<tr><td>工种</td><td colspan="5">电气试验工</td><td>评价等级</td><td>高级工</td></tr>
<tr><td>项目模块</td><td colspan="5">避雷器试验—放电电压试验</td><td>编号</td><td>Jc0302343017</td></tr>
<tr><td>单位</td><td colspan="2"></td><td>准考证号</td><td colspan="2"></td><td>姓名</td><td></td></tr>
<tr><td>考试时限</td><td colspan="2">60 分钟</td><td>题型</td><td colspan="2">单项操作</td><td>题分</td><td>100 分</td></tr>
<tr><td>成绩</td><td></td><td>考评员</td><td></td><td>考评组长</td><td></td><td>日期</td><td></td></tr>
<tr><td>试题正文</td><td colspan="7">带间隙的氧化锌避雷器放电电压试验</td></tr>
<tr><td>需要说明的问题和要求</td><td colspan="7">（1）试验过程单人操作，数据分析在试验过程中完成。
（2）操作过程应注意安全，按照标准化作业流程做好安全措施。
（3）现场完成试验结果分析，出具试验报告。
（4）检测仪器可选考场提供或自带</td></tr>
</table>

序号	项目名称	质量要求	满分	扣分标准	扣分原因	得分
1	试验前准备					
1.1	工器具使用	熟练正确使用各种工器具	5	未正确使用一次扣 1 分，扣完为止		

续表

序号	项目名称	质量要求	满分	扣分标准	扣分原因	得分
1.2	试验记录	收集被试设备基础信息和历史试验数据	5	未收集被试设备历次试验报告扣 1 分； 未记录被试设备铭牌，现场温、湿度等条件的，每处扣 1 分，扣完为止		
1.3	仪器、仪表选择	选择合适的变压器、调压器、保护电阻、分压器等	5	选用仪器不合适扣 3 分； 未检查试验仪器合格证或校验证书扣 2 分		
1.4	安全措施	（1）办理工作票、交代安全注意事项，分工明确、并做好记录。 （2）设置高压试验安全围栏。 （3）安全工器具使用。 （4）试验仪器正确接地	10	安全措施交代不清楚或未确认签字扣 2 分； 试验前未将试验区域用安全围栏隔离扣 3 分； 未检查安全工器具扣 3 分； 试验仪器未正确接地扣 2 分		
2	试验开展					
2.1	试验接线	（1）仪器现场布置合理。 （2）电源开关接通前，试验仪器接线应准确无误	10	试验接线接错一次扣 2～5 分； 试验前未检查试验接线扣 3 分； 接线不规范扣 1～3 分； 上述扣分，扣完为止		
2.2	试验流程	（1）试验前仪器、仪表自检，正确选择试验电压，试验过程中高声呼唱。 （2）对带间隙的氧化锌避雷器施加交流电压，并记录避雷器间隙击穿时的电压读数，测试 3 次，取平均值作为测试数据。 （3）试验前后及变更接线应对架空线路进行充分放电	30	未进行仪器、仪表自检扣 3 分； 试验过程中未高声呼唱每次扣 2 分； 试验过程中失误一次扣 5 分； 试验过程中监护不到位扣 5～10 分； 试验前后及变更接线未对被试设备放电扣 10 分； 上述扣分，扣完为止		
3	结果分析					
3.1	试验报告	结合测试数据做出分析判断，出具试验报告	25	试验数据分析不准确扣 5 分； 试验结论不正确扣 5 分； 试验报告填写不规范扣 1～5 分； 未给出试验结论扣 5 分		
4	试验结束					
4.1	现场恢复	清理现场，人员撤离	6	被试设备有遗留物品扣 2 分； 仪器、工器具等未定置恢复扣 2 分； 未检查或清理现场扣 2 分		
4.2	办理收工手续	向考评员汇报试验结果，并办理工作终结手续	4	未汇报试验结果扣 2 分； 未办理工作票终结手续扣 2 分		
合计			100			

Jc0302341018　110kV 绝缘操作杆试验。（100 分）

考核知识点：安全工器具试验

难易度：中

技能等级评价专业技能考核操作工作任务书

一、任务名称

110kV 绝缘操作杆试验。

二、适用工种

电气试验工高级工。

三、具体任务

（1）工作状态为模拟绝缘操作杆检验，工作内容为绝缘操作杆交接试验。

（2）工作任务：

1）绝缘操作杆试验。

2）根据试验记录出具试验报告，并对数据进行分析。

四、工作规范及要求

（1）工器具使用及安全措施。

（2）按要求进行高压试验。

（3）出具试验报告和试验结果分析。

五、考核及时间要求

（1）本考核操作时间为60分钟，包括试验接线和报告整理，时间到停止考评。

（2）试验过程中如试验仪器、试验电源出现故障，可向考评员申请故障排除，故障排除时间不计入考核。

（3）按照技能操作要求进行操作，试验报告包括试验项目、仪器型号、试验结果等。

（4）试验过程中如遇突发状况，如不涉及人身、设备安全，则由试验人员自行排查、处理；如危及人身、设备安全，则应立即停止操作，人员及时撤离作业现场。

技能等级评价专业技能考核操作评分标准

工种	电气试验工					评价等级	高级工
项目模块	安全工器具试验—绝缘操作杆试验					编号	Jc0302341018
单位		准考证号				姓名	
考试时限	60分钟		题型	单项操作		题分	100分
成绩		考评员		考评组长		日期	
试题正文	110kV绝缘操作杆试验						
需要说明的问题和要求	（1）试验过程单人操作，数据分析在试验过程中完成。 （2）操作过程应注意安全，按照标准化作业流程做好安全措施。 （3）现场完成试验结果分析，出具试验报告。 （4）检测仪器可选考场提供或自带						

序号	项目名称	质量要求	满分	扣分标准	扣分原因	得分
1	试验前准备					
1.1	工器具使用	熟练正确使用各种工器具	5	未正确使用一次扣1分，扣完为止		
1.2	试验记录	收集被试设备基础信息和历史试验数据	5	未收集被试设备历次试验报告扣1分； 未记录被试设备铭牌，现场温、湿度等条件的，每处扣1分，扣完为止		
1.3	仪器、仪表选择	选择合适的试验仪器、仪表	5	选用仪器不合适扣3分； 未检查试验仪器合格证或校验证书扣2分		
1.4	安全措施	（1）办理工作票、交代安全注意事项，分工明确、并做好记录。 （2）设置高压试验安全围栏。 （3）安全工器具使用。 （4）试验仪器正确接地	10	试验仪器未正确接地扣2分； 未检查安全工器具扣3分； 安全措施交代不清楚或未确认签字扣2分； 试验前未将试验区域用安全围栏隔离扣3分		
2	试验开展					
2.1	试验接线	（1）仪器现场布置合理。 （2）电源开关接通前，试验仪器接线应准确无误	10	试验接线接错一次扣5分； 试验前未检查试验接线扣3分； 接线不规范扣1～3分； 上述扣分，扣完为止		

续表

序号	项目名称	质量要求	满分	扣分标准	扣分原因	得分
2.2	试验流程	(1)试验前，对试品进行外观及尺寸检查，测试绝缘电阻，其值应正常。 (2)将高压引线接至绝缘操作杆，接线无误后，确保调压器在零位，试验回路中过电流和过电压保护应整定正确。 (3)加压过程中应有人监护并呼唱。接通试验电源，进行升压，操作人员的手应放在电源开关上，如有紧急情况应迅速断开电源。 (4)升压必须从零(或接近于零)开始，切不可冲击合闸。升压速度在75%试验电压以前，可以是任意的，自75%电压开始应均匀升压，均为每秒2%试验电压的速率升压。升至试验电压后，开始计时并读取试验电压。耐压试验后，迅速均匀降压到零（或接近于零），然后切断电源。 (5)试验完毕后，立即触摸绝缘表面，不应发热，测试绝缘电阻，其值应正常。 (6)试验前后及变更接线应对设备充分放电	30	试验前未检查被试品外观扣3分； 加压前后未测试绝缘电阻扣5分； 加压前，调压器未归零扣2分； 试验过程中未高声呼唱每次扣2分； 试验过程中失误一次扣5分； 试验过程中监护不到位扣5分； 缺少试验项目的扣3分； 试验前后及变更接线未对被试设备放电扣5分； 上述扣分，扣完为止		
3	结果分析					
3.1	试验报告	结合测试数据做出分析判断，出具试验报告	25	试验数据分析不准确扣5分； 试验结论不正确扣5分； 试验报告填写不规范扣1～5分； 未给出试验结论扣5分		
4	试验结束					
4.1	现场恢复	清理现场，人员撤离	6	被试设备有遗留物品扣2分； 仪器、工器具等未定置恢复扣2分； 未检查或清理现场扣2分		
4.2	办理收工手续	向考评员汇报试验结果，并办理工作终结手续	4	未汇报试验结果扣2分； 未办理工作票终结手续扣2分		
合计			100			

Jc0302341019　110kV绝缘梯试验。(100分)

考核知识点：绝缘梯试验

难易度：易

技能等级评价专业技能考核操作工作任务书

一、任务名称

110kV绝缘梯试验。

二、适用工种

电气试验工高级工。

三、具体任务

(1) 工作状态为模拟绝缘梯检验，工作内容为绝缘梯交接试验。

（2）工作任务：

1）绝缘梯试验。

2）根据试验记录出具试验报告，并对数据进行分析。

四、工作规范及要求

（1）工器具使用及安全措施。

（2）按要求进行高压试验。

（3）出具试验报告和试验结果分析。

五、考核及时间要求

（1）本考核操作时间为60分钟，包括试验接线和报告整理，时间到停止考评。

（2）试验过程中如试验仪器、试验电源出现故障，可向考评员申请故障排除，故障排除时间不计入考核。

（3）按照技能操作要求进行操作，试验报告包括试验项目、仪器型号、试验结果等。

（4）试验过程中如遇突发状况，如不涉及人身、设备安全，则由试验人员自行排查、处理；如危及人身、设备安全，则应立即停止操作，人员及时撤离作业现场。

技能等级评价专业技能考核操作评分标准

工种	电气试验工				评价等级	高级工
项目模块	安全工器具试验—绝缘梯试验				编号	Jc0302341019
单位		准考证号			姓名	
考试时限	60分钟	题型	单项操作		题分	100分
成绩	考评员		考评组长		日期	
试题正文	110kV绝缘梯试验					
需要说明的问题和要求	（1）试验过程单人操作，数据分析在试验过程中完成。 （2）操作过程应注意安全，按照标准化作业流程做好安全措施。 （3）现场完成试验结果分析，出具试验报告。 （4）检测仪器可选考场提供或自带					

序号	项目名称	质量要求	满分	扣分标准	扣分原因	得分
1	试验前准备					
1.1	工器具使用	熟练正确使用各种工器具	5	未正确使用一次扣1分，扣完为止		
1.2	试验记录	收集被试设备基础信息和历史试验数据	5	未收集被试设备历次试验报告扣1分； 未记录被试设备铭牌，现场温、湿度等条件的，每处扣1分，扣完为止		
1.3	仪器、仪表选择	选择合适的试验仪器、仪表	5	选用仪器不合适扣3分； 未检查试验仪器合格证或校验证书扣2分		
1.4	安全措施	（1）办理工作票、交代安全注意事项，分工明确、并做好记录。 （2）设置高压试验安全围栏。 （3）安全工器具使用。 （4）试验仪器正确接地	10	试验仪器未正确接地扣2分； 未检查安全工器具扣3分； 安全措施交代不清楚或未确认签字扣2分； 试验前未将试验区域用安全围栏隔离扣3分		
2	试验开展					
2.1	试验接线	（1）仪器现场布置合理。 （2）电源开关接通前，试验仪器接线应准确无误	10	试验接线接错一次扣5分； 试验前未检查试验接线扣3分； 接线不规范扣1～3分； 上述扣分，扣完为止		

续表

序号	项目名称	质量要求	满分	扣分标准	扣分原因	得分
2.2	试验流程	（1）试验前，对试品进行外观及尺寸检查，测试绝缘电阻，其值应正常。 （2）将高压引线接至绝缘梯，接线无误后，确保调压器在零位，试验回路中过电流和过电压保护应整定正确。 （3）加压过程中应有人监护并呼唱。接通试验电源，进行升压，操作人员的手应放在电源开关上，如有紧急情况应迅速断开电源。 （4）升压必须从零（或接近于零）开始，切不可冲击合闸。升压速度在 75%试验电压以前，可以是任意的，自 75%电压开始应均匀升压，均为每秒 2%试验电压的速率升压。升至试验电压后，开始计时并读取试验电压。耐压试验后，迅速均匀降压到零（或接近于零），然后切断电源。 （5）试验完毕后，立即触摸绝缘表面，不应发热，测试绝缘电阻，其值应正常。 （6）试验前后及变更接线应对设备充分放电	30	试验前未检查被试品外观扣 3 分； 加压前后未测试绝缘电阻扣 5 分； 加压前，调压器未归零扣 2 分； 试验过程中未高声呼唱每次扣 2 分； 试验过程中失误一次扣 5 分； 试验过程中监护不到位扣 5 分； 缺少试验项目的扣 3 分； 试验前后及变更接线未对被试设备放电扣 5 分； 上述扣分，扣完为止		
3	结果分析					
3.1	试验报告	结合测试数据做出分析判断，出具试验报告	25	试验数据分析不准确扣 5 分； 试验结论不正确扣 5 分； 试验报告填写不规范扣 1～5 分； 未给出试验结论扣 5 分		
4	试验结束					
4.1	现场恢复	清理现场，人员撤离	6	被试设备有遗留物品扣 2 分； 仪器、工器具等未定置恢复扣 2 分； 未检查或清理现场扣 2 分		
4.2	办理收工手续	向考评员汇报试验结果，并办理工作终结手续	4	未汇报试验结果扣 2 分； 未办理工作票终结手续扣 2 分		
合计			100			

Jc0302341020　110kV 绝缘绳索类工具试验。（100 分）

考核知识点：绝缘绳索试验

难易度：易

技能等级评价专业技能考核操作工作任务书

一、任务名称

110kV 绝缘绳索类工具试验。

二、适用工种

电气试验工高级工。

三、具体任务

（1）工作状态为模拟绝缘绳索类工具检验，工作内容为绝缘绳索类工具交接试验。

（2）工作任务：

1）绝缘绳索类工具试验。

2）根据试验记录出具试验报告，并对数据进行分析。

四、工作规范及要求

（1）工器具使用及安全措施。

（2）按要求进行高压试验。

（3）出具试验报告和试验结果分析。

五、考核及时间要求

（1）本考核操作时间为60分钟，包括试验接线和报告整理，时间到停止考评。

（2）试验过程中如试验仪器、试验电源出现故障，可向考评员申请故障排除，故障排除时间不计入考核。

（3）按照技能操作要求进行操作，试验报告包括试验项目、仪器型号、试验结果等。

（4）试验过程中如遇突发状况，如不涉及人身、设备安全，则由试验人员自行排查、处理；如危及人身、设备安全，则应立即停止操作，人员及时撤离作业现场。

技能等级评价专业技能考核操作评分标准

<table>
<tr><td>工种</td><td colspan="5">电气试验工</td><td>评价等级</td><td>高级工</td></tr>
<tr><td>项目模块</td><td colspan="5">安全工器具试验—绝缘绳索类工具试验</td><td>编号</td><td>Jc0302341020</td></tr>
<tr><td>单位</td><td colspan="2"></td><td>准考证号</td><td colspan="2"></td><td>姓名</td><td></td></tr>
<tr><td>考试时限</td><td colspan="2">60分钟</td><td>题型</td><td colspan="2">单项操作</td><td>题分</td><td>100分</td></tr>
<tr><td>成绩</td><td></td><td>考评员</td><td colspan="2"></td><td>考评组长</td><td></td><td>日期</td></tr>
<tr><td>试题正文</td><td colspan="7">110kV绝缘绳索类工具试验</td></tr>
<tr><td>需要说明的问题和要求</td><td colspan="7">（1）试验过程单人操作，数据分析在试验过程中完成。
（2）操作过程应注意安全，按照标准化作业流程做好安全措施。
（3）现场完成试验结果分析，出具试验报告。
（4）检测仪器可选考场提供或自带</td></tr>
</table>

序号	项目名称	质量要求	满分	扣分标准	扣分原因	得分
1	试验前准备					
1.1	工器具使用	熟练正确使用各种工器具	5	未正确使用一次扣1分，扣完为止		
1.2	试验记录	收集被试设备基础信息和历史试验数据	5	未收集被试设备历次试验报告扣1分； 未记录被试设备铭牌，现场温、湿度等条件的，每处扣1分，扣完为止		
1.3	仪器、仪表选择	选择合适的试验仪器、仪表	5	选用仪器不合适扣3分； 未检查试验仪器合格证或校验证书扣2分		
1.4	安全措施	（1）办理工作票、交代安全注意事项，分工明确、并做好记录。 （2）设置高压试验安全围栏。 （3）安全工器具使用。 （4）试验仪器正确接地	10	试验仪器未正确接地扣2分； 未检查安全工器具扣3分； 安全措施交代不清楚或未确认签字扣2分； 试验前未将试验区域用安全围栏隔离扣3分		
2	试验开展					
2.1	试验接线	（1）仪器现场布置合理。 （2）电源开关接通前，试验仪器接线应准确无误	10	试验接线接错一次扣5分； 试验前未检查试验接线扣3分； 接线不规范扣1～3分； 上述扣分，扣完为止		

续表

序号	项目名称	质量要求	满分	扣分标准	扣分原因	得分
2.2	试验流程	（1）试验前，对试品进行外观及尺寸检查，测试绝缘电阻，其值应正常。 （2）将高压引线接至绝缘绳索类工具，接线无误后，确保调压器在零位，试验回路中过电流和过电压保护应整定正确。 （3）加压过程中应有人监护并呼唱。接通试验电源，进行升压，操作人员的手应放在电源开关上，如有紧急情况应迅速断开电源。 （4）升压必须从零（或接近于零）开始，切不可冲击合闸。升压速度在75%试验电压以前，可以是任意的，自75%电压开始应均匀升压，均为每秒2%试验电压的速率升压。升至试验电压后，开始计时并读取试验电压。耐压试验后，迅速均匀降压到零（或接近于零），然后切断电源。 （5）试验完毕后，立即触摸绝缘表面，不应发热，测试绝缘电阻，其值应正常。 （6）试验前后及变更接线应对设备充分放电	30	试验前未检查被试品外观扣3分； 加压前后未测试绝缘电阻扣5分； 加压前，调压器未归零扣2分； 试验过程中未高声呼唱每次扣2分； 试验过程中失误一次扣5分； 试验过程中监护不到位扣5分； 缺少试验项目的扣3分； 试验前后及变更接线未对被试设备放电扣5分； 上述扣分，扣完为止		
3	结果分析					
3.1	试验报告	结合测试数据做出分析判断，出具试验报告	25	试验数据分析不准确扣5分； 试验结论不正确扣5分； 试验报告填写不规范扣1～5分； 未给出试验结论扣5分		
4	试验结束					
4.1	现场恢复	清理现场，人员撤离	6	被试设备有遗留物品扣2分； 仪器、工器具等未定置恢复扣2分； 未检查或清理现场扣2分		
4.2	办理收工手续	向考评员汇报试验结果，并办理工作终结手续	4	未汇报试验结果扣2分； 未办理工作票终结手续扣2分		
合计			100			

Jc0302341021　110kV 变压器直流电阻试验。（100 分）

考核知识点：变压器试验

难易度：中

技能等级评价专业技能考核操作工作任务书

一、任务名称

110kV 变压器直流电阻试验。

二、适用工种

电气试验工高级工。

三、具体任务

（1）工作状态为模拟 110kV 变压器停电，工作内容为 110kV 变压器直流电阻试验。

（2）工作任务：

1）110kV 变压器直流电阻试验。

2）根据试验记录出具试验报告，并对数据进行分析。

四、工作规范及要求

（1）工器具使用及安全措施。

（2）按要求进行 110kV 变压器直流电阻试验。

（3）出具试验报告和试验结果分析。

五、考核及时间要求

（1）本考核操作时间为 60 分钟，包括试验接线和报告整理，时间到停止考评。

（2）试验过程中如试验仪器、试验电源出现故障，可向考评员申请故障排除，故障排除时间不计入考核。

（3）按照技能操作要求进行操作，试验报告包括试验项目、仪器型号、试验结果等。

（4）试验过程中如遇突发状况，如不涉及人身、设备安全，则由试验人员自行排查、处理；如危及人身、设备安全，则应立即停止操作，人员及时撤离作业现场。

技能等级评价专业技能考核操作评分标准

工种	电气试验工					评价等级	高级工
项目模块	变压器试验—直流电阻试验					编号	Jc0302341021
单位			准考证号			姓名	
考试时限	60 分钟		题型	单项操作		题分	100 分
成绩		考评员		考评组长		日期	
试题正文	110kV 变压器直流电阻试验						
需要说明的问题和要求	（1）试验过程单人操作，数据分析在试验过程中完成。 （2）操作过程应注意安全，按照标准化作业流程做好安全措施。 （3）现场完成试验结果分析，出具试验报告。 （4）检测仪器可选考场提供或自带						

序号	项目名称	质量要求	满分	扣分标准	扣分原因	得分
1	试验前准备					
1.1	工器具使用	熟练正确使用各种工器具	5	未正确使用一次扣 1 分，扣完为止		
1.2	试验记录	收集被试设备基础信息和历史试验数据	5	未收集被试设备历次试验报告扣 1 分； 未记录被试设备铭牌，现场温、湿度等条件的，每处扣 1 分，扣完为止		
1.3	仪器、仪表选择	选择合适的直流电阻测试仪	5	选用仪器不合适扣 3 分； 未检查试验仪器合格证或校验证书扣 2 分		
1.4	安全措施	（1）办理工作票、交代安全注意事项，分工明确、并做好记录。 （2）设置高压试验安全围栏。 （3）安全工器具使用。 （4）试验仪器正确接地	10	安全措施交代不清楚或未确认签字扣 2 分； 试验前未将试验区域用安全围栏隔离扣 3 分； 未检查安全工器具扣 3 分； 试验仪器未正确接地扣 2 分		
2	试验开展					

续表

序号	项目名称	质量要求	满分	扣分标准	扣分原因	得分
2.1	试验接线	（1）仪器现场布置合理。 （2）电源开关接通前，试验仪器接线应准确无误	10	试验接线接错一次扣 2～5 分； 试验前未检查试验接线扣 3 分； 接线不规范扣 1～3 分； 上述扣分，扣完为止		
2.2	试验流程	（1）试验前仪器、仪表自检，正确选择试验电流，试验过程中高声呼唱。 （2）应分别测量变压器各侧绕组 A、B、C 三相各个档位的直流电阻值，经过温度换算后与历史数据进行比对分析。 （3）试验前后及变更接线应对设备充分放电	30	未进行仪器、仪表自检扣 3 分； 试验过程中未高声呼唱每次扣 2 分； 试验过程中失误一次扣 5 分； 试验过程中监护不到位扣 5～10 分； 试验前后及变更接线未对被试设备放电扣 10 分； 上述扣分，扣完为止		
3	结果分析					
3.1	试验报告	结合测试数据做出分析判断，出具试验报告	25	试验数据分析不准确扣 5 分； 试验结论不正确扣 5 分； 试验报告填写不规范扣 1～5 分； 未给出试验结论扣 5 分		
4	试验结束					
4.1	现场恢复	清理现场，人员撤离	6	被试设备有遗留物品扣 2 分； 仪器、工器具等未定置恢复扣 2 分； 未检查或清理现场扣 2 分		
4.2	办理收工手续	向考评员汇报试验结果，并办理工作终结手续	4	未汇报试验结果扣 2 分； 未办理工作票终结手续扣 2 分		
合计			100			

Jc0302342022　110kV GIS 断路器机械特性试验。（100 分）

考核知识点：GIS 设备试验

难易度：中

技能等级评价专业技能考核操作工作任务书

一、任务名称

110kV GIS 断路器机械特性试验。

二、适用工种

电气试验工高级工。

三、具体任务

（1）工作状态为模拟 110kV 断路器设备停电，工作内容为 110kV GIS 断路器机械特性试验。

（2）工作任务：

1）110kV GIS 断路器机械特性试验。

2）根据试验记录出具试验报告，并对数据进行分析。

四、工作规范及要求

（1）工器具使用及安全措施。

（2）按要求进行 110kV GIS 断路器机械特性试验。

（3）出具试验报告和试验结果分析。

五、考核及时间要求

（1）本考核操作时间为 60 分钟，包括试验接线和报告整理，时间到停止考评。

（2）试验过程中如试验仪器、试验电源出现故障，可向考评员申请故障排除，故障排除时间不计入考核。

（3）按照技能操作要求进行操作，试验报告包括试验项目、仪器型号、试验结果等。

（4）试验过程中如遇突发状况，如不涉及人身、设备安全，则由试验人员自行排查、处理；如危及人身、设备安全，则应立即停止操作，人员及时撤离作业现场。

技能等级评价专业技能考核操作评分标准

工种	电气试验工					评价等级	高级工
项目模块	GIS 断路器试验—机械特性试验					编号	Jc0302342022
单位		准考证号				姓名	
考试时限	60 分钟	题型	单项操作			题分	100 分
成绩		考评员		考评组长		日期	
试题正文	110kV GIS 断路器机械特性试验						
需要说明的问题和要求	（1）试验过程单人操作，数据分析在试验过程中完成。 （2）操作过程应注意安全，按照标准化作业流程做好安全措施。 （3）现场完成试验结果分析，出具试验报告。 （4）检测仪器可选考场提供或自带						

序号	项目名称	质量要求	满分	扣分标准	扣分原因	得分
1	试验前准备					
1.1	工器具使用	熟练正确使用各种工器具	5	未正确使用一次扣 1 分，扣完为止		
1.2	试验记录	收集被试设备基础信息和历史试验数据	5	未收集被试设备历次试验报告扣 1 分； 未记录被试设备铭牌，现场温、湿度等条件的，每处扣 1 分，扣完为止		
1.3	仪器、仪表选择	选择合适的断路器机械特性测试仪	5	选用仪器不合适扣 3 分； 未检查试验仪器合格证或校验证书扣 2 分		
1.4	安全措施	（1）办理工作票、交代安全注意事项，分工明确、并做好记录。 （2）设置高压试验安全围栏。 （3）安全工器具使用。 （4）试验仪器正确接地	10	安全措施交代不清楚或未确认签字扣 2 分； 试验前未将试验区域用安全围栏隔离扣 3 分； 未检查安全工器具扣 3 分； 试验仪器未正确接地扣 2 分		
2	试验开展					
2.1	试验接线	（1）仪器现场布置合理。 （2）电源开关接通前，试验仪器接线应准确无误	10	试验接线接错一次扣 2～5 分； 试验前未检查试验接线扣 3 分； 接线不规范扣 1～3 分； 上述扣分，扣完为止		
2.2	试验流程	（1）试验前仪器、仪表自检，正确选择试验电流，试验过程中高声呼唱。 （2）合上被测断路器相关合闸及控制电源，合上 GIS 断路器两侧接地开关，并拆除接地连接排。 （3）分别按要求测试断路器的分、合闸时间，同期性，并与规程值及历史测试值进行比对分析。 （4）试验前后及变更接线应对设备充分放电	30	未进行仪器、仪表自检扣 3 分； 试验过程中未高声呼唱每次扣 2 分； 试验过程中失误一次扣 5 分； 试验过程中监护不到位扣 5～10 分； 试验前后及变更接线未对被试设备放电扣 10 分； 上述扣分，扣完为止		
3	结果分析					
3.1	试验报告	结合测试数据做出分析判断，出具试验报告	25	验数据分析不准确扣 5 分； 试验结论不正确扣 5 分； 试验报告填写不规范扣 1～5 分； 未给出试验结论扣 5 分		

续表

序号	项目名称	质量要求	满分	扣分标准	扣分原因	得分
4	试验结束					
4.1	现场恢复	清理现场，人员撤离	6	被试设备有遗留物品扣 2 分； 仪器、工器具等未定置恢复扣 2 分； 未检查或清理现场扣 2 分		
4.2	办理收工手续	向考评员汇报试验结果，并办理工作终结手续	4	未汇报试验结果扣 2 分； 未办理工作票终结手续扣 2 分		
合计			100			

Jc0302342023　220kV 电压互感器的变比、极性试验。（100 分）

考核知识点：电压互感器试验

难易度：难

技能等级评价专业技能考核操作工作任务书

一、任务名称

220kV 电压互感器的变比、极性试验。

二、适用工种

电气试验工高级工。

三、具体任务

（1）工作状态为模拟 220kV 电压互感器停电，工作内容为 220kV 电压互感器的变比、极性试验。

（2）工作任务：

1）220kV 电压互感器的变比、极性试验。

2）根据试验记录出具试验报告，并对数据进行分析。

四、工作规范及要求

（1）工器具使用及安全措施。

（2）按要求进行 220kV 电压互感器的变比、极性试验。

（3）出具试验报告和试验结果分析。

五、考核及时间要求

（1）本考核操作时间为 60 分钟，包括试验接线和报告整理，时间到停止考评。

（2）试验过程中如试验仪器、试验电源出现故障，可向考评员申请故障排除，故障排除时间不计入考核。

（3）按照技能操作要求进行操作，试验报告包括试验项目、仪器型号、试验结果等。

（4）试验过程中如遇突发状况，如不涉及人身、设备安全，则由试验人员自行排查、处理；如危及人身、设备安全，则应立即停止操作，人员及时撤离作业现场。

技能等级评价专业技能考核操作评分标准

<table>
<tr><td>工种</td><td colspan="5">电气试验工</td><td>评价等级</td><td>高级工</td></tr>
<tr><td>项目模块</td><td colspan="5">电压互感器试验—变比、极性试验</td><td>编号</td><td>Jc0302342023</td></tr>
<tr><td>单位</td><td colspan="2"></td><td>准考证号</td><td colspan="2"></td><td>姓名</td><td></td></tr>
<tr><td>考试时限</td><td colspan="2">60 分钟</td><td>题型</td><td colspan="2">单项操作</td><td>题分</td><td>100 分</td></tr>
<tr><td>成绩</td><td></td><td>考评员</td><td colspan="2"></td><td>考评组长</td><td></td><td>日期</td><td></td></tr>
</table>

续表

试题正文	220kV 电压互感器的变比、极性试验
需要说明的问题和要求	（1）试验过程单人操作，数据分析在试验过程中完成。 （2）操作过程应注意安全，按照标准化作业流程做好安全措施。 （3）现场完成试验结果分析，出具试验报告。 （4）检测仪器可选考场提供或自带

序号	项目名称	质量要求	满分	扣分标准	扣分原因	得分
1	试验前准备					
1.1	工器具使用	熟练正确使用各种工器具	5	未正确使用一次扣 1 分，扣完为止		
1.2	试验记录	收集被试设备基础信息和历史试验数据	5	未收集被试设备历次试验报告扣 1 分； 未记录被试设备铭牌，现场温、湿度等条件的，每处扣 1 分，扣完为止		
1.3	仪器、仪表选择	选择合适的互感器变比测试仪	5	选用仪器不合适扣 3 分； 未检查试验仪器合格证或校验证书扣 2 分		
1.4	安全措施	（1）办理工作票、交代安全注意事项，分工明确、并做好记录。 （2）设置高压试验安全围栏。 （3）安全工器具使用。 （4）试验仪器正确接地	10	安全措施交代不清楚或未确认签字扣 2 分； 试验前未将试验区域用安全围栏隔离扣 3 分； 未检查安全工器具扣 3 分； 试验仪器未正确接地扣 2 分		
2	试验开展					
2.1	试验接线	（1）仪器现场布置合理。 （2）电源开关接通前，试验仪器接线应准确无误	10	试验接线接错一次扣 2～5 分； 试验前未检查试验接线扣 3 分； 接线不规范扣 1～3 分； 上述扣分，扣完为止		
2.2	试验流程	（1）试验前仪器、仪表自检，正确选择试验电压，试验过程中高声呼唱。 （2）试验前后及变更接线应对设备充分放电	30	未进行仪器、仪表自检扣 3 分； 试验过程中未高声呼唱每次扣 2 分； 试验过程中失误一次扣 5 分； 试验过程中监护不到位扣 5～10 分； 试验前后及变更接线未对被试设备放电扣 10 分； 上述扣分，扣完为止		
3	结果分析					
3.1	试验报告	结合测试数据做出分析判断，出具试验报告	25	试验数据分析不准确扣 5 分； 试验结论不正确扣 5 分； 试验报告填写不规范扣 1～5 分； 未给出试验结论扣 5 分		
4	试验结束					
4.1	现场恢复	清理现场，人员撤离	6	被试设备有遗留物品扣 2 分； 仪器、工器具等未定置恢复扣 2 分； 未检查或清理现场扣 2 分		
4.2	办理收工手续	向考评员汇报试验结果，并办理工作终结手续	4	未汇报试验结果扣 2 分； 未办理工作票终结手续扣 2 分		
合计			100			

Jc0302341024　220kV 电流互感器直流电阻试验。（100 分）

考核知识点：电流互感器试验

难易度：难

技能等级评价专业技能考核操作工作任务书

一、任务名称

220kV 电流互感器直流电阻试验。

二、适用工种

电气试验工高级工。

三、具体任务

（1）工作状态为模拟 220kV 电流互感器停电，工作内容为 220kV 电流互感器直流电阻试验。

（2）工作任务：

1）220kV 电流互感器直流电阻试验。

2）根据试验记录出具试验报告，并对数据进行分析。

四、工作规范及要求

（1）工器具使用及安全措施。

（2）按要求进行 220kV 电流互感器直流电阻试验。

（3）出具试验报告和试验结果分析。

五、考核及时间要求

（1）本考核操作时间为 60 分钟，包括试验接线和报告整理，时间到停止考评。

（2）试验过程中如试验仪器、试验电源出现故障，可向考评员申请故障排除，故障排除时间不计入考核。

（3）按照技能操作要求进行操作，试验报告包括试验项目、仪器型号、试验结果等。

（4）试验过程中如遇突发状况，如不涉及人身、设备安全，则由试验人员自行排查、处理；如危及人身、设备安全，则应立即停止操作，人员及时撤离作业现场。

技能等级评价专业技能考核操作评分标准

工种	电气试验工					评价等级	高级工
项目模块	电流互感器试验—直流电阻试验					编号	Jc0302341024
单位			准考证号			姓名	
考试时限	60 分钟		题型	单项操作		题分	100 分
成绩		考评员		考评组长		日期	
试题正文	220kV 电流互感器直流电阻试验						
需要说明的问题和要求	（1）试验过程单人操作，数据分析在试验过程中完成。 （2）操作过程应注意安全，按照标准化作业流程做好安全措施。 （3）现场完成试验结果分析，出具试验报告。 （4）检测仪器可选考场提供或自带						

序号	项目名称	质量要求	满分	扣分标准	扣分原因	得分
1	试验前准备					
1.1	工器具使用	熟练正确使用各种工器具	5	未正确使用一次扣 1 分，扣完为止		
1.2	试验记录	收集被试设备基础信息和历史试验数据	5	未收集被试设备历次试验报告扣 1 分； 未记录被试设备铭牌，现场温、湿度等条件的，每处扣 1 分，扣完为止		
1.3	仪器、仪表选择	选择合适的直流电阻测试仪	5	选用仪器不合适扣 3 分； 未检查试验仪器合格证或校验证书扣 2 分		

续表

序号	项目名称	质量要求	满分	扣分标准	扣分原因	得分
1.4	安全措施	（1）办理工作票、交代安全注意事项，分工明确、并做好记录。 （2）设置高压试验安全围栏。 （3）安全工器具使用。 （4）试验仪器正确接地	10	安全措施交代不清楚或未确认签字扣2分； 试验前未将试验区域用安全围栏隔离扣3分； 未检查安全工器具扣3分； 试验仪器未正确接地扣2分		
2	试验开展					
2.1	试验接线	（1）仪器现场布置合理。 （2）电源开关接通前，试验仪器接线应准确无误	10	试验接线接错一次扣2～5分； 试验前未检查试验接线扣3分； 接线不规范扣1～3分； 上述扣分，扣完为止		
2.2	试验流程	（1）试验前仪器、仪表自检，正确选择试验电流，试验过程中高声呼唱。 （2）应分别测量电流互感器一次绕组及各二次绕组直流电阻值，经过温度换算后与历史数据进行比对分析。 （3）试验前后及变更接线应对设备充分放电	30	未进行仪器、仪表自检扣3分； 试验过程中未高声呼唱每次扣2分； 试验过程中失误一次扣5分； 试验过程中监护不到位扣5～10分； 试验前后及变更接线未对被试设备放电扣10分； 上述扣分，扣完为止		
3	结果分析					
3.1	试验报告	结合测试数据做出分析判断，出具试验报告	25	试验数据分析不准确扣5分； 试验结论不正确扣5分； 试验报告填写不规范扣1～5分； 未给出试验结论扣5分		
4	试验结束					
4.1	现场恢复	清理现场，人员撤离	6	被试设备有遗留物品扣2分； 仪器、工器具等未定置恢复扣2分； 未检查或清理现场扣2分		
4.2	办理收工手续	向考评员汇报试验结果，并办理工作终结手续	4	未汇报试验结果扣2分； 未办理工作票终结手续扣2分		
合计			100			

Jc0302342025　220kV 电流互感器的变比、极性试验。（100分）

考核知识点： 电流互感器试验

难易度： 难

技能等级评价专业技能考核操作工作任务书

一、任务名称

220kV 电流互感器的变比、极性试验。

二、适用工种

电气试验工高级工。

三、具体任务

（1）工作状态为模拟220kV 电流互感器停电，工作内容为220kV 电流互感器的变比、极性试验。

（2）工作任务：

1）220kV 电流互感器的变比、极性试验。

2）根据试验记录出具试验报告，并对数据进行分析。

四、工作规范及要求

（1）工器具使用及安全措施。

（2）按要求进行220kV电流互感器的变比、极性试验。

（3）出具试验报告和试验结果分析。

五、考核及时间要求

（1）本考核操作时间为60分钟，包括试验接线和报告整理，时间到停止考评。

（2）试验过程中如试验仪器、试验电源出现故障，可向考评员申请故障排除，故障排除时间不计入考核。

（3）按照技能操作要求进行操作，试验报告包括试验项目、仪器型号、试验结果等。

（4）试验过程中如遇突发状况，如不涉及人身、设备安全，则由试验人员自行排查、处理；如危及人身、设备安全，则应立即停止操作，人员及时撤离作业现场。

技能等级评价专业技能考核操作评分标准

<table>
<tr><td>工种</td><td colspan="5">电气试验工</td><td>评价等级</td><td>高级工</td></tr>
<tr><td>项目模块</td><td colspan="5">电流互感器试验—变比、极性及接线组别试验</td><td>编号</td><td>Jc0302342025</td></tr>
<tr><td>单位</td><td colspan="2"></td><td>准考证号</td><td colspan="2"></td><td>姓名</td><td></td></tr>
<tr><td>考试时限</td><td colspan="2">60分钟</td><td>题型</td><td colspan="2">单项操作</td><td>题分</td><td>100分</td></tr>
<tr><td>成绩</td><td></td><td>考评员</td><td colspan="2"></td><td>考评组长</td><td></td><td>日期</td><td></td></tr>
<tr><td>试题正文</td><td colspan="8">220kV电流互感器的变比、极性试验</td></tr>
<tr><td>需要说明的问题和要求</td><td colspan="8">（1）试验过程单人操作，数据分析在试验过程中完成。
（2）操作过程应注意安全，按照标准化作业流程做好安全措施。
（3）现场完成试验结果分析，出具试验报告。
（4）检测仪器可选考场提供或自带</td></tr>
</table>

序号	项目名称	质量要求	满分	扣分标准	扣分原因	得分
1	试验前准备					
1.1	工器具使用	熟练正确使用各种工器具	5	未正确使用一次扣1分，扣完为止		
1.2	试验记录	收集被试设备基础信息和历史试验数据	5	未收集被试设备历次试验报告扣1分； 未记录被试设备铭牌，现场温、湿度等条件的，每处扣1分，扣完为止		
1.3	仪器、仪表选择	选择合适的变压器变比测试仪	5	选用仪器不合适扣3分； 未检查试验仪器合格证或校验证书扣2分		
1.4	安全措施	（1）办理工作票、交代安全注意事项，分工明确、并做好记录。 （2）设置高压试验安全围栏。 （3）安全工器具使用。 （4）试验仪器正确接地	10	安全措施交代不清楚或未确认签字扣2分； 试验前未将试验区域用安全围栏隔离扣3分； 未检查安全工器具扣3分； 试验仪器未正确接地扣2分		
2	试验开展					
2.1	试验接线	（1）仪器现场布置合理。 （2）电源开关接通前，试验仪器接线应准确无误	10	试验接线接错一次扣2～5分； 试验前未检查试验接线扣3分； 接线不规范扣1～3分； 上述扣分，扣完为止		
2.2	试验流程	（1）试验前仪器、仪表自检，正确选择试验电压，试验过程中高声呼唱。 （2）试验前后及变更接线应对设备充分放电	30	未进行仪器、仪表自检扣3分； 试验过程中未高声呼唱每次扣2分； 试验过程中失误一次扣5分； 试验过程中监护不到位扣5～10分； 试验前后及变更接线未对被试设备放电扣10分； 上述扣分，扣完为止		

续表

序号	项目名称	质量要求	满分	扣分标准	扣分原因	得分
3	结果分析					
3.1	试验报告	结合测试数据做出分析判断，出具试验报告	25	试验数据分析不准确扣 5 分； 试验结论不正确扣 5 分； 试验报告填写不规范扣 1～5 分； 未给出试验结论扣 5 分		
4	试验结束					
4.1	现场恢复	清理现场，人员撤离	6	被试设备有遗留物品扣 2 分； 仪器、工器具等未定置恢复扣 2 分； 未检查或清理现场扣 2 分		
4.2	办理收工手续	向考评员汇报试验结果，并办理工作终结手续	4	未汇报试验结果扣 2 分； 未办理工作票终结手续扣 2 分		
合计			100			

Jc0302341026　220kV 电压互感器直流电阻试验。（100 分）

考核知识点：电压互感器试验

难易度：易

技能等级评价专业技能考核操作工作任务书

一、任务名称

220kV 电压互感器直流电阻试验。

二、适用工种

电气试验工高级工。

三、具体任务

（1）工作状态为模拟 220kV 电压互感器停电，工作内容为 220kV 电压互感器直流电阻试验。

（2）工作任务：

1）220kV 电压互感器直流电阻试验。

2）根据试验记录出具试验报告，并对数据进行分析。

四、工作规范及要求

（1）工器具使用及安全措施。

（2）按要求进行 220kV 电压互感器直流电阻试验。

（3）出具试验报告和试验结果分析。

五、考核及时间要求

（1）本考核操作时间为 60 分钟，包括试验接线和报告整理，时间到停止考评。

（2）试验过程中如试验仪器、试验电源出现故障，可向考评员申请故障排除，故障排除时间不计入考核。

（3）按照技能操作要求进行操作，试验报告包括试验项目、仪器型号、试验结果等。

（4）试验过程中如遇突发状况，如不涉及人身、设备安全，则由试验人员自行排查、处理；如危及人身、设备安全，则应立即停止操作，人员及时撤离作业现场。

技能等级评价专业技能考核操作评分标准

工种	电气试验工					评价等级	高级工
项目模块	电压互感器试验—直流电阻试验					编号	Jc0302341026
单位			准考证号			姓名	
考试时限	60 分钟		题型	单项操作		题分	100 分
成绩		考评员		考评组长		日期	
试题正文	220kV 电压互感器直流电阻试验						
需要说明的问题和要求	（1）试验过程单人操作，数据分析在试验过程中完成。 （2）操作过程应注意安全，按照标准化作业流程做好安全措施。 （3）现场完成试验结果分析，出具试验报告。 （4）检测仪器可选考场提供或自带						

序号	项目名称	质量要求	满分	扣分标准	扣分原因	得分
1	试验前准备					
1.1	工器具使用	熟练正确使用各种工器具	5	未正确使用一次扣 1 分，扣完为止		
1.2	试验记录	收集被试设备基础信息和历史试验数据	5	未收集被试设备历次试验报告扣 1 分； 未记录被试设备铭牌，现场温、湿度等条件的，每处扣 1 分，扣完为止		
1.3	仪器、仪表选择	选择合适的万用表、直流电阻测试仪	5	选用仪器不合适扣 3 分； 未检查试验仪器合格证或校验证书扣 2 分		
1.4	安全措施	（1）办理工作票、交代安全注意事项，分工明确、并做好记录。 （2）设置高压试验安全围栏。 （3）安全工器具使用。 （4）试验仪器正确接地	10	安全措施交代不清楚或未确认签字扣 2 分； 试验前未将试验区域用安全围栏隔离扣 3 分； 未检查安全工器具扣 3 分； 试验仪器未正确接地扣 2 分		
2	试验开展					
2.1	试验接线	（1）仪器现场布置合理。 （2）电源开关接通前，试验仪器接线应准确无误	10	试验接线接错一次扣 2～5 分； 试验前未检查试验接线扣 3 分； 接线不规范扣 1～3 分； 上述扣分，扣完为止		
2.2	试验流程	（1）试验前仪器、仪表自检，正确选择试验电流，试验过程中高声呼唱。 （2）应分别测量电流互感器一次绕组及各二次绕组直流电阻值，经过温度换算后与历史数据进行比对分析。 （3）试验前后及变更接线应对设备充分放电	30	未进行仪器、仪表自检扣 3 分； 试验过程中未高声呼唱每次扣 2 分； 试验过程中失误一次扣 5 分； 试验过程中监护不到位扣 5～10 分； 试验前后及变更接线未对被试设备放电扣 10 分； 上述扣分，扣完为止		
3	结果分析					
3.1	试验报告	结合测试数据做出分析判断，出具试验报告	25	试验数据分析不准确扣 5 分； 试验结论不正确扣 5 分； 试验报告填写不规范扣 1～5 分； 未给出试验结论扣 5 分		
4	试验结束					
4.1	现场恢复	清理现场，人员撤离	6	被试设备有遗留物品扣 2 分； 仪器、工器具等未定置恢复扣 2 分； 未检查或清理现场扣 2 分		
4.2	办理收工手续	向考评员汇报试验结果，并办理工作终结手续	4	未汇报试验结果扣 2 分； 未办理工作票终结手续扣 2 分		
合计			100			

Jc0302342027　220kV 断路器导电回路电阻试验。（100 分）

考核知识点：断路器试验

难易度：中

技能等级评价专业技能考核操作工作任务书

一、任务名称

220kV 断路器导电回路电阻试验。

二、适用工种

电气试验工高级工。

三、具体任务

（1）工作状态为模拟 220kV 断路器停电，工作内容为 220kV 断路器导电回路电阻试验。

（2）工作任务：

1）220kV 断路器导电回路电阻试验。

2）根据试验记录出具试验报告，并对数据进行分析。

四、工作规范及要求

（1）工器具使用及安全措施。

（2）按要求进行 220kV 断路器导电回路电阻试验。

（3）出具试验报告和试验结果分析。

五、考核及时间要求

（1）本考核操作时间为 60 分钟，包括试验接线和报告整理，时间到停止考评。

（2）试验过程中如试验仪器、试验电源出现故障，可向考评员申请故障排除，故障排除时间不计入考核。

（3）按照技能操作要求进行操作，试验报告包括试验项目、仪器型号、试验结果等。

（4）试验过程中如遇突发状况，如不涉及人身、设备安全，则由试验人员自行排查、处理；如危及人身、设备安全，则应立即停止操作，人员及时撤离作业现场。

技能等级评价专业技能考核操作评分标准

<table>
<tr><td>工种</td><td colspan="5">电气试验工</td><td>评价等级</td><td>高级工</td></tr>
<tr><td>项目模块</td><td colspan="5">断路器试验—导电回路电阻试验</td><td>编号</td><td>Jc0302342027</td></tr>
<tr><td>单位</td><td colspan="2"></td><td>准考证号</td><td colspan="2"></td><td>姓名</td><td></td></tr>
<tr><td>考试时限</td><td colspan="2">60 分钟</td><td>题型</td><td colspan="2">单项操作</td><td>题分</td><td>100 分</td></tr>
<tr><td>成绩</td><td></td><td>考评员</td><td></td><td>考评组长</td><td></td><td>日期</td><td></td></tr>
<tr><td>试题正文</td><td colspan="7">220kV 断路器导电回路电阻试验</td></tr>
<tr><td>需要说明的问题和要求</td><td colspan="7">（1）试验过程单人操作，数据分析在试验过程中完成。
（2）操作过程应注意安全，按照标准化作业流程做好安全措施。
（3）现场完成试验结果分析，出具试验报告。
（4）检测仪器可选考场提供或自带</td></tr>
</table>

序号	项目名称	质量要求	满分	扣分标准	扣分原因	得分
1	试验前准备					
1.1	工器具使用	熟练正确使用各种工器具	5	未正确使用一次扣 1 分，扣完为止		
1.2	试验记录	收集被试设备基础信息和历史试验数据	5	未收集被试设备历次试验报告扣 1 分； 未记录被试设备铭牌，现场温、湿度等条件的，每处扣 1 分，扣完为止		

续表

序号	项目名称	质量要求	满分	扣分标准	扣分原因	得分
1.3	仪器、仪表选择	选择合适的回路电阻测试仪	5	选用仪器不合适扣3分； 未检查试验仪器合格证或校验证书扣2分		
1.4	安全措施	（1）办理工作票、交代安全注意事项，分工明确、并做好记录。 （2）设置高压试验安全围栏。 （3）安全工器具使用。 （4）试验仪器正确接地	10	安全措施交代不清楚或未确认签字扣2分； 试验前未将试验区域用安全围栏隔离扣3分； 未检查安全工器具扣3分； 试验仪器未正确接地扣2分		
2	试验开展					
2.1	试验接线	（1）仪器现场布置合理。 （2）电源开关接通前，试验仪器接线应准确无误	10	试验接线接错一次扣2～5分； 试验前未检查试验接线扣3分； 接线不规范扣1～3分； 上述扣分，扣完为止		
2.2	试验流程	（1）试验前仪器、仪表自检，正确选择试验电流，试验过程中高声呼唱。 （2）将断路器转至“合闸”状态，并断开相关合闸及控制电源。 （3）逐相测量三相断路器导电回路电阻值，并与规程值及历史测试值进行比对分析。 （4）试验前后及变更接线应对设备充分放电	30	未进行仪器、仪表自检扣3分； 试验过程中未高声呼唱每次扣2分； 试验过程中失误一次扣5分； 试验过程中监护不到位扣5～10分； 试验前后及变更接线未对被试设备放电扣10分； 上述扣分，扣完为止		
3	结果分析					
3.1	试验报告	结合测试数据做出分析判断，出具试验报告	25	试验数据分析不准确扣5分； 试验结论不正确扣5分； 试验报告填写不规范扣1～5分； 未给出试验结论扣5分		
4	试验结束					
4.1	现场恢复	清理现场，人员撤离	6	被试设备有遗留物品扣2分； 仪器、工器具等未定置恢复扣2分； 未检查或清理现场扣2分		
4.2	办理收工手续	向考评员汇报试验结果，并办理工作终结手续	4	未汇报试验结果扣2分； 未办理工作票终结手续扣2分		
合计			100			

Jc0302343028　接地网接地阻抗试验。（100分）

考核知识点： 接地网试验

难易度： 中

技能等级评价专业技能考核操作工作任务书

一、任务名称

接地网接地阻抗试验。

二、适用工种

电气试验工高级工。

三、具体任务

（1）工作状态为模拟接地网完整，工作内容为接地网接地阻抗试验。

（2）工作任务：

1）接地网接地阻抗试验。

2）根据试验记录出具试验报告，并对数据进行分析。

四、工作规范及要求

（1）工器具使用及安全措施。

（2）按要求进行接地网接地阻抗试验。

（3）出具试验报告和试验结果分析。

五、考核及时间要求

（1）本考核操作时间为60分钟，包括试验接线和报告整理，时间到停止考评。

（2）试验过程中如试验仪器、试验电源出现故障，可向考评员申请故障排除，故障排除时间不计入考核。

（3）按照技能操作要求进行操作，试验报告包括试验项目、仪器型号、试验结果等。

（4）试验过程中如遇突发状况，如不涉及人身、设备安全，则由试验人员自行排查、处理；如危及人身、设备安全，则应立即停止操作，人员及时撤离作业现场。

技能等级评价专业技能考核操作评分标准

工种	电气试验工				评价等级	高级工	
项目模块	接地网试验—接地阻抗试验				编号	Jc0302343028	
单位		准考证号			姓名		
考试时限	60分钟	题型	单项操作		题分	100分	
成绩		考评员		考评组长		日期	
试题正文	接地网接地阻抗试验						
需要说明的问题和要求	（1）试验过程单人操作，数据分析在试验过程中完成。 （2）操作过程应注意安全，按照标准化作业流程做好安全措施。 （3）现场完成试验结果分析，出具试验报告。 （4）检测仪器可选考场提供或自带						

序号	项目名称	质量要求	满分	扣分标准	扣分原因	得分
1	试验前准备					
1.1	工器具使用	熟练正确使用各种工器具	5	未正确使用一次扣1分，扣完为止		
1.2	试验记录	收集被试设备基础信息和历史试验数据	5	未收集被试设备历次试验报告扣1分； 未记录被试设备铭牌，现场温、湿度等条件的，每处扣1分，扣完为止		
1.3	仪器、仪表选择	选择合适的接地阻抗测试仪	5	选用仪器不合适扣3分； 未检查试验仪器合格证或校验证书扣2分		
1.4	安全措施	（1）办理工作票、交代安全注意事项，分工明确、并做好记录。 （2）设置高压试验安全围栏。 （3）安全工器具使用。 （4）试验仪器正确接地	10	安全措施交代不清楚或未确认签字扣2分； 试验前未将试验区域用安全围栏隔离扣3分； 未检查安全工器具扣3分； 试验仪器未正确接地扣2分		
2	试验开展					
2.1	试验接线	（1）仪器现场布置合理。 （2）电源开关控通前，试验仪器接线应准确无误	10	试验接线接错一次扣2～5分； 试验前未检查试验接线扣3分； 接线不规范扣1～3分； 上述扣分，扣完为止		

续表

序号	项目名称	质量要求	满分	扣分标准	扣分原因	得分
2.2	试验流程	（1）试验前仪器、仪表自检，正确选择试验电流，试验过程中高声呼唱。 （2）合理选择测试点及测试接线，分别对测试点接地阻抗进行测试，合格后进行接地网阻抗测试。 （3）试验前后及变更接线应对设备充分放电	30	未进行仪器、仪表自检扣3分； 试验过程中未高声呼唱每次扣2分； 试验过程中失误一次扣5分； 试验过程中监护不到位扣5～10分； 试验前后及变更接线未对被试设备放电扣10分； 上述扣分，扣完为止		
3	结果分析					
3.1	试验报告	结合测试数据做出分析判断，出具试验报告	25	试验数据分析不准确扣5分； 试验结论不正确扣5分； 试验报告填写不规范扣1～5分； 未给出试验结论扣5分		
4	试验结束					
4.1	现场恢复	清理现场，人员撤离	6	被试设备有遗留物品扣2分； 仪器、工器具等未定置恢复扣2分； 未检查或清理现场扣2分		
4.2	办理收工手续	向考评员汇报试验结果，并办理工作终结手续	4	未汇报试验结果扣2分； 未办理工作票终结手续扣2分		
合计			100			

Jc0302343029　土壤电阻率试验。（100分）

考核知识点：土壤电阻率试验

难易度：中

技能等级评价专业技能考核操作工作任务书

一、任务名称

土壤电阻率试验。

二、适用工种

电气试验工高级工。

三、具体任务

（1）工作状态为模拟接地网完整，工作内容为土壤电阻率试验。

（2）工作任务：

1）土壤电阻率试验。

2）根据试验记录出具试验报告，并对数据进行分析。

四、工作规范及要求

（1）工器具使用及安全措施。

（2）按要求进行土壤电阻率试验。

（3）出具试验报告和试验结果分析。

五、考核及时间要求

（1）本考核操作时间为60分钟，包括试验接线和报告整理，时间到停止考评。

（2）试验过程中如试验仪器、试验电源出现故障，可向考评员申请故障排除，故障排除时间不计入考核。

（3）按照技能操作要求进行操作，试验报告包括试验项目、仪器型号、试验结果等。

（4）试验过程中如遇突发状况，如不涉及人身、设备安全，则由试验人员自行排查、处理；如危及人身、设备安全，则应立即停止操作，人员及时撤离作业现场。

技能等级评价专业技能考核操作评分标准

工种	电气试验工					评价等级	高级工
项目模块	土壤电阻率试验					编号	Jc0302343029
单位			准考证号			姓名	
考试时限	60 分钟		题型	单项操作		题分	100 分
成绩		考评员		考评组长		日期	
试题正文	土壤电阻率试验						
需要说明的问题和要求	（1）试验过程单人操作，数据分析在试验过程中完成。 （2）操作过程应注意安全，按照标准化作业流程做好安全措施。 （3）现场完成试验结果分析，出具试验报告。 （4）检测仪器可选考场提供或自带						

序号	项目名称	质量要求	满分	扣分标准	扣分原因	得分
1	试验前准备					
1.1	工器具使用	熟练正确使用各种工器具	5	未正确使用一次扣 1 分，扣完为止		
1.2	试验记录	收集被试设备基础信息和历史试验数据	5	未收集被试设备历次试验报告扣 1 分； 未记录被试设备铭牌，现场温、湿度等条件的，每处扣 1 分，扣完为止		
1.3	仪器、仪表选择	选择合适的接地阻抗测试仪	5	选用仪器不合适扣 3 分； 未检查试验仪器合格证或校验证书扣 2 分		
1.4	安全措施	（1）办理工作票、交代安全注意事项，分工明确、并做好记录。 （2）设置高压试验安全围栏。 （3）安全工器具使用。 （4）试验仪器正确接地	10	安全措施交代不清楚或未确认签字扣 2 分； 试验前未将试验区域用安全围栏隔离扣 3 分； 未检查安全工器具扣 3 分； 试验仪器未正确接地扣 2 分		
2	试验开展					
2.1	试验接线	（1）仪器现场布置合理。 （2）电源开关接通前，试验仪器接线应准确无误	10	试验接线接错一次扣 2～5 分； 试验前未检查试验接线扣 3 分； 接线不规范扣 1～3 分； 上述扣分，扣完为止		
2.2	试验流程	（1）试验前仪器、仪表自检，正确选择试验电流，试验过程中高声呼唱。 （2）合理选择测试点及测试接线，分别对测试点接地阻抗进行测试，合格后进行接地网阻抗测试，并将测试数值换算得到土壤电阻率。 （3）试验前后及变更接线应对设备充分放电	30	未进行仪器、仪表自检扣 3 分； 试验过程中未高声呼唱每次扣 2 分； 试验过程中失误一次扣 5 分； 试验过程中监护不到位扣 5～10 分； 试验前后及变更接线未对被试设备放电扣 10 分； 上述扣分，扣完为止		
3	结果分析					
3.1	试验报告	结合测试数据做出分析判断，出具试验报告	25	试验数据分析不准确扣 5 分； 试验结论不正确扣 5 分； 试验报告填写不规范扣 1～5 分； 未给出试验结论扣 5 分		
4	试验结束					
4.1	现场恢复	清理现场，人员撤离	6	被试设备有遗留物品扣 2 分； 仪器、工器具等未定置恢复扣 2 分； 未检查或清理现场扣 2 分		
4.2	办理收工手续	向考评员汇报试验结果，并办理工作终结手续	4	未汇报试验结果扣 2 分； 未办理工作票终结手续扣 2 分		
合计			100			

Jc0302341030 35kV 电容器极间电容量试验。（100 分）

考核知识点： 电容器试验

难易度： 易

技能等级评价专业技能考核操作工作任务书

一、任务名称

35kV 电容器极间电容量试验。

二、适用工种

电气试验工高级工。

三、具体任务

（1）工作状态为模拟 35kV 电容器停电，工作内容为 35kV 电容器极间电容量试验。

（2）工作任务：

1）35kV 电容器极间电容量试验。

2）根据试验记录出具试验报告，并对数据进行分析。

四、工作规范及要求

（1）工器具使用及安全措施。

（2）按要求进行 35kV 电容器极间电容量试验。

（3）出具试验报告和试验结果分析。

五、考核及时间要求

（1）本考核操作时间为 60 分钟，包括试验接线和报告整理，时间到停止考评。

（2）试验过程中如试验仪器、试验电源出现故障，可向考评员申请故障排除，故障排除时间不计入考核。

（3）按照技能操作要求进行操作，试验报告包括试验项目、仪器型号、试验结果等。

（4）试验过程中如遇突发状况，如不涉及人身、设备安全，则由试验人员自行排查、处理；如危及人身、设备安全，则应立即停止操作，人员及时撤离作业现场。

技能等级评价专业技能考核操作评分标准

工种	电气试验工				评价等级	高级工
项目模块	电容器试验—极间电容量试验				编号	Jc0302341030
单位		准考证号			姓名	
考试时限	60 分钟	题型	单项操作		题分	100 分
成绩	考评员		考评组长		日期	
试题正文	35kV 电容器极间电容量试验					
需要说明的问题和要求	（1）试验过程单人操作，数据分析在试验过程中完成。 （2）操作过程应注意安全，按照标准化作业流程做好安全措施。 （3）现场完成试验结果分析，出具试验报告。 （4）检测仪器可选考场提供或自带					

序号	项目名称	质量要求	满分	扣分标准	扣分原因	得分
1	试验前准备					
1.1	工器具使用	熟练正确使用各种工器具	5	未正确使用一次扣 1 分，扣完为止		
1.2	试验记录	收集被试设备基础信息和历史试验数据	5	未收集被试设备历次试验报告扣 1 分； 未记录被试设备铭牌，现场温、湿度等条件的，每处扣 1 分，扣完为止		

续表

序号	项目名称	质量要求	满分	扣分标准	扣分原因	得分
1.3	仪器、仪表选择	选择合适的电容量测试仪	5	选用仪器不合适扣3分； 未检查试验仪器合格证或校验证书扣2分		
1.4	安全措施	（1）办理工作票、交代安全注意事项，分工明确、并做好记录。 （2）设置高压试验安全围栏。 （3）安全工器具使用。 （4）试验仪器正确接地	10	安全措施交代不清楚或未确认签字扣2分； 试验前未将试验区域用安全围栏隔离扣3分； 未检查安全工器具扣3分； 试验仪器未正确接地扣2分		
2	试验开展					
2.1	试验接线	（1）仪器现场布置合理。 （2）电源开关接通前，试验仪器接线应准确无误	10	试验接线接错一次扣2～5分； 试验前未检查试验接线扣3分； 接线不规范扣1～3分； 上述扣分，扣完为止		
2.2	试验流程	（1）试验前仪器、仪表自检，正确选择试验电流，试验过程中高声呼唱。 （2）应分别测量电容器各相间电容量，经过计算后与规程值和历史数据进行比对分析。 （3）试验前后及变更接线应对设备充分放电	30	未进行仪器、仪表自检扣3分； 试验过程中未高声呼唱每次扣2分； 试验过程中失误一次扣5分； 试验过程中监护不到位扣5～10分； 试验前后及变更接线未对被试设备放电扣10分； 上述扣分，扣完为止		
3	结果分析					
3.1	试验报告	结合测试数据做出分析判断，出具试验报告	25	试验数据分析不准确扣5分； 试验结论不正确扣5分； 试验报告填写不规范扣1～5分； 未给出试验结论扣5分		
4	试验结束					
4.1	现场恢复	清理现场，人员撤离	6	被试设备有遗留物品扣2分； 仪器、工器具等未定置恢复扣2分； 未检查或清理现场扣2分		
4.2	办理收工手续	向考评员汇报试验结果，并办理工作终结手续	4	未汇报试验结果扣2分； 未办理工作票终结手续扣2分		
合计			100			

Jc0302341031　35kV架空线路绝缘电阻和核对相位。（100分）

考核知识点：架空线路试验

难易度：中

技能等级评价专业技能考核操作工作任务书

一、任务名称

35kV架空线路绝缘电阻和核对相位。

二、适用工种

电气试验工高级工。

三、具体任务

（1）工作状态为模拟35kV架空线路停电，工作内容为架空线路绝缘电阻和核对相位。

（2）工作任务：

1）架空线路进行绝缘电阻和核对相位。

2）根据试验记录出具试验报告，并对数据进行分析。

四、工作规范及要求

（1）工器具使用及安全措施。

（2）按要求进行高压试验。

（3）出具试验报告和试验结果分析。

五、考核及时间要求

（1）本考核操作时间为60分钟，包括试验接线和报告整理，时间到停止考评。

（2）试验过程中如试验仪器、试验电源出现故障，可向考评员申请故障排除，故障排除时间不计入考核。

（3）按照技能操作要求进行操作，试验报告包括试验项目、仪器型号、试验结果等。

（4）试验过程中如遇突发状况，如不涉及人身、设备安全，则由试验人员自行排查、处理；如危及人身、设备安全，则应立即停止操作，人员及时撤离作业现场。

技能等级评价专业技能考核操作评分标准

<table>
<tr><td>工种</td><td colspan="5">电气试验工</td><td>评价等级</td><td>高级工</td></tr>
<tr><td>项目模块</td><td colspan="5">架空线路试验—绝缘电阻和核对相位</td><td>编号</td><td>Jc0302341031</td></tr>
<tr><td>单位</td><td colspan="2"></td><td>准考证号</td><td colspan="2"></td><td>姓名</td><td></td></tr>
<tr><td>考试时限</td><td colspan="2">60分钟</td><td>题型</td><td colspan="2">单项操作</td><td>题分</td><td>100分</td></tr>
<tr><td>成绩</td><td></td><td>考评员</td><td colspan="2"></td><td>考评组长</td><td></td><td>日期</td></tr>
<tr><td>试题正文</td><td colspan="7">35kV架空线路绝缘电阻和核对相位</td></tr>
<tr><td>需要说明的问题和要求</td><td colspan="7">（1）试验过程单人操作，数据分析在试验过程中完成。
（2）操作过程应注意安全，按照标准化作业流程做好安全措施。
（3）现场完成试验结果分析，出具试验报告。
（4）检测仪器可选考场提供或自带</td></tr>
</table>

<table>
<tr><td>序号</td><td>项目名称</td><td>质量要求</td><td>满分</td><td>扣分标准</td><td>扣分原因</td><td>得分</td></tr>
<tr><td>1</td><td>试验前准备</td><td></td><td></td><td></td><td></td><td></td></tr>
<tr><td>1.1</td><td>工器具使用</td><td>熟练正确使用各种工器具</td><td>5</td><td>未正确使用一次扣1分，扣完为止</td><td></td><td></td></tr>
<tr><td>1.2</td><td>试验记录</td><td>收集被试设备基础信息和历史试验数据</td><td>5</td><td>未收集被试设备历次试验报告扣1分；
未记录被试设备铭牌，现场温、湿度等条件的，每处扣1分，扣完为止</td><td></td><td></td></tr>
<tr><td>1.3</td><td>仪器、仪表选择</td><td>选择合适的试验仪器、仪表</td><td>5</td><td>选用仪器不合适扣3分；
未检查试验仪器合格证或校验证书扣2分</td><td></td><td></td></tr>
<tr><td>1.4</td><td>安全措施</td><td>（1）办理工作票、交代安全注意事项，分工明确、并做好记录。
（2）设置高压试验安全围栏。
（3）安全工器具使用。
（4）试验仪器正确接地</td><td>10</td><td>试验仪器未正确接地扣2分；
未检查安全工器具扣3分；
安全措施交代不清楚或未确认签字扣2分；
试验前未将试验区域用安全围栏隔离扣3分</td><td></td><td></td></tr>
<tr><td>2</td><td>试验开展</td><td></td><td></td><td></td><td></td><td></td></tr>
<tr><td>2.1</td><td>试验接线</td><td>（1）仪器现场布置合理。
（2）电源开关接通前，试验仪器接线应准确无误</td><td>10</td><td>试验接线接错一次扣5分；
试验前未检查试验接线扣3分；
接线不规范扣1～3分；
上述扣分，扣完为止</td><td></td><td></td></tr>
<tr><td>2.2</td><td>试验流程</td><td>（1）将架空线路两端的线路接地开关拉开，三相线路全部悬空，线路对侧一相接地。
（2）试验前仪器、仪表自检，正确选择试验电压，试验过程中高声呼唱。
（3）对侧人员将其中一相接地，另两相空负荷断开，试验人员用绝缘电阻表分别测量线路三相绝缘电阻，同相绝缘电阻为零，读取另两相绝缘电阻数值。
（4）试验前后及变更接线应对设备充分放电</td><td>30</td><td>未进行仪器、仪表自检扣3分；
试验前未通知对侧人员扣5分；
试验过程中未高声呼唱每次扣2分；
试验过程中失误一次扣5分；
试验过程中监护不到位扣5～10分；
缺少试验项目的扣5分；
试验前后及变更接线未对被试设备放电扣10分；
上述扣分，扣完为止</td><td></td><td></td></tr>
</table>

续表

序号	项目名称	质量要求	满分	扣分标准	扣分原因	得分
3	结果分析					
3.1	试验报告	结合测试数据做出分析判断，出具试验报告	25	试验数据分析不准确扣 5 分； 试验结论不正确扣 5 分； 试验报告填写不规范扣 1～5 分； 未给出试验结论扣 5 分		
4	试验结束					
4.1	现场恢复	清理现场，人员撤离	6	被试设备有遗留物品扣 2 分； 仪器、工器具等未定置恢复扣 2 分； 未检查或清理现场扣 2 分		
4.2	办理收工手续	向考评员汇报试验结果，并办理工作终结手续	4	未汇报试验结果扣 2 分； 未办理工作票终结手续扣 2 分		
合计			100			

Jc0302341032　35kV 电缆线路绝缘电阻和核对相位。(100 分)

考核知识点：电缆线路试验

难易度：中

技能等级评价专业技能考核操作工作任务书

一、任务名称

35kV 电缆线路绝缘电阻和核对相位。

二、适用工种

电气试验工高级工。

三、具体任务

（1）工作状态为模拟 35kV 电缆线路停电，工作内容为电缆线路绝缘电阻和核对相位。

（2）工作任务：

1）电缆线路进行绝缘电阻和核对相位。

2）根据试验记录出具试验报告，并对数据进行分析。

四、工作规范及要求

（1）工器具使用及安全措施。

（2）按要求进行高压试验。

（3）出具试验报告和试验结果分析。

五、考核及时间要求

（1）本考核操作时间为 60 分钟，包括试验接线和报告整理，时间到停止考评。

（2）试验过程中如试验仪器、试验电源出现故障，可向考评员申请故障排除，故障排除时间不计入考核。

（3）按照技能操作要求进行操作，试验报告包括试验项目、仪器型号、试验结果等。

（4）试验过程中如遇突发状况，如不涉及人身、设备安全，则由试验人员自行排查、处理；如危及人身、设备安全，则应立即停止操作，人员及时撤离作业现场。

技能等级评价专业技能考核操作评分标准

工种	电气试验工				评价等级	高级工
项目模块	电缆线路试验—绝缘电阻和核对相位				编号	Jc0302341032
单位		准考证号			姓名	
考试时限	60 分钟	题型	单项操作		题分	100 分
成绩	考评员		考评组长		日期	
试题正文	35kV 电缆线路绝缘电阻和核对相位					
需要说明的问题和要求	（1）试验过程单人操作，数据分析在试验过程中完成。 （2）操作过程应注意安全，按照标准化作业流程做好安全措施。 （3）现场完成试验结果分析，出具试验报告。 （4）检测仪器可选考场提供或自带					

序号	项目名称	质量要求	满分	扣分标准	扣分原因	得分
1	试验前准备					
1.1	工器具使用	熟练正确使用各种工器具	5	未正确使用一次扣 1 分，扣完为止		
1.2	试验记录	收集被试设备基础信息和历史试验数据	5	未收集被试设备历次试验报告扣 1 分； 未记录被试设备铭牌，现场温、湿度等条件的，每处扣 1 分，扣完为止		
1.3	仪器、仪表选择	选择合适的试验仪器、仪表	5	选用仪器不合适扣 3 分； 未检查试验仪器合格证或校验证书扣 2 分		
1.4	安全措施	（1）办理工作票、交代安全注意事项，分工明确、并做好记录。 （2）设置高压试验安全围栏。 （3）安全工器具使用。 （4）试验仪器正确接地	10	试验仪器未正确接地扣 2 分； 未检查安全工器具扣 3 分； 安全措施交代不清楚或未确认签字扣 2 分； 试验前未将试验区域用安全围栏隔离扣 3 分		
2	试验开展					
2.1	试验接线	（1）仪器现场布置合理。 （2）电源开关接通前，试验仪器接线应准确无误	10	试验接线接错一次扣 5 分； 试验前未检查试验接线扣 3 分； 接线不规范扣 1～3 分； 上述扣分，扣完为止		
2.2	试验流程	（1）将电缆线路两端的线路接地开关拉开，充分放电，三相线路全部悬空，线路对侧一相接地。 （2）试验前仪器、仪表自检，正确选择试验电压，试验过程中高声呼唱。 （3）试验人员用绝缘电阻表分别测量线路三相绝缘电阻，同相绝缘电阻为零，读取另两相绝缘电阻数值。 （4）试验前后及变更接线应对设备充分放电	30	未进行仪器、仪表自检扣 3 分； 试验前未对电缆充分放电扣 5 分； 试验前未通知对侧人员扣 5 分； 试验过程中未高声呼唱每次扣 2 分； 试验过程中失误一次扣 5 分； 试验过程中监护不到位扣 5～10 分； 缺少试验项目的扣 5 分； 试验前后及变更接线未对被试设备放电扣 10 分； 上述扣分，扣完为止		
3	结果分析					
3.1	试验报告	结合测试数据做出分析判断，出具试验报告	25	试验数据分析不准确扣 5 分； 试验结论不正确扣 5 分； 试验报告填写不规范扣 1～5 分； 未给出试验结论扣 5 分		
4	试验结束					
4.1	现场恢复	清理现场，人员撤离	6	被试设备有遗留物品扣 2 分； 仪器、工器具等未定置恢复扣 2 分； 未检查或清理现场扣 2 分		
4.2	办理收工手续	向考评员汇报试验结果，并办理工作终结手续	4	未汇报试验结果扣 2 分； 未办理工作票终结手续扣 2 分		
合计			100			

Jc0302342033　110kV 金属氧化物避雷器泄漏电流检测。（100 分）

考核知识点：避雷器试验

难易度：中

技能等级评价专业技能考核操作工作任务书

一、任务名称

110kV 金属氧化物避雷器泄漏电流检测。

二、适用工种

电气试验工高级工。

三、具体任务

（1）工作状态为模拟 110kV 金属氧化物避雷器带电。

（2）工作任务：

1）作业前的检查。

2）110kV 金属氧化物避雷器泄漏电流检测。

四、工作规范及要求

（1）要求 1 人操作，由监考人员监护，考生着装规范，穿工作服、绝缘鞋，戴安全帽。

（2）安全文明生产，仪器、仪表、工器具、材料、摆放齐整，现场操作熟练、连贯、有序，正确规范的使用工器具及安全用具。不发生危及人身和设备安全的行为，否则可取消本次考核成绩。

（3）金属氧化物避雷器泄漏电流带电检测采用总泄漏电流法，电压取样方式采用二次电压法。

（4）熟悉金属氧化物避雷器泄漏电流检测的过程，熟悉金属氧化物避雷器泄漏电流检测的原理。

五、考核及时间要求

（1）考核时间为 120 分钟。

（2）开工前，考生检查着装，清点工器具、设备是否齐全。

（3）许可开工后记录考核时间。

（4）现场清理完毕后，汇报工作终结，记录考核结束时间。

技能等级评价专业技能考核操作评分标准

工种	电气试验工				评价等级	高级工
项目模块	避雷器试验—泄漏电流测试				编号	Jc0302342033
单位		准考证号			姓名	
考试时限	120 分钟	题型	单项操作		题分	100 分
成绩	考评员		考评组长		日期	
试题正文	110kV 金属氧化物避雷器泄漏电流检测					
需要说明的问题和要求	（1）要求 1 人操作，由监考人员监护，考生着装规范，穿工作服、绝缘鞋、戴安全帽。 （2）安全文明生产，工器具、材料、设备摆放齐整，现场操作熟练、连贯、有序，正确规范的使用工器具及安全用具。 （3）现场提供检修所需的工器具、仪器、材料及安全防护用具					

序号	项目名称	质量要求	满分	扣分标准	扣分原因	得分
1	工作前准备及文明生产					
1.1	安全着装	要求穿棉质工作服、绝缘鞋、戴安全帽	4	未穿工作服，未戴安全帽、未穿绝缘鞋，出现上述任意一项扣 1 分		

续表

序号	项目名称	质量要求	满分	扣分标准	扣分原因	得分
1.2	工作票填写	工作票内容正确、清楚、规范、齐全，履行工作票许可手续，确认签字手续	4	工作任务与实际不符扣1分； 清楚表明危险点，少一项扣1分； 工作票所填内容合格正确，错一项扣1分； 以上扣分，扣完为止； 有危及人身、设备安全的行为可取消考核成绩		
1.3	准备工作	仪器、仪表检查：检查仪器、仪表是否在有效期内。检查仪器电量是否充足。检查温、湿度表是否在有效期内	6	未检查仪器合格证扣1分； 未检查仪器电量扣1分； 记录仪器数据不全，少一项扣1分，扣完为止		
		试品外观检查	4	未进行外观检查扣1分，缺一项扣1分（包括泄漏电流表、瓷外套等），扣完为止		
2	现场检测					
2.1	开工	试验负责人明确工作任务及分工，交代安全措施，并告知工作成员并履行签字确认	4	工作任务与实际不符扣1分； 工作票所填内容合格正确，错一项扣1分，扣完为止		
		进行危险点分析、安全注意事项，并告知工作成员	3	清楚表明危险点，少一项扣1分，扣完为止		
		抄写试品铭牌数据	4	未抄写试品铭牌参数数据，扣2分		
		温度计、湿度计放置	3	温、湿度计摆放不正确的扣2分		
2.2	测量	将检测仪器可靠接地	6	接地时先接接地端，再接导电端。未按照相应顺序，扣3分		
2.3		测取全电流，将信号线与仪器连接，取信号端先接接地端，再接金属氧化物避雷器引下线，并观察泄漏电流表指针是否归零	8	测取全电流时，信号线先接接地端，再接引下线，未按照相应顺序，扣3分； 未观察泄漏电流表指针归零情况扣2分		
2.4		取参考电压信号，隔离器通道分别与三相A、B、C电源分别对应，接取电源时避免电压互感器二次端子短路	20	接线错误，扣4分，接取二次电源时发生二次端子短路，扣8分		
2.5		电压互感器二次电压取得后，测量时应设专人监护端子箱	6	未设专人监护电压互感器端子箱的扣5分		
2.6		设置试验参数、电压选取方式、电压互感器变比等参数	10	未设置试验参数、电压选取方式、电压互感器变比等参数扣5分		
2.7		测试并记录数据。记录全电流、阻性电流基波峰值、运行电压数据	3	试验数据记录不全的扣3分，缺少一项扣1分，扣完为止		
2.8		测试完毕，先将仪器关闭再拆除测试接线	5	测试完毕，先将仪器关闭再拆除测试接线。未按照相应顺序扣5分		
2.9		拆除接线时，先拆信号侧，再拆接地端，最后拆除仪器接地线	3	拆除接线时，先拆信号侧，再拆接地端，最后拆除仪器接地线。未按照相应顺序扣2分		
3	试验结束					
3.1	清理现场	下达清理现场指令，初步分析判断试验结果是否正常	2	负责人未下达清理现场指令扣1分； 负责人未对试验结果进行初步判断，下达清理现场指令扣2分		
		仪器仪表按钮、绝缘杆等恢复原位。现场摆放整齐	3	仪器仪表按钮、绝缘杆等未恢复原位扣3分		
	工作结束	工作结束后向评委汇报工作结束	2	未向评委汇报工作结束扣3分		
4	超时	试验时间		每超时1分钟扣1分		
合计			100			

Jc0302341034　避雷器放电计数器试验。(100 分)

考核知识点：避雷器试验

难易度：易

技能等级评价专业技能考核操作工作任务书

一、任务名称

避雷器放电计数器试验。

二、适用工种

电气试验工高级工。

三、具体任务

(1) 工作状态为模拟避雷器放电计数器停电，工作内容为避雷器放电计数器试验。

(2) 工作任务：

1) 避雷器放电计数器试验。

2) 根据试验记录出具试验报告，并对数据进行分析。

四、工作规范及要求

(1) 工器具使用及安全措施。

(2) 按要求进行避雷器放电计数器试验。

(3) 出具试验报告和试验结果分析。

五、考核及时间要求

(1) 本考核操作时间为 60 分钟，包括试验接线和报告整理，时间到停止考评。

(2) 试验过程中如试验仪器、试验电源出现故障，可向考评员申请故障排除，故障排除时间不计入考核。

(3) 按照技能操作要求进行操作，试验报告包括试验项目、仪器型号、试验结果等。

(4) 试验过程中如遇突发状况，如不涉及人身、设备安全，则由试验人员自行排查、处理；如危及人身、设备安全，则应立即停止操作，人员及时撤离作业现场。

技能等级评价专业技能考核操作评分标准

工种	电气试验工					评价等级	高级工
项目模块	避雷器试验—放电计数器试验					编号	Jc0302341034
单位			准考证号			姓名	
考试时限	60 分钟		题型	单项操作		题分	100 分
成绩		考评员		考评组长		日期	
试题正文	避雷器放电计数器试验						
需要说明的问题和要求	(1) 试验过程单人操作，数据分析在试验过程中完成。 (2) 操作过程应注意安全，按照标准化作业流程做好安全措施。 (3) 现场完成试验结果分析，出具试验报告。 (4) 检测仪器可选考场提供或自带						

序号	项目名称	质量要求	满分	扣分标准	扣分原因	得分
1	试验前准备					
1.1	工器具使用	熟练正确使用各种工器具	5	未正确使用一次扣 1 分，扣完为止		
1.2	试验记录	收集被试设备基础信息和历史试验数据	5	未收集被试设备历次试验报告扣 1 分； 未记录被试设备铭牌，现场温、湿度等条件的，每处扣 1 分，扣完为止		

续表

序号	项目名称	质量要求	满分	扣分标准	扣分原因	得分
1.3	仪器、仪表选择	选择合适的计数器动作测试仪	5	选用仪器不合适扣 3 分； 未检查试验仪器合格证或校验证书扣 2 分		
1.4	安全措施	（1）办理工作票、交代安全注意事项，分工明确、并做好记录。 （2）设置高压试验安全围栏。 （3）安全工器具使用。 （4）试验仪器正确接地	10	安全措施交代不清楚或未确认签字扣 2 分； 试验前未将试验区域用安全围栏隔离扣 3 分； 未检查安全工器具扣 3 分； 试验仪器未正确接地扣 2 分		
2	试验开展					
2.1	试验接线	（1）仪器现场布置合理。 （2）电源开关接通前，试验仪器接线应准确无误	10	试验接线接错一次扣 2～5 分； 试验前未检查试验接线扣 3 分； 接线不规范扣 1～3 分； 上述扣分，扣完为止		
2.2	试验流程	（1）试验前仪器、仪表自检，正确选择试验电流，试验过程中高声呼唱。 （2）用标准冲击电流法进行放电计数器试验，重复 3～5 次，每次间隔不少于 30s。 （3）试验前后及变更接线应对架空线路进行充分放电	30	未进行仪器、仪表自检扣 3 分； 试验过程中未高声呼唱每次扣 2 分； 试验过程中失误一次扣 5 分； 试验过程中监护不到位扣 5～10 分； 试验前后及变更接线未对被试设备放电扣 10 分； 上述扣分，扣完为止		
3	结果分析					
3.1	试验报告	结合测试数据做出分析判断，出具试验报告	25	试验数据分析不准确扣 5 分； 试验结论不正确扣 5 分； 试验报告填写不规范扣 1～5 分； 未给出试验结论扣 5 分		
4	试验结束					
4.1	现场恢复	清理现场，人员撤离	6	被试设备有遗留物品扣 2 分； 仪器、工器具等未定置恢复扣 2 分； 未检查或清理现场扣 2 分		
4.2	办理收工手续	向考评员汇报试验结果，并办理工作终结手续	4	未汇报试验结果扣 2 分； 未办理工作票终结手续扣 2 分		
合计			100			

Jc0302343035　35kV 避雷器工频参考电流下的工频参考电压试验。（100 分）

考核知识点：避雷器试验

难易度：中

技能等级评价专业技能考核操作工作任务书

一、任务名称

35kV 避雷器工频参考电流下的工频参考电压试验。

二、适用工种

电气试验工高级工。

三、具体任务

（1）工作状态为模拟 35kV 避雷器停电，工作内容为 35kV 避雷器工频参考电流下的工频参考电压试验。

（2）工作任务：

1）35kV 避雷器工频参考电流下的工频参考电压试验。

2）根据试验记录出具试验报告，并对数据进行分析。

四、工作规范及要求

（1）工器具使用及安全措施。

（2）按要求进行 35kV 避雷器工频参考电流下的工频参考电压试验。

（3）出具试验报告和试验结果分析。

五、考核及时间要求

（1）本考核操作时间为 60 分钟，包括试验接线和报告整理，时间到停止考评。

（2）试验过程中如试验仪器、试验电源出现故障，可向考评员申请故障排除，故障排除时间不计入考核。

（3）按照技能操作要求进行操作，试验报告包括试验项目、仪器型号、试验结果等。

（4）试验过程中如遇突发状况，如不涉及人身、设备安全，则由试验人员自行排查、处理；如危及人身、设备安全，则应立即停止操作，人员及时撤离作业现场。

技能等级评价专业技能考核操作评分标准

<table>
<tr><td>工种</td><td colspan="4">电气试验工</td><td>评价等级</td><td>高级工</td></tr>
<tr><td>项目模块</td><td colspan="4">避雷器实验—工频参考电流下的工频参考电压试验</td><td>编号</td><td>Jc0302343035</td></tr>
<tr><td>单位</td><td colspan="2"></td><td>准考证号</td><td></td><td>姓名</td><td></td></tr>
<tr><td>考试时限</td><td colspan="2">60 分钟</td><td>题型</td><td>单项操作</td><td>题分</td><td>100 分</td></tr>
<tr><td>成绩</td><td></td><td>考评员</td><td></td><td>考评组长</td><td>日期</td><td></td></tr>
<tr><td>试题正文</td><td colspan="6">35kV 避雷器工频参考电流下的工频参考电压试验</td></tr>
<tr><td>需要说明的问题和要求</td><td colspan="6">（1）试验过程单人操作，数据分析在试验过程中完成。
（2）操作过程应注意安全，按照标准化作业流程做好安全措施。
（3）现场完成试验结果分析，出具试验报告。
（4）检测仪器可选考场提供或自带</td></tr>
</table>

序号	项目名称	质量要求	满分	扣分标准	扣分原因	得分
1	试验前准备					
1.1	工器具使用	熟练正确使用各种工器具	5	未正确使用一次扣 1 分，扣完为止		
1.2	试验记录	收集被试设备基础信息和历史试验数据	5	未收集被试设备历次试验报告扣 1 分； 未记录被试设备铭牌，现场温、湿度等条件的，每处扣 1 分，扣完为止		
1.3	仪器、仪表选择	选择合适的直流高压发生器	5	选用仪器不合适扣 3 分； 未检查试验仪器合格证或校验证书扣 2 分		
1.4	安全措施	（1）办理工作票、交代安全注意事项，分工明确、并做好记录。 （2）设置高压试验安全围栏。 （3）安全工器具使用。 （4）试验仪器正确接地	10	安全措施交代不清楚或未确认签字扣 2 分； 试验前未将试验区域用安全围栏隔离扣 3 分； 未检查安全工器具扣 3 分； 试验仪器未正确接地扣 2 分		
2	试验开展					
2.1	试验接线	（1）仪器现场布置合理。 （2）电源开关接通前，试验仪器接线应准确无误	10	试验接线接错一次扣 2～5 分； 试验前未检查试验接线扣 3 分； 接线不规范扣 1～3 分； 上述扣分，扣完为止		
2.2	试验流程	（1）试验前仪器、仪表自检，正确选择试验电压，试验过程中高声呼唱。 （2）将无间隙金属氧化物避雷器表面擦拭干净，拆除全部接线。 （3）加压至试验电压，以工频参考电流为基础，读取试验电压值作为避雷器的参考电压。 （4）将测试值与规程值及历史测试值进行比对分析。 （5）试验前后及变更接线应对架空线路进行充分放电	30	未进行仪器、仪表自检扣 3 分； 试验过程中未高声呼唱每次扣 2 分； 试验过程中失误一次扣 5 分； 试验过程中监护不到位扣 5～10 分； 试验前后及变更接线未对被试设备放电扣 10 分； 上述扣分，扣完为止		

续表

序号	项目名称	质量要求	满分	扣分标准	扣分原因	得分
3	结果分析					
3.1	试验报告	结合测试数据做出分析判断，出具试验报告	25	试验数据分析不准确扣 5 分； 试验结论不正确扣 5 分； 试验报告填写不规范扣 1～5 分； 未给出试验结论扣 5 分		
4	试验结束					
4.1	现场恢复	清理现场，人员撤离	6	被试设备有遗留物品扣 2 分； 仪器、工器具等未定置恢复扣 2 分； 未检查或清理现场扣 2 分		
4.2	办理收工手续	向考评员汇报试验结果，并办理工作终结手续	4	未汇报试验结果扣 2 分； 未办理工作票终结手续扣 2 分		
合计			100			

Jc0302343036　电容型设备相对介质损耗因数及电容量比值测量。（100 分）

考核知识点：电容型设备试验

难易度：中

技能等级评价专业技能考核操作工作任务书

一、任务名称

电容型设备相对介质损耗因数及电容量比值测量。

二、适用工种

电气试验工高级工。

三、具体任务

（1）工作状态为模拟 220kV 电容式电压互感器及线路带电。

（2）工作任务：

1）作业前的检查。

2）220kV 电容式电压互感器相对介质损耗因数及电容量比值测量。

四、工作规范及要求

（1）要求 1 人操作，由监考人员监护，考生着装规范，穿工作服、绝缘鞋，戴安全帽。

（2）安全文明生产，仪器、仪表、工器具、材料、摆放齐整，现场操作熟练、连贯、有序，正确规范的使用工器具及安全用具。不发生危及人身和设备安全的行为，否则可取消本次考核成绩。

（3）熟悉电容型设备相对介质损耗因数及电容量比值测量的过程，熟悉电容型设备相对介质损耗因数及电容量比值测量的原理；

五、考核及时间要求

（1）考核时间为 120 分钟。

（2）开工前，考生检查着装，清点工器具、设备是否齐全。

（3）许可开工后记录考核时间。

（4）现场清理完毕后，汇报工作终结，记录考核结束时间。

技能等级评价专业技能考核操作评分标准

工种	电气试验工				评价等级	高级工
项目模块	电容式电压互感器试验—相对介质损耗因数及电容量比值测量				编号	Jc0302343036
单位		准考证号			姓名	
考试时限	120 分钟	题型	单项操作		题分	100 分
成绩		考评员		考评组长	日期	
试题正文	电容型设备相对介质损耗因数及电容量比值测量					
需要说明的问题和要求	（1）要求 1 人操作，由监考人员监护，考生着装规范，穿工作服、绝缘鞋、戴安全帽。 （2）安全文明生产，工器具、材料、设备摆放齐整，现场操作熟练、连贯、有序，正确规范的使用工器具及安全用具。 （3）现场提供检修所需的工器具、仪器、材料及安全防护用具					

序号	项目名称	质量要求	满分	扣分标准	扣分原因	得分
1	工作前准备及文明生产					
1.1	安全着装	要求穿棉质工作服、绝缘鞋、戴安全帽	4	未穿工作服，未戴安全帽、未穿绝缘鞋，出现上述任意一项扣 1 分		
1.2	工作票填写	工作票内容正确、清楚、规范、齐全，履行工作票许可手续，确认签字手续	3	工作任务与实际不符扣 1 分； 清楚表明危险点，少一项扣 1 分； 工作票所填内容合格正确，错一项扣 1 分； 以上扣分，扣完为止 有危及人身、设备安全的行为可取消考核成绩		
1.3	准备工作	仪器、仪表检查：检查仪器、仪表是否在有效期内。检查仪器电量是否充足。检查温、湿度表是否在有效期内	6	未检查仪器合格证扣 1 分； 未检查仪器电量扣 1 分； 记录仪器数据不全少一项扣 1 分，扣完为止		
		试品外观检查	3	未进行外观检查扣 1 分		
2	现场检测					
2.1	开工	试验负责人明确工作任务及分工，交代安全措施，并告知工作成员并履行签字确认	3	工作任务与实际不符合扣 1 分； 工作票所填内容合格正确，错一项扣 1 分，扣完为止		
		试验负责人进行危险点分析、安全注意事项，并告知工作成员	3	清楚表明危险点，少一项扣 1 分，扣完为止		
		抄写试品铭牌数据	2	未抄写试品铭牌参数数据，扣 2 分； 铭牌抄写不完整，扣 1 分		
		温度计、湿度计放置	2	温、湿度计未放置到通风阴凉处扣 1 分		
2.2	测量	将检测仪器可靠接地	6	接地时先接接地端，再接导电端。未按照相应顺序，扣 3 分		
2.3		若为传统接线盒式取样单元，打开取样装置时，两人进行，一人操作，一人监护。若为传感器式取样单元，无需此步	6	若为传统接线盒式取样单元，此时应打开连接片，若未打开，应扣 2 分； 未进行专人监护，扣 2 分		
2.4		仪器与取样单元对应连接测量电缆。将带电检测测试专用线分别于仪器 I_x、I_n 两个输入端相连，专用线的另一端分别与被测设备、参考设备接地电流取样信号处相连	9	接线错误，扣 7 分		
2.5		检查检测仪器与取样单元连接的测量电缆，一人接线，另一人检查。可向评委口述	4	未向评委口述，无接线检查环节，扣 2 分		

续表

序号	项目名称	质量要求	满分	扣分标准	扣分原因	得分
2.6	测量	确认接线正确后，试验人员撤离到绝缘垫上，相关人员远离被试品	6	未使用绝缘垫，扣 2 分； 相关人员未远离被试品，扣 2 分		
2.7		大声呼唱，确认相关人员都在安全距离外，开始操作	1	未大声呼唱，扣 1 分		
2.8		打开电源开关，按设备类型选择测量	4	测量方式选择错误，扣 2 分		
2.9		按设备铭牌电压等级选择电压等级	4	电压等级选择错误，扣 2 分		
2.10		设置完毕后，按动“测量按钮”启动测量，仪器自检并自动进入测试状态；当测试数据较为稳定时，停止测量，并记录、存储测试数据；如需要，可重复多次测量，从中选取一个较稳定数据作为测试结果	8	若为传统接线盒，在测试前应拉开小隔离开关，未拉开扣 3 分； 数据未稳定就读数，扣 2 分； 试验数据记录不完整，扣 3 分		
2.11		试验数据记录人员应与带电检测数据初值核对试验数据		未进行数据横向、纵向比较，扣 5 分； 数据分析不合理，扣 3 分		
2.12		记录环境温度和空气相对湿度	3	未进行环境温度和空气相对湿度，扣 3 分		
2.13		关闭电源开关，拆除测量电缆，拆除地线，测量结束	6	未关闭电源，即拆除测试电缆，扣 1 分； 先拆接地线，后拆测试电缆，扣 1 分； 拆除地线时，先拆接地端，扣 1 分		
2.14		电容型设备试验结束后，正确恢复取样单元接口，恢复时，一人恢复，一人检查	3	取样单元未恢复，扣 3 分 传统接线盒取样单元恢复时，应先合上隔离开关，拆去测试电缆，再将连接片恢复，一人恢复，一人检查，未按上述步骤操作扣 3 分		
3	试验结束					
3.1	清理现场	下达清理现场指令，初步分析判断试验结果是否正常	4	负责人未下达清理现场指令扣 1 分； 负责人未对试验结果进行初步判断，下达清理现场指令扣 2 分		
		仪器仪表按钮、绝缘杆等恢复原位。现场摆放整齐	6	仪器、仪表按钮、绝缘杆等未恢复原位每处扣 4 分		
	工作结束	工作结束后向评委汇报工作结束	4	未向评委汇报工作结束扣 3 分		
合计			100			

Jc0302342037　绝缘子等值盐密测量。（100 分）

考核知识点：绝缘子试验

难易度：中

技能等级评价专业技能考核操作工作任务书

一、任务名称

绝缘子等值盐密测量。

二、适用工种

电气试验工高级工。

三、具体任务

（1）工作状态为模拟 110kV 变电站运行，工作内容为绝缘子等值盐密测量。

（2）工作任务：

1）绝缘子等值盐密测量。

2）根据试验记录出具试验报告，并对数据进行分析。

四、工作规范及要求

（1）工器具使用及安全措施。

（2）按要求进行高压试验。

（3）出具试验报告和试验结果分析。

五、考核及时间要求

（1）本考核操作时间为 60 分钟，包括试验接线和报告整理，时间到停止考评。

（2）试验过程中如试验仪器、试验电源出现故障，可向考评员申请故障排除，故障排除时间不计入考核。

（3）按照技能操作要求进行操作，试验报告包括试验项目、仪器型号、试验结果等。

（4）试验过程中如遇突发状况，如不涉及人身、设备安全，则由试验人员自行排查、处理；如危及人身、设备安全，则应立即停止操作，人员及时撤离作业现场。

技能等级评价专业技能考核操作评分标准

<table>
<tr><td>工种</td><td colspan="5">电气试验工</td><td>评价等级</td><td>高级工</td></tr>
<tr><td>项目模块</td><td colspan="5">绝缘子试验—等值盐密测量</td><td>编号</td><td>Jc0302342037</td></tr>
<tr><td>单位</td><td colspan="2"></td><td>准考证号</td><td colspan="2"></td><td>姓名</td><td></td></tr>
<tr><td>考试时限</td><td colspan="2">60 分钟</td><td>题型</td><td colspan="2">单项操作</td><td>题分</td><td>100 分</td></tr>
<tr><td>成绩</td><td></td><td>考评员</td><td colspan="2"></td><td>考评组长</td><td>日期</td><td></td></tr>
<tr><td>试题正文</td><td colspan="7">绝缘子等值盐密测量</td></tr>
<tr><td>需要说明的问题和要求</td><td colspan="7">（1）试验过程单人操作，数据分析在试验过程中完成。
（2）操作过程应注意安全，按照标准化作业流程做好安全措施。
（3）现场完成试验结果分析，出具试验报告。
（4）检测仪器可选考场提供或自带</td></tr>
</table>

序号	项目名称	质量要求	满分	扣分标准	扣分原因	得分
1	试验前准备					
1.1	工器具使用	熟练正确使用各种工器具	5	未正确使用一次扣 1 分，扣完为止		
1.2	试验记录	收集被试设备基础信息和历史试验数据	5	未收集被试设备历次试验报告扣 1 分； 未记录被试设备铭牌，现场温、湿度等条件的，每处扣 1 分，扣完为止		
1.3	仪器、仪表选择	选择合适的试验仪器、仪表	5	选用仪器不合适扣 3 分； 未检查试验仪器合格证或校验证书扣 2 分		
1.4	安全措施	（1）办理工作票、交代安全注意事项，分工明确、并做好记录。 （2）设置高压试验安全围栏。 （3）安全工器具使用。 （4）试验仪器正确接地	10	试验仪器未正确接地扣 2 分； 未检查安全工器具扣 3 分； 安全措施交代不清楚或未确认签字扣 2 分； 试验前未将试验区域用安全围栏隔离扣 3 分		

续表

序号	项目名称	质量要求	满分	扣分标准	扣分原因	得分
2	试验开展					
2.1	试验接线	（1）仪器现场布置合理。 （2）选择合适的测试方法进行接线。 （3）电源开关接通前，试验仪器接线应准确无误	10	试验接线接错一次扣 5 分； 试验前未检查试验接线扣 3 分； 接线不规范扣 1～3 分； 上述扣分，扣完为止		
2.2	试验流程	（1）绝缘子表面污秽样品上下表面分开取样，所用水量按上下表面面积所占比例计算。 （2）测量污水的电导率和温度，测量应在充分搅拌污水后进行。 （3）打开电导率仪，仪器进行自检，并同时测量污液的温度补偿后进行测量。 （4）重复上述步骤，将取样的各片绝缘子的盐密值加起来取平均值，该数值就是整串绝缘子串的盐密值	30	绝缘子上下表面界面错误扣 5 分； 污液搅拌不满足要求扣 2 分； 试验过程中未高声呼唱每次扣 2 分； 试验过程中失误一次扣 5 分； 试验过程中监护不到位扣 5～10 分； 缺少试验项目的扣 5 分； 取样容器、手套不整洁扣 3 分； 上述扣分，扣完为止		
3	结果分析					
3.1	试验报告	结合测试数据做出分析判断，出具试验报告	25	试验数据分析不准确扣 5 分； 试验结论不正确扣 5 分； 试验报告填写不规范扣 1～5 分； 未给出试验结论扣 5 分		
4	试验结束					
4.1	现场恢复	清理现场，人员撤离	6	被试设备有遗留物品扣 2 分； 仪器、工器具等未定置恢复扣 2 分； 未检查或清理现场扣 2 分		
4.2	办理收工手续	向考评员汇报试验结果，并办理工作终结手续	4	未汇报试验结果扣 2 分； 未办理工作票终结手续扣 2 分		
合计			100			

第四部分
技 师

第七章　电气试验工技师技能笔答

Jb0302233001　在工频耐压试验中，被试品局部击穿，为什么有时会产生过电压？如何限制过电压？（10 分）

考核知识点：交流耐压试验

难易度：难

标准答案：

若被试品是较复杂的绝缘结构，可认为是几个串联电容，绝缘局部击穿就是其中一个电容被短接放电，其等值电路如图 Jb0302233001 所示。

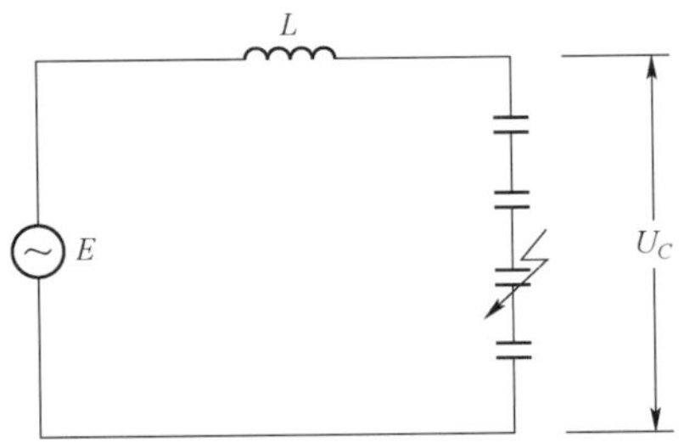

图 Jb0302233001

图中 E 为归算到试验变压器高压侧的电源电动势，L 为试验装置漏抗。当一个电容击穿，它的电压迅速降到零，无论此部分绝缘强度是否自动恢复，被试品未击穿部分所分布的电压已低于电源电动势，电源就要对被试品充电，使其电压再上升。这时，试验装置的漏抗和被试品电容形成振荡回路，使被试品电压超过高压绕组的电压，电路里接有保护电阻，一般情况下，可限制这种过电压。但试验装置漏抗很大时，就不足以阻尼这种振荡。这种过电压一般不高，但电压等级较高的试验变压器绝缘裕度也不大，当它工作在接近额定电压时，这种过电压可能对它有危险，甚至击穿被试品。一般被试品并联保护球隙，当出现过电压时，保护球隙击穿，限制电压升高。

Jb0302233002　进行大容量被试品工频耐压时，当被试品击穿时电流表指示一般是上升，但为什么有时也会下降或不变？（12 分）

考核知识点：交流耐压试验

难易度：难

标准答案：

线的等值电路，并由等值电路求得：

$$I=\frac{U}{\sqrt{R^2+(X_C-X_L)^2}}$$

当被试品击穿时，相当于 X_C 短路，此时电流为：

$$I=\frac{U}{\sqrt{R^2+X_L{}^2}}$$

比较一下可看出：

当 $X_C-X_L=X_L$，即 $X_C=2X_L$ 时，击穿前后电流不变；
当 $X_C-X_L>X_L$，即 $X_C>2X_L$ 时，击穿后电流增大；
当 $X_C-X_L<X_L$，即 $X_C<2X_L$ 时，击穿后电流减小。

式中 X_C——试品容抗，Ω；
X_L——试验变压器漏抗，Ω；
I——试验回路电流，A；
U——试验电压，V。

一般情况下 $X_C \gg X_L$，因此击穿后电流增大，电流表指示上升，但有时因试品电容量很大或试验变压器漏抗很大时，也可能出现 $X_C \leqslant 2X_L$ 的情况，这时电流表指示就会不变或下降，这种情况属非正常的，除非有特殊必要（例如用串联谐振法进行耐压试验）一般应避免。

Jb0302233003 电力变压器为什么进行感应耐压试验？（10 分）

考核知识点：感应耐压试验

难易度：难

标准答案：

（1）电力变压器的工频耐压试验是考核变压器主绝缘的一种有效手段，但随着电力工业的发展变压器的容量的增大和电压的不断提升，试验变压器的容量和输出电压都相应提高，造成试验变压器的体积增大和重量（吨位）很高，另外尚需配套庞大调压设备和控制系统，所以很不适合现场试验。

（2）电力变压器的工频耐压试验主要是考核变压器的主绝缘，但据统计，变压器的绝缘损坏事故多数为纵绝缘的缺陷所造成，另外目前国内的大型电力变压器大多是采用分级绝缘结构，因此也无法实施工频外施加压试验，也只能用感应耐压的方法来考核变压器的绝缘水平。

变压器感应耐压试验的方法都是从变压器低压侧逐相加压，变压器高压输出端的电压达到工频耐压值，所以说它考核了变压器的主绝缘同时又考核了变压器的纵绝缘，但由于变压器的设计原因，变压器铁芯伏安特性曲线呈饱和状态，表现在空载励磁电流急剧上升，而电压无法上升，所以只能用感应耐压进行试验。

Jb0302232004 对绝缘电阻、吸收比和极化指数试验的结果，如何进行分析判断？（10 分）

考核知识点：绝缘电阻测试

难易度：难

标准答案：

所测得的绝缘电阻、吸收比和极化指数的数值不应小于一般允许值。若低于一般允许值，应进一步分析，查明原因。对电容量较大的高压电气设备的绝缘状况，主要以吸收比和极化指数的大小作为判断的依据。如果吸收比和极化指数有明显下降者，说明绝缘受潮或油质严重劣化。

将所测的绝缘电阻、吸收比和极化指数，与该设备出厂、交接、历年、大修前后和耐压前后的数值进行比较，与其他同类设备比较，同一设备各相间比较，比较结果均不应有明显的降低或较大的差异，否则应引起注意，对重要的设备必须查明原因。

由于温度、湿度、脏污等条件对绝缘电阻的影响很明显，所以在对试验结果进行分析判断时，应排除这些因素的影响，特别应考虑温度的影响。应将不同温度下所测得的绝缘电阻换算到同一温度的基础上再进行比较。温度的换算可参考下式进行：

$$R_2 = R_1 \times 1.5^{\frac{(t_1-t_2)}{10}}$$

式中 R_1、R_2——温度为 t_1、t_2 时的绝缘电阻值，MΩ。

Jb0302232005　怎样对分级绝缘的变压器进行感应耐压试验？（10 分）

考核知识点：感应耐压试验

难易度：难

标准答案：

对分级绝缘的变压器，只能采用单相感应耐压进行试验。因此，要分析产品结构，比较不同的接线方式，计算出线端相间及对地的试验电压，选用满足试验电压的接线。一般要借助辅助变压器或非被试相绕组支撑，轮换三次，才能完成一台变压器的感应耐压试验。例如，对联结组别为 YN，d11 的双绕组变压器，可按图 Jb0302232005 接线进行 A 相试验。非被试的两相线端并联接地，并与被试相串联，使相对地和相间电压均达到试验电压的要求，而非被试的两相，仅为 1/3 试验电压（即中性点电位）。当中性点电位达不到试验电压时，在感应耐压前，应先进行中性点的外施电压试验，B、C 相的感应耐压试验可仿此进行。

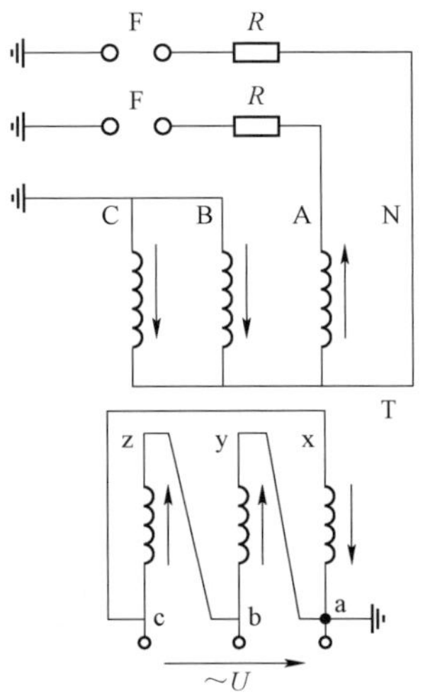

图 Jb0302232005

Jb0302231006　油面是否正常怎么判断？出现假油面是什么原因？(10 分)

考核知识点：变压器油位

难易度：易

标准答案：

变压器的油面正常变化（排除渗漏油）取决于变压器的油温变化，因为油温的变化直接影响变压器油的体积，使油面上升或下降。影响变压器油温的因素有负荷的变化、环境温度和冷却器装置的运行状况等。如果油温的变化是正常的，而油标管内（油位计）油位变化或变化异常，则说明油面是假的。

运行中出现假油面的原因可能有：油标管堵塞、油位计指示失灵、吸湿器堵塞、安全装置气孔堵塞等。处理时，应先将气体继电器跳闸出口装置解除。

Jb0302232007　对变压器进行感应耐压试验的目的和原因是什么？（5 分）

考核知识点：感应耐压试验

难易度：难

标准答案：

对变压器进行感应耐压试验的目的是：

（1）试验全绝缘变压器的纵绝缘。

（2）试验分级绝缘变压器的部分主绝缘和纵绝缘。

对变压器进行感应耐压试验的原因是：

（1）由于在做全绝缘变压器的交流耐压试验时，只考验了变压器主绝缘的电气强度，而纵绝缘并没有承受电压，所以要做感应耐压试验。

（2）对半绝缘变压器主绝缘，因其绕组首、末端绝缘水平不同，不能采用一般的外施电压法试验其绝缘强度，只能用感应耐压法进行耐压试验。为了要同时满足对主绝缘和纵绝缘试验的要求，通常借助于辅助变压器或非被试相绕组支撑被试绕组把中性点的电位抬高，一举达到两个目的。

Jb0302232008 电力变压器做负载试验时，多数从高压侧加电压；而空载试验时，又多数从低压侧加电压，为什么？（5 分）

考核知识点：变压器负载试验

难易度：中

标准答案：

负载试验是测量额定电流下的负载损耗和阻抗电压，试验时，低压侧短路，高压侧加电压，试验电流为高压侧额定电流，试验电流较小，现场容易做到，故负载试验一般都从高压侧加电压。

空载试验是测量额定电压下的空载损耗和空载电流，试验时，高压侧开路，低压侧加压，试验电压是低压侧的额定电压，试验电压低，试验电流为额定电流百分之几或千分之几时，现场容易进行测量，故空载试验一般都从低压侧加电压。

Jb0302231009 做 GIS 交流耐压试验时应特别注意什么？（6 分）

考核知识点：交流耐压试验

难易度：中

标准答案：

（1）规定的试验电压应施加在每一相导体和金属外壳之间，每次只能一相加压，其他相导体和接地金属外壳相连接。

（2）当试验电源容量有限时，可将 GIS 用其内部的断路器或隔离开关分断成几个部分分别进行试验，同时不试验的部分应接地，并保证断路器断口，断口电容器或隔离开关断口上承受的电压不超过允许值。

（3）GIS 内部的避雷器在进行耐压试验时应与被试回路断开，GIS 内部的电压互感器、电流互感器的耐压试验应参照相应的试验标准执行。

Jb0302232010 为什么对含有少量水分的变压器油进行击穿电压试验时，在不同的温度时分别有不同的耐压数值？（5 分）

考核知识点：交流耐压

难易度：中

标准答案：

造成这种现象的原因是变压器油中的水分在不同温度下的状态不同，因而形成“小桥”的难易程度不同。在 0℃以下水分结成冰，油黏稠，“搭桥”效应减弱，耐压值较高。略高于 0℃时，油中水呈悬浮胶状，导电“小桥”最易形成，耐压值最低。温度升高，水分从悬浮胶状变为溶解状，较分散，不易形成导电“小桥”，耐压值增高。在 60～80℃时，达到最大值。当温度高于 80℃，水分形成气泡，气泡的电气强度较油低，易放电并形成更多气泡搭成气泡桥，耐压值又下降了。

Jb0302232011　为什么变压器绝缘受潮后电容值随温度升高而增大？（5分）

考核知识点：绝缘油中水分存在的影响

难易度：中

标准答案：

水分子是一种极强的偶极子，它能改变变压器中吸收电容电流的大小。在一定频率下，温度较低时，水分子呈现出悬浮状或乳脂状，存在于油中或纸中，此时水分子偶极子不易充分极化，变压器吸收电容电流较小，则变压器电容值较小。

温度升高时，分子热运动使黏度降低，水分扩散并显溶解状态分布在油中，油中的水分子被充分极化，使电容电流增大，故变压器电容值增大。

Jb0302231012　对电力设备进行绝缘强度试验有什么重要意义？（5分）

考核知识点：交流耐压试验

难易度：中

标准答案：

电力设备在正常的运行过程中，不仅要承受额定电压的长期作用，还要耐受各种过电压（如工频过电压、雷电过电压、操作过电压）。为了考核设备承受过电压的能力，人为模拟各种过电压，对设备的绝缘进行试验以检验其承受能力。这就是所谓绝缘强度试验，也称耐压试验。

为了简化，现场常用等效的交、直流耐压来代替试验设备较为复杂的冲击试验，同时也考核了设备在工作电压下的绝缘裕度。

Jb0302231013　为什么说测量电气设备的介质损耗因数 $\tan\delta$，对判断设备绝缘的优劣状况具有重要意义？（5分）

考核知识点：介质损耗测试

难易度：中

标准答案：

在绝缘受潮和有缺陷时，泄漏电流要增加，在绝缘中有大量气泡、杂质和受潮的情况，将使夹层极化加剧，极化损耗要增加。这样，介质损耗角正切 $\tan\delta$ 的大小就直接与绝缘的好坏状况有关。同时，介质损耗引起绝缘内部发热，温度升高，这促使泄漏电流增大，有损极化加剧，介质损耗增大使绝缘内部更热，如此循环，可能在绝缘弱的地方引起击穿，故介质损耗值既反映了绝缘本身的状态，又可反映绝缘由良好状况向劣化状况转化的过程。同时介质损耗本身就是导致绝缘老化和损坏的一个因素。

Jb0302232014　在大型电力变压器现场局部放电试验和感应耐压试验为什么要采用倍频试验电源？（5分）

考核知识点：感应耐压试验

难易度：中

标准答案：

变压器现场局部放电试验和感应耐压试验的电压值一般都大大超过变压器的 U_N，将大于 U_N 的 50Hz 电压加在变压器上时，变压器铁芯处于严重过饱和状态，励磁电流非常大，不但被试变压器承受不了，也不可能准备非常大容量的试验电源来进行现场试验。我们知道，变压器的感应电动势 $E=4.44WfBS$，当 $f=50n$Hz 时，E 上升到 nE，B 仍不变。因此，采用 n 倍频试验电源时，可将试验电压上升到 n 倍，而流过变压器的试验电流仍较小，试验电源容量不大就可以满足要求。故局部放电试验和感应耐压试验要采用倍频试验电源。

Jb0302232015 过电压是怎样形成的？它有哪些危害？（5分）

考核知识点：过电压危害

难易度：中

标准答案：

一般来说，过电压的产生都是由于电力系统的能量发生瞬间突变所引起的。如果是由外部直击雷或雷电感应突然加到系统里所引起的，叫做大气过电压或叫做外部过电压；如果是在系统运行中，由于操作故障或其他原因所引起系统内部电磁能量的振荡、积聚和传播，从而产生的过电压，叫做内部过电压。

不论是大气过电压还是内部过电压，都是很危险的，均可能使输、配电线路及电气设备的绝缘弱点发生击穿或闪络，从而破坏电气系统的正常运行。

Jb0302232016 正常接地分为哪两大类？其接地方式有哪些？(5分)

考核知识点：设备接地类型

难易度：中

标准答案：

正常接地分为工作接地和安全接地两大类。

（1）工作接地的方式有：

1）利用大地做回路的接地；

2）维持系统安全运行的接地；

3）为了防止雷击和电压对设备及人身造成危害而设置的接地。

（2）安全接地的方式有：

1）为防止电力设施或电气设备绝缘损坏及危及人身安全而设置的保护接地；

2）为消除生产过程中产生的静电积累，引起触电或爆炸而设的接地；

3）为防止电磁作用而对设备的金属外壳、屏蔽罩或屏蔽线外皮所进行的屏蔽接地；

4）为了防止管道受电化腐蚀，采用阴极保护或牺牲阳极的方法保护接地等。

Jb0302231017 简述雷电放电的基本过程。(5分)

考核知识点：雷电放电

难易度：中

标准答案：

雷电放电是雷云（带电的云，绝大多数为负极性）所引起的放电现象，其放电过程和长间隙极不均匀电场中的放电过程相同。

雷云对地放电大多数情况下都是重复的，每次放电都有先导放电和主放电两个阶段。当先导发展到达地面或其他物体，如输电线、杆塔等时，沿先导发展路径就开始了主放电阶段，这就是通常看见的耀眼的闪电，也就是雷电放电的简单过程。

Jb0302232018 高压电容型电流互感器受潮的特征是什么？常用什么方法干燥？（7分）

考核知识点：电流互感器受潮特征

难易度：难

标准答案：

高压电容型电流互感器现场常见的受潮状况有三种情况。

（1）轻度受潮。进潮量较少，时间不长，又称初期受潮。其特征为：主屏的 $\tan\delta$ 无明显变化；

末屏绝缘电阻降低，tanδ增大；油中含水量增加。

（2）严重进水受潮。进水量较大，时间不太长。其特征为：底部往往能放出水分；油耐压降低；末屏绝缘电阻较低，tanδ较大。若水分向下渗透过程中影响到端屏，主屏 tanδ将有较大增量，否则不一定有明显变化。

（3）深度受潮。进潮量不一定很大，但受潮时间较长。其特性是：由于长期渗透，潮气进入电容芯部，使主屏 tanδ增大；末屏绝缘电阻较低，tanδ较大；油中含水量增加。

当确定互感器受潮后，可用真空热油循环法进行干燥。目前认为这是一种最适宜的处理方式。

Jb0302221019　图 Jb0302221019 中三相五柱电压互感器的接线属于何种接线？（3 分）

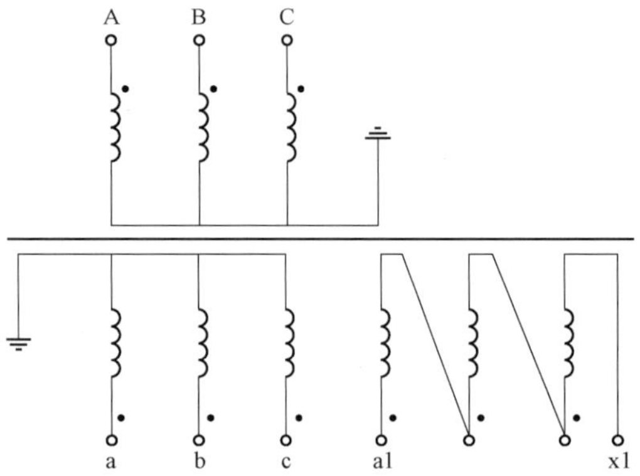

图 Jb0302221019

考核知识点：互感器

难易度：中

标准答案：

属于 YN，yn，d 接线。

Jb0302221020　图 Jb0302221020 为哪种保护的原理接线图？（3 分）

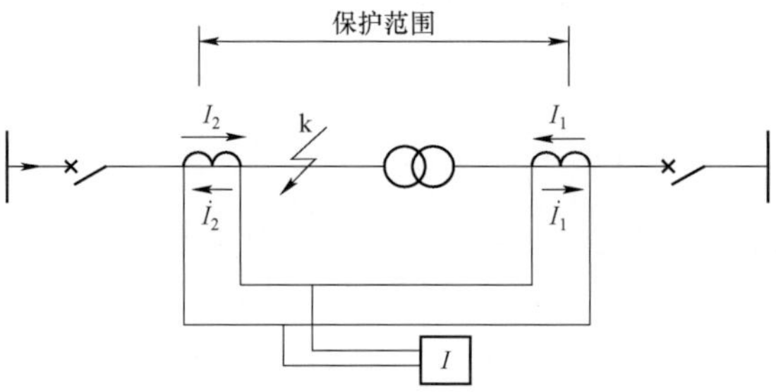

图 Jb0302221020

考核知识点：变压器保护

难易度：中

标准答案：

图 Jb0302221020 为变压器的差动保护原理接线。

Jb0302222021　图 Jb0302222021 组合方式是什么试验的电源组合？并写出主要设备的名称。（3 分）

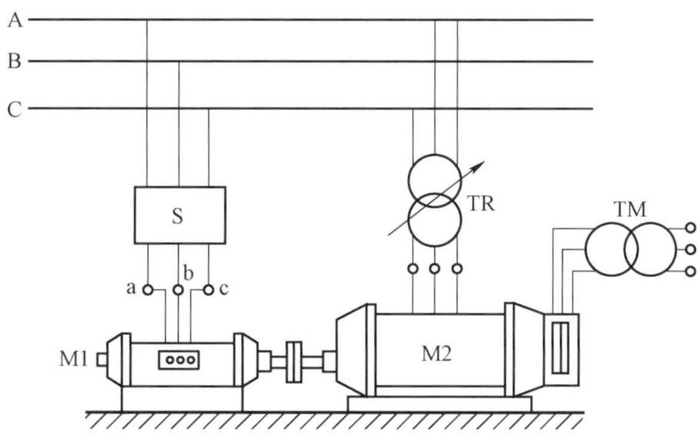

图 Jb0302222021

考核知识点：感应耐压

难易度：中

标准答案：

倍频感应耐压电源装置。图 Jb0302222021 中，M1—鼠笼型异步电动机；M2—绕线转子异步电动机；TM—升压变压器；TR—调压变压器；S—启动器。

Jb0302223022 三级倍压整流电路如图 Jb0302223022 所示，在负载 R_L 上就可得 $3U_2$ 的电压，简述其工作原理。（3 分）

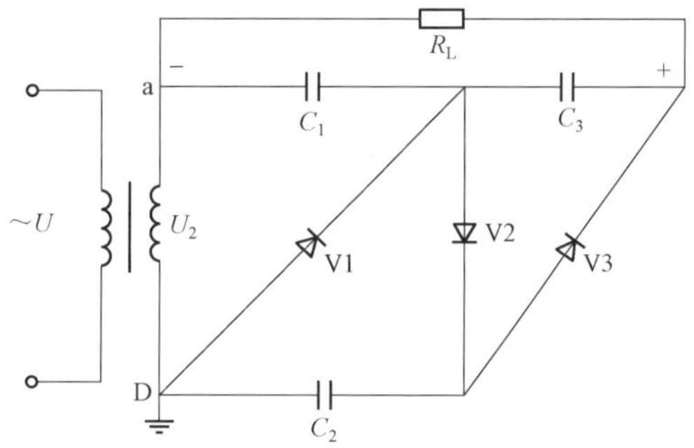

图 Jb0302223022

考核知识点：倍频感应耐压

难易度：中

标准答案：

当电源为负半周时（即电源接地端为正），V1 导通，电源给电容 C_1 充电至 U_2，当电源为正半周时，C_1 和电源串联一起给 C_2 充电，当电源再到另一个半周时，C_1 电源和 C_2 串联，给 C_3 充电。充电稳定时，C_1 两端电压可达 U_2，C_2、C_3 两端电压可达 $2U_2$。所以，此时在 R_L 上就有 $3U_2$ 的电压。

Jb0302223023 对电力变压器等大容量设备进行交流耐压，由于是容性负载，电容电流在试验变压器漏抗上产生压降，引起电压升高。随着试验变压器漏抗和试品电容的增大，电压升高也越大。这种现象称容升现象。已知：C_X 为被试变压器的等值电容；X_T 为试验变压器的漏抗；R 为试验回路的等值电阻；U 为外加试验电压；U_X 为被试变压器上电压；U_R 为回路电阻电压降；U_T 为漏抗电压降。画出变压器交流耐压试验回路的等值电路及相量图。（4 分）

考核知识点：交流耐压

难易度：中

标准答案：

如图 Jb0302223023 所示。

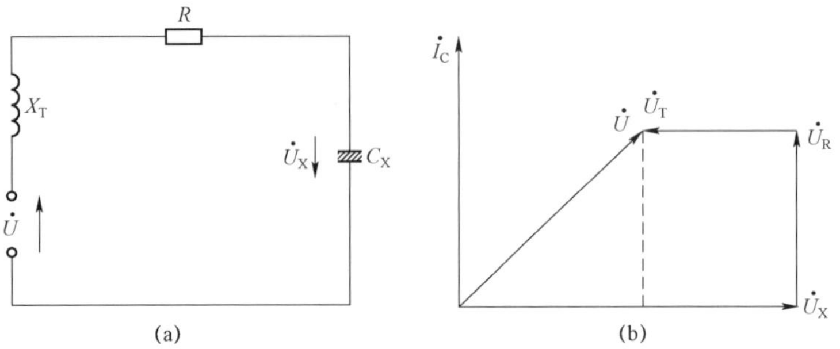

图 Jb0302223023

（a）变压器交流耐压试验回路的等值电路；（b）相量图

Jb0302233023　电击穿的机理是什么？它有哪些特点？（5 分）

考核知识点：电击穿

难易度：中

标准答案：

在电场的作用下，当电场强度足够大时，介质内部的电子带着从电场获得的能量，急剧地碰撞它附近的原子和离子，使之游离。因游离而产生的自由电子在电场的作用下又继续和其他原子或离子发生碰撞，这个过程不断地发展下去，使自由电子越来越多。在电场作用下定向流动的自由电子多了，如此不断循环下去，终于在绝缘结构中形成了导电通道，绝缘性能就完全被破坏。这就是电击穿的机理。

电击穿的特点是：外施电压比较高；强电场作用的时间相当短便发生击穿，通常不到 1s；击穿位置往往从场强最高的地方开始（如电极的尖端或边缘处）；电击穿与电场的形状有关，而几乎与温度无关。

Jb0302233025　为什么大型变压器测量直流泄漏电流容易发现局部缺陷，而测量 tanδ 却不易发现局部缺陷？（5 分）

考核知识点：变压器试验

难易度：中

标准答案：

大型变压器体积较大，绝缘材料有油、纸、棉纱等。其绕组对绕组、绕组对铁芯、套管导电芯对外壳，组成多个并联支路。当测量绕组的直流泄漏电流时，能将各个并联支路的直流泄漏电流值反映出来。而测量 tanδ时，因在并联回路中的 tanδ是介于各并联分支中的最大值和最小值之间。其值的大小决定于缺陷部分损耗与总电容之比。当局部缺陷的 tanδ虽已很大时，但与总体电容之比的值仍然很小，总介质损耗因数较小，只有当缺陷面积较大时，总介质损耗因数才增大，所以不易发现缺陷。

Jb0302233026　劣化与老化的含义是什么？（6 分）

考核知识点：劣化与老化

难易度：难

标准答案：

所谓劣化是指绝缘在电场、热、化学、机械力、大气条件等因素作用下，其性能变劣的现象。

劣化的绝缘有的是可逆的，有的是不可逆的。例如绝缘受潮后，其性能下降，但进行干燥后，又恢复其原有的绝缘性能，显然，它是可逆的。再如，某些工程塑料在湿度、温度不同的条件下，其机械性能呈可逆的起伏变化，这类可逆的变化，实质上是一种物理变化，没有触及化学结构的变化，不属于老化。

而老化则是绝缘在各种因素长期作用下发生一系列的化学物理变化，导致绝缘电气性能和机械性能等不断下降。绝缘老化原因很多，但一般电气设备绝缘中常见的老化是电老化和热老化。例如，局部放电时会产生臭氧，很容易使绝缘材料发生臭氧裂变，导致材料性能老化；油在电弧的高温作用下，能分解出碳粒，油被氧化而生成水和酸，都会使油逐渐老化。

由上分析可知，劣化含义较广泛，而老化的含义相对就窄一些，老化仅仅是劣化的一个方面，两者具体的联系与区别示意如下：

- 劣化
  - 可逆
    - 疲劳
    - 其他可逆的绝缘缺陷
  - 不可逆老化
    - 热老化
    - 电老化

Jb0302233027　工频耐压试验接线中球隙及保护电阻有什么作用？（10 分）

考核知识点：交流耐压试验

难易度：难

标准答案：

在现场对电气设备 C_x 进行工频耐压试验，常按图 Jb0302233027 接线，图中 R_1 为保护电阻，R_2 为球隙保护电阻，F 为球隙。

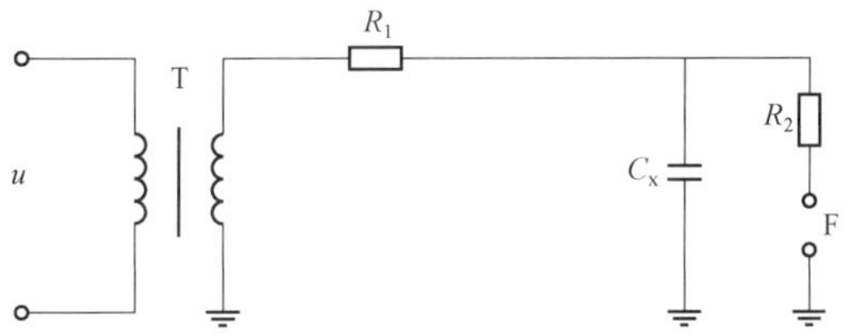

图 Jb0302233027

球隙由一对铜球构成，并联在被试品 C_x 上，其击穿电压为被试品耐压值的 1.1～1.2 倍，接上被试品进行加压试验过程中，当因误操作或其他原因出现过电压时球隙就放电，避免被试品因过电压而损坏。

当球隙放电时，若流过的电流较大，会使铜球烧坏，因此在球隙上串一电阻 R_2（按 1Ω/1V 来选）以减少流过球隙的电流。R_2 还有一个重要作用，就是起阻尼作用，在加压试验中，如球隙击穿放电，电源被自动断开后，由于被试品 C_x（相当于一个电容器）已充电，因此电容中的电能通过连线和球隙及大地形成回路（见图 Jb0302233027）放电。因为连线中存在电感 L，所以电容中的电能 $CU^2/2$，转为电感中的磁能 $LI^2/2$，电能与磁能之间的变换会形成振荡，可能产生过电压，损坏被试品，串上 R_2 后可使振荡很快衰减下来，降低振荡过电压，因此，R_2 也称阻尼电阻。R_1 的作用是当被试品 C_x 击穿时，限制试验变压器输出电流，限制电磁振荡过电压，避免损坏仪器设备。

Jb0302232028　在 330kV 变电站测变压器泄漏电流时，如何消除感应电压的影响？（5 分）

考核知识点：变压器泄漏电流测试

难易度：中

标准答案：

在 330kV 变电站测变压器泄漏电流时，由于部分停电，会有感应电压的影响，有时感应电压很高，给测量带来困难。现场试验表明，当在导线上对地并联一个 0.1μF 的电容时，导线上的感应电压便从 19.6kV 下降至 250V。可见在变压器上对地并联一个 0.1μF 的电容器后，便可消除感应电压的影响，顺利地进行直流泄漏电流试验了。

Jb0302232029　FZ 型避雷器的电导电流在规定的直流电压下，标准为 400～600μA，为什么低于 400μA 或高于 600μA 都有问题？（5 分）

考核知识点：避雷器

难易度：易

标准答案：

FZ 型避雷器电导电流主要反映并联电阻及内部绝缘状况。若电阻值基本不变，内部绝缘良好，则在规定的直流电压下，电导电流应在 400～600μA 范围内。若电压不变，而电导电流超过 600μA，则说明并联电阻变质或内部受潮。如电流低于 400μA，则说明电阻变质，阻值增加，甚至断裂。

Jb0302232030　10kV 非接地系统中允许单相接地运行几小时？如果超过时间有什么影响？(6 分)

考核知识点：中性点不接地系统

难易度：中

标准答案：

一般来说，10kV 非接地系统允许单相接地运行 1～2h。这是因为，在中性点不接地系统中发生单相接地时，由于故障点的电流很小，而且三相之间的线电压仍然保持对称，对负荷的供电没有影响。因此，在一般情况下都允许再运行 1～2h。而不必立即跳闸。但是在单相接地以后，其他两相的对地电压要升高 1.72 倍。如果长期运行，对于某些在额定电压下磁通就饱和的电压互感器会严重饱和而使电压互感器烧坏。由上分析可以看出，若 10kV 系统发生预告信号应立即检查，防止 10kV 系统长期带接地电运行。

Jb0302233031　真空断路器由哪些特点？(10 分)

考核知识点：真空断路器

难易度：中

标准答案：

（1）触头开距短。10kV 级真空断路器的触头开距只有 10mm 左右。因为开距很短，可使真空灭弧室做的小巧，所需的操作功小，动作快。

（2）燃弧时间短，且与开距断开电流大小无关，一般只有半个周波，固有半周波断路器之称。

（3）熄弧后触头间隙介质恢复速度快，对开断近区故障性能较好。

（4）由于触头在开断电流时烧损量很小，所以触头寿命长，断路器的机械寿命也长。

（5）体积小，重量轻。

（6）能防火防爆。

Jb0302231032　请简述什么是容升效应。(3 分)

考核知识点：交流耐压

难易度： 易

标准答案：

试验变压器所接被试品大多是容性的，在交流耐压时，容性电流在绕组上产生漏抗压降，造成实际作用到被试品上的电压值超过按变比计算的高压侧所应输出的电压值，产生容升效应。被试品电容及试验变压器漏抗越大，则容升效应越明显。因此在进行较大容量试品的交流耐压试验时，要求直接在被试品端部进行电压测量，以免被试品受到过高的电压作用。

Jb0302231033 测量 10kV 及以上电力电缆泄漏电流时，经常发现泄漏电流随电压升高而快速增长，这是否就能判断电力电缆有问题？在试验方法上应注意哪些问题？（5 分）

考核知识点： 电力电缆泄漏电流

难易度： 中

标准答案：

测量 10kV 及以上电力电缆泄漏电流与直流耐压同时进行。试验电压分 4～5 级升至 3～6 倍额定电压值。因电压较高，随电压升高，引线及电缆端头可能发生电晕放电。在直流试验电压超过 30kV 以后，对于良好绝缘的电力电缆的泄漏电流也会明显增加，所以出现泄漏电流随试验电压上升而快速增长的现象，并不一定说明电力电缆有缺陷。此时必须采用极间障、绝缘层或覆盖，并加粗引线，增大引线对地距离等措施，以减小电晕放电产生的杂散泄漏电流，然后再根据测量结果判断电力电缆的真实绝缘水平。

Jb0302231034 直流泄漏试验和直流耐压试验相比，其作用有何不同？（3 分）

考核知识点： 直流试验

难易度： 易

标准答案：

直流泄漏试验和直流耐压试验方法虽然一致，但作用不同。直流泄漏试验是检查设备的绝缘状况，其试验电压较低；直流耐压试验是考核设备绝缘的耐电强度，其试验电压较高，它对于发现设备的局部缺陷具有特殊的意义。

Jb0302232035 金属氧化物避雷器运行中劣化的征兆有哪几种？（6 分）

考核知识点： 金属氧化物避雷器

难易度： 中

标准答案：

金属氧化物在运行中劣化主要是指电气特性和物理状态发生变化，这些变化使其伏安特性漂移，热稳定性破坏，非线性系数改变，电阻局部劣化等。一般情况下这些变化都可以从避雷器的以下几种电气参数的变化上反映出来。

（1）在运行电压下，泄漏电流阻性分量峰值的绝对值增大。

（2）在运行电压下，泄漏电流谐波分量明显增大。

（3）运行电压下的有功损耗绝对值增大。

（4）运行电压下的总泄漏电流的绝对值增大，但不一定明显。

Jb0302232036 为什么避雷器工频放电电压会偏高或偏低？（6 分）

考核知识点： 避雷器

难易度： 难

标准答案：

避雷器工频放电电压偏高或偏低，除了限流电阻选择不当，升压速度不当和试验电源波形畸变等外部原因外，还有避雷器的内部原因。

避雷器工频放电电压偏高的内部原因是：内部压紧弹簧压力不足，搬运时使火花间隙发生位移；黏合的“O”形环云母片受热膨胀分层，增大了火花间隙，固定电阻盘间隙的小瓷套破碎，间隙电极位移；制造厂出厂时工频放电电压接近上限。

避雷器工频放电电压偏低的内部原因是：火花间隙组受潮，电极腐蚀生成氧化物，同时“O”形环云母片的绝缘电阻下降，使电压分布不均匀；避雷器经多次动作、放电，而电极灼伤产生毛刺；由于间隙组装不当，导致部分间隙短接；弹簧压力过大，使火花间隙放电距离缩短。

Jb0302231037　如何用 MF－20 型万用表在运行条件下测量避雷器的交流泄漏电流？为什么不使用其他型式的万用表？（5 分）

考核知识点：避雷器

难易度：中

标准答案：

如图 Jb0302231037 所示，将 MF－20 型万用表选择在交流 1.5mA 挡位上，并联在放电记录器（JS）上即可进行测量，因为此时 MF－20 型万用表的内阻仅为十几欧姆，而 JS 内阀片的电阻约为 1～2kΩ，所以此时流过 MF－20 型万用表的电流基本等于流过避雷器的交流泄漏电流。从原理上讲，放电记录器分流造成的误差不大于 3%。

其他型万用表交流毫安档的内阻较大，其测量误差太大。但只要有内阻较小的且量程在 1mA 和 3mA 的交流电流表均可使用。

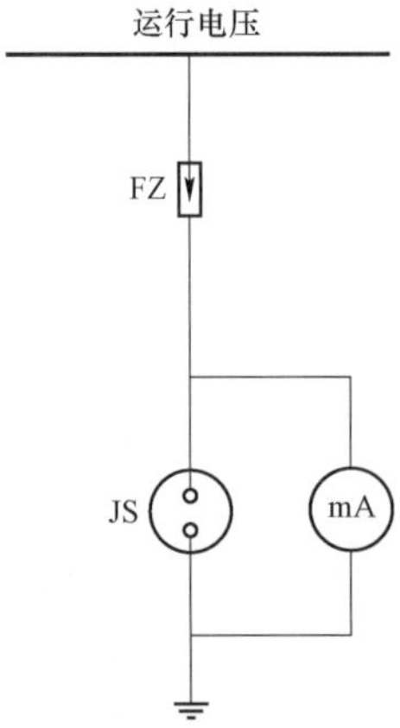

图 Jb0302231037

Jb0302231039　低压侧有空载运行或者带短母线运行可能的变压器，应在变压器低压侧采取什么措施进行保护？请简述保护原理。（3 分）

考核知识点：变压器保护

难易度：易

标准答案：

对于低压侧有空载运行或者带短母线运行可能的变压器，为防止高压侧非全相或者非同期合闸，以及高压侧有沿架空线路入侵的雷电波时，由于高、低压绕组之间的静电感应而在变压器的低压侧出现危及绕组绝缘的过电压，因此宜在变压器低压侧装设避雷器进行保护，以防止传递过电压造成变压器绝缘损坏。

Jb0302232040 为什么要监测金属氧化物避雷器运行中的持续电流的阻性分量？（5 分）

考核知识点：金属氧化物避雷器

难易度：中

标准答案：

当工频电压作用于金属氧化物避雷器时，避雷器相当于一台有损耗的电容器，其中容性电流的大小仅对电压分布有意义，并不影响发热，而阻性电流则是造成金属氧化物电阻片发热的原因。

良好的金属氧化物避雷器虽然在运行中长期承受工频运行电压，但因流过的持续电流通常远小于工频参考电流，引起的热效应极微小，不致引起避雷器性能的改变。而在避雷器内部出现异常时，主要是阀片严重劣化和内壁受潮等阻性分量将明显增大，并可能导致热稳定破坏，造成避雷器损坏。但这个持续电流阻性分量的增大一般是经过一个过程的，因此运行中定期监测金属氧化物避雷器的持续电流的阻性分量，是保证安全运行的有效措施。

Jb0302231042 为什么要测量避雷器直流 1mA 电压（U_{1mA}）？（3 分）

考核知识点：金属氧化物避雷器

难易度：易

标准答案：

U_{1mA} 为无间隙金属氧化锌避雷器通过 1mA 直流电流时，被试品两端的电压值。测量氧化锌避雷器的 U_{1mA}，主要是检查其阀片是否受潮、老化，确定其动作性能是否符合要求。直流 1mA 参考电压值一般等于或大于避雷器额定电压的峰值。

Jb0302231043 金属氧化物避雷器直流 1mA（U_{1mA}）电压及 0.75U_{1mA} 下的泄漏电流的测试标准是什么？（2 分）

考核知识点：金属氧化物避雷器

难易度：易

标准答案：

（1）U_{1mA} 实测值与初值差不超过±5%且不低于 GB 11032 规定值（注意值）。

（2）0.75U_{1mA} 泄漏电流初值差≤30%或≤50μA（注意值）。

Jb0302232044 为什么油纸绝缘电力电缆不采用交流耐压试验，而采用直流耐压试验？（4 分）

考核知识点：电力电缆交流耐压试验

难易度：中

标准答案：

（1）电缆电容量大，进行交流耐压试验需要容量大的试验变压器，现场不具备这样的试验条件。

（2）交流耐压试验有可能在油纸绝缘电缆空隙中产生游离放电而损害电缆，电压数值相同时，交流电压对电缆绝缘的损害较直流电压严重得多。

（3）直流耐压试验时，可同时测量泄漏电流，根据泄漏电流的数值及其随时间的变化或泄漏电流与试验电压的关系，可判断电缆的绝缘状况。

（4）若油纸绝缘电缆存在局部空隙缺陷，直流电压大部分分布在与缺陷相关的部位上，因此更容易暴露电缆的局部缺陷。

Jb0302232045　测量电力电缆的直流泄漏电流时，为什么在测量中微安表指针有时会有周期性摆动？（5分）

考核知识点：电力电缆交流耐压试验

难易度：中

标准答案：

如果没有电缆终端头脏污及试验电源不稳定等因素的影响，在测量中直流微安表出现周期性摆动，可能是被试电缆的绝缘中有局部的孔隙性缺陷。孔隙性缺陷在一定的电压下发生击穿，导致泄漏电流增大，电缆电容经过被击穿的间隙放电；当电缆充电电压又逐渐升高，使得间隙又再次被击穿；然后，间隙绝缘又一次得到恢复。如此周而复始，就使测量中的微安表出现周期性的摆动现象。

Jb0302231046　时间常数的物理含义是什么？（3分）

考核知识点：时间常数定义

难易度：易

标准答案：

在暂态过程中当电压或电流按指数规律变化时，其幅度衰减到 $1/e$ 所需的时间，称为时间常数，通常用“τ”表示。它是衡量电路过渡过程进行的快慢的物理量，时间常数 τ 值大，表示过渡过程所经历的时间长，经历一段时间 $t=(3\sim5)\tau$，即可认为过渡过程基本结束。

Jb0302222047　图 Jb0302222047 为发电机泄漏电流与所加直流电压的变化曲线，分别指出各条曲线所代表的发电机绝缘状况。（4分）

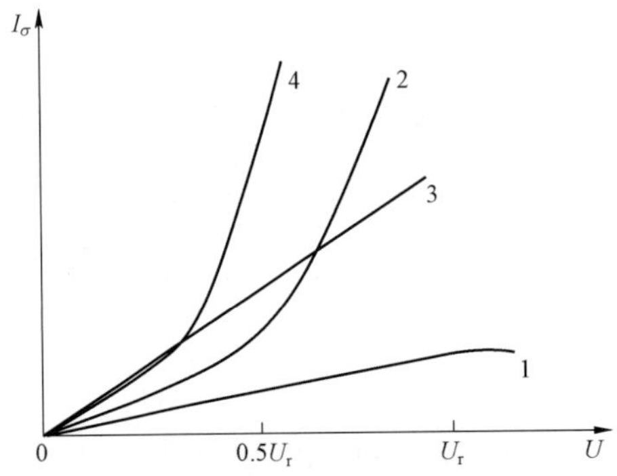

图 Jb0302222047

考核知识点：发电机绝缘状况

难易度：易

标准答案：

1—绝缘良好；2—绝缘受潮；3—绝缘有集中性缺陷；4—绝缘有严重的集中性缺陷。

Jb0302232048　为什么变压器空载试验能发现铁芯的缺陷？（5分）

考核知识点：变压器空载试验

难易度：难

标准答案：

空载损耗基本上是铁芯的磁滞损耗和涡流损失之和，仅有很小一部分是空载电流流过线圈形成的电阻损耗。因此空载损耗的增加主要反映铁芯部分的缺陷。

如硅钢片间的绝缘漆质量不良，漆膜劣化造成硅钢片间短路，可能使空载损耗增大10%～15%。

穿心螺栓、轭铁梁等部分的绝缘损坏，都会使铁芯涡流增大，引起局部发热，也使总的空载损耗增加。

另外制造过程中选用了比设计值厚的或质量差的硅钢片以及铁芯磁路对接部位缝隙过大，也会使空载损耗增大。因此测得的损失情况可反映铁芯的缺陷。

Jb0302233049 剩磁对变压器哪些试验项目产生影响？（10分）

考核知识点：剩磁的影响

难易度：难

标准答案：

在大型变压器某些试验项目中，由于剩磁，会出现一些异常现象。

（1）测量电压比。目前在测量电压比时，大都使用QJ－35、AQJ－1、ZB1、2791等类型的电压比电桥，它们的工作电压都比较低，施加于一次绕组的电流也比较小，在铁芯中产生的工作磁通很低，有时可能抵消不了剩磁的影响，造成测得的电压比偏差超过允许范围。遇到这种情况可采用双电压表法。在绕组上施加较高的电压，克服剩磁的影响。

（2）测量直流电阻。剩磁会对充电绕组的电感值产生影响，从而使测量时间增长。为减少剩磁的影响，可按一定的顺序进行测量。

（3）空载测量。在一般情况下，铁芯中的剩磁对额定电压下的空载损耗的测量不会带来较大的影响。主要是由于在额定电压下，空载电流所产生的磁通能克服剩磁的作用，使铁芯中的剩磁通随外施空载电流的励磁方向而进入正常的运行状况。但是，在三相五柱的大型产品进行零序阻抗测量后，由于零序磁通可由旁轭构成回路，其零序阻抗都比较大，与正序阻抗近似。在结束零序阻抗试验后，其铁芯中留有少量磁通即剩磁，若此时进行空载测量，在加压的开始阶段三相瓦特表及电流表会出现异常指示。遇到这种情况，施加电压可多持续一段时间，待电流表及瓦特表指示恢复正常再读数。

Jb0302233050 通过空载特性试验，可发现变压器的哪些缺陷？（7分）

考核知识点：变压器空载特性试验

难易度：易

标准答案：

通过空载试验可以发现变压器的以下缺陷：

（1）硅钢片间绝缘不良。

（2）铁芯极间、片间局部短路烧损。

（3）穿心螺栓或绑扎钢带、压板、上轭铁等的绝缘部分损坏，形成短路。

（4）磁路中硅钢片松动、错位、气隙太大。

（5）铁芯多点接地。

（6）线圈有匝、层间短路或并联支路匝数不等，安匝不平衡等。

（7）误用了高耗劣质硅钢片或设计计算有误。

Jb0302223051 画出使用频率响应分析法进行变压器绕组变形时的基本检测回路？如何根据相关系数辅助判断绕组变形程度？（5分）

考核知识点：绕组变形测试

难易度：难

标准答案：

如图 Jb0302223051 所示。

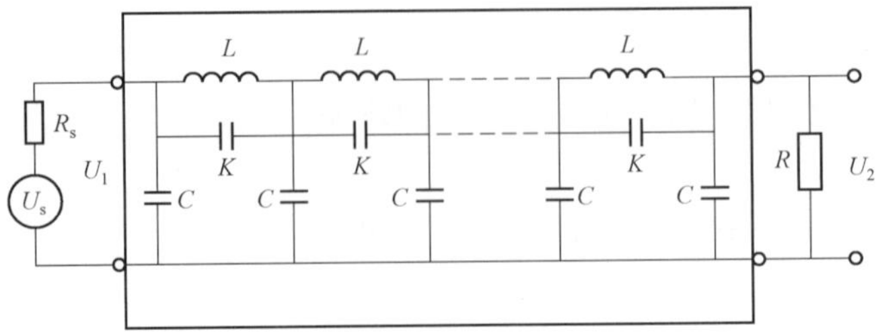

图 Jb0302223051

L、K 及 C 分别代表绕组单位长度的分布电感、分布电容及对地分布电容，U_1、U_2 分别为等效网络的激励电压和响应电压，U_s 为正弦波激励信号源电压，R_s 为信号源输出阻抗，R 为匹配电阻。

绕组变形程度判断如表 Jb0302223051 所示。

表 Jb0302223051　　　　绕组变形程度判断表

绕组变形程度	相关系数
严重变形	$R_{LF}<0.6$
明显变形	$1.0>R_{LF}\geqslant 0.6$ 或 $R_{MF}<0.6$
轻度变形	$2.0>R_{LF}\geqslant 1.0$ 或 $0.6\leqslant R_{MF}<1.0$
正常绕组	$R_{LF}\geqslant 2.0$ 和 $R_{MF}\geqslant 1.0$ 和 $R_{HF}\geqslant 0.6$
R_{LF} 为曲线在低频段（1～100kHz）内的相关系数 R_{MF} 为曲线在中频段（100～600kHz）内的相关系数 R_{HF} 为曲线在高频段（600～1000kHz）内的相关系数	

Jb0302232051　断路器发生跳闸失灵时应怎样进行检查？（7 分）

考核知识点：断路器故障检查

难易度：难

标准答案：

断路器跳闸失灵时，可以从电气回路故障和机械部分故障两方面检查。

（1）电气回路故障：

1）检查电源电压是否过低，导致分闸铁芯的冲力不足或本身低电压分闸值不合格。

2）检查分闸回路中熔断器是否熔断或其他动作元件有无接触不良及断路的现象。

3）检查分闸回路的联锁触点有无接触不良。

4）检查分闸线圈是否损坏（短路或断路）。

5）检查断路器分闸线圈电磁铁顶杆是否有卡住未回原位等现象。

（2）机械部分故障：

1）检查分闸连板位置是否过低或合闸主轴在托架上吃度过深，而增加了抗劲。

2）检查分闸铁芯行程是否不够或铁芯上的顶杆是否脱落。

Jb0302232053　用直流电源进行分、合闸的断路器，为什么要试验最低分、合闸电压值？（5 分）

考核知识点：断路器试验

难易度：易

标准答案：

断路器的控制电源额定值是 DC 220V，由蓄电池提供，在控制回路中可能存在寄生回路会在分、合闸回路中产生高达几十伏的电压。为了确保在非控制电压下断路器不误动作，同时确保断路器在蓄电池出现故障电压不足的时候在一定电压下能可靠动作，所以要在试验中做最低分、合闸电压值。

Jb0302232054 做变压器套管介质损耗试验为什么一定要把变压器绕组短路加压，非试绕组短路接地？为什么不能全部末屏拆开连续做？（5 分）

考核知识点：变压器介质试验

难易度：中

标准答案：

变压器绕组短路加压，使变压器高压端绕组首末两端处于同一电位，防止绕组上有电流通过，消除绕组的电感效应，只有套管的电容效应，否则所测套管介质损耗会偏小。非试绕组短路接地是为了防止励磁电流影响测量结果。

做变压器套管介质损耗试验高压端所有套管短路接高压引线，若末屏全部拆开，则非试验端末屏会承受高电压 10kV，而末屏只能承受 2kV 电压，将会发生放电现象。

Jb0302231055 为什么要对环氧树脂浇注式互感器进行局部放电试验？（5 分）

考核知识点：互感器局部放电

难易度：中

标准答案：

因为工艺原因，不可避免地会存在气泡和杂质，气泡和杂质的介电系数较小，周围场强较大，加之气泡和杂质的耐电强度低，使得气泡和杂质先行放电，产生局部放电。局部放电会产生氮氧化合物、臭氧等腐蚀性气体，使绝缘材料老化，最后导致整个绝缘介质的贯穿性放电击穿。因此应该严格控制环氧树脂浇注式互感器的局部放电量。

Jb0302232056 三相变压器联结组别对零序阻抗有什么影响？（5 分）

考核知识点：变压器零序阻抗

难易度：中

标准答案：

变压器一次绕组和二次绕组电路可否组成零序电流回路对零序阻抗的大小有着直接的影响，当一次绕组通过零序电流时，二次绕组三相为 d 联结、yn 联结方式时，零序电流可以再二次绕组形成回路，此时变压器零序阻抗就比较小。一次绕组通过零序电流时二次绕组连成 y 联结，二次绕组不能通过零序电流，零序阻抗就大。

Jb0302231057 变压器短路阻抗测试的试验标准是什么？（4 分）

考核知识点：变压器短路阻抗

难易度：中

标准答案：

（1）容量 100MVA 及以下且电压等级 220kV 以下的变压器，初值差不超过±2%。

（2）容量 100MVA 以上或电压等级 220kV 以上的变压器，初值差不超过±1.6%。

（3）容量 100MVA 及以下且电压等级 220kV 以下的变压器，三相之间的最大相对互差不应大于 2.5%。

（4）容量 100MVA 以上或电压等级 220kV 以上的变压器，三相之间的最大相对互差不应大于 2%。

Jb0302232058　进行断路器机械特性试验时，当分闸时间、分闸速度不满足规范要求，如何处理。（4 分）

考核知识点：断路器机械特性

难易度：易

标准答案：

（1）分闸电磁铁顶杆与分闸掣子位置不合适。

（2）分闸弹簧疲劳。

（3）开距或超程不满足要求。

应综合分析上述原因，按照厂家技术要求，对分闸电磁铁、分合闸弹簧、机构连杆进行调整。

Jb0302232059　在进行 GIS 电压互感器励磁特性试验时，为什么需要使用容量最大的二次绕组进行加压。（5 分）

考核知识点：互感器励磁特性

难易度：中

标准答案：

针对 GIS 的电压互感器，由于一次侧杂散电容及相间耦合电容等的作用，有时电压互感器一次侧带有部分容性负载（如与电压互感器连接未完全断开的部分 GIS 刀闸气室），从而导致二次侧电流一部分用于电压互感器的励磁，另一部分用于容性负载的消耗，即二次侧电流整体升高，可能导致二次侧过载，因此在对 GIS 电压互感器进行励磁特性试验时，应选用容量最大的二次绕组加压，并进行电流监视。

Jb0302233060　变压器绕组的频率响应特性是什么？（6 分）

考核知识点：变压器绕组频率响应

难易度：中

标准答案：

变压器绕组的频率响应特性通常具有如下特征。

（1）当频率低于 100kHz 时，其频率响应特性主要由线圈的电感所决定，谐振点通常很少，对分布电容的变化较不敏感。

（2）当频率超过 1MHz 时，绕组的电感又被分布电路所旁路，谐振点也会相应减少，对电感的变化较不敏感，而且随着频率的提高，测试回路（引线）的杂散电容也会对测试结果造成明显影响。

（3）在 100kHz～1MHz 的范围内，绕组的分布电感和电容均发挥作用，其频率响应特性具有较多的谐振点，能够灵敏的反映出绕组电感、电容的变化情况。

Jb0302232061　变压器负载损耗试验为什么最好在额定电流下进行？（5 分）

考核知识点：变压器负载试验

难易度：易

标准答案：

变压器负载损耗试验的目的主要是测量变压器负载损耗和阻抗电压。变压器负载损耗的大小和流过绕组的电流的平方成正比，如果流过绕组的电流不是额定电流，那么测得的损耗将会有较大误差。

Jb0302232062 变压器空载试验电源的容量一般是怎样考虑的？（5 分）

考核知识点：变压器空载试验

难易度：中

标准答案：

为了保证电源波形失真度不超过 5%，试品的空载容量应在电源容量的 50%以下；采用调压器加压试验时，空载容量应小于调压器容量的 50%；采用发电机组试验时，空载容量应小于发电机容量的 25%。

Jb0302221063 对一台三相配电变压器高压侧供给 380V 三相电源，用一只相位表 P 和可调电阻 *R*，测量变压器连接组别，画出测量接线图。（5 分）

考核知识点：变压器联接组别

难易度：中

标准答案：

如图 Jb0302221063 所示。

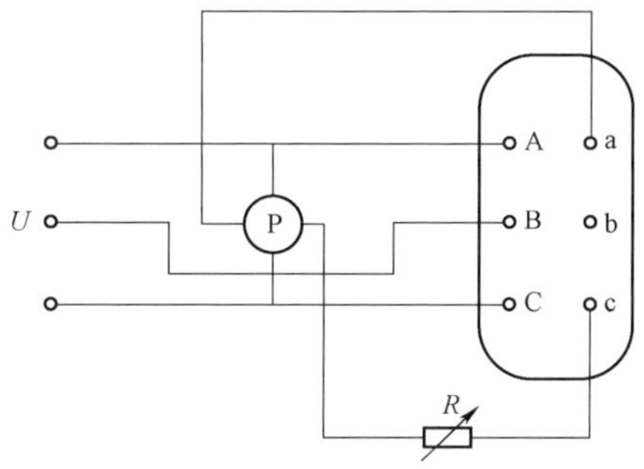

图 Jb0302221063

Jb0302223064 画出使用 QS1 型西林电桥，采用末端屏蔽间接法测量 110kV、220kV 串级式电压互感器的支架介损 tan*δ*和电容量 *C* 的接线图，并写出计算 tan*δ*和 *C* 的公式。（8 分）

考核知识点：互感器电容量及介质损耗计算

难易度：中

标准答案：

如图 Jb0302223064－1、图 Jb0302223064－2 所示。

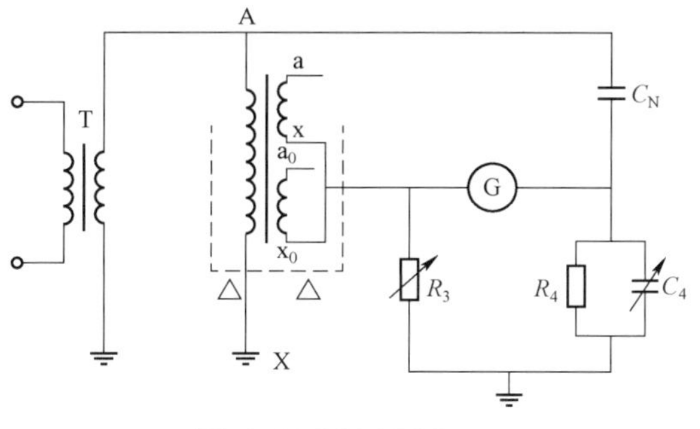

图 Jb0302223064-1

测量下铁芯对二、三次绕组及支架的 $\tan\delta_1$、C_1

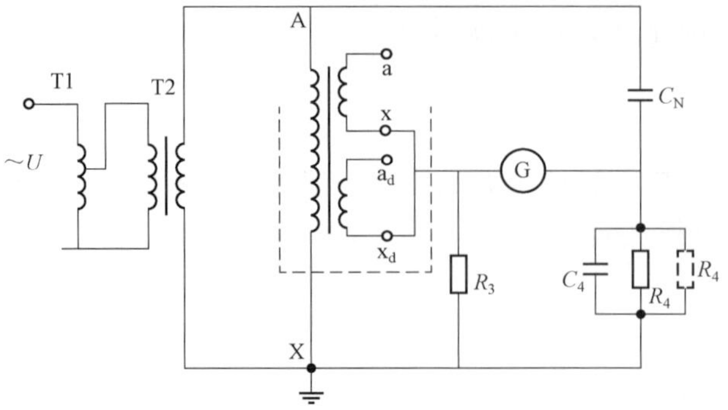

图 Jb0302223064-2

测量下铁芯对二、三次绕组的 $\tan\delta_2$、C_2

计算公式为：

$$\tan\delta=\frac{C_1\cdot\tan\delta_1-C_2\cdot\tan\delta_2}{C_1-C_2}$$

$$C=C_1-C_2$$

Jb0302222065　图 Jb0302222065－1 为 220kV 电容式电压互感器的原理接线图。画出使用 QS1 型西林电桥，采用自激法测量主电容 C_1 的介损、电容量和分压电容 C_2 的介损、电容量的试验接线图。（6 分）

考核知识点：电容式电压互感器接线原理图

难易度：中

标准答案：

如图 Jb0302222065－2 所示。

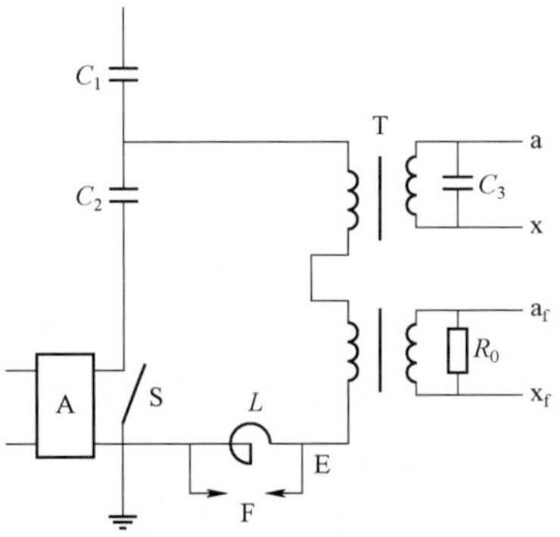

图 Jb0302222065－1

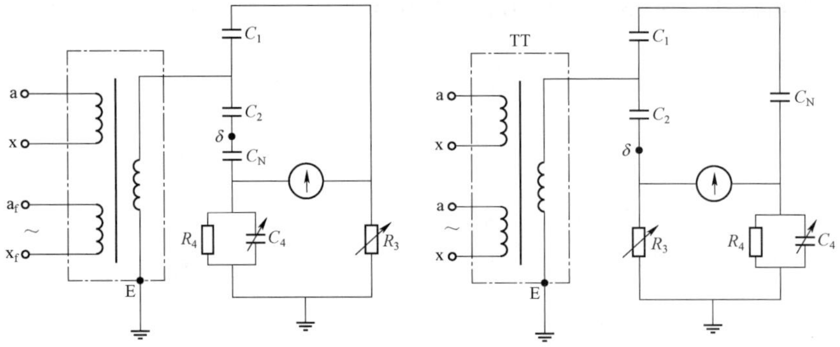

(a)　　(b)

图 Jb0302222065－2

（a）测量 C_1 和 $\tan\delta_1$ 接线图；（b）测量 C_2 和 $\tan\delta_2$ 接线图

Jb0302211065 一台 SFL－20000/110 变压器，电压 110/10.5kV 连接组别为 YN，d11，在 110kV 侧加压测零序阻抗，测量时零序电压 U_0=240V，零序电流 I_0=13.2A，试计算零序阻抗值 Z_0。（5 分）

考核知识点：零序阻抗计算

难易度：易

标准答案：

解：YN，d11 变压器零序阻抗由下式计算：

$$Z_0=\frac{3U_0}{I_0}=\frac{3\times240}{13.2}=54.55(\Omega)$$

答：该变压器的零序阻抗为 54.55Ω。

Jb0302212066 三相电力变压器 Y，yn 接线，S=100kVA，$\frac{U_{1N}}{U_{2N}}=\frac{6000}{400}\text{V}$，$\frac{I_{1N}}{I_{2N}}=\frac{9.63}{144}\text{A}$。在低压侧加额定电压做空载试验，测得 P_{k0}=600W，I_0=9.37A，U_{10}=400V，U_{20}=6000V，求电压比 K，空载电流百分值 $I_0\%$，励磁阻抗 Z_m、r_m、x_m。（8 分）

考核知识点：电机学

难易度：中

标准答案：

解：变比为

$$K=\frac{U_{1N}}{U_{2N}}=\frac{6000}{400}=15$$

空载电流百分值

$$I_0\%=\frac{I_0}{I_{2N}}\times100\%=\frac{9.37}{144}\times100\%=5.5\%$$

每相空载损耗

$$P'_{ko}=\frac{P_{ko}}{3}=\frac{600}{3}=200(\text{W})$$

励磁阻抗

$$Z_m=\frac{U_{10}/\sqrt{3}}{I_0}=\frac{400/\sqrt{3}}{9.37}=24.65(\Omega)$$

$$r_m=\frac{P'_{ko}}{I_0^2}=\frac{200}{9.37^2}=2.28(\Omega)$$

$$x_m=\sqrt{Z_m^2-r_m^2}=\sqrt{24.65^2-2.28^2}=24.5(\Omega)$$

Jb0302222067 用一台电流互感器，一台电压互感器，一块电流表，一块电压表，测量一台联结组别为 YNy 接法的变压器的零序阻抗，画出试验接线图。（5 分）

考核知识点：变压器零序阻抗

难易度：中

标准答案：

如图 Jb0302222067 所示。

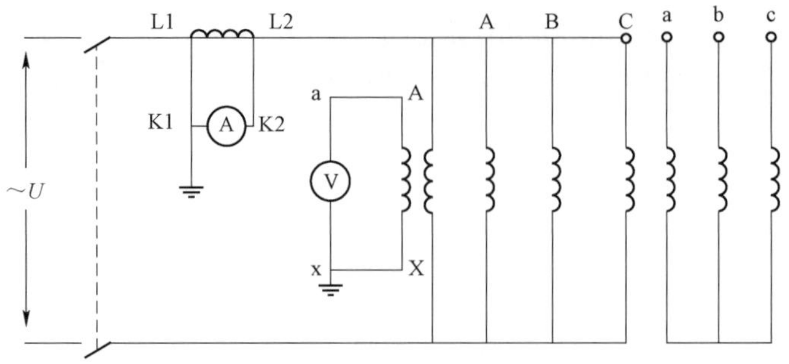

图 Jb0302222067

Jb0302213068 某一 220kV 线路，全长 L=57.45km，进行零序阻抗试验时，测得零序电压 U_0=516V，零序电流 I_0=25A，零序功率 P_0=3220W，试计算每相每千米零序阻抗 Z_0，零序电阻 R_0，零序电抗 X_0和零序电感 L_0。（6 分）

考核知识点：线路参数计算

难易度：难

标准答案：

解：

每相每千米零序阻抗：

$$Z_0=\frac{3U_0}{I_0L}=\frac{3\times 516}{25\times 57.45}=1.078(\Omega/\text{km})$$

每相零序电阻：

$$R_0=\frac{3P_0}{I_0^2L}=\frac{3\times 3220}{25^2\times 57.45}=0.269(\Omega/\text{km})$$

每相零序电抗：

$$X_0=\sqrt{Z_0^2-R_0^2}=\sqrt{1.078^2-0.269^2}=1.044(\Omega/\text{km})$$

每相零序电感：

$$L_0=\frac{X_0}{2\pi f}=\frac{1.044}{2\times 3.14\times 50}=0.00332(\text{H/km})$$

答：每相零序阻抗为 1.078Ω/km，零序电阻为 0.269Ω/km，零序电抗为 1.044Ω/km，零序电感是 0.00332H/km。

Jb0302233068 怎样测量输电线路的零序阻抗？（8 分）

考核知识点：零序阻抗测试

难易度：难

标准答案：

输电线路零序阻抗测量的接线如图 Jb0302233068 所示，测量时将线路末端三相短路接地，始端三相短路接单相交流电源。根据测得电流、电压及功率，按下式计算出每相每千米的零序参数：

$$Z_0=\frac{3U}{I}\cdot\frac{1}{L}$$

$$R_0=\frac{3P}{I^2}\cdot\frac{1}{L}$$

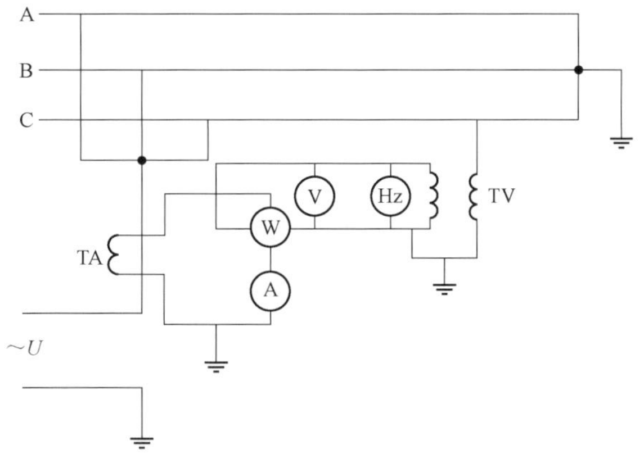

图 Jb0302233068

$$X_0 = \sqrt{Z_0^2 - R_0^2}$$

$$L_0 = \frac{X_0}{2\pi f}$$

式中 P——所测功率，W；

U——试验电压，V；

Z_0——零序阻抗，Ω/（km·相）；

R_0——零序电阻，Ω/（km·相）；

X_0——零序电抗，Ω/（km·相）；

L_0——零序电感，H/（km·相）；

I——试验电流，A；

L——线路长度，km；

f——试验电源的频率，Hz。

Jb0302222069 有下列设备：TT—试验变压器；VC—整流用高压硅堆；C—稳压电容；PV2—静电电压表；PA1、PA2—测量用微安表；F—被试阀式避雷器；R_0—保护电阻；PV1—电磁式电压表；TR—调压器。画出测量阀式避雷器泄漏电流原理接线图。（5 分）

考核知识点：避雷器

难易度：中

标准答案：

如图 Jb0302222069 所示。

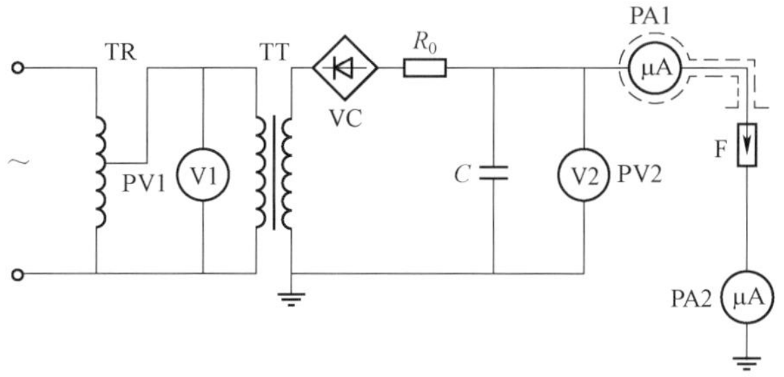

图 Jb0302222069

Jb0302223070 画出避雷器工频参考电流下的工频参考电压测量原理接线图并简述试验时的注意事项。（10 分）

考核知识点：避雷器

难易度：难

标准答案：

如图 Jb0302223070 所示。

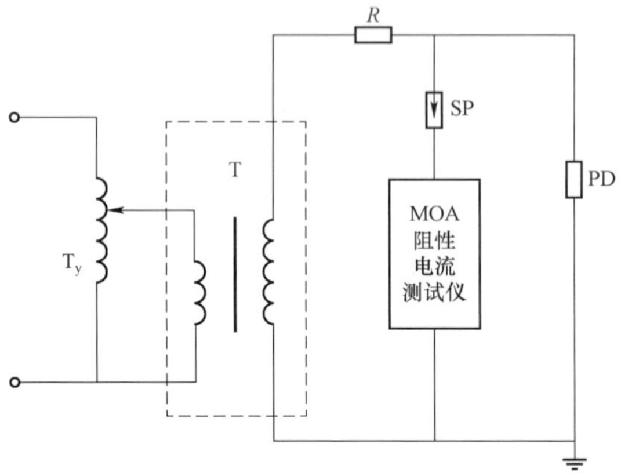

图 Jb0302223070

T_y—调压器；T—试验变压器；R—保护电阻；SP—被试氧化锌避雷器；PD—分压器

（1）可以结合现场试验条件，对避雷器分节进行试验。

（2）由于试验电压对避雷器而言相对较高（超过额定电压），故在达到工频参考电流时应缩短加压时间，迅速读取工频参考电压值，之后立即降压，施加工频电压的时间应严格控制在 10s 以内，避免避雷器长时间承受工频参考电压。

（3）试验结束后应对试品充分放电方可接触，避免金属氧化锌避雷器的残存电荷伤人。

（4）在升压过程中，如发现阻性电流测试仪检测电流值上下跳动，调压器往上升方向调节，电流甚至有下降趋势，应立即停止升压，降压、停电后查明原因，确定是否存在局部放电现象。若被试品冒烟、闪络、燃烧或发出击穿响声（或断续放电声），应立即停止升压，降压、停电后查明原因，这些现象如查明是绝缘部分出现的，则认为被试品试验不合格。如确定被试品的表面闪络是由于空气湿度或表面脏污等所致，应将被试品清洁干燥处理后，再进行试验。

Jb0302222071　试画出电抗值测量试验接线图。（8 分）

考核知识点：电抗器电抗值

难易度：中

标准答案：

如图 Jb0302222071 所示。

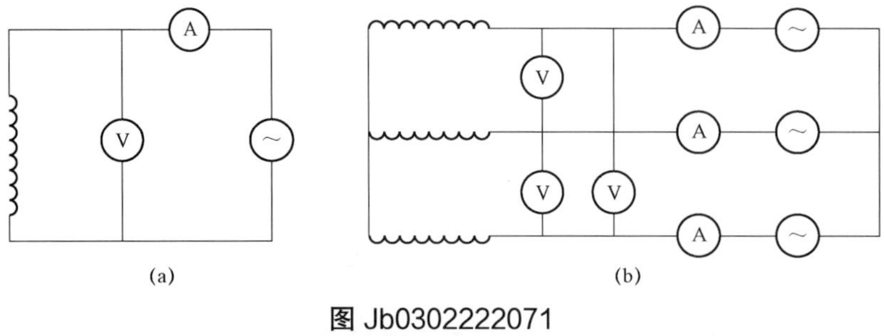

图 Jb0302222071

（a）单相电抗器试验接线图；（b）三相电抗器试验接线图

Jb0302232071 电抗值试验数据如何分析和处理？（6 分）

考核知识点： 电抗器

难易度： 难

标准答案：

（1）根据电压、电流计算电抗值，电抗由施加的电压和实测电流（方均根值）得到，并假定阻抗中的电阻成分可以忽略。

（2）对单相电抗器或可以不考虑互感（如水平布置的三相电抗器）的电抗器，电抗值为施加相电压和实测相电流（方均根值）的比值。

（3）对于有互感的三相电抗器的电抗应在对称三相电压施加在电抗器线端上时测量，其电抗值为：

$$X_L = \frac{\text{线间施加的电压}}{\text{实测电流平均值} \times \sqrt{3}}$$

将计算所得电抗值与额定值对比。并联电抗器额定电抗允许偏差为±5%，对三相并联电抗器或由单相电抗器组成的三相，每相的电抗偏差都应在±5%范围内，每相电抗与三相电抗平均值间的偏差不超过±2%；串联电抗器电抗值允许偏差 0～10%，三相空心电抗器每相电抗值不超过三相平均值的±2%，三相铁芯电抗器每相电抗器不超过三相平均值的±4%。

Jb0302232072 测量电流互感器变比时应注意哪些事项？（7 分）

考核知识点： 电流互感器变比试验

难易度： 难

标准答案：

（1）为避免测量误差，应在电流互感器电流测量范围内多选几点进行测量。

（2）如表计的选择挡位不合适需要换挡位时，应缓慢降下电压，切断电源再换挡。

（3）电流互感器有多个二次绕组，测量部分绕组变比时，其他绕组应使用短路线进行短接，避免出现二次绕组开路状态。

（4）接标准电流互感器及被试电流互感器二次绕组至表计的连接线的电阻之和通常不大于 0.06Ω。

（5）穿心式电流互感器电流比校核时，一次导线应处于互感器的中心位置。

（6）使用电流表时，应使仪表的指示刻度不小于量程的 2/3。

（7）在运行变电站测量电流互感器变比时，必须退出该电流互感器的保护装置，以免引起保护误动。

Jb0302231073 简述架空线路工频参数测试的目的与主要测试参数有哪些。（3 分）

考核知识点： 线路参数

难易度： 易

标准答案：

新建高压输电线路在投运前除了检查线路绝缘情况、核对相位外，还应测量葛洪工频参数值，作为计算系统短路电流、继电保护整定、推算潮流分布和选择合理运行方式等工作的实际依据。一般应测的参数有直流电阻 R、正序阻抗 Z_1、零序阻抗 Z_0、相间电容 C_{12}、正序电容 C_1 和零序电容 C_0。

Jb0302231074 土壤电阻率测试方法一般有几种？（5 分）

考核知识点： 土壤电阻率测试

难易度： 易

标准答案：

土壤电阻率测试方法一般有单极法、四极法，其中单极法适用于土壤电阻率较均匀的场地；四极法适用于测试被试电极较远地区或较大区域的土壤，以及水平或垂直分层不均匀的土壤特性。

Jb0302211075　在某超高压输电线路中，线电压 U_L=22×10^{4}V，输送功率 P=30×10^{7}W，若输电线路的每一相电阻 R_L=5Ω，试计算负载功率因数 cosφ_1=0.9 时，线路上的电压降 U_1 及输电线上一年的电能损耗 W_1；若负载功率因数从 cosφ_1=0.9 降为 cosφ_2=0.65，则线路上的电压降 U_2 及输电线路上一年的电能损耗 W_2 又各为多少？（10 分）

考核知识点：线路参数计算

难易度：难

标准答案：

解：当负载功率因数为 0.9 时，输电线上的电流为：

$$I_1=\frac{P}{\sqrt{3}U_L\cos\varphi_1}=\frac{30\times10^7}{\sqrt{3}\times22\times10^4\times0.9}\approx875\text{（A）}$$

当负载功率因数为 0.9 时，输电线上的电压为：$U_1=I_1R_L$=875×5=4375（V）

则一年［以 365 天计，时间 t=365×24=8760（h）］中输电线上损耗的电能为：

$$W_1=3I_1^2R_Lt=3\times875^2\times5\times8760=1\times10^{11}\text{（Wh）}=1\times10^8\text{kWh}$$

当功率因数由 cosφ_1=0.9 降低至 cosφ_2=0.65 时，则输电线路上的电流将增加至：

$$I_2=\frac{P}{\sqrt{3}U_L\cos\varphi_2}=\frac{30\times10^7}{\sqrt{3}\times22\times10^4\times0.65}=1211\text{（A）}$$

则线路上的电压降为：

$$U_2=I_2R_L=1211\times5=6055\text{（V）}$$

一年中输电线上损耗的电能将增至：

$$W_2=3I_2^2R_Lt=3\times1211^2\times5\times8760=1.9\times10^{11}\text{（Wh）}=1.9\times10^8\text{（kWh）}$$

所以由于功率因数降低而增加的电压降为：

$$\delta U=U_2-U_1=6055-4375=1680\text{（V）}$$

由于功率因数降低而增加的电能损耗为：

$$\delta W=W_2-W_1=1.9\times10^8-1\times10^8=0.9\times10^8\text{（kWh）}=90\text{（GWh）}$$

答：线路上的电压降为 6055V，输电线路上一年的电能损耗为 90GWh。

Jb0302212076　有幅值 u_{1q}=100kV 的无限长直角电压波由架空线路（Z_1=500Ω）进入电缆（Z_2=50Ω），如图 Jb0302212076 所示，求折射波电压、电流和反射波电压、电流。（8 分）

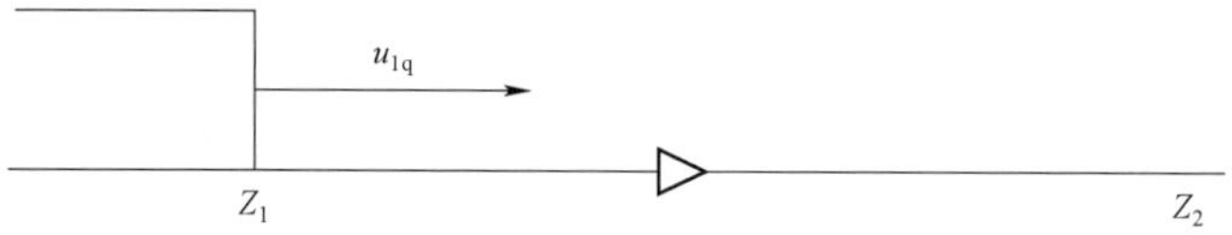

图 Jb0302212076

考核知识点：折射波、反射波

难易度：难

标准答案：

解：

折射系数计算式如下：

$$\alpha=\frac{2Z_2}{Z_1+Z_2}=\frac{2\times 50}{500+50}=\frac{2}{11}$$

反射系数计算式如下：

$$\beta=\frac{Z_2-Z_1}{Z_1+Z_2}=\frac{50-500}{500+50}=-\frac{9}{11}$$

折射波电压 u_{2q} 计算式如下：

$$u_{2q}=\alpha u_{1q}=\frac{2}{11}\times 100\approx 18.18\text{（kV）}$$

折射波电流 i_{2q} 计算式如下：

$$i_{2q}=\frac{u_{2q}}{Z_2}=\frac{18.18}{50}\approx 0.36\text{（kA）}$$

反射波电压 u_{1f} 计算式如下：

$$u_{1f}=\beta u_{1q}=-\frac{9}{11}\times 100\approx -81.82\text{（kV）}$$

反射波电流 i_{1f} 计算式如下：

$$i_{1f}=\frac{u_{1f}}{-Z_1}=\frac{-81.82}{-500}\approx 0.16\text{（kA）}$$

答：折射波电压为 18.18kV，折射波电流为 0.36kA，反射波电压为 81.82kV，反射波电流为 0.16kA。

Jb0302221077　试画出用等距四极法测土壤电阻率的接线图（用电流表、电压表测量）。（5 分）

考核知识点： 土壤电阻率测试

难易度： 易

标准答案：

如图 Jb0302221077 所示。

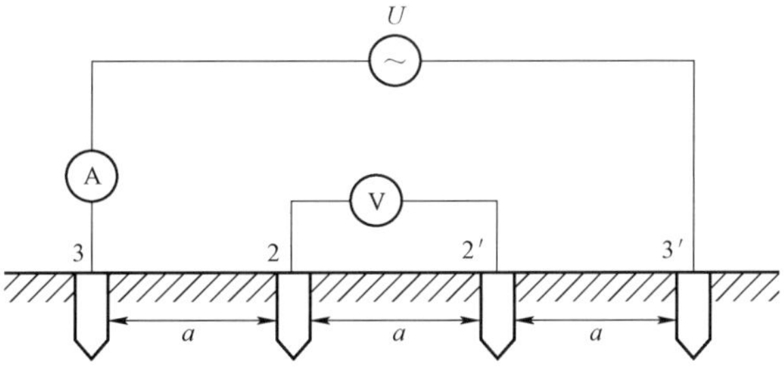

图 Jb0302221077

Jb0302231078　同一种土壤，由于什么不同，土壤电阻率也会随之发生显著的变化？（2 分）

考核知识点： 土壤电阻率测试

难易度： 易

标准答案：

（1）温度。

（2）湿度。

（3）含盐量。

（4）土壤紧密程度。

Jb0302232079　请简述什么是油流带电及其影响因素。（8 分）

考核知识点：油流带电

难易度：中

标准答案：

在强迫油循环的大型电力变压器中，由于变压器油流过绝缘纸以及绝缘纸板的表面时，会发生油流带静电现象，简称油流带电。

影响油流带电的主要因素：

（1）油流速度与温度的影响。

（2）油流状态的影响。

（3）励磁对油流带电的影响。

（4）油泵对油流带电的影响。

（5）油中水分的影响。

（6）固体纸绝缘材料表面状态的影响。

（7）油的电导率影响。

（8）介质损耗因数的影响。

Jb0302232080　什么是抗氧化添加剂？其基本特点是什么？（5 分）

考核知识点：绝缘油

难易度：中

标准答案：

能改善油品抗氧化安定性的少量物质，称为油品抗氧化添加剂，简称抗氧化剂。其基本特点如下：

（1）氧化能力强、油溶性好，挥发性小。

（2）与油品组分起反应，长期使用不变质，不损害油品的优良性质和使用性能，不溶于水。

（3）不腐蚀金属及设备中的有关材料，在用油设备的工作温度下不分解、不蒸发、不易吸潮等。

（4）感受性好，能适用于各种油品。

Jb0302233081　怎样判断充油电气设备内部是否有故障发生？（6 分）

考核知识点：电气设备内部故障判断

难易度：难

标准答案：

正常运行下，充油电气设备内部的绝缘油和有机绝缘材料，在热和电的作用下，会逐渐老化和分解，产生少量的各种低分子烃类气体及 CO、CO_2 等气体。在热和电故障的情况下也会产生这些气体，这两种气体来源在技术上不能区分，在数值上也没有严格的界限。而且依赖于负荷、温度、油中的含水量、油的保护系统和循环系统，以及与取样和测试的许多可变因素有关。因此在判断设备是否存在故障及其故障的严重程度时，要根据设备运行的历史状况和设备的结构特点以及外部环境等因素进行综合判断。有时设备内并不存在故障。而由于其他原因，在油中也会出现上述气体，要注意这些可能引起误判断的气体来源。

此外，还应注意油冷却系统附属设备（如潜油泵）的故障产生的气体也会进入到变压器本体的油中。

Jb0302233082　为什么在判断充油电气设备内部故障时提倡综合分析判断法？（6 分）

考核知识点：电气故障判断

难易度： 难

标准答案：

通常设备内部故障的形成和发展总是比较复杂的，往往与多种因素有关，这就需要全面地进行分析。例如绝缘预防性试验结果和检修的历史档案，设备当时的运行情况（温升、过负荷、过励磁、过电压等），设备的结构特点，制造厂同类产品有无故障先例，设计和工艺有无缺点等。另外，在根据油中热解气体分析结果对设备进行诊断时，一般不应盲目地建议吊罩、吊芯，或滤油，还应从安全和经济两方面考虑。

在分析故障的同时，应广泛采用新的测试技术，例如电气或超声波法的局部放电测量和定位、铁芯多点接地，油及固体绝缘材料中的微量水分测定，油中糠醛含量的测定，以及油中金属含量的测定等，以利于寻找故障的线索。

Jb0302233083 测定绝缘油界面张力的方法原理是什么？测试目的是什么？（6分）

考核知识点： 绝缘油

难易度： 难

标准答案：

（1）方法原理：用一个水平的铂丝测量环从水油界面将铂丝圆环向上拉，通过测量拉脱铂丝环所需力的方式来实现绝缘油界面张力测量。把所测得的力乘上一个与所用的力、油和水的密度以及圆环和铂丝直径有关的校正系数，计算出绝缘油界面张力。

（2）测试目的：

1）测得绝缘油界面张力可用来鉴别新油质量。一般的，新的、纯净的绝缘油具有较高的界面张力，通常可以高达 40～50mN/m，甚至 55mN/m 以上。

2）绝缘油界面张力还可以用来判断运行油质老化程度。油质老化后生成各种有机酸及醇等极性物质，使油的界面张力也将逐渐下降。测定运行中绝缘油的界面张力，就可判断油质的老化深度。运行油的界面张力要求大于 19mN/m，如果低于此指标，则变压器油中可能有油泥析出或酸值不合格。

3）利用界面张力还可监督变压器热虹吸器的运行情况。如果热呼吸器失效，油的界面张力则会下降。

Jb0302233084 简述绝缘油的结构簇组成。（5分）

考核知识点： 绝缘油

难易度： 中

标准答案：

绝缘油化学结构组成复杂，大约有 2900 余种烃类成分。烃类主要有烷烃、环烷烃和芳香烃，其化学元素主要由碳（C）和氢（H）组成。

结构簇组成（碳型结构），就是将组成复杂的基础油简单看成由芳香环、环烷环和烷基侧链三种结构组成的单一分子，分别用 CA、CN、CP 表示上述三种碳原子分布的百分数。

按照加工精制所用石油组成的成分不同，绝缘油分为环烷基、石蜡基和中间基油三种。一般采用碳型结构来区分绝缘油的基，通常区分是：烷链上的碳原子占整个分子总碳数 CP＜50%为环烷基油，CP=50%～56%为中间基（混合基）油，CP＞56%为石蜡基油。

Jb0302232085 为什么绝缘油内稍有一点杂质，它的击穿电压会下降很多？（5分）

考核知识点： 绝缘油

难易度： 难

标准答案：

以变压器油为例来说明这种现象。在变压器油中，通常含有气泡（一种常见杂质），而变压器油的介电系数比空气高 2 倍多，由于电场强度与介电常数是成反比的，再加上气泡使其周围电场畸变，所以气泡中内部电场强度也比变压器油高 2 倍多，气泡周边的电场强度更高了。而气体的耐电强度比变压器油本来就低得多。所以在变压器油中的气泡就很容易游离。气泡游离之后，产生的带电粒子再撞击油的分子，油的分子又分解出气体，由于这种连锁反应或称恶性循环，气体增长将越来越快，最后气泡就会在变压器油中沿电场方向排列成行，最终导致击穿。

如果变压器油中含有水滴，特别是含有带水分的纤维（棉纱或纸类），对绝缘油的绝缘强度，影响最为严重。杂质虽少，但由于会发生连锁反应并可以构成贯通性缺陷，所以会使绝缘油的放电电压下降很多。

Jb0302231086 为什么绝缘油击穿试验的电极采用平板型电极，而不采用球型电极？（5 分）

考核知识点： 绝缘油

难易度： 中

标准答案：

绝缘油击穿试验用平板型电极，是因极间电场分布均匀，易使油中杂质连成“小桥”，故击穿电压较大程度上决定于杂质的多少。如用球型电极，由于球间电场强度比较集中，杂质有较多的机会碰到球面，接受电荷后又被强电场斥去，故不容易构成“小桥”。绝缘油击穿试验的目的是检查油中水分、纤维等杂质，因此采用平板型电极较好。我国规定使用直径为 25mm 的平板型标准电极进行绝缘油击穿试验，板间距离规定为 2.5mm。

Jb0302232087 SF_6气体中混有水分有何危害？（6 分）

考核知识点： SF_6气体

难易度： 难

标准答案：

SF_6气体中混有水分，造成的危害有两个方面：

（1）水分引起化学腐蚀，干燥的 SF_6 气体是非常稳定的，在温度低于 500℃时一般不会自行分解，但是在水分较多时，200℃以上就可能产生水解：$2SF_6+6H_2O \rightarrow 2SO_2+12HF+O_2$，生成物中的 HF 具有很强的腐蚀性，且是对生物肌体有强烈腐蚀的剧毒物，SO_2 遇水生成硫酸，也有腐蚀性。

（2）水分的危险，更重要的是在电弧作用下，SF_6 分解过程中的反应。在反应中的最后生成物中有 SOF_2、SO_2F_4、SOF_4、SF_4 和 HF，都是有毒气体。

水分对绝缘的危害。水分的凝结对沿面绝缘也是有害的，通常气体中混杂的水分是以水蒸气形式存在，在温度降低时可能凝结成露水附着在零件表面，在绝缘件表面可能产生沿面放电（闪络）而引起事故。

Jb0302231088 简述界面张力的名词定义。（5 分）

考核知识点： 界面张力

难易度： 中

标准答案：

界面张力，也叫液体的表面张力，就是液体与空气间的界面张力，在数值上与比界面能相等，固体表面与空气的界面之间的界面张力，就是固体表面的自由能。固体表面不同的材质，其表面自由能不同，金属和一般无机物表面的能量在 100mN/m 以上，称为高能表面，塑料等有机物表面的能量较低，称为低能表面。

Jb0302231089 绝缘油运动黏度测试注意事项？（3分）

考核知识点：绝缘油

难易度：易

标准答案：

（1）水浴温度一定要加热恒定到40±0.1℃。

（2）开启“加热”开关的同时，一定要开启“搅拌”开关。

（3）注意不要让毛细管和扩张部分的试油产生气泡或裂隙。

Jb0302231090 SF_6电气设备中气体湿度测试有哪几种方法？试验数据的判断标准是什么？（6分）

考核知识点：SF_6气体测试

难易度：中

标准答案：

SF_6电气设备中气体湿度可以用冷凝露点式、电阻电容式湿度计和电解式湿度计测量，即有露点法、电阻电容法和电解法三种方法。

判断标准试验项目的要求如表Jb0302231090所示。

表Jb0302231090 试验项目的要求

试验项目	试验部位	新充气后（μL/L）	运行中（μL/L）
湿度（H_2O）	有电弧分解物的气室	≤150	≤300（注意值）
	无电弧分解物的气室	≤250	≤500（注意值）
	箱体及开关（SF_6绝缘变压器）	≤125	≤220（注意值）
	电缆箱及其他（SF_6绝缘变压器）	≤220	≤375（注意值）

Jb0302232091 常用SF_6气体检漏仪有几种？各有什么特点？（5分）

考核知识点：SF_6气体检漏仪

难易度：中

标准答案：

常用SF_6气体检漏仪有四种：紫外电离、电子捕获、真空高频电离及负电晕放电。电子捕获测试仪灵敏度高、稳定性好，但价格昂贵，气源要求高；紫外电离和负电晕放电检测仪灵敏度适中、稳定性较好，但负电晕放电检测仪准确性较差，价格低；真空高频电离测量范围宽、灵敏度高，但测量误差大，只能作定性半定量使用，且体积大、稳定时间长。

Jb0302231092 SF_6气体检测时，应做好哪些防护措施？（4分）

考核知识点：SF_6气体

难易度：中

标准答案：

（1）检测时，应认真检查管路、检测仪器与设备的连接，防止气体泄漏，必要时检测人员应佩戴安全防护用具。

（2）检测人员和检测仪器应避开设备取气阀门开口方向，防止意外发生。

（3）在检测过程中，应严格遵守操作规程，防止气体压力突变造成气体管路和检测仪器的损坏，需监控设备内的压力变化，避免因 SF_6 气体分解物检测造成设备压力的剧烈变化。

（4）检测仪器的尾部排气应回收处理。

Jb0302232093 取色谱分析油样一般应注意什么？（6 分）

考核知识点：绝缘油色谱分析

难易度：易

标准答案：

（1）放尽取样阀中残存油。

（2）连接方式可靠，连接系统无漏油或漏气缺陷。

（3）取样前应将取样容器、连接系统中空气排尽。

（4）取样过程中，油样应平缓流入容器。

（5）对密封设备在负压状态取样时，应防止负压进气。

（6）取样过程中，不允许人为对注射器芯施加外力。

Jb0302231094 对于灭弧气室，SF_6气体纯度检测指标和评价结果有哪些？（2 分）

考核知识点：SF_6气体

难易度：易

标准答案：

（1）纯度检测不小于 97%的，评价为正常。

（2）纯度检测在 95%～97%的，建议跟踪，1 个月后复检。

Jb0302232095 设备有几种状态，分别是什么？并简要描述各种状态的含义？（5 分）

考核知识点：电气设备状况

难易度：中

标准答案：

设备的状态有：正常状态、注意状态、异常状态、严重状态。

正常状态——表示各状态量均处于稳定且良好的范围内，设备可以正常运行。

注意状态——表示单项（或多项）状态量变化趋势朝接近标准限值方向发展，但未超过标准限值，或部分一般状态量超过标准值，仍可以继续运行，但应加强运行中的监视。

异常状态——表示单项重要状态量变化较大，已接近或略微超过标准限值，应监视运行，并适时安排停电检修。

严重状态——表示单项重要状态量严重超过标准限值，需要尽快安排停电检修。

Jb0302231096 变电设备评价分类有几类？（4 分）

考核知识点：变电设备评价

难易度：中

标准答案：

（1）精益化管理评价是对变电设备验收、运维、检测、检修、反措执行及运检管理进行全面检查评价，全方位查找设备和运检管理薄弱环节，不断提升变电精益化管理水平和设备运行可靠性。

（2）年度状态评价是综合专业巡视、带电检测、在线监测、例行试验、诊断性试验等各种技术手段，依据电网设备状态评价导则每年集中组织开展的变电设备状态评价工作。

（3）动态评价是设备重要状态量发生变化后开展的评价，主要类别为新设备首次评价、缺陷评价、经历不良工况后评价、带电检测异常评价和检修后评价。

Jb0302232097 简述用油中溶解气体分析判断故障性质的三比值法，其编码规则是什么？（6分）

考核知识点：三比值法

难易度：中

标准答案：

用5种特征气体的三对比值，来判断变压器或电抗器等充油设备故障性质的方法称为三比值法。在三比值法中，对不同的比值范围，三对比值以不同的编码表示，其编码规则如表Jb0302232097所示。

表Jb0302232097 三比值法的编码规则

特征气体的比值	比值范围编码			说明
	$\frac{C_2H_2}{C_2H_4}$	$\frac{CH_4}{H_2}$	$\frac{C_2H_4}{C_2H_6}$	
<0.1	0	1	0	例如：$\frac{C_2H_2}{C_2H_4}$=1～3时，编码为1
0.1～1	1	0	0	例如：$\frac{CH_4}{H_2}$=1～3时，编码为2
1～3	1	2	1	
>3	2	2	2	例如：$\frac{C_2H_4}{C_2H_6}$=1～3时，编码为1

Jb0302233098 当前在变压器吸收比的测量中遇到的矛盾是什么？它有哪些特点？（12分）

考核知识点：变压器吸收比

难易度：难

标准答案：

当前在变压器吸收比的测量中遇到的主要矛盾如下：

（1）一般工厂新生产的变压器，发现吸收比偏低的，而多数绝缘电阻值却比较高。

（2）运行中有相当数量的变压器，吸收比低于1.3。但一直运行安全，未曾发生过问题。

这些现象究竟是何原因造成的，有各种各样的分析，一时难以统一。但有些看法是共同的，认为吸收比不是一个单纯的特征数据，而是一个易变动的测量值，总结起来有以下特点。

（1）吸收比有随着变压器绕组的绝缘电阻值升高而减小的趋势。

（2）绝缘正常情况下，吸收比有随温度升高而增大的趋势。

（3）绝缘有局部问题时，吸收比会随温度上升而呈下降的现象。

在实际测量中也发现有一些变压器的吸收比随着温度上升反而呈现下降的趋势，其中有一部分变压器绝缘状况属于合格范围，研究者对此进行了分析：

当变压器纸绝缘含水量很小（0.3%），油的$\tan\delta$较大（0.08%～0.52%），吸收比数值会随温度上升而下降。这时的绝缘状况，也仍为合格的。

当变压器纸绝缘含水量越大，其绝缘状况越差，绝缘电阻的温度系数越大，吸收比数值较低，且随温度上升而下降。

有的研究者认为，由于干燥工艺的提高，油纸绝缘材质的改善，变压器的大型化，吸收过程明显变长，出现绝缘电阻提高、吸收比小于1.3而绝缘并非受潮的情况是可以理解的。因此，当绝缘电阻高于一定值时，可以适当放松对吸收比的要求。

究竟绝缘电阻高到什么数值情况下，吸收比不作要求。从经验上说，当温度在10℃时，110kV、

220kV 的变压器，其绝缘电阻（R''_{60}）大于 3000MΩ时，可以认为其绝缘状况没有受潮，可以对吸收比不作考核要求。另一个判别受潮与否的经验数据是，绝缘受潮的变压器，R''_{60} 与 R''_{15} 之差通常在数十兆欧以下，且最大值不会超过 200MΩ（R''_{60} 与 R''_{15} 分别为持续加压测试至第 60s 和第 15s 时绝缘电阻的测得值）。

看来吸收比的测量问题还有待于继续深入研究。

Jb0302232099　电缆线路的低阻类故障测寻有哪些方法？（5 分）

考核知识点：电缆线路故障测试

难易度：中

标准答案：

电缆线路故障电阻较低时，可先用电桥法或低压脉冲反射法进行粗测，而后用音频感应法定点；也可先用冲击放电法来提高故障点的电阻，而后用声测法定点。

应注意如下特殊情况：对于三相短路故障，难以用电桥法进行测寻时，必须用低压脉冲反射法进行粗测。对于单相接地故障，用音频感应法测寻可能会导致全电缆线路上都有音频信号，而不能定点。此时可先通过冲击放电法来提高故障点的电阻，而后再用声测法定点。对于故障电阻根本不能提高的故障，只有采用音频感应法，并配合使用差动电感探头。

Jb0302231100　什么是局部放电？局部放电测试目的和意义是什么？（5 分）

考核知识点：局部放电

难易度：中

标准答案：

局部放电是指发生在电极之间但并未贯穿电极的放电，它是由于设备绝缘内部存在弱点或生产过程中造成的缺陷，在高电场强度作用下发生重复击穿和熄灭的现象。它表现为绝缘内气体的击穿。小范围内固体或液体介质的局部击穿或金属表面的边缘及尖角部位场强集中引起的局部击穿放电等。

这种放电的能量是很小的，所以它的短时存在并不影响到电气设备的绝缘强度。但若电气设备在运行电压下不断出现局部放电，这些微弱的放电将产生累积效应会使绝缘的介电性能逐渐劣化并使局部缺陷扩大，最后导致整个绝缘击穿。虽然局部放电会使绝缘劣化而导致损坏，但它的发展是需要一定时间，所以需定期测局部放电。

Jb0302231101　为什么必须对接地装置进行定期检查与试验？（5 分）

考核知识点：安全防护

难易度：易

标准答案：

在电气设备运行过程中，接地线或接零线由于有时遭受外力破坏或化学腐蚀等影响，往往会有损伤或断裂的现象发生，接地体周围的土壤也会由于干旱、冰冻的影响而使接地电阻发生变化。因此为保证接地与接零的可靠，必须用接地电阻测试仪对接地装置进行定期的检查和试验。

Jb0302232102　高压 SF_6 组合电器如何进行状态评价？（5 分）

考核知识点：状态评价

难易度：易

标准答案：

高压 SF_6 组合电器的状态评价分为部件评价和整体评价两部分，部件的评价应同时考虑单项状态量的扣分和部件合计扣分情况，整体评价应综合其部件的评价结果。当所有部件评价为正常状态时，整体评价为正常状态；当任一部件状态为注意状态、异常状态或严重状态时，整体评价应为其中最严重的状态。

Jb0302233103 根据《气体绝缘金属封闭开关设备状态评价导则》（DL/T 1688—2017）中组合电器状态评价标准，单项状态量扣 24 分的项目有哪些？（3 分）

考核知识点：状态评价

难易度：易

标准答案：

（1）断路器运行中出现振动和异响。

（2）避雷器气室运行中微水值 500～800μL/L，且有快速上升趋势。

（3）瓷套外表面有明显放电或较严重电晕。

Jb0302231104 变压器套管电容量和介质损耗因数超标应执行什么评价原则和检修策略？（3 分）

考核知识点：状态评价

难易度：易

标准答案：

评级原则为试验数据不符合要求的，发现 1 次扣 4 分。检修策略为结合套管电容量、绝缘电阻、油色谱等诊断性试验结果进行综合分析，开展 B 类检修更换套管。

Jb0302231105 运行中的避雷器底座绝缘电阻的评判标准、扣分原则及检修策略是什么？（3 分）

考核知识点：状态评价

难易度：易

标准答案：

底座绝缘电阻不小于 100MΩ，试验数据不符合要求的，发现 1 次扣 3 分，应开展 B 类检修，进行底座绝缘处理或更换。

Jb0302232106 阐述电力设备在哪些情形下需提前或尽快安排停电试验？（6 分）

考核知识点：安全防护

难易度：中

标准答案：

（1）紧急巡检中发现有异常，此异常可能是重大质量隐患所致。

（2）带电检测显示设备状态不良。

（3）以往的例行试验有朝着注意值或警示值方向发展的明显趋势，或者接近注意值或警示值。

（4）存在重大家族缺陷。

（5）经受了较为严重不良工况，不进行试验无法确定其是否对设备状态有实质性损害。

（6）判定设备继续运行有风险，则不论是否到期，都应列入最近的年度试验计划，情况严重时，应尽快退出运行，进行试验。

Jb0302232107 阐述电力设备停电试验异常处理流程。（5 分）

考核知识点：故障处理流程

难易度：中

标准答案：

（1）排除试验方法、试验仪器以及环境干扰问题。

（2）在 1 个工作日内将异常情况按照分级管控要求报送上级运检部和相应状态评价中心，必要时报国网设备部。

（3）将试验发现的异常录入 PMS 系统，纳入缺陷管理流程。

（4）省公司设备部针对上报的异常数据组织省评价中心、运维单位及时进行分析和诊断，提出决策意见。

（5）一类变电站试验发现重大异常时，省公司设备部应立即向国网设备部汇报，由国网设备部组织系统内外专家团队等进行分析诊断，提出决策意见。

Jb0302232108　简述进行避雷器试验的目的和意义。（5 分）

考核知识点：避雷器试验

难易度：中

标准答案：

进行避雷器试验的目的和意义如下：

（1）避雷器在制造过程中可能存在缺陷而未被检查出来，如在空气潮湿的时候或季节装配出厂，预先带进潮气。

（2）在运输过程中受损，内部瓷碗破裂，并联电阻振断，外部瓷套碰伤。

（3）在运输时受潮，瓷套端部不平，滚压不严，密封橡胶垫圈老化变硬，瓷套裂纹等原因。

（4）并联电阻和阀片在运行中老化和电阻断开。

（5）其他劣化。这些劣化都可以通过预防性试验发现，从而防止避雷器在运行中的误动作和爆炸等事故。

Jb0302232109　串级式电压互感器介质损耗角正切值测量时，常规法要将二次、三次绕组短接，而末端屏蔽法和末端加压法却不许短接，为什么？（5 分）

考核知识点：串级式电压互感器试验

难易度：中

标准答案：

常规法测量时，如不将二次、三次绕组短接，若此时一次绕组也不短接，试验回路中将产生励磁电感和空载损耗，使测量值出现偏大的误差。而自激法、末端屏蔽法、末端加压法主要测的是一次绕组及下铁芯对二次、三次和对地的分布电容和 $\tan\delta$ 值。如果将二次、三次短路，会将励磁电流大大增加，不仅有可能烧坏互感器，还会使一次电压与二次、三次电压相角差增加，引起不可忽视的测量误差。另外从自激法的接线来讲，低压绕组用于励磁，高压绕组也不允许短路。

Jb0302232110　试验方案编写的原则及步骤有哪些？（10 分）

考核知识点：试验方案编写

难易度：难

标准答案：

（1）实验方案编写的一般原则：

1）方案中必须明确安全措施、组织措施和技术措施。

2）方案的主要内容一般包括试验目的、试验内容及依据、试验日期、试验仪器及设备、试验接线、试验步骤等。

3）方案的制定要遵守国家、行业的有关标准和规定。

4）方案编制要合理，并有针对性，安全可靠，易于操作和实施。在满足安全、质量和进度的前提下努力降低成本。

5）试验方案应由技术负责人或单位技术主管部门批准。

（2）试验方案编写步骤：

1）接受试验任务，并对试验任务进行熟悉、了解，必要时进行现场勘探。

2）查阅相关图纸、资料、技术合同，确定试验依据的标准和试验方法。

3）组织试验人员对试验仪器、方法、危险点等内容进行讨论、确定。

4）试验负责人根据讨论结果起草试验方案。

5）履行相应审批程序。

Jb0302231111　断路器（开关）遮断容量不满足电网要求时，应采取什么措施？（3分）

考核知识点：安全规程

难易度：易

标准答案：

如断路器（开关）遮断容量不够，应用墙或金属板将操动机构（操作机构）与该断路器（开关）隔开，应进行远方操作，重合闸装置应停用。

Jb0302231112　工作负责人（监护人）的安全责任有哪些？（6分）

考核知识点：工作负责人职责

难易度：中

标准答案：

（1）正确组织工作。

（2）检查工作票所列安全措施是否正确完备，是否符合现场实际条件，必要时予以补充完善。

（3）工作前，对工作班成员进行工作任务、安全措施、技术措施交底和危险点告知，并确认每个工作班成员都已签名。

（4）严格执行工作票所列安全措施。

（5）监督工作班成员遵守规程，正确使用劳动防护用品和安全工器具以及执行现场安全措施。

（6）关注工作班成员身体状况和精神状态是否出现异常迹象，人员变动是否合适。

Jb0302231114　培训方案应包括哪些内容？（4分）

考核知识点：培训方案

难易度：易

标准答案：

（1）培训目的。

（2）培训人员。

（3）培训时间。

（4）培训能力种类（专业知识、相关知识、专业技能）。

（5）培训内容。

（6）培训目标。

（7）学时。

（8）实施单位。

第八章 电气试验工技师技能操作

Jc0302242001 35kV 变压器外施工频耐压试验。（100 分）

考核知识点：变压器试验

难易度：中

技能等级评价专业技能考核操作工作任务书

一、任务名称

35kV 变压器外施工频耐压试验。

二、适用工种

电气试验工技师。

三、具体任务

（1）工作状态为模拟 35kV 变压器停电，工作内容为变压器交接试验。

（2）工作任务：

1）变压器外施工频耐压试验。

2）根据试验记录出具试验报告，并对数据进行分析。

四、工作规范及要求

（1）工器具使用及安全措施。

（2）按要求进行高压试验。

（3）出具试验报告和试验结果分析。

五、考核及时间要求

（1）本考核操作时间为 60 分钟，包括试验接线和报告整理，时间到停止考评。

（2）试验过程中如试验仪器、试验电源出现故障，可向考评员申请故障排除，故障排除时间不计入考核。

（3）按照技能操作要求进行操作，试验报告包括试验项目、仪器型号、试验结果等。

（4）试验过程中如遇突发状况，如不涉及人身、设备安全，则由试验人员自行排查、处理；如危及人身、设备安全，则应立即停止操作，人员及时撤离作业现场。

技能等级评价专业技能考核操作评分标准

<table>
<tr><td>工种</td><td colspan="5">电气试验工</td><td>评价等级</td><td>技师</td></tr>
<tr><td>项目模块</td><td colspan="5">变压器试验—外施工频耐压试验</td><td>编号</td><td>Jc0302242001</td></tr>
<tr><td>单位</td><td colspan="2"></td><td>准考证号</td><td colspan="2"></td><td>姓名</td><td></td></tr>
<tr><td>考试时限</td><td colspan="2">60 分钟</td><td>题型</td><td colspan="2">单项操作</td><td>题分</td><td>100 分</td></tr>
<tr><td>成绩</td><td></td><td>考评员</td><td colspan="2"></td><td>考评组长</td><td>日期</td><td></td></tr>
<tr><td>试题正文</td><td colspan="7">35kV 变压器外施工频耐压试验</td></tr>
<tr><td>需要说明的问题和要求</td><td colspan="7">（1）试验过程单人操作，数据分析在试验过程中完成。
（2）操作过程应注意安全，按照标准化作业流程做好安全措施。
（3）现场完成试验结果分析，出具试验报告。
（4）检测仪器可选考场提供或自带</td></tr>
</table>

续表

序号	项目名称	质量要求	满分	扣分标准	扣分原因	得分
1	试验前准备					
1.1	工器具使用	熟练正确使用各种工器具	5	未正确使用一次扣1分，扣完为止		
1.2	试验记录	收集被试设备基础信息和历史试验数据	5	未收集被试设备历次试验报告扣1分； 未记录被试设备铭牌，现场温、湿度等条件的，每处扣1分，扣完为止		
1.3	仪器、仪表选择	选择合适的试验仪器、仪表	5	选用仪器不合适扣3分； 未检查试验仪器合格证或校验证书扣2分		
1.4	安全措施	（1）办理工作票、交代安全注意事项，分工明确，并做好记录。 （2）设置高压试验安全围栏。 （3）安全工器具使用。 （4）试验仪器正确接地	10	试验仪器未正确接地扣2分； 未检查安全工器具扣3分； 安全措施交代不清楚或未确认签字扣2分； 试验前未将试验区域用安全围栏隔离扣3分		
2	试验开展					
2.1	试验接线	（1）仪器现场布置合理。 （2）高压引线应尽量缩短，并采用专用的高压试验线，必要时用绝缘物支持牢固。 （3）有绕组的被试品进行外施交流耐压试验时，应将被试绕组自身的所有端子短接，非被试绕组也应短接并与外壳连接后接地。 （4）电源开关接通前，试验仪器接线应准确无误	10	试验接线接错一次扣5分； 试验前未检查试验接线扣3分； 接线不规范扣1～3分； 上述扣分，扣完为止		
2.2	试验流程	（1）试验前，测试绝缘电阻，其值应正常。 （2）被试绕组所有出线套管应短接后加压，非加压绕组所有出线应短接并可靠接地，接线无误后，确保调压器在零位，试验回路中过电流和过电压保护应整定正确。 （3）加压过程中应有人监护并呼唱。接通试验电源，进行升压，操作人员的手应放在电源开关上，如有紧急情况应迅速断开电源。 （4）升压必须从零（或接近于零）开始，切不可冲击合闸。升压速度在75%试验电压以前，可以是任意的，自75%电压开始应均匀升压，均为每秒2%试验电压的速率升压。升至试验电压后，开始计时并读取试验电压。耐压试验后，迅速均匀降压到零（或接近于零），然后切断电源。 （5）测试绝缘电阻，其值应正常。 （6）试验前后及变更接线应对设备充分放电	30	加压前后未测试绝缘电阻扣5分； 加压前，调压器未归零扣2分； 试验过程中未高声呼唱每次扣2分； 试验过程中失误一次扣5分； 试验过程中监护不到位扣5～10分； 缺少试验项目的扣5分； 试验前后及变更接线未对被试设备放电扣10分； 上述扣分，扣完为止		
3	结果分析					
3.1	试验报告	结合测试数据做出分析判断，出具试验报告	25	试验数据分析不准确扣5分； 试验结论不正确扣5分； 试验报告填写不规范扣1～5分； 未给出试验结论扣5分		
4	试验结束					

续表

序号	项目名称	质量要求	满分	扣分标准	扣分原因	得分
4.1	现场恢复	清理现场，人员撤离	6	被试设备有遗留物品扣2分； 仪器、工器具等未定置恢复扣2分； 未检查或清理现场扣2分		
4.2	办理收工手续	向考评员汇报试验结果，并办理工作终结手续	4	未汇报试验结果扣2分； 未办理工作票终结手续扣2分		
合计			100			

Jc0302243002　35kV分级绝缘电压互感器感应耐压试验。（100分）

考核知识点：电压互感器试验

难易度：难

技能等级评价专业技能考核操作工作任务书

一、任务名称

35kV分级绝缘电压互感器感应耐压试验。

二、适用工种

电气试验工技师。

三、具体任务

（1）工作状态为35kV分级绝缘电压互感器感应耐压停电例行试验。

（2）工作任务：

1）35kV分级绝缘电压互感器感应耐压试验。

2）试验方法：采用多倍频感应耐压法。

3）出具试验报告和试验结果分析。

四、工作规范及要求

（1）工作过程严格执行安规相关要求。

（2）试验仪器仪表配件齐全、接线应正确、规范。

（3）进行试验分析并填写试验报告。

五、考核及时间要求

（1）本考核操作时间为60分钟，包括试验接线和报告整理，时间到停止考评。

（2）试验过程中如试验仪器、试验电源出现故障，可向考评员申请故障排除，故障排除时间不计入考核。

（3）按照技能操作要求进行操作，试验报告包括试验项目、仪器型号、试验结果等。

（4）试验过程中如遇突发状况，如不涉及人身、设备安全，则由试验人员自行排查、处理；如危及人身、设备安全，则应立即停止操作，人员及时撤离作业现场。

技能等级评价专业技能考核操作评分标准

<table>
<tr><td>工种</td><td colspan="5">电气试验工</td><td>评价等级</td><td>技师</td></tr>
<tr><td>项目模块</td><td colspan="5">电压互感器试验—感应耐压试验</td><td>编号</td><td>Jc0302243002</td></tr>
<tr><td>单位</td><td colspan="2"></td><td>准考证号</td><td colspan="2"></td><td>姓名</td><td></td></tr>
<tr><td>考试时限</td><td colspan="2">60分钟</td><td>题型</td><td colspan="2">单项操作</td><td>题分</td><td>100分</td></tr>
<tr><td>成绩</td><td></td><td>考评员</td><td colspan="2"></td><td>考评组长</td><td>日期</td><td></td></tr>
<tr><td>试题正文</td><td colspan="7">35kV分级绝缘电压互感器感应耐压试验</td></tr>
</table>

续表

需要说明的问题和要求	（1）试验过程单人操作，数据分析在试验过程中完成。 （2）操作过程应注意安全，按照标准化作业流程做好安全措施。 （3）现场完成试验结果分析，出具试验报告。 （4）检测仪器可选考场提供或自带

序号	项目名称	质量要求	满分	扣分标准	扣分原因	得分
1	试验前准备					
1.1	工器具使用	熟练正确使用各种工器具	5	未正确使用一次扣1分，扣完为止		
1.2	试验记录	收集被试设备基础信息和历史试验数据	5	未收集被试设备历次试验报告扣1分； 未记录被试设备铭牌，现场温、湿度等条件的，每处扣1分，扣完为止		
1.3	仪器、仪表选择	根据试验项目和方法选择合适充足的仪器、仪表	5	选用仪器不合适扣3分； 未检查试验仪器合格证或校验证书扣2分		
1.4	安全措施	（1）试验仪器正确接地。 （2）安全工器具使用。 （3）办理工作票、交代安全注意事项，分工明确，并做好记录。 （4）设置高压试验安全围栏	10	试验仪器未正确接地扣2分； 未检查安全工器具扣3分； 安全措施交代不清楚或未确认签字扣2分； 试验前未将试验区域用安全围栏隔离扣3分		
2	试验开展					
2.1	试验接线	（1）仪器现场布置合理。 （2）电源开关接通前，试验仪器接线应准确无误	10	试验接线接错一次扣5分； 试验前未检查试验接线扣3分； 接线不规范扣1～3分； 上述扣分，扣完为止		
2.2	试验流程	（1）对电压互感器进行放电，将其高压端接地，拆除所有引线。 （2）试验时，电压互感器外壳、铁芯、二次绕组、辅助绕组及一次绕组尾端接地，选择一组二次绕组或辅助绕组进行加压。 （3）应采用多倍频感应耐压法进行试验，试验时间满足规定要求。 （4）加压过程中应有人监护并呼唱。接通试验电源，进行升压，操作人员的手应放在电源开关上，如有紧急情况应迅速断开电源。 （5）升压必须从零（或接近于零）开始，切不可冲击合闸。升压速度在75%试验电压以前，可以是任意的，自75%电压开始应均匀升压，均为每秒2%试验电压的速率升压。升至试验电压后，开始计时并读取试验电压。耐压试验后，迅速均匀降压到零（或接近于零），然后切断电源。 （6）试验完毕后，测试绝缘电阻，其值应正常。 （7）试验前后及变更接线应对设备充分放电	30	未进行仪器、仪表自检扣3分； 加压前后未测试绝缘电阻扣5分； 加压前，调压器未归零扣2分； 试验过程中未高声呼唱每次扣2分； 试验过程中失误一次扣5分； 试验过程中监护不到位扣5～10分； 耐压时间不符合要求扣5分； 缺少试验项目的扣5分； 试验前后及变更接线未对被试设备放电扣10分； 上述扣分，扣完为止		
3	结果分析					
3.1	试验报告	结合测试数据做出分析判断，出具试验报告	25	试验数据分析不准确扣5分； 试验结论不正确扣5分； 试验报告填写不规范扣1～5分； 未给出试验结论扣5分		
4	试验结束					
4.1	现场恢复	清理现场，人员撤离	6	被试设备有遗留物品扣2分； 仪器、工器具等未定置恢复扣2分； 未检查或清理现场扣2分		
4.2	办理收工手续	向考评员汇报试验结果，并办理工作终结手续	4	未汇报试验结果扣2分； 未办理工作票终结手续扣2分		
合计			100			

Jc0302241003　35kV 套管交流耐压试验。（100 分）

考核知识点： 套管试验

难易度： 中

技能等级评价专业技能考核操作工作任务书

一、任务名称

35kV 套管交流耐压试验。

二、适用工种

电气试验工技师。

三、具体任务

（1）工作状态为模拟 35kV 套管停电，工作内容为套管交接试验。

（2）工作任务：

1）套管交流耐压试验。

2）根据试验记录出具试验报告，并对数据进行分析。

四、工作规范及要求

（1）工器具使用及安全措施。

（2）按要求进行高压试验。

（3）出具试验报告和试验结果分析。

五、考核及时间要求

（1）本考核操作时间为 60 分钟，包括试验接线和报告整理，时间到停止考评。

（2）试验过程中如试验仪器、试验电源出现故障，可向考评员申请故障排除，故障排除时间不计入考核。

（3）按照技能操作要求进行操作，试验报告包括试验项目、仪器型号、试验结果等。

（4）试验过程中如遇突发状况，如不涉及人身、设备安全，则由试验人员自行排查、处理；如危及人身、设备安全，则应立即停止操作，人员及时撤离作业现场。

技能等级评价专业技能考核操作评分标准

工种	电气试验工					评价等级	技师
项目模块	套管试验—交流耐压试验					编号	Jc0302241003
单位		准考证号				姓名	
考试时限	60 分钟	题型		单项操作		题分	100 分
成绩		考评员		考评组长		日期	
试题正文	35kV 套管交流耐压试验						
需要说明的问题和要求	（1）试验过程单人操作，数据分析在试验过程中完成。 （2）操作过程应注意安全，按照标准化作业流程做好安全措施。 （3）现场完成试验结果分析，出具试验报告。 （4）检测仪器可选考场提供或自带						

序号	项目名称	质量要求	满分	扣分标准	扣分原因	得分
1	试验前准备					
1.1	工器具使用	熟练正确使用各种工器具	5	未正确使用一次扣 1 分，扣完为止		
1.2	试验记录	收集被试设备基础信息和历史试验数据	5	未收集被试设备历次试验报告扣 1 分； 未记录被试设备铭牌，现场温、湿度等条件的，每处扣 1 分，扣完为止		

续表

序号	项目名称	质量要求	满分	扣分标准	扣分原因	得分
1.3	仪器、仪表选择	选择合适的试验仪器、仪表	5	选用仪器不合适扣3分； 未检查试验仪器合格证或校验证书扣2分		
1.4	安全措施	（1）办理工作票、交代安全注意事项，分工明确，并做好记录。 （2）设置高压试验安全围栏。 （3）安全工器具使用。 （4）试验仪器正确接地	10	试验仪器未正确接地扣2分； 未检查安全工器具扣3分； 安全措施交代不清楚或未确认签字扣2分； 试验前未将试验区域用安全围栏隔离扣3分		
2	试验开展					
2.1	试验接线	（1）仪器现场布置合理。 （2）高压引线应尽量缩短，并采用专用的高压试验线，必要时用绝缘物支持牢固。 （3）电源开关接通前，试验仪器接线应准确无误	10	试验接线接错一次扣5分； 试验前未检查试验接线扣3分； 接线不规范扣1～3分； 上述扣分，扣完为止		
2.2	试验流程	（1）试验前，测试绝缘电阻，其值应正常。 （2）将套管的一次侧接入交流耐压装置高压部分，法兰及末屏接地。 （3）加压过程中应有人监护并呼唱。接通试验电源，进行升压，操作人员的手应放在电源开关上，如有紧急情况应迅速断开电源。 （4）升压必须从零（或接近于零）开始，切不可冲击合闸。升压速度在75%试验电压以前，可以是任意的，自75%电压开始应均匀升压，均为每秒2%试验电压的速率升压。升至试验电压后，开始计时并读取试验电压。耐压试验后，迅速均匀降压到零（或接近于零），然后切断电源。 （5）测试绝缘电阻，其值应正常。 （6）试验前后及变更接线应对设备充分放电	30	加压前后未测试绝缘电阻扣5分； 加压前，调压器未归零扣2分； 试验过程中未高声呼唱每次扣2分； 试验过程中失误一次扣5分； 试验过程中监护不到位扣5～10分； 缺少试验项目的扣5分； 试验前后及变更接线未对被试设备放电扣10分； 上述扣分，扣完为止		
3	结果分析					
3.1	试验报告	结合测试数据做出分析判断，出具试验报告	25	试验数据分析不准确扣5分； 试验结论不正确扣5分； 试验报告填写不规范扣1～5分； 未给出试验结论扣5分		
4	试验结束					
4.1	现场恢复	清理现场，人员撤离	6	被试设备有遗留物品扣2分； 仪器、工器具等未定置恢复扣2分； 未检查或清理现场扣2分		
4.2	办理收工手续	向考评员汇报试验结果，并办理工作终结手续	4	未汇报试验结果扣2分； 未办理工作票终结手续扣2分		
合计			100			

Jc0302241004　35kV断路器外施工频耐压试验。（100分）

考核知识点： 断路器试验

难易度： 易

技能等级评价专业技能考核操作工作任务书

一、任务名称

35kV 断路器外施工频耐压试验。

二、适用工种

电气试验工技师。

三、具体任务

（1）工作状态为模拟 35kV 断路器停电，工作内容为断路器交接试验。

（2）工作任务：

1）断路器外施工频耐压试验。

2）根据试验记录出具试验报告，并对数据进行分析。

四、工作规范及要求

（1）工器具使用及安全措施。

（2）按要求进行高压试验。

（3）出具试验报告和试验结果分析。

五、考核及时间要求

（1）本考核操作时间为 60 分钟，包括试验接线和报告整理，时间到停止考评。

（2）试验过程中如试验仪器、试验电源出现故障，可向考评员申请故障排除，故障排除时间不计入考核。

（3）按照技能操作要求进行操作，试验报告包括试验项目、仪器型号、试验结果等。

（4）试验过程中如遇突发状况，如不涉及人身、设备安全，则由试验人员自行排查、处理；如危及人身、设备安全，则应立即停止操作，人员及时撤离作业现场。

技能等级评价专业技能考核操作评分标准

工种	电气试验工				评价等级	技师
项目模块	断路器实验—外施工频耐压试验				编号	Jc0302241004
单位			准考证号		姓名	
考试时限	60 分钟		题型	单项操作	题分	100 分
成绩		考评员		考评组长	日期	
试题正文	35kV 断路器外施工频耐压试验					
需要说明的问题和要求	（1）试验过程单人操作，数据分析在试验过程中完成。 （2）操作过程应注意安全，按照标准化作业流程做好安全措施。 （3）现场完成试验结果分析，出具试验报告。 （4）检测仪器可选考场提供或自带					

序号	项目名称	质量要求	满分	扣分标准	扣分原因	得分
1	试验前准备					
1.1	工器具使用	熟练正确使用各种工器具	5	未正确使用一次扣 1 分，扣完为止		
1.2	试验记录	收集被试设备基础信息和历史试验数据	5	未收集被试设备历次试验报告扣 1 分； 未记录被试设备铭牌，现场温、湿度等条件的，每处扣 1 分，扣完为止		
1.3	仪器、仪表选择	选择合适的试验仪器、仪表	5	选用仪器不合适扣 3 分； 未检查试验仪器合格证或校验证书扣 2 分		

续表

序号	项目名称	质量要求	满分	扣分标准	扣分原因	得分
1.4	安全措施	（1）办理工作票、交代安全注意事项，分工明确，并做好记录。 （2）设置高压试验安全围栏。 （3）安全工器具使用。 （4）试验仪器正确接地	10	试验仪器未正确接地扣 2 分； 未检查安全工器具扣 3 分； 安全措施交代不清楚或未确认签字扣 2 分； 试验前未将试验区域用安全围栏隔离扣 3 分		
2	试验开展					
2.1	试验接线	（1）仪器现场布置合理。 （2）高压引线应尽量缩短，并采用专用的高压试验线，必要时用绝缘物支持牢固。 （3）电源开关接通前，试验仪器接线应准确无误	10	试验接线接错一次扣 5 分； 试验前未检查试验接线扣 3 分； 接线不规范扣 1～3 分； 上述扣分，扣完为止		
2.2	试验流程	（1）试验前，测试绝缘电阻，其值应正常。 （2）合闸状态时，在断路器一端进行加压，外壳接地，分闸状态时，一端加压，另一端与外壳相连并接地，接线无误后，确保调压器在零位，试验回路中过电流和过电压保护应整定正确。 （3）加压过程中应有人监护并呼唱。接通试验电源，进行升压，操作人员的手应放在电源开关上，如有紧急情况应迅速断开电源。 （4）升压必须从零（或接近于零）开始，切不可冲击合闸。升压速度在 75%试验电压以前，可以是任意的，自 75%电压开始应均匀升压，均为每秒 2%试验电压的速率升压。升至试验电压后，开始计时并读取试验电压。耐压试验后，迅速均匀降压到零（或接近于零），然后切断电源。 （5）测试绝缘电阻，其值应正常。 （6）试验前后及变更接线应对设备充分放电	30	加压前后未测试绝缘电阻扣 5 分； 加压前，调压器未归零扣 2 分； 试验过程中未高声呼唱每次扣 2 分； 试验过程中失误一次扣 5 分； 试验过程中监护不到位扣 5～10 分； 缺少试验项目的扣 5 分； 试验前后及变更接线未对被试设备放电扣 10 分； 上述扣分，扣完为止		
3	结果分析					
3.1	试验报告	结合测试数据做出分析判断，出具试验报告	25	试验数据分析不准确扣 5 分； 试验结论不正确扣 5 分； 试验报告填写不规范扣 1～5 分； 未给出试验结论扣 5 分		
4	试验结束					
4.1	现场恢复	清理现场，人员撤离	6	被试设备有遗留物品扣 2 分； 仪器、工器具等未定置恢复扣 2 分； 未检查或清理现场扣 2 分		
4.2	办理收工手续	向考评员汇报试验结果，并办理工作终结手续	4	未汇报试验结果扣 2 分； 未办理工作票终结手续扣 2 分		
合计			100			

Jc0302242005 220kV 变压器泄漏电流测试。（100 分）

考核知识点：变压器试验

难易度：难

技能等级评价专业技能考核操作工作任务书

一、任务名称

220kV 变压器泄漏电流测试。

二、适用工种

电气试验工技师。

三、具体任务

（1）工作状态为模拟 220kV 变压器停电，工作内容为变压器例行试验。

（2）工作任务：

1）变压器泄漏电流测试。

2）根据试验记录出具试验报告，并对数据进行分析。

四、工作规范及要求

（1）工器具使用及安全措施。

（2）按要求进行高压试验。

（3）出具试验报告和试验结果分析。

五、考核及时间要求

（1）本考核操作时间为 60 分钟，包括试验接线和报告整理，时间到停止考评。

（2）试验过程中如试验仪器、试验电源出现故障，可向考评员申请故障排除，故障排除时间不计入考核。

（3）按照技能操作要求进行操作，试验报告包括试验项目、仪器型号、试验结果等。

（4）试验过程中如遇突发状况，如不涉及人身、设备安全，则由试验人员自行排查、处理；如危及人身、设备安全，则应立即停止操作，人员及时撤离作业现场。

技能等级评价专业技能考核操作评分标准

工种	电气试验工					评价等级	技师
项目模块	变压器试验—泄漏电流测试					编号	Jc0302242005
单位		准考证号				姓名	
考试时限	60 分钟	题型	单项操作			题分	100 分
成绩		考评员		考评组长		日期	
试题正文	220kV 变压器泄漏电流测试						
需要说明的问题和要求	（1）试验过程单人操作，数据分析在试验过程中完成。 （2）操作过程应注意安全，按照标准化作业流程做好安全措施。 （3）现场完成试验结果分析，出具试验报告。 （4）检测仪器可选考场提供或自带						

序号	项目名称	质量要求	满分	扣分标准	扣分原因	得分
1	试验前准备					
1.1	工器具使用	熟练正确使用各种工器具	5	未正确使用一次扣 1 分，扣完为止		
1.2	试验记录	收集被试设备基础信息和历史试验数据	5	未收集被试设备历次试验报告扣 1 分； 未记录被试设备铭牌，现场温、湿度等条件的，每处扣 1 分，扣完为止		
1.3	仪器、仪表选择	选择合适的试验仪器、仪表	5	选用仪器不合适扣 3 分； 未检查试验仪器合格证或校验证书扣 2 分		

续表

序号	项目名称	质量要求	满分	扣分标准	扣分原因	得分
1.4	安全措施	（1）办理工作票、交代安全注意事项，分工明确，并做好记录。 （2）设置高压试验安全围栏。 （3）安全工器具使用。 （4）试验仪器正确接地	10	试验仪器未正确接地扣2分； 未检查安全工器具扣3分； 安全措施交代不清楚或未确认签字扣2分； 试验前未将试验区域用安全围栏隔离扣3分		
2	试验开展					
2.1	试验接线	（1）仪器现场布置合理。 （2）非被试绕组应短路接地。 （3）泄漏电流测试线应使用屏蔽线，测试线与套管夹角应尽量大。 （4）电源开关接通前，试验仪器接线应准确无误	10	试验接线接错一次扣5分； 非被试绕组未短路接地扣5分； 测试线未使用屏蔽线扣3分； 试验前未检查试验接线扣3分； 接线不规范扣1～3分； 上述扣分，扣完为止		
2.2	试验流程	（1）试验前进行测试仪器过压整定并检验仪器在整定值能否可靠动作。 （2）确保试验接线无误，电压输出在零位，接通试验电源，进行升压。 （3）升压过程中，监视泄漏电流（或电流表差值），同时监视试验电压，若电流值上升慢数值小，且电压已快接近试验电压时，应匀速放慢升压，达到试验电压时，从微安表中读取数据，记录泄漏电流值，降压至零。 （4）试验前后及变更接线应对设备充分放电	30	未进行仪器检验扣3分；. 加压前，调压器未归零扣2分； 试验过程中未高声呼唱每次扣2分； 试验过程中监护不到位扣5～10分； 加压未达试验电压或超过试验电压扣5分； 泄漏电流未从微安表处读取扣3分； 试验前后及变更接线未对被试设备放电扣10分； 上述扣分，扣完为止		
3	结果分析					
3.1	试验报告	结合测试数据做出分析判断，出具试验报告	25	试验数据分析不准确扣5分； 试验结论不正确扣5分； 试验报告填写不规范扣1～5分； 未给出试验结论扣5分		
4	试验结束					
4.1	现场恢复	清理现场，人员撤离	6	被试设备有遗留物品扣2分； 仪器、工器具等未定置恢复扣2分； 未检查或清理现场扣2分		
4.2	办理收工手续	向考评员汇报试验结果，并办理工作终结手续	4	未汇报试验结果扣2分； 未办理工作票终结手续扣2分		
合计			100			

Jc0302243006 110kV 变压器（三绕组）介质损耗角正切值 tanδ的测试。(100 分)

考核知识点：变压器试验

难易度：难

技能等级评价专业技能考核操作工作任务书

一、任务名称

110kV 变压器（三绕组）介质损耗角正切值 tanδ的测试。

二、适用工种

电气试验工技师。

三、具体任务

（1）工作状态为模拟 110kV 变压器停电，工作内容为变压器例行试验。

（2）工作任务：

1）变压器介质损耗角正切值 $\tan\delta$ 测试。

2）根据试验记录出具试验报告，并对数据进行分析。

四、工作规范及要求

（1）工器具使用及安全措施。

（2）按要求进行高压试验。

（3）出具试验报告和试验结果分析。

五、考核及时间要求

（1）本考核操作时间为 60 分钟，包括试验接线和报告整理，时间到停止考评。

（2）试验过程中如试验仪器、试验电源出现故障，可向考评员申请故障排除，故障排除时间不计入考核。

（3）按照技能操作要求进行操作，试验报告包括试验项目、仪器型号、试验结果等。

（4）试验过程中如遇突发状况，如不涉及人身、设备安全，则由试验人员自行排查、处理；如危及人身、设备安全，则应立即停止操作，人员及时撤离作业现场。

技能等级评价专业技能考核操作评分标准

工种	电气试验工					评价等级	技师
项目模块	变压器试验—介质损耗角正切值 $\tan\delta$ 的测试					编号	Jc0302243006
单位			准考证号			姓名	
考试时限	60 分钟		题型	单项操作		题分	100 分
成绩		考评员		考评组长		日期	
试题正文	110kV 变压器（三绕组）介质损耗角正切值 $\tan\delta$ 的测试						
需要说明的问题和要求	（1）试验过程单人操作，数据分析在试验过程中完成。 （2）操作过程应注意安全，按照标准化作业流程做好安全措施。 （3）现场完成试验结果分析，出具试验报告。 （4）检测仪器可选考场提供或自带						

序号	项目名称	质量要求	满分	扣分标准	扣分原因	得分
1	试验前准备					
1.1	工器具使用	熟练正确使用各种工器具	5	未正确使用一次扣 1 分，扣完为止		
1.2	试验记录	收集被试设备基础信息和历史试验数据	5	未收集被试设备历次试验报告扣 1 分； 未记录被试设备铭牌，现场温、湿度等条件的，每处扣 1 分，扣完为止		
1.3	仪器、仪表选择	选择合适的试验仪器、仪表	5	选用仪器不合适扣 3 分； 未检查试验仪器合格证或校验证书扣 2 分		
1.4	安全措施	（1）办理工作票、交代安全注意事项，分工明确，并做好记录。 （2）设置高压试验安全围栏。 （3）安全工器具使用。 （4）试验仪器正确接地	10	试验仪器未正确接地扣 2 分； 未检查安全工器具扣 3 分； 安全措施交代不清楚或未确认签字扣 2 分； 试验前未将试验区域用安全围栏隔离扣 3 分		

续表

序号	项目名称	质量要求	满分	扣分标准	扣分原因	得分
2	试验开展					
2.1	试验接线	（1）仪器现场布置合理。 （2）尽量缩短引线，引线较长时，可能产生较大误差。 （3）电源开关接通前，试验仪器接线应准确无误	10	试验接线接错一次扣 5 分； 试验前未检查试验接线扣 3 分； 接线不规范扣 1～3 分； 上述扣分，扣完为止		
2.2	试验流程	（1）试验前应将各绕组接地放电。 （2）被试变压器的测试端三相用裸铜线短接，非被试端三相短路与变压器外壳连接后接地。确认接线无误后，将电压升至试验电压。 （3）加压过程中应有人监护并呼唱。 （4）应测量变压器高压对中低压及地、中压对高低压及地、高中压对低压及地、高中低压对地介质损耗角正切值。 （5）记录试验数据，记录后切断电源。 （6）试验前后及变更接线应对设备充分放电	30	试验前未对各绕组短接放电扣 3 分； 试验过程中未高声呼唱每次扣 2 分； 试验过程中失误一次扣 5 分； 试验过程中监护不到位扣 5～10 分； 缺少试验项目的扣 5 分； 试验前后及变更接线未对被试设备放电扣 10 分； 上述扣分，扣完为止		
3	结果分析					
3.1	试验报告	结合测试数据做出分析判断，出具试验报告	25	试验数据分析不准确扣 5 分； 试验结论不正确扣 5 分； 试验报告填写不规范扣 1～5 分； 未给出试验结论扣 5 分		
4	试验结束					
4.1	现场恢复	清理现场，人员撤离	6	被试设备有遗留物品扣 2 分； 仪器、工器具等未定置恢复扣 2 分； 未检查或清理现场扣 2 分		
4.2	办理收工手续	向考评员汇报试验结果，并办理工作终结手续	4	未汇报试验结果扣 2 分； 未办理工作票终结手续扣 2 分		
合计			100			

Jc0302242007　110kV 变压器（双绕组）介质损耗角正切值 tanδ的测试。（100 分）

考核知识点：变压器试验

难易度：难

技能等级评价专业技能考核操作工作任务书

一、任务名称

110kV 变压器（双绕组）介质损耗角正切值 tanδ的测试。

二、适用工种

电气试验工技师。

三、具体任务

（1）工作状态为模拟 110kV 变压器停电，工作内容为变压器例行试验。

（2）工作任务：

1）变压器介质损耗角正切值 tanδ测试。

2）根据试验记录出具试验报告，并对数据进行分析。

四、工作规范及要求

（1）工器具使用及安全措施。

（2）按要求进行高压试验。

（3）出具试验报告和试验结果分析。

五、考核及时间要求

（1）本考核操作时间为60分钟，包括试验接线和报告整理，时间到停止考评。

（2）试验过程中如试验仪器、试验电源出现故障，可向考评员申请故障排除，故障排除时间不计入考核。

（3）按照技能操作要求进行操作，试验报告包括试验项目、仪器型号、试验结果等。

（4）试验过程中如遇突发状况，如不涉及人身、设备安全，则由试验人员自行排查、处理；如危及人身、设备安全，则应立即停止操作，人员及时撤离作业现场。

技能等级评价专业技能考核操作评分标准

工种	电气试验工					评价等级	技师
项目模块	变压器试验—介质损耗角正切值 tanδ的测试					编号	Jc0302242007
单位			准考证号			姓名	
考试时限	60分钟		题型	单项操作		题分	100分
成绩		考评员		考评组长		日期	
试题正文	110kV 变压器（双绕组）介质损耗角正切值 tanδ的测试						
需要说明的问题和要求	（1）试验过程单人操作，数据分析在试验过程中完成。 （2）操作过程应注意安全，按照标准化作业流程做好安全措施。 （3）现场完成试验结果分析，出具试验报告。 （4）检测仪器可选考场提供或自带						

序号	项目名称	质量要求	满分	扣分标准	扣分原因	得分
1	试验前准备					
1.1	工器具使用	熟练正确使用各种工器具	5	未正确使用一次扣1分，扣完为止		
1.2	试验记录	收集被试设备基础信息和历史试验数据	5	未收集被试设备历次试验报告扣1分； 未记录被试设备铭牌，现场温、湿度等条件的，每处扣1分，扣完为止		
1.3	仪器、仪表选择	选择合适的试验仪器、仪表	5	选用仪器不合适扣3分； 未检查试验仪器合格证或校验证书扣2分		
1.4	安全措施	（1）办理工作票、交代安全注意事项，分工明确，并做好记录。 （2）设置高压试验安全围栏。 （3）安全工器具使用。 （4）试验仪器正确接地	10	试验仪器未正确接地扣2分； 未检查安全工器具扣3分； 安全措施交代不清楚或未确认签字扣2分； 试验前未将试验区域用安全围栏隔离扣3分		
2	试验开展					
2.1	试验接线	（1）仪器现场布置合理。 （2）尽量缩短引线，引线较长时，可能产生较大误差。 （3）电源开关接通前，试验仪器接线应准确无误	10	试验接线接错一次扣5分； 试验前未检查试验接线扣3分； 接线不规范扣1～3分； 上述扣分，扣完为止		

续表

序号	项目名称	质量要求	满分	扣分标准	扣分原因	得分
2.2	试验流程	（1）试验前应将各绕组接地放电。 （2）被试变压器的测试端三相用裸铜线短接，非被试端三相短路与变压器外壳连接后接地。确认接线无误后，将电压升至试验电压。 （3）加压过程中应有人监护并呼唱。 （4）应测量变压器高压对低压及地、低压对高压及地、高中压对地介质损耗角正切值。 （5）记录试验数据，记录后切断电源。 （6）试验前后及变更接线应对设备充分放电	30	试验前未对各绕组短接放电扣 3 分； 试验过程中未高声呼唱每次扣 2 分； 试验过程中失误一次扣 5 分； 试验过程中监护不到位扣 5～10 分； 缺少试验项目的扣 5 分； 试验前后及变更接线未对被试设备放电扣 10 分； 上述扣分，扣完为止		
3	结果分析					
3.1	试验报告	结合测试数据做出分析判断，出具试验报告	25	试验数据分析不准确扣 5 分； 试验结论不正确扣 5 分； 试验报告填写不规范扣 1～5 分； 未给出试验结论扣 5 分		
4	试验结束					
4.1	现场恢复	清理现场，人员撤离	6	被试设备有遗留物品扣 2 分； 仪器、工器具等未定置恢复扣 2 分； 未检查或清理现场扣 2 分		
4.2	办理收工手续	向考评员汇报试验结果，并办理工作终结手续	4	未汇报试验结果扣 2 分； 未办理工作票终结手续扣 2 分		
合计			100			

Jc0302241008　35kV 全绝缘电压互感器外施工频耐压试验。（100 分）

考核知识点：变压器试验

难易度：中

技能等级评价专业技能考核操作工作任务书

一、任务名称

35kV 全绝缘电压互感器外施工频耐压试验。

二、适用工种

电气试验工技师。

三、具体任务

（1）工作状态为模拟 35kV 全绝缘电压互感器停电，工作内容为互感器交接试验。

（2）工作任务：

1）互感器交流耐压试验。

2）根据试验记录出具试验报告，并对数据进行分析。

四、工作规范及要求

（1）工器具使用及安全措施。

（2）按要求进行高压试验。

（3）出具试验报告和试验结果分析。

五、考核及时间要求

（1）本考核操作时间为60分钟，包括试验接线和报告整理，时间到停止考评。

（2）试验过程中如试验仪器、试验电源出现故障，可向考评员申请故障排除，故障排除时间不计入考核。

（3）按照技能操作要求进行操作，试验报告包括试验项目、仪器型号、试验结果等。

（4）试验过程中如遇突发状况，如不涉及人身、设备安全，则由试验人员自行排查、处理；如危及人身、设备安全，则应立即停止操作，人员及时撤离作业现场。

技能等级评价专业技能考核操作评分标准

<table>
<tr><td>工种</td><td colspan="5">电气试验工</td><td>评价等级</td><td>技师</td></tr>
<tr><td>项目模块</td><td colspan="5">电压互感器试验—外施工频耐压试验</td><td>编号</td><td>Jc0302241008</td></tr>
<tr><td>单位</td><td colspan="2"></td><td>准考证号</td><td colspan="2"></td><td>姓名</td><td></td></tr>
<tr><td>考试时限</td><td colspan="2">60分钟</td><td>题型</td><td colspan="2">单项操作</td><td>题分</td><td>100分</td></tr>
<tr><td>成绩</td><td></td><td>考评员</td><td></td><td>考评组长</td><td></td><td>日期</td><td></td></tr>
<tr><td>试题正文</td><td colspan="7">35kV全绝缘电压互感器外施工频耐压试验</td></tr>
<tr><td>需要说明的问题和要求</td><td colspan="7">（1）试验过程单人操作，数据分析在试验过程中完成。
（2）操作过程应注意安全，按照标准化作业流程做好安全措施。
（3）现场完成试验结果分析，出具试验报告。
（4）检测仪器可选考场提供或自带</td></tr>
</table>

序号	项目名称	质量要求	满分	扣分标准	扣分原因	得分
1	试验前准备					
1.1	工器具使用	熟练正确使用各种工器具	5	未正确使用一次扣1分，扣完为止		
1.2	试验记录	收集被试设备基础信息和历史试验数据	5	未收集被试设备历次试验报告扣1分； 未记录被试设备铭牌，现场温、湿度等条件的，每处扣1分，扣完为止		
1.3	仪器、仪表选择	选择合适的试验仪器、仪表	5	选用仪器不合适扣3分； 未检查试验仪器合格证或校验证书扣2分		
1.4	安全措施	（1）办理工作票、交代安全注意事项，分工明确，并做好记录。 （2）设置高压试验安全围栏。 （3）安全工器具使用。 （4）试验仪器正确接地	10	试验仪器未正确接地扣2分； 未检查安全工器具扣3分； 安全措施交代不清楚或未确认签字扣2分； 试验前未将试验区域用安全围栏隔离扣3分		
2	试验开展					
2.1	试验接线	（1）仪器现场布置合理。 （2）高压引线应尽量缩短，并采用专用的高压试验线，必要时用绝缘物支持牢固。 （3）有绕组的被试品进行外施交流耐压试验时，应将被试绕组自身的所有端子短接，非被试绕组也应短接并与外壳连接后接地。 （4）电源开关接通前，试验仪器接线应准确无误	10	试验接线接错一次扣5分； 试验前未检查试验接线扣3分； 接线不规范扣1～3分； 上述扣分，扣完为止		

续表

序号	项目名称	质量要求	满分	扣分标准	扣分原因	得分
2.2	试验流程	（1）试验前，测试绝缘电阻，其值应正常。 （2）将一次绕组短接加压，二次绕组短路与外壳一起接地，接线无误后，确保调压器在零位，试验回路中过电流和过电压保护应整定正确。 （3）加压过程中应有人监护并呼唱。接通试验电源，进行升压，操作人员的手应放在电源开关上，如有紧急情况应迅速断开电源。 （4）升压必须从零（或接近于零）开始，切不可冲击合闸。升压速度在 75%试验电压以前，可以是任意的，自 75%电压开始应均匀升压，均为每秒 2%试验电压的速率升压。升至试验电压后，开始计时并读取试验电压。耐压试验后，迅速均匀降压到零（或接近于零），然后切断电源。 （5）测试绝缘电阻，其值应正常。 （6）试验前后及变更接线应对设备充分放电	30	加压前后未测试绝缘电阻扣 5 分； 加压前，调压器未归零扣 2 分； 试验过程中未高声呼唱每次扣 2 分； 试验过程中失误一次扣 5 分； 试验过程中监护不到位扣 5～10 分； 缺少试验项目的扣 5 分； 试验前后及变更接线未对被试设备放电扣 10 分； 上述扣分，扣完为止		
3	结果分析					
3.1	试验报告	结合测试数据做出分析判断，出具试验报告	25	试验数据分析不准确扣 5 分； 试验结论不正确扣 5 分； 试验报告填写不规范扣 1～5 分； 未给出试验结论扣 5 分		
4	试验结束					
4.1	现场恢复	清理现场，人员撤离	6	被试设备有遗留物品扣 2 分； 仪器、工器具等未定置恢复扣 2 分； 未检查或清理现场扣 2 分		
4.2	办理收工手续	向考评员汇报试验结果，并办理工作终结手续	4	未汇报试验结果扣 2 分； 未办理工作票终结手续扣 2 分		
合计			100			

Jc0302242009 110kV 变压器泄漏电流测试。（100 分）

考核知识点：变压器试验

难易度：难

技能等级评价专业技能考核操作工作任务书

一、任务名称

110kV 变压器泄漏电流测试。

二、适用工种

电气试验工技师。

三、具体任务

（1）工作状态为模拟 110kV 变压器停电，工作内容为变压器例行试验。

（2）工作任务：

1）变压器泄漏电流测试。

2）根据试验记录出具试验报告，并对数据进行分析。

四、工作规范及要求

（1）工器具使用及安全措施。

（2）按要求进行高压试验。

（3）出具试验报告和试验结果分析。

五、考核及时间要求

（1）本考核操作时间为60分钟，包括试验接线和报告整理，时间到停止考评。

（2）试验过程中如试验仪器、试验电源出现故障，可向考评员申请故障排除，故障排除时间不计入考核。

（3）按照技能操作要求进行操作，试验报告包括试验项目、仪器型号、试验结果等。

（4）试验过程中如遇突发状况，如不涉及人身、设备安全，则由试验人员自行排查、处理；如危及人身、设备安全，则应立即停止操作，人员及时撤离作业现场。

技能等级评价专业技能考核操作评分标准

工种	电气试验工					评价等级	技师
项目模块	变压器试验—泄漏电流测试					编号	Jc0302242009
单位			准考证号			姓名	
考试时限	60分钟		题型	单项操作		题分	100分
成绩		考评员		考评组长		日期	
试题正文	110kV变压器泄漏电流测试						
需要说明的问题和要求	（1）试验过程单人操作，数据分析在试验过程中完成。 （2）操作过程应注意安全，按照标准化作业流程做好安全措施。 （3）现场完成试验结果分析，出具试验报告。 （4）检测仪器可选考场提供或自带						

序号	项目名称	质量要求	满分	扣分标准	扣分原因	得分
1	试验前准备					
1.1	工器具使用	熟练正确使用各种工器具	5	未正确使用一次扣1分，扣完为止		
1.2	试验记录	收集被试设备基础信息和历史试验数据	5	未收集被试设备历次试验报告扣1分； 未记录被试设备铭牌，现场温、湿度等条件的，每处扣1分，扣完为止		
1.3	仪器、仪表选择	选择合适的试验仪器、仪表	5	选用仪器不合适扣3分； 未检查试验仪器合格证或校验证书扣2分		
1.4	安全措施	（1）办理工作票、交代安全注意事项，分工明确，并做好记录。 （2）设置高压试验安全围栏。 （3）安全工器具使用。 （4）试验仪器正确接地	10	试验仪器未正确接地扣2分； 未检查安全工器具扣3分； 安全措施交代不清楚或未确认签字扣2分； 试验前未将试验区域用安全围栏隔离扣3分		
2	试验开展					
2.1	试验接线	（1）仪器现场布置合理。 （2）非被试绕组应短路接地。 （3）泄漏电流测试线应使用屏蔽线，测试线与套管夹角应尽量大。 （4）电源开关接通前，试验仪器接线应准确无误	10	试验接线接错一次扣5分； 非被试绕组未短路接地扣5分； 测试线未使用屏蔽线扣3分； 试验前未检查试验接线扣3分； 接线不规范扣1～3分； 上述扣分，扣完为止		

续表

序号	项目名称	质量要求	满分	扣分标准	扣分原因	得分
2.2	试验流程	（1）试验前进行测试仪器过压整定并检验仪器在整定值能否可靠动作。 （2）确保试验接线无误，电压输出在零位，接通试验电源，进行升压。 （3）升压过程中，监视泄漏电流（或电流表差值），同时监视试验电压，若电流值上升慢数值小，且电压已快接近试验电压时，应匀速放慢升压，达到试验电压时，从微安表中读取数据，记录泄漏电流值，降压至零。 （4）试验前后及变更接线应对设备充分放电	30	未进行仪器检验扣3分；. 加压前，调压器未归零扣2分； 试验过程中未高声呼唱每次扣2分； 试验过程中监护不到位扣5～10分； 加压未达试验电压或超过试验电压扣5分； 泄漏电流未从微安表处读取扣3分； 试验前后及变更接线未对被试设备放电扣10分； 上述扣分，扣完为止		
3	结果分析					
3.1	试验报告	结合测试数据做出分析判断，出具试验报告	25	试验数据分析不准确扣5分； 试验结论不正确扣5分； 试验报告填写不规范扣1～5分； 未给出试验结论扣5分		
4	试验结束					
4.1	现场恢复	清理现场，人员撤离	6	被试设备有遗留物品扣2分； 仪器、工器具等未定置恢复扣2分； 未检查或清理现场扣2分		
4.2	办理收工手续	向考评员汇报试验结果，并办理工作终结手续	4	未汇报试验结果扣2分； 未办理工作票终结手续扣2分		
合计			100			

Jc0302242010 10kV半绝缘电压互感器感应耐压试验。（100分）

考核知识点：电压互感器试验

难易度：中

技能等级评价专业技能考核操作工作任务书

一、任务名称

10kV半绝缘电压互感器感应耐压试验。

二、适用工种

电气试验工技师。

三、具体任务

（1）工作状态为10kV半绝缘电压互感器感应耐压停电例行试验。

（2）工作任务：

1）10kV半绝缘电压互感器感应耐压试验。

2）试验方法：采用多倍频感应耐压法。

3）出具试验报告和试验结果分析。

四、工作规范及要求

（1）工作过程严格执行安规相关要求。

（2）试验仪器仪表配件齐全、接线应正确、规范。

（3）进行试验分析并填写试验报告。

五、考核及时间要求

（1）本考核操作时间为60分钟，包括试验接线和报告整理，时间到停止考评。

（2）试验过程中如试验仪器、试验电源出现故障，可向考评员申请故障排除，故障排除时间不计入考核。

（3）按照技能操作要求进行操作，试验报告包括试验项目、仪器型号、试验结果等。

（4）试验过程中如遇突发状况，如不涉及人身、设备安全，则由试验人员自行排查、处理；如危及人身、设备安全，则应立即停止操作，人员及时撤离作业现场。

技能等级评价专业技能考核操作评分标准

工种	电气试验工				评价等级	技师
项目模块	电压互感器试验—感应耐压试验				编号	Jc0302242010
单位		准考证号			姓名	
考试时限	60分钟	题型	单项操作		题分	100分
成绩		考评员		考评组长	日期	
试题正文	10kV半绝缘电压互感器感应耐压试验					
需要说明的问题和要求	（1）试验过程单人操作，数据分析在试验过程中完成。 （2）操作过程应注意安全，按照标准化作业流程做好安全措施。 （3）现场完成试验结果分析，出具试验报告。 （4）检测仪器可选考场提供或自带					

序号	项目名称	质量要求	满分	扣分标准	扣分原因	得分
1	试验前准备					
1.1	工器具使用	熟练正确使用各种工器具	5	未正确使用一次扣1分，扣完为止		
1.2	试验记录	收集被试设备基础信息和历史试验数据	5	未收集被试设备历次试验报告扣1分； 未记录被试设备铭牌，现场温、湿度等条件的，每处扣1分，扣完为止		
1.3	仪器、仪表选择	根据试验项目和方法选择合适充足的仪器、仪表	5	选用仪器不合适扣3分； 未检查试验仪器合格证或校验证书扣2分		
1.4	安全措施	（1）试验仪器正确接地。 （2）安全工器具使用。 （3）办理工作票、交代安全注意事项，分工明确，并做好记录。 （4）设置高压试验安全围栏	10	试验仪器未正确接地扣2分； 未检查安全工器具扣3分； 安全措施交代不清楚或未确认签字扣2分； 试验前未将试验区域用安全围栏隔离扣3分		
2	试验开展					
2.1	试验接线	（1）仪器现场布置合理。 （2）电源开关接通前，试验仪器接线应准确无误	10	试验接线接错一次扣5分； 试验前未检查试验接线扣3分； 接线不规范扣1～3分； 上述扣分，扣完为止		

续表

序号	项目名称	质量要求	满分	扣分标准	扣分原因	得分
2.2	试验流程	（1）对电压互感器进行放电，将其高压端接地，拆除所有引线。 （2）试验时，电压互感器外壳、铁芯、二次绕组、辅助绕组及一次绕组尾端接地，选择一组二次绕组或辅助绕组进行加压。 （3）应采用多倍频感应耐压法进行试验，试验时间满足规定要求。 （4）加压过程中应有人监护并呼唱。接通试验电源，进行升压，操作人员的手应放在电源开关上，如有紧急情况应迅速断开电源。 （5）升压必须从零（或接近于零）开始，切不可冲击合闸。升压速度在 75%试验电压以前，可以是任意的，自 75%电压开始应均匀升压，均为每秒 2%试验电压的速率升压。升至试验电压后，开始计时并读取试验电压。耐压试验后，迅速均匀降压到零（或接近于零），然后切断电源。 （6）试验完毕后，测试绝缘电阻，其值应正常。 （7）试验前后及变更接线应对设备充分放电	30	未进行仪器、仪表自检扣 3 分； 加压前后未测试绝缘电阻扣 5 分； 加压前，调压器未归零扣 2 分； 试验过程中未高声呼唱每次扣 2 分； 试验过程中失误一次扣 5 分； 试验过程中监护不到位扣 5～10 分； 耐压时间不符合要求扣 5 分 缺少试验项目的扣 5 分； 试验前后及变更接线未对被试设备放电扣 10 分； 上述扣分，扣完为止		
3	结果分析					
3.1	试验报告	结合测试数据做出分析判断，出具试验报告	25	试验数据分析不准确扣 5 分； 试验结论不正确扣 5 分； 试验报告填写不规范扣 1～5 分； 未给出试验结论扣 5 分		
4	试验结束					
4.1	现场恢复	清理现场，人员撤离	6	被试设备有遗留物品扣 2 分； 仪器、工器具等未定置恢复扣 2 分； 未检查或清理现场扣 2 分		
4.2	办理收工手续	向考评员汇报试验结果，并办理工作终结手续	4	未汇报试验结果扣 2 分； 未办理工作票终结手续扣 2 分		
合计			100			

Jc0302242011 10kV 高压并联电容器交流耐压试验。（100 分）

考核知识点： 电容器试验

难易度： 中

技能等级评价专业技能考核操作工作任务书

一、任务名称

10kV 高压并联电容器交流耐压试验。

二、适用工种

电气试验工技师。

三、具体任务

（1）工作状态为模拟 10kV 高压并联电容器停电，工作内容为电容器交接试验。

（2）工作任务：

1）电容器交流耐压试验。

2）根据试验记录出具试验报告，并对数据进行分析。

四、工作规范及要求

（1）工器具使用及安全措施。

（2）按要求进行高压试验。

（3）出具试验报告和试验结果分析。

五、考核及时间要求

（1）本考核操作时间为60分钟，包括试验接线和报告整理，时间到停止考评。

（2）试验过程中如试验仪器、试验电源出现故障，可向考评员申请故障排除，故障排除时间不计入考核。

（3）按照技能操作要求进行操作，试验报告包括试验项目、仪器型号、试验结果等。

（4）试验过程中如遇突发状况，如不涉及人身、设备安全，则由试验人员自行排查、处理；如危及人身、设备安全，则应立即停止操作，人员及时撤离作业现场。

技能等级评价专业技能考核操作评分标准

工种	电气试验工					评价等级	技师
项目模块	电容器试验—交流耐压试验					编号	Jc0302242011
单位		准考证号				姓名	
考试时限	60分钟	题型	单项操作			题分	100分
成绩		考评员		考评组长		日期	
试题正文	10kV高压并联电容器交流耐压试验						
需要说明的问题和要求	（1）试验过程单人操作，数据分析在试验过程中完成。 （2）操作过程应注意安全，按照标准化作业流程做好安全措施。 （3）现场完成试验结果分析，出具试验报告。 （4）检测仪器可选考场提供或自带						

序号	项目名称	质量要求	满分	扣分标准	扣分原因	得分
1	试验前准备					
1.1	工器具使用	熟练正确使用各种工器具	5	未正确使用一次扣1分，扣完为止		
1.2	试验记录	收集被试设备基础信息和历史试验数据	5	未收集被试设备历次试验报告扣1分； 未记录被试设备铭牌，现场温、湿度等条件的，每处扣1分，扣完为止		
1.3	仪器、仪表选择	选择合适的试验仪器、仪表	5	选用仪器不合适扣3分； 未检查试验仪器合格证或校验证书扣2分		
1.4	安全措施	（1）办理工作票、交代安全注意事项，分工明确，并做好记录。 （2）设置高压试验安全围栏。 （3）安全工器具使用。 （4）试验仪器正确接地	10	试验仪器未正确接地扣2分； 未检查安全工器具扣3分； 安全措施交代不清楚或未确认签字扣2分； 试验前未将试验区域用安全围栏隔离扣3分		
2	试验开展					

续表

序号	项目名称	质量要求	满分	扣分标准	扣分原因	得分
2.1	试验接线	（1）仪器现场布置合理。 （2）高压引线应尽量缩短，并采用专用的高压试验线，必要时用绝缘物支持牢固。 （3）电源开关接通前，试验仪器接线应准确无误	10	试验接线接错一次扣5分； 试验前未检查试验接线扣3分； 接线不规范扣1～3分； 上述扣分，扣完为止		
2.2	试验流程	（1）试验前，对电容器充分放电，测试绝缘电阻，其值应正常。 （2）将两电极短接后接高压，电容器外壳接地。 （3）加压过程中应有人监护并呼唱。接通试验电源，进行升压，操作人员的手应放在电源开关上，如有紧急情况应迅速断开电源。 （4）升压必须从零（或接近于零）开始，切不可冲击合闸。升压速度在75%试验电压以前，可以是任意的，自75%电压开始应均匀升压，均为每秒2%试验电压的速率升压。升至试验电压后，开始计时并读取试验电压。耐压试验后，迅速均匀降压到零（或接近于零），然后切断电源。 （5）测试绝缘电阻，其值应正常。 （6）试验前后及变更接线应对设备充分放电	30	试验前未对电容器充分放电扣5分； 加压前后未测试绝缘电阻扣5分； 加压前，调压器未归零扣2分； 试验过程中未高声呼唱每次扣2分； 试验过程中失误一次扣5分； 试验过程中监护不到位扣5～10分； 缺少试验项目的扣5分； 试验前后及变更接线未对被试设备放电扣10分； 上述扣分，扣完为止		
3	结果分析					
3.1	试验报告	结合测试数据做出分析判断，出具试验报告	25	试验数据分析不准确扣5分； 试验结论不正确扣5分； 试验报告填写不规范扣1～5分； 未给出试验结论扣5分		
4	试验结束					
4.1	现场恢复	清理现场，人员撤离	6	被试设备有遗留物品扣2分； 仪器、工器具等未定置恢复扣2分； 未检查或清理现场扣2分		
4.2	办理收工手续	向考评员汇报试验结果，并办理工作终结手续	4	未汇报试验结果扣2分； 未办理工作票终结手续扣2分		
合计			100			

Jc0302242012　110kV避雷器工频参考电流下的工频参考电压试验。（100分）

考核知识点：避雷器试验

难易度：中

技能等级评价专业技能考核操作工作任务书

一、任务名称

110kV避雷器工频参考电流下的工频参考电压试验。

二、适用工种

电气试验工技师。

三、具体任务

（1）工作状态为模拟 110kV 避雷器停电，工作内容为 110kV 避雷器工频参考电流下的工频参考电压试验。

（2）工作任务：

1）110kV 避雷器工频参考电流下的工频参考电压试验。

2）根据试验记录出具试验报告，并对数据进行分析。

四、工作规范及要求

（1）工器具使用及安全措施。

（2）按要求进行 110kV 避雷器工频参考电流下的工频参考电压试验。

（3）出具试验报告和试验结果分析。

五、考核及时间要求

（1）本考核操作时间为 60 分钟，包括试验接线和报告整理，时间到停止考评。

（2）试验过程中如试验仪器、试验电源出现故障，可向考评员申请故障排除，故障排除时间不计入考核。

（3）按照技能操作要求进行操作，试验报告包括试验项目、仪器型号、试验结果等。

（4）试验过程中如遇突发状况，如不涉及人身、设备安全，则由试验人员自行排查、处理；如危及人身、设备安全，则应立即停止操作，人员及时撤离作业现场。

技能等级评价专业技能考核操作评分标准

<table>
<tr><td>工种</td><td colspan="5">电气试验工</td><td>评价等级</td><td>技师</td></tr>
<tr><td>项目模块</td><td colspan="5">避雷器试验—工频参考电流下的工频参考电压试验</td><td>编号</td><td>Jc0302242012</td></tr>
<tr><td>单位</td><td colspan="2"></td><td>准考证号</td><td colspan="2"></td><td>姓名</td><td></td></tr>
<tr><td>考试时限</td><td colspan="2">60 分钟</td><td>题型</td><td colspan="2">单项操作</td><td>题分</td><td>100 分</td></tr>
<tr><td>成绩</td><td></td><td>考评员</td><td colspan="2"></td><td>考评组长</td><td></td><td>日期</td></tr>
<tr><td>试题正文</td><td colspan="7">110kV 避雷器工频参考电流下的工频参考电压试验</td></tr>
<tr><td>需要说明的问题和要求</td><td colspan="7">（1）试验过程单人操作，数据分析在试验过程中完成。
（2）操作过程应注意安全，按照标准化作业流程做好安全措施。
（3）现场完成试验结果分析，出具试验报告。
（4）检测仪器可选考场提供或自带</td></tr>
</table>

序号	项目名称	质量要求	满分	扣分标准	扣分原因	得分
1	试验前准备					
1.1	工器具使用	熟练正确使用各种工器具	5	未正确使用一次扣 1 分，扣完为止		
1.2	试验记录	收集被试设备基础信息和历史试验数据	5	未收集被试设备历次试验报告扣 1 分； 未记录被试设备铭牌，现场温、湿度等条件的，每处扣 1 分，扣完为止		
1.3	仪器、仪表选择	选择合适的直流高压发生器	5	选用仪器不合适扣 3 分； 未检查试验仪器合格证或校验证书扣 2 分		
1.4	安全措施	（1）办理工作票、交代安全注意事项，分工明确，并做好记录。 （2）设置电气试验安全围栏。 （3）正确使用安全工器具。 （4）试验仪器正确接地	10	安全措施交代不清楚或未确认签字扣 2 分； 试验前未将试验区域用安全围栏隔离扣 3 分； 未检查安全工器具扣 3 分； 试验仪器未正确接地扣 2 分		
2	试验开展					

续表

序号	项目名称	质量要求	满分	扣分标准	扣分原因	得分
2.1	试验接线	（1）仪器现场布置合理。 （2）电源开关接通前，试验仪器接线应准确无误	10	试验接线接错一次扣2～5分； 试验前未检查试验接线扣3分； 接线不规范扣1～3分； 上述扣分，扣完为止		
2.2	试验流程	（1）试验前仪器、仪表自检，正确选择试验电压，试验过程中高声呼唱。 （2）将无间隙金属氧化物避雷器表面擦拭干净，拆除全部接线。 （3）加压至试验电压，以工频参考电流为基础，读取试验电压值作为避雷器的参考电压。 （4）将测试值与规程值及历史测试值进行比对分析。 （5）试验前后及变更接线应对架空线路进行充分放电	30	未进行仪器、仪表自检扣3分； 试验过程中未高声呼唱每次扣2分； 试验过程中失误一次扣5分； 试验过程中监护不到位扣5～10分； 试验前后及变更接线未对被试设备放电扣10分； 上述扣分，扣完为止		
3	结果分析					
3.1	试验报告	结合测试数据做出分析判断，出具试验报告	25	试验数据分析不准确扣5分； 试验结论不正确扣5分； 试验报告填写不规范扣1～5分； 未给出试验结论扣5分		
4	试验结束					
4.1	现场恢复	清理现场，人员撤离	6	被试设备有遗留物品扣2分； 仪器、工器具等未定置恢复扣2分； 未检查或清理现场扣2分		
4.2	办理收工手续	向考评员汇报试验结果，并办理工作终结手续	4	未汇报试验结果扣2分； 未办理工作票终结手续扣2分		
合计			100			

Jc0302243013　110kV 避雷器直流 1mA 电压（U_{1mA}）及 0.75U_{1mA} 下的泄漏电流试验。（100 分）

考核知识点：避雷器试验

难易度：中

技能等级评价专业技能考核操作工作任务书

一、任务名称

110kV 避雷器直流 1mA 电压（U_{1mA}）及 0.75U_{1mA} 下的泄漏电流试验。

二、适用工种

电气试验工技师。

三、具体任务

（1）工作状态为模拟 110kV 避雷器停电，工作内容为 110kV 避雷器直流 1mA 电压（U_{1mA}）及 0.75U_{1mA} 下的泄漏电流试验。

（2）工作任务：

1）110kV 避雷器直流 1mA 电压（U_{1mA}）及 0.75U_{1mA} 下的泄漏电流试验。

2）根据试验记录出具试验报告，并对数据进行分析。

四、工作规范及要求

（1）工器具使用及安全措施。

（2）按要求进行 110kV 避雷器直流 1mA 电压（U_{1mA}）及 0.75U_{1mA} 下的泄漏电流试验。

（3）出具试验报告和试验结果分析。

五、考核及时间要求

（1）本考核操作时间为60分钟，包括试验接线和报告整理，时间到停止考评。

（2）试验过程中如试验仪器、试验电源出现故障，可向考评员申请故障排除，故障排除时间不计入考核。

（3）按照技能操作要求进行操作，试验报告包括试验项目、仪器型号、试验结果等。

（4）试验过程中如遇突发状况，如不涉及人身、设备安全，则由试验人员自行排查、处理；如危及人身、设备安全，则应立即停止操作，人员及时撤离作业现场。

技能等级评价专业技能考核操作评分标准

工种	电气试验工				评价等级	技师
项目模块	避雷器试验—直流1mA电压（U_{1mA}）及$0.75U_{1mA}$下的泄漏电流试验				编号	Jc0302243013
单位		准考证号			姓名	
考试时限	60分钟	题型	单项操作		题分	100分
成绩		考评员		考评组长	日期	
试题正文	110kV避雷器直流1mA电压（U_{1mA}）及$0.75U_{1mA}$下的泄漏电流试验					
需要说明的问题和要求	（1）试验过程单人操作，数据分析在试验过程中完成。 （2）操作过程应注意安全，按照标准化作业流程做好安全措施。 （3）现场完成试验结果分析，出具试验报告。 （4）检测仪器可选考场提供或自带					

序号	项目名称	质量要求	满分	扣分标准	扣分原因	得分
1	试验前准备					
1.1	工器具使用	熟练正确使用各种工器具	5	未正确使用一次扣1分，扣完为止		
1.2	试验记录	收集被试设备基础信息和历史试验数据	5	未收集被试设备历次试验报告扣1分； 未记录被试设备铭牌，现场温、湿度等条件的，每处扣1分，扣完为止		
1.3	仪器、仪表选择	选择合适的直流高压发生器	5	选用仪器不合适扣3分； 未检查试验仪器合格证或校验证书扣2分		
1.4	安全措施	（1）办理工作票、交代安全注意事项，分工明确，并做好记录。 （2）设置电气试验安全围栏。 （3）正确使用安全工器具。 （4）试验仪器正确接地	10	安全措施交代不清楚或未确认签字扣2分； 试验前未将试验区域用安全围栏隔离扣3分； 未检查安全工器具扣3分； 试验仪器未正确接地扣2分		
2	试验开展					
2.1	试验接线	（1）仪器现场布置合理。 （2）电源开关接通前，试验仪器接线应准确无误	10	试验接线接错一次扣2～5分； 试验前未检查试验接线扣3分； 接线不规范扣1～3分； 上述扣分，扣完为止		
2.2	试验流程	（1）试验前仪器、仪表自检，正确选择试验电压、电流，试验过程中高声呼唱。 （2）将无间隙金属氧化物避雷器表面擦拭干净，拆除全部接线。 （3）分别测试110kV避雷器直流1mA电压（U_{1mA}）及$0.75U_{1mA}$下的泄漏电流。 （4）将测试值与规程值及历史测试值进行比对分析。 （5）试验前后及变更接线应对架空线路进行充分放电	30	未进行仪器、仪表自检扣3分； 试验过程中未高声呼唱每次扣2分； 试验过程中失误一次扣5分； 试验过程中监护不到位扣5～10分； 试验前后及变更接线未对被试设备放电扣10分； 上述扣分，扣完为止		

续表

序号	项目名称	质量要求	满分	扣分标准	扣分原因	得分
3	结果分析					
3.1	试验报告	结合测试数据做出分析判断，出具试验报告	25	试验数据分析不准确扣5分； 试验结论不正确扣5分； 试验报告填写不规范扣1～5分； 未给出试验结论扣5分		
4	试验结束					
4.1	现场恢复	清理现场，人员撤离	6	被试设备有遗留物品扣2分； 仪器、工器具等未定置恢复扣2分； 未检查或清理现场扣2分		
4.2	办理收工手续	向考评员汇报试验结果，并办理工作终结手续	4	未汇报试验结果扣2分； 未办理工作票终结手续扣2分		
合计			100			

Jc0302241014　110kV 避雷器绝缘电阻测试。（100 分）

考核知识点：避雷器试验

难易度：易

技能等级评价专业技能考核操作工作任务书

一、任务名称

110kV 避雷器绝缘电阻测试。

二、适用工种

电气试验工技师。

三、具体任务

（1）工作状态为模拟 110kV 避雷器停电，工作内容为避雷器例行试验。

（2）工作任务：

1）避雷器进行绝缘电阻测试。

2）根据试验记录出具试验报告，并对数据进行分析。

四、工作规范及要求

（1）工器具使用及安全措施。

（2）按要求进行高压试验。

（3）出具试验报告和试验结果分析。

五、考核及时间要求

（1）本考核操作时间为 60 分钟，包括试验接线和报告整理，时间到停止考评。

（2）试验过程中如试验仪器、试验电源出现故障，可向考评员申请故障排除，故障排除时间不计入考核。

（3）按照技能操作要求进行操作，试验报告包括试验项目、仪器型号、试验结果等。

（4）试验过程中如遇突发状况，如不涉及人身、设备安全，则由试验人员自行排查、处理；如危及人身、设备安全，则应立即停止操作，人员及时撤离作业现场。

技能等级评价专业技能考核操作评分标准

工种	电气试验工				评价等级	技师
项目模块	避雷器试验—绝缘电阻测试				编号	Jc0302241014
单位			准考证号		姓名	
考试时限	60 分钟		题型	单项操作	题分	100 分
成绩		考评员		考评组长	日期	
试题正文	110kV 避雷器绝缘电阻测试					
需要说明的问题和要求	（1）试验过程单人操作，数据分析在试验过程中完成。 （2）操作过程应注意安全，按照标准化作业流程做好安全措施。 （3）现场完成试验结果分析，出具试验报告。 （4）检测仪器可选考场提供或自带					

序号	项目名称	质量要求	满分	扣分标准	扣分原因	得分
1	试验前准备					
1.1	工器具使用	熟练正确使用各种工器具	5	未正确使用一次扣 1 分，扣完为止		
1.2	试验记录	收集被试设备基础信息和历史试验数据	5	未收集被试设备历次试验报告扣 1 分； 未记录被试设备铭牌，现场温、湿度等条件的，每处扣 1 分，扣完为止		
1.3	仪器、仪表选择	选择合适的试验仪器、仪表	5	选用仪器不合适扣 3 分； 未检查试验仪器合格证或校验证书扣 2 分		
1.4	安全措施	（1）办理工作票、交代安全注意事项，分工明确，并做好记录。 （2）设置高压试验安全围栏。 （3）安全工器具使用。 （4）试验仪器正确接地	10	试验仪器未正确接地扣 2 分； 未检查安全工器具扣 3 分； 安全措施交代不清楚或未确认签字扣 2 分； 试验前未将试验区域用安全围栏隔离扣 3 分		
2	试验开展					
2.1	试验接线	（1）仪器现场布置合理。 （2）电源开关接通前，试验仪器接线应准确无误	10	试验接线接错一次扣 5 分； 试验前未检查试验接线扣 3 分； 接线不规范扣 1～3 分； 上述扣分，扣完为止		
2.2	试验流程	（1）试验前对避雷器接地放电。 （2）试验前仪器、仪表自检，正确选择试验电压，试验过程中高声呼唱。 （3）应测量避雷器主绝缘及底座绝缘电阻。 （4）测量主绝缘时，将绝缘电阻表的接地端与被试品的地线连接，避雷器高压端接绝缘电阻表“L”端；测量底座绝缘时，拆除放电计数器的上端引线，测量底座绝缘电阻。 （5）读取 1min 或稳定后的绝缘电阻值。 （6）试验前后及变更接线应对设备充分放电	30	未进行仪器、仪表自检扣 3 分； 试验前未对避雷器充分放电扣 5 分； 试验前未清洁电容器套管扣 2 分； 试验过程中未高声呼唱每次扣 2 分； 试验过程中失误一次扣 5 分； 试验过程中监护不到位扣 5～10 分； 缺少试验项目的扣 5 分； 试验前后及变更接线未对被试设备放电扣 10 分； 上述扣分，扣完为止		
3	结果分析					
3.1	试验报告	结合测试数据做出分析判断，出具试验报告	25	试验数据分析不准确扣 5 分； 试验结论不正确扣 5 分； 试验报告填写不规范扣 1～5 分； 未给出试验结论扣 5 分		

续表

序号	项目名称	质量要求	满分	扣分标准	扣分原因	得分
4	试验结束					
4.1	现场恢复	清理现场，人员撤离	6	被试设备有遗留物品扣 2 分； 仪器、工器具等未定置恢复扣 2 分； 未检查或清理现场扣 2 分		
4.2	办理收工手续	向考评员汇报试验结果，并办理工作终结手续	4	未汇报试验结果扣 2 分； 未办理工作票终结手续扣 2 分		
合计			100			

Jc0302242015　35kV 避雷器运行电压下的交流泄漏电流试验。（100 分）

考核知识点：避雷器试验

难易度：易

技能等级评价专业技能考核操作工作任务书

一、任务名称

35kV 避雷器运行电压下的交流泄漏电流试验。

二、适用工种

电气试验工技师。

三、具体任务

（1）工作状态为模拟 35kV 避雷器停电，工作内容为 35kV 避雷器运行电压下的交流泄漏电流试验。

（2）工作任务：

1）35kV 避雷器运行电压下的交流泄漏电流试验。

2）根据试验记录出具试验报告，并对数据进行分析。

四、工作规范及要求

（1）工器具使用及安全措施。

（2）按要求进行 35kV 避雷器运行电压下的交流泄漏电流试验。

（3）出具试验报告和试验结果分析。

五、考核及时间要求

（1）本考核操作时间为 60 分钟，包括试验接线和报告整理，时间到停止考评。

（2）试验过程中如试验仪器、试验电源出现故障，可向考评员申请故障排除，故障排除时间不计入考核。

（3）按照技能操作要求进行操作，试验报告包括试验项目、仪器型号、试验结果等。

（4）试验过程中如遇突发状况，如不涉及人身、设备安全，则由试验人员自行排查、处理；如危及人身、设备安全，则应立即停止操作，人员及时撤离作业现场。

技能等级评价专业技能考核操作评分标准

工种	电气试验工			评价等级	技师
项目模块	避雷器试验—运行电压下的交流泄漏电流试验			编号	Jc0302242015
单位		准考证号		姓名	
考试时限	60 分钟	题型	单项操作	题分	100 分

续表

成绩		考评员		考评组长		日期	
试题正文	35kV 避雷器运行电压下的交流泄漏电流试验						
需要说明的问题和要求	（1）试验过程单人操作，数据分析在试验过程中完成。 （2）操作过程应注意安全，按照标准化作业流程做好安全措施。 （3）现场完成试验结果分析，出具试验报告。 （4）检测仪器可选考场提供或自带						

序号	项目名称	质量要求	满分	扣分标准	扣分原因	得分
1	试验前准备					
1.1	工器具使用	熟练正确使用各种工器具	5	未正确使用一次扣 1 分，扣完为止		
1.2	试验记录	收集被试设备基础信息和历史试验数据	5	未收集被试设备历次试验报告扣 1 分； 未记录被试设备铭牌，现场温、湿度等条件的，每处扣 1 分，扣完为止		
1.3	仪器、仪表选择	选择合适的变压器、调压器、阻性电流测试仪、保护电阻、分压器等	5	选用仪器不合适扣 3 分； 未检查试验仪器合格证或校验证书扣 2 分		
1.4	安全措施	（1）办理工作票、交代安全注意事项，分工明确，并做好记录。 （2）设置电气试验安全围栏。 （3）正确使用安全工器具。 （4）试验仪器正确接地	10	安全措施交代不清楚或未确认签字扣 2 分； 试验前未将试验区域用安全围栏隔离扣 3 分； 未检查安全工器具扣 3 分； 试验仪器未正确接地扣 2 分		
2	试验开展					
2.1	试验接线	（1）仪器现场布置合理。 （2）电源开关接通前，试验仪器接线应准确无误	10	试验接线接错一次扣 2～5 分； 试验前未检查试验接线扣 3 分； 接线不规范扣 1～3 分； 上述扣分，扣完为止		
2.2	试验流程	（1）试验前仪器、仪表自检，正确选择试验电压，试验过程中高声呼唱。 （2）将无间隙金属氧化物避雷器表面擦拭干净，拆除全部接线。 （3）分别加压至避雷器的持续运行电压及系统运行电压，分别读取总泄漏电流峰值、有效值及阻性电流峰值，有功损耗值。 （4）将测试值与规程值及历史测试值进行比对分析。 （5）试验前后及变更接线应对架空线路进行充分放电	30	未进行仪器、仪表自检扣 3 分； 试验过程中未高声呼唱每次扣 2 分； 试验过程中失误一次扣 5 分； 试验过程中监护不到位扣 5～10 分； 试验前后及变更接线未对被试设备放电扣 10 分； 上述扣分，扣完为止		
3	结果分析					
3.1	试验报告	结合测试数据做出分析判断，出具试验报告	25	试验数据分析不准确扣 5 分； 试验结论不正确扣 5 分； 试验报告填写不规范扣 1～5 分； 未给出试验结论扣 5 分		
4	试验结束					
4.1	现场恢复	清理现场，人员撤离	6	被试设备有遗留物品扣 2 分； 仪器、工器具等未定置恢复扣 2 分； 未检查或清理现场扣 2 分		
4.2	办理收工手续	向考评员汇报试验结果，并办理工作终结手续	4	未汇报试验结果扣 2 分； 未办理工作票终结手续扣 2 分		
合计			100			

Jc0302242016 220kV 金属氧化物避雷器泄漏电流检测。(100 分)

考核知识点：避雷器试验

难易度：中

技能等级评价专业技能考核操作工作任务书

一、任务名称

220kV 金属氧化物避雷器泄漏电流检测。

二、适用工种

电气试验工技师。

三、具体任务

（1）工作状态为模拟 220kV 金属氧化物避雷器带电。

（2）工作任务：

1）作业前的检查。

2）220kV 金属氧化物避雷器泄漏电流检测。

四、工作规范及要求

（1）要求 1 人操作，由监考人员监护，考生着装规范，穿工作服、绝缘鞋，戴安全帽。

（2）安全文明生产，仪器、仪表、工器具、材料、摆放齐整，现场操作熟练、连贯、有序，正确规范的使用工器具及安全用具。不发生危及人身和设备安全的行为，否则可取消本次考核成绩。

（3）金属氧化物避雷器泄漏电流带点检测采用总泄漏电流法，电压取样方式采用二次电压法。

（4）熟悉金属氧化物避雷器泄漏电流检测的过程，熟悉金属氧化物避雷器泄漏电流检测的原理。

（5）熟悉金属氧化物避雷器泄漏电流检测的技术要求，会进行数据分析判断。

五、考核及时间要求

（1）考核时间为 60 分钟。

（2）开工前，考生检查着装，清点工器具、设备是否齐全。

（3）许可开工后记录考核时间。

（4）现场清理完毕后，汇报工作终结，记录考核结束时间。

技能等级评价专业技能考核操作评分标准

工种	电气试验工					评价等级	技师
项目模块	金属氧化物避雷器试验—泄漏电流检测					编号	Jc0302242016
单位			准考证号			姓名	
考试时限	60 分钟		题型	综合操作		题分	100 分
成绩		考评员		考评组长		日期	
试题正文	220kV 金属氧化物避雷器泄漏电流检测						
需要说明的问题和要求	（1）要求 1 人操作，由监考人员监护，考生着装规范，穿工作服、绝缘鞋、戴安全帽。 （2）安全文明生产，工器具、材料、设备摆放齐整，现场操作熟练、连贯、有序，正确规范的使用工器具及安全用具。 （3）现场提供检修所需的工器具、仪器、材料及安全防护用具。 （4）考核项目涉及检查项目以填写检修记录为主						

序号	项目名称	质量要求	满分	扣分标准	扣分原因	得分
1	工作前准备及文明生产					
1.1	安全着装	要求穿棉质工作服、绝缘鞋、戴安全帽	1	未穿工作服，未戴安全帽，未穿绝缘鞋，出现上述任意一项扣 1 分		

续表

序号	项目名称	质量要求	满分	扣分标准	扣分原因	得分
1.2	工作票填写	工作票内容正确、清楚、规范、齐全，履行工作票许可手续，确认签字手续	3	工作任务与实际不符扣1分； 清楚表明危险点，少一项扣1分； 工作票所填内容合格正确，错一项扣1分； 上述扣分，扣完为止 有危及人身、设备安全的行为可取消考核成绩		
1.3	准备工作	仪器、仪表检查：检查仪器、仪表，是否在有效期内。检查仪器电量是否充足。检查温、湿度表是否在有效期内	5	未检查仪器合格证扣2分； 未检查仪器电量扣2分； 记录仪器数据不全少一项扣1分		
		试品外观检查	3	未进行外观检查扣1分，缺一项扣1分（包括泄漏电流表、瓷外套等），扣完为止		
2	现场检测					
2.1	开工	试验负责人明确工作任务及分工，交代安全措施，并告知工作成员并履行签字确认	3	工作任务与实际不符扣1分； 工作票所填内容合格正确，错一项扣1分，扣完为止		
		进行危险点分析、安全注意事项，并告知工作成员	3	清楚表明危险点，少一项扣1分，扣完为止		
		抄写试品铭牌数据	2	未抄写试品铭牌参数数据，扣2分		
		温度计、湿度计放置	2	温、湿度计摆放不正确的扣2分		
2.2	测量	将检测仪器可靠接地	5	接地时先接接地端，再接导电端。未按照相应顺序，扣3分		
2.3		测取全电流，将信号线与仪器连接，取信号端先接接地端，再接金属氧化物避雷器引下线，并观察泄漏电流表指针是否归零	5	测取全电流时，信号线先接接地端，再接引下线，未按照相应顺序，扣3分； 未观察泄漏电流表指针归零情况扣2分		
2.4		取参考电压信号，隔离器通道分别与三相A、B、C电源分别对应，接取电源时避免电压互感器二次端子短路	20	接线错误，扣10分； 接取二次电源时发生二次端子短路，扣10分		
2.5		电压互感器二次电压取得后，测量时应设专人监护端子箱	5	未设专人监护电压互感器端子箱的扣5分		
2.6		设置试验参数、电压选取方式、电压互感器变比等参数	5	未设置试验参数、电压选取方式、电压互感器变比等参数扣5分		
2.7		测试并记录数据。记录全电流、阻性电流基波峰值、运行电压数据	3	试验数据记录不全的扣3分，缺少一项扣1分，扣完为止		
2.8		测试完毕，先将仪器关闭再拆除测试接线	5	测试完毕，先将仪器关闭再拆除测试接线。未按照相应顺序扣5分		
2.9		拆除接线时，先拆信号测，再拆接地端，最后拆除仪器接地线	2	拆除接线时，先拆信号测，再拆接地端，最后拆除仪器接地线。未按照相应顺序扣2分		
3	试验结束					
3.1	清理现场	下达清理现场指令，初步分析判断试验结果是否正常	2	负责人未下达清理现场指令扣1分； 负责人未对试验结果进行初步判断，下达清理现场指令扣2分		
		仪器、仪表按钮、绝缘杆等恢复原位。现场摆放整齐	3	仪器仪表按钮、绝缘杆等未恢复原位扣3分		
3.2	工作结束	工作结束后向评委汇报工作结束	3	未向评委汇报工作结束扣3分		

续表

序号	项目名称	质量要求	满分	扣分标准	扣分原因	得分
4	安全	试验过程中发现不安全因素现象，应及时制止，并视严重程度扣分	10	现场正确、规范使用带电检测测试专用线，放线、首先过程中，禁止生拉硬拽、摆甩而误碰带电设备。若发生上述情况，扣5分； 试验过程中，发生末屏开路，扣10分		
5	超时	试验时间90分钟		每超时1分钟扣1分		
6	试验报告					
6.1	试验报告撰写	内容完整、分析全面、结论正确，字迹清晰	10	试验数据、天气状况、试验性质、试验地点每缺一项扣1分； 结论不正确，或不下结论扣5分； 试验报告不签字扣1分； 试验报告未审核，扣1分； 未填写试验设备铭牌信息，扣1分； 未填写仪器型号编号等信息，扣1分； 上述扣分，扣完为止		
合计			100			

Jc0302242017　带间隙的氧化锌避雷器放电电压试验。(100分)

考核知识点：避雷器试验

难易度：中

技能等级评价专业技能考核操作工作任务书

一、任务名称

带间隙的氧化锌避雷器放电电压试验。

二、适用工种

电气试验工技师。

三、具体任务

(1) 工作状态为模拟带间隙的氧化锌避雷器停电。

(2) 工作任务：进行过带间隙的氧化锌避雷器的放电电压测试。

四、工作规范及要求

(1) 要求1人操作，由监考人员监护，考生着装规范，穿工作服、绝缘鞋，戴安全帽。

(2) 安全文明生产，仪器、仪表、工器具、材料、摆放齐整，现场操作熟练、连贯、有序，正确规范的使用工器具及安全用具。不发生危及人身和设备安全的行为，否则可取消本次考核成绩。

(3) 带间隙的金属氧化物避雷器施加交流电压，测试间隙放电电压。

(4) 熟悉带间隙的氧化锌避雷器的放电电压测试的过程，熟悉检测的原理。

(5) 熟悉带间隙的氧化锌避雷器的放电电压测试的技术要求，会进行数据分析判断。

五、考核及时间要求

(1) 考核时间为60分钟。

(2) 开工前，考生检查着装，清点工器具、设备是否齐全。

(3) 许可开工后记录考核时间。

(4) 现场清理完毕后，汇报工作终结，记录考核结束时间。

技能等级评价专业技能考核操作评分标准

工种	电气试验工				评价等级	技师	
项目模块	氧化锌避雷器试验—放电电压试验				编号	Jc0302242017	
单位		准考证号			姓名		
考试时限	60 分钟	题型	单项操作		题分	100 分	
成绩		考评员		考评组长		日期	
试题正文	带间隙的氧化锌避雷器放电电压试验						
需要说明的问题和要求	（1）试验过程单人操作，数据分析在试验过程中完成。 （2）操作过程应注意安全，按照标准化作业流程做好安全措施。 （3）现场完成试验结果分析，出具试验报告。 （4）检测仪器可选考场提供或自带						

序号	项目名称	质量要求	满分	扣分标准	扣分原因	得分
1	试验前准备					
1.1	工器具使用	熟练正确使用各种工器具	5	未正确使用一次扣 1 分，扣完为止		
1.2	试验记录	收集被试设备基础信息和历史试验数据	5	未收集被试设备历次试验报告扣 1 分； 未记录被试设备铭牌，现场温、湿度等条件的，每处扣 1 分，扣完为止		
1.3	仪器、仪表选择	选择合适的变压器、调压器、保护电阻、分压器等	5	选用仪器不合适扣 3 分； 未检查试验仪器合格证或校验证书扣 2 分		
1.4	安全措施	（1）办理工作票、交代安全注意事项，分工明确，并做好记录。 （2）设置电气试验安全围栏。 （3）正确使用安全工器具。 （4）试验仪器正确接地	10	安全措施交代不清楚或未确认签字扣 2 分； 试验前未将试验区域用安全围栏隔离扣 3 分； 未检查安全工器具扣 3 分； 试验仪器未正确接地扣 2 分		
2	试验开展					
2.1	试验接线	（1）仪器现场布置合理。 （2）电源开关接通前，试验仪器接线应准确无误	10	试验接线接错一次扣 2～5 分； 试验前未检查试验接线扣 3 分； 接线不规范扣 1～3 分； 上述扣分，扣完为止		
2.2	试验流程	（1）试验前仪器、仪表自检，正确选择试验电压，试验过程中高声呼唱。 （2）对带间隙的氧化锌避雷器施加交流电压，并记录避雷器间隙击穿时的电压读数，测试 3 次，取平均值作为测试数据。 （3）试验前后及变更接线应对架空线路进行充分放电	30	未进行仪器、仪表自检扣 3 分； 试验过程中未高声呼唱每次扣 2 分； 试验过程中失误一次扣 5 分； 试验过程中监护不到位扣 5～10 分； 试验前后及变更接线未对被试设备放电扣 10 分； 上述扣分，扣完为止		
3	结果分析					
3.1	试验报告	结合测试数据做出分析判断，出具试验报告	25	试验数据分析不准确扣 5 分； 试验结论不正确扣 5 分； 试验报告填写不规范扣 1～5 分； 未给出试验结论扣 5 分		
4	试验结束					
4.1	现场恢复	清理现场，人员撤离	6	被试设备有遗留物品扣 2 分； 仪器、工器具等未定置恢复扣 2 分； 未检查或清理现场扣 2 分		
4.2	办理收工手续	向考评员汇报试验结果，并办理工作终结手续	4	未汇报试验结果扣 2 分； 未办理工作票终结手续扣 2 分		
合计			100			

Jc0302242018　110kV 套管介质损耗角正切值 tanδ和电容量的测试。(100 分)

考核知识点：套管试验

难易度：中

技能等级评价专业技能考核操作工作任务书

一、任务名称

110kV 套管介质损耗角正切值 tanδ和电容量的测试。

二、适用工种

电气试验工技师。

三、具体任务

（1）工作状态为模拟 110kV 变压器停电，工作内容为 110kV 侧套管诊断试验。

（2）工作任务：

1）套管末屏介质损耗角正切值 tanδ和电容量测试。

2）根据试验记录出具试验报告，并对数据进行分析。

四、工作规范及要求

（1）工器具使用及安全措施。

（2）按要求进行高压试验。

（3）出具试验报告和试验结果分析。

五、考核及时间要求

（1）本考核操作时间为 60 分钟，包括试验接线和报告整理，时间到停止考评。

（2）试验过程中如试验仪器、试验电源出现故障，可向考评员申请故障排除，故障排除时间不计入考核。

（3）按照技能操作要求进行操作，试验报告包括试验项目、仪器型号、试验结果等。

（4）试验过程中如遇突发状况，如不涉及人身、设备安全，则由试验人员自行排查、处理；如危及人身、设备安全，则应立即停止操作，人员及时撤离作业现场。

技能等级评价专业技能考核操作评分标准

工种	电气试验工					评价等级	技师
项目模块	套管试验—介质损耗角正切值 tanδ和电容量的测试					编号	Jc0302242018
单位		准考证号				姓名	
考试时限	60 分钟	题型	单项操作			题分	100 分
成绩		考评员		考评组长		日期	
试题正文	110kV 套管介质损耗角正切值 tanδ和电容量的测试						
需要说明的问题和要求	（1）试验过程单人操作，数据分析在试验过程中完成。 （2）操作过程应注意安全，按照标准化作业流程做好安全措施。 （3）现场完成试验结果分析，出具试验报告。 （4）检测仪器可选考场提供或自带						

序号	项目名称	质量要求	满分	扣分标准	扣分原因	得分
1	试验前准备					
1.1	工器具使用	熟练正确使用各种工器具	5	未正确使用一次扣 1 分，扣完为止		

续表

序号	项目名称	质量要求	满分	扣分标准	扣分原因	得分
1.2	试验记录	收集被试设备基础信息和历史试验数据	5	未收集被试设备历次试验报告扣1分； 未记录被试设备铭牌，现场温、湿度等条件的，每处扣1分，扣完为止		
1.3	仪器、仪表选择	选择合适的试验仪器、仪表	5	选用仪器不合适扣3分； 未检查试验仪器合格证或校验证书扣2分		
1.4	安全措施	（1）办理工作票、交代安全注意事项，分工明确，并做好记录。 （2）设置高压试验安全围栏。 （3）安全工器具使用。 （4）试验仪器正确接地	10	试验仪器未正确接地扣2分； 未检查安全工器具扣3分； 安全措施交代不清楚或未确认签字扣2分； 试验前未将试验区域用安全围栏隔离扣3分		
2	试验开展					
2.1	试验接线	（1）仪器现场布置合理。 （2）尽量缩短引线，引线较长时，可能产生较大误差。 （3）电源开关接通前，试验仪器接线应准确无误	10	试验接线接错一次扣5分； 试验前未检查试验接线扣3分； 接线不规范扣1～3分； 上述扣分，扣完为止		
2.2	试验流程	（1）拆除套管一次连接线并放电，打开末屏接地线，用干燥清洁柔软的布擦去被试套管外绝缘表面的脏污。 （2）采用反接线测量，将高压套管短接接电桥屏蔽，测量线 C_x 接至被测相末屏小套管，试验电压不超过2.5kV。确认接线无误后，将电压升至试验电压。 （3）加压过程中应有人监护并呼唱。 （4）记录试验数据，记录后切断电源。 （5）试验前后及变更接线应对设备充分放电	30	试验前未清洁被试套管外绝缘表面扣3分； 试验过程中未高声呼唱每次扣2分； 试验电压选取错误扣5分； 试验过程中失误一次扣1～5分； 试验过程中监护不到位扣5分； 缺少试验项目的扣5分； 试验前后及变更接线未对被试设备放电扣5分； 上述扣分，扣完为止		
3	结果分析					
3.1	试验报告	结合测试数据做出分析判断，出具试验报告	25	试验数据分析不准确扣5分； 试验结论不正确扣5分； 试验报告填写不规范扣1～5分； 未给出试验结论扣5分		
4	试验结束					
4.1	现场恢复	清理现场，人员撤离	6	被试设备有遗留物品扣2分； 仪器、工器具等未定置恢复扣2分； 未检查或清理现场扣2分		
4.2	办理收工手续	向考评员汇报试验结果，并办理工作终结手续	4	未汇报试验结果扣2分； 未办理工作票终结手续扣2分		
合计			100			

Jc0302241019　110kV 电缆线路绝缘电阻和核对相位。（100 分）

考核知识点： 电缆线路试验

难易度： 难

技能等级评价专业技能考核操作工作任务书

一、任务名称

110kV 电缆线路绝缘电阻和核对相位。

二、适用工种

电气试验工技师。

三、具体任务

（1）工作状态为模拟 110kV 电缆线路停电，工作内容为电缆线路绝缘电阻和核对相位。

（2）工作任务：

1）电缆线路进行绝缘电阻和核对相位。

2）根据试验记录出具试验报告，并对数据进行分析。

四、工作规范及要求

（1）工器具使用及安全措施。

（2）按要求进行高压试验。

（3）出具试验报告和试验结果分析。

五、考核及时间要求

（1）本考核操作时间为 60 分钟，包括试验接线和报告整理，时间到停止考评。

（2）试验过程中如试验仪器、试验电源出现故障，可向考评员申请故障排除，故障排除时间不计入考核。

（3）按照技能操作要求进行操作，试验报告包括试验项目、仪器型号、试验结果等。

（4）试验过程中如遇突发状况，如不涉及人身、设备安全，则由试验人员自行排查、处理；如危及人身、设备安全，则应立即停止操作，人员及时撤离作业现场。

技能等级评价专业技能考核操作评分标准

<table>
<tr><td>工种</td><td colspan="5">电气试验工</td><td>评价等级</td><td>技师</td></tr>
<tr><td>项目模块</td><td colspan="5">电缆试验—线路绝缘电阻和核对相位</td><td>编号</td><td>Jc0302241019</td></tr>
<tr><td>单位</td><td colspan="2"></td><td>准考证号</td><td colspan="2"></td><td>姓名</td><td></td></tr>
<tr><td>考试时限</td><td colspan="2">60 分钟</td><td>题型</td><td colspan="2">单项操作</td><td>题分</td><td>100 分</td></tr>
<tr><td>成绩</td><td></td><td>考评员</td><td colspan="2"></td><td>考评组长</td><td></td><td>日期</td><td></td></tr>
<tr><td>试题正文</td><td colspan="8">110kV 电缆线路绝缘电阻和核对相位</td></tr>
<tr><td>需要说明的问题和要求</td><td colspan="8">（1）试验过程单人操作，数据分析在试验过程中完成。
（2）操作过程应注意安全，按照标准化作业流程做好安全措施。
（3）现场完成试验结果分析，出具试验报告。
（4）检测仪器可选考场提供或自带</td></tr>
</table>

序号	项目名称	质量要求	满分	扣分标准	扣分原因	得分
1	试验前准备					
1.1	工器具使用	熟练正确使用各种工器具	5	未正确使用一次扣 1 分，扣完为止		
1.2	试验记录	收集被试设备基础信息和历史试验数据	5	未收集被试设备历次试验报告扣 1 分； 未记录被试设备铭牌，现场温、湿度等条件的，每处扣 1 分，扣完为止		
1.3	仪器、仪表选择	选择合适的试验仪器、仪表	5	选用仪器不合适扣 3 分； 未检查试验仪器合格证或校验证书扣 2 分		

续表

序号	项目名称	质量要求	满分	扣分标准	扣分原因	得分
1.4	安全措施	（1）办理工作票、交代安全注意事项，分工明确，并做好记录。 （2）设置高压试验安全围栏。 （3）安全工器具使用。 （4）试验仪器正确接地	10	试验仪器未正确接地扣2分； 未检查安全工器具扣3分； 安全措施交代不清楚或未确认签字扣2分； 试验前未将试验区域用安全围栏隔离扣3分		
2	试验开展					
2.1	试验接线	（1）仪器现场布置合理。 （2）电源开关接通前，试验仪器接线应准确无误	10	试验接线接错一次扣5分； 试验前未检查试验接线扣3分； 接线不规范扣1～3分； 上述扣分，扣完为止		
2.2	试验流程	（1）将电缆线路两端的线路接地开关拉开，充分放电，三相线路全部悬空，线路对侧一相接地。 （2）试验前仪器、仪表自检，正确选择试验电压，试验过程中高声呼唱。 （3）试验人员用绝缘电阻表分别测量线路三相绝缘电阻，同相绝缘电阻为零，读取另两相绝缘电阻数值。 （4）试验前后及变更接线应对设备充分放电	30	未进行仪器、仪表自检扣3分； 试验前未对电缆充分放电扣5分； 试验前未通知对侧人员扣5分； 试验过程中未高声呼唱每次扣2分； 试验过程中失误一次扣1～5分； 试验过程中监护不到位扣5分； 缺少试验项目的扣5分； 试验前后及变更接线未对被试设备放电扣5分； 上述扣分，扣完为止		
3	结果分析					
3.1	试验报告	结合测试数据做出分析判断，出具试验报告	25	试验数据分析不准确扣5分； 试验结论不正确扣5分； 试验报告填写不规范扣1～5分； 未给出试验结论扣5分		
4	试验结束					
4.1	现场恢复	清理现场，人员撤离	6	被试设备有遗留物品扣2分； 仪器、工器具等未定置恢复扣2分； 未检查或清理现场扣2分		
4.2	办理收工手续	向考评员汇报试验结果，并办理工作终结手续	4	未汇报试验结果扣2分； 未办理工作票终结手续扣2分		
合计			100			

Jc0302241020　220kV 避雷器绝缘电阻测试。（100 分）

考核知识点：避雷器试验

难易度：易

技能等级评价专业技能考核操作工作任务书

一、任务名称

220kV 避雷器绝缘电阻测试。

二、适用工种

电气试验工技师。

三、具体任务

（1）工作状态为模拟 220kV 避雷器停电，工作内容为避雷器例行试验。

（2）工作任务：

1）避雷器进行绝缘电阻测试。

2）根据试验记录出具试验报告，并对数据进行分析。

四、工作规范及要求

（1）工器具使用及安全措施。

（2）按要求进行高压试验。

（3）出具试验报告和试验结果分析。

五、考核及时间要求

（1）本考核操作时间为60分钟，包括试验接线和报告整理，时间到停止考评。

（2）试验过程中如试验仪器、试验电源出现故障，可向考评员申请故障排除，故障排除时间不计入考核。

（3）按照技能操作要求进行操作，试验报告包括试验项目、仪器型号、试验结果等。

（4）试验过程中如遇突发状况，如不涉及人身、设备安全，则由试验人员自行排查、处理；如危及人身、设备安全，则应立即停止操作，人员及时撤离作业现场。

技能等级评价专业技能考核操作评分标准

工种	电气试验工					评价等级	技师
项目模块	避雷器试验—绝缘电阻测试					编号	Jc0302241020
单位			准考证号			姓名	
考试时限	60分钟		题型	单项操作		题分	100分
成绩		考评员		考评组长		日期	
试题正文	220kV避雷器绝缘电阻测试						
需要说明的问题和要求	（1）试验过程单人操作，数据分析在试验过程中完成。 （2）操作过程应注意安全，按照标准化作业流程做好安全措施。 （3）现场完成试验结果分析，出具试验报告。 （4）检测仪器可选考场提供或自带						

序号	项目名称	质量要求	满分	扣分标准	扣分原因	得分
1	试验前准备					
1.1	工器具使用	熟练正确使用各种工器具	5	未正确使用一次扣1分，扣完为止		
1.2	试验记录	收集被试设备基础信息和历史试验数据	5	未收集被试设备历次试验报告扣1分； 未记录被试设备铭牌，现场温、湿度等条件的，每处扣1分，扣完为止		
1.3	仪器、仪表选择	选择合适的试验仪器、仪表	5	选用仪器不合适扣3分； 未检查试验仪器合格证或校验证书扣2分		
1.4	安全措施	（1）办理工作票、交代安全注意事项，分工明确，并做好记录。 （2）设置高压试验安全围栏。 （3）安全工器具使用。 （4）试验仪器正确接地	10	试验仪器未正确接地扣2分； 未检查安全工器具扣3分； 安全措施交代不清楚或未确认签字扣2分； 试验前未将试验区域用安全围栏隔离扣3分		
2	试验开展					
2.1	试验接线	（1）仪器现场布置合理。 （2）电源开关接通前，试验仪器接线应准确无误	10	试验接线接错一次扣5分； 试验前未检查试验接线扣3分； 接线不规范扣1～3分； 上述扣分，扣完为止		

续表

序号	项目名称	质量要求	满分	扣分标准	扣分原因	得分
2.2	试验流程	（1）试验前对避雷器接地放电。 （2）试验前仪器、仪表自检，正确选择试验电压，试验过程中高声呼唱。 （3）应测量避雷器主绝缘及底座绝缘电阻。 （4）测量主绝缘时，将绝缘电阻表的接地端与被试品的地线连接，避雷器高压端接绝缘电阻表“L”端；测量底座绝缘时，拆除放电计数器的上端引线，测量底座绝缘电阻。 （5）读取 1min 或稳定后的绝缘电阻值。 （6）试验前后及变更接线应对设备充分放电	30	未进行仪器、仪表自检扣 3 分； 试验前未对避雷器充分放电扣 5 分； 试验前未清洁电容器套管扣 2 分； 试验过程中未高声呼唱每次扣 2 分； 试验过程中失误一次扣 5 分； 试验过程中监护不到位扣 5～10 分； 缺少试验项目的扣 5 分； 试验前后及变更接线未对被试设备放电扣 10 分； 上述扣分，扣完为止		
3	结果分析					
3.1	试验报告	结合测试数据做出分析判断，出具试验报告	25	试验数据分析不准确扣 5 分； 试验结论不正确扣 5 分； 试验报告填写不规范扣 1～5 分； 未给出试验结论扣 5 分		
4	试验结束					
4.1	现场恢复	清理现场，人员撤离	6	被试设备有遗留物品扣 2 分； 仪器、工器具等未定置恢复扣 2 分； 未检查或清理现场扣 2 分		
4.2	办理收工手续	向考评员汇报试验结果，并办理工作终结手续	4	未汇报试验结果扣 2 分； 未办理工作票终结手续扣 2 分		
合计			100			

Jc0302242021　110kV 避雷器直流泄漏测试。（100 分）

考核知识点：避雷器试验

难易度：易

技能等级评价专业技能考核操作工作任务书

一、任务名称

110kV 避雷器直流泄漏测试。

二、适用工种

电气试验工技师。

三、具体任务

（1）工作状态为模拟 110kV 避雷器停电，工作内容为避雷器例行试验。

（2）工作任务：

1）避雷器进行直流泄漏测试。

2）根据试验记录出具试验报告，并对数据进行分析。

四、工作规范及要求

（1）工器具使用及安全措施。

（2）按要求进行高压试验。

（3）出具试验报告和试验结果分析。

五、考核及时间要求

（1）本考核操作时间为60分钟，包括试验接线和报告整理，时间到停止考评。

（2）试验过程中如试验仪器、试验电源出现故障，可向考评员申请故障排除，故障排除时间不计入考核。

（3）按照技能操作要求进行操作，试验报告包括试验项目、仪器型号、试验结果等。

（4）试验过程中如遇突发状况，如不涉及人身、设备安全，则由试验人员自行排查、处理；如危及人身、设备安全，则应立即停止操作，人员及时撤离作业现场。

技能等级评价专业技能考核操作评分标准

工种	电气试验工					评价等级	技师
项目模块	避雷器试验—直流泄漏测试					编号	Jc0302242021
单位		准考证号				姓名	
考试时限	60分钟	题型		单项操作		题分	100分
成绩		考评员		考评组长		日期	
试题正文	110kV避雷器直流泄漏测试						
需要说明的问题和要求	（1）试验过程单人操作，数据分析在试验过程中完成。 （2）操作过程应注意安全，按照标准化作业流程做好安全措施。 （3）现场完成试验结果分析，出具试验报告。 （4）检测仪器可选考场提供或自带						

序号	项目名称	质量要求	满分	扣分标准	扣分原因	得分
1	试验前准备					
1.1	工器具使用	熟练正确使用各种工器具	5	未正确使用一次扣1分，扣完为止		
1.2	试验记录	收集被试设备基础信息和历史试验数据	5	未收集被试设备历次试验报告扣1分； 未记录被试设备铭牌，现场温、湿度等条件的，每处扣1分，扣完为止		
1.3	仪器、仪表选择	选择合适的试验仪器、仪表	5	选用仪器不合适扣3分； 未检查试验仪器合格证或校验证书扣2分		
1.4	安全措施	（1）办理工作票、交代安全注意事项，分工明确，并做好记录。 （2）设置高压试验安全围栏。 （3）安全工器具使用。 （4）试验仪器正确接地	10	试验仪器未正确接地扣2分； 未检查安全工器具扣3分； 安全措施交代不清楚或未确认签字扣2分； 试验前未将试验区域用安全围栏隔离扣3分		
2	试验开展					
2.1	试验接线	（1）仪器现场布置合理。 （2）泄漏电流测试线应使用屏蔽线，测试线与避雷器夹角应尽量大。 （3）电源开关接通前，试验仪器接线应准确无误	10	试验接线接错一次扣5分； 试验前未检查试验接线扣3分； 接线不规范扣1～3分； 上述扣分，扣完为止		
2.2	试验流程	（1）进行测试仪器过压整定并检验仪器在整定值能否可靠动作。 （2）清洁避雷器或限压器表面，进行试验接线。 （3）检查试验接线，确认电压输出在零位，接通试验电源，进行升压。	30	未进行仪器检验扣3分；. 加压前，调压器未归零扣2分； 试验过程中未高声呼唱每次扣2分； 试验过程中监护不到位扣5～10分； 加压未达试验电压或超过试验电压扣5分； 泄漏电流未从微安表处读取扣3分； 试验前后及变更接线未对被试设备放电扣10分； 上述扣分，扣完为止		

续表

序号	项目名称	质量要求	满分	扣分标准	扣分原因	得分
2.2	试验流程	（4）升压过程中，监视泄漏电流（或电流表差值），同时监视试验电压，若电流值上升慢数值小，且试验电压已快接近避雷器或限压器参考电压时，应匀速放慢升压，当电流达到厂家规定直流参考电流试验值时，读取并记录电压值 U_{nmA}，降压至零。 （5）重新升压至 $0.75U_{nmA}$ 值（U_{nmA} 电压值应选用 U_{nmA} 初始值或制造厂给定的 U_{nmA} 值），读取并记录泄漏电流值，降压至零。 （6）断开试验电源，对被试设备使用专用放电工具按先经电阻放电，后直接放电的程序进行充分放电，将被试设备直接接地。 （7）拆除试验接线，整理试验现场	30	未进行仪器检验扣 3 分；. 加压前，调压器未归零扣 2 分； 试验过程中未高声呼唱每次扣 2 分； 试验过程中监护不到位扣 5～10 分； 加压未达试验电压或超过试验电压扣 5 分； 泄漏电流未从微安表处读取扣 3 分； 试验前后及变更接线未对被试设备放电扣 10 分； 上述扣分，扣完为止		
3	结果分析					
3.1	试验报告	结合测试数据做出分析判断，出具试验报告	25	试验数据分析不准确扣 5 分； 试验结论不正确扣 5 分； 试验报告填写不规范扣 1～5 分； 未给出试验结论扣 5 分		
4	试验结束					
4.1	现场恢复	清理现场，人员撤离	6	被试设备有遗留物品扣 2 分； 仪器、工器具等未定置恢复扣 2 分； 未检查或清理现场扣 2 分		
4.2	办理收工手续	向考评员汇报试验结果，并办理工作终结手续	4	未汇报试验结果扣 2 分； 未办理工作票终结手续扣 2 分		
合计			100			

Jc0302241022　110kV 绝缘操作杆试验。（100 分）

考核知识点：绝缘操作杆试验

难易度：易

技能等级评价专业技能考核操作工作任务书

一、任务名称

110kV 绝缘操作杆试验。

二、适用工种

电气试验工技师。

三、具体任务

（1）工作状态为模拟绝缘操作杆检验，工作内容为绝缘操作杆交接试验。

（2）工作任务：

1）绝缘操作杆试验。

2）根据试验记录出具试验报告，并对数据进行分析。

四、工作规范及要求

（1）工器具使用及安全措施。

（2）按要求进行高压试验。

（3）出具试验报告和试验结果分析。

五、考核及时间要求

（1）本考核操作时间为60分钟，包括试验接线和报告整理，时间到停止考评。

（2）试验过程中如试验仪器、试验电源出现故障，可向考评员申请故障排除，故障排除时间不计入考核。

（3）按照技能操作要求进行操作，试验报告包括试验项目、仪器型号、试验结果等。

（4）试验过程中如遇突发状况，如不涉及人身、设备安全，则由试验人员自行排查、处理；如危及人身、设备安全，则应立即停止操作，人员及时撤离作业现场。

技能等级评价专业技能考核操作评分标准

工种	电气试验工					评价等级	技师
项目模块	安全工器具试验—绝缘操作杆试验					编号	Jc0302241022
单位			准考证号			姓名	
考试时限	60分钟		题型	单项操作		题分	100分
成绩		考评员		考评组长		日期	
试题正文	110kV 绝缘操作杆试验						
需要说明的问题和要求	（1）试验过程单人操作，数据分析在试验过程中完成。 （2）操作过程应注意安全，按照标准化作业流程做好安全措施。 （3）现场完成试验结果分析，出具试验报告。 （4）检测仪器可选考场提供或自带						

序号	项目名称	质量要求	满分	扣分标准	扣分原因	得分
1	试验前准备					
1.1	工器具使用	熟练正确使用各种工器具	5	未正确使用一次扣1分，扣完为止		
1.2	试验记录	收集被试设备基础信息和历史试验数据	5	未收集被试设备历次试验报告扣1分； 未记录被试设备铭牌，现场温、湿度等条件的，每处扣1分，扣完为止		
1.3	仪器、仪表选择	选择合适的试验仪器、仪表	5	选用仪器不合适扣3分； 未检查试验仪器合格证或校验证书扣2分		
1.4	安全措施	（1）办理工作票、交代安全注意事项，分工明确，并做好记录。 （2）设置高压试验安全围栏。 （3）安全工器具使用。 （4）试验仪器正确接地	10	试验仪器未正确接地扣2分； 未检查安全工器具扣3分； 安全措施交代不清楚或未确认签字扣2分； 试验前未将试验区域用安全围栏隔离扣3分		
2	试验开展					
2.1	试验接线	（1）仪器现场布置合理。 （2）电源开关接通前，试验仪器接线应准确无误	10	试验接线接错一次扣5分； 试验前未检查试验接线扣3分； 接线不规范扣1～3分； 上述扣分，扣完为止		
2.2	试验流程	（1）试验前，对试品进行外观及尺寸检查，测试绝缘电阻，其值应正常。 （2）将高压引线接至绝缘操作杆，接线无误后，确保调压器在零位，试验回路中过电流和过电压保护应整定正确。 （3）加压过程中应有人监护并呼唱。接通试验电源，进行升压，操作人员的手应放在电源开关上，如有紧急情况应迅速断开电源。	30	试验前未检查被试品外观扣3分； 加压前后未测试绝缘电阻扣5分； 加压前，调压器未归零扣2分； 试验过程中未高声呼唱每次扣2分； 试验过程中失误一次扣5分； 试验过程中监护不到位扣5～10分； 缺少试验项目的扣5分； 试验前后及变更接线未对被试设备放电扣10分； 上述扣分，扣完为止		

续表

序号	项目名称	质量要求	满分	扣分标准	扣分原因	得分
2.2	试验流程	（4）升压必须从零（或接近于零）开始，切不可冲击合闸。升压速度在75%试验电压以前，可以是任意的，自75%电压开始应均匀升压，均为每秒2%试验电压的速率升压。升至试验电压后，开始计时并读取试验电压。耐压试验后，迅速均匀降压到零（或接近于零），然后切断电源。 （5）试验完毕后，立即触摸绝缘表面，不应发热，测试绝缘电阻，其值应正常。 （6）试验前后及变更接线应对设备充分放电	30	试验前未检查被试品外观扣3分； 加压前后未测试绝缘电阻扣5分； 加压前，调压器未归零扣2分； 试验过程中未高声呼唱每次扣2分； 试验过程中失误一次扣5分； 试验过程中监护不到位扣5～10分； 缺少试验项目的扣5分； 试验前后及变更接线未对被试设备放电扣10分； 上述扣分，扣完为止		
3	结果分析					
3.1	试验报告	结合测试数据做出分析判断，出具试验报告	25	试验数据分析不准确扣5分； 试验结论不正确扣5分； 试验报告填写不规范扣1～5分； 未给出试验结论扣5分		
4	试验结束					
4.1	现场恢复	清理现场，人员撤离	6	被试设备有遗留物品扣2分； 仪器、工器具等未定置恢复扣2分； 未检查或清理现场扣2分		
4.2	办理收工手续	向考评员汇报试验结果，并办理工作终结手续	4	未汇报试验结果扣2分； 未办理工作票终结手续扣2分		
合计			100			

Jc0302241023　35kV 绝缘子交流耐压试验。（100 分）

考核知识点：绝缘子试验

难易度：易

技能等级评价专业技能考核操作工作任务书

一、任务名称

35kV 绝缘子交流耐压试验。

二、适用工种

电气试验工技师。

三、具体任务

（1）工作状态为模拟 35kV 绝缘子停电，工作内容为绝缘子交接试验。

（2）工作任务：

1）绝缘子交流耐压试验。

2）根据试验记录出具试验报告，并对数据进行分析。

四、工作规范及要求

（1）工器具使用及安全措施。

（2）按要求进行高压试验。

（3）出具试验报告和试验结果分析。

五、考核及时间要求

（1）本考核操作时间为60分钟，包括试验接线和报告整理，时间到停止考评。

（2）试验过程中如试验仪器、试验电源出现故障，可向考评员申请故障排除，故障排除时间不计入考核。

（3）按照技能操作要求进行操作，试验报告包括试验项目、仪器型号、试验结果等。

（4）试验过程中如遇突发状况，如不涉及人身、设备安全，则由试验人员自行排查、处理；如危及人身、设备安全，则应立即停止操作，人员及时撤离作业现场。

技能等级评价专业技能考核操作评分标准

工种	电气试验工					评价等级	技师
项目模块	绝缘子试验—交流耐压试验					编号	Jc0302241023
单位			准考证号			姓名	
考试时限	60分钟		题型	单项操作		题分	100分
成绩		考评员		考评组长		日期	
试题正文	35kV绝缘子交流耐压试验						
需要说明的问题和要求	（1）试验过程单人操作，数据分析在试验过程中完成。 （2）操作过程应注意安全，按照标准化作业流程做好安全措施。 （3）现场完成试验结果分析，出具试验报告。 （4）检测仪器可选考场提供或自带						

序号	项目名称	质量要求	满分	扣分标准	扣分原因	得分
1	试验前准备					
1.1	工器具使用	熟练正确使用各种工器具	5	未正确使用一次扣1分，扣完为止		
1.2	试验记录	收集被试设备基础信息和历史试验数据	5	未收集被试设备历次试验报告扣1分； 未记录被试设备铭牌，现场温、湿度等条件的，每处扣1分，扣完为止		
1.3	仪器、仪表选择	选择合适的试验仪器、仪表	5	选用仪器不合适扣3分； 未检查试验仪器合格证或校验证书扣2分		
1.4	安全措施	（1）办理工作票、交代安全注意事项，分工明确，并做好记录。 （2）设置高压试验安全围栏。 （3）安全工器具使用。 （4）试验仪器正确接地	10	试验仪器未正确接地扣2分； 未检查安全工器具扣3分； 安全措施交代不清楚或未确认签字扣2分； 试验前未将试验区域用安全围栏隔离扣3分		
2	试验开展					
2.1	试验接线	（1）仪器现场布置合理。 （2）高压引线应尽量缩短，并采用专用的高压试验线，必要时用绝缘物支持牢固。 （3）电源开关接通前，试验仪器接线应准确无误	10	试验接线接错一次扣5分； 试验前未检查试验接线扣3分； 接线不规范扣1～3分； 上述扣分，扣完为止		

续表

序号	项目名称	质量要求	满分	扣分标准	扣分原因	得分
2.2	试验流程	（1）试验前，测试绝缘电阻，其值应正常。 （2）将绝缘子的一次侧接入交流耐压装置高压部分，法兰及末屏接地。 （3）加压过程中应有人监护并呼唱。接通试验电源，进行升压，操作人员的手应放在电源开关上，如有紧急情况应迅速断开电源。 （4）升压必须从零（或接近于零）开始，切不可冲击合闸。升压速度在 75%试验电压以前，可以是任意的，自 75%电压开始应均匀升压，均为每秒 2%试验电压的速率升压。升至试验电压后，开始计时并读取试验电压。耐压试验后，迅速均匀降压到零（或接近于零），然后切断电源。 （5）测试绝缘电阻，其值应正常。 （6）试验前后及变更接线应对设备充分放电	30	加压前后未测试绝缘电阻扣 5 分； 加压前，调压器未归零扣 2 分； 试验过程中未高声呼唱每次扣 2 分； 试验过程中失误一次扣 5 分； 试验过程中监护不到位扣 5～10 分； 缺少试验项目的扣 5 分； 试验前后及变更接线未对被试设备放电扣 10 分； 上述扣分，扣完为止		
3	结果分析					
3.1	试验报告	结合测试数据做出分析判断，出具试验报告	25	试验数据分析不准确扣 5 分； 试验结论不正确扣 5 分； 试验报告填写不规范扣 1～5 分； 未给出试验结论扣 5 分		
4	试验结束					
4.1	现场恢复	清理现场，人员撤离	6	被试设备有遗留物品扣 2 分； 仪器、工器具等未定置恢复扣 2 分； 未检查或清理现场扣 2 分		
4.2	办理收工手续	向考评员汇报试验结果，并办理工作终结手续	4	未汇报试验结果扣 2 分； 未办理工作票终结手续扣 2 分		
合计			100			

Jc0302243024　110kV 分节避雷器工频参考电流下的工频参考电压试验。（100 分）

考核知识点：避雷器试验

难易度：中

技能等级评价专业技能考核操作工作任务书

一、任务名称

110kV 分节避雷器工频参考电流下的工频参考电压试验。

二、适用工种

电气试验工技师。

三、具体任务

（1）工作状态为模拟 110kV 分节避雷器停电，工作内容为 110kV 分节避雷器工频参考电流下的工频参考电压试验。

（2）工作任务：

1）110kV 分节避雷器工频参考电流下的工频参考电压试验。

2）根据试验记录出具试验报告，并对数据进行分析。

四、工作规范及要求

（1）工器具使用及安全措施。

（2）按要求进行 110kV 分节避雷器工频参考电流下的工频参考电压试验。

（3）出具试验报告和试验结果分析。

五、考核及时间要求

（1）本考核操作时间为 60 分钟，包括试验接线和报告整理，时间到停止考评。

（2）试验过程中如试验仪器、试验电源出现故障，可向考评员申请故障排除，故障排除时间不计入考核。

（3）按照技能操作要求进行操作，试验报告包括试验项目、仪器型号、试验结果等。

（4）试验过程中如遇突发状况，如不涉及人身、设备安全，则由试验人员自行排查、处理；如危及人身、设备安全，则应立即停止操作，人员及时撤离作业现场。

技能等级评价专业技能考核操作评分标准

工种	电气试验工					评价等级	技师
项目模块	避雷器试验—工频参考电流下的工频参考电压试验					编号	Jc0302243024
单位			准考证号			姓名	
考试时限	60 分钟		题型	单项操作		题分	100 分
成绩		考评员		考评组长		日期	
试题正文	110kV 分节避雷器工频参考电流下的工频参考电压试验						
需要说明的问题和要求	（1）试验过程单人操作，数据分析在试验过程中完成。 （2）操作过程应注意安全，按照标准化作业流程做好安全措施。 （3）现场完成试验结果分析，出具试验报告。 （4）检测仪器可选考场提供或自带						

序号	项目名称	质量要求	满分	扣分标准	扣分原因	得分
1	试验前准备					
1.1	工器具使用	熟练正确使用各种工器具	5	未正确使用一次扣 1 分，扣完为止		
1.2	试验记录	收集被试设备基础信息和历史试验数据	5	未收集被试设备历次试验报告扣 1 分； 未记录被试设备铭牌，现场温、湿度等条件的，每处扣 1 分，扣完为止		
1.3	仪器、仪表选择	选择合适的直流高压发生器	5	选用仪器不合适扣 3 分； 未检查试验仪器合格证或校验证书扣 2 分		
1.4	安全措施	（1）办理工作票、交代安全注意事项，分工明确，并做好记录。 （2）设置电气试验安全围栏。 （3）正确使用安全工器具。 （4）试验仪器正确接地	10	安全措施交代不清楚或未确认签字扣 2 分； 试验前未将试验区域用安全围栏隔离扣 3 分； 未检查安全工器具扣 3 分； 试验仪器未正确接地扣 2 分		
2	试验开展					
2.1	试验接线	（1）仪器现场布置合理。 （2）电源开关接通前，试验仪器接线应准确无误	10	试验接线接错一次扣 2～5 分； 试验前未检查试验接线扣 3 分； 接线不规范扣 1～3 分； 上述扣分，扣完为止		

续表

序号	项目名称	质量要求	满分	扣分标准	扣分原因	得分
2.2	试验流程	（1）试验前仪器、仪表自检，正确选择试验电压，试验过程中高声呼唱。 （2）将无间隙金属氧化物避雷器表面擦拭干净，拆除全部接线。 （3）逐节对避雷器加压至试验电压，以工频参考电流为基础，读取试验电压值作为避雷器的参考电压。 （4）将测试值与规程值及历史测试值进行比对分析。 （5）试验前后及变更接线应对架空线路进行充分放电	30	未进行仪器、仪表自检扣 3 分； 试验过程中未高声呼唱每次扣 2 分； 试验过程中失误一次扣 5 分； 试验过程中监护不到位扣 5～10 分； 试验前后及变更接线未对被试设备放电扣 10 分； 上述扣分，扣完为止		
3	结果分析					
3.1	试验报告	结合测试数据做出分析判断，出具试验报告	25	试验数据分析不准确扣 5 分； 试验结论不正确扣 5 分； 试验报告填写不规范扣 1～5 分； 未给出试验结论扣 5 分		
4	试验结束					
4.1	现场恢复	清理现场，人员撤离	6	被试设备有遗留物品扣 2 分； 仪器、工器具等未定置恢复扣 2 分； 未检查或清理现场扣 2 分		
4.2	办理收工手续	向考评员汇报试验结果，并办理工作终结手续	4	未汇报试验结果扣 2 分； 未办理工作票终结手续扣 2 分		
合计			100			

Jc0302243025　110kV 分节避雷器运行电压下的交流泄漏电流试验。（100 分）

考核知识点：避雷器试验

难易度：中

技能等级评价专业技能考核操作工作任务书

一、任务名称

110kV 分节避雷器运行电压下的交流泄漏电流试验。

二、适用工种

电气试验工技师。

三、具体任务

（1）工作状态为模拟 110kV 分节避雷器停电，工作内容为 110kV 分节避雷器运行电压下的交流泄漏电流试验。

（2）工作任务：

1）110kV 分节避雷器运行电压下的交流泄漏电流试验。

2）根据试验记录出具试验报告，并对数据进行分析。

四、工作规范及要求

（1）工器具使用及安全措施。

（2）按要求进行 110kV 分节避雷器运行电压下的交流泄漏电流试验。

（3）出具试验报告和试验结果分析。

五、考核及时间要求

（1）本考核操作时间为60分钟，包括试验接线和报告整理，时间到停止考评。

（2）试验过程中如试验仪器、试验电源出现故障，可向考评员申请故障排除，故障排除时间不计入考核。

（3）按照技能操作要求进行操作，试验报告包括试验项目、仪器型号、试验结果等。

（4）试验过程中如遇突发状况，如不涉及人身、设备安全，则由试验人员自行排查、处理；如危及人身、设备安全，则应立即停止操作，人员及时撤离作业现场。

技能等级评价专业技能考核操作评分标准

工种	电气试验工					评价等级	技师
项目模块	避雷器试验—运行电压下的交流泄漏电流试验					编号	Jc0302243025
单位			准考证号			姓名	
考试时限	60分钟		题型	单项操作		题分	100分
成绩		考评员		考评组长		日期	
试题正文	110kV分节避雷器运行电压下的交流泄漏电流试验						
需要说明的问题和要求	（1）试验过程单人操作，数据分析在试验过程中完成。 （2）操作过程应注意安全，按照标准化作业流程做好安全措施。 （3）现场完成试验结果分析，出具试验报告。 （4）检测仪器可选考场提供或自带						

序号	项目名称	质量要求	满分	扣分标准	扣分原因	得分
1	试验前准备					
1.1	工器具使用	熟练正确使用各种工器具	5	未正确使用一次扣1分，扣完为止		
1.2	试验记录	收集被试设备基础信息和历史试验数据	5	未收集被试设备历次试验报告扣1分； 未记录被试设备铭牌，现场温、湿度等条件的，每处扣1分，扣完为止		
1.3	仪器、仪表选择	选择合适的变压器、调压器、阻性电流测试仪、保护电阻、分压器等	5	选用仪器不合适扣3分； 未检查试验仪器合格证或校验证书扣2分		
1.4	安全措施	（1）办理工作票、交代安全注意事项，分工明确，并做好记录。 （2）设置电气试验安全围栏。 （3）正确使用安全工器具。 （4）试验仪器正确接地	10	安全措施交代不清楚或未确认签字扣2分； 试验前未将试验区域用安全围栏隔离扣3分； 未检查安全工器具扣3分； 试验仪器未正确接地扣2分		
2	试验开展					
2.1	试验接线	（1）仪器现场布置合理。 （2）电源开关接通前，试验仪器接线应准确无误	10	试验接线接错一次扣2～5分； 试验前未检查试验接线扣3分； 接线不规范扣1～3分； 上述扣分，扣完为止		
2.2	试验流程	（1）试验前仪器、仪表自检，正确选择试验电压，试验过程中高声呼唱。 （2）将无间隙金属氧化物避雷器表面擦拭干净，拆除全部接线。 （3）逐节分别加压至避雷器的持续运行电压及系统运行电压，分别读取总泄漏电流峰值、有效值及阻性电流峰值，有功损耗值。 （4）将测试值与规程值及历史测试值进行比对分析。 （5）试验前后及变更接线应对架空线路进行充分放电	30	未进行仪器、仪表自检扣3分； 试验过程中未高声呼唱每次扣2分； 试验过程中失误一次扣5分； 试验过程中监护不到位扣5～10分； 试验前后及变更接线未对被试设备放电扣10分； 上述扣分，扣完为止		

续表

序号	项目名称	质量要求	满分	扣分标准	扣分原因	得分
3	结果分析					
3.1	试验报告	结合测试数据做出分析判断，出具试验报告	25	试验数据分析不准确扣 5 分； 试验结论不正确扣 5 分； 试验报告填写不规范扣 1～5 分； 未给出试验结论扣 5 分		
4	试验结束					
4.1	现场恢复	清理现场，人员撤离	6	被试设备有遗留物品扣 2 分； 仪器、工器具等未定置恢复扣 2 分； 未检查或清理现场扣 2 分		
4.2	办理收工手续	向考评员汇报试验结果，并办理工作终结手续	4	未汇报试验结果扣 2 分； 未办理工作票终结手续扣 2 分		
合计			100			

Jc0302243026　110kV 分节避雷器直流 1mA 电压（U_{1mA}）及 0.75U_{1mA} 下的泄漏电流试验。（100 分）

考核知识点：避雷器试验

难易度：中

技能等级评价专业技能考核操作工作任务书

一、任务名称

110kV 分节避雷器直流 1mA 电压（U_{1mA}）及 0.75U_{1mA} 下的泄漏电流试验。

二、适用工种

电气试验工技师。

三、具体任务

（1）工作状态为模拟 110kV 分节避雷器停电，工作内容为 110kV 分节避雷器直流 1mA 电压（U_{1mA}）及 0.75U_{1mA} 下的泄漏电流试验。

（2）工作任务：

1）110kV 分节避雷器直流 1mA 电压（U_{1mA}）及 0.75U_{1mA} 下的泄漏电流试验。

2）根据试验记录出具试验报告，并对数据进行分析。

四、工作规范及要求

（1）工器具使用及安全措施。

（2）按要求进行 110kV 分节避雷器直流 1mA 电压（U_{1mA}）及 0.75U_{1mA} 下的泄漏电流试验。

（3）出具试验报告和试验结果分析。

五、考核及时间要求

（1）本考核操作时间为 60 分钟，包括试验接线和报告整理，时间到停止考评。

（2）试验过程中如试验仪器、试验电源出现故障，可向考评员申请故障排除，故障排除时间不计入考核。

（3）按照技能操作要求进行操作，试验报告包括试验项目、仪器型号、试验结果等。

（4）试验过程中如遇突发状况，如不涉及人身、设备安全，则由试验人员自行排查、处理；如危及人身、设备安全，则应立即停止操作，人员及时撤离作业现场。

技能等级评价专业技能考核操作评分标准

工种	电气试验工				评价等级	技师
项目模块	避雷器试验—直流 1mA 电压（U_{1mA}）及 $0.75U_{1mA}$ 下的泄漏电流试验				编号	Jc0302243026
单位		准考证号			姓名	
考试时限	60 分钟	题型	单项操作		题分	100 分
成绩		考评员		考评组长	日期	
试题正文	110kV 分节避雷器直流 1mA 电压（U_{1mA}）及 $0.75U_{1mA}$ 下的泄漏电流试验					
需要说明的问题和要求	（1）试验过程单人操作，数据分析在试验过程中完成。 （2）操作过程应注意安全，按照标准化作业流程做好安全措施。 （3）现场完成试验结果分析，出具试验报告。 （4）检测仪器可选考场提供或自带					

序号	项目名称	质量要求	满分	扣分标准	扣分原因	得分
1	试验前准备					
1.1	工器具使用	熟练正确使用各种工器具	5	未正确使用一次扣 1 分，扣完为止		
1.2	试验记录	收集被试设备基础信息和历史试验数据	5	未收集被试设备历次试验报告扣 1 分； 未记录被试设备铭牌，现场温、湿度等条件的，每处扣 1 分，扣完为止		
1.3	仪器、仪表选择	选择合适的直流高压发生器	5	选用仪器不合适扣 3 分； 未检查试验仪器合格证或校验证书扣 2 分		
1.4	安全措施	（1）办理工作票、交代安全注意事项，分工明确，并做好记录。 （2）设置电气试验安全围栏。 （3）正确使用安全工器具。 （4）试验仪器正确接地	10	安全措施交代不清楚或未确认签字扣 2 分； 试验前未将试验区域用安全围栏隔离扣 3 分； 未检查安全工器具扣 3 分； 试验仪器未正确接地扣 2 分		
2	试验开展					
2.1	试验接线	（1）仪器现场布置合理。 （2）电源开关接通前，试验仪器接线应准确无误	10	试验接线接错一次扣 2～5 分； 试验前未检查试验接线扣 3 分； 接线不规范扣 1～3 分； 上述扣分，扣完为止		
2.2	试验流程	（1）试验前仪器、仪表自检，正确选择试验电压、电流，试验过程中高声呼唱。 （2）将无间隙金属氧化物避雷器表面擦拭干净，拆除全部接线。 （3）分别逐节测试 220kV 避雷器直流 1mA 电压（U_{1mA}）及 $0.75U_{1mA}$ 下的泄漏电流。 （4）将测试值与规程值及历史测试值进行比对分析。 （5）试验前后及变更接线应对架空线路进行充分放电	30	未进行仪器、仪表自检扣 3 分； 试验过程中未高声呼唱每次扣 2 分； 试验过程中失误一次扣 5 分； 试验过程中监护不到位扣 5～10 分； 试验前后及变更接线未对被试设备放电扣 10 分； 上述扣分，扣完为止		
3	结果分析					
3.1	试验报告	结合测试数据做出分析判断，出具试验报告	25	试验数据分析不准确扣 5 分； 试验结论不正确扣 5 分； 试验报告填写不规范扣 1～5 分； 未给出试验结论扣 5 分		
4	试验结束					

续表

序号	项目名称	质量要求	满分	扣分标准	扣分原因	得分
4.1	现场恢复	清理现场，人员撤离	6	被试设备有遗留物品扣 2 分； 仪器、工器具等未定置恢复扣 2 分； 未检查或清理现场扣 2 分		
4.2	办理收工手续	向考评员汇报试验结果，并办理工作终结手续	4	未汇报试验结果扣 2 分； 未办理工作票终结手续扣 2 分		
合计			100			

Jc0302243027　110kV 变压器短路试验。（100 分）

考核知识点：变压器试验

难易度：难

技能等级评价专业技能考核操作工作任务书

一、任务名称

110kV 变压器短路试验。

二、适用工种

电气试验工技师。

三、具体任务

（1）工作状态为模拟 110kV 变压器停电，工作内容为 110kV 变压器短路试验。

（2）工作任务：

1）110kV 变压器短路试验。

2）根据试验记录出具试验报告，并对数据进行分析。

四、工作规范及要求

（1）工器具使用及安全措施。

（2）按要求进行变压器短路试验。

（3）出具试验报告和试验结果分析。

五、考核及时间要求

（1）本考核操作时间为 60 分钟，包括试验接线和报告整理，时间到停止考评。

（2）试验过程中如试验仪器、试验电源出现故障，可向考评员申请故障排除，故障排除时间不计入考核。

（3）按照技能操作要求进行操作，试验报告包括试验项目、仪器型号、试验结果等。

（4）试验过程中如遇突发状况，如不涉及人身、设备安全，则由试验人员自行排查、处理；如危及人身、设备安全，则应立即停止操作，人员及时撤离作业现场。

技能等级评价专业技能考核操作评分标准

<table>
<tr><td>工种</td><td colspan="5">电气试验工</td><td>评价等级</td><td>技师</td></tr>
<tr><td>项目模块</td><td colspan="5">变压器试验—短路试验</td><td>编号</td><td>Jc0302243027</td></tr>
<tr><td>单位</td><td colspan="2"></td><td>准考证号</td><td colspan="2"></td><td>姓名</td><td></td></tr>
<tr><td>考试时限</td><td colspan="2">60 分钟</td><td>题型</td><td colspan="2">单项操作</td><td>题分</td><td>100 分</td></tr>
<tr><td>成绩</td><td></td><td>考评员</td><td></td><td>考评组长</td><td></td><td>日期</td><td></td></tr>
</table>

续表

试题正文	110kV 变压器短路试验
需要说明的问题和要求	（1）试验过程单人操作，数据分析在试验过程中完成。 （2）操作过程应注意安全，按照标准化作业流程做好安全措施。 （3）现场完成试验结果分析，出具试验报告。 （4）检测仪器可选考场提供或自带

序号	项目名称	质量要求	满分	扣分标准	扣分原因	得分
1	试验前准备					
1.1	工器具使用	熟练正确使用各种工器具	5	未正确使用一次扣 1 分，扣完为止		
1.2	试验记录	收集被试设备基础信息和历史试验数据	5	未收集被试设备历次试验报告扣 1 分； 未记录被试设备铭牌，现场温、湿度等条件的，每处扣 1 分，扣完为止		
1.3	仪器、仪表选择	选择合适的变压器短路试验测试仪	5	选用仪器及测试线不合适扣 3 分； 未检查试验仪器合格证或校验证书扣 2 分		
1.4	安全措施	（1）办理工作票、交代安全注意事项，分工明确，并做好记录。 （2）设置高压试验安全围栏。 （3）正确使用安全工器具。 （4）试验仪器正确接地	10	安全措施交代不清楚或未确认签字扣 2 分； 试验前未将试验区域用安全围栏隔离扣 3 分； 未检查安全工器具扣 3 分； 试验仪器未正确接地扣 2 分		
2	试验开展					
2.1	试验接线	（1）仪器现场布置合理。 （2）电源开关接通前，试验仪器接线应准确无误	10	试验接线接错一次扣 2～5 分； 试验前未检查试验接线扣 3 分； 接线不规范扣 1～3 分； 上述扣分，扣完为止		
2.2	试验流程	（1）试验前仪器、仪表自检，正确连接试验接线，试验过程中高声呼唱。 （2）应分别测量三相三绕组变压器高—中、高—低、中—低（三相两绕组变压器高—低）短路试验数据。 （3）对比分析各相绕组测试值，并与历史测试值进行比对分析。 （4）试验前后及变更接线应对设备充分放电	30	未进行仪器、仪表自检扣 3 分； 试验过程中未高声呼唱每次扣 2 分； 试验过程中失误一次扣 5 分； 试验过程中监护不到位扣 5～10 分； 试验前后及变更接线未对被试设备放电扣 10 分； 上述扣分，扣完为止		
3	结果分析					
3.1	试验报告	结合测试数据做出分析判断，出具试验报告	25	试验数据分析不准确扣 5 分； 试验结论不正确扣 5 分； 试验报告填写不规范扣 1～5 分； 未给出试验结论扣 5 分		
4	试验结束					
4.1	现场恢复	清理现场，人员撤离	6	被试设备有遗留物品扣 2 分； 仪器、工器具等未定置恢复扣 2 分； 未检查或清理现场扣 2 分		
4.2	办理收工手续	向考评员汇报试验结果，并办理工作终结手续	4	未汇报试验结果扣 2 分； 未办理工作票终结手续扣 2 分		
合计			100			

Jc0302243028 110kV 变压器空载试验。（100 分）

考核知识点： 变压器试验

难易度： 难

技能等级评价专业技能考核操作工作任务书

一、任务名称

110kV 变压器空载试验。

二、适用工种

电气试验工技师。

三、具体任务

（1）工作状态为模拟 110kV 变压器停电，工作内容为 110kV 变压器空载试验。

（2）工作任务：

1）110kV 变压器空载测试。

2）根据试验记录出具试验报告，并对数据进行分析。

四、工作规范及要求

（1）工器具使用及安全措施。

（2）按要求进行空载试验。

（3）出具试验报告和试验结果分析。

五、考核及时间要求

（1）本考核操作时间为 60 分钟，包括试验接线和报告整理，时间到停止考评。

（2）试验过程中如试验仪器、试验电源出现故障，可向考评员申请故障排除，故障排除时间不计入考核。

（3）按照技能操作要求进行操作，试验报告包括试验项目、仪器型号、试验结果等。

（4）试验过程中如遇突发状况，如不涉及人身、设备安全，则由试验人员自行排查、处理；如危及人身、设备安全，则应立即停止操作，人员及时撤离作业现场。

技能等级评价专业技能考核操作评分标准

<table>
<tr><td>工种</td><td colspan="5">电气试验工</td><td>评价等级</td><td>技师</td></tr>
<tr><td>项目模块</td><td colspan="5">变压器试验—空载试验</td><td>编号</td><td>Jc0302243028</td></tr>
<tr><td>单位</td><td colspan="2"></td><td>准考证号</td><td colspan="2"></td><td>姓名</td><td></td></tr>
<tr><td>考试时限</td><td colspan="2">60 分钟</td><td>题型</td><td colspan="2">单项操作</td><td>题分</td><td>100 分</td></tr>
<tr><td>成绩</td><td></td><td>考评员</td><td></td><td>考评组长</td><td></td><td>日期</td><td></td></tr>
<tr><td>试题正文</td><td colspan="7">110kV 变压器空载试验</td></tr>
<tr><td>需要说明的问题和要求</td><td colspan="7">（1）试验过程单人操作，数据分析在试验过程中完成。
（2）操作过程应注意安全，按照标准化作业流程做好安全措施。
（3）现场完成试验结果分析，出具试验报告。
（4）检测仪器可选考场提供或自带</td></tr>
</table>

序号	项目名称	质量要求	满分	扣分标准	扣分原因	得分
1	试验前准备					
1.1	工器具使用	熟练正确使用各种工器具	5	未正确使用一次扣 1 分，扣完为止		
1.2	试验记录	收集被试设备基础信息和历史试验数据	5	未收集被试设备历次试验报告扣 1 分； 未记录被试设备铭牌，现场温、湿度等条件的，每处扣 1 分，扣完为止		
1.3	仪器、仪表选择	根据变压器容量选择量程合适的空载试验测试仪	5	选用仪器不合适扣 3 分； 未检查试验仪器合格证或校验证书扣 2 分		

续表

序号	项目名称	质量要求	满分	扣分标准	扣分原因	得分
1.4	安全措施	（1）办理工作票、交代安全注意事项，分工明确，并做好记录。 （2）设置高压试验安全围栏。 （3）正确使用安全工器具。 （4）试验仪器正确接地	10	安全措施交代不清楚或未确认签字扣 2 分； 试验前未将试验区域用安全围栏隔离扣 3 分； 未检查安全工器具扣 3 分； 试验仪器未正确接地扣 2 分		
2	试验开展					
2.1	试验接线	（1）仪器现场布置合理。 （2）电源开关接通前，试验仪器接线应准确无误	10	试验接线接错一次扣 2～5 分； 试验前未检查试验接线扣 3 分； 接线不规范扣 1～3 分； 上述扣分，扣完为止		
2.2	试验流程	（1）试验前仪器、仪表自检，正确选择试验电压，试验过程中高声呼唱。 （2）依次将变压器加压侧的一相绕组短路，其他两相绕组施加电压，测量空负荷损耗和空负荷电流。 （3）试验前后及变更接线应对设备充分放电	30	未进行仪器、仪表自检扣 3 分； 试验过程中未高声呼唱每次扣 2 分； 试验过程中失误一次扣 5 分； 试验过程中监护不到位扣 5～10 分； 试验前后及变更接线未对被试设备放电扣 10 分； 上述扣分，扣完为止		
3	结果分析					
3.1	试验报告	结合测试数据做出分析判断，出具试验报告	25	试验数据分析不准确扣 5 分； 试验结论不正确扣 5 分； 试验报告填写不规范扣 1～5 分； 未给出试验结论扣 5 分		
4	试验结束					
4.1	现场恢复	清理现场，人员撤离	6	被试设备有遗留物品扣 2 分； 仪器、工器具等未定置恢复扣 2 分； 未检查或清理现场扣 2 分		
4.2	办理收工手续	向考评员汇报试验结果，并办理工作终结手续	4	未汇报试验结果扣 2 分； 未办理工作票终结手续扣 2 分		
合计			100			

Jc0302243029　110kV 变压器零序阻抗试验。（100 分）

考核知识点：变压器试验

难易度：难

技能等级评价专业技能考核操作工作任务书

一、任务名称

110kV 变压器零序阻抗试验。

二、适用工种

电气试验工技师。

三、具体任务

（1）工作状态为模拟 110kV 变压器停电，工作内容为 110kV 变压器零序阻抗试验。

（2）工作任务：

1）110kV 变压器零序阻抗测试。

2）根据试验记录出具试验报告，并对数据进行分析。

四、工作规范及要求

（1）工器具使用及安全措施。

（2）按要求进行变压器零序阻抗试验。

（3）出具试验报告和试验结果分析。

五、考核及时间要求

（1）本考核操作时间为60分钟，包括试验接线和报告整理，时间到停止考评。

（2）试验过程中如试验仪器、试验电源出现故障，可向考评员申请故障排除，故障排除时间不计入考核。

（3）按照技能操作要求进行操作，试验报告包括试验项目、仪器型号、试验结果等。

（4）试验过程中如遇突发状况，如不涉及人身、设备安全，则由试验人员自行排查、处理；如危及人身、设备安全，则应立即停止操作，人员及时撤离作业现场。

技能等级评价专业技能考核操作评分标准

工种	电气试验工				评价等级	技师
项目模块	变压器试验—零序阻抗试验				编号	Jc0302243029
单位		准考证号			姓名	
考试时限	60分钟	题型	单项操作		题分	100分
成绩		考评员		考评组长	日期	
试题正文	110kV变压器零序阻抗试验					
需要说明的问题和要求	（1）试验过程单人操作，数据分析在试验过程中完成。 （2）操作过程应注意安全，按照标准化作业流程做好安全措施。 （3）现场完成试验结果分析，出具试验报告。 （4）检测仪器可选考场提供或自带					

序号	项目名称	质量要求	满分	扣分标准	扣分原因	得分
1	试验前准备					
1.1	工器具使用	熟练正确使用各种工器具	5	未正确使用一次扣1分，扣完为止		
1.2	试验记录	收集被试设备基础信息和历史试验数据	5	未收集被试设备历次试验报告扣1分； 未记录被试设备铭牌，现场温、湿度等条件的，每处扣1分，扣完为止		
1.3	仪器、仪表选择	根据现场需要选择合适的绕组变形测试仪	5	选用仪器不合适扣3分； 未检查试验仪器合格证或校验证书扣2分		
1.4	安全措施	（1）办理工作票、交代安全注意事项，分工明确，并做好记录。 （2）设置高压试验安全围栏。 （3）正确使用安全工器具。 （4）试验仪器正确接地	10	安全措施交代不清楚或未确认签字扣2分； 试验前未将试验区域用安全围栏隔离扣3分； 未检查安全工器具扣3分； 试验仪器未正确接地扣2分		
2	试验开展					
2.1	试验接线	（1）仪器现场布置合理。 （2）电源开关接通前，试验仪器接线应准确无误	10	试验接线接错一次扣2～5分； 试验前未检查试验接线扣3分； 接线不规范扣1～3分； 上述扣分，扣完为止		
2.2	试验流程	（1）试验前仪器、仪表自检，正确选择试验电压，试验过程中高声呼唱。 （2）测试应在额定频率、额定分接下，在短接的3个线路端子（星形或三角形接线绕组的线路端子）与中性点端子间进行测试。 （3）试验前后及变更接线应对设备充分放电	30	未进行仪器、仪表自检扣3分； 试验过程中未高声呼唱每次扣2分； 试验过程中失误一次扣5分； 试验过程中监护不到位扣5～10分； 试验前后及变更接线未对被试设备放电扣10分； 上述扣分，扣完为止		

续表

序号	项目名称	质量要求	满分	扣分标准	扣分原因	得分
3	结果分析					
3.1	试验报告	结合测试数据做出分析判断，出具试验报告	25	试验数据分析不准确扣5分； 试验结论不正确扣5分； 试验报告填写不规范扣1～5分； 未给出试验结论扣5分		
4	试验结束					
4.1	现场恢复	清理现场，人员撤离	6	被试设备有遗留物品扣2分； 仪器、工器具等未定置恢复扣2分； 未检查或清理现场扣2分		
4.2	办理收工手续	向考评员汇报试验结果，并办理工作终结手续	4	未汇报试验结果扣2分； 未办理工作票终结手续扣2分		
合计			100			

Jc0302242030 110kV 变压器频响法绕组变形试验。（100 分）

考核知识点：变压器试验

难易度：难

技能等级评价专业技能考核操作工作任务书

一、任务名称

110kV 变压器频响法绕组变形试验。

二、适用工种

电气试验工技师。

三、具体任务

（1）工作状态为模拟 110kV 变压器停电，工作内容为 110kV 变压器频响法绕组变形试验。

（2）工作任务：

1）110kV 变压器频响法绕组变形测试。

2）根据试验记录出具试验报告，并对数据进行分析。

四、工作规范及要求

（1）工器具使用及安全措施。

（2）按要求进行绕组变形试验。

（3）出具试验报告和试验结果分析。

五、考核及时间要求

（1）本考核操作时间为 60 分钟，包括试验接线和报告整理，时间到停止考评。

（2）试验过程中如试验仪器、试验电源出现故障，可向考评员申请故障排除，故障排除时间不计入考核。

（3）按照技能操作要求进行操作，试验报告包括试验项目、仪器型号、试验结果等。

（4）试验过程中如遇突发状况，如不涉及人身、设备安全，则由试验人员自行排查、处理；如危及人身、设备安全，则应立即停止操作，人员及时撤离作业现场。

技能等级评价专业技能考核操作评分标准

工种	电气试验工				评价等级	技师
项目模块	变压器试验—频响法绕组变形试验				编号	Jc0302242030
单位			准考证号		姓名	
考试时限	60 分钟		题型	单项操作	题分	100 分
成绩		考评员		考评组长	日期	
试题正文	110kV 变压器频响法绕组变形试验					
需要说明的问题和要求	（1）试验过程单人操作，数据分析在试验过程中完成。 （2）操作过程应注意安全，按照标准化作业流程做好安全措施。 （3）现场完成试验结果分析，出具试验报告。 （4）检测仪器可选考场提供或自带					

序号	项目名称	质量要求	满分	扣分标准	扣分原因	得分
1	试验前准备					
1.1	工器具使用	熟练正确使用各种工器具	5	未正确使用一次扣 1 分，扣完为止		
1.2	试验记录	收集被试设备基础信息和历史试验数据	5	未收集被试设备历次试验报告扣 1 分； 未记录被试设备铭牌，现场温、湿度等条件的，每处扣 1 分，扣完为止		
1.3	仪器、仪表选择	根据现场需要选择合适的绕组变形测试仪	5	选用仪器不合适扣 3 分； 未检查试验仪器合格证或校验证书扣 2 分		
1.4	安全措施	（1）办理工作票、交代安全注意事项，分工明确，并做好记录。 （2）设置高压试验安全围栏。 （3）正确使用安全工器具。 （4）试验仪器正确接地	10	安全措施交代不清楚或未确认签字扣 2 分； 试验前未将试验区域用安全围栏隔离扣 3 分； 未检查安全工器具扣 3 分； 试验仪器未正确接地扣 2 分		
2	试验开展					
2.1	试验接线	（1）仪器现场布置合理。 （2）电源开关接通前，试验仪器接线应准确无误	10	试验接线接错一次扣 2～5 分； 试验前未检查试验接线扣 3 分； 接线不规范扣 1～3 分； 上述扣分，扣完为止		
2.2	试验流程	（1）试验前仪器、仪表自检，正确选择试验电压，试验过程中高声呼唱。 （2）应分别测量变压器各侧绕组 A、B、C 三相的绕组变形频响曲线。 （3）对比分析各侧绕组三相频响曲线、相关系数，并与历史频响曲线进行比对分析。 （4）试验前后及变更接线应对设备充分放电	30	未进行仪器、仪表自检扣 3 分； 试验过程中未高声呼唱每次扣 2 分； 试验过程中失误一次扣 5 分； 试验过程中监护不到位扣 5～10 分； 试验前后及变更接线未对被试设备放电扣 10 分； 上述扣分，扣完为止		
3	结果分析					
3.1	试验报告	结合测试数据做出分析判断，出具试验报告	25	试验数据分析不准确扣 5 分； 试验结论不正确扣 5 分； 试验报告填写不规范扣 1～5 分； 未给出试验结论扣 5 分		
4	试验结束					
4.1	现场恢复	清理现场，人员撤离	6	被试设备有遗留物品扣 2 分； 仪器、工器具等未定置恢复扣 2 分； 未检查或清理现场扣 2 分		
4.2	办理收工手续	向考评员汇报试验结果，并办理工作终结手续	4	未汇报试验结果扣 2 分； 未办理工作票终结手续扣 2 分		
合计			100			

Jc0302242031 110kV 电流互感器励磁特性试验。（100 分）

考核知识点： 电流互感器试验

难易度： 难

技能等级评价专业技能考核操作工作任务书

一、任务名称

110kV 电流互感器励磁特性试验。

二、适用工种

电气试验工技师。

三、具体任务

（1）工作状态为模拟 110kV 电流互感器设备停电，工作内容为 110kV 电流互感器励磁特性试验。

（2）工作任务：

1）110kV 电流互感器励磁特性试验。

2）根据试验记录出具试验报告，并对数据进行分析。

四、工作规范及要求

（1）工器具使用及安全措施。

（2）按要求进行 110kV 电流互感器励磁特性试验。

（3）出具试验报告和试验结果分析。

五、考核及时间要求

（1）本考核操作时间为 60 分钟，包括试验接线和报告整理，时间到停止考评。

（2）试验过程中如试验仪器、试验电源出现故障，可向考评员申请故障排除，故障排除时间不计入考核。

（3）按照技能操作要求进行操作，试验报告包括试验项目、仪器型号、试验结果等。

（4）试验过程中如遇突发状况，如不涉及人身、设备安全，则由试验人员自行排查、处理；如危及人身、设备安全，则应立即停止操作，人员及时撤离作业现场。

技能等级评价专业技能考核操作评分标准

工种	电气试验工					评价等级	技师
项目模块	电流互感器试验—励磁特性试验					编号	Jc0302242031
单位			准考证号			姓名	
考试时限	60 分钟		题型	单项操作		题分	100 分
成绩		考评员		考评组长		日期	
试题正文	110kV 电流互感器励磁特性试验						
需要说明的问题和要求	（1）试验过程单人操作，数据分析在试验过程中完成。 （2）操作过程应注意安全，按照标准化作业流程做好安全措施。 （3）现场完成试验结果分析，出具试验报告。 （4）检测仪器可选考场提供或自带						

序号	项目名称	质量要求	满分	扣分标准	扣分原因	得分
1	试验前准备					
1.1	工器具使用	熟练正确使用各种工器具	5	未正确使用一次扣 1 分，扣完为止		

续表

序号	项目名称	质量要求	满分	扣分标准	扣分原因	得分
1.2	试验记录	收集被试设备基础信息和历史试验数据	5	未收集被试设备历次试验报告扣1分； 未记录被试设备铭牌，现场温、湿度等条件的，每处扣1分，扣完为止		
1.3	仪器、仪表选择	选择合适的互感器特性测试仪	5	选用仪器不合适扣3分； 未检查试验仪器合格证或校验证书扣2分		
1.4	安全措施	（1）办理工作票、交代安全注意事项，分工明确，并做好记录。 （2）设置电气试验安全围栏。 （3）正确使用安全工器具。 （4）试验仪器正确接地	10	安全措施交代不清楚或未确认签字扣2分； 试验前未将试验区域用安全围栏隔离扣3分； 未检查安全工器具扣3分； 试验仪器未正确接地扣2分		
2	试验开展					
2.1	试验接线	（1）仪器现场布置合理。 （2）电源开关接通前，试验仪器接线应准确无误	10	试验接线接错一次扣2～5分； 试验前未检查试验接线扣3分； 接线不规范扣1～3分； 上述扣分，扣完为止		
2.2	试验流程	（1）试验前仪器、仪表自检，正确选择二次试验电流测试点，试验过程中高声呼唱。 （2）电流互感器一次绕组处于开路状态，铁芯及外壳可靠接地，拆除二次引线，从保护绕组施加试验电压，非试验绕组应为开路状态（当有多个保护绕组时，应分别进行测试）。 （3）参考出厂试验数据或选取几个电流点，以电流的倍数为准，读取相应的各点电压值，绘制励磁特性曲线。 （4）试验前后及变更接线应对设备充分放电	30	未进行仪器、仪表自检扣3分； 试验过程中未高声呼唱每次扣2分； 试验过程中失误一次扣5分； 试验过程中监护不到位扣5～10分； 试验前后及变更接线未对被试设备放电扣10分； 上述扣分，扣完为止		
3	结果分析					
3.1	试验报告	结合测试数据做出分析判断，出具试验报告	25	试验数据分析不准确扣5分； 试验结论不正确扣5分； 试验报告填写不规范扣1～5分； 未给出试验结论扣5分		
4	试验结束					
4.1	现场恢复	清理现场，人员撤离	6	被试设备有遗留物品扣2分； 仪器、工器具等未定置恢复扣2分； 未检查或清理现场扣2分		
4.2	办理收工手续	向考评员汇报试验结果，并办理工作终结手续	4	未汇报试验结果扣2分； 未办理工作票终结手续扣2分		
合计			100			

Jc0302242032　110kV 电压互感器励磁特性试验。（100 分）

考核知识点：电压互感器试验

难易度：难

技能等级评价专业技能考核操作工作任务书

一、任务名称

110kV 电压互感器励磁特性试验。

二、适用工种

电气试验工技师。

三、具体任务

（1）工作状态为模拟 110kV 电压互感器设备停电，工作内容为 110kV 电压互感器励磁特性试验。

（2）工作任务：

1）110kV 电压互感器励磁特性试验。

2）根据试验记录出具试验报告，并对数据进行分析。

四、工作规范及要求

（1）工器具使用及安全措施。

（2）按要求进行 110kV 电压互感器励磁特性试验。

（3）出具试验报告和试验结果分析。

五、考核及时间要求

（1）本考核操作时间为 60 分钟，包括试验接线和报告整理，时间到停止考评。

（2）试验过程中如试验仪器、试验电源出现故障，可向考评员申请故障排除，故障排除时间不计入考核。

（3）按照技能操作要求进行操作，试验报告包括试验项目、仪器型号、试验结果等。

（4）试验过程中如遇突发状况，如不涉及人身、设备安全，则由试验人员自行排查、处理；如危及人身、设备安全，则应立即停止操作，人员及时撤离作业现场。

技能等级评价专业技能考核操作评分标准

工种	电气试验工				评价等级	技师
项目模块	电压互感器试验—励磁特性试验				编号	Jc0302242032
单位		准考证号			姓名	
考试时限	60 分钟	题型	单项操作		题分	100 分
成绩		考评员		考评组长	日期	
试题正文	110kV 电压互感器励磁特性试验					
需要说明的问题和要求	（1）试验过程单人操作，数据分析在试验过程中完成。 （2）操作过程应注意安全，按照标准化作业流程做好安全措施。 （3）现场完成试验结果分析，出具试验报告。 （4）检测仪器可选考场提供或自带					

序号	项目名称	质量要求	满分	扣分标准	扣分原因	得分
1	试验前准备					
1.1	工器具使用	熟练正确使用各种工器具	5	未正确使用一次扣 1 分，扣完为止		
1.2	试验记录	收集被试设备基础信息和历史试验数据	5	未收集被试设备历次试验报告扣 1 分； 未记录被试设备铭牌，现场温、湿度等条件的，每处扣 1 分，扣完为止		
1.3	仪器、仪表选择	选择合适的互感器特性测试仪	5	选用仪器不合适扣 3 分； 未检查试验仪器合格证或校验证书扣 2 分		
1.4	安全措施	（1）办理工作票、交代安全注意事项，分工明确，并做好记录。 （2）设置电气试验安全围栏。 （3）正确使用安全工器具。 （4）试验仪器正确接地	10	安全措施交代不清楚或未确认签字扣 2 分； 试验前未将试验区域用安全围栏隔离扣 3 分； 未检查安全工器具扣 3 分； 试验仪器未正确接地扣 2 分		

续表

序号	项目名称	质量要求	满分	扣分标准	扣分原因	得分
2	试验开展					
2.1	试验接线	（1）仪器现场布置合理。 （2）电源开关接通前，试验仪器接线应准确无误	10	试验接线接错一次扣2～5分； 试验前未检查试验接线扣3分； 接线不规范扣1～3分； 上述扣分，扣完为止		
2.2	试验流程	（1）试验前仪器、仪表自检，正确选择二次试验电压测试点，试验过程中高声呼唱。 （2）拆除电压互感器一次、二次所有接线，加压的二次绕组开路，一次绕组尾端、非加压绕组尾端、铁芯及外壳可靠接地。 （3）参考出厂试验数据及相关标准选取电压点，读取相应的各点电流值，绘制励磁特性曲线。 （4）试验前后及变更接线应对设备充分放电	30	未进行仪器、仪表自检扣3分； 试验过程中未高声呼唱每次扣2分； 试验过程中失误一次扣5分； 试验过程中监护不到位扣5～10分； 试验前后及变更接线未对被试设备放电扣10分； 上述扣分，扣完为止		
3	结果分析					
3.1	试验报告	结合测试数据做出分析判断，出具试验报告	25	试验数据分析不准确扣5分； 试验结论不正确扣5分； 试验报告填写不规范扣1～5分； 未给出试验结论扣5分		
4	试验结束					
4.1	现场恢复	清理现场，人员撤离	6	被试设备有遗留物品扣2分； 仪器、工器具等未定置恢复扣2分； 未检查或清理现场扣2分		
4.2	办理收工手续	向考评员汇报试验结果，并办理工作终结手续	4	未汇报试验结果扣2分； 未办理工作票终结手续扣2分		
合计			100			

Jc0302242033　220kV 断路器机械特性试验。（100 分）

考核知识点：断路器试验

难易度：中

技能等级评价专业技能考核操作工作任务书

一、任务名称

220kV 断路器机械特性试验。

二、适用工种

电气试验工技师。

三、具体任务

（1）工作状态为模拟 220kV 断路器设备停电，工作内容为 220kV 断路器机械特性试验。

（2）工作任务：

1）220kV 断路器机械特性试验。

2）根据试验记录出具试验报告，并对数据进行分析。

四、工作规范及要求

（1）工器具使用及安全措施。

（2）按要求进行220kV断路器机械特性试验。

（3）出具试验报告和试验结果分析。

五、考核及时间要求

（1）本考核操作时间为60分钟，包括试验接线和报告整理，时间到停止考评。

（2）试验过程中如试验仪器、试验电源出现故障，可向考评员申请故障排除，故障排除时间不计入考核。

（3）按照技能操作要求进行操作，试验报告包括试验项目、仪器型号、试验结果等。

（4）试验过程中如遇突发状况，如不涉及人身、设备安全，则由试验人员自行排查、处理；如危及人身、设备安全，则应立即停止操作，人员及时撤离作业现场。

技能等级评价专业技能考核操作评分标准

工种	电气试验工					评价等级	技师
项目模块	断路器试验—机械特性试验					编号	Jc0302242033
单位			准考证号			姓名	
考试时限	60分钟		题型	单项操作		题分	100分
成绩		考评员			考评组长	日期	
试题正文	220kV断路器机械特性试验						
需要说明的问题和要求	（1）试验过程单人操作，数据分析在试验过程中完成。 （2）操作过程应注意安全，按照标准化作业流程做好安全措施。 （3）现场完成试验结果分析，出具试验报告。 （4）检测仪器可选考场提供或自带						

序号	项目名称	质量要求	满分	扣分标准	扣分原因	得分
1	试验前准备					
1.1	工器具使用	熟练正确使用各种工器具	5	未正确使用一次扣1分，扣完为止		
1.2	试验记录	收集被试设备基础信息和历史试验数据	5	未收集被试设备历次试验报告扣1分； 未记录被试设备铭牌，现场温、湿度等条件的，每处扣1分，扣完为止		
1.3	仪器、仪表选择	选择合适的断路器机械特性测试仪	5	选用仪器不合适扣3分； 未检查试验仪器合格证或校验证书扣2分		
1.4	安全措施	（1）办理工作票、交代安全注意事项，分工明确，并做好记录。 （2）设置电气试验安全围栏。 （3）正确使用安全工器具。 （4）试验仪器正确接地	10	安全措施交代不清楚或未确认签字扣2分； 试验前未将试验区域用安全围栏隔离扣3分； 未检查安全工器具扣3分； 试验仪器未正确接地扣2分		
2	试验开展					
2.1	试验接线	（1）仪器现场布置合理。 （2）电源开关接通前，试验仪器接线应准确无误	10	试验接线接错一次扣2～5分； 试验前未检查试验接线扣3分； 接线不规范扣1～3分； 上述扣分，扣完为止		
2.2	试验流程	（1）试验前仪器、仪表自检，正确选择试验电流，试验过程中高声呼唱。 （2）合上被测断路器相关合闸及控制电源。 （3）分别按要求测试断路器的分、合闸时间，同期性，并与规程值及历史测试值进行比对分析。 （4）试验前后及变更接线应对设备充分放电	30	未进行仪器、仪表自检扣3分； 试验过程中未高声呼唱每次扣2分； 试验过程中失误一次扣5分； 试验过程中监护不到位扣5～10分； 试验前后及变更接线未对被试设备放电扣10分； 上述扣分，扣完为止		

续表

序号	项目名称	质量要求	满分	扣分标准	扣分原因	得分
3	结果分析					
3.1	试验报告	结合测试数据做出分析判断，出具试验报告	25	试验数据分析不准确扣5分； 试验结论不正确扣5分； 试验报告填写不规范扣1～5分； 未给出试验结论扣5分		
4	试验结束					
4.1	现场恢复	清理现场，人员撤离	6	被试设备有遗留物品扣2分； 仪器、工器具等未定置恢复扣2分； 未检查或清理现场扣2分		
4.2	办理收工手续	向考评员汇报试验结果，并办理工作终结手续	4	未汇报试验结果扣2分； 未办理工作票终结手续扣2分		
合计			100			

Jc0302243034　110kV GIS 断路器机械特性试验。(100分)

考核知识点：断路器试验

难易度：中

技能等级评价专业技能考核操作工作任务书

一、任务名称

110kV GIS 断路器机械特性试验。

二、适用工种

电气试验工技师。

三、具体任务

（1）工作状态为模拟 110kV 断路器设备停电，工作内容为 110kV GIS 断路器机械特性试验。

（2）工作任务：

1）110kV GIS 断路器机械特性试验。

2）根据试验记录出具试验报告，并对数据进行分析。

四、工作规范及要求

（1）工器具使用及安全措施。

（2）按要求进行 110kV GIS 断路器机械特性试验。

（3）出具试验报告和试验结果分析。

五、考核及时间要求

（1）本考核操作时间为 60 分钟，包括试验接线和报告整理，时间到停止考评。

（2）试验过程中如试验仪器、试验电源出现故障，可向考评员申请故障排除，故障排除时间不计入考核。

（3）按照技能操作要求进行操作，试验报告包括试验项目、仪器型号、试验结果等。

（4）试验过程中如遇突发状况，如不涉及人身、设备安全，则由试验人员自行排查、处理；如危及人身、设备安全，则应立即停止操作，人员及时撤离作业现场。

技能等级评价专业技能考核操作评分标准

工种	电气试验工				评价等级	技师
项目模块	GIS 断路器试验—机械特性试验				编号	Jc0302243034
单位			准考证号		姓名	
考试时限	60 分钟		题型	单项操作	题分	100 分
成绩		考评员		考评组长	日期	
试题正文	110kV GIS 断路器机械特性试验					
需要说明的问题和要求	（1）试验过程单人操作，数据分析在试验过程中完成。 （2）操作过程应注意安全，按照标准化作业流程做好安全措施。 （3）现场完成试验结果分析，出具试验报告。 （4）检测仪器可选考场提供或自带					

序号	项目名称	质量要求	满分	扣分标准	扣分原因	得分
1	试验前准备					
1.1	工器具使用	熟练正确使用各种工器具	5	未正确使用一次扣 1 分，扣完为止		
1.2	试验记录	收集被试设备基础信息和历史试验数据	5	未收集被试设备历次试验报告扣 1 分； 未记录被试设备铭牌，现场温、湿度等条件的，每处扣 1 分，扣完为止		
1.3	仪器、仪表选择	选择合适的断路器机械特性测试仪	5	选用仪器不合适扣 3 分； 未检查试验仪器合格证或校验证书扣 2 分		
1.4	安全措施	（1）办理工作票、交代安全注意事项，分工明确，并做好记录。 （2）设置电气试验安全围栏。 （3）正确使用安全工器具。 （4）试验仪器正确接地	10	安全措施交代不清楚或未确认签字扣 2 分； 试验前未将试验区域用安全围栏隔离扣 3 分； 未检查安全工器具扣 3 分； 试验仪器未正确接地扣 2 分		
2	试验开展					
2.1	试验接线	（1）仪器现场布置合理。 （2）电源开关接通前，试验仪器接线应准确无误	10	试验接线接错一次扣 2～5 分； 试验前未检查试验接线扣 3 分； 接线不规范扣 1～3 分； 上述扣分，扣完为止		
2.2	试验流程	（1）试验前仪器、仪表自检，正确选择试验电流，试验过程中高声呼唱。 （2）合上被测断路器相关合闸及控制电源，合上 GIS 断路器两侧接地开关，并拆除接地连接排。 （3）分别按要求测试断路器的分、合闸时间，同期性，并与规程值及历史测试值进行比对分析。 （4）试验前后及变更接线应对设备充分放电	30	未进行仪器、仪表自检扣 3 分； 试验过程中未高声呼唱每次扣 2 分； 试验过程中失误一次扣 5 分； 试验过程中监护不到位扣 5～10 分； 试验前后及变更接线未对被试设备放电扣 10 分； 上述扣分，扣完为止		
3	结果分析					
3.1	试验报告	结合测试数据做出分析判断，出具试验报告	25	试验数据分析不准确扣 5 分； 试验结论不正确扣 5 分； 试验报告填写不规范扣 1～5 分； 未给出试验结论扣 5 分		
4	试验结束					
4.1	现场恢复	清理现场，人员撤离	6	被试设备有遗留物品扣 2 分； 仪器、工器具等未定置恢复扣 2 分； 未检查或清理现场扣 2 分		
4.2	办理收工手续	向考评员汇报试验结果，并办理工作终结手续	4	未汇报试验结果扣 2 分； 未办理工作票终结手续扣 2 分		
合计			100			

Jc0302243035　110kV GIS 设备电流互感器励磁特性试验。（100 分）

考核知识点：电流互感器试验

难易度：中

技能等级评价专业技能考核操作工作任务书

一、任务名称

110kV GIS 设备电流互感器励磁特性试验。

二、适用工种

电气试验工技师。

三、具体任务

（1）工作状态为模拟 110kV GIS 设备电流互感器设备停电，工作内容为 110kV GIS 设备电流互感器励磁特性试验。

（2）工作任务：

1）110kV GIS 设备电流互感器励磁特性试验。

2）根据试验记录出具试验报告，并对数据进行分析。

四、工作规范及要求

（1）工器具使用及安全措施。

（2）按要求进行 110kV GIS 设备电流互感器励磁特性试验。

（3）出具试验报告和试验结果分析。

五、考核及时间要求

（1）本考核操作时间为 60 分钟，包括试验接线和报告整理，时间到停止考评。

（2）试验过程中如试验仪器、试验电源出现故障，可向考评员申请故障排除，故障排除时间不计入考核。

（3）按照技能操作要求进行操作，试验报告包括试验项目、仪器型号、试验结果等。

（4）试验过程中如遇突发状况，如不涉及人身、设备安全，则由试验人员自行排查、处理；如危及人身、设备安全，则应立即停止操作，人员及时撤离作业现场。

技能等级评价专业技能考核操作评分标准

工种	电气试验工			评价等级	技师	
项目模块	GIS 电流互感器试验—励磁特性试验			编号	Jc0302243035	
单位		准考证号		姓名		
考试时限	60 分钟	题型	单项操作	题分	100 分	
成绩		考评员		考评组长		日期
试题正文	110kV GIS 设备电流互感器励磁特性试验					
需要说明的问题和要求	（1）试验过程单人操作，数据分析在试验过程中完成。 （2）操作过程应注意安全，按照标准化作业流程做好安全措施。 （3）现场完成试验结果分析，出具试验报告。 （4）检测仪器可选考场提供或自带					

序号	项目名称	质量要求	满分	扣分标准	扣分原因	得分
1	试验前准备					
1.1	工器具使用	熟练正确使用各种工器具	5	未正确使用一次扣 1 分，扣完为止		

续表

序号	项目名称	质量要求	满分	扣分标准	扣分原因	得分
1.2	试验记录	收集被试设备基础信息和历史试验数据	5	未收集被试设备历次试验报告扣1分； 未记录被试设备铭牌，现场温、湿度等条件的，每处扣1分，扣完为止		
1.3	仪器、仪表选择	选择合适的互感器特性测试仪	5	选用仪器不合适扣3分； 未检查试验仪器合格证或校验证书扣2分		
1.4	安全措施	（1）办理工作票、交代安全注意事项，分工明确，并做好记录。 （2）设置电气试验安全围栏。 （3）正确使用安全工器具。 （4）试验仪器正确接地	10	安全措施交代不清楚或未确认签字扣2分； 试验前未将试验区域用安全围栏隔离扣3分； 未检查安全工器具扣3分； 试验仪器未正确接地扣2分		
2	试验开展					
2.1	试验接线	（1）仪器现场布置合理。 （2）电源开关接通前，试验仪器接线应准确无误	10	试验接线接错一次扣2～5分； 试验前未检查试验接线扣3分； 接线不规范扣1～3分； 上述扣分，扣完为止		
2.2	试验流程	（1）试验前仪器、仪表自检，正确选择二次试验电流测试点，试验过程中高声呼唱。 （2）电流互感器一次绕组处于开路状态，铁芯及外壳可靠接地，拆除二次引线，从保护绕组施加试验电压，非试验绕组应为开路状态（当有多个保护绕组时，应分别进行测试）。 （3）参考出厂试验数据或选取几个电流点，以电流的倍数为准，读取相应的各点电压值，绘制励磁特性曲线。 （4）试验前后及变更接线应对设备充分放电	30	未进行仪器、仪表自检扣3分； 试验过程中未高声呼唱每次扣2分； 试验过程中失误一次扣5分； 试验过程中监护不到位扣5～10分； 试验前后及变更接线未对被试设备放电扣10分； 上述扣分，扣完为止		
3	结果分析					
3.1	试验报告	结合测试数据做出分析判断，出具试验报告	25	试验数据分析不准确扣5分； 试验结论不正确扣5分； 试验报告填写不规范扣1～5分； 未给出试验结论扣5分		
4	试验结束					
4.1	现场恢复	清理现场，人员撤离	6	被试设备有遗留物品扣2分； 仪器、工器具等未定置恢复扣2分； 未检查或清理现场扣2分		
4.2	办理收工手续	向考评员汇报试验结果，并办理工作终结手续	4	未汇报试验结果扣2分； 未办理工作票终结手续扣2分		
合计			100			

Jc0302243036 110kV 变压器低电压短路阻抗法绕组变形试验。(100 分)

考核知识点：变压器试验

难易度：难

技能等级评价专业技能考核操作工作任务书

一、任务名称

110kV 变压器低电压短路阻抗法绕组变形试验。

二、适用工种

电气试验工技师。

三、具体任务

（1）工作状态为模拟 110kV 变压器停电，工作内容为变压器交接试验。

（2）工作任务：

1）变压器低电压短路阻抗法绕组变形试验。

2）根据试验记录出具试验报告，并对数据进行分析。

四、工作规范及要求

（1）工器具使用及安全措施。

（2）按要求进行高压试验。

（3）出具试验报告和试验结果分析。

五、考核及时间要求

（1）本考核操作时间为 60 分钟，包括试验接线和报告整理，时间到停止考评。

（2）试验过程中如试验仪器、试验电源出现故障，可向考评员申请故障排除，故障排除时间不计入考核。

（3）按照技能操作要求进行操作，试验报告包括试验项目、仪器型号、试验结果等。

（4）试验过程中如遇突发状况，如不涉及人身、设备安全，则由试验人员自行排查、处理；如危及人身、设备安全，则应立即停止操作，人员及时撤离作业现场。

技能等级评价专业技能考核操作评分标准

<table>
<tr><td>工种</td><td colspan="4">电气试验工</td><td>评价等级</td><td>技师</td></tr>
<tr><td>项目模块</td><td colspan="4">变压器试验—低电压短路阻抗法绕组变形试验</td><td>编号</td><td>Jc0302243036</td></tr>
<tr><td>单位</td><td colspan="2"></td><td>准考证号</td><td></td><td>姓名</td><td></td></tr>
<tr><td>考试时限</td><td colspan="2">60 分钟</td><td>题型</td><td>单项操作</td><td>题分</td><td>100 分</td></tr>
<tr><td>成绩</td><td></td><td>考评员</td><td></td><td>考评组长</td><td>日期</td><td></td></tr>
<tr><td>试题正文</td><td colspan="6">110kV 变压器低电压短路阻抗法绕组变形试验</td></tr>
<tr><td>需要说明的问题和要求</td><td colspan="6">（1）试验过程单人操作，数据分析在试验过程中完成。
（2）操作过程应注意安全，按照标准化作业流程做好安全措施。
（3）现场完成试验结果分析，出具试验报告。
（4）检测仪器可选考场提供或自带</td></tr>
</table>

序号	项目名称	质量要求	满分	扣分标准	扣分原因	得分
1	试验前准备					
1.1	工器具使用	熟练正确使用各种工器具	5	未正确使用一次扣 1 分，扣完为止		
1.2	试验记录	收集被试设备基础信息和历史试验数据	5	未收集被试设备历次试验报告扣 1 分； 未记录被试设备铭牌，现场温、湿度等条件的，每处扣 1 分，扣完为止		
1.3	仪器、仪表选择	选择合适的试验仪器、仪表	5	选用仪器不合适扣 3 分； 未检查试验仪器合格证或校验证书扣 2 分		

续表

序号	项目名称	质量要求	满分	扣分标准	扣分原因	得分
1.4	安全措施	（1）办理工作票、交代安全注意事项，分工明确，并做好记录。 （2）设置高压试验安全围栏。 （3）安全工器具使用。 （4）试验仪器正确接地	10	试验仪器未正确接地扣 2 分； 未检查安全工器具扣 3 分； 安全措施交代不清楚或未确认签字扣 2 分； 试验前未将试验区域用安全围栏隔离扣 3 分		
2	试验开展					
2.1	试验接线	（1）仪器现场布置合理。 （2）断开试品端子，对侧绕组短接。 （3）电源开关接通前，试验仪器接线应准确无误	10	试验接线接错一次扣 5 分； 试验前未检查试验接线扣 3 分； 接线不规范扣 1～3 分； 上述扣分，扣完为止		
2.2	试验流程	（1）对被试设备进行放电，正确记录分接开关的位置和绕组平均温度。 （2）应在被试绕组接线端正确接取试验接线，并将与被测绕组对应的不加压侧绕组所有接线端全部短接。被试品试验接线并检查确认接线正确，被加压绕组和被短接绕组均应置于最高分接位置。 （3）按选定的接线方式进行短路阻抗测量。 （4）记录试验数据，拆除试验接线并断电。 （5）试验前后及变更接线应对设备充分放电	30	试验过程中未高声呼唱每次扣 2 分； 试验过程中失误一次扣 5 分； 试验过程中监护不到位扣 5～10 分； 缺少试验项目的扣 5 分； 试验前后及变更接线未对被试设备放电扣 10 分； 未将分接位置于最高位置扣 2 分； 上述扣分，扣完为止		
3	结果分析					
3.1	试验报告	结合测试数据做出分析判断，出具试验报告	25	试验数据分析不准确扣 5 分； 试验结论不正确扣 5 分； 试验报告填写不规范扣 1～5 分； 未给出试验结论扣 5 分		
4	试验结束					
4.1	现场恢复	清理现场，人员撤离	6	被试设备有遗留物品扣 2 分； 仪器、工器具等未定置恢复扣 2 分； 未检查或清理现场扣 2 分		
4.2	办理收工手续	向考评员汇报试验结果，并办理工作终结手续	4	未汇报试验结果扣 2 分； 未办理工作票终结手续扣 2 分		
合计			100			

Jc0302242037　35kV 电流互感器励磁特性测试。(100 分)

考核知识点：电流互感器试验

难易度：易

技能等级评价专业技能考核操作工作任务书

一、任务名称

35kV 电流互感器励磁特性测试。

二、适用工种

电气试验工技师。

三、具体任务

（1）工作状态为模拟35kV电流互感器停电，工作内容为电流互感器交接试验。

（2）工作任务：

1）35kV电流互感器励磁特性测试。

2）根据试验记录出具试验报告，并对数据进行分析。

四、工作规范及要求

（1）工器具使用及安全措施。

（2）按要求进行高压试验。

（3）出具试验报告和试验结果分析。

五、考核及时间要求

（1）本考核操作时间为60分钟，包括试验接线和报告整理，时间到停止考评。

（2）试验过程中如试验仪器、试验电源出现故障，可向考评员申请故障排除，故障排除时间不计入考核。

（3）按照技能操作要求进行操作，试验报告包括试验项目、仪器型号、试验结果等。

（4）试验过程中如遇突发状况，如不涉及人身、设备安全，则由试验人员自行排查、处理；如危及人身、设备安全，则应立即停止操作，人员及时撤离作业现场。

技能等级评价专业技能考核操作评分标准

工种	电气试验工					评价等级	技师
项目模块	电流互感器试验—励磁特性测试					编号	Jc0302242037
单位			准考证号			姓名	
考试时限	60分钟		题型	单项操作		题分	100分
成绩		考评员		考评组长		日期	
试题正文	35kV电流互感器励磁特性测试						
需要说明的问题和要求	（1）试验过程单人操作，数据分析在试验过程中完成。 （2）操作过程应注意安全，按照标准化作业流程做好安全措施。 （3）现场完成试验结果分析，出具试验报告。 （4）检测仪器可选考场提供或自带						

序号	项目名称	质量要求	满分	扣分标准	扣分原因	得分
1	试验前准备					
1.1	工器具使用	熟练正确使用各种工器具	5	未正确使用一次扣1分，扣完为止		
1.2	试验记录	收集被试设备基础信息和历史试验数据	5	未收集被试设备历次试验报告扣1分； 未记录被试设备铭牌，现场温、湿度等条件的，每处扣1分，扣完为止		
1.3	仪器、仪表选择	选择合适的试验仪器、仪表	5	选用仪器不合适扣3分； 未检查试验仪器合格证或校验证书扣2分		
1.4	安全措施	（1）办理工作票、交代安全注意事项，分工明确，并做好记录。 （2）设置高压试验安全围栏。 （3）安全工器具使用。 （4）试验仪器正确接地	10	试验仪器未正确接地扣2分； 未检查安全工器具扣3分； 安全措施交代不清楚或未确认签字扣2分； 试验前未将试验区域用安全围栏隔离扣3分		
2	试验开展					

续表

序号	项目名称	质量要求	满分	扣分标准	扣分原因	得分
2.1	试验接线	（1）仪器现场布置合理。 （2）电源开关接通前，试验仪器接线应准确无误。 （3）当电流互感器为多抽头时，可在使用抽头或最大抽头测量，其余二次绕组应开路	10	试验接线接错一次扣 5 分； 试验前未检查试验接线扣 3 分； 接线不规范扣 1～3 分； 上述扣分，扣完为止		
2.2	试验流程	（1）对电流互感器进行放电，拆除电流互感器二次引线，一次绕组处于开路状态，铁芯及外壳接地。 （2）正确进行接线。选择合适的电压表、电流表挡位，检查接线无误后提醒监护人注意监护。 （3）合上电源刀闸，准备升压。 参考出厂试验数据，并选取几个等分的电流点，将调压器缓慢升压，以二次额定电流的倍数为准，读取相应的各点电压值，观察电压与电流的变化趋势，当电流增长而电压变化不大时，可认为铁芯饱和，在拐点附近读取并记录至少 5～6 组数据。 （4）在根据出厂试验的数据进行对点比较，读取数据后，缓慢降下电压，切不可突然拉闸造成铁芯剩磁过大，影响电流互感器保护性能。 （5）电压降至零位后，再切断电源。 （6）当有多个保护绕组时，每个绕组均应进行励磁曲线试验，试验步骤同上	30	试验电压选择错误扣 5 分； 未设置围栏扣 2 分； 试验过程中未高声呼唱每次扣 2 分； 试验过程中失误一次扣 5 分； 试验过程中监护不到位扣 5～10 分； 缺少试验项目的扣 5 分； 上述扣分，扣完为止		
3	结果分析					
3.1	试验报告	结合测试数据做出分析判断，出具试验报告	25	试验数据分析不准确扣 5 分； 试验结论不正确扣 5 分； 试验报告填写不规范扣 1～5 分； 未给出试验结论扣 5 分		
4	试验结束					
4.1	现场恢复	清理现场，人员撤离	6	被试设备有遗留物品扣 2 分； 仪器、工器具等未定置恢复扣 2 分； 未检查或清理现场扣 2 分		
4.2	办理收工手续	向考评员汇报试验结果，并办理工作终结手续	4	未汇报试验结果扣 2 分； 未办理工作票终结手续扣 2 分		
合计			100			

Jc0302242038　110kV GIS 设备电流互感器的变比、极性试验。（100 分）

考核知识点：电流互感器试验

难易度：中

技能等级评价专业技能考核操作工作任务书

一、任务名称

110kV GIS 设备电流互感器的变比、极性试验。

二、适用工种

电气试验工技师。

三、具体任务

（1）工作状态为模拟110kV GIS设备电流互感器停电，工作内容为110kV GIS设备电流互感器的变比、极性试验。

（2）工作任务：

1）110kV GIS设备电流互感器的变比、极性试验。

2）根据试验记录出具试验报告，并对数据进行分析。

四、工作规范及要求

（1）工器具使用及安全措施。

（2）按要求进行110kV GIS设备电流互感器的变比、极性及接线组别试验。

（3）出具试验报告和试验结果分析。

五、考核及时间要求

（1）本考核操作时间为60分钟，包括试验接线和报告整理，时间到停止考评。

（2）试验过程中如试验仪器、试验电源出现故障，可向考评员申请故障排除，故障排除时间不计入考核。

（3）按照技能操作要求进行操作，试验报告包括试验项目、仪器型号、试验结果等。

（4）试验过程中如遇突发状况，如不涉及人身、设备安全，则由试验人员自行排查、处理；如危及人身、设备安全，则应立即停止操作，人员及时撤离作业现场。

技能等级评价专业技能考核操作评分标准

工种	电气试验工					评价等级	技师
项目模块	GIS电流互感器试验—变比、极性及接线组别试验					编号	Jc0302242038
单位			准考证号			姓名	
考试时限	60分钟		题型	单项操作		题分	100分
成绩		考评员		考评组长		日期	
试题正文	110kV GIS设备电流互感器的变比、极性试验						
需要说明的问题和要求	（1）试验过程单人操作，数据分析在试验过程中完成。 （2）操作过程应注意安全，按照标准化作业流程做好安全措施。 （3）现场完成试验结果分析，出具试验报告。 （4）检测仪器可选考场提供或自带						

序号	项目名称	质量要求	满分	扣分标准	扣分原因	得分
1	试验前准备					
1.1	工器具使用	熟练正确使用各种工器具	5	未正确使用一次扣1分，扣完为止		
1.2	试验记录	收集被试设备基础信息和历史试验数据	5	未收集被试设备历次试验报告扣1分； 未记录被试设备铭牌，现场温、湿度等条件的，每处扣1分，扣完为止		
1.3	仪器、仪表选择	选择合适的互感器变比测试仪	5	选用仪器不合适扣3分； 未检查试验仪器合格证或校验证书扣2分		
1.4	安全措施	（1）办理工作票、交代安全注意事项，分工明确，并做好记录。 （2）设置高压试验安全围栏。 （3）正确使用安全工器具。 （4）试验仪器正确接地	10	安全措施交代不清楚或未确认签字扣2分； 试验前未将试验区域用安全围栏隔离扣3分； 未检查安全工器具扣3分； 试验仪器未正确接地扣2分		

续表

序号	项目名称	质量要求	满分	扣分标准	扣分原因	得分
2	试验开展					
2.1	试验接线	（1）仪器现场布置合理。 （2）电源开关接通前，试验仪器接线应准确无误	10	试验接线接错一次扣 2～5 分； 试验前未检查试验接线扣 3 分； 接线不规范扣 1～3 分； 上述扣分，扣完为止		
2.2	试验流程	（1）试验前仪器、仪表自检，正确选择试验电压，试验过程中高声呼唱。 （2）正确合理地选择测试点位置，确保测试准确、可靠。 （3）试验前后及变更接线应对设备充分放电	30	未进行仪器、仪表自检扣 3 分； 试验过程中未高声呼唱每次扣 2 分； 试验过程中失误一次扣 5 分； 试验过程中监护不到位扣 5～10 分； 试验前后及变更接线未对被试设备放电扣 10 分； 上述扣分，扣完为止		
3	结果分析					
3.1	试验报告	结合测试数据做出分析判断，出具试验报告	25	试验数据分析不准确扣 5 分； 试验结论不正确扣 5 分； 试验报告填写不规范扣 1～5 分； 未给出试验结论扣 5 分		
4	试验结束					
4.1	现场恢复	清理现场，人员撤离	6	被试设备有遗留物品扣 2 分； 仪器、工器具等未定置恢复扣 2 分； 未检查或清理现场扣 2 分		
4.2	办理收工手续	向考评员汇报试验结果，并办理工作终结手续	4	未汇报试验结果扣 2 分； 未办理工作票终结手续扣 2 分		
合计			100			

Jc0302243039 110kV GIS 设备电压互感器的变比、极性试验。（100 分）

考核知识点：电压互感器试验

难易度：中

技能等级评价专业技能考核操作工作任务书

一、任务名称

110kV GIS 设备电压互感器的变比、极性试验。

二、适用工种

电气试验工技师。

三、具体任务

（1）工作状态为模拟 110kV GIS 设备电压互感器停电，工作内容为 110kV GIS 设备电压互感器的变比、极性试验。

（2）工作任务：

1）110kV GIS 设备电压互感器的变比、极性试验。

2）根据试验记录出具试验报告，并对数据进行分析。

四、工作规范及要求

（1）工器具使用及安全措施。

（2）按要求进行 110kV GIS 设备电压互感器的变比、极性试验。

（3）出具试验报告和试验结果分析。

五、考核及时间要求

（1）本考核操作时间为60分钟，包括试验接线和报告整理，时间到停止考评。

（2）试验过程中如试验仪器、试验电源出现故障，可向考评员申请故障排除，故障排除时间不计入考核。

（3）按照技能操作要求进行操作，试验报告包括试验项目、仪器型号、试验结果等。

（4）试验过程中如遇突发状况，如不涉及人身、设备安全，则由试验人员自行排查、处理；如危及人身、设备安全，则应立即停止操作，人员及时撤离作业现场。

技能等级评价专业技能考核操作评分标准

工种	电气试验工			评价等级	技师	
项目模块	GIS电压互感器试验—变比、极性试验			编号	Jc0302243039	
单位		准考证号		姓名		
考试时限	60分钟	题型	单项操作	题分	100分	
成绩		考评员		考评组长		日期
试题正文	110kV GIS设备电压互感器的变比、极性试验					
需要说明的问题和要求	（1）试验过程单人操作，数据分析在试验过程中完成。 （2）操作过程应注意安全，按照标准化作业流程做好安全措施。 （3）现场完成试验结果分析，出具试验报告。 （4）检测仪器可选考场提供或自带					

序号	项目名称	质量要求	满分	扣分标准	扣分原因	得分
1	试验前准备					
1.1	工器具使用	熟练正确使用各种工器具	5	未正确使用一次扣1分，扣完为止		
1.2	试验记录	收集被试设备基础信息和历史试验数据	5	未收集被试设备历次试验报告扣1分； 未记录被试设备铭牌，现场温、湿度等条件的，每处扣1分，扣完为止		
1.3	仪器、仪表选择	选择合适的互感器变比测试仪	5	选用仪器不合适扣3分； 未检查试验仪器合格证或校验证书扣2分		
1.4	安全措施	（1）办理工作票、交代安全注意事项，分工明确，并做好记录。 （2）设置高压试验安全围栏。 （3）正确使用安全工器具。 （4）试验仪器正确接地	10	安全措施交代不清楚或未确认签字扣2分； 试验前未将试验区域用安全围栏隔离扣3分； 未检查安全工器具扣3分； 试验仪器未正确接地扣2分		
2	试验开展					
2.1	试验接线	（1）仪器现场布置合理。 （2）电源开关接通前，试验仪器接线应准确无误	10	试验接线接错一次扣2～5分； 试验前未检查试验接线扣3分； 接线不规范扣1～3分； 上述扣分，扣完为止		
2.2	试验流程	（1）试验前仪器、仪表自检，正确选择试验电压，试验过程中高声呼唱。 （2）试验前后及变更接线应对设备充分放电	30	未进行仪器、仪表自检扣3分； 试验过程中未高声呼唱每次扣2分； 试验过程中失误一次扣5分； 试验过程中监护不到位扣5～10分； 试验前后及变更接线未对被试设备放电扣10分； 上述扣分，扣完为止		
3	结果分析					

续表

序号	项目名称	质量要求	满分	扣分标准	扣分原因	得分
3.1	试验报告	结合测试数据做出分析判断，出具试验报告	25	试验数据分析不准确扣5分； 试验结论不正确扣5分； 试验报告填写不规范扣1～5分； 未给出试验结论扣5分		
4	试验结束					
4.1	现场恢复	清理现场，人员撤离	6	被试设备有遗留物品扣2分； 仪器、工器具等未定置恢复扣2分； 未检查或清理现场扣2分		
4.2	办理收工手续	向考评员汇报试验结果，并办理工作终结手续	4	未汇报试验结果扣2分； 未办理工作票终结手续扣2分		
合计			100			

Jc0302243040　110kV GIS设备电压互感器励磁特性试验。（100分）

考核知识点：电压互感器试验

难易度：中

技能等级评价专业技能考核操作工作任务书

一、任务名称

110kV GIS设备电压互感器励磁特性试验。

二、适用工种

电气试验工技师。

三、具体任务

（1）工作状态为模拟110kV GIS设备电压互感器设备停电，工作内容为110kV GIS设备电压互感器励磁特性试验。

（2）工作任务：

1）110kV GIS设备电压互感器励磁特性试验。

2）根据试验记录出具试验报告，并对数据进行分析。

四、工作规范及要求

（1）工器具使用及安全措施。

（2）按要求进行110kV GIS设备电压互感器励磁特性试验。

（3）出具试验报告和试验结果分析。

五、考核及时间要求

（1）本考核操作时间为60分钟，包括试验接线和报告整理，时间到停止考评。

（2）试验过程中如试验仪器、试验电源出现故障，可向考评员申请故障排除，故障排除时间不计入考核。

（3）按照技能操作要求进行操作，试验报告包括试验项目、仪器型号、试验结果等。

（4）试验过程中如遇突发状况，如不涉及人身、设备安全，则由试验人员自行排查、处理；如危及人身、设备安全，则应立即停止操作，人员及时撤离作业现场。

技能等级评价专业技能考核操作评分标准

工种	电气试验工					评价等级	技师
项目模块	GIS 电压互感器试验—励磁特性试验					编号	Jc0302243040
单位			准考证号			姓名	
考试时限	60 分钟		题型	单项操作		题分	100 分
成绩		考评员		考评组长		日期	
试题正文	110kV GIS 设备电压互感器励磁特性试验						
需要说明的问题和要求	（1）试验过程单人操作，数据分析在试验过程中完成。 （2）操作过程应注意安全，按照标准化作业流程做好安全措施。 （3）现场完成试验结果分析，出具试验报告。 （4）检测仪器可选考场提供或自带						

序号	项目名称	质量要求	满分	扣分标准	扣分原因	得分
1	试验前准备					
1.1	工器具使用	熟练正确使用各种工器具	5	未正确使用一次扣 1 分，扣完为止		
1.2	试验记录	收集被试设备基础信息和历史试验数据	5	未收集被试设备历次试验报告扣 1 分； 未记录被试设备铭牌，现场温、湿度等条件的，每处扣 1 分，扣完为止		
1.3	仪器、仪表选择	选择合适的互感器特性测试仪	5	选用仪器不合适扣 3 分； 未检查试验仪器合格证或校验证书扣 2 分		
1.4	安全措施	（1）办理工作票、交代安全注意事项，分工明确，并做好记录。 （2）设置电气试验安全围栏。 （3）正确使用安全工器具。 （4）试验仪器正确接地	10	安全措施交代不清楚或未确认签字扣 2 分； 试验前未将试验区域用安全围栏隔离扣 3 分； 未检查安全工器具扣 3 分； 试验仪器未正确接地扣 2 分		
2	试验开展					
2.1	试验接线	（1）仪器现场布置合理。 （2）电源开关接通前，试验仪器接线应准确无误	10	试验接线接错一次扣 2～5 分； 试验前未检查试验接线扣 3 分； 接线不规范扣 1～3 分； 上述扣分，扣完为止		
2.2	试验流程	（1）试验前仪器、仪表自检，正确选择二次试验电压测试点，试验过程中高声呼唱。 （2）拆除电压互感器一次、二次所有接线，加压的二次绕组开路，一次绕组尾端、非加压绕组尾端、铁芯及外壳可靠接地。 （3）参考出厂试验数据及相关标准选取电压点，读取相应的各点电流值，绘制励磁特性曲线。 （4）试验前后及变更接线应对设备充分放电	30	未进行仪器、仪表自检扣 3 分； 试验过程中未高声呼唱每次扣 2 分； 试验过程中失误一次扣 5 分； 试验过程中监护不到位扣 5～10 分； 试验前后及变更接线未对被试设备放电扣 10 分； 上述扣分，扣完为止		
3	结果分析					
3.1	试验报告	结合测试数据做出分析判断，出具试验报告	25	试验数据分析不准确扣 5 分； 试验结论不正确扣 5 分； 试验报告填写不规范扣 1～5 分； 未给出试验结论扣 5 分		
4	试验结束					
4.1	现场恢复	清理现场，人员撤离	6	被试设备有遗留物品扣 2 分； 仪器、工器具等未定置恢复扣 2 分； 未检查或清理现场扣 2 分		

续表

序号	项目名称	质量要求	满分	扣分标准	扣分原因	得分
4.2	办理收工手续	向考评员汇报试验结果，并办理工作终结手续	4	未汇报试验结果扣 2 分； 未办理工作票终结手续扣 2 分		
合计			100			

Jc0302242041 220kV 变压器变比、极性及接线组别试验。(100 分)

考核知识点： 变压器试验

难易度： 难

技能等级评价专业技能考核操作工作任务书

一、任务名称

220kV 变压器变比、极性及接线组别试验。

二、适用工种

电气试验工技师。

三、具体任务

(1) 工作状态为模拟 220kV 变压器停电，工作内容为 220kV 变压器变比、极性及接线组别试验。

(2) 工作任务：

1) 220kV 变压器变比、极性及接线组别测试。

2) 根据试验记录出具试验报告，并对数据进行分析。

四、工作规范及要求

(1) 工器具使用及安全措施。

(2) 按要求进行 220kV 变压器变比、极性及接线组别试验。

(3) 出具试验报告和试验结果分析。

五、考核及时间要求

(1) 本考核操作时间为 60 分钟，包括试验接线和报告整理，时间到停止考评。

(2) 试验过程中如试验仪器、试验电源出现故障，可向考评员申请故障排除，故障排除时间不计入考核。

(3) 按照技能操作要求进行操作，试验报告包括试验项目、仪器型号、试验结果等。

(4) 试验过程中如遇突发状况，如不涉及人身、设备安全，则由试验人员自行排查、处理；如危及人身、设备安全，则应立即停止操作，人员及时撤离作业现场。

技能等级评价专业技能考核操作评分标准

工种	电气试验工					评价等级	技师
项目模块	变压器试验—变比、极性及接线组别试验					编号	Jc0302242041
单位			准考证号			姓名	
考试时限	60 分钟		题型	单项操作		题分	100 分
成绩		考评员		考评组长		日期	
试题正文	220kV 变压器变比、极性及接线组别试验						

续表

需要说明的问题和要求	（1）试验过程单人操作，数据分析在试验过程中完成。 （2）操作过程应注意安全，按照标准化作业流程做好安全措施。 （3）现场完成试验结果分析，出具试验报告。 （4）检测仪器可选考场提供或自带

序号	项目名称	质量要求	满分	扣分标准	扣分原因	得分
1	试验前准备					
1.1	工器具使用	熟练正确使用各种工器具	5	未正确使用一次扣 1 分，扣完为止		
1.2	试验记录	收集被试设备基础信息和历史试验数据	5	未收集被试设备历次试验报告扣 1 分； 未记录被试设备铭牌，现场温、湿度等条件的，每处扣 1 分，扣完为止		
1.3	仪器、仪表选择	选择合适的变压器变比测试仪	5	选用仪器不合适扣 3 分； 未检查试验仪器合格证或校验证书扣 2 分		
1.4	安全措施	（1）办理工作票、交代安全注意事项，分工明确，并做好记录。 （2）设置高压试验安全围栏。 （3）正确使用安全工器具。 （4）试验仪器正确接地	10	安全措施交代不清楚或未确认签字扣 2 分； 试验前未将试验区域用安全围栏隔离扣 3 分； 未检查安全工器具扣 3 分； 试验仪器未正确接地扣 2 分		
2	试验开展					
2.1	试验接线	（1）仪器现场布置合理。 （2）电源开关接通前，试验仪器接线应准确无误	10	试验接线接错一次扣 2～5 分； 试验前未检查试验接线扣 3 分； 接线不规范扣 1～3 分； 上述扣分，扣完为止		
2.2	试验流程	（1）试验前仪器、仪表自检，正确选择试验电压，试验过程中高声呼唱。 （2）应分别测量变压器各侧调压绕组 A、B、C、O 对非调压绕组的变比、极性和接线组别。 （3）试验前后及变更接线应对设备充分放电	30	未进行仪器、仪表自检扣 3 分； 试验过程中未高声呼唱每次扣 2 分； 试验过程中失误一次扣 5 分； 试验过程中监护不到位扣 5～10 分； 试验前后及变更接线未对被试设备放电扣 10 分； 上述扣分，扣完为止		
3	结果分析					
3.1	试验报告	结合测试数据做出分析判断，出具试验报告	25	试验数据分析不准确扣 5 分； 试验结论不正确扣 5 分； 试验报告填写不规范扣 1～5 分； 未给出试验结论扣 5 分		
4	试验结束					
4.1	现场恢复	清理现场，人员撤离	6	被试设备有遗留物品扣 2 分； 仪器、工器具等未定置恢复扣 2 分； 未检查或清理现场扣 2 分		
4.2	办理收工手续	向考评员汇报试验结果，并办理工作终结手续	4	未汇报试验结果扣 2 分； 未办理工作票终结手续扣 2 分		
合计			100			

Jc0302242042　220kV 变压器直流电阻试验。（100 分）

考核知识点：变压器试验

难易度：难

技能等级评价专业技能考核操作工作任务书

一、任务名称

220kV 变压器直流电阻试验。

二、适用工种

电气试验工技师。

三、具体任务

（1）工作状态为模拟 220kV 变压器停电，工作内容为 220kV 变压器直流电阻试验。

（2）工作任务：

1）220kV 变压器直流电阻试验。

2）根据试验记录出具试验报告，并对数据进行分析。

四、工作规范及要求

（1）工器具使用及安全措施。

（2）按要求进行 220kV 变压器直流电阻试验。

（3）出具试验报告和试验结果分析。

五、考核及时间要求

（1）本考核操作时间为 60 分钟，包括试验接线和报告整理，时间到停止考评。

（2）试验过程中如试验仪器、试验电源出现故障，可向考评员申请故障排除，故障排除时间不计入考核。

（3）按照技能操作要求进行操作，试验报告包括试验项目、仪器型号、试验结果等。

（4）试验过程中如遇突发状况，如不涉及人身、设备安全，则由试验人员自行排查、处理；如危及人身、设备安全，则应立即停止操作，人员及时撤离作业现场。

技能等级评价专业技能考核操作评分标准

工种	电气试验工					评价等级	技师
项目模块	变压器试验—直流电阻试验					编号	Jc0302242042
单位			准考证号			姓名	
考试时限	60 分钟		题型	单项操作		题分	100 分
成绩		考评员		考评组长		日期	
试题正文	220kV 变压器直流电阻试验						
需要说明的问题和要求	（1）试验过程单人操作，数据分析在试验过程中完成。 （2）操作过程应注意安全，按照标准化作业流程做好安全措施。 （3）现场完成试验结果分析，出具试验报告。 （4）检测仪器可选考场提供或自带						

序号	项目名称	质量要求	满分	扣分标准	扣分原因	得分
1	试验前准备					
1.1	工器具使用	熟练正确使用各种工器具	5	未正确使用一次扣 1 分，扣完为止		
1.2	试验记录	收集被试设备基础信息和历史试验数据	5	未收集被试设备历次试验报告扣 1 分； 未记录被试设备铭牌，现场温、湿度等条件的，每处扣 1 分，扣完为止		
1.3	仪器、仪表选择	选择合适的直流电阻测试仪	5	选用仪器不合适扣 3 分； 未检查试验仪器合格证或校验证书扣 2 分		

续表

序号	项目名称	质量要求	满分	扣分标准	扣分原因	得分
1.4	安全措施	（1）办理工作票、交代安全注意事项，分工明确，并做好记录。 （2）设置高压试验安全围栏。 （3）正确使用安全工器具。 （4）试验仪器正确接地	10	安全措施交代不清楚或未确认签字扣 2 分； 试验前未将试验区域用安全围栏隔离扣 3 分； 未检查安全工器具扣 3 分； 试验仪器未正确接地扣 2 分		
2	试验开展					
2.1	试验接线	（1）仪器现场布置合理。 （2）电源开关接通前，试验仪器接线应准确无误	10	试验接线接错一次扣 2～5 分； 试验前未检查试验接线扣 3 分； 接线不规范扣 1～3 分； 上述扣分，扣完为止		
2.2	试验流程	（1）试验前仪器、仪表自检，正确选择试验电流，试验过程中高声呼唱。 （2）应分别测量变压器各侧绕组 A、B、C 三相各个档位的直流电阻值，经过温度换算后与历史数据进行比对分析。 （3）试验前后及变更接线应对设备充分放电	30	未进行仪器、仪表自检扣 3 分； 试验过程中未高声呼唱每次扣 2 分； 试验过程中失误一次扣 5 分； 试验过程中监护不到位扣 5～10 分； 试验前后及变更接线未对被试设备放电扣 10 分； 上述扣分，扣完为止		
3	结果分析					
3.1	试验报告	结合测试数据做出分析判断，出具试验报告	25	试验数据分析不准确扣 5 分； 试验结论不正确扣 5 分； 试验报告填写不规范扣 1～5 分； 未给出试验结论扣 5 分		
4	试验结束					
4.1	现场恢复	清理现场，人员撤离	6	被试设备有遗留物品扣 2 分； 仪器、工器具等未定置恢复扣 2 分； 未检查或清理现场扣 2 分		
4.2	办理收工手续	向考评员汇报试验结果，并办理工作终结手续	4	未汇报试验结果扣 2 分； 未办理工作票终结手续扣 2 分		
合计			100			

Jc0302243043　架空线路工频参数试验。（100 分）

考核知识点：架空线路试验

难易度：难

技能等级评价专业技能考核操作工作任务书

一、任务名称

架空线路工频参数试验。

二、适用工种

电气试验工技师。

三、具体任务

（1）工作状态为模拟架空线路停电，工作内容为架空线路工频参数试验。

（2）工作任务：

1）架空线路工频参数试验。

2）根据试验记录出具试验报告，并对数据进行分析。

四、工作规范及要求

（1）工器具使用及安全措施。

（2）按要求进行架空线路工频参数试验。

（3）出具试验报告和试验结果分析。

五、考核及时间要求

（1）本考核操作时间为60分钟，包括试验接线和报告整理，时间到停止考评。

（2）试验过程中如试验仪器、试验电源出现故障，可向考评员申请故障排除，故障排除时间不计入考核。

（3）按照技能操作要求进行操作，试验报告包括试验项目、仪器型号、试验结果等。

（4）试验过程中如遇突发状况，如不涉及人身、设备安全，则由试验人员自行排查、处理；如危及人身、设备安全，则应立即停止操作，人员及时撤离作业现场。

技能等级评价专业技能考核操作评分标准

工种	电气试验工				评价等级	技师
项目模块	架空线路试验—工频参数试验				编号	Jc0302243043
单位		准考证号			姓名	
考试时限	60分钟	题型	单项操作		题分	100分
成绩		考评员		考评组长		日期
试题正文	架空线路工频参数试验					
需要说明的问题和要求	（1）试验过程单人操作，数据分析在试验过程中完成。 （2）操作过程应注意安全，按照标准化作业流程做好安全措施。 （3）现场完成试验结果分析，出具试验报告。 （4）检测仪器可选考场提供或自带					

序号	项目名称	质量要求	满分	扣分标准	扣分原因	得分
1	试验前准备					
1.1	工器具使用	熟练正确使用各种工器具	5	未正确使用一次扣1分，扣完为止		
1.2	试验记录	收集被试设备基础信息和历史试验数据	5	未收集被试设备历次试验报告扣1分； 未记录被试设备铭牌，现场温、湿度等条件的，每处扣1分，扣完为止		
1.3	仪器、仪表选择	选择合适的电力架空综合参数测试仪	5	选用仪器不合适扣3分； 未检查试验仪器合格证或校验证书扣2分		
1.4	安全措施	（1）办理工作票、交代安全注意事项，分工明确，并做好记录。 （2）设置电气试验安全围栏。 （3）正确使用安全工器具。 （4）试验仪器正确接地	10	安全措施交代不清楚或未确认签字扣2分； 试验前未将试验区域用安全围栏隔离扣3分； 未检查安全工器具扣3分； 试验仪器未正确接地扣2分		
2	试验开展					
2.1	试验接线	（1）仪器现场布置合理。 （2）电源开关接通前，试验仪器接线应准确无误	10	试验接线接错一次扣2～5分； 试验前未检查试验接线扣3分； 接线不规范扣1～3分； 上述扣分，扣完为止		

续表

序号	项目名称	质量要求	满分	扣分标准	扣分原因	得分
2.2	试验流程	（1）试验前仪器、仪表自检，正确选择试验电压、电流，试验过程中高声呼唱。 （2）逐相测试架空线路感应电压。 （3）架空线路一端短路接地，从另一端两相间分别测试架空线路直流电阻，并进行温度换算。 （4）架空线路一端短路，从另一端测试架空线路正序阻抗。 （5）架空线路一端短路接地，从另一端测试架空线路零序阻抗。 （6）架空线路三相开路，分别测试线路正序电容和零序电容。 （7）将测试值与理论计算值进行比对分析。 （8）试验前后及变更接线应对架空线路进行充分放电	30	未进行仪器、仪表自检扣 3 分； 试验过程中未高声呼唱每次扣 2 分； 试验过程中失误一次扣 5 分； 试验过程中监护不到位扣 5～10 分； 试验前后及变更接线未对被试设备放电扣 10 分； 上述扣分，扣完为止		
3	结果分析					
3.1	试验报告	结合测试数据做出分析判断，出具试验报告	25	试验数据分析不准确扣 5 分； 试验结论不正确扣 5 分； 试验报告填写不规范扣 1～5 分； 未给出试验结论扣 5 分		
4	试验结束					
4.1	现场恢复	清理现场，人员撤离	6	被试设备有遗留物品扣 2 分； 仪器、工器具等未定置恢复扣 2 分； 未检查或清理现场扣 2 分		
4.2	办理收工手续	向考评员汇报试验结果，并办理工作终结手续	4	未汇报试验结果扣 2 分； 未办理工作票终结手续扣 2 分		
合计			100			

Jc0302243044　10kV 电缆故障探测试验。（100 分）

考核知识点：电缆试验

难易度：难

技能等级评价专业技能考核操作工作任务书

一、任务名称

10kV 电缆故障探测试验。

二、适用工种

电气试验工技师。

三、具体任务

（1）工作状态为模拟 10kV 电缆故障，工作内容为 10kV 电缆故障探测试验。

（2）工作任务：

1）10kV 电缆故障探测试验。

2）根据试验记录出具试验报告，并对数据进行分析。

四、工作规范及要求

（1）工器具使用及安全措施。

（2）按要求进行 10kV 电缆故障探测试验。

（3）出具试验报告和试验结果分析。

五、考核及时间要求

（1）本考核操作时间为 60 分钟，包括试验接线和报告整理，时间到停止考评。

（2）试验过程中如试验仪器、试验电源出现故障，可向考评员申请故障排除，故障排除时间不计入考核。

（3）按照技能操作要求进行操作，试验报告包括试验项目、仪器型号、试验结果等。

（4）试验过程中如遇突发状况，如不涉及人身、设备安全，则由试验人员自行排查、处理；如危及人身、设备安全，则应立即停止操作，人员及时撤离作业现场。

技能等级评价专业技能考核操作评分标准

<table>
<tr><td>工种</td><td colspan="5">电气试验工</td><td>评价等级</td><td>技师</td></tr>
<tr><td>项目模块</td><td colspan="5">电缆试验—故障试验</td><td>编号</td><td>Jc0302243044</td></tr>
<tr><td>单位</td><td colspan="2"></td><td>准考证号</td><td colspan="2"></td><td>姓名</td><td></td></tr>
<tr><td>考试时限</td><td colspan="2">60 分钟</td><td>题型</td><td colspan="2">单项操作</td><td>题分</td><td>100 分</td></tr>
<tr><td>成绩</td><td></td><td>考评员</td><td colspan="2"></td><td>考评组长</td><td>日期</td><td></td></tr>
<tr><td>试题正文</td><td colspan="7">10kV 电缆故障探测试验</td></tr>
<tr><td>需要说明的问题和要求</td><td colspan="7">（1）试验过程单人操作，数据分析在试验过程中完成。
（2）操作过程应注意安全，按照标准化作业流程做好安全措施。
（3）现场完成试验结果分析，出具试验报告。
（4）检测仪器可选考场提供或自带</td></tr>
</table>

序号	项目名称	质量要求	满分	扣分标准	扣分原因	得分
1	试验前准备					
1.1	工器具使用	熟练正确使用各种工器具	5	未正确使用一次扣 1 分，扣完为止		
1.2	试验记录	收集被试设备基础信息和历史试验数据	5	未收集被试设备历次试验报告扣 1 分； 未记录被试设备铭牌，现场温、湿度等条件的，每处扣 1 分，扣完为止		
1.3	仪器、仪表选择	选择合适的电缆故障测试仪	5	选用仪器不合适扣 3 分； 未检查试验仪器合格证或校验证书扣 2 分		
1.4	安全措施	（1）办理工作票、交代安全注意事项，分工明确，并做好记录。 （2）设置高压试验安全围栏。 （3）正确使用安全工器具。 （4）试验仪器正确接地	10	安全措施交代不清楚或未确认签字扣 2 分； 试验前未将试验区域用安全围栏隔离扣 3 分； 未检查安全工器具扣 3 分； 试验仪器未正确接地扣 2 分		
2	试验开展					
2.1	试验接线	（1）仪器现场布置合理。 （2）电源开关接通前，试验仪器接线应准确无误	10	试验接线接错一次扣 2～5 分； 试验前未检查试验接线扣 3 分； 接线不规范扣 1～3 分； 上述扣分，扣完为止		
2.2	试验流程	（1）试验前仪器、仪表自检，正确选择试验电流，试验过程中高声呼唱。 （2）初步分析判断电缆故障原因，确定故障类别。 （3）针对确定的电缆故障类别确定合适的试验探测方法。 （4）试验前后及变更接线应对设备充分放电	30	未进行仪器、仪表自检扣 3 分； 试验过程中未高声呼唱每次扣 2 分； 试验过程中失误一次扣 5 分； 试验过程中监护不到位扣 5～10 分； 试验前后及变更接线未对被试设备放电扣 10 分； 上述扣分，扣完为止		

续表

序号	项目名称	质量要求	满分	扣分标准	扣分原因	得分
3	结果分析					
3.1	试验报告	结合测试数据做出分析判断，出具试验报告	25	试验数据分析不准确扣 5 分； 试验结论不正确扣 5 分； 试验报告填写不规范扣 1～5 分； 未给出试验结论扣 5 分		
4	试验结束					
4.1	现场恢复	清理现场，人员撤离	6	被试设备有遗留物品扣 2 分； 仪器、工器具等未定置恢复扣 2 分； 未检查或清理现场扣 2 分		
4.2	办理收工手续	向考评员汇报试验结果，并办理工作终结手续	4	未汇报试验结果扣 2 分； 未办理工作票终结手续扣 2 分		
合计			100			

Jc0302243045　35kV 架空线路参数测试。(100 分)

考核知识点：架空线路试验

难易度：中

技能等级评价专业技能考核操作工作任务书

一、任务名称

35kV 架空线路参数测试。

二、适用工种

电气试验工技师。

三、具体任务

（1）工作状态为模拟 35kV 架空线路停电，工作内容为架空线路参数测试。

（2）工作任务：

1）35kV 架空线路参数测试。

2）根据试验记录出具试验报告，并对数据进行分析。

四、工作规范及要求

（1）工器具使用及安全措施。

（2）按要求进行高压试验。

（3）出具试验报告和试验结果分析。

五、考核及时间要求

（1）本考核操作时间为 60 分钟，包括试验接线和报告整理，时间到停止考评。

（2）试验过程中如试验仪器、试验电源出现故障，可向考评员申请故障排除，故障排除时间不计入考核。

（3）按照技能操作要求进行操作，试验报告包括试验项目、仪器型号、试验结果等。

（4）试验过程中如遇突发状况，如不涉及人身、设备安全，则由试验人员自行排查、处理；如危及人身、设备安全，则应立即停止操作，人员及时撤离作业现场。

技能等级评价专业技能考核操作评分标准

工种	电气试验工				评价等级	技师
项目模块	架空线路试验—参数测试				编号	Jc0302243045
单位			准考证号		姓名	
考试时限	60 分钟		题型	单项操作	题分	100 分
成绩		考评员		考评组长		日期	
试题正文	35kV 架空线路参数测试					
需要说明的问题和要求	（1）试验过程单人操作，数据分析在试验过程中完成。 （2）操作过程应注意安全，按照标准化作业流程做好安全措施。 （3）现场完成试验结果分析，出具试验报告。 （4）检测仪器可选考场提供或自带					

序号	项目名称	质量要求	满分	扣分标准	扣分原因	得分
1	试验前准备					
1.1	工器具使用	熟练正确使用各种工器具	5	未正确使用一次扣 1 分，扣完为止		
1.2	试验记录	收集被试设备基础信息和历史试验数据	5	未收集被试设备历次试验报告扣 1 分； 未记录被试设备铭牌，现场温、湿度等条件的，每处扣 1 分，扣完为止		
1.3	仪器、仪表选择	选择合适的试验仪器、仪表	5	选用仪器不合适扣 3 分； 未检查试验仪器合格证或校验证书扣 2 分		
1.4	安全措施	（1）办理工作票、交代安全注意事项，分工明确，并做好记录。 （2）设置高压试验安全围栏。 （3）安全工器具使用。 （4）试验仪器正确接地	10	试验仪器未正确接地扣 2 分； 未检查安全工器具扣 3 分； 安全措施交代不清楚或未确认签字扣 2 分； 试验前未将试验区域用安全围栏隔离扣 3 分		
2	试验开展					
2.1	试验接线	（1）仪器现场布置合理。 （2）高压引线应尽量缩短，并采用专用的高压试验线，必要时用绝缘物支持牢固。 （3）电源开关接通前，试验仪器接线应准确无误	10	试验接线接错一次扣 5 分； 试验前未检查试验接线扣 3 分； 接线不规范扣 1～3 分； 上述扣分，扣完为止		
2.2	试验流程	（1）试验前，测试绝缘电阻，其值应正常。 （2）将高压线正确连接被测线路，对侧按照测试要求正确接线。 （3）加压过程中应有人监护并呼唱。接通试验电源，进行升压，操作人员的手应放在电源开关上，如有紧急情况应迅速断开电源。 （4）待数据稳定后记录线路参数。 （5）试验前后及变更接线应对设备充分放电	30	加压前后未测试绝缘电阻扣 5 分； 加压前，未联系对侧扣 2 分； 试验过程中未高声呼唱每次扣 2 分； 试验过程中失误一次扣 5 分； 试验过程中监护不到位扣 5～10 分； 缺少试验项目的扣 5 分； 试验前后及变更接线未对被试设备放电扣 10 分； 上述扣分，扣完为止		
3	结果分析					
3.1	试验报告	结合测试数据做出分析判断，出具试验报告	25	试验数据分析不准确扣 5 分； 试验结论不正确扣 5 分； 试验报告填写不规范扣 1～5 分； 未给出试验结论扣 5 分		
4	试验结束					

续表

序号	项目名称	质量要求	满分	扣分标准	扣分原因	得分
4.1	现场恢复	清理现场，人员撤离	6	被试设备有遗留物品扣 2 分； 仪器、工器具等未定置恢复扣 2 分； 未检查或清理现场扣 2 分		
4.2	办理收工手续	向考评员汇报试验结果，并办理工作终结手续	4	未汇报试验结果扣 2 分； 未办理工作票终结手续扣 2 分		
合计			100			

Jc0302243046　220kV 变电站地网接地阻抗测试。（100 分）

考核知识点：接地网试验

难易度：中

技能等级评价专业技能考核操作工作任务书

一、任务名称

220kV 变电站地网接地阻抗测试。

二、适用工种

电气试验工技师。

三、具体任务

（1）工作状态为模拟 220kV 变电站运行，工作内容为全站地网接地阻抗测试。

（2）工作任务：

1）220kV 变电站地网接地阻抗测试。

2）根据试验记录出具试验报告，并对数据进行分析。

四、工作规范及要求

（1）工器具使用及安全措施。

（2）按要求进行试验。

（3）出具试验报告和试验结果分析。

五、考核及时间要求

（1）本考核操作时间为 60 分钟，包括试验接线和报告整理，时间到停止考评。

（2）试验过程中如试验仪器、试验电源出现故障，可向考评员申请故障排除，故障排除时间不计入考核。

（3）按照技能操作要求进行操作，试验报告包括试验项目、仪器型号、试验结果等。

（4）试验过程中如遇突发状况，如不涉及人身、设备安全，则由试验人员自行排查、处理；如危及人身、设备安全，则应立即停止操作，人员及时撤离作业现场。

技能等级评价专业技能考核操作评分标准

<table>
<tr><td>工种</td><td colspan="5">电气试验工</td><td>评价等级</td><td>技师</td></tr>
<tr><td>项目模块</td><td colspan="5">变电站地网试验—接地阻抗测试</td><td>编号</td><td>Jc0302243046</td></tr>
<tr><td>单位</td><td colspan="2"></td><td>准考证号</td><td colspan="2"></td><td>姓名</td><td></td></tr>
<tr><td>考试时限</td><td colspan="2">60 分钟</td><td>题型</td><td colspan="2">单项操作</td><td>题分</td><td>100 分</td></tr>
<tr><td>成绩</td><td></td><td>考评员</td><td colspan="2"></td><td>考评组长</td><td></td><td>日期</td><td></td></tr>
</table>

续表

试题正文	220kV 变电站地网接地阻抗测试
需要说明的问题和要求	（1）试验过程三人操作，数据分析在试验过程中完成。 （2）操作过程应注意安全，按照标准化作业流程做好安全措施。 （3）现场完成试验结果分析，出具试验报告。 （4）检测仪器可选考场提供或自带

序号	项目名称	质量要求	满分	扣分标准	扣分原因	得分
1	试验前准备					
1.1	工器具使用	熟练正确使用各种工器具	5	未正确使用一次扣 1 分，扣完为止		
1.2	试验记录	收集被试设备基础信息和历史试验数据	5	未收集被试设备历次试验报告扣 1 分； 未记录被试设备铭牌，现场温、湿度等条件的，每处扣 1 分，扣完为止		
1.3	仪器、仪表选择	选择合适的试验仪器、仪表	5	选用仪器不合适扣 3 分； 未检查试验仪器合格证或校验证书扣 2 分		
1.4	安全措施	（1）办理工作票、交代安全注意事项，分工明确，并做好记录。 （2）设置高压试验安全围栏。 （3）安全工器具使用。 （4）试验仪器正确接地	10	试验仪器未正确接地扣 2 分； 未检查安全工器具扣 3 分； 安全措施交代不清楚或未确认签字扣 2 分； 试验前未将试验区域用安全围栏隔离扣 3 分		
2	试验开展					
2.1	试验接线	（1）仪器现场布置合理。 （2）试验电流、电压线应尽可能长，一般为所测地网对角线长度的 3～5 倍，电流线应超出电压线。 （3）电源开关接通前，试验仪器接线应准确无误	10	试验接线接错一次扣 5 分； 试验前未检查试验接线扣 3 分； 接线不规范扣 1～3 分； 上述扣分，扣完为止		
2.2	试验流程	（1）测试回路应尽量避开河流、湖泊；尽量远离地下金属管路和运行中的输电线路，避免与之长段并行，与之交叉时垂直跨越。 （2）无论哪种测试方法，都要求电流线和电位线之间保持尽量远的距离，以尽量减小电流线与电位线之间互感的影响。 （3）选择合适的测试方法放设电压测试线与电流测试线。 （4）在测试线末端，将连接电极埋入被测土壤中。 （5）对试验装置进行接线并检查确认接线正确。 （6）接通试验电源，进行接地阻抗测试。 （7）按照接地阻抗试验记录对试验信息进行记录。 （8）试验结束后，断开电源，并整理接线	30	试验方法选择错误扣 5 分； 电压、电流测试线长度放设不正确每项扣 2 分； 试验过程中未高声呼唱每次扣 2 分； 试验过程中失误一次扣 5 分； 试验过程中监护不到位扣 5～10 分； 缺少试验项目的扣 5 分； 电极入地接触不良扣 3 分		
3	结果分析					
3.1	试验报告	结合测试数据做出分析判断，出具试验报告	25	试验数据分析不准确扣 5 分； 试验结论不正确扣 5 分； 试验报告填写不规范扣 1～5 分； 未给出试验结论扣 5 分		
4	试验结束					

续表

序号	项目名称	质量要求	满分	扣分标准	扣分原因	得分
4.1	现场恢复	清理现场，人员撤离	6	被试设备有遗留物品扣 2 分； 仪器、工器具等未定置恢复扣 2 分； 未检查或清理现场扣 2 分		
4.2	办理收工手续	向考评员汇报试验结果，并办理工作终结手续	4	未汇报试验结果扣 2 分； 未办理工作票终结手续扣 2 分		
合计			100			

Jc0302243047　电容型设备相对介质损耗因数及电容量比值测量。（100 分）

考核知识点：电容型设备试验

难易度：中

技能等级评价专业技能考核操作工作任务书

一、任务名称

电容型设备相对介质损耗因数及电容量比值测量。

二、适用工种

电气试验工技师。

三、具体任务

（1）工作状态为模拟 220kV 电容式电压互感器及线路带电。

（2）工作任务：

1）作业前的检查。

2）220kV 电容式电压互感器相对介质损耗因数及电容量比值测量。

四、工作规范及要求

（1）要求 1 人操作，由监考人员监护，考生着装规范，穿工作服、绝缘鞋，戴安全帽。

（2）安全文明生产，仪器、仪表、工器具、材料、摆放齐整，现场操作熟练、连贯、有序，正确规范的使用工器具及安全用具。不发生危及人身和设备安全的行为，否则可取消本次考核成绩。

（3）熟悉电容型设备相对介质损耗因数及电容量比值测量的过程，熟悉电容型设备相对介质损耗因数及电容量比值测量的原理。

（4）熟悉电容型设备相对介质损耗因数及电容量比值测量的技术要求，会进行数据分析判断。

五、考核及时间要求

（1）考核时间为 60 分钟。

（2）开工前，考生检查着装，清点工器具、设备是否齐全。

（3）许可开工后记录考核时间。

（4）现场清理完毕后，汇报工作终结，记录考核结束时间。

技能等级评价专业技能考核操作评分标准

工种	电气试验工				评价等级	技师
项目模块	电容式电压互感器试验—相对介质损耗因数及电容量比值测量				编号	Jc0302243047
单位		准考证号			姓名	
考试时限	60 分钟	题型	综合操作		题分	100 分
成绩		考评员		考评组长	日期	
试题正文	电容型设备相对介质损耗因数及电容量比值测量					
需要说明的问题和要求	（1）要求 1 人操作，由监考人员监护，考生着装规范，穿工作服、绝缘鞋、戴安全帽。 （2）安全文明生产，工器具、材料、设备摆放齐整，现场操作熟练、连贯、有序，正确规范的使用工器具及安全用具。 （3）现场提供检修所需的工器具、仪器、材料及安全防护用具。 （4）考核项目涉及检查项目以填写检修记录为主					

序号	项目名称	质量要求	满分	扣分标准	扣分原因	得分
1	工作前准备及文明生产					
1.1	安全着装	要求穿棉质工作服、绝缘鞋、戴安全帽	1	未穿工作服，未戴安全帽、未穿绝缘鞋，出现上述任意一项扣 1 分，扣完为止		
1.2	工作票填写	工作票内容正确、清楚、规范、齐全，履行工作票许可手续，确认签字手续	3	工作任务与实际不符扣 1 分； 清楚表明危险点，少一项扣 1 分； 工作票所填内容合格正确，错一项扣 1 分； 上述扣分，扣完为止； 有危及人身、设备安全的行为可取消考核成绩		
1.3	准备工作	仪器、仪表检查：检查仪器、仪表，是否在有效期内。检查仪器电量是否充足。检查温、湿度表是否在有效期内	4	未检查仪器合格证扣 1 分； 未检查仪器电量扣 2 分； 记录仪器数据不全少一项扣 1 分		
		试品外观检查	1	未进行外观检查扣 1 分		
2	现场检测					
2.1	开工	试验负责人明确工作任务及分工，交代安全措施，并告知工作成员并履行签字确认	3	工作任务与实际不符扣 1 分； 工作票所填内容合格正确，错一项扣 1 分，扣完为止		
		试验负责人进行危险点分析、安全注意事项，并告知工作成员	3	清楚表明危险点，少一项扣 1 分，扣完为止		
		抄写试品铭牌数据	2	未抄写试品铭牌参数数据，扣 1 分； 铭牌抄写不完整，扣 1 分		
		温度计、湿度计放置	1	温、湿度计未放置到通风阴凉处扣 1 分		
2.2	测量	将检测仪器可靠接地	5	接地时先接接地端，再接导电端。未按照相应顺序，扣 5 分		
2.3		若为传统接线盒式取样单元，打开取样装置时，两人进行，一人操作，一人监护。若为传感器式取样单元，无需此步	5	若为传统接线盒式取样单元，此时应打开连接片，若未打开，应扣 2 分； 未进行专人监护，扣 3 分		
2.4		仪器与取样单元对应联接测量电缆。将带电检测测试专用线分别与仪器 I_x、I_n 两个输入端相连，专用线的另一端分别与被测设备、参考设备接地电流取样信号处相连	7	接线错误，扣 7 分		
2.5		检查检测仪器与取样单元联接的测量电缆，一人接线，另一人检查。可向评委口述	2	未向评委口述，无接线检查环节，扣 2 分		

续表

序号	项目名称	质量要求	满分	扣分标准	扣分原因	得分
2.6	测量	确认接线正确后，试验人员撤离到绝缘垫上，相关人员远离被试品	4	未使用绝缘垫，扣 2 分； 相关人员未远离被试品，扣 2 分		
2.7		大声呼唱，确认相关人员都在安全距离外，开始操作	1	未大声呼唱，扣 1 分		
2.8		打开电源开关，按设备类型选择测量	2	测量方式选择错误，扣 2 分		
2.9		按设备铭牌电压等级选择电压等级	2	电压等级选择错误，扣 2 分		
2.10		设置完毕后，按动“测量按钮”启动测量，仪器自检并自动进入测试状态；当测试数据较为稳定时，停止测量，并记录、存储测试数据；如需要，可重复多次测量，从中选取一个较稳定数据作为测试结果	8	若为传统接线盒，在测试前应拉开小隔离开关，未拉开扣 3 分； 数据未稳定就读数，扣 2 分； 试验数据记录不完整，扣 3 分		
2.11		试验数据记录人员应与带电检测数据初值核对试验数据	3	未进行数据横向、纵向比较，扣 1 分； 数据分析不合理，扣 2 分		
2.12		记录环境温度和空气相对湿度	1	未进行环境温度和空气相对湿度，扣 1 分		
2.13		关闭电源开关，拆除测量电缆，拆除地线，测量结束	3	未关闭电源，即拆除测试电缆，扣 1 分； 先拆接地线，后拆测试电缆，扣 1 分； 拆除地线时，先拆接地端，扣 1 分		
2.14		电容型设备试验结束后，正确恢复取样单元接口，恢复时，一人恢复，一人检查	3	取样单元未恢复，扣 1 分； 传统接线盒取样单元恢复时，应先合上隔离开关，拆去测试电缆，再将连接片恢复，一人恢复，一人检查，未按上述步骤操作扣 2 分		
3	试验结束					
3.1	清理现场	下达清理现场指令，初步分析判断试验结果是否正常	2	负责人未下达清理现场指令扣 1 分； 负责人未对试验结果进行初步判断，下达清理现场指令扣 1 分		
		仪器、仪表按钮、绝缘杆等恢复原位。现场摆放整齐	2	仪器、仪表按钮、绝缘杆等未恢复原位每处扣 2 分		
3.2	工作结束	工作结束后向评委汇报工作结束	1	未向评委汇报工作结束扣 1 分		
4	安全	试验过程中发现不安全因素现象，应及时制止，并视严重程度扣分	15	现场正确、规范使用带电检测测试专用线，放线、首先过程中，禁止生拉硬拽、摆甩而误碰带电设备。若发生上述情况，扣 5 分； 试验过程中，发生末屏开路，扣 10 分		
5	超时	试验时间 60 分钟		每超时 1 分钟扣 1 分		
6	试验报告					
6.1	试验报告撰写	内容完整、分析全面、结论正确，字迹清晰	15	试验数据、天气状况、试验性质、试验地点每缺一项扣 1 分； 结论不正确，或不下结论扣 2 分； 试验报告不签字扣 2 分； 试验报告未审核，扣 2 分； 未填写试验数据，扣 2 分； 未填写试验设备铭牌信息，扣 1 分； 未填写仪器型号编号等信息，扣 5 分； 上述扣分，扣完为止		
合计			100			

第五部分
高级技师

第九章　电气试验工高级技师技能笔答

Jb0302133001　怎样对分级绝缘的变压器进行感应耐压试验？（5 分）

考核知识点：感应耐压试验

难易度：中

标准答案：

对分级绝缘的变压器，只能采用单相感应耐压进行试验。因此，要分析产品结构，比较不同的接线方式，计算出线端相间及对地的试验电压，选用满足试验电压的接线。一般要借助辅助变压器或非被试相绕组支撑，轮换三次，才能完成一台变压器的感应耐压试验。例如，对联结组别为 YN，d11 的双绕组变压器，可按图 Jb0302133001接线进行 A 相试验。非被试的两相线端并联接地，并与被试相串联，使相对地和相间电压均达到试验电压的要求，而非被试的两相，仅为1/3试验电压（即中性点电位）。当中性点电位达不到试验电压时，在感应耐压前，应先进行中性点的外施电压试验，B、C 相的感应耐压试验可仿此进行。

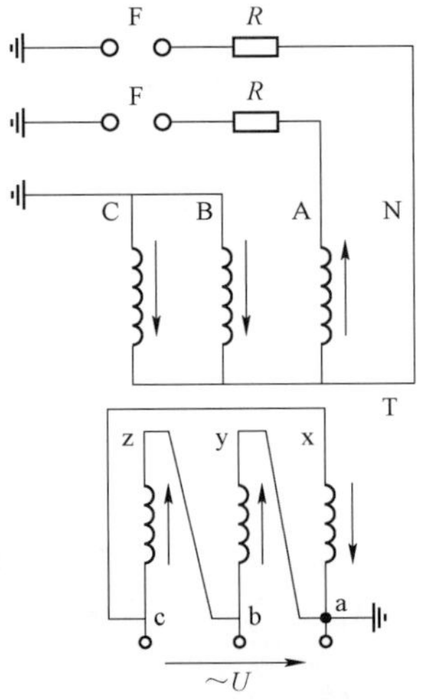

图 Jb0302133001

Jb0302122002　用下列设备：QK—刀开关；FU—熔断器；HG—绿色指示灯；SB1—常闭分闸按钮；SB2—常开合闸按钮；S1—电磁开关；S2—调压器零位触点；F—球隙；HR—红色指示灯；TR—调压器；TT—试验变压器；TV—电压互感器。进行交流耐压试验，画出试验接线图。（5 分）

考核知识点：交流耐压试验

难易度：中

标准答案：

试验接线图如图 Jb0302122002所示。

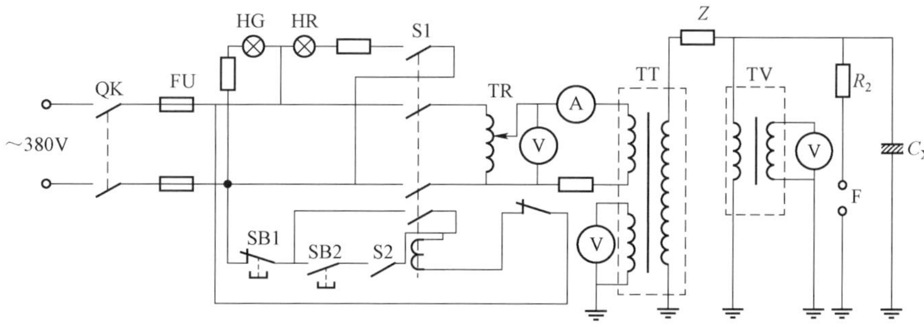

图 Jb0302122002

Jb0302132003　变压器正式投入运行前做冲击合闸试验的目的是什么？（6 分）

考核知识点：变压器冲击合闸试验

难易度：中

标准答案：

变压器正式投入运行前做冲击合闸试验的目的有：

（1）带电投入空载变压器时，会产生励磁涌流，其值可超过额定电流，且衰减时间较长，甚至可达几十秒。由于励磁涌流产生很大的电动力，为了考核变压器各部的机械强度，需做冲击合闸试验，即在额定电压下合闸若干次。

（2）切空载变压器时，有可能产生操作过电压。对不接地绕组此电压可达4倍相电压；对中性点直接接地绕组，此电压仍可达2倍相电压。为了考核变压器绝缘强度能否承受需做开断试验，有切就要合，也就是需多次切合。

（3）由于合闸时可能出现相当大的励磁涌流，为了校核励磁涌流是否会引起继电保护误动作，需做冲击合闸试验若干次。

每次冲击合闸试验后，要检查变压器有无异音异状。一般规定，新变压器投入，冲击合闸5次；大修后投入，冲击合闸3次。

Jb0302123004　画出使用 QS1 型西林电桥，采用末端屏蔽间接法测量 220kV 串级式电压互感器的支架介损 tanδ和电容量 C的接线图，并写出计算 tanδ和 C的公式。（10 分）

考核知识点：串级式电压互感器试验

难易度：中

标准答案：

如图 Jb0302123004所示。

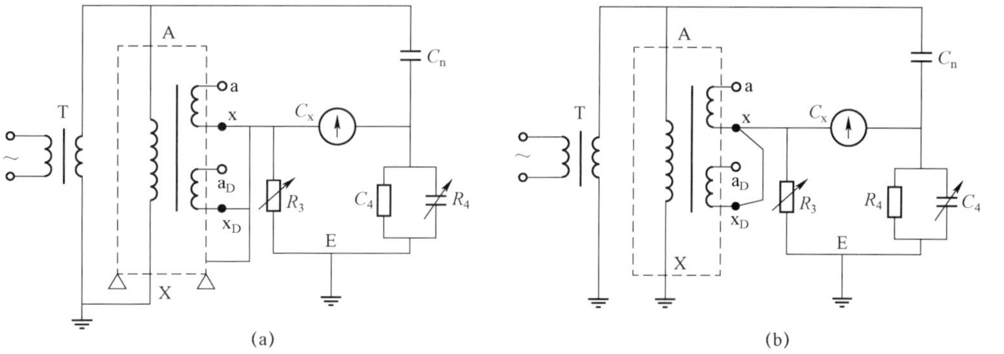

图 Jb0302123004

（a）测量下铁芯对二、三次绕组及支架的tanδ_1、C_1；（b）测量下铁芯对二、三次绕组的tanδ_2、C_2

公式如下所示。

$$\tan\delta = \frac{C_1 \cdot \tan\delta_1 - C_2 \cdot \tan\delta_2}{C_1 - C_2}$$

$$C = C_1 - C_2$$

Jb0302122005　GIS、变压器、高压断路器等电容量较大、试验电压高的被试品进行交流耐压试验，需要大容量的试验设备，可采用串联谐振试验装置，画出串联谐振回路原理接线图。（5分）

考核知识点：串联谐振

难易度：中

标准答案：

如图 Jb0302122005所示。

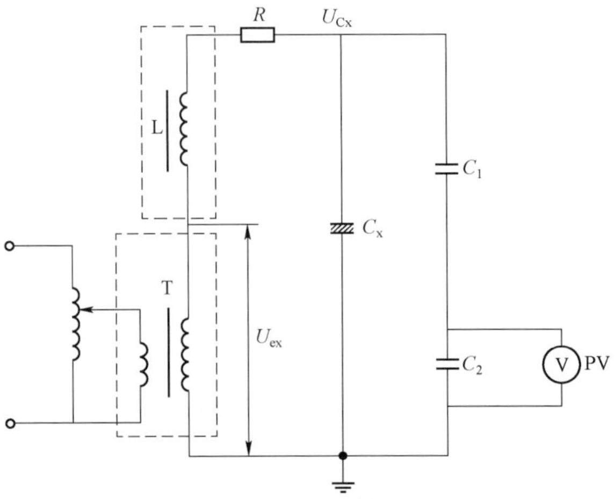

图 Jb0302122005

T—励磁变压器；U_{ex}—励磁电压；L—电感；R—限流电阻；U_{Cx}—被试品上的电压；C_x—被试品电容；C_1、C_2—电容分压器高、低压臂；PV—电压表

Jb0302131006　简述交流耐压试验步骤。（5分）

考核知识点：交流耐压试验

难易度：中

标准答案：

（1）被试品在耐压试验前，应先进行其他常规试验，合格后再进行耐压试验。被试品试验接线并检查确认接线正确。

（2）接通试验电源，开始升压进行试验，升压过程中应密切监视高压回路，监听被试品有何异响。

（3）升至试验电压，开始计时并读取试验电压。

（4）计时结束，降压然后断开电源，并将被试设备放电并短路接地。

（5）耐压试验结束后，进行被试品绝缘试验检查，判断耐压试验是否对试品绝缘造成破坏。油浸式设备耐压后应进行油色谱分析。

Jb0302131007　简述介质损耗试验的注意事项。（5分）

考核知识点：介质损耗测试

难易度：中

标准答案：

（1）测试时记录现场温度及空气湿度。

（2）测试完成切断高压电源并对被试品充分放电，在再次升压前，先取下放电棒，防止带接地放电棒升压。

（3）测试过程中测试设备和被试品外壳必须良好接地。

（4）测试数据超标时应考虑被试品表面污秽、环境湿度等因素，必要时可对被试品表面进行清洁或干燥处理后重新测量。

（5）测量温度以变压器上层油温为准，尽量使每次测量的温度接近，且应在变压器上层油温低于50℃时测量，不同温度下的 $\tan\delta$ 值应换算到同一温度下进行。

Jb0302132008　如何进行感应耐压试验数据分析和处理？（5分）

考核知识点：感应耐压试验

难易度：中

标准答案：

试验中如无破坏性放电发生，且耐压前后绝缘无明显变化，则认为耐压试验通过。

（1）在升压和耐压过程中，如发现电压表指示变化很大，电流表指示急剧增加，调压器往上升方向调节，电流上升、电压基本不变甚至有下降趋势，被试品冒烟、出气、焦臭、闪络、燃烧或发出击穿响声（或断续放电声），应立即停止升压，降压、停电后查明原因。这些现象如查明是绝缘部分出现的，则认为被试品交流耐压试验不合格。如确定被试品的表面闪络是由于空气湿度或表面脏污等所致，应将被试品清洁干燥处理后，再进行试验。

（2）被试品为有机绝缘材料时，试验后如出现普遍或局部发热，则认为绝缘不良，应立即处理后，再做耐压。

（3）试验中途因故失去电源，在查明原因，恢复电源后，应重新进行全时间的持续耐压试验。

Jb0302132009　局部放电的干扰与抑制方法有哪些？（6分）

考核知识点：局部放电

难易度：难

标准答案：

试验时，应使干扰水平抑制到最低水平。

（1）采用屏蔽式电源隔离变压器及低通滤波器抑制电源干扰。

（2）试验回路采用一点接地，降低接地干扰。

（3）将试品置于屏蔽良好的试验室，并采用平衡法、对称法和模拟天线法的测试回路，抑制辐射干扰。

（4）远离不接地金属物产生的感应悬浮电位放电或采用接地的方式消除悬浮电位放电干扰。

（5）在高压端采用防晕措施（如防晕环等），高压引线采用无晕的导电圆管，以及保证各连接部位的良好接触等措施消除电晕放电和各连接处接触放电的干扰。

（6）使用的试验变压器和耦合电容器的局部放电水平应控制在一定的允许量以下，降低其内部放电干扰，建议采用无局部放电变压器。

Jb0302132010　变压器空载试验为什么最好在额定电压下进行？（5分）

考核知识点：变压器空载试验

难易度：易

标准答案：

变压器的空载试验是用来测量空载损耗的。空载损耗主要是铁耗。铁耗的大小可以认为与负载的大小无关，即空载时的损耗等于负载时的铁损耗，但这是指额定电压时的情况。如果电压偏离额定值，由于变压器铁芯中的磁感应强度处在磁化曲线的饱和段，空载损耗和空载电流都会急剧变化，所以空载试验应在额定电压下进行。

Jb0302132011　变压器绕组绝缘损坏的原因有哪些？（5 分）

考核知识点：变压器绕组绝缘

难易度：中

标准答案：

（1）线路短路故障和负荷的急剧多变，使变压器的电流超过额定电流的几倍或十几倍以上，这时绕组受到很大的电动力而发生位移或变形，另外，由于电流的急剧增大，将使绕组温度迅速升高，导致绝缘损坏。

（2）变压器长时间的过负荷运行，绕组产生高温，将绝缘烧焦，并可能损坏而脱落，造成匝间或层间短路。

（3）绕组绝缘受潮，这是因绕组浸漆不透，绝缘油中含水分所致。

（4）绕组接头及分接开关接触不良，在带负荷运行时，接头发热损坏附近的局部绝缘，造成匝间及层间短路。

（5）变压器的停送电操作或遇到雷电时，使绕组绝缘因过电压而损坏。

Jb0302111012　电力系统频率与电压之间的关系如何？（5 分）

考核知识点：频率与电压

难易度：中

标准答案：

发电机电动势按励磁系统不同，随着频率的平方或三次方成正比变化。当系统频率下降时，发电机的无功出力将减小，用户需要的励磁功率将增加。此时若系统无功电源不足，频率下降将促使电压随之降低。经验表明，频率下降1%时，电压相应下降0.8%~2%电压下降，又反过来使负荷的有功功率减小，阻滞频率下降。在无功电源充足的情况下，发电机的自动励磁调节系统将提高发电机的无功出力，防止电压的下降。即发电机的无功出力将因系统频率的下降而增大。当系统频率上升时，发电机的无功出力将增加，负荷的无功功率将减少，使系统电压上升，但发电机的自动励磁调节系统将阻止其上升。即发电机的无功出力在频率上升时下降。

Jb0302113013　一台单相变压器，S_N=20 000kVA，$\frac{U_{1N}}{U_{2N}}=\frac{\frac{220}{\sqrt{3}}}{11}$kV，$f_N$=50Hz，绕组由铜线绕制，在 15℃时做短路试验，电压加在高压侧，测得 U_k=9.24kV，I_k=157.4A，P_k=129kW，试求折算到高压侧的短路参数 Z_k、r_k、x_k，并求折算到 75℃时的值。（8 分）

考核知识点：变压器短路参数

难易度：难

标准答案：

解：高压侧的额定电流：

$$I_{1N}=\frac{S_{1N}}{U_{1N}}=\frac{20\,000\times10^3}{\frac{220}{\sqrt{3}}\times10^3}=157.46\text{（A）}$$

根据试验数据，折算至高压侧的短路参数为：

$$Z_k=\frac{U_k}{I_{1N}}=\frac{9.24\times10^3}{157.46}=58.70\text{（}\Omega\text{）}$$

$$r_k=\frac{P_k}{I_{1N}^2}=\frac{129\times10^3}{157.46^2}=5.20\text{（}\Omega\text{）}$$

$$x_k=\sqrt{Z_k^2-r_k^2}=\sqrt{58.70^2-5.20^2}=58.47\text{（}\Omega\text{）}$$

折算至75℃时的参数为：

$$r_{k75℃}=\frac{235+75}{235+15}\times5.20=6.45\text{（}\Omega\text{）}$$

$$Z_{k7℃}=\sqrt{x_k^2+r_{k75℃}^2}=\sqrt{58.47^2+6.45^2}=58.82\text{（}\Omega\text{）}$$

答：折算到高压侧的短路参数 Z_k、r_k、x_k 分别为58.70Ω、5.20Ω、58.47Ω。折算到75℃时分别为58.82Ω、6.45Ω、58.47Ω。

Jb0302131014　简述变压器有载分接开关的作用。（5分）

考核知识点：变压器有载分接开关

难易度：中

标准答案：

电压是电力系统中的重要质量指标，由于供电网络的负荷波动性较大，往往会引起电压的变化。为了确保电能质量，对变压器适时进行调压，而有载分接开关能在不中断负载电流的情况下实现变压器绕组中分接头之间的切换，从而改变绕组的匝数，即变压器的电压比，实现调压的目的，因此在电力变压器中得到了广泛应用。

Jb0302131015　简述变压器有载分接开关的工作原理。（5分）

考核知识点：变压器有载分接开关

难易度：中

标准答案：

有载分接开关是在负载状态下调节变压器绕组分接位置，这就要求有载分接开关在变换分接位置过程中，既要保证负载电流的连续、不能开路，又要保证分接间不能短路。因此，在分接开关切换过程中必然在某一瞬间同时桥接两个分接头，以保证负载电流的连续性。而桥接的两个分接间必须串接电阻以限制循环电流，保证不发生分接间短路，实现这一功能的电路为过渡电路。按照串接电阻的数量分为单电阻、双电阻及四电阻的开关类型。

Jb0302132016　SF_6 断路器及 GIS 为什么需要进行耐压试验？（5分）

考核知识点：GIS 交流耐压

难易度：中

标准答案：

因罐式 SF_6 断路器及 GIS 组合电器的充气外壳是接地的金属壳体，内部导电体与壳体的间隙较小，一般运输到现场的组装充气，因内部有杂物或运输中内部零件移位，将改变电场分布。现场进行对地耐压试验和对断口间耐压试验能及时发现内部隐患和缺陷。瓷柱式 SF_6 断路器的外壳是瓷套，对地绝缘强度高，但断口间隙仅为 30mm 左右，如断口间有毛刺或杂质存在不易察觉，耐压试验能及时发现内部隐患缺陷。综上所述耐压试验非常必要而且必须做。

Jb0302132017　组合电器特高频局部放电检测的环境要求有哪些？（5 分）

考核知识点：组合电器局部放电

难易度：易

标准答案：

（1）检测目标及环境的温度不宜低于 5℃。

（2）环境相对湿度不宜大于 80%，雷、雨、雾、雪等天气不得进行检测。

（3）检测时应避免手机、照相机闪光灯等无线信号的干扰。

（4）室内检测避免气体放电灯等对检测数据的影响。

（5）进行检测时应避免干扰源和大型设备振动带来的影响。

Jb0302132018　串级式电压互感器 tanδ 测量时，常规法要二、三次线圈短接，而自激法、末端屏蔽法、末端加压法却不许短接，为什么？（5 分）

考核知识点：串级式电压互感器试验

难易度：中

标准答案：

常规法测量时，如不将二、三次线圈短接，若此时一次线圈也不短接，会引入励磁电感和空载损耗影响测得的 tanδ 值出现偏大的误差。而自激法或末端屏蔽法主要测的是一次线圈及下铁芯对二、三次和对地的分布电容和 tanδ 值。如果将二、三次短路，则励磁电流大大增加，不仅有可能烧坏互感器，还使一次电压与二、三次电压间相角差增加，引起不可忽视的测量误差。另外从自激法的接线来讲，高压标准电容器自激法，用一个或两个低压线圈励磁，低压标准电容器法，两个线圈均已用上，因而不允许短路。

Jb0302132019　做 GIS 交流耐压试验时应特别注意什么？（5 分）

考核知识点：GIS 交流耐压

难易度：中

标准答案：

做 GIS 交流耐压试验时应特别注意以下几方面：

（1）规定的试验电压应施加在每一相导体和金属外壳之间，每次只能一相加压，其他相导体和接地金属外壳相连接。

（2）当试验电源容量有限时，可将 GIS 用其内部的断路器或隔离开关分断成几个部分分别进行试验，同时不试验的部分应接地，并保证断路器断口，断口电容器或隔离开关断口上承受的电压不超过允许值。

（3）GIS 内部的避雷器在进行耐压试验时应与被试回路断开，GIS 内部的电压互感器、电流互感器的耐压试验应参照相应的试验标准执行。

Jb0302133020　为什么温差变化和湿度增大会使高压互感器的 tanδ 超标？如何处理？（8 分）

考核知识点：互感器介质损耗

难易度：中

标准答案：

互感器外部主要有底座、储油柜和接有一次绕组出线的大瓷套和二次绕组出线的小瓷套。当它们内部和外部的温度变化时，$\tan\delta$也会变化，因此$\tan\delta$值与温度有一定的关系。当大小瓷套在湿度较大的空气中，使瓷套表面附上了肉眼看不见的小水珠，这些小水珠凝结在试品的大小瓷套上，造成了试品绝缘电阻降低和电容量减小。对电容量较大的U字形电容式互感器，电容改变的相当大，导致出现负$\tan\delta$值。

如果想降低$\tan\delta$值，一是按照技术条件和标准要求，在规定的温度和湿度情况下测量$\tan\delta$值。二是在实际温度下想办法排除大小瓷套上的水分，使试品恢复原来本身实际的电容量和绝缘电阻，以达到测出试品的$\tan\delta$值的真实数据。

处理方法有：化学去湿法、红外线灯泡照射法、烘房加热法等。

若采用上述方法处理后，个别试品$\tan\delta$值仍降不下来，就要从试品的制造工艺和干燥水平上找原因。根据经验，如果是电流互感器，造成$\tan\delta$值偏大的主要原因有试品包扎后时间过长，试品吸尘、吸潮或有碰伤等现象。电容式结构的试品，还可能出现电容屏断裂或地屏接触不良或断开现象，造成$\tan\delta$值偏大或测不出来。如果是电压互感器，主要是由于试品的胶木支撑板干燥不透或有开裂现象，造成$\tan\delta$值偏大。因为胶木支撑板的好坏，直接影响试品的$\tan\delta$值。

Jb0302131021 对电力设备进行绝缘强度试验有什么重要意义？（5分）

考核知识点：电力设备交流耐压

难易度：中

标准答案：

电力设备在正常的运行过程中，不仅要承受额定电压的长期作用，还要耐受各种过电压（如工频过电压、雷电过电压、操作过电压）。为了考核设备承受过电压的能力，人为模拟各种过电压，对设备的绝缘进行试验以检验其承受能力。这就是所谓绝缘强度试验，也称耐压试验。

为了简化，现场常用等效的交、直流耐压来代替试验设备较为复杂的冲击试验，同时也考核了设备在工作电压下的绝缘裕度。

Jb0302133022 测量工频交流耐压试验电压有几种方法？（5分）

考核知识点：交流耐压试验

难易度：难

标准答案：

测量工频交流耐压试验电压有如下几种方法。

（1）在试验变压器低压侧测量。对于一般瓷质绝缘、断路器、绝缘工具等，可测取试验变压器低压侧的电压，再通过电压比换算至高压侧电压。它只适用于负荷容量比电源容量小得多、测量准确要求不高的情况。

（2）用电压互感器测量。将电压互感器的一次侧并接在被试品的两端头上，在其二次侧测量电压，根据测得的电压和电压互感器的变压比计算出高压侧的电压。

（3）用高压静电电压表测量。用高压静电电压表直接测量工频高压的有效值，这种形式的表计多用于室内的测量。

（4）用铜球间隙测量。球间隙是测量工频高压的基本设备，其测量误差在3%的范围内。球隙测的是交流电压的峰值，如果所测电压为正弦波，则峰值除以$\sqrt{2}$即为有效值。

（5）用电容分压器或阻容分压器测量。由高压臂电容器C_1与低压臂电容器C_2串联组成的分压器，用电压表测量C_2上的电压U_2，然后按分压比算出高压U_1。

Jb0302131023　介电系数在绝缘结构中的意义是什么？（5分）

考核知识点： 介电系数

难易度： 中

标准答案：

高压电气设备的绝缘结构大都由几种绝缘介质组成，不同的绝缘介质其介电系数也不同。介电系数小的介质所承受的电场强度高，如高压设备的绝缘材料中有气隙，气隙中空气的介电系数较小，则电场强度多集中在气隙上，常使气隙中空气先行游离而产生局部放电，促使绝缘老化，甚至绝缘层被击穿，引起绝缘体电容量的变化。

因此，在绝缘结构中介电系数是影响电气设备绝缘状况的重要因素。

Jb0302132024　对局部放电测量仪器系统的一般要求是什么？测量中常见的干扰有几种？（10分）

考核知识点： 局部放电

难易度： 难

标准答案：

对测量仪器系统的一般要求有以下3种。

（1）有足够的增益，这样才能将测量阻抗的信号放大到足够大。

（2）仪器噪声要小，这样才不至于使放电信号淹没在噪声中。

（3）仪器的通频带要可选择，可以根据不同测量对象选择带通。

常见干扰有：

（1）高压测量回路干扰。

（2）电源侧侵入的干扰。

（3）高压带电部位接触不良引起的干扰。

（4）试区高压电场作用范围内金属物处于悬浮电位或接地不良的干扰。

（5）空间电磁波干扰，包括电台、高频设备的干扰等。

（6）地中零序电流从入地端进入局部放电测量仪器带来的干扰。

Jb0302121025　图 Jb0302121025 是什么设备的原理接线图？并写出主要元件的名称。（5分）

考核知识点： 电容式电压互感器

难易度： 易

标准答案：

电容式电压互感器原理接线图。

图 Jb0302121025 中：C_1—主电容；C_2—分压电容；L—谐振电抗器的电感；F—保护间隙；TT—中间变压器；R_0—阻尼电阻；C_3—防振电容器电容；S—接地开关；A—载波耦合装置；E—中间变压器低压端；a、x—主二次绕组；a_f、x_f—辅助二次绕组。

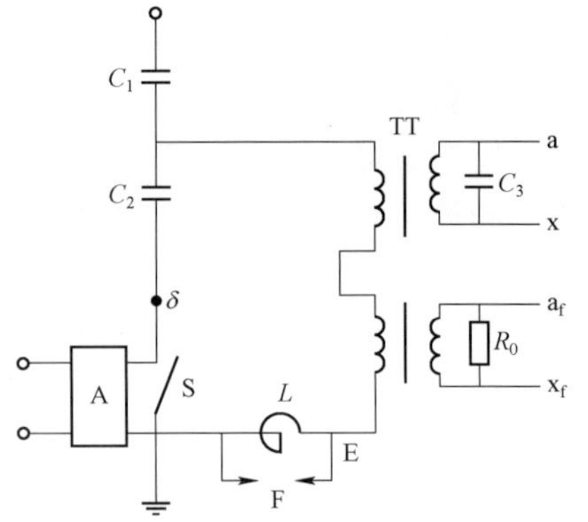

图 Jb0302121025

Jb0302133026　高压电流互感器末屏引出结构方式对末屏的介质损耗因数有何影响？（15分）

考核知识点： 互感器末屏

难易度： 难

标准答案：

高压电流互感器末屏引出的结构方式有两种；一种是从二次接线板（环氧酚醛层压玻璃布板）上引出，另一种是利用一个绝缘小瓷套管，从油箱底座上引出，如图 Jb0302133026 所示。

现场测试表明，电流互感器的末屏引出结构方式对其介质损耗因数测量结果影响较大。由二次接线的环氧玻璃布板上直接引出的末屏介质损耗因数一般都较大，最大可达 8%左右，即使合格的也在 1%～1.5%之间；由绝缘小瓷套管引出的末屏介质损耗因数一般都较小，在 1%以下，最小的在 0.4%。

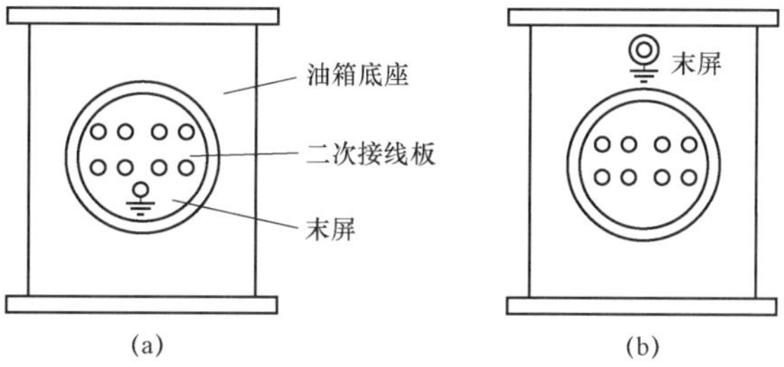

图 Jb0302133026

（a）二次接线板引出；（b）绝缘小瓷套管引出

对于由二次接线板上直接引出的末屏介质损耗因数不合格的电流互感器，可采取更换二次接线板的方法。但是，有的更换了二次接线板后，末屏介质损耗合格，在 1%～1.5%之间，而有的更换了二次接线板后，介质损耗因数反而增大。对于这种情况，应将其末屏改为由绝缘小瓷套管引出至箱壳，这样更换后的末屏介质损耗因数可达 1%以下。

两种末屏引出结构方式对末屏介质损耗因数影响如此之大，主要是与末屏引出的绝缘结构材料有关。电流互感器的末屏对二次绕组及地之间，可以看成一个等效电容，它由油纸、变压器油和环氧玻璃布板或小瓷套管并联组成。末屏介质损耗因数的大小与上述并联绝缘介质的性能如其 $\tan\delta$ 和电容量 C 有很大关系。

若将环氧玻璃布板和瓷套管的 $\tan\delta$ 和 C 进行对比，环氧玻璃布板结构方式在 20℃、50Hz 下的 $\tan\delta$ 和 C 较瓷套管方式在 20℃、50Hz 下的 $\tan\delta$ 和 C 大。根据电介质理论，绝缘介质的 $\tan\delta$ 大、C 大，必然使末屏介质损耗因数大。此外，环氧玻璃布板是由电工用无碱玻璃布浸以环氧酚醛树脂经热压而成，其压层间难免出现一些微小的气泡和杂质，有的甚至出现夹层和裂纹，这种有缺陷的环氧玻璃布板不但会影响末屏介质损耗因数，导致其增大，而且会影响到末屏对二次及地的绝缘电阻的降低，有的甚至降到 1000MΩ 以下而不合格。

采用绝缘小瓷套管的末屏引出方式，不但能保证电流互感器的末屏介质损耗因数在合格的范围内，而且能够提高末屏对地的绝缘水平。一般说来，末屏对地绝缘电阻可达 5000MΩ 以上，末屏对地的 1min 工频耐压可由 2kV 提高到 5kV。

Jb0302133027　为什么要对变压器类设备进行交流感应耐压试验？如何获得中频率的电源？（12 分）

考核知识点：感应耐压试验

难易度：难

标准答案：

交流感应耐压试验是考核变压器、电抗器和电压互感器等设备电气强度的一个重要试验项目。以变压器为例，工频交流耐压试验只检查了绕组主绝缘的电气强度，即高压、中压、低压绕组间和对油箱、铁芯等接地部分的绝缘。而纵绝缘，即绕组匝间、层间、段间的绝缘没有检验。交流感应耐压试验就是在变压器的低压侧施加比额定电压高一定倍数的电压，靠变压器自身的电磁感应在高压绕组上得到所需的试验电压来检验变压器的主绝缘和纵绝缘。特别是对中性点分级绝缘的变压器，由于不能采用外施高压进行工频交流耐压试验，其主绝缘和纵绝缘均由感应耐压试验来考核。

为了提高试验电压，又不使铁芯饱和，多采用提高电源频率的方法，这可从变压器的电势方程式来理解

$$E=KfB$$

式中 E——感应电动势；

K——常数；

f——频率；

B——磁通密度。

由此可见，若欲使磁通密度不变，当电压增加一倍时，频率 f 就要相应地增加一倍。因此感应耐压试验电源的频率要大于额定频率两倍以上，一般采用 100～250Hz 的电源频率。

获得中频率的电源有以下几种方法。

（1）中频发电机组。它是由一个电动机拖动一个中频的同步发电机所组成。发电机组的调压是通过改变励磁机的励磁变阻器，用励磁机来调节对发电机转子的励磁，从而达到发电机的定子输出电压平滑可调的目的。这种方法多在制造厂中应用。

（2）绕线式异步电动机反拖取得两倍频的试验电源。这种方法称为反拖法。它实际上是将绕线式异步电动机作为异步变频机应用的一个例子。

（3）用三相绕组接成开口三角形取得三倍频试验电源。这是现场进行感应耐压试验较易实现的一种方法。它们可以是 3 台单相变压器组合而成，也有采用五柱式变压器作为专用三倍频电源的。

（4）可控硅变频调压逆变电源。应用可控硅逆变技术来产生中频，用作感应耐压试验电源，具有显著优点。如质量轻，可利用 380V 低压交流电源，装置兼有调压作用，节省大量调压设备等，因此是一种有希望的倍频感应耐压试验的电源装置。

Jb0302132028　简述在 110kV 及以下系统中，空母线带电磁式电压互感器产生铁磁谐振过电压的防止和限制措施。（6 分）

考核知识点：铁磁谐振

难易度：中

标准答案：

防止和限制铁磁谐振过电压的措施如下：

（1）排除外界强烈的冲击扰动，例如，在电磁式电压互感器的中性端串入非线性阀片，当母线电压升高时非线性阀片动作，防止铁磁谐振过电压的发生。

（2）选用励磁性能好（饱和拐点比较高）的电磁式电压互感器或改用电容式电压互感器。

（3）在电磁式电压互感器的开口三角形绕组中加装一个阻尼电阻 R，使 $R \leqslant 0.4X_T$（互感器的励磁感抗）。

Jb0302132029　中性点直接接地变压器的绕组在大气过电压作用时，电压是如何分布的？（6 分）

考核知识点：过电压

难易度：难

标准答案：

当大气过电压作用在中性点直接接地变压器绕组上时，绕组上电压分布呈衰减指数分布。一开始由于绕组的感抗很大，所以电流不从变压器绕组的线匝中流过，而只从高压绕组的匝与匝之间，以及绕组与铁芯即绕组对地之间的电容中流过。由于对地电容的存在，在每线匝间电容上流过的电流都不

相等，因此，沿着绕组高度的起始电压的分布，也是不均匀的。在最初瞬间的电压分布情况是首端几个线匝间，电位梯度很大。使匝间绝缘及绕组间绝缘受到很大的威胁。在绕组中部电位大大减小，尾部（中性接地端）趋于平缓。

从起始电压分布状态过渡到最终电压分布状态，伴随有谐振的过程，这是由于绕组之间电容及绕组的电感的作用。在谐振过程中，绕组某些部位的对地主绝缘甚至承受比冲击电压还要高的电压。

Jb0302133030 自耦变压器具有哪些优、缺点？（10 分）

考核知识点：自耦变压器特点

难易度：难

标准答案：

其优点如下：

（1）消耗材料少，成本低。因为变压器所用硅钢片和铜线的量与绕组的额定感应电动势、额定电流有关，也即与绕组的容量有关，自耦变压器绕组容量降低，所消耗材料也减少，成本也低。

（2）损耗少，效率高。由于铜线和硅钢片用量减少，在同等的电流密度及磁通密度时，自耦变压器的铜耗和铁耗都比双绕组变压器减少，因此效率高。

（3）便于运输和安装。因为它比同等容量的双绕组变压器质量轻、尺寸小，占地面积小。

（4）提高了变压器的极限制造容量。变压器的极限制造容量一般受运输条件的限制，在相同的运输条件下，自耦变压器容量可比双绕组变压器制造大一些。

其缺点如下：

（1）使电力系统短路电流增加。由于自耦变压器的高、中压绕组之间有电的联系，其短路阻抗只有同容量普通双绕组变压器的$\left(1-\frac{1}{k}\right)^2$倍，因此在电力系统中采用自耦变压器后，将使三相短路电流显著增加。又由于自耦变压器中性点必须直接接地，所以将使系统的单相短路电流大为增加，有时甚至超过三相短路电流。

（2）造成调压上的困难。主要是由于自耦变压器的高、中压绕组之间有电的联系引起的。

（3）使绕组的过电压保护复杂。由于高、中压绕组的自耦联系，当任一侧落入一个波幅与该绕组绝缘水平相适应的雷电冲击波时，另一侧出现的过电压冲击波的波幅则可能超出该侧绝缘水平。为了避免这种现象的发生，必须在高、中压两侧出线端都装一组避雷器。

（4）使继电保护复杂。

Jb0302122031 试说明图 Jb0302122031 为变压器何种试验的结果图，并判断该图反映变压器存在什么问题？（3 分）

考核知识点：绕组变形

难易度：中

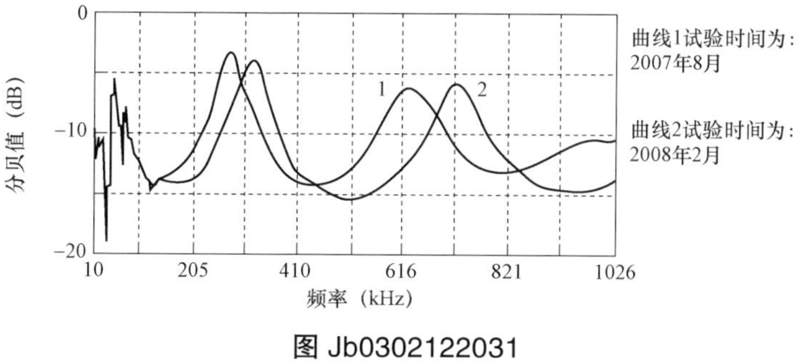

图 Jb0302122031

标准答案：

图 Jb0302122030 为变压器绕组变形测试图，由于曲线 2 与曲线 1 比较，部分波峰及波谷的频率分布位置明显向右移动，说明该变压器可能由于短路电流冲击等原因而发生了绕组变形。

Jb0302121032　绝缘电阻低的变压器的吸收比要比绝缘电阻高的变压器的吸收比低吗？（5 分）

考核知识点：变压器绝缘电阻

难易度：易

标准答案：

不一定。对绝缘严重受潮的变压器，其绝缘电阻低，吸收比也较小。但绝缘电阻是绝缘电阻表摇测 1min 的测量值；而吸收比是 1min 与 15s 的绝缘电阻之比，且吸收比还与变压器容量有关。所以在一般情况下，绝缘电阻低，其吸收比不一定低。尤其对大型变压器，其电容大，吸收电流大，因此吸收比较高，而对小型变压器，其电容小，往往绝缘电阻高，但其吸收比却较小。

Jb0302132033　为什么介质的绝缘电阻随温度升高而减小，金属材料的电阻却随温度升高而增大？（5 分）

考核知识点：介质绝缘电阻

难易度：中

标准答案：

绝缘材料电阻系数很大，其导电性质是离子性的，而金属导体的导电性质是自由电子性的，在离子性导电中，作为电流流动的电荷是附在分子上的，它不能脱离分子而移动。当绝缘材料中存在一部分从结晶晶体中分离出来的离子后，则材料具有一定的导电能力，当温度升高时，材料中原子、分子的活动增加，产生离子的数目也增加，因而导电能力增加，绝缘电阻减小。

而在自由电子性导电的金属中，其所具有的自由电子数目是固定不变的，而且不受温度影响，当温度升高时，材料中原子、分子的运动增加，自由电子移动时与分子碰撞的可能性增加，因此，所受的阻力增大，即金属导体随温度升高电阻也增大了。

Jb0302132034　简述架空线路绝缘电阻测试的方法？（6 分）

考核知识点：绝缘电阻

难易度：中

标准答案：

测试架空线路绝缘电阻是为了检查架空线路的绝缘情况，排除相对地或相间绝缘故障。

（1）测试必须在晴朗干燥天气进行。

（2）在确知线路上无人工作并通知末端人员后。

（3）用 2500V 绝缘电阻表分别测量线路各相对地绝缘电阻。

（4）非被测两相线路应接地。

（5）读取绝缘电阻值后应脱开相线再停止摇动绝缘电阻表，以免线路电容反充电损坏绝缘电阻表。

（6）测试完毕后，将线路短接接地并记录环境温、湿度。

Jb0302121035　画出架空线路绝缘电阻测试图。（5 分）

考核知识点：架空线路绝缘电阻

难易度：中

标准答案：

如图 Jb0302121035 所示。

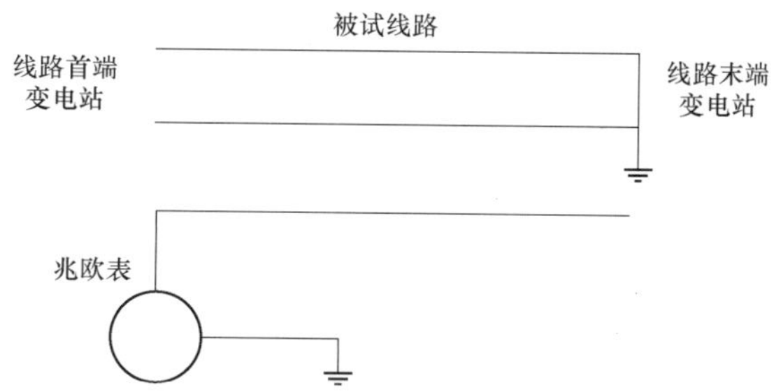

图 Jb0302121035

Jb0302121036　简述架空线路绝缘电阻注意事项有哪些？（10 分）

考核知识点：架空线路绝缘电阻

难易度：难

标准答案：

（1）测量前，应全面了解被测试线路的基本情况，如线路走廊、线路类型、线路实际长度。

（2）保证线路上无人工作、施工用临时接地线全部拆除。为保证试验设备、人员安全，应考虑感应电压的影响，在试验方案中应有相应的安全措施。

（3）进行线路工频参数测试时应尽可能拆除线路两侧 CVT、避雷器和短接阻波器，或者采取拆除终端塔弓字跳线的方式。

（4）被测试线路为同塔双回线或同塔多回线架设时，应避免在有一回带电的情况下，测量另一回线路参数，运行线路均必须停电时才可进行参数测量。

（5）测试过程中应注意避免感应电伤人。

（6）运行变电所工作须办理工作票，并经运行人员许可交底后方可工作。

（7）测试前应由试验现场负责人进行现场安全、技术交底，并有书面记录。

（8）试验人员测试时应戴绝缘手套，确认线路测试引下线已接线完毕后，且引下线与测试人员保持足够安全距离，进行试验。

（9）试验接线工作必须在被试线路接地的情况下进行，严防感应电伤人及损坏仪器、仪表。

Jb0302121037　画出绝缘滑车工频耐压试验原理接线图。（6 分）

考核知识点：绝缘滑车耐压试验

难易度：中

标准答案：

如图 Jb0302121037 所示。

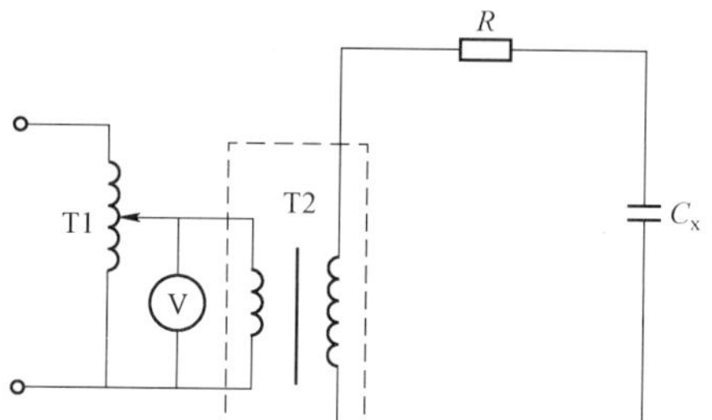

图 Jb0302121037

T1—调压器；T2—试验变压器；R—限流电阻；C_x—被试品；V—电压表

Jb0302122038　有下列设备：TT—试验变压器；VC—整流用高压硅堆；*C*—稳压电容；PV2—静电电压表；PA1、PA2—测量用微安表；F—被试阀式避雷器；R_0—保护电阻；PV1—电磁式电压表；TR—调压器。画出测量阀式避雷器泄漏电流原理接线图。（5 分）

考核知识点：避雷器泄漏电流

难易度：中

标准答案：

如图 Jb0302122038 所示。

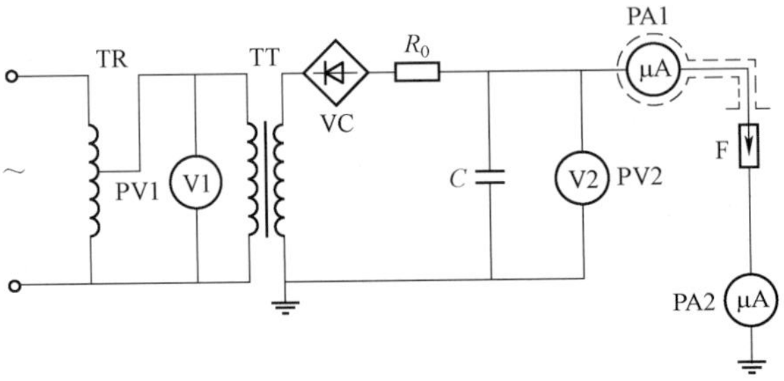

图 Jb0302122038

Jb0302131039　ZnO 避雷器有什么特点？（3 分）

考核知识点：氧化锌避雷器

难易度：易

标准答案：

ZnO 避雷器的阀片具有极为优异的非线性伏安特性，采用这种无间隙的避雷器后，其保护水平不受间隙放电特性的限制，使之仅取决于雷电和操作放电电压时的残压特性，而这个特性与常规碳化硅阀片相比，要好得多，这就相对提高了输变电设备的绝缘水平，从而有可能使工程造价降低。

Jb0302133040　为什么预防性试验合格的耦合电容器会在运行中发生爆炸？（15 分）

考核知识点：耦合电容器

难易度：难

标准答案：

从耦合电容器的结构可知，整台耦合电容器是由 100 个左右的单元件串联后组成的。就电容量而言，其变化+10%，在 100 个单元件如有 10 个以下的元件发生短路损坏，还是在允许范围之内。此时，另外 90 个左右单元件电容要承担较高的运行电压，这对运行中的耦合电容器的绝缘造成了极大的危害。

造成耦合电容器损坏事故的主要原因，多数是由于在出厂时就带有一定的先天缺陷。有的厂家对电容芯子烘干不好，留有较多的水分，或元件卷制后没有及时转入压装，造成元件在空气中的滞留时间太长，另外，还有在卷制中碰破电容器纸等。个别电容器由于胶圈密封不严，进入水分。此时一部分水分沉积在电容器底部，另一部分水分在交流电场的作用下将悬浮在油层的表面，此时如顶部单元件电容器有气隙，它最容易吸收水分，又由于顶部电容器的场强较高，这部分电容器最易损坏。对损坏的电容器解体后分析得知，电容器表面已形成水膜。由于表面存在杂质，使水膜迅速电离而导电，引起了电容量的漂移，介电强度、电晕电压和绝缘电阻降低，损耗增大，从而使电容器发热，最后造成了电容器的失效。所以每年的预防性试验测量绝缘电阻、介质损耗因数并计算出电容量是十分必要的。即使绝缘电阻、介质损耗因数和电容量都在合格范围内，当单元件电容器有少量损坏时，还不可能及早发现电容器内部存在的严重缺陷。

电容器的击穿往往是与电场的不均匀相联系的，在很大程度上取决于宏观结构和工艺条件，而电容器的击穿就发生在这些弱点处。电容器内部无论是先天缺陷还是运行中受潮，都首先造成部分电容器损坏，运行电压将被完好电容器重新分配，此时每个单元件上的电压较正常时偏高，从而导致完好的电容器继续损坏，最后导致电容器击穿。

为减少耦合电容器的爆炸事故发生，对运行中的耦合电容器应连续监测或带电测量电容电流，并分析电容量的变化情况。

Jb0302132041 在分析泄漏电流测量结果时，应考虑哪些可能影响测量结果的外界因素？（6分）

考核知识点：泄漏电流测试

难易度：中

标准答案：

测量结果时，应考虑的外界影响因素主要有：

（1）高压引线及端头对地电晕电流。

（2）空气湿度、试品表面的清洁程度。

（3）环境湿度、试品湿度。

（4）试验接线、微安表位置。

（5）强电场干扰、地网电位的干扰。

（6）硅堆的质量。

Jb0302132042 使用绝缘电阻表测量电容性电力设备的绝缘电阻时，在取得稳定读数后，为什么要先取下测量线，再停止摇动摇把？（5分）

考核知识点：绝缘电阻表

难易度：中

标准答案：

使用绝缘电阻表测量电容性电力设备的绝缘电阻时，由于被测设备具有一定的电容，在绝缘电阻表输出电压作用下处于充电状态，表针向零位偏移。随后指针逐渐向∞方向移动，约经 1min 后，充电基本结束，可以取得稳定读数。此时，若停止摇动摇把，被测设备将通过绝缘电阻表放电。通过绝缘电阻表表内的放电电流与充电电流相反，表的指针因此向∞处偏移，对于高电压、大容量的设备，常会使表针偏转过度而损坏。所以，测量大电容的设备时，在取得稳定读数后，要先取下测量线，然后再停止摇动摇把。同时，测试之后，要对被测设备进行充分的放电，以防触电。

Jb0302131043 为什么要测量电容型试品（如电容型套管和电流互感器）末屏对地的绝缘电阻？（5分）

考核知识点：绝缘电阻测试

难易度：中

标准答案：

电容型套管和电流互感器一般由十层以上电容串联。进水受潮后，水分一般不易渗入电容层间或使电容层普遍受潮，因此，进行主绝缘试验往往不能有效地监测出其进水受潮。但是，水分的比重大于变压器油，所以往往沉积于套管和电流互感器外层（末层）或底部（末屏与法兰间）而使末屏对地绝缘水平大大降低，因此，进行末屏对地绝缘电阻的测量能有效地监测电容型试品进水受潮缺陷。使用 2500V 绝缘电阻表测得的绝缘电阻值一般不小于 1000MΩ。

Jb0302132044　简述架空线路绝缘电阻测试和相位核对的试验步骤。（5 分）

考核知识点：架空线路

难易度：中

标准答案：

（1）将架空线路两端的线路接地开关拉开，三相线路全部悬空，线路对侧一相接地，开始接线。

（2）将高压屏蔽线一端接绝缘电阻表“L”端，另一端接绝缘杆，绝缘电阻表“E”端接地。

（3）通知对侧人员将被试线路其中一相接地，另两相空负荷断开，试验人员驱动绝缘电阻表达额定转速后，将绝缘杆搭接线路，分别测量线路三相绝缘电阻。其中对侧接地相的绝缘电阻为零，另两相待绝缘电阻表指针稳定后读取绝缘电阻值。

（4）完成上述操作后，试验人员通知对侧试验人员将接地线接在线路另一相，重复上述步骤，直至对侧三相均有一次接地。

（5）记录对侧接地相测量端绝缘电阻为零的相的对应情况及线路绝缘电阻值。

Jb0302132045　如何对屏蔽服进行电阻测试？（5 分）

考核知识点：屏蔽服电阻测试

难易度：中

标准答案：

在试验台上铺一块 5mm 毛毡，将手套、短袜平铺在毛毡上，在手套、短袜内衬一层塑料薄膜，使各布层间相互隔开，避免层间短路；将一个试验电极压在手套的中指指尖或短袜袜尖处；另一个试验电极压在手套或短袜的开口处分流连接线上；用 QJ31 型单、双臂电桥测量两电极间的电阻。

将鞋子平放在平板电极上，然后将圆柱形电极放在鞋里的底面上，并在圆柱形电极周围装上钢珠，将整个鞋底盖住并达到 20mm 深。用 QJ31 型单、双臂电桥测量两极间的电阻。

整套衣服电阻测试时，先将衣服给模拟人穿上，平放在桌上，将两个电极分别垂直平放在各被测点（整套屏蔽服各最远端点之间，即手套与短袜及帽子与短袜）上，用 QJ31 型单、双臂电桥检测手套与短袜及帽子与短袜间的电阻。

Jb0302131046　试根据直流泄漏试验的结果，对电气设备的绝缘状况进行分析。（3 分）

考核知识点：直流泄漏电流

难易度：易

标准答案：

现行标准中，对泄漏电流有规定的设备，应按是否符合规定值来判断。对标准中无明确规定的设备，将同一设备各相互相进行比较，与历年试验结果进行比较，同型号的设备互相进行比较，视其变化情况来分析判断，无明显差别，视为合格。

Jb0302132047　为什么用 QS1 型西林电桥测量小电容试品介质损耗因数时，采用正接线好？（6 分）

考核知识点：介质损耗因数测试

难易度：难

标准答案：

小电容（小于 500pF）试品主要有电容型套管、电容型电流互感器等。对这些试品采用 QS1 型西林电桥的正、反接线进行测量时，其介质损耗因数的测量结果是不同的。其原因分析如下。

按正接线测量一次对二次或一次对二次及外壳（垫绝缘）的介质损耗因数，测量结果是实际被试品一次对二次及外壳绝缘的介质损耗因数。而一次与顶部周围接地部分之间的电容和介质损耗因数均被屏蔽掉（电桥正接线测量时，接地点是电桥的屏蔽点）。为了在现场测试方便，可直接测量一次对二次的绝缘介质损耗因数，便可以灵敏地发现其进水受潮等绝缘缺陷，而按反接线测量的是一次对二次及地的介质损耗因数值。由于试品本身电容小，而一次与顶部对周围接地部分之间的电容所占的比例相对就比较大，也就对测量结果（反接线测量的综合介质损耗因数）有较大的影响。

由于正接线具有良好的抗电场干扰，测量误差较小的特点，一般应以正接线测量结果作为分析判断绝缘状况的依据。

Jb0302132048 为什么油纸电容型套管的 $\tan\delta$ 一般不进行温度换算？有时又要求测量 $\tan\delta$ 随温度的变化？（6 分）

考核知识点：介质损耗因数与温度的关系

难易度：难

标准答案：

油纸电容型套管的主绝缘为油纸绝缘，其$\tan\delta$与温度的关系取决于油与纸的综合性能。良好绝缘套管在现场测量温度范围内，其$\tan\delta$基本不变或略有变化，且略呈下降趋势。因此，一般不进行温度换算。

对受潮的套管，其 $\tan\delta$随温度的变化而有明显的变化，绝缘受潮的套管的 $\tan\delta$随温度升高而显著增大。

基于上述，当 $\tan\delta$的测量值与出厂值或上次测试值比较有明显增长或接近于要求值时，应综合分析 $\tan\delta$与温度、电压的关系，当 $\tan\delta$随温度增加明显增大或试验电压从 10kV 升到$U_m/\sqrt{3}$，$\tan\delta$增量超过±0.3%时，不应继续运行。

鉴于近年来电力部门频繁发生套管试验合格而在运行中爆炸的事故以及电容型套管 $\tan\delta$的要求值提高到 0.8%～1.0%，现场认为再用准确度较低的西林电桥（绝对误差为$|\tan\delta|\leqslant 0.3\%$）进行测量值得商榷，建议采用准确度高的测量仪器，其测量误差应达到$|\tan\delta|\leqslant 0.1\%$，以准确测量小介质损耗因数 $\tan\delta$。

与间隙组装不当，导致部分间隙短接；弹簧压力过大，使火花间隙放电距离缩短。

Jb0302132049 过电压是怎样形成的？它有哪些危害？（5 分）

考核知识点：过电压

难易度：中

标准答案：

一般来说，过电压的产生都是由于电力系统的能量发生瞬间突变所引起的。如果是由外部直击雷或雷电感应突然加到系统里所引起的，叫作大气过电压或叫作外部过电压；如果是在系统运行中，由于操作故障或其他原因所引起系统内部电磁能量的振荡、积聚和传播，从而产生的过电压，叫作内部过电压。

不论是大气过电压还是内部过电压，都是很危险的，均可能使输、配电线路及电气设备的绝缘弱点发生击穿或闪络，从而破坏电气系统的正常运行。

Jb0302122050 三级倍压整流电路如图 Jb0302122050 所示，在负载 R_L上就可得 $3U_{2m}$的电压，简述其工作原理。（5 分）

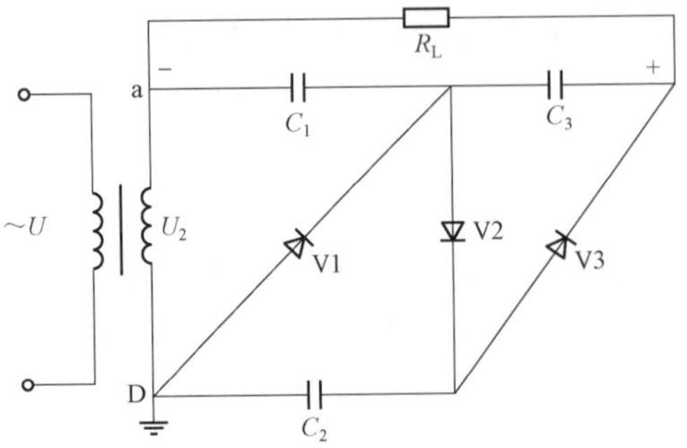

图 Jb0302122050

考核知识点：三级倍压整流电路

难易度：中

标准答案：

当电源为负半周时（即电源接地端为正），V1 导通，电源给电容 C_1 充电至 U_{2m}，当电源为正半周时，C_1 和电源串联一起给 C_2 充电，当电源再到另一个半周时，C_1 电源和 C_2 串联，给 C_3 充电。充电稳定时，C_1 两端电压可达 U_{2m}，C_2、C_3 两端电压可达 $2U_{2m}$。所以，此时在 R_L 上就有 $3U_{2m}$ 的直流电压。

Jb0302132051　电力系统谐波有哪些危害？（8 分）

考核知识点：谐波

难易度：中

标准答案：

（1）谐波对旋转设备和变压器的主要危害是引起附加损耗和发热增加，此外谐波还会引起旋转设备和变压器震动并发出噪声，长时间的震动会造成金属疲劳和机械损坏。

（2）谐波对线路的主要危害是引起附加损耗。

（3）谐波可引起系统的电感、电容发生谐振，使谐波放大。当谐波引起系统谐振时，谐波电压升高，谐波电流增大，会引起继电保护即自动装置误动，计量误差增大，损坏系统设备（如电力电容器、电缆、电机等），造成系统事故，威胁电力系统的安全运行。

（4）谐波可干扰通信设备，增加电力系统功率损耗（如线损），使无功补偿设备不能正常运行等，给系统和用户带来危害。

（5）谐波可使晶闸管装置失控。

Jb0302133052　在固体绝缘、液体绝缘以及液固组合绝缘上施加交流或直流电压进行局部放电测量时，两者的局部放电现象主要有哪些差别？（8 分）

考核知识点：局部放电

难易度：难

标准答案：

主要有如下几点差别：

（1）直流电压下局部放电的脉冲重复率比交流电压下局部放电的脉冲重复率可能低很多。这是因为直流电压下单脉冲的时间间隔是由与绝缘材料特性有关的电气时间常数所决定的，而交流电压下，单个脉冲的时间间隔是由外施电压的频率所决定的。

（2）因绝缘材料内部的电压分布不同而引起的局部放电现象不同。直流电压下绝缘材料内部电压分布是由电阻率决定的，而交流电压下则基本是由介电常数决定的。

（3）当电压变化时，例如电压升高或降低，都将有电荷的再分配过程。这个过程在交流电压下和直流电压下是不同的。同时，直流电压的脉冲以及温度参量变化，都可能对直流局部放电有显著的影响。

（4）交流电压下局部放电的视在放电量、脉冲重复率等基本量，对直流电压下的局部放电来说，也是适用的。但是，用以表征交流电压下放电量和放电次数综合效应的那些累积量表达式，不适于直流电压下的局部放电。

（5）直流电压下要确定局部放电起始电压和熄灭电压是困难的，因为它们与绝缘内部的电压分布有关，后者是变化无常的，而交流则相对容易些。

Jb0302133053 在交流耐压试验中，为什么要测量试验电压的峰值？（10分）

考核知识点：交流耐压试验

难易度：难

标准答案：

在交流耐压试验和其他绝缘试验中，规定测量试验电压峰值的主要原因有：

（1）波形畸变。近几年来，用电单位投入了许多非线性负荷，增大了谐波电流分量，使地区电网电压波形产生畸变的问题越来越严重。此外，还进一步发现高压试验变压器等设备，由于结构和设计问题，也引起高压试验电压波形发生畸变。例如交流高压试验变压器铁芯饱和，使励磁电流出现明显的3次谐波，试验电压出现尖顶波，特别是近年来国内流行的体积小、质量轻的所谓轻型变压器，铁芯用得小，磁密选得高，使输出电压波形畸变更严重；又如某些阻抗较大的移圈调压器和部分磁路可能出现饱和的感应调压器，也使输出电压波形发生畸变。试验电压波形畸变对试验结果带来明显的误差和问题，引起了人们的关注。为了保证试验结果正确，对高压交流试验电压的测量，应按相关标准的规定，测量其峰值。

（2）电力设备绝缘的击穿或闪络、放电取决于交流试验电压峰值。在交流耐压试验和其他绝缘试验时，被试电力设备被击穿或产生闪络、放电，通常主要取决于交流试验电压的峰值。这是由于交流电压波形在峰值时，绝缘中的瞬时电场强度达到最大值，若绝缘不良，一般都在此时发生击穿或闪络、放电。这个现象已为长期的实践和理论研究所证实，而且对内绝缘击穿（大多数为由严重的局部放电发展为击穿）和外绝缘的闪络、放电都是如此。交流高压试验常遇到试验电压波形畸变的情况，因此形成了交流高电压试验电压值应以峰值为基准的理论基础。

Jb0302133054 试验变压器的输出电压波形为什么会畸变？如何改善？（15分）

考核知识点：试验变压器

难易度：难

标准答案：

电压波形畸变的可能原因是调压器和高压试验变压器的特性引起的，这是因为试验变压器在试品放电前实际上几乎是工作在空载状态，此时只有励磁电流 i_e 通过变压器的一次侧。当变压器铁芯工作在饱和状态时，励磁电流是非正弦的，含有3、5次等谐波分量，因而是尖顶波形。变压器的磁化特性曲线（Φ—i 曲线），由于它的起始部分及饱和部分是非线性的，因此即使正弦电压作用到一次侧，其磁通为正弦的，但励磁电流仍为非正弦的。

如果计及磁化曲线的磁滞回线，励磁电流波形将左右不对称。这一非正弦的励磁电流将流过调压器的漏抗，产生非正弦的电压降，因此在试验变压器的一次电压变为非正弦，其中含有调压器漏抗压降中的高次谐波（主要是3次谐波），于是试验变压器的高压输出电压就被畸变了。试验变压器的铁芯越饱和（即电压越接近额定值），调压器的漏抗越大，波形畸变就越严重。由于移圈式调压器漏抗大，因此当用它调压时，波形畸变颇为严重。实际运行表明，波形畸变在输出电压较低时也同样严重，这是因为此时移圈式调压器本身漏抗最大，使非正弦漏抗压降在试验变压器一次电压中占很大的比重。

为了改善试验变压器的输出电压波形，可以在它的一次并联适当数值的电容器、滤波装置或在高压侧接电容电感串联谐振电路，如图 Jb0302133054 所示。

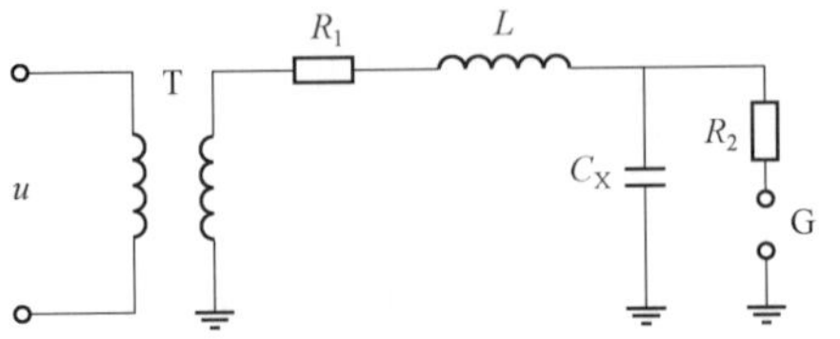

图 Jb0302133054

对 100kV 的试验变压器，在其一次侧及移圈调压器之间并联 16μF 的电容后，其电压波形可以得到很大的改善，基本上满足要求。

对 150kV、25kVA 的试验变压器，对 3 次谐波可取 C_3=250μF，L_3=4.58mH；对 5 次谐波，可取 C_5=110μF，L_5=3.66mH 构成谐振电路，使谐波分量被低阻抗分路。

Jb0302121055　画出由两台试验变压器串级升压的原理接线图。（5 分）

考核知识点： 试验变压器串级升压

难易度： 中

标准答案：

两台试验变压器串级升压的原理接线图如图 Jb0302121055 所示。

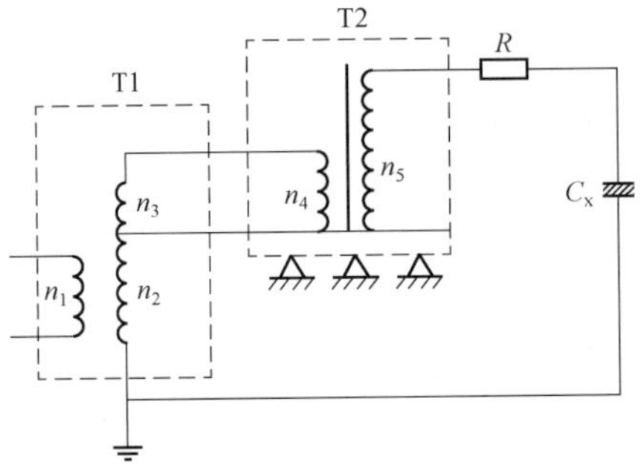

图 Jb0302121055

Jb0302122056　图 Jb0302122056 中：*L*—串联电抗器的电感；C_X—SF_6 断路器耐压时的对地等值电容；C_1、C_2—匹配及分压电容器电容；TT—试验变压器；T1—隔离变压器；TR—感应调压器。说出是哪个试验项目的原理接线图。（5 分）

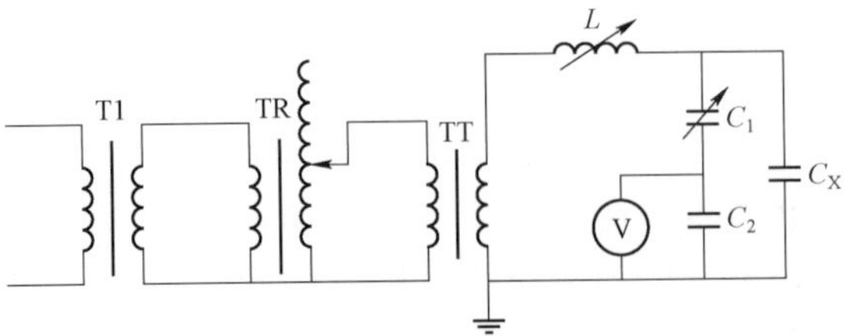

图 Jb0302122056

考核知识点： 交流耐压试验

难易度： 中

标准答案：

图 Jb0302122056 为 SF_6 断路器用固定频率型调容调感式串联谐振交流耐压试验原理接线图。

Jb0302122057 画出串联谐振试验原理图及其等值电路。（5 分）

考核知识点：串联谐振

难易度：易

标准答案：

串联谐振试验原理图及其等值电路图如图 Jb0302122057 所示。

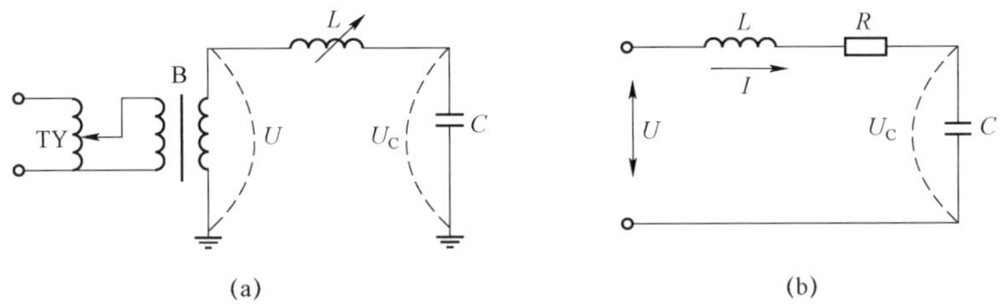

图 Jb0302122057

（a）原理图；（b）等值电路

Jb0302131058 交流耐压试验一般有哪几种？（4 分）

考核知识点：交流耐压试验

难易度：易

标准答案：

交流耐压试验有以下几种：

（1）工频耐压试验。

（2）感应耐压试验。

（3）雷电冲击电压试验。

（4）操作波冲击电压试验。

Jb0302132059 什么是输电线路的耐雷水平？线路耐雷水平与哪些因素有关？（5 分）

考核知识点：输电线路耐雷水平

难易度：易

标准答案：

（1）输电线路耐雷水平是指不至于引起线路绝缘闪络的最大雷电流幅值，单位是 kA。

（2）影响因素：① 绝缘子串 50%的冲击放电电压；② 耦合系数；③ 接地电阻大小；④ 避雷线的分流系数；⑤ 杆塔高度；⑥ 导线平均悬挂高度。

Jb0302132060 表征电气设备外绝缘污秽程度的参数主要有哪几个？（6 分）

考核知识点：外绝缘污秽程度参数

难易度：中

标准答案：

主要有以下三个参数：

（1）污层的等值附盐密度。它以绝缘子表面每平方厘米的面积上有多少毫克的氯化钠来等值表示绝缘子表面污秽层导电物质的含量。

（2）污层的表面电导。它以流经绝缘子表面的工频电流与作用电压之比，即表面电导来反映绝缘子表面综合状态。

（3）泄漏电流脉冲。在运行电压下，绝缘子能产生泄漏电流脉冲，通过测量脉冲次数，可反映绝缘子污秽的综合情况。

Jb0302131061　什么是冲击系数？均匀电场和稍不均匀电场及极不均匀电场的冲击系数各为多少？（3 分）

考核知识点：冲击系数

难易度：易

标准答案：

50%冲击击穿电压和持续作用电压下击穿电压之比称为冲击系数。均匀电场和稍不均匀电场的冲击系数为 1；极不均匀电场的冲击系数大于 1。

Jb0302132062　阻抗电压不等的变压器并联运行时会出现什么情况？（6 分）

考核知识点：阻抗电压

难易度：难

标准答案：

变压器的阻抗电压，是短路阻抗 Z_R75℃与一次额定电流 I_{1N} 的乘积。变压器带负载以后，在一次电压 U_1 和二次负载的功率因数 cos 2 不变情况下，二次电压 U_2 必然随负载电流 I_2 的增大而下降。因变压器 I 的阻抗电压大，其外特性向下倾斜较大；变压器 II 阻抗电压较小，其外特性曲线较平。当两台阻抗电压不等的变压器并联运行时，在共同的二次电压 U_2 之下，两台变压器的二次负载电流 I I 2 及 I II 2 就不相等。阻抗电压小的变压器分担的电流大，阻抗电压大的变压器分担的电流小。若让阻抗电压大的变压器满载，阻抗电压小的变压器就要过载；若让阻抗电压小的变压器满载，阻抗电压大的变压器就欠载，便不能获得充分利用。

Jb0302132063　大修时对有载调压开关应做哪些试验？大修后、带电前应做哪些检查调试？（12 分）

考核知识点：有载分接开关试验

难易度：难

标准答案：

有载调压开关大修时，应进行以下电气试验：

（1）拍摄开关切换过程的录波图，检查切换是否完好，符合规定程序。

（2）检查过渡电阻的阻值，偏差一般不应超出设计值的±10%。

（3）检查每一档位上，从进到出回路的完好性，其回路接触电阻应不大于出厂标准，一般小于 500μΩ。

有载调压开关大修后、带电前，应进行如下检查调试：

（1）档位要一致。远方指示，开关本体（顶盖上）指示，操动机构箱上的指示，必须指示同一档位。

（2）手摇调整两个完整的调压循环，从听到切换声，到看到档位显示数对中，对摇动的圈数而言，升档和降档都是对称的，例如从 6 到 7 档，从听见切换声到档位数 7 档中的手摇圈数，应当与从 7 到 6 档时的相应圈数完全对称，最多不要超过半圈。

（3）电动调整两个完整的调压循环，不应有卡涩、滑档的现象，调到始端或终端时，闭锁装置能有效制动。

（4）进行油压试验，外观无渗漏，有载调压开关储油柜的油位不得有与变压器储油柜趋平的现象。

上述检查调试完好后，再与变压器一起进行有关的试验，如直流电阻、绝缘试验、变比、接线组别等，然后方可投入系统准备带电调试。

Jb0302122064 画出变压器双电阻有载分解开关（图 Jb0302122064−1）的过渡波形图（$I-t$）并阐述切换过程。（12 分）

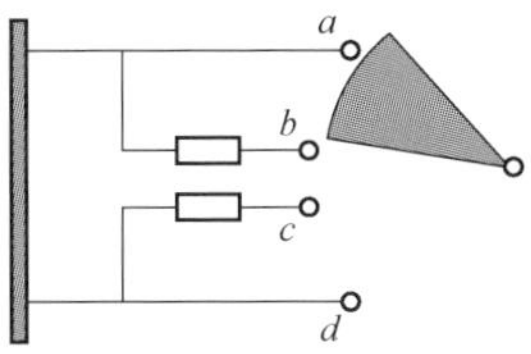

图 Jb0302122064−1

考核知识点：有载分接开关

难易度：难

标准答案：

双电阻有载分解开关的过渡波形图如图 Jb0302122064−2 所示。

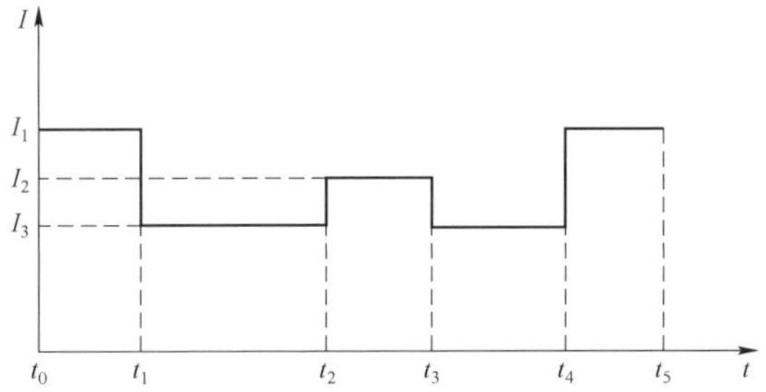

图 Jb0302122064−2

假设分接触头按照从 a 到 d 的顺序切换，则有：

t_0-t_1 时间段：扇形动触头从仅与定触头 a 接触的初始状态开始向下运动，运动过程中同时桥接定触头 a 和定触头 b，此时电流为 I_1，切换回路电流值最大。

t_1-t_2 时间段：t_1 时刻，定触头 a 打开，此时过渡电阻 R 串入回路，扇形动触头仅与定触头 b 接触，此时回路电流降到 I_3。

t_2-t_3 时间段：t_2 时刻，扇形动触头同时桥接定触头 b 和定触头 c，另一过渡电阻接入回路，此时两个过渡电阻并联，由于总阻值小于单个过渡电阻值，故电流增加到 I_2，但仍小于 I_1。

t_3-t_4 时间段：t_3 时刻，定触头 b 打开，扇形动触头仅与定触头 c 接触，回路中过渡电阻又恢复到 R 值，此时回路电流又降到 I_3。

t_4-t_5 时间段：t_4 时刻，扇形动触头同时桥接定触头 c 和定触头 d，过渡电阻 R 被短接，此时回路电流又恢复到 I_1，t_5 时刻，定触头 c 打开，完成切换。

Jb0302132065 不拆引线，如何测 500kV 电容式电压互感器的各单元间分压电容的介质损耗角正切值？（10 分）

考核知识点：电容式电压互感器

难易度：中

标准答案：

500kV 电容式电压互感器结构示意图如图 Jb0302132065 所示。

（1）测量 500kV CVT 最上节 C_{11} 时，采用反接法接线，加压至 CVT 的 A 端（C_{11} 电容末端）。在 B 端 C_{12} 电容末端接电桥屏蔽端，C_{12} 两端电位基本相等，相当于短路，避免了其他电容给测量带来的影响。

（2）测量 C_{12} 时，采用正接法接线，即 A 端加压，B 端接信号 C_x。

（3）测量 C_{13}、C_2 采用自激法，接线与 110kV 电容式电压互感器相同。

（4）测量中间变压器采用末端屏蔽法，N 端加压，x 接地，x、X_f 接 C_x 电桥，加压 N 端 3kV，电桥采用正接线。

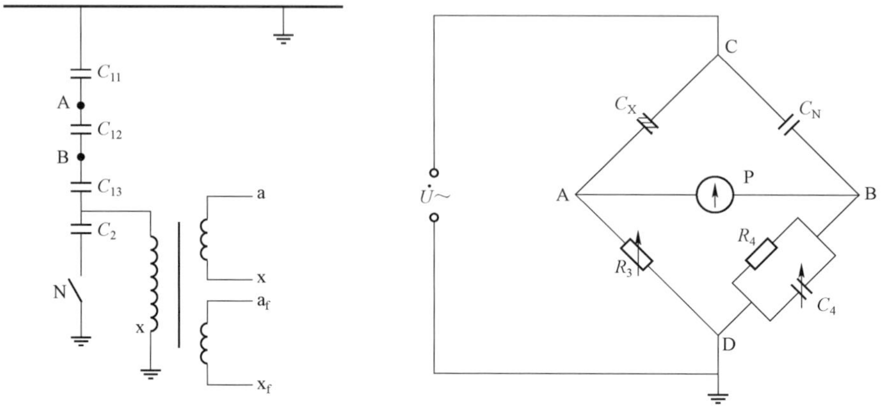

图 Jb0302132065

Jb0302132066　常规法、末端屏蔽法、末端加压法均可测量串级式电压互感器 $\tan\delta$，现场测量时应如何选择试验方法？（8 分）

考核知识点：串级式电压互感器试验

难易度：难

标准答案：

（1）若湿度较小，脏污不多，二次端子板、小套管表面绝缘良好，则选用短接法反接线，以判断互感器整体绝缘状况。若只想判断绕组间绝缘，不考虑支架绝缘，则选用短接法正接线进行测量。

（2）若二次端子板、小套管表面绝缘受湿度、脏污影响较大，则选用末端屏蔽接线可判断绕组间绝缘状况。

（3）若用上述两法测出试验结果合格，但仍怀疑绕组绝缘有问题，或者现场电磁干扰较大时，则可选用末端加压法进一步测量。

（4）三次绕组处于串级式电压互感器绝缘的最外层，是最容易发生受潮缺陷的部位，但由于它与 AX 耦合的等值电容比较小，即便存在严重缺陷，常规试验都无法反映出来，可采用末端加压法进行测量。

Jb0302133067　电能经过电网传输为什么产生损耗？（10 分）

考核知识点：电能损耗

难易度：中

标准答案：

组成电网的额各种原件如线路、变压器等都存在电阻。在现代电网中，电能从发电厂发出要经过多级变压器变压以及不同的电压网络才能达到用户，供用户使用，而电能以电流的形式通过电阻时，就要产生功率损耗和电能损耗使电阻发热；另外，在不同电压等级网络的电磁能量转换中，要使电磁感应这一能量转换形式持续存在，就必须提供给变压器铁心一个励磁电动势，同时磁场也会在铁心设备中产生涡流和磁滞损耗，这些都会产生功率损耗和电能损耗，因此电能经过网络传输时必然产生有功电能损耗。电网的电能损耗不只会引起电网中的设备发热，而且会因耗费的能源不能得到应用而占去一部分发电和供电设备的容量。

Jb0302132068　简述变压器绕组的频率响应范围与各频率下的特征。（6分）

考核知识点：变压器绕组频率响应

难易度：中

标准答案：

电力变压器绕组的传递函数主要取决于变压器内部电感、电容等分布参数。

当频率低于10kHz时，其频率响应特性主要由线圈的电感所决定，谐振点通常较少，对分布电容的变化较不敏感；当频率超过1MHz时，绕组的电感又被分布电容所旁路，谐振点也会相应减少，对电感的变化较不敏感，而且随着频率的提高，测试回路（引线）的杂散电容也会对测试结果造成明显影响；在10kHz～1MHz范围内，绕组的分布电感和电容均发挥作用，其频率响应特性具有较多的谐振点，能够灵敏地反映出绕组电感、电容的变化情况。

因此，频率响应法选用10kHz～1MHz的扫频测量范围对变压器进行绕组变形测试，线性扫频点达500个以上，被测变压器绕组的传递函数H（n）会得到较多的谐振峰测量效果。

Jb0302131069　什么是铁磁谐振？（5分）

考核知识点：铁磁谐振

难易度：易

标准答案：

电网中大量非线性电感元件（变压器、电磁式电压互感器）在正常状态下，工作在励磁特性的非饱和区，但在暂态过程中（例如由于接地故障或断路器操作），电感工作状态会跃变到饱和区，电感上电压或其中通过电流突然异常上升，这种现象就是铁磁谐振。

Jb0302132070　简述TV铁磁谐振过电压的产生机理。（6分）

考核知识点：铁磁谐振

难易度：中

标准答案：

电网正常运行时，电磁式电压互感器绕组上的电压为正常电网额定相电压，绕组上的励磁电流很小，互感器铁芯不饱和，其励磁电感L（i=1、2、3）很大，为一固定常数，即$L_1=L_2=L_3$，故与C_0并联后的导纳呈容性，即电容电流大于电感电流（容抗小于感抗）且YA、YB、YC基本相等，电网三相对地负载是基本平衡的。因此电网中性点的位移电压甚小，基本为零，电网的中性点处于零电位，即不会发生位移现象。

当遇故障消失或合空载母线、雷击、接地时导线对地电位突然发生变化，三相电位有升有降，铁芯发生铁磁饱和而导致电感值减小时，回路的自振频率才有可能自动接近或等于电源的谐振频率，从而产生TV谐振过电压。

Jb0302133071　有载调压分接开关的切换开关筒上静触头压力偏小时对变压器直流电阻有什么影响？（8分）

考核知识点：有载分接开关

难易度：难

标准答案：

当切换开关筒上静触头压力偏小时，可能造成变压器绕组直流电阻不平衡。例如，对某变电所一台 SFZ7－20000/110 型变压器的 110kV 绕组进行直流电阻测试时，有载调压分接开关［长征电器一厂 1990 年产品（ZY1－Ⅲ500/60C，±9），由切换开关和选择开关组合而成］连续调节几档，三相直流电阻相对误差都比上年增加，其中第Ⅳ档和第Ⅴ档直流电阻相对误差达到 2.1%，多次测试，误差不变，超过国家标准，与上年相同温度下比较，A 相绕组直流电阻明显偏小。

为查出三相绕组直流电阻误差增大的原因，首先进行色谱分析并测量变压比，排除绕组本身可能发生匝间短路等；其次将有载调压分接开关中的切换开关从变压器本体中吊出，同时采用厂家带来的酒精温度计检测温度，这样测试变压器连同绕组的直流电阻，测试结果是三相直流电阻相对误差很小，折算到标准温度后，与上年测试数据接近。此时又因酒精温度计与本体温度计比较之间误差很大，本体温度计偏高 8℃，经检查系温度计座里面油已干，照此折算开始测量的三相绕组直流电阻，实质上是 A 相绕组直流电阻正确，B、C 两相绕组直流电阻偏大，再检查切换开关和切换开关绝缘筒，发现 B、C 两相切换开关与绝缘筒之间静触头压力偏小，导致了 B、C 两相绕组电阻增大，造成相对误差增大。

对此问题的处理方法是：拧下切换开关绝缘筒静触头，采用 0.5mm 厚镀锡软铜皮垫入 B、C 两相静触头内侧，再恢复到变压器正常状态下进行测试，测试结果是，三相绕组的各档直流电阻相对误差都很小，只有一档最大误差值也仅为 1.35%，达到合格标准。

Jb0302131072　在分次谐波谐振时，过电压一般不是太高，但很容易烧坏电压互感器，为什么？（5 分）

考核知识点：过电压

难易度：易

标准答案：

因为产生分次谐波谐振时，尽管过电压一般不太高，但因其谐振频率低，引起电压互感器铁芯严重饱和，励磁电流迅速增大，所以易烧坏电压互感器。

Jb0302131073　什么是气隙的伏秒特性曲线？（3 分）

考核知识点：气隙伏秒特性曲线

难易度：易

标准答案：

所谓伏秒特性曲线就是间隙的冲击击穿电压和电压作用时间的关系曲线，即 $uf=f(t)$。

Jb0302132074　局部放电测量中常见的干扰有几种？（6 分）

考核知识点：局部放电测量

难易度：中

标准答案：

（1）高压测量回路干扰。

（2）电源侧侵入的干扰。

（3）高压带电部位接触不良引起的干扰。

（4）试区高压电场作用范围内金属物处于悬浮电位或接地不良的干扰。

（5）空间电磁波干扰，包括电台、高频设备的干扰等。

（6）地中零序电流从入地端进入局部放电测量仪器带来的干扰。

Jb0302122075 识别图 Jb0302122075 是什么试验项目接线图？（5 分）

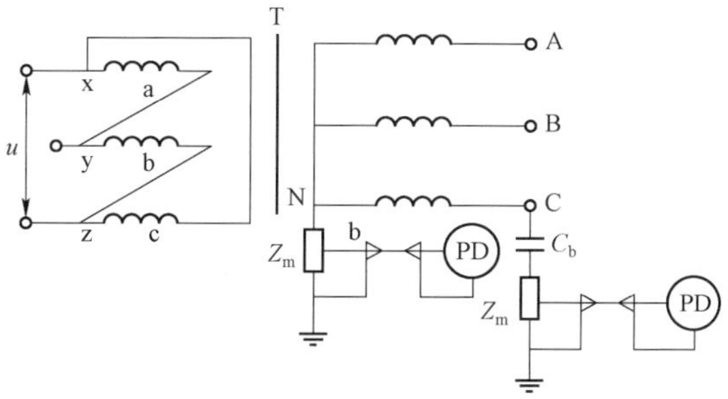

图 Jb0302122075

考核知识点：局部放电测试

难易度：易

标准答案：

变压器局部放电试验单相励磁接线图。

Jb0302122076 识别图 Jb0302122076 是什么图形？并简述其测量原理。（3 分）

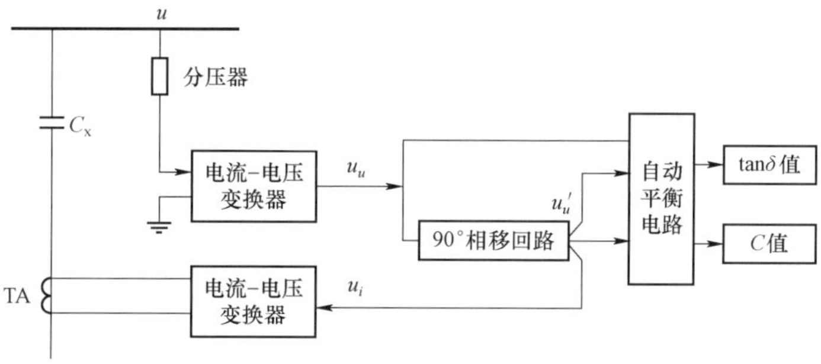

图 Jb0302122076

考核知识点：在线监测

难易度：中

标准答案：

自动监测 $\tan\delta$的方框原理图。由电容型试品 C_x 处经传感器得其电压信号 u_i，而由分压器或电压互感器处得反映线路电压的信号 u_u；如不考虑分压器的相角差等影响，则 u_u 与 u_i 应差 $90°-\delta$；因此 u_u 经移相 90° 成 u_u' 后，它与 u_i 之间的相角差，即介质损耗角δ。

Jb0302132077 对电流互感器励磁曲线试验结果如何分析？（6 分）

考核知识点：电流互感器励磁特性曲线

难易度：中

标准答案：

电流互感器励磁特性曲线试验的目的主要是检查互感器铁芯质量，通过磁化曲线的饱和程度判断互感器有无匝间短路，励磁特性曲线能灵敏地反映互感器铁芯、线圈等状况。

将测量出的电流、电压进行绘图如图 Jb0302132077 所示，一般来讲同批同型号、同规格电流互感器在拐点的励磁电压无明显的差别，与出厂试验值也没有明显变化如图中曲线 1。当互感器有铁芯松动，线圈匝间短路等缺陷时，其拐点的励磁电压较正常有明显的变化如图中曲线 2。

如果在测量中出现非正常曲线，试验数据与原始数据相比变化较明显，首先检查试验接线是否正确，测试仪表是否满足要求，以及铁芯剩磁的影响等。

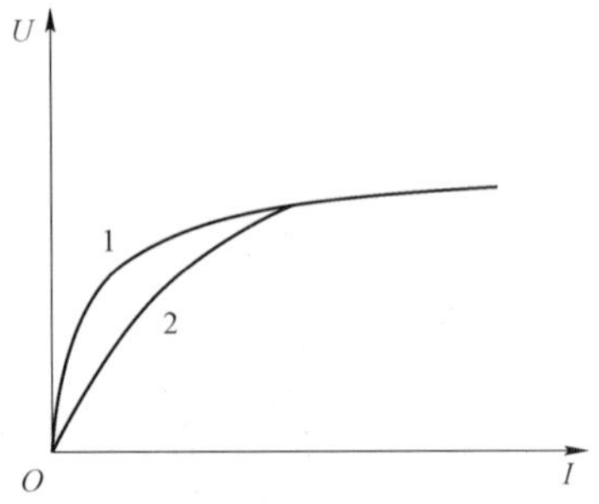

图 Jb0302132077

Jb0302122078　画出测量线路正序阻抗的测试接线图。(10 分)

考核知识点：线路参数

难易度：难

标准答案：

如图 Jb0302122078 所示。

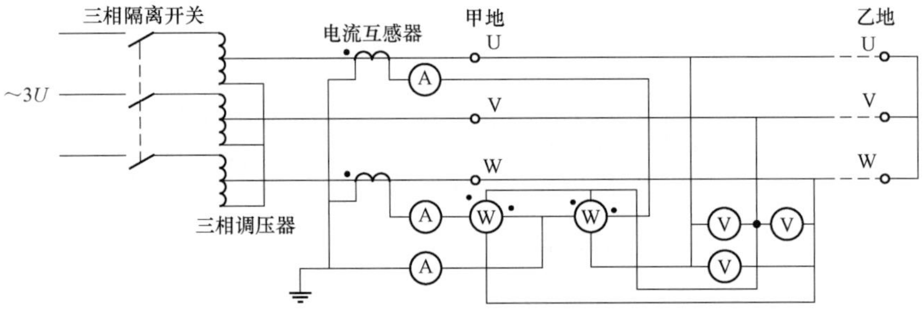

图 Jb0302122078

Jb0302133079　电缆线路工频参数测试注意事项有哪些?

考核知识点：线路参数

难易度：难

标准答案：

（1）在测量阻抗时，短路线截面积应尽可能大。

（2）在试验时为避免电流线压降的影响，功率表、电压表的电压最好从线路端子处取。

（3）零序阻抗测试中，接地线截面积应足够大，与接地端连接应可靠，以防止接地不良干扰零序电阻测量。

（4）测量感应电流时，电缆线路末端应不接地，以避免分流造成测量不准确。

（5）零序阻抗测试中，电缆“金属护层”的接地方式与运行时的实际方式保持一致。

（6）施工方提供的电缆线路长度要准确，若提供的理论线路长度和实际长度相差过大会严重干扰对测量值的判断。

（7）严禁在雷雨天气进行线路参数测量，若在测量过程中沿线路有雷阵雨发生，则应立即停止测量。

（8）当被测电缆线路感应电压过高（>1000V）、感应电流过大（>30A）时，应向上级部门回报，取消线路参数测量工作或将同沟敷设运行的电缆线路配合停电以降低感应电压、电流。

（9）在测量正序阻抗时，采用双瓦特表法，要注意“极性”。

（10）在测量零序阻抗时，应采用隔离变压器，以避免系统零序分量的干扰。

Jb0302131080　如何利用单相电压互感器进行高压系统的核相试验？（5 分）

考核知识点：系统核相

难易度：中

标准答案：

在有直接电联系的系统（如环接）中，可外接单相电压互感器，直接在高压侧测定相位，此时在电压互感器的低压侧接入 0.5 级的交流电压表。在高压侧依次测量 Aa、Ab、Ac、Ba、Bb、Bc、Ca、Cb、Cc 间的电压，根据测量结果，电压接近或等于零者，为同相。约为线电压者，为异相，将测得值作图，即可判定高压侧对应端的相位。

Jb0302131081　使用单相 TV 进行高压核相试验，应该注意些什么？（4 分）

考核知识点：高压核相

难易度：易

标准答案：

使用电压互感器进行高压核相，先应将低压侧所有接线接好，然后用绝缘工具将电压互感器接到高压线路或母线。工作时应戴绝缘手套和护目眼镜，站在绝缘垫上。应有专人监护，保证作业安全距离。对没有直接电联系的系统核相，应注意避免发生串联谐振，造成事故。

Jb0302132082　工频耐压试验注意事项？（4 分）

考核知识点：耐压试验

难易度：中

标准答案：

（1）进行绝缘试验时，被试品温度应不低于+5°。户外试验应在良好的天气进行，且空气相对湿度一般不高于 80%。

（2）升压必须从零（或者接近于零）开始，切不可冲击合闸。

（3）升压过程中应密切监视高压回路、试验设备仪器指示状态，监听被试品有无异响。

（4）有时耐压试验进行了数十秒钟，中途因故失去电源，使试验中断，在查明原因，恢复电源后，应重新进行全时间的持续耐压试验，不可仅进行“补足时间”的试验。

Jb0302132083　金属氧化物避雷器运行中劣化的征兆有哪几种？（6 分）

考核知识点：金属氧化物避雷器

难易度：中

标准答案：

金属氧化物在运行中劣化主要是指电气特性和物理状态发生变化，这些变化使其伏安特性漂移，热稳定性破坏，非线性系数改变，电阻局部劣化等。一般情况下这些变化都可以从避雷器的如下几种电气参数的变化上反映出来：

（1）在运行电压下，泄漏电流阻性分量峰值的绝对值增大。

（2）在运行电压下，泄漏电流谐波分量明显增大。

（3）运行电压下的有功损耗绝对值增大。

（4）运行电压下的总泄漏电流的绝对值增大，但不一定明显。

Jb0302112084　在某35kV中性点不接地系统中，单相金属性接地电流I_g=8A，假设线路及电源侧的阻抗忽略不计，三相线路对称，线路对地电阻无限大，试求该系统每相对地阻抗及对地电容（f_N为额定频率，50Hz）。（10分）

考核知识点：系统电容电流

难易度：中

标准答案：

解：设每相的对地阻抗为Z_0，对地电容为C_0，则单相金属性接地电流I_g为：

$$I_g = 3\omega C_0 U_{ph}$$

$$C_0 = \frac{I_g}{3\omega U_{ph}} = \frac{I_g}{3\times 2\pi f_N U_{ph}} = \frac{8}{3\times 2\times 3.14\times 50\times 35\times 10^3/\sqrt{3}} = 0.42(\mu F)$$

因线路对地电阻无限大，Z_0相当于一相对地的容抗，即：

$$Z_0 = \frac{1}{\omega C_0} = \frac{1}{2\times 3.14\times 50\times 0.42\times 10^{-6}} = 7583(\Omega)$$

答：该系统每相对地阻抗为7583Ω，对地电容为0.42μF。

Jb0302122085　请画出电缆线路零序阻抗测试接线图，并写出零序电阻、零序电感及阻抗角的计算式。（10分）

考核知识点：电缆线路线路参数

难易度：难

标准答案：

如图Jb0302122085所示。

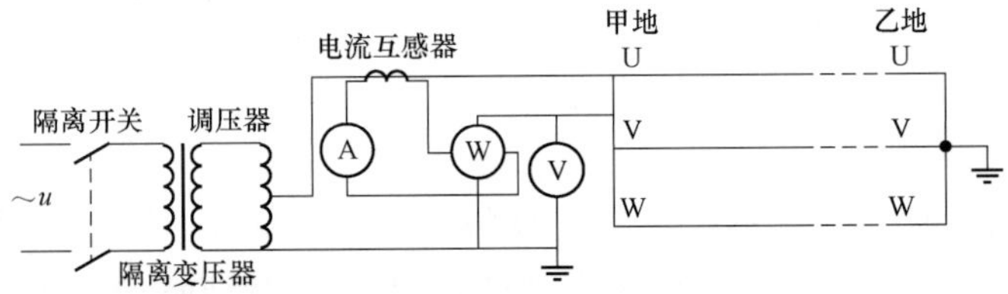

图 Jb0302122085

零序电阻 $R_0 = \dfrac{3P}{(IK_{TA})^2 l}$ ［Ω/（km·相）］

零序阻抗 $Z_0 = \dfrac{3U}{IK_{TA} l}$ ［Ω/（km·相）］

零序电抗 $X_0 = \sqrt{Z_0^2 - R_0^2}$ ［Ω/（km·相）］

零序电感 $L_0 = \dfrac{X_0}{\omega}$ ［H/（km·相）］

式中　U——测得线路试验电压，V；

I——测得线路试验电流，A；

P——测得线路功率，W；

K_{TA}——电流互感器电流比。

Jb0302132086 为什么要监测金属氧化物避雷器运行中的持续电流的阻性分量？（5分）

考核知识点：金属氧化物避雷器

难易度：难

标准答案：

当工频电压作用于金属氧化物避雷器时，避雷器相当于一台有损耗的电容器，其中容性电流的大小仅对电压分布有意义，并不影响发热，而阻性电流则是造成金属氧化物电阻片发热的原因。

良好的金属氧化物避雷器虽然在运行中长期承受工频运行电压，但因流过的持续电流通常远小于工频参考电流，引起的热效应极微小，不致引起避雷器性能的改变。而在避雷器内部出现异常时，主要是阀片严重劣化和内壁受潮等阻性分量将明显增大，并可能导致热稳定破坏，造成避雷器损坏。但这个持续电流阻性分量的增大一般是经过一个过程的，因此运行中定期监测金属氧化物避雷器的持续电流的阻性分量，是保证安全运行的有效措施。

Jb0302132087 测试接地网阻抗对测试回路布置有哪些要求？（5分）

考核知识点：接地网阻抗测试

难易度：难

标准答案：

测试接地装置接地阻抗的电流极应布置得尽量远，通常电流极与被试接地装置边缘的距离 d_{CG} 应为被试接地装置最大对角线长度 D 的 4～5 倍；对超大型的接地装置的测试，可利用架空线路做电流线和电位测试线；当远距离放线有困难时，在土壤电阻率均匀地区，建议使用夹角法进行测量，测量时 d_{CG} 可取 $2D$，在土壤电阻率不均匀地区可取 $3D$；测试回路应尽量避开河流、湖泊；尽量远离地下金属管路和运行中的输电线路，避免与之长段并行，与之交叉时垂直跨越；无论哪种测试方法，都要求电流线和电位线之间保持尽量远的距离，以尽量减小电流线与电位线之间互感的影响。

Jb0302132088 断路器分合闸时间速度不满足要求的原因是什么？（5分）

考核知识点：断路器试验

难易度：中

标准答案：

当合闸时间、合闸速度不满足规范要求时，可能造成的原因有：一是合闸电磁铁顶杆与合闸掣子位置不合适，二是合闸弹簧疲劳，三是分闸弹簧拉紧力过大，四是开距或超程不满足要求。

当分闸时间、分闸速度不满足规范要求时，可能造成的原因有：一是分闸电磁铁顶杆与分闸掣子位置不合适，二是分闸弹簧疲劳，三是开距或超程不满足要求。

Jb0302132089 衡量电能质量的基本指标是什么？电压偏移过大的危害及正常运行情况下各类用户的允许电压偏移为多少？（8分）

考核知识点：电能质量

难易度：难

标准答案：

电压、频率、谐波是衡量电能质量的三大基本指标。

电压偏移过大，除了影响用户的正常工作以外，还会使网络中的电压损耗和能量损耗加大，危害电气设备的绝缘，危及电力系统的稳定性，正常运行情况下各类用户的允许电压偏移如下：

（1）35kV 及以下电压供电的负荷：±5%。

（2）10kV 及以下电压供电的负荷：±7%。

（3）低压照明负荷：+5%～－10%。

（4）农村电网：+7.5%～－10%（正常情况）。

+10%～－15%（事故情况）。

Jb0302132090　测量电力电缆的直流泄漏电流时，为什么在测量中微安表指针有时会有周期性摆动？（5 分）

考核知识点：电力电缆直流泄漏电流

难易度：中

标准答案：

如果没有电缆终端头脏污及试验电源不稳定等因素的影响，在测量中直流微安表出现周期性摆动，可能是被试电缆的绝缘中有局部的孔隙性缺陷。孔隙性缺陷在一定的电压下发生击穿，导致泄漏电流增大，电缆电容经过被击穿的间隙放电；当电缆充电电压又逐渐升高，使得间隙又再次被击穿；然后，间隙绝缘又一次得到恢复。如此周而复始，就使测量中的微安表出现周期性的摆动现象。

Jb0302132091　老炼试验的目的是什么？（6 分）

考核知识点：老炼试验

难易度：难

标准答案：

老炼试验是指对设备逐步施加交流电压，可以阶梯式地或连续地加压。其目的是：

（1）将设备中可能存在的活动微粒杂质迁移到低电场区域里去，在此区域，这些微粒对设备的危险性减低，甚至没有危害。

（2）通过放电烧掉细小的微粒或电极上的毛刺、附着的尘埃等。

老炼试验的基本原则是既要达到设备净化的目的，又要尽量减少净化过程中微粒触发的击穿，还要减少对被试设备的损害，即减少设备承受较高电压作用的时间，所以逐级升压时，在低电压下可保持较长时间，在高电压下不允许长时间耐压。

老炼试验应在现场耐压试验前进行。若最后施加的电压达到规定的现场耐压值 U 耐压 1min，则老炼试验可代替耐压试验。

Jb0302131092　电缆试验时应采取哪些安全措施？（5 分）

考核知识点：电缆试验

难易度：中

标准答案：

（1）电缆试验前后以及更换试验引线时，应对被试电缆（或试验设备）充分放电。

（2）电缆试验时，应防止人员误入试验场所。

（3）电缆两端不在同一地点时，另一端应采取防范措施。

（4）电缆耐压试验分相进行时，电缆另两相应短路接地。

（5）电缆试验结束，应在被试电缆上加装临时接电线，待电缆尾线接通后方可拆除。

Jb0302132093　进行变压器油中溶解气体故障分析时，考查产气速率时应注意哪些事项？（5 分）

考核知识点：油中溶解气体故障分析

难易度：中

标准答案：

（1）考查期间尽量使负荷、散热条件保持稳定。

（2）如考查产气速率与负荷的关系时，可有计划的改变负荷。

（3）对于新设备及大修后的设备，要投运一段时间再考查。

（4）对于气体浓度很高的设备或故障检修后的设备，应先进行脱气处理。

（5）如果设备已脱气或运行时间不长，不宜考查。

Jb0302132094　简述测量 SF_6 气体的含水量阻容法测量原理。（3 分）

考核知识点：SF_6 气体测试

难易度：易

标准答案：

阻容法测量原理是通过电化学方法在金属铝表面形成一层氧化铝膜，进而在膜上镀一薄层金属，这样铝基体和金属膜便构成了一个电容器。当 SF_6 气体通过时，多孔氧化铝层就吸附了水蒸气，使两极间阻抗或容抗发生改变，其改变量与水蒸气浓度成一定关系，经过标定即可测定 SF_6 气体含水量。

Jb0302132095　简述常用（负电晕放电检测仪）定性测量的卤素气体检漏仪的工作原理。（3 分）

考核知识点：气体检漏仪

难易度：易

标准答案：

负电晕放电检测仪用高频负电晕脉冲连续放电，引起探测器二极管产生电晕放电，当大气中有 SF_6 气体时，探头借助真空泵的吸力将 SF_6 气体吸进并进入探测器，负电特性气体对电晕电场有抑制作用，使得二极管电极电流减小，电流减小的信号通过电子线路变换成一种可以听得到、见得着的声光警报信号。卤素气体均可使检漏仪发出警报。

Jb0302133096　根据变压器油的色谱分析数据，诊断变压器内部故障的原理是什么？（5 分）

考核知识点：绝缘油色谱分析

难易度：难

标准答案：

电力变压器绝缘多系油纸组合绝缘，内部潜伏性故障产生的烃类气体来源于油纸绝缘的热裂解，热裂解的产气量、产气速度以及生成烃类气体的不饱和度，取决于故障点的能量密度。故障性质不同，能量密度也不同，裂解产生的烃类气体也不同，电晕放电主要产生氢，电弧放电主要产生乙炔，高温过热主要产生乙烯。故障点的能量不同，上述各种气体产生的速率也不同。这是由于在油纸等碳氢化合物的化学结构中因原子间的化学键不同，各种键的键能也不同。含有不同化学键结构的碳氢化合物有程度不同的热稳定性，因而得出绝缘油随着故障点的温度升高而裂解生成烃类的顺序是烷烃、烯烃和炔烃。同时，又由于油裂解生成的每一烃类气体都有一个相应最大产气率的特定温度范围，从而导出了绝缘油在变压器的各不相同的故障性质下产生不同组分、不同含量的烃类气体的简单判据。

Jb0302133097　SF_6 检测的人员应具备哪些条件？（5 分）

考核知识点：安全防护

难易度：中

标准答案：

（1）熟悉 SF_6 气体检测技术的基本原理、诊断分析方法。

（2）了解 SF_6 检测仪的工作原理、技术参数和性能。

（3）掌握 SF_6 检测仪的操作方法。

（4）了解被测设备的结构特点、工作原理、运行状况和导致设备故障的基本因素。

（5）具有一定的现场工作经验，熟悉各种影响试验结论的原因及消除方法，并能严格遵守电力生产和工作现场的相关安全管理规定。

Jb0302132098　SF_6 等卤化物气体电气强度高的原因？（3 分）

考核知识点：SF_6 气体

难易度：中

标准答案：

（1）由于含有卤族元素，气体具有很强的电负性，气体分子容易和电子结合成为负离子，削弱电子的碰撞电离能力，同时又加强复合过程。

（2）气体的分子量比较大，分子直径较大，电子在其中的自由行程缩短，不易积聚能量，从而减少其碰撞电离能力。

（3）电子和这些气体的分子相遇时，还易于引起分子发生极化等过程，增加能量损失，从而减弱其碰撞电离能力。

Jb0302132099　为什么要研究不拆高压引线进行预防性试验？当前应解决什么难题？（6 分）

考核知识点：技术管理

难易度：难

标准答案：

电力设备的电压等级越高，其器身也越高，引接线面积越大，感应电压也越高，拆除高压引线需要用升降车、吊车，工作量大，拆接时间长，耗资大，且对人身及设备安全均构成一定威胁。为提高试验工作效率，节省人力、物力，减少停电时间，当前需要研究不拆高压引线进行预防性试验的方法。

由于不拆引线进行预防性试验，通常是在变电所电力设备部分停电的状况下进行，将会遇到电场干扰强，测试数据易失真，连接在一起的各种电力设备互相干扰、制约等一系列问题。为此，必须解决以下难题：

（1）与被试设备相连的其他设备均能耐受施加的试验电压。

（2）被试设备在与其他设备并联的情况下，测量精度不受影响。

（3）抗强电场干扰的试验接线。

Jb0302132100　某变压器运行中发现铁芯接地电流为 2A，问是否有故障发生？若有，可能是什么故障？会引起什么后果？应采取什么手段做进一步诊断？（5 分）

考核知识点：铁芯多点接地故障分析

难易度：难

标准答案：

因变压器运行时，铁芯正常接地电流一般不超过 0.1A，若在变压器运行中发现铁芯接地电流为 2A，可能是铁芯存在多点接地故障。引起的后果为：

（1）铁芯局部过热，使铁芯损耗增加，甚至烧坏。

（2）过热造成的温升，使变压器油分解，产生的气体溶解于油中，引起变压器油性能下降，油中总烃大大超标。

（3）油中气体不断增加并析出（电弧放电故障时，气体析出量较之更高、更快），可能导致气体继电器动作发信号甚至使变压器跳闸。

在实践中，可以根据上述表现特征进行判断，其中检测油中溶解气体色谱和空载损耗是判断变压器铁芯多点接地的重要依据。

Jb0302132101 请简述制定电气试验标准作业卡的编制原则。（10 分）

考核知识点：电气试验标准作业卡编制

难易度：难

标准答案：

（1）电力标准作业卡的编制原则为任务单一、步骤清晰、语句简练，可并行开展的任务或不是由同一小组人员完成的任务，不宜编制为一张作业卡，避免标准作业卡繁杂冗长、不易执行。

（2）标准作业卡由工作负责人按模板编制，班长或副班长（专业工程师）负责审核。

（3）标准作业卡正文分为基本作业信息、工序要求（含风险辨识与预控措施）两部分。

（4）编制标准作业卡前，应根据作业内容确定是否开展现场查勘，确认工作任务是否全面，并根据现场环境开展安全风险辨识、制定预控措施。

（5）作业工序存在不可逆性时，应在工序序号上标注*，如*2。

（6）工艺标准及要求应具体、详细，有数据控制要求的应标明。

（7）标准作业卡编号应在本单位内具有唯一性。按照“变电站名称+工作类别+年月日+序号”规则进行编号，其中工作类别包括维护、检修、带电检测、停电试验。例：城南变带电检测 201605001。

（8）标准作业卡的编审工作应在开工前 1 天完成，突发情况可在当日开工前完成。

（9）对整站开展的红外测温、局放测试等带电检测项目，可编制一张标准卡。

Jb0302132102 什么是局部放电？局部放电测试目的和意义是什么？（6 分）

考核知识点：局部放电

难易度：中

标准答案：

局部放电是指发生在电极之间但并未贯穿电极的放电，它是由于设备绝缘内部存在弱点或生产过程中造成的缺陷，在高电场强度作用下发生重复击穿和熄灭的现象。它表现为绝缘内气体的击穿，小范围内固体或液体介质的局部击穿或金属表面的边缘及尖角部位场强集中引起的局部击穿放电等。

这种放电的能量是很小的，所以它的短时存在并不影响到电气设备的绝缘强度。但若电气设备在运行电压下不断出现局部放电，这些微弱的放电将产生累积效应会使绝缘的介电性能逐渐劣化并使局部缺陷扩大，最后导致整个绝缘击穿。虽然局部放电会使绝缘劣化而导致损坏，但它的发展是需要一定时间，所以需定期测试局部放电。

Jb0302132103 五通规定停电试验异常处理流程是什么？（5 分）

考核知识点：停电试验异常处理流程

难易度：中

标准答案：

（1）排除试验方法、试验仪器以及环境干扰问题。

（2）在 1 个工作日内将异常情况按照分级管控要求报送上级设备部和相应状态评价中心，必要时报国网设备部。

（3）将试验发现的异常录入 PMS 系统，纳入缺陷管理流程。

（4）省公司设备部针对上报的异常数据组织省评价中心、运维单位及时进行分析和诊断，提出决策意见。

（5）一类变电站试验发现重大异常时，省公司设备部应立即向国网设备部汇报，由国网设备部组织系统内、外专家团队等进行分析诊断，提出决策意见。

Jb0302132104　为了对试验结果做出正确的分析，必须考虑哪几个方面的情况？（6 分）

考核知识点：试验结果分析

难易度：难

标准答案：

为了对试验结果做出正确的判断，必须考虑下列几个方面的情况：

（1）把试验结果和有关标准的规定值相比较，符合标准要求的为合格，否则应查明原因，消除缺陷。但对那些标准中仅有参考值或未做规定的项目，不应做轻率的判断，而应参考其他项目制造厂规定和历史状况进行状态分析。

（2）和过去的试验记录进行比较，这是一个比较有效的判断方法。如试验结果与历年记录相比无显著变化，或者历史记录本身有逐渐的微小变化，说明情况正常；如果和历史记录相比有突变，则应查明，找出故障加以排除。

（3）对三相设备进行三相之间试验数据的对比，不应有显著的差异。

（4）和同类设备的试验结果相对比，不应有显著差异。

（5）试验条件的可比性，气象条件和试验条件等对试验的影响。

最后必须指出，各种试验项目对不同设备和不同故障的有效性和灵敏度是不同的，这一点对分析试验结果、排除故障等具有重大意义。

Jb0302132105　多班组综合检修试验方案应包括哪些内容？（8 分）

考核知识点：检修方案填写

难易度：中

标准答案：

多班组综合检修试验方案主要包括以下内容：

×××（工程项目名称）施工方案

一、工程概况及施工作业特点。

二、施工作业计划工期、开（竣）工时间。

三、停电范围。

四、作业安全措施、组织措施、技术措施。

五、作业主要内容。

六、施工各阶段具体内容及时间段安排。

七、施工各节点注意事项。

八、验收安排及标准依据。

Jb0302132106　简述试验方案的编写步骤。

考核知识点：试验方案编写

难易度：中

标准答案：

（1）接受试验任务，并对试验任务进行熟悉、了解，必要时需进行现场勘查。

（2）查阅相关图纸、资料、技术规范，确定试验的依据和试验方法。

（3）组织试验人员对试验仪器、方法、危险点等内容进行讨论、确定。

（4）试验负责人根据讨论结果起草试验方案。

（5）履行相应的审核、批准程序。

第十章　电气试验工高级技师技能操作

Jc0302243001　110kV GIS 现场交流耐压试验。(100 分)

考核知识点：GIS 设备试验

难易度：难

技能等级评价专业技能考核操作工作任务书

一、任务名称

110kV GIS 现场交流耐压试验。

二、适用工种

电气试验工高级技师。

三、具体任务

(1) 工作状态为模拟 110kV GIS 停电，工作内容为 GIS 交接试验。

(2) 工作任务：

1) GIS 现场交流耐压试验。

2) 根据试验记录出具试验报告，并对数据进行分析。

四、工作规范及要求

(1) 工器具使用及安全措施。

(2) 按要求进行高压试验。

(3) 出具试验报告和试验结果分析。

五、考核及时间要求

(1) 本考核操作时间为 60 分钟，包括试验接线和报告整理，时间到停止考评。

(2) 试验过程中如试验仪器、试验电源出现故障，可向考评员申请故障排除，故障排除时间不计入考核。

(3) 按照技能操作要求进行操作，试验报告包括试验项目、仪器型号、试验结果等。

(4) 试验过程中如遇突发状况，如不涉及人身、设备安全，则由试验人员自行排查、处理；如危及人身、设备安全，则应立即停止操作，人员及时撤离作业现场。

技能等级评价专业技能考核操作评分标准

工种	电气试验工				评价等级	高级技师
项目模块	GIS 设备试验—交流耐压试验				编号	Jc0302243001
单位			准考证号		姓名	
考试时限	60 分钟		题型	单项操作	题分	100 分
成绩		考评员		考评组长	日期	
试题正文	110kV GIS 现场交流耐压试验					
需要说明的问题和要求	(1) 试验过程单人操作，数据分析在试验过程中完成。 (2) 操作过程应注意安全，按照标准化作业流程做好安全措施。 (3) 现场完成试验结果分析，出具试验报告。 (4) 检测仪器可选考场提供或自带					

续表

序号	项目名称	质量要求	满分	扣分标准	扣分原因	得分
1	试验前准备					
1.1	工器具使用	熟练正确使用各种工器具	5	未正确使用一次扣1分，扣完为止		
1.2	试验记录	收集被试设备基础信息和历史试验数据	5	未收集被试设备历次试验报告扣1分； 未记录被试设备铭牌，现场温、湿度等条件的，每处扣1分，扣完为止		
1.3	仪器、仪表选择	选择合适的试验仪器、仪表	5	选用仪器不合适扣3分； 未检查试验仪器合格证或校验证书扣2分		
1.4	安全措施	（1）办理工作票、交代安全注意事项，分工明确，并做好记录。 （2）设置高压试验安全围栏。 （3）安全工器具使用。 （4）试验仪器正确接地	10	试验仪器未正确接地扣2分； 未检查安全工器具扣3分； 安全措施交代不清楚或未确认签字扣2分； 试验前未将试验区域用安全围栏隔离扣3分		
2	试验开展					
2.1	试验接线	（1）仪器现场布置合理。 （2）尽量使试验设备接线紧凑并安放稳固，接地线应使用专用接地线。 （3）试验变压器的一端接地并与GIS的外壳相连。 （4）电源开关接通前，试验仪器接线应准确无误	10	试验接线接错一次扣5分； 试验前未检查试验接线扣3分； 接线不规范扣1～3分； 上述扣分，扣完为止		
2.2	试验流程	（1）试验前，被试设备应调试合格，其他绝缘、特性试验合格后，检验SF_6气体压力在额定压力，试验回路中的TA二次应短路接地，避雷器和保护火花间隙应与被试GIS断开。 （2）检查试验设备的接地、分压器的分压比和档位是否正确。 （3）耐压试验前应进行老练试验。 （4）每一相都应进行试验，非试验相和外壳一起接地，三相共筒式组合电器，可三相同时对地进行试验，也可分相进行检测，但非试验相应接地。接线无误后，确保调压器在零位，试验回路中过电流和过电压保护应整定正确。 （5）加压过程中应有人监护并呼唱。接通试验电源，进行升压，操作人员的手应放在电源开关上，如有紧急情况应迅速断开电源。 （6）按规定的升压速度将电压从零开始均匀地升压至耐压试验电压值，读取试验电压，并开始计时1min。试验结束后，将电压降至零位，切断变频电源主回路开关，断开变频器电源和试验电源。 （7）试验结束后，测量绝缘电阻。 （8）试验前后及变更接线应对设备充分放电	30	加压前未检查设备状态及接线扣3分； 加压前未通过相关绝缘特性试验扣3分； 加压前，调压器未归零扣2分； 试验过程中未高声呼唱每次扣2分； 试验过程中失误一次扣5分； 试验过程中监护不到位扣5分； 缺少试验项目的扣5分； 试验前后及变更接线未对被试设备放电扣5分； 上述扣分，扣完为止		
3	结果分析					
3.1	试验报告	结合测试数据做出分析判断，出具试验报告	25	试验数据分析不准确扣5分； 试验结论不正确扣5分； 试验报告填写不规范扣1～5分； 未给出试验结论扣5分		
4	试验结束					

续表

序号	项目名称	质量要求	满分	扣分标准	扣分原因	得分
4.1	现场恢复	清理现场，人员撤离	6	被试设备有遗留物品扣2分； 仪器、工器具等未定置恢复扣2分； 未检查或清理现场扣2分		
4.2	办理收工手续	向考评员汇报试验结果，并办理工作终结手续	4	未汇报试验结果扣2分； 未办理工作票终结手续扣2分		
合计			100			

Jc0302242002　35kV 电流互感器局部放电试验。（100 分）

考核知识点：电流互感器试验

难易度：中

技能等级评价专业技能考核操作工作任务书

一、任务名称

35kV 电流互感器局部放电试验。

二、适用工种

电气试验工高级技师。

三、具体任务

（1）工作状态为模拟 35kV 互感器停电，工作内容为电流互感器交接试验。

（2）工作任务：

1）35kV 电流互感器局部放电试验。

2）根据试验记录出具试验报告，并对数据进行分析。

四、工作规范及要求

（1）工器具使用及安全措施。

（2）按要求进行高压试验。

（3）出具试验报告和试验结果分析。

五、考核及时间要求

（1）本考核操作时间为 60 分钟，包括试验接线和报告整理，时间到停止考评。

（2）试验过程中如试验仪器、试验电源出现故障，可向考评员申请故障排除，故障排除时间不计入考核。

（3）按照技能操作要求进行操作，试验报告包括试验项目、仪器型号、试验结果等。

（4）试验过程中如遇突发状况，如不涉及人身、设备安全，则由试验人员自行排查、处理；如危及人身、设备安全，则应立即停止操作，人员及时撤离作业现场。

技能等级评价专业技能考核操作评分标准

工种	电气试验工					评价等级	高级技师
项目模块	电流互感器试验—局部放电试验					编号	Jc0302242002
单位			准考证号			姓名	
考试时限	60 分钟		题型	单项操作		题分	100 分
成绩		考评员			考评组长	日期	
试题正文	35kV 电流互感器局部放电试验						

续表

需要说明的问题和要求	（1）试验过程单人操作，数据分析在试验过程中完成。 （2）操作过程应注意安全，按照标准化作业流程做好安全措施。 （3）现场完成试验结果分析，出具试验报告。 （4）检测仪器可选考场提供或自带

序号	项目名称	质量要求	满分	扣分标准	扣分原因	得分
1	试验前准备					
1.1	工器具使用	熟练正确使用各种工器具	5	未正确使用一次扣1分，扣完为止		
1.2	试验记录	收集被试设备基础信息和历史试验数据	5	未收集被试设备历次试验报告扣1分； 未记录被试设备铭牌，现场温、湿度等条件的，每处扣1分，扣完为止		
1.3	仪器、仪表选择	选择合适的试验仪器、仪表	5	选用仪器不合适扣3分； 未检查试验仪器合格证或校验证书扣2分		
1.4	安全措施	（1）办理工作票、交代安全注意事项，分工明确，并做好记录。 （2）设置高压试验安全围栏。 （3）安全工器具使用。 （4）试验仪器正确接地	10	试验仪器未正确接地扣2分； 未检查安全工器具扣3分； 安全措施交代不清楚或未确认签字扣2分； 试验前未将试验区域用安全围栏隔离扣3分		
2	试验开展					
2.1	试验接线	（1）仪器现场布置合理。 （2）尽量使试验设备接线紧凑并安放稳固，接地线应使用专用接地线。 （3）连接中间变压器和被试互感器端头的导线应用绝缘带固定，防止摆动。 （4）电源开关接通前，试验仪器接线应准确无误	10	试验接线接错一次扣5分； 试验前未检查试验接线扣3分； 接线不规范扣1～3分； 上述扣分，扣完为止		
2.2	试验流程	（1）清洁干燥互感器的瓷套表面。 （2）调试局部放电测试仪使其具备测试条件，检查是否已断开互感器倍频电源的连接。 （3）接线无误后，确保调压器在零位，试验回路中过电流和过电压保护应整定正确。 （4）加压过程中应有人监护并呼唱。接通试验电源，进行升压，操作人员的手应放在电源开关上，如有紧急情况应迅速断开电源。 （5）对互感器进行加压，根据标准规定，进行局放试验。 （6）待数据稳定后，读取互感器的放电量，降电压至零，断开电源。 （7）试验前后及变更接线应对设备充分放电	30	未清洁互感器瓷套表面扣3分； 加压前未调试局部放电测试仪扣3分； 加压前，调压器未归零扣2分； 试验过程中未高声呼唱每次扣2分； 试验过程中失误一次扣5分； 试验过程中监护不到位扣5分； 缺少试验项目的扣5分； 试验前后及变更接线未对被试设备放电扣5分； 上述扣分，扣完为止		
3	结果分析					
3.1	试验报告	结合测试数据做出分析判断，出具试验报告	25	试验数据分析不准确扣5分； 试验结论不正确扣5分； 试验报告填写不规范扣1～5分； 未给出试验结论扣5分		
4	试验结束					
4.1	现场恢复	清理现场，人员撤离	6	被试设备有遗留物品扣2分； 仪器、工器具等未定置恢复扣2分； 未检查或清理现场扣2分		
4.2	办理收工手续	向考评员汇报试验结果，并办理工作终结手续	4	未汇报试验结果扣2分； 未办理工作票终结手续扣2分		
合计			100			

Jc0302243003　110kV 变压器局部放电试验。（100 分）

考核知识点：变压器试验

难易度：中

技能等级评价专业技能考核操作工作任务书

一、任务名称

110kV 变压器局部放电试验。

二、适用工种

电气试验工高级技师。

三、具体任务

（1）工作状态为模拟 110kV 变压器停电，工作内容为变压器交接试验。

（2）工作任务：

1）110kV 变压器局部放电试验。

2）根据试验记录出具试验报告，并对数据进行分析。

四、工作规范及要求

（1）工器具使用及安全措施。

（2）按要求进行高压试验。

（3）出具试验报告和试验结果分析。

五、考核及时间要求

（1）本考核操作时间为 60 分钟，包括试验接线和报告整理，时间到停止考评。

（2）试验过程中如试验仪器、试验电源出现故障，可向考评员申请故障排除，故障排除时间不计入考核。

（3）按照技能操作要求进行操作，试验报告包括试验项目、仪器型号、试验结果等。

（4）试验过程中如遇突发状况，如不涉及人身、设备安全，则由试验人员自行排查、处理；如危及人身、设备安全，则应立即停止操作，人员及时撤离作业现场。

技能等级评价专业技能考核操作评分标准

<table>
<tr><td>工种</td><td colspan="5">电气试验工</td><td>评价等级</td><td>高级技师</td></tr>
<tr><td>项目模块</td><td colspan="5">变压器试验—局部放电试验</td><td>编号</td><td>Jc0302243003</td></tr>
<tr><td>单位</td><td colspan="2"></td><td>准考证号</td><td colspan="2"></td><td>姓名</td><td></td></tr>
<tr><td>考试时限</td><td colspan="2">60 分钟</td><td>题型</td><td colspan="2">单项操作</td><td>题分</td><td>100 分</td></tr>
<tr><td>成绩</td><td></td><td>考评员</td><td colspan="2"></td><td>考评组长</td><td></td><td>日期</td></tr>
<tr><td>试题正文</td><td colspan="7">110kV 变压器局部放电试验</td></tr>
<tr><td>需要说明的问题和要求</td><td colspan="7">（1）试验过程单人操作，数据分析在试验过程中完成。
（2）操作过程应注意安全，按照标准化作业流程做好安全措施。
（3）现场完成试验结果分析，出具试验报告。
（4）检测仪器可选考场提供或自带</td></tr>
</table>

序号	项目名称	质量要求	满分	扣分标准	扣分原因	得分
1	试验前准备					
1.1	工器具使用	熟练正确使用各种工器具	5	未正确使用一次扣 1 分，扣完为止		

续表

序号	项目名称	质量要求	满分	扣分标准	扣分原因	得分
1.2	试验记录	收集被试设备基础信息和历史试验数据	5	未收集被试设备历次试验报告扣 1 分； 未记录被试设备铭牌，现场温、湿度等条件的，每处扣 1 分，扣完为止		
1.3	仪器、仪表选择	选择合适的试验仪器、仪表	5	选用仪器不合适扣 3 分； 未检查试验仪器合格证或校验证书扣 2 分		
1.4	安全措施	（1）办理工作票、交代安全注意事项，分工明确，并做好记录。 （2）设置高压试验安全围栏。 （3）安全工器具使用。 （4）试验仪器正确接地	10	试验仪器未正确接地扣 2 分； 未检查安全工器具扣 3 分； 安全措施交代不清楚或未确认签字扣 2 分； 试验前未将试验区域用安全围栏隔离扣 3 分		
2	试验开展					
2.1	试验接线	（1）仪器现场布置合理。 （2）尽量使试验设备接线紧凑并安放稳固，接地线应使用专用接地线。 （3）连接励磁变压器和被试变压器端头的导线应用绝缘带固定，防止摆动。 （4）电源开关接通前，试验仪器接线应准确无误	10	试验接线接错一次扣 5 分； 试验前未检查试验接线扣 3 分； 接线不规范扣 1～3 分； 上述扣分，扣完为止		
2.2	试验流程	（1）试验前，应完成全部常规试验，确保试验合格，静置时间满足要求。 （2）在被试变压器高、中压端安装均压罩，短接被试品 TA 二次端子，将试验设备吊装到位。 （3）使用合适截面的导线，接好变频柜电源，将变频柜输出两端分别接到励磁变压器的低压侧，励磁变压器高压侧接到被试变压器加压相。 （4）从变压器顶端注入标准方波进行校准，按照相应标准输入标准信号。 （5）接线无误后，确保调压器在零位，试验回路中过电流和过电压保护应整定正确。 （6）加压过程中应有人监护并呼唱。接通试验电源，进行升压，操作人员的手应放在电源开关上，如有紧急情况应迅速断开电源。 （7）对变压器进行升压，根据标准规定，进行局放试验，被试高、中压侧分接开关应调至 1 档。 （8）测试并记录局部放电起始放电电压、局部放电熄灭电压、各阶段局部放电量等数值，试验过程中，一直监视局部放电量、放电波形、各表计读数。 （9）试验前后及变更接线应对设备充分放电	30	未检查常规试验及静置时间是否合格扣 2 分； 加压前未校准信号扣 2 分； 加压前，调压器未归零扣 2 分； 试验过程中未高声呼唱每次扣 2 分； 分接开关未调至 1 档扣 2 分； 试验过程中失误一次扣 5 分； 试验过程中监护不到位扣 5 分； 缺少试验项目的扣 5 分； 试验前后及变更接线未对被试设备放电扣 5 分； 上述扣分，扣完为止		
3	结果分析					
3.1	试验报告	结合测试数据做出分析判断，出具试验报告	25	试验数据分析不准确扣 5 分； 试验结论不正确扣 5 分； 试验报告填写不规范扣 1～5 分； 未给出试验结论扣 5 分		

续表

序号	项目名称	质量要求	满分	扣分标准	扣分原因	得分
4	试验结束					
4.1	现场恢复	清理现场，人员撤离	6	被试设备有遗留物品扣 2 分； 仪器、工器具等未定置恢复扣 2 分； 未检查或清理现场扣 2 分		
4.2	办理收工手续	向考评员汇报试验结果，并办理工作终结手续	4	未汇报试验结果扣 2 分； 未办理工作票终结手续扣 2 分		
合计			100			

Jc0302243004　110kV GIS 局部放电试验。(100 分)

考核知识点： GIS 设备试验

难易度： 中

技能等级评价专业技能考核操作工作任务书

一、任务名称

110kV GIS 局部放电试验。

二、适用工种

电气试验工高级技师。

三、具体任务

（1）工作状态为模拟 110kV GIS 停电，工作内容为 GIS 交接试验。

（2）工作任务：

1）110kV GIS 局部放电试验，试验方法为超声波法。

2）根据试验记录出具试验报告，并对数据进行分析。

四、工作规范及要求

（1）工器具使用及安全措施。

（2）按要求进行高压试验。

（3）出具试验报告和试验结果分析。

五、考核及时间要求

（1）本考核操作时间为 60 分钟，包括试验接线和报告整理，时间到停止考评。

（2）试验过程中如试验仪器、试验电源出现故障，可向考评员申请故障排除，故障排除时间不计入考核。

（3）按照技能操作要求进行操作，试验报告包括试验项目、仪器型号、试验结果等。

（4）试验过程中如遇突发状况，如不涉及人身、设备安全，则由试验人员自行排查、处理；如危及人身、设备安全，则应立即停止操作，人员及时撤离作业现场。

技能等级评价专业技能考核操作评分标准

工种	电气试验工			评价等级	高级技师
项目模块	GIS 设备试验—局部放电试验			编号	Jc0302243004
单位		准考证号		姓名	
考试时限	60 分钟	题型	单项操作	题分	100 分

续表

成绩		考评员		考评组长		日期	
试题正文	110kV GIS 局部放电试验						
需要说明的问题和要求	（1）试验过程单人操作，数据分析在试验过程中完成。 （2）操作过程应注意安全，按照标准化作业流程做好安全措施。 （3）现场完成试验结果分析，出具试验报告。 （4）检测仪器可选考场提供或自带						

序号	项目名称	质量要求	满分	扣分标准	扣分原因	得分
1	试验前准备					
1.1	工器具使用	熟练正确使用各种工器具	5	未正确使用一次扣1分，扣完为止		
1.2	试验记录	收集被试设备基础信息和历史试验数据	5	未收集被试设备历次试验报告扣1分； 未记录被试设备铭牌，现场温、湿度等条件的，每处扣1分，扣完为止		
1.3	仪器、仪表选择	选择合适的试验仪器、仪表	5	选用仪器不合适扣3分； 未检查试验仪器合格证或校验证书扣2分		
1.4	安全措施	（1）办理工作票、交代安全注意事项，分工明确，并做好记录。 （2）设置高压试验安全围栏。 （3）安全工器具使用。 （4）试验仪器正确接地	10	试验仪器未正确接地扣2分； 未检查安全工器具扣3分； 安全措施交代不清楚或未确认签字扣2分； 试验前未将试验区域用安全围栏隔离扣3分		
2	试验开展					
2.1	试验接线	（1）仪器现场布置合理。 （2）尽量使试验设备接线紧凑并安放稳固，接地线应使用专用接地线。 （3）连接导线应用绝缘带固定，防止摆动。 （4）电源开关接通前，试验仪器接线应准确无误	10	试验接线接错一次扣5分； 试验前未检查试验接线扣3分； 接线不规范扣1～3分； 上述扣分，扣完为止		
2.2	试验流程	（1）试验前，应完成全部常规试验，确保试验合格，静置时间满足要求。 （2）在被试变压器高、中压端安装均压罩，短接被试品 TA 二次端子，将试验设备吊装到位。 （3）使用合适截面的导线，接好变频柜电源，将变频柜输出两端分别接到励磁变压器的低压侧，励磁变压器高压侧接到被试变压器加压相。 （4）从变压器顶端注入标准方波进行校准，按照相应标准输入标准信号。 （5）接线无误后，确保调压器在零位，试验回路中过电流和过电压保护应整定正确。 （6）加压过程中应有人监护并呼唱。接通试验电源，进行升压，操作人员的手应放在电源开关上，如有紧急情况应迅速断开电源。 （7）对变压器进行升压，根据标准规定，进行局放试验。 （8）测试并记录局部放电起始放电电压、局部放电熄灭电压、各阶段局部放电量等数值，试验过程中，一直监视局部放电量、放电波形、各表计读数。 （9）试验前后及变更接线应对设备充分放电	30	未检查常规试验及静置时间是否合格扣2分； 加压前未校准信号扣3分； 加压前，调压器未归零扣3分； 试验过程中未高声呼唱每次扣2分； 试验过程中失误一次扣5分； 试验过程中监护不到位扣5分； 缺少试验项目的扣5分； 试验前后及变更接线未对被试设备放电扣5分； 上述扣分，扣完为止		

续表

序号	项目名称	质量要求	满分	扣分标准	扣分原因	得分
3	结果分析					
3.1	试验报告	结合测试数据做出分析判断，出具试验报告	25	试验数据分析不准确扣 5 分； 试验结论不正确扣 5 分； 试验报告填写不规范扣 1～5 分； 未给出试验结论扣 5 分		
4	试验结束					
4.1	现场恢复	清理现场，人员撤离	6	被试设备有遗留物品扣 2 分； 仪器、工器具等未定置恢复扣 2 分； 未检查或清理现场扣 2 分		
4.2	办理收工手续	向考评员汇报试验结果，并办理工作终结手续	4	未汇报试验结果扣 2 分； 未办理工作票终结手续扣 2 分		
合计			100			

Jc0302241005　110kV 串级式电压互感器介损试验。（100 分）

考核知识点：电压互感器试验

难易度：难

技能等级评价专业技能考核操作工作任务书

一、任务名称

110kV 串级式电压互感器介损试验。

二、适用工种

电气试验工高级技师。

三、具体任务

（1）工作状态为 110kV 串级式电压互感器停电例行介损试验。

（2）工作任务：

1）110kV 串级式电压互感器停电例行介损试验。

2）试验方法：采用末端屏蔽法。

3）出具试验报告和试验结果分析。

四、工作规范及要求

（1）工作过程严格执行安规相关要求。

（2）试验仪器仪表配件齐全、接线应正确、规范。

（3）进行试验分析并填写试验报告。

五、考核及时间要求

（1）本考核操作时间为 60 分钟，包括试验接线和报告整理，时间到停止考评。

（2）试验过程中如试验仪器、试验电源出现故障，可向考评员申请故障排除，故障排除时间不计入考核。

（3）按照技能操作要求进行操作，试验报告包括试验项目、仪器型号、试验结果等。

（4）试验过程中如遇突发状况，如不涉及人身、设备安全，则由试验人员自行排查、处理；如危及人身、设备安全，则应立即停止操作，人员及时撤离作业现场。

技能等级评价专业技能考核操作评分标准

工种	电气试验工					评价等级	高级技师
项目模块	电压互感器试验—介损试验					编号	Jc0302241005
单位			准考证号			姓名	
考试时限	60分钟		题型	单项操作		题分	100分
成绩		考评员		考评组长		日期	
试题正文	110kV串级式电压互感器介损试验						
需要说明的问题和要求	（1）试验过程单人操作，数据分析在试验过程中完成。 （2）操作过程应注意安全，按照标准化作业流程做好安全措施。 （3）现场完成试验结果分析，出具试验报告。 （4）检测仪器可选考场提供或自带						

序号	项目名称	质量要求	满分	扣分标准	扣分原因	得分
1	试验前准备					
1.1	工器具使用	熟练正确使用各种工器具	5	未正确使用一次扣1分，扣完为止		
1.2	试验记录	收集被试设备基础信息和历史试验数据	5	未收集被试设备历次试验报告扣1分； 未记录被试设备铭牌，现场温、湿度等条件的，每处扣1分，扣完为止		
1.3	仪器、仪表选择	根据试验项目和方法选择合适充足的仪器、仪表	5	选用仪器不合适扣3分； 未检查试验仪器合格证或校验证书扣2分		
1.2	安全措施	（1）试验仪器正确接地。 （2）安全工器具使用。 （3）办理工作票、交代安全注意事项，分工明确，并做好记录。 （4）设置高压试验安全围栏	10	试验仪器未正确接地扣2分； 未检查安全工器具扣3分； 安全措施交代不清楚或未确认签字扣2分； 试验前未将试验区域用安全围栏隔离扣3分		
2	试验开展					
2.1	试验接线	（1）仪器现场布置合理。 （2）电源开关接通前，试验仪器接线应准确无误	10	试验接线接错一次扣5分； 试验前未检查试验接线扣3分； 接线不规范扣1～3分； 上述扣分，扣完为止		
2.2	试验流程	（1）试验前仪器自检，正确选择试验电压，试验过程中高声呼唱。 （2）应采用末端屏蔽法进行试验。 （3）应准确记录介损及电容量。 （4）试验后应正确恢复设备一、二次接线	30	试验前未对各绕组放电扣3分； 试验过程中未高声呼唱每次扣2分； 试验电压选取错误扣5分； 试验过程中失误一次扣5分； 试验过程中监护不到位扣5分； 缺少试验项目的扣5分； 试验前后及变更接线未对被试设备放电扣5分； 上述扣分，扣完为止		
3	结果分析					
3.1	试验报告	结合测试数据做出分析判断，出具试验报告	25	试验数据分析不准确扣5分； 试验结论不正确扣5分； 试验报告填写不规范扣1～5分； 未给出试验结论扣5分		
4	试验结束					
4.1	现场恢复	清理现场，人员撤离	6	被试设备有遗留物品扣2分； 仪器、工器具等未定置恢复扣2分； 未检查或清理现场扣2分		
4.2	办理收工手续	向考评员汇报试验结果，并办理工作终结手续	4	未汇报试验结果扣2分； 未办理工作票终结手续扣2分		
合计			100			

Jc0302242006　110kV 电容式电压互感器主电容介损试验。（100 分）

考核知识点：电压互感器试验

难易度：中

技能等级评价专业技能考核操作工作任务书

一、任务名称

110kV 电容式电压互感器主电容介损试验。

二、适用工种

电气试验工高级技师。

三、具体任务

（1）工作状态为 110kV 电容式电压互感器主电容停电例行试验。

（2）工作任务：

1）110kV 电容式电压互感器主电容介损试验。

2）试验方法：采用自激法。

3）出具试验报告和试验结果分析。

四、工作规范及要求

（1）工作过程严格执行安规相关要求。

（2）试验仪器仪表配件齐全、接线应正确、规范。

（3）进行试验分析并填写试验报告。

五、考核及时间要求

（1）本考核操作时间为 60 分钟，包括试验接线和报告整理，时间到停止考评。

（2）试验过程中如试验仪器、试验电源出现故障，可向考评员申请故障排除，故障排除时间不计入考核。

（3）按照技能操作要求进行操作，试验报告包括试验项目、仪器型号、试验结果等。

（4）试验过程中如遇突发状况，如不涉及人身、设备安全，则由试验人员自行排查、处理；如危及人身、设备安全，则应立即停止操作，人员及时撤离作业现场。

技能等级评价专业技能考核操作评分标准

<table>
<tr><td>工种</td><td colspan="5">电气试验工</td><td>评价等级</td><td colspan="2">高级技师</td></tr>
<tr><td>项目模块</td><td colspan="5">电压互感器试验—主电容介损试验</td><td>编号</td><td colspan="2">Jc0302242006</td></tr>
<tr><td>单位</td><td colspan="2"></td><td>准考证号</td><td colspan="2"></td><td>姓名</td><td colspan="2"></td></tr>
<tr><td>考试时限</td><td colspan="2">60 分钟</td><td>题型</td><td colspan="2">单项操作</td><td>题分</td><td colspan="2">100 分</td></tr>
<tr><td>成绩</td><td></td><td>考评员</td><td colspan="2"></td><td>考评组长</td><td></td><td>日期</td><td></td></tr>
<tr><td>试题正文</td><td colspan="8">110kV 电容式电压互感器主电容介损试验</td></tr>
<tr><td>需要说明的问题和要求</td><td colspan="8">（1）试验过程单人操作，数据分析在试验过程中完成。
（2）操作过程应注意安全，按照标准化作业流程做好安全措施。
（3）现场完成试验结果分析，出具试验报告。
（4）检测仪器可选考场提供或自带</td></tr>
</table>

序号	项目名称	质量要求	满分	扣分标准	扣分原因	得分
1	试验前准备					
1.1	工器具使用	熟练正确使用各种工器具	5	未正确使用一次扣 1 分，扣完为止		

续表

序号	项目名称	质量要求	满分	扣分标准	扣分原因	得分
1.2	试验记录	收集被试设备基础信息和历史试验数据	5	未收集被试设备历次试验报告扣 1 分； 未记录被试设备铭牌，现场温、湿度等条件的，每处扣 1 分，扣完为止		
1.3	仪器、仪表选择	根据试验项目和方法选择合适充足的仪器、仪表	5	选用仪器不合适扣 3 分； 未检查试验仪器合格证或校验证书扣 2 分		
1.2	安全措施	（1）试验仪器正确接地。 （2）安全工器具使用。 （3）办理工作票、交代安全注意事项，分工明确，并做好记录。 （4）设置高压试验安全围栏	10	试验仪器未正确接地扣 2 分； 未检查安全工器具扣 3 分； 安全措施交代不清楚或未确认签字扣 2 分； 试验前未将试验区域用安全围栏隔离扣 3 分		
2	试验开展					
2.1	试验接线	（1）仪器现场布置合理。 （2）电源开关接通前，试验仪器接线应准确无误	10	试验接线接错一次扣 5 分； 试验前未检查试验接线扣 3 分； 接线不规范扣 1～3 分； 上述扣分，扣完为止		
2.2	试验流程	（1）试验前仪器自检，正确选择试验电压，试验过程中高声呼唱。 （2）应采用自激法进行试验。 （3）应准确记录介损及电容量。 （4）试验后应正确恢复设备一、二次接线	30	试验前未对各绕组放电扣 3 分； 试验过程中未高声呼唱每次扣 2 分； 试验电压选取错误扣 5 分； 试验过程中失误一次扣 5 分； 试验过程中监护不到位扣 5 分； 缺少试验项目的扣 5 分； 试验前后及变更接线未对被试设备放电扣 5 分； 上述扣分，扣完为止		
3	结果分析					
3.1	试验报告	结合测试数据做出分析判断，出具试验报告	25	试验数据分析不准确扣 5 分； 试验结论不正确扣 5 分； 试验报告填写不规范扣 1～5 分； 未给出试验结论扣 5 分		
4	试验结束					
4.1	现场恢复	清理现场，人员撤离	6	被试设备有遗留物品扣 2 分； 仪器、工器具等未定置恢复扣 2 分； 未检查或清理现场扣 2 分		
4.2	办理收工手续	向考评员汇报试验结果，并办理工作终结手续	4	未汇报试验结果扣 2 分； 未办理工作票终结手续扣 2 分		
合计			100			

Jc0302241007　220kV 电流互感器介质损耗角正切值 tanδ的测试。（100 分）

考核知识点：电流互感器试验

难易度：中

技能等级评价专业技能考核操作工作任务书

一、任务名称

220kV 电流互感器介质损耗角正切值 tanδ的测试。

二、适用工种

电气试验工高级技师。

三、具体任务

（1）工作状态为模拟220kV电流互感器停电，工作内容为电流互感器诊断试验。

（2）工作任务：

1）电流互感器末屏对地介质损耗角正切值tanδ测试。

2）根据试验记录出具试验报告，并对数据进行分析。

四、工作规范及要求

（1）工器具使用及安全措施。

（2）按要求进行高压试验。

（3）出具试验报告和试验结果分析。

五、考核及时间要求

（1）本考核操作时间为60分钟，包括试验接线和报告整理，时间到停止考评。

（2）试验过程中如试验仪器、试验电源出现故障，可向考评员申请故障排除，故障排除时间不计入考核。

（3）按照技能操作要求进行操作，试验报告包括试验项目、仪器型号、试验结果等。

（4）试验过程中如遇突发状况，如不涉及人身、设备安全，则由试验人员自行排查、处理；如危及人身、设备安全，则应立即停止操作，人员及时撤离作业现场。

技能等级评价专业技能考核操作评分标准

工种	电气试验工				评价等级	高级技师
项目模块	电流互感器试验—末屏对地介质损耗角正切值tanδ的测试				编号	Jc0302241007
单位		准考证号			姓名	
考试时限	60分钟	题型	单项操作		题分	100分
成绩		考评员		考评组长	日期	
试题正文	220kV电流互感器介质损耗角正切值tanδ的测试					
需要说明的问题和要求	（1）试验过程单人操作，数据分析在试验过程中完成。 （2）操作过程应注意安全，按照标准化作业流程做好安全措施。 （3）现场完成试验结果分析，出具试验报告。 （4）检测仪器可选考场提供或自带					

序号	项目名称	质量要求	满分	扣分标准	扣分原因	得分
1	试验前准备					
1.1	工器具使用	熟练正确使用各种工器具	5	未正确使用一次扣1分，扣完为止		
1.2	试验记录	收集被试设备基础信息和历史试验数据	5	未收集被试设备历次试验报告扣1分； 未记录被试设备铭牌，现场温、湿度等条件的，每处扣1分，扣完为止		
1.3	仪器、仪表选择	选择合适的试验仪器、仪表	5	选用仪器不合适扣3分； 未检查试验仪器合格证或校验证书扣2分		
1.4	安全措施	（1）办理工作票、交代安全注意事项，分工明确，并做好记录。 （2）设置高压试验安全围栏。 （3）安全工器具使用。 （4）试验仪器正确接地	10	试验仪器未正确接地扣2分； 未检查安全工器具扣3分； 安全措施交代不清楚或未确认签字扣2分； 试验前未将试验区域用安全围栏隔离扣3分		
2	试验开展					

续表

序号	项目名称	质量要求	满分	扣分标准	扣分原因	得分
2.1	试验接线	（1）仪器现场布置合理。 （2）尽量缩短引线，引线较长时，可能产生较大误差。 （3）电源开关接通前，试验仪器接线应准确无误	10	试验接线接错一次扣5分； 试验前未检查试验接线扣3分； 接线不规范扣1～3分； 上述扣分，扣完为止		
2.2	试验流程	（1）使用放电棒对电流互感器绕组放电接地，拆除一次、二次连接线，打开末屏接地线，一次、二次绕组分别短接。 （2）采用反接线测量，一次绕组短接后并接到电桥的“E”端屏蔽，二次绕组短接接地，将末屏接电桥C_x端，试验电压不超过2.5kV。确认接线无误后，将电压升至试验电压。 （3）加压过程中应有人监护并呼唱。 （4）记录试验数据，记录后切断电源。 （5）试验前后及变更接线应对设备充分放电	30	试验前未对各绕组放电扣3分； 试验过程中未高声呼唱每次扣2分； 试验电压选取错误扣5分； 试验过程中失误一次扣5分； 试验过程中监护不到位扣5分； 缺少试验项目的扣5分； 试验前后及变更接线未对被试设备放电扣5分； 上述扣分，扣完为止		
3	结果分析					
3.1	试验报告	结合测试数据做出分析判断，出具试验报告	25	试验数据分析不准确扣5分； 试验结论不正确扣5分； 试验报告填写不规范扣1～5分； 未给出试验结论扣5分		
4	试验结束					
4.1	现场恢复	清理现场，人员撤离	6	被试设备有遗留物品扣2分； 仪器、工器具等未定置恢复扣2分； 未检查或清理现场扣2分		
4.2	办理收工手续	向考评员汇报试验结果，并办理工作终结手续	4	未汇报试验结果扣2分； 未办理工作票终结手续扣2分		
合计			100			

Jc0302242008　110kV电流互感器外施工频耐压试验。（100分）

考核知识点：电流互感器试验

难易度：难

技能等级评价专业技能考核操作工作任务书

一、任务名称

110kV电流互感器外施工频耐压试验。

二、适用工种

电气试验工高级技师。

三、具体任务

（1）工作状态为模拟110kV电流互感器停电，工作内容为电流互感器交接试验。

（2）工作任务：

1）电流互感器外施工频耐压试验。

2）根据试验记录出具试验报告，并对数据进行分析。

四、工作规范及要求

（1）工器具使用及安全措施。

（2）按要求进行高压试验。

（3）出具试验报告和试验结果分析。

五、考核及时间要求

（1）本考核操作时间为60分钟，包括试验接线和报告整理，时间到停止考评。

（2）试验过程中如试验仪器、试验电源出现故障，可向考评员申请故障排除，故障排除时间不计入考核。

（3）按照技能操作要求进行操作，试验报告包括试验项目、仪器型号、试验结果等。

（4）试验过程中如遇突发状况，如不涉及人身、设备安全，则由试验人员自行排查、处理；如危及人身、设备安全，则应立即停止操作，人员及时撤离作业现场。

技能等级评价专业技能考核操作评分标准

工种	电气试验工					评价等级	高级技师
项目模块	电流互感器试验—外施工频耐压试验					编号	Jc0302242008
单位			准考证号			姓名	
考试时限	60分钟		题型	单项操作		题分	100分
成绩		考评员		考评组长		日期	
试题正文	110kV电流互感器外施工频耐压试验						
需要说明的问题和要求	（1）试验过程单人操作，数据分析在试验过程中完成。 （2）操作过程应注意安全，按照标准化作业流程做好安全措施。 （3）现场完成试验结果分析，出具试验报告。 （4）检测仪器可选考场提供或自带						

序号	项目名称	质量要求	满分	扣分标准	扣分原因	得分
1	试验前准备					
1.1	工器具使用	熟练正确使用各种工器具	5	未正确使用一次扣1分，扣完为止		
1.2	试验记录	收集被试设备基础信息和历史试验数据	5	未收集被试设备历次试验报告扣1分； 未记录被试设备铭牌，现场温、湿度等条件的，每处扣1分，扣完为止		
1.3	仪器、仪表选择	选择合适的试验仪器、仪表	5	选用仪器不合适扣3分； 未检查试验仪器合格证或校验证书扣2分		
1.4	安全措施	（1）办理工作票、交代安全注意事项，分工明确，并做好记录。 （2）设置高压试验安全围栏。 （3）安全工器具使用。 （4）试验仪器正确接地	10	试验仪器未正确接地扣2分； 未检查安全工器具扣3分； 安全措施交代不清楚或未确认签字扣2分； 试验前未将试验区域用安全围栏隔离扣3分		
2	试验开展					
2.1	试验接线	（1）仪器现场布置合理。 （2）高压引线应尽量缩短，并采用专用的高压试验线，必要时用绝缘物支持牢固。 （3）有绕组的被试品进行外施交流耐压试验时，应将被试绕组自身的所有端子短接，非被试绕组也应短接并与外壳连接后接地。 （4）电源开关接通前，试验仪器接线应准确无误	10	试验接线接错一次扣5分； 试验前未检查试验接线扣3分； 接线不规范扣1～3分； 上述扣分，扣完为止		

续表

序号	项目名称	质量要求	满分	扣分标准	扣分原因	得分
2.2	试验流程	（1）试验前，测试绝缘电阻，其值应正常。 （2）将一次绕组短接加压，二次绕组短路与外壳一起接地，接线无误后，确保调压器在零位，试验回路中过电流和过电压保护应整定正确。 （3）加压过程中应有人监护并呼唱。接通试验电源，进行升压，操作人员的手应放在电源开关上，如有紧急情况应迅速断开电源。 （4）升压必须从零（或接近于零）开始，切不可冲击合闸。升压速度在75%试验电压以前，可以是任意的，自75%电压开始应均匀升压，均为每秒2%试验电压的速率升压。升至试验电压后，开始计时并读取试验电压。耐压试验后，迅速均匀降压到零（或接近于零），然后切断电源。 （5）测试绝缘电阻，其值应正常。 （6）试验前后及变更接线应对设备充分放电	30	加压前后未测试绝缘电阻扣5分； 加压前，调压器未归零扣3分； 试验过程中未高声呼唱每次扣2分； 试验过程中失误一次扣5分； 试验过程中监护不到位扣5分； 缺少试验项目的扣5分； 试验前后及变更接线未对被试设备放电扣5分； 上述扣分，扣完为止		
3	结果分析					
3.1	试验报告	结合测试数据做出分析判断，出具试验报告	25	试验数据分析不准确扣5分； 试验结论不正确扣5分； 试验报告填写不规范扣1～5分； 未给出试验结论扣5分		
4	试验结束					
4.1	现场恢复	清理现场，人员撤离	6	被试设备有遗留物品扣2分； 仪器、工器具等未定置恢复扣2分； 未检查或清理现场扣2分		
4.2	办理收工手续	向考评员汇报试验结果，并办理工作终结手续	4	未汇报试验结果扣2分； 未办理工作票终结手续扣2分		
合计			100			

Jc0302242009　110kV 断路器外施工频耐压试验。（100 分）

考核知识点：断路器试验

难易度：中

技能等级评价专业技能考核操作工作任务书

一、任务名称

110kV 断路器外施工频耐压试验。

二、适用工种

电气试验工高级技师。

三、具体任务

（1）工作状态为模拟 110kV 断路器停电，工作内容为断路器交接试验。

（2）工作任务：

1）断路器外施工频耐压试验。

2）根据试验记录出具试验报告，并对数据进行分析。

四、工作规范及要求

（1）工器具使用及安全措施。

（2）按要求进行高压试验。

（3）出具试验报告和试验结果分析。

五、考核及时间要求

（1）本考核操作时间为 60 分钟，包括试验接线和报告整理，时间到停止考评。

（2）试验过程中如试验仪器、试验电源出现故障，可向考评员申请故障排除，故障排除时间不计入考核。

（3）按照技能操作要求进行操作，试验报告包括试验项目、仪器型号、试验结果等。

（4）试验过程中如遇突发状况，如不涉及人身、设备安全，则由试验人员自行排查、处理；如危及人身、设备安全，则应立即停止操作，人员及时撤离作业现场。

技能等级评价专业技能考核操作评分标准

工种	电气试验工					评价等级	高级技师
项目模块	断路器试验—外施工频耐压试验					编号	Jc0302242009
单位		准考证号				姓名	
考试时限	60 分钟	题型	单项操作			题分	100 分
成绩		考评员		考评组长		日期	
试题正文	110kV 断路器外施工频耐压试验						
需要说明的问题和要求	（1）试验过程单人操作，数据分析在试验过程中完成。 （2）操作过程应注意安全，按照标准化作业流程做好安全措施。 （3）现场完成试验结果分析，出具试验报告。 （4）检测仪器可选考场提供或自带						

序号	项目名称	质量要求	满分	扣分标准	扣分原因	得分
1	试验前准备					
1.1	工器具使用	熟练正确使用各种工器具	5	未正确使用一次扣 1 分，扣完为止		
1.2	试验记录	收集被试设备基础信息和历史试验数据	5	未收集被试设备历次试验报告扣 1 分； 未记录被试设备铭牌，现场温、湿度等条件的，每处扣 1 分，扣完为止		
1.3	仪器、仪表选择	选择合适的试验仪器、仪表	5	选用仪器不合适扣 3 分； 未检查试验仪器合格证或校验证书扣 2 分		
1.4	安全措施	（1）办理工作票、交代安全注意事项，分工明确，并做好记录。 （2）设置高压试验安全围栏。 （3）安全工器具使用。 （4）试验仪器正确接地	10	试验仪器未正确接地扣 2 分； 未检查安全工器具扣 3 分； 安全措施交代不清楚或未确认签字扣 2 分； 试验前未将试验区域用安全围栏隔离扣 3 分		
2	试验开展					
2.1	试验接线	（1）仪器现场布置合理。 （2）高压引线应尽量缩短，并采用专用的高压试验线，必要时用绝缘物支持牢固。 （3）分闸试验时，应将一端与外壳连接后接地。 （4）电源开关接通前，试验仪器接线应准确无误	10	试验接线接错一次扣 5 分； 试验前未检查试验接线扣 3 分； 接线不规范扣 1～3 分； 上述扣分，扣完为止		

续表

序号	项目名称	质量要求	满分	扣分标准	扣分原因	得分
2.2	试验流程	（1）试验前，测试绝缘电阻，其值应正常。 （2）合闸状态时，在断路器一端进行加压，外壳接地，分闸状态时，一端加压，另一端与外壳相连并接地，接线无误后，确保调压器在零位，试验回路中过电流和过电压保护应整定正确。 （3）加压过程中应有人监护并呼唱。接通试验电源，进行升压，操作人员的手应放在电源开关上，如有紧急情况应迅速断开电源。 （4）升压必须从零（或接近于零）开始，切不可冲击合闸。升压速度在75%试验电压以前，可以是任意的，自75%电压开始应均匀升压，均为每秒2%试验电压的速率升压。升至试验电压后，开始计时并读取试验电压。耐压试验后，迅速均匀降压到零（或接近于零），然后切断电源。 （5）测试绝缘电阻，其值应正常。 （6）试验前后及变更接线应对设备充分放电	30	加压前后未测试绝缘电阻扣5分； 加压前，调压器未归零扣3分； 试验过程中未高声呼唱每次扣2分； 试验过程中失误一次扣5分； 试验过程中监护不到位扣5分； 缺少试验项目的扣5分； 试验前后及变更接线未对被试设备放电扣5分； 上述扣分，扣完为止		
3	结果分析					
3.1	试验报告	结合测试数据做出分析判断，出具试验报告	25	试验数据分析不准确扣5分； 试验结论不正确扣5分； 试验报告填写不规范扣1～5分； 未给出试验结论扣5分		
4	试验结束					
4.1	现场恢复	清理现场，人员撤离	6	被试设备有遗留物品扣2分； 仪器、工器具等未定置恢复扣2分； 未检查或清理现场扣2分		
4.2	办理收工手续	向考评员汇报试验结果，并办理工作终结手续	4	未汇报试验结果扣2分； 未办理工作票终结手续扣2分		
合计			100			

Jc0302242010　110kV 变压器外施工频耐压试验。（100 分）

考核知识点：变压器试验

难易度：难

技能等级评价专业技能考核操作工作任务书

一、任务名称

110kV 变压器外施工频耐压试验。

二、适用工种

电气试验工高级技师。

三、具体任务

（1）工作状态为模拟 110kV 变压器停电，工作内容为变压器交接试验。

（2）工作任务：

1）变压器外施工频耐压试验。

2）根据试验记录出具试验报告，并对数据进行分析。

四、工作规范及要求

（1）工器具使用及安全措施。

（2）按要求进行高压试验。

（3）出具试验报告和试验结果分析。

五、考核及时间要求

（1）本考核操作时间为 60 分钟，包括试验接线和报告整理，时间到停止考评。

（2）试验过程中如试验仪器、试验电源出现故障，可向考评员申请故障排除，故障排除时间不计入考核。

（3）按照技能操作要求进行操作，试验报告包括试验项目、仪器型号、试验结果等。

（4）试验过程中如遇突发状况，如不涉及人身、设备安全，则由试验人员自行排查、处理；如危及人身、设备安全，则应立即停止操作，人员及时撤离作业现场。

技能等级评价专业技能考核操作评分标准

工种	电气试验工				评价等级	高级技师
项目模块	变压器试验—外施工频耐压试验				编号	Jc0302242010
单位		准考证号			姓名	
考试时限	60 分钟	题型	单项操作		题分	100 分
成绩		考评员		考评组长	日期	
试题正文	110kV 变压器外施工频耐压试验					
需要说明的问题和要求	（1）试验过程单人操作，数据分析在试验过程中完成。 （2）操作过程应注意安全，按照标准化作业流程做好安全措施。 （3）现场完成试验结果分析，出具试验报告。 （4）检测仪器可选考场提供或自带					

序号	项目名称	质量要求	满分	扣分标准	扣分原因	得分
1	试验前准备					
1.1	工器具使用	熟练正确使用各种工器具	5	未正确使用一次扣 1 分，扣完为止		
1.2	试验记录	收集被试设备基础信息和历史试验数据	5	未收集被试设备历次试验报告扣 1 分； 未记录被试设备铭牌，现场温、湿度等条件的，每处扣 1 分，扣完为止		
1.3	仪器、仪表选择	选择合适的试验仪器、仪表	5	选用仪器不合适扣 3 分； 未检查试验仪器合格证或校验证书扣 2 分		
1.4	安全措施	（1）办理工作票、交代安全注意事项，分工明确，并做好记录。 （2）设置高压试验安全围栏。 （3）安全工器具使用。 （4）试验仪器正确接地	10	试验仪器未正确接地扣 2 分； 未检查安全工器具扣 3 分； 安全措施交代不清楚或未确认签字扣 2 分； 试验前未将试验区域用安全围栏隔离扣 3 分		
2	试验开展					
2.1	试验接线	（1）仪器现场布置合理。 （2）高压引线应尽量缩短，并采用专用的高压试验线，必要时用绝缘物支持牢固。 （3）有绕组的被试品进行外施交流耐压试验时，应将被试绕组自身的所有端子短接，非被试绕组也应短接并与外壳连接后接地。 （4）电源开关接通前，试验仪器接线应准确无误	10	试验接线接错一次扣 5 分； 试验前未检查试验接线扣 3 分； 接线不规范扣 1～3 分； 上述扣分，扣完为止		

续表

序号	项目名称	质量要求	满分	扣分标准	扣分原因	得分
2.2	试验流程	（1）试验前，测试绝缘电阻，其值应正常。 （2）被试绕组所有出线套管应短接后加压，非加压绕组所有出线应短接并可靠接地，接线无误后，确保调压器在零位，试验回路中过电流和过电压保护应整定正确。 （3）加压过程中应有人监护并呼唱。接通试验电源，进行升压，操作人员的手应放在电源开关上，如有紧急情况应迅速断开电源。 （4）升压必须从零（或接近于零）开始，切不可冲击合闸。升压速度在75%试验电压以前，可以是任意的，自75%电压开始应均匀升压，均为每秒2%试验电压的速率升压。升至试验电压后，开始计时并读取试验电压。耐压试验后，迅速均匀降压到零（或接近于零），然后切断电源。 （5）测试绝缘电阻，其值应正常。 （6）试验前后及变更接线应对设备充分放电	30	加压前后未测试绝缘电阻扣5分； 加压前，调压器未归零扣3分； 试验过程中未高声呼唱每次扣2分； 试验过程中失误一次扣5分； 试验过程中监护不到位扣5分； 缺少试验项目的扣5分； 试验前后及变更接线未对被试设备放电扣5分； 上述扣分，扣完为止		
3	结果分析					
3.1	试验报告	结合测试数据做出分析判断，出具试验报告	25	试验数据分析不准确扣5分； 试验结论不正确扣5分； 试验报告填写不规范扣1～5分； 未给出试验结论扣5分		
4	试验结束					
4.1	现场恢复	清理现场，人员撤离	6	被试设备有遗留物品扣2分； 仪器、工器具等未定置恢复扣2分； 未检查或清理现场扣2分		
4.2	办理收工手续	向考评员汇报试验结果，并办理工作终结手续	4	未汇报试验结果扣2分； 未办理工作票终结手续扣2分		
合计			100			

Jc0302243011　110kV 分级绝缘电压互感器感应耐压试验。（100 分）

考核知识点：电压互感器试验

难易度：难

技能等级评价专业技能考核操作工作任务书

一、任务名称

110kV 分级绝缘电压互感器感应耐压试验。

二、适用工种

电气试验工高级技师。

三、具体任务

（1）工作状态为 110kV 分级绝缘电压互感器感应耐压停电例行试验。

（2）工作任务.

1）110kV 分级绝缘电压互感器感应耐压试验。

2）试验方法：采用多倍频感应耐压法。

3）出具试验报告和试验结果分析。

四、工作规范及要求

（1）工作过程严格执行安规相关要求。

（2）试验仪器仪表配件齐全、接线应正确、规范。

（3）进行试验分析并填写试验报告。

五、考核及时间要求

（1）本考核操作时间为60分钟，包括试验接线和报告整理，时间到停止考评。

（2）试验过程中如试验仪器、试验电源出现故障，可向考评员申请故障排除，故障排除时间不计入考核。

（3）按照技能操作要求进行操作，试验报告包括试验项目、仪器型号、试验结果等。

（4）试验过程中如遇突发状况，如不涉及人身、设备安全，则由试验人员自行排查、处理；如危及人身、设备安全，则应立即停止操作，人员及时撤离作业现场。

技能等级评价专业技能考核操作评分标准

工种	电气试验工				评价等级	高级技师
项目模块	电压互感器试验—感应耐压试验				编号	Jc0302243011
单位		准考证号			姓名	
考试时限	60分钟	题型	单项操作		题分	100分
成绩		考评员		考评组长	日期	
试题正文	110kV分级绝缘电压互感器感应耐压试验					
需要说明的问题和要求	（1）试验过程单人操作，数据分析在试验过程中完成。 （2）操作过程应注意安全，按照标准化作业流程做好安全措施。 （3）现场完成试验结果分析，出具试验报告。 （4）检测仪器可选考场提供或自带					

序号	项目名称	质量要求	满分	扣分标准	扣分原因	得分
1	试验前准备					
1.1	工器具使用	熟练正确使用各种工器具	5	未正确使用一次扣1分，扣完为止		
1.2	试验记录	收集被试设备基础信息和历史试验数据	5	未收集被试设备历次试验报告扣1分； 未记录被试设备铭牌，现场温、湿度等条件的，每处扣1分，扣完为止		
1.3	仪器、仪表选择	根据试验项目和方法选择合适充足的仪器、仪表	5	选用仪器不合适扣3分； 未检查试验仪器合格证或校验证书扣2分		
1.4	安全措施	（1）试验仪器正确接地。 （2）安全工器具使用。 （3）办理工作票、交代安全注意事项，分工明确，并做好记录。 （4）设置高压试验安全围栏	10	试验仪器未正确接地扣2分； 未检查安全工器具扣3分； 安全措施交代不清楚或未确认签字扣2分； 试验前未将试验区域用安全围栏隔离扣3分		
2	试验开展					
2.1	试验接线	（1）仪器现场布置合理。 （2）电源开关接通前，试验仪器接线应准确无误	10	试验接线接错一次扣5分； 试验前未检查试验接线扣3分； 接线不规范扣1～3分； 上述扣分，扣完为止		

续表

序号	项目名称	质量要求	满分	扣分标准	扣分原因	得分
2.2	试验流程	（1）对电压互感器进行放电，将其高压端接地，拆除所有引线。 （2）试验时，电压互感器外壳、铁芯、二次绕组、辅助绕组及一次绕组尾端接地，选择一组二次绕组或辅助绕组进行加压。 （3）应采用多倍频感应耐压法进行试验，试验时间满足规定要求。 （4）加压过程中应有人监护并呼唱。接通试验电源，进行升压，操作人员的手应放在电源开关上，如有紧急情况应迅速断开电源。 （5）升压必须从零（或接近于零）开始，切不可冲击合闸。升压速度在75%试验电压以前，可以是任意的，自75%电压开始应均匀升压，均为每秒2%试验电压的速率升压。升至试验电压后，开始计时并读取试验电压。耐压试验后，迅速均匀降压到零（或接近于零），然后切断电源。 （6）试验完毕后，测试绝缘电阻，其值应正常。 （7）试验前后及变更接线应对设备充分放电	30	未进行仪器、仪表自检扣1分； 加压前后未测试绝缘电阻扣5分； 加压前，调压器未归零扣1分； 试验过程中未高声呼唱每次扣1分； 试验过程中失误一次扣5分； 试验过程中监护不到位扣5分； 耐压时间不符合要求扣2分 缺少试验项目的扣5分； 试验前后及变更接线未对被试设备放电扣5分； 上述扣分，扣完为止		
3	结果分析					
3.1	试验报告	结合测试数据做出分析判断，出具试验报告	25	试验数据分析不准确扣5分； 试验结论不正确扣5分； 试验报告填写不规范扣1～5分； 未给出试验结论扣5分		
4	试验结束					
4.1	现场恢复	清理现场，人员撤离	6	被试设备有遗留物品扣2分； 仪器、工器具等未定置恢复扣2分； 未检查或清理现场扣2分		
4.2	办理收工手续	向考评员汇报试验结果，并办理工作终结手续	4	未汇报试验结果扣2分； 未办理工作票终结手续扣2分		
合计			100			

Jc0302241012　110kV 电流互感器末屏对地介质损耗角正切值 tanδ的测试。（100 分）

考核知识点：电流互感器试验

难易度：中

技能等级评价专业技能考核操作工作任务书

一、任务名称

110kV 电流互感器末屏对地介质损耗角正切值 tanδ的测试。

二、适用工种

电气试验工高级技师。

三、具体任务

（1）工作状态为模拟 110kV 电流互感器停电，工作内容为电流互感器诊断试验。

（2）工作任务：

1）电流互感器末屏对地介质损耗角正切值 $\tan\delta$ 测试。

2）根据试验记录出具试验报告，并对数据进行分析。

四、工作规范及要求

（1）工器具使用及安全措施。

（2）按要求进行高压试验。

（3）出具试验报告和试验结果分析。

五、考核及时间要求

（1）本考核操作时间为 60 分钟，包括试验接线和报告整理，时间到停止考评。

（2）试验过程中如试验仪器、试验电源出现故障，可向考评员申请故障排除，故障排除时间不计入考核。

（3）按照技能操作要求进行操作，试验报告包括试验项目、仪器型号、试验结果等。

（4）试验过程中如遇突发状况，如不涉及人身、设备安全，则由试验人员自行排查、处理；如危及人身、设备安全，则应立即停止操作，人员及时撤离作业现场。

技能等级评价专业技能考核操作评分标准

工种	电气试验工				评价等级	高级技师
项目模块	电流互感器试验—末屏对地介质损耗角正切值 $\tan\delta$ 的测试				编号	Jc0302241012
单位		准考证号			姓名	
考试时限	60 分钟	题型	单项操作		题分	100 分
成绩	考评员		考评组长		日期	
试题正文	110kV 电流互感器末屏对地介质损耗角正切值 $\tan\delta$ 的测试					
需要说明的问题和要求	（1）试验过程单人操作，数据分析在试验过程中完成。 （2）操作过程应注意安全，按照标准化作业流程做好安全措施。 （3）现场完成试验结果分析，出具试验报告。 （4）检测仪器可选考场提供或自带					

序号	项目名称	质量要求	满分	扣分标准	扣分原因	得分
1	试验前准备					
1.1	工器具使用	熟练正确使用各种工器具	5	未正确使用一次扣 1 分，扣完为止		
1.2	试验记录	收集被试设备基础信息和历史试验数据	5	未收集被试设备历次试验报告扣 1 分； 未记录被试设备铭牌，现场温、湿度等条件的，每处扣 1 分，扣完为止		
1.3	仪器、仪表选择	选择合适的试验仪器、仪表	5	选用仪器不合适扣 3 分； 未检查试验仪器合格证或校验证书扣 2 分		
1.4	安全措施	（1）办理工作票、交代安全注意事项，分工明确，并做好记录。 （2）设置高压试验安全围栏。 （3）安全工器具使用。 （4）试验仪器正确接地	10	试验仪器未正确接地扣 2 分； 未检查安全工器具扣 3 分； 安全措施交代不清楚或未确认签字扣 2 分； 试验前未将试验区域用安全围栏隔离扣 3 分		
2	试验开展					
2.1	试验接线	（1）仪器现场布置合理。 （2）尽量缩短引线，引线较长时，可能产生较大误差。 （3）电源开关接通前，试验仪器接线应准确无误	10	试验接线接错一次扣 5 分； 试验前未检查试验接线扣 3 分； 接线不规范扣 1～3 分； 上述扣分，扣完为止		

续表

序号	项目名称	质量要求	满分	扣分标准	扣分原因	得分
2.2	试验流程	（1）使用放电棒对电流互感器绕组放电接地，拆除一次、二次连接线，打开末屏接地线，一次、二次绕组分别短接。 （2）采用反接线测量，一次绕组短接后并接到电桥的“E”端屏蔽，二次绕组短接接地，将末屏接电桥 C_x 端，试验电压不超过 2.5kV。确认接线无误后，将电压升至试验电压。 （3）加压过程中应有人监护并呼唱。 （4）记录试验数据，记录后切断电源。 （5）试验前后及变更接线应对设备充分放电	30	试验前未对各绕组放电扣 3 分； 试验过程中未高声呼唱每次扣 2 分； 试验电压选取错误扣 5 分； 试验过程中失误一次扣 5 分； 试验过程中监护不到位扣 5 分； 缺少试验项目的扣 5 分； 试验前后及变更接线未对被试设备放电扣 5 分； 上述扣分，扣完为止		
3	结果分析					
3.1	试验报告	结合测试数据做出分析判断，出具试验报告	25	试验数据分析不准确扣 5 分； 试验结论不正确扣 5 分； 试验报告填写不规范扣 1～5 分； 未给出试验结论扣 5 分		
4	试验结束					
4.1	现场恢复	清理现场，人员撤离	6	被试设备有遗留物品扣 2 分； 仪器、工器具等未定置恢复扣 2 分； 未检查或清理现场扣 2 分		
4.2	办理收工手续	向考评员汇报试验结果，并办理工作终结手续	4	未汇报试验结果扣 2 分； 未办理工作票终结手续扣 2 分		
合计			100			

Jc0302242013　220kV 串级式电压互感器介损试验。（100 分）

考核知识点：电压互感器试验

难易度：难

技能等级评价专业技能考核操作工作任务书

一、任务名称

220kV 串级式电压互感器介损试验。

二、适用工种

电气试验工高级技师。

三、具体任务

（1）工作状态为 110kV 串级式电压互感器停电例行介损试验。

（2）工作任务：

1）220kV 串级式电压互感器停电例行介损试验。

2）试验方法：采用末端屏蔽法。

3）出具试验报告和试验结果分析。

四、工作规范及要求

（1）工作过程严格执行安规相关要求。

（2）试验仪器仪表配件齐全、接线应正确、规范。

（3）进行试验分析并填写试验报告。

五、考核及时间要求

（1）本考核操作时间为60分钟，包括试验接线和报告整理，时间到停止考评。

（2）试验过程中如试验仪器、试验电源出现故障，可向考评员申请故障排除，故障排除时间不计入考核。

（3）按照技能操作要求进行操作，试验报告包括试验项目、仪器型号、试验结果等。

（4）试验过程中如遇突发状况，如不涉及人身、设备安全，则由试验人员自行排查、处理；如危及人身、设备安全，则应立即停止操作，人员及时撤离作业现场。

技能等级评价专业技能考核操作评分标准

工种	电气试验工				评价等级	高级技师
项目模块	电压互感器试验—介损试验				编号	Jc0302242013
单位		准考证号			姓名	
考试时限	60分钟	题型	单项操作		题分	100分
成绩		考评员		考评组长	日期	
试题正文	220kV串级式电压互感器介损试验					
需要说明的问题和要求	（1）试验过程单人操作，数据分析在试验过程中完成。 （2）操作过程应注意安全，按照标准化作业流程做好安全措施。 （3）现场完成试验结果分析，出具试验报告。 （4）检测仪器可选考场提供或自带					

序号	项目名称	质量要求	满分	扣分标准	扣分原因	得分
1	试验前准备					
1.1	工器具使用	熟练正确使用各种工器具	5	未正确使用一次扣1分，扣完为止		
1.2	试验记录	收集被试设备基础信息和历史试验数据	5	未收集被试设备历次试验报告扣1分； 未记录被试设备铭牌，现场温、湿度等条件的，每处扣1分，扣完为止		
1.3	仪器、仪表选择	根据试验项目和方法选择合适充足的仪器、仪表	5	选用仪器不合适扣3分； 未检查试验仪器合格证或校验证书扣2分		
1.4	安全措施	（1）试验仪器正确接地。 （2）安全工器具使用。 （3）办理工作票、交代安全注意事项，分工明确，并做好记录。 （4）设置高压试验安全围栏	10	试验仪器未正确接地扣2分； 未检查安全工器具扣3分； 安全措施交代不清楚或未确认签字扣2分； 试验前未将试验区域用安全围栏隔离扣3分		
2	试验开展					
2.1	试验接线	（1）仪器现场布置合理。 （2）电源开关接通前，试验仪器接线应准确无误	10	试验接线接错一次扣5分； 试验前未检查试验接线扣3分； 接线不规范扣1～3分； 上述扣分，扣完为止		
2.2	试验流程	（1）试验前仪器自检，正确选择试验电压，试验过程中高声呼唱。 （2）应采用末端屏蔽法进行试验。 （3）应准确记录介损及电容量。 （4）试验后应正确恢复设备一、二次接线	30	试验前未对各绕组放电扣3分； 试验过程中未高声呼唱每次扣2分； 试验电压选取错误扣5分； 试验过程中失误一次扣5分； 试验过程中监护不到位扣5分； 缺少试验项目的扣5分； 试验前后及变更接线未对被试设备放电扣5分； 上述扣分，扣完为止		
3	结果分析					

续表

序号	项目名称	质量要求	满分	扣分标准	扣分原因	得分
3.1	试验报告	结合测试数据做出分析判断，出具试验报告	25	试验数据分析不准确扣 5 分； 试验结论不正确扣 5 分； 试验报告填写不规范扣 1～5 分； 未给出试验结论扣 5 分		
4	试验结束					
4.1	现场恢复	清理现场，人员撤离	6	被试设备有遗留物品扣 2 分； 仪器、工器具等未定置恢复扣 2 分； 未检查或清理现场扣 2 分		
4.2	办理收工手续	向考评员汇报试验结果，并办理工作终结手续	4	未汇报试验结果扣 2 分； 未办理工作票终结手续扣 2 分		
合计			100			

Jc0302242014　220kV 电容式电压互感器主电容介损试验。(100 分)

考核知识点：电压互感器试验

难易度：难

技能等级评价专业技能考核操作工作任务书

一、任务名称

220kV 电容式电压互感器主电容介损试验。

二、适用工种

电气试验工高级技师。

三、具体任务

（1）工作状态为 220kV 电容式电压互感器主电容停电例行试验。

（2）工作任务：

1）220kV 电容式电压互感器上下节电容介损试验。

2）试验方法：采用自激法和反接线低压屏蔽法。

3）出具试验报告和试验结果分析。

四、工作规范及要求

（1）工作过程严格执行安规相关要求。

（2）试验仪器仪表配件齐全、接线应正确、规范。

（3）进行试验分析并填写试验报告。

五、考核及时间要求

（1）本考核操作时间为 60 分钟，包括试验接线和报告整理，时间到停止考评。

（2）试验过程中如试验仪器、试验电源出现故障，可向考评员申请故障排除，故障排除时间不计入考核。

（3）按照技能操作要求进行操作，试验报告包括试验项目、仪器型号、试验结果等。

（4）试验过程中如遇突发状况，如不涉及人身、设备安全，则由试验人员自行排查、处理；如危及人身、设备安全，则应立即停止操作，人员及时撤离作业现场。

技能等级评价专业技能考核操作评分标准

工种	电气试验工				评价等级	高级技师
项目模块	电压互感器试验—主电容介损试验				编号	Jc0302242014
单位			准考证号		姓名	
考试时限	60 分钟		题型	单项操作	题分	100 分
成绩		考评员		考评组长	日期	
试题正文	220kV 电容式电压互感器主电容介损试验					
需要说明的问题和要求	（1）试验过程单人操作，数据分析在试验过程中完成。 （2）操作过程应注意安全，按照标准化作业流程做好安全措施。 （3）现场完成试验结果分析，出具试验报告。 （4）检测仪器可选考场提供或自带					

序号	项目名称	质量要求	满分	扣分标准	扣分原因	得分
1	试验前准备					
1.1	工器具使用	熟练正确使用各种工器具	5	未正确使用一次扣 1 分，扣完为止		
1.2	试验记录	收集被试设备基础信息和历史试验数据	5	未收集被试设备历次试验报告扣 1 分； 未记录被试设备铭牌，现场温、湿度等条件的，每处扣 1 分，扣完为止		
1.3	仪器、仪表选择	根据试验项目和方法选择合适充足的仪器、仪表	5	选用仪器不合适扣 3 分； 未检查试验仪器合格证或校验证书扣 2 分		
1.4	安全措施	（1）试验仪器正确接地。 （2）安全工器具使用。 （3）办理工作票、交代安全注意事项，分工明确，并做好记录。 （4）设置高压试验安全围栏	10	试验仪器未正确接地扣 2 分； 未检查安全工器具扣 3 分； 安全措施交代不清楚或未确认签字扣 2 分； 试验前未将试验区域用安全围栏隔离扣 3 分		
2	试验开展					
2.1	试验接线	（1）仪器现场布置合理。 （2）电源开关接通前，试验仪器接线应准确无误	10	试验接线接错一次扣 5 分； 试验前未检查试验接线扣 3 分； 接线不规范扣 1～3 分； 上述扣分，扣完为止		
2.2	试验流程	（1）试验前仪器自检，正确选择试验电压，试验过程中高声呼唱。 （2）应采用自激法进行下节电容试验，采用反接线低压屏蔽法进行上节电容试验。 （3）应准确记录介损及电容量。 （4）试验后应正确恢复设备一、二次接线	30	试验前未对各绕组放电扣 3 分； 试验过程中未高声呼唱每次扣 2 分； 试验电压选取错误扣 5 分； 试验过程中失误一次扣 5 分； 试验过程中监护不到位扣 5 分； 缺少试验项目的扣 5 分； 试验前后及变更接线未对被试设备放电扣 5 分； 上述扣分，扣完为止		
3	结果分析					
3.1	试验报告	结合测试数据做出分析判断，出具试验报告	25	试验数据分析不准确扣 5 分； 试验结论不正确扣 5 分； 试验报告填写不规范扣 1～5 分； 未给出试验结论扣 5 分		
4	试验结束					
4.1	现场恢复	清理现场，人员撤离	6	被试设备有遗留物品扣 2 分； 仪器、工器具等未定置恢复扣 2 分； 未检查或清理现场扣 2 分		
4.2	办理收工手续	向考评员汇报试验结果，并办理工作终结手续	4	未汇报试验结果扣 2 分； 未办理工作票终结手续扣 2 分		
合计			100			

Jc0302242015 220kV 断路器外施工频耐压试验。（100 分）

考核知识点：断路器试验

难易度：难

技能等级评价专业技能考核操作工作任务书

一、任务名称

220kV 断路器外施工频耐压试验。

二、适用工种

电气试验工高级技师。

三、具体任务

（1）工作状态为模拟 220kV 断路器停电，工作内容为断路器交接试验。

（2）工作任务：

1）断路器外施工频耐压试验。

2）根据试验记录出具试验报告，并对数据进行分析。

四、工作规范及要求

（1）工器具使用及安全措施。

（2）按要求进行高压试验。

（3）出具试验报告和试验结果分析。

五、考核及时间要求

（1）本考核操作时间为 60 分钟，包括试验接线和报告整理，时间到停止考评。

（2）试验过程中如试验仪器、试验电源出现故障，可向考评员申请故障排除，故障排除时间不计入考核。

（3）按照技能操作要求进行操作，试验报告包括试验项目、仪器型号、试验结果等。

（4）试验过程中如遇突发状况，如不涉及人身、设备安全，则由试验人员自行排查、处理；如危及人身、设备安全，则应立即停止操作，人员及时撤离作业现场。

技能等级评价专业技能考核操作评分标准

工种	电气试验工					评价等级	高级技师
项目模块	断路器试验—外施工频耐压试验					编号	Jc0302242015
单位			准考证号			姓名	
考试时限	60 分钟		题型	单项操作		题分	100 分
成绩		考评员		考评组长		日期	
试题正文	220kV 断路器外施工频耐压试验						
需要说明的问题和要求	（1）试验过程单人操作，数据分析在试验过程中完成。 （2）操作过程应注意安全，按照标准化作业流程做好安全措施。 （3）现场完成试验结果分析，出具试验报告。 （4）检测仪器可选考场提供或自带						

序号	项目名称	质量要求	满分	扣分标准	扣分原因	得分
1	试验前准备					
1.1	工器具使用	熟练正确使用各种工器具	5	未正确使用一次扣 1 分，扣完为止		
1.2	试验记录	收集被试设备基础信息和历史试验数据	5	未收集被试设备历次试验报告扣 1 分； 未记录被试设备铭牌，现场温、湿度等条件的，每处扣 1 分，扣完为止		

续表

序号	项目名称	质量要求	满分	扣分标准	扣分原因	得分
1.3	仪器、仪表选择	选择合适的试验仪器、仪表	5	选用仪器不合适扣 3 分； 未检查试验仪器合格证或校验证书扣 2 分		
1.4	安全措施	（1）办理工作票、交代安全注意事项，分工明确，并做好记录。 （2）设置高压试验安全围栏。 （3）安全工器具使用。 （4）试验仪器正确接地	10	试验仪器未正确接地扣 2 分； 未检查安全工器具扣 3 分； 安全措施交代不清楚或未确认签字扣 2 分； 试验前未将试验区域用安全围栏隔离扣 3 分		
2	试验开展					
2.1	试验接线	（1）仪器现场布置合理。 （2）高压引线应尽量缩短，并采用专用的高压试验线，必要时用绝缘物支持牢固。 （3）分闸试验时，应将一端与外壳连接后接地。 （4）电源开关接通前，试验仪器接线应准确无误	10	试验接线接错一次扣 5 分； 试验前未检查试验接线扣 3 分； 接线不规范扣 1～3 分； 上述扣分，扣完为止		
2.2	试验流程	（1）试验前，测试绝缘电阻，其值应正常。 （2）合闸状态时，在断路器一端进行加压，外壳接地，分闸状态时，一端加压，另一端与外壳相连并接地，接线无误后，确保调压器在零位，试验回路中过电流和过电压保护应整定正确。 （3）加压过程中应有人监护并呼唱。接通试验电源，进行升压，操作人员的手应放在电源开关上，如有紧急情况应迅速断开电源。 （4）升压必须从零（或接近于零）开始，切不可冲击合闸。升压速度在 75% 试验电压以前，可以是任意的，自 75% 电压开始应均匀升压，均为每秒 2%试验电压的速率升压。升至试验电压后，开始计时并读取试验电压。耐压试验后，迅速均匀降压到零（或接近于零），然后切断电源。 （5）测试绝缘电阻，其值应正常。 （6）试验前后及变更接线应对设备充分放电	30	加压前后未测试绝缘电阻扣 5 分； 加压前，调压器未归零扣 3 分； 试验过程中未高声呼唱每次扣 2 分； 试验过程中失误一次扣 5 分； 试验过程中监护不到位扣 5 分； 缺少试验项目的扣 5 分； 试验前后及变更接线未对被试设备放电扣 5 分； 上述扣分，扣完为止		
3	结果分析					
3.1	试验报告	结合测试数据做出分析判断，出具试验报告	25	试验数据分析不准确扣 5 分； 试验结论不正确扣 5 分； 试验报告填写不规范扣 1～5 分； 未给出试验结论扣 5 分		
4	试验结束					
4.1	现场恢复	清理现场，人员撤离	6	被试设备有遗留物品扣 2 分； 仪器、工器具等未定置恢复扣 2 分； 未检查或清理现场扣 2 分		
4.2	办理收工手续	向考评员汇报试验结果，并办理工作终结手续	4	未汇报试验结果扣 2 分； 未办理工作票终结手续扣 2 分		
合计			100			

Jc0302242016 220kV 变压器外施工频耐压试验。(100 分)

考核知识点：变压器试验

难易度：难

技能等级评价专业技能考核操作工作任务书

一、任务名称

220kV 变压器外施工频耐压试验。

二、适用工种

电气试验工高级技师。

三、具体任务

（1）工作状态为模拟 220kV 变压器停电，工作内容为变压器交接试验。

（2）工作任务：

1）变压器外施工频耐压试验。

2）根据试验记录出具试验报告，并对数据进行分析。

四、工作规范及要求

（1）工器具使用及安全措施。

（2）按要求进行高压试验。

（3）出具试验报告和试验结果分析。

五、考核及时间要求

（1）本考核操作时间为 60 分钟，包括试验接线和报告整理，时间到停止考评。

（2）试验过程中如试验仪器、试验电源出现故障，可向考评员申请故障排除，故障排除时间不计入考核。

（3）按照技能操作要求进行操作，试验报告包括试验项目、仪器型号、试验结果等。

（4）试验过程中如遇突发状况，如不涉及人身、设备安全，则由试验人员自行排查、处理；如危及人身、设备安全，则应立即停止操作，人员及时撤离作业现场。

技能等级评价专业技能考核操作评分标准

<table>
<tr><td>工种</td><td colspan="5">电气试验工</td><td>评价等级</td><td>高级技师</td></tr>
<tr><td>项目模块</td><td colspan="5">变压器试验—外施工频耐压试验</td><td>编号</td><td>Jc0302242016</td></tr>
<tr><td>单位</td><td colspan="2"></td><td>准考证号</td><td colspan="2"></td><td>姓名</td><td></td></tr>
<tr><td>考试时限</td><td colspan="2">60 分钟</td><td>题型</td><td colspan="2">单项操作</td><td>题分</td><td>100 分</td></tr>
<tr><td>成绩</td><td></td><td>考评员</td><td colspan="2"></td><td>考评组长</td><td></td><td>日期</td><td></td></tr>
<tr><td>试题正文</td><td colspan="8">220kV 变压器外施工频耐压试验</td></tr>
<tr><td>需要说明的问题和要求</td><td colspan="8">（1）试验过程单人操作，数据分析在试验过程中完成。
（2）操作过程应注意安全，按照标准化作业流程做好安全措施。
（3）现场完成试验结果分析，出具试验报告。
（4）检测仪器可选考场提供或自带</td></tr>
</table>

序号	项目名称	质量要求	满分	扣分标准	扣分原因	得分
1	试验前准备					
1.1	工器具使用	熟练正确使用各种工器具	5	未正确使用一次扣 1 分，扣完为止		

续表

序号	项目名称	质量要求	满分	扣分标准	扣分原因	得分
1.2	试验记录	收集被试设备基础信息和历史试验数据	5	未收集被试设备历次试验报告扣1分； 未记录被试设备铭牌，现场温、湿度等条件的，每处扣1分，扣完为止		
1.3	仪器、仪表选择	选择合适的试验仪器、仪表	5	选用仪器不合适扣3分； 未检查试验仪器合格证或校验证书扣2分		
1.4	安全措施	（1）办理工作票、交代安全注意事项，分工明确，并做好记录。 （2）设置高压试验安全围栏。 （3）安全工器具使用。 （4）试验仪器正确接地	10	试验仪器未正确接地扣2分； 未检查安全工器具扣3分； 安全措施交代不清楚或未确认签字扣2分； 试验前未将试验区域用安全围栏隔离扣3分		
2	试验开展					
2.1	试验接线	（1）仪器现场布置合理。 （2）高压引线应尽量缩短，并采用专用的高压试验线，必要时用绝缘物支持牢固。 （3）有绕组的被试品进行外施交流耐压试验时，应将被试绕组自身的所有端子短接，非被试绕组也应短接并与外壳连接后接地。 （4）电源开关接通前，试验仪器接线应准确无误	10	试验接线接错一次扣5分； 试验前未检查试验接线扣3分； 接线不规范扣1～3分； 上述扣分，扣完为止		
2.2	试验流程	（1）试验前，测试绝缘电阻，其值应正常。 （2）被试绕组所有出线套管应短接后加压，非加压绕组所有出线应短接并可靠接地，接线无误后，确保调压器在零位，试验回路中过电流和过电压保护应整定正确。 （3）加压过程中应有人监护并呼唱。接通试验电源，进行升压，操作人员的手应放在电源开关上，如有紧急情况应迅速断开电源。 （4）升压必须从零（或接近于零）开始，切不可冲击合闸。升压速度在75%试验电压以前，可以是任意的，自75%电压开始应均匀升压，均为每秒2%试验电压的速率升压。升至试验电压后，开始计时并读取试验电压。耐压试验后，迅速均匀降压到零（或接近于零），然后切断电源。 （5）测试绝缘电阻，其值应正常。 （6）试验前后及变更接线应对设备充分放电	30	加压前后未测试绝缘电阻扣5分； 加压前，调压器未归零扣3分； 试验过程中未高声呼唱每次扣2分； 试验过程中失误一次扣5分； 试验过程中监护不到位扣5分； 缺少试验项目的扣5分； 试验前后及变更接线未对被试设备放电扣5分； 上述扣分，扣完为止		
3	结果分析					
3.1	试验报告	结合测试数据做出分析判断，出具试验报告	25	试验数据分析不准确扣5分； 试验结论不正确扣5分； 试验报告填写不规范扣1～5分； 未给出试验结论扣5分		
4	试验结束					
4.1	现场恢复	清理现场，人员撤离	6	被试设备有遗留物品扣2分； 仪器、工器具等未定置恢复扣2分； 未检查或清理现场扣2分		
4.2	办理收工手续	向考评员汇报试验结果，并办理工作终结手续	4	未汇报试验结果扣2分； 未办理工作票终结手续扣2分		
合计			100			

Jc0302242017　220kV GIS 现场交流耐压试验。（100 分）

考核知识点： GIS 设备试验

难易度： 难

技能等级评价专业技能考核操作工作任务书

一、任务名称

220kV GIS 现场交流耐压试验。

二、适用工种

电气试验工高级技师。

三、具体任务

（1）工作状态为模拟 220kV GIS 停电，工作内容为 GIS 交接试验。

（2）工作任务：

1）GIS 现场交流耐压试验。

2）根据试验记录出具试验报告，并对数据进行分析。

四、工作规范及要求

（1）工器具使用及安全措施。

（2）按要求进行高压试验。

（3）出具试验报告和试验结果分析。

五、考核及时间要求

（1）本考核操作时间为 60 分钟，包括试验接线和报告整理，时间到停止考评。

（2）试验过程中如试验仪器、试验电源出现故障，可向考评员申请故障排除，故障排除时间不计入考核。

（3）按照技能操作要求进行操作，试验报告包括试验项目、仪器型号、试验结果等。

（4）试验过程中如遇突发状况，如不涉及人身、设备安全，则由试验人员自行排查、处理；如危及人身、设备安全，则应立即停止操作，人员及时撤离作业现场。

技能等级评价专业技能考核操作评分标准

<table>
<tr><td>工种</td><td colspan="7">电气试验工</td><td>评价等级</td><td>高级技师</td></tr>
<tr><td>项目模块</td><td colspan="7">GIS 设备试验—交流耐压试验</td><td>编号</td><td>Jc0302242017</td></tr>
<tr><td>单位</td><td colspan="2"></td><td colspan="2">准考证号</td><td colspan="3"></td><td>姓名</td><td></td></tr>
<tr><td>考试时限</td><td colspan="2">60 分钟</td><td colspan="2">题型</td><td colspan="3">单项操作</td><td>题分</td><td>100 分</td></tr>
<tr><td>成绩</td><td></td><td colspan="2">考评员</td><td colspan="2"></td><td>考评组长</td><td></td><td>日期</td><td></td></tr>
<tr><td>试题正文</td><td colspan="9">220kV GIS 现场交流耐压试验</td></tr>
<tr><td>需要说明的问题和要求</td><td colspan="9">（1）试验过程单人操作，数据分析在试验过程中完成。
（2）操作过程应注意安全，按照标准化作业流程做好安全措施。
（3）现场完成试验结果分析，出具试验报告。
（4）检测仪器可选考场提供或自带</td></tr>
</table>

序号	项目名称	质量要求	满分	扣分标准	扣分原因	得分
1	试验前准备					
1.1	工器具使用	熟练正确使用各种工器具	5	未正确使用一次扣 1 分，扣完为止		
1.2	试验记录	收集被试设备基础信息和历史试验数据	5	未收集被试设备历次试验报告扣 1 分； 未记录被试设备铭牌，现场温、湿度等条件的，每处扣 1 分，扣完为止		

续表

序号	项目名称	质量要求	满分	扣分标准	扣分原因	得分
1.3	仪器、仪表选择	选择合适的试验仪器、仪表	5	选用仪器不合适扣3分； 未检查试验仪器合格证或校验证书扣2分		
1.4	安全措施	（1）办理工作票、交代安全注意事项，分工明确，并做好记录。 （2）设置高压试验安全围栏。 （3）安全工器具使用。 （4）试验仪器正确接地	10	试验仪器未正确接地扣2分； 未检查安全工器具扣3分； 安全措施交代不清楚或未确认签字扣2分； 试验前未将试验区域用安全围栏隔离扣3分		
2	试验开展					
2.1	试验接线	（1）仪器现场布置合理。 （2）尽量使试验设备接线紧凑并安放稳固，接地线应使用专用接地线。 （3）试验变压器的一端接地并与GIS的外壳相连。 （4）电源开关接通前，试验仪器接线应准确无误	10	试验接线接错一次扣5分； 试验前未检查试验接线扣3分； 接线不规范扣1～3分； 上述扣分，扣完为止		
2.2	试验流程	（1）试验前，被试设备应调试合格，其他绝缘、特性试验合格后，检验SF_6气体压力在额定压力，试验回路中的TA二次应短路接地，避雷器和保护火花间隙应与被试GIS断开。 （2）检查试验设备的接地、分压器的分压比和档位是否正确。 （3）耐压试验前应进行老练试验。 （4）每一相都应进行试验，非试验相和外壳一起接地，三相共筒式组合电气，可三相同时对地进行试验，也可分相进行检测，但非试验相应接地。接线无误后，确保调压器在零位，试验回路中过电流和过电压保护应整定正确。 （5）加压过程中应有人监护并呼唱。接通试验电源，进行升压，操作人员的手应放在电源开关上，如有紧急情况应迅速断开电源。 （6）按规定的升压速度将电压从零开始均匀地升压至耐压试验电压值，读取试验电压，并开始计时1min。试验结束后，将电压降至零位，切断变频电源主回路开关，断开变频器电源和试验电源。 （7）试验结束后，测量绝缘电阻。 （8）试验前后及变更接线应对设备充分放电	30	加压前未检查设备状态及接线扣3分； 加压前未通过相关绝缘特性试验扣3分； 加压前，调压器未归零扣2分； 试验过程中未高声呼唱每次扣2分； 试验过程中失误一次扣5分； 试验过程中监护不到位扣5分； 缺少试验项目的扣5分； 试验前后及变更接线未对被试设备放电扣5分； 上述扣分，扣完为止		
3	结果分析					
3.1	试验报告	结合测试数据做出分析判断，出具试验报告	25	试验数据分析不准确扣5分； 试验结论不正确扣5分； 试验报告填写不规范扣1～5分； 未给出试验结论扣5分		
4	试验结束					
4.1	现场恢复	清理现场，人员撤离	6	被试设备有遗留物品扣2分； 仪器、工器具等未定置恢复扣2分； 未检查或清理现场扣2分		
4.2	办理收工手续	向考评员汇报试验结果，并办理工作终结手续	4	未汇报试验结果扣2分； 未办理工作票终结手续扣2分		
合计			100			

Jc0302243018　110kV 电流互感器局部放电试验。(100 分)

考核知识点： 电流互感器试验

难易度： 中

技能等级评价专业技能考核操作工作任务书

一、任务名称

110kV 电流互感器局部放电试验。

二、适用工种

电气试验工高级技师。

三、具体任务

（1）工作状态为模拟 110kV 互感器停电，工作内容为电流互感器交接试验。

（2）工作任务：

1） 110kV 电流互感器局部放电试验。

2） 根据试验记录出具试验报告，并对数据进行分析。

四、工作规范及要求

（1）工器具使用及安全措施。

（2）按要求进行高压试验。

（3）出具试验报告和试验结果分析。

五、考核及时间要求

（1）本考核操作时间为 60 分钟，包括试验接线和报告整理，时间到停止考评。

（2）试验过程中如试验仪器、试验电源出现故障，可向考评员申请故障排除，故障排除时间不计入考核。

（3）按照技能操作要求进行操作，试验报告包括试验项目、仪器型号、试验结果等。

（4）试验过程中如遇突发状况，如不涉及人身、设备安全，则由试验人员自行排查、处理；如危及人身、设备安全，则应立即停止操作，人员及时撤离作业现场。

技能等级评价专业技能考核操作评分标准

<table>
<tr><td>工种</td><td colspan="5">电气试验工</td><td>评价等级</td><td>高级技师</td></tr>
<tr><td>项目模块</td><td colspan="5">电流互感器试验—局部放电试验</td><td>编号</td><td>Jc0302243018</td></tr>
<tr><td>单位</td><td colspan="2"></td><td>准考证号</td><td colspan="2"></td><td>姓名</td><td></td></tr>
<tr><td>考试时限</td><td colspan="2">60 分钟</td><td>题型</td><td colspan="2">单项操作</td><td>题分</td><td>100 分</td></tr>
<tr><td>成绩</td><td></td><td>考评员</td><td colspan="2"></td><td>考评组长</td><td></td><td>日期</td></tr>
<tr><td>试题正文</td><td colspan="7">110kV 电流互感器局部放电试验</td></tr>
<tr><td>需要说明的问题和要求</td><td colspan="7">（1）试验过程单人操作，数据分析在试验过程中完成。
（2）操作过程应注意安全，按照标准化作业流程做好安全措施。
（3）现场完成试验结果分析，出具试验报告。
（4）检测仪器可选考场提供或自带</td></tr>
</table>

序号	项目名称	质量要求	满分	扣分标准	扣分原因	得分
1	试验前准备					
1.1	工器具使用	熟练正确使用各种工器具	5	未正确使用一次扣 1 分，扣完为止		

续表

序号	项目名称	质量要求	满分	扣分标准	扣分原因	得分
1.2	试验记录	收集被试设备基础信息和历史试验数据	5	未收集被试设备历次试验报告扣1分； 未记录被试设备铭牌，现场温、湿度等条件的，每处扣1分，扣完为止		
1.3	仪器、仪表选择	选择合适的试验仪器、仪表	5	选用仪器不合适扣3分； 未检查试验仪器合格证或校验证书扣2分		
1.4	安全措施	（1）办理工作票、交代安全注意事项，分工明确，并做好记录。 （2）设置高压试验安全围栏。 （3）安全工器具使用。 （4）试验仪器正确接地	10	试验仪器未正确接地扣2分； 未检查安全工器具扣3分； 安全措施交代不清楚或未确认签字扣2分； 试验前未将试验区域用安全围栏隔离扣3分		
2	试验开展					
2.1	试验接线	（1）仪器现场布置合理。 （2）尽量使试验设备接线紧凑并安放稳固，接地线应使用专用接地线。 （3）连接中间变压器和被试互感器端头的导线应用绝缘带固定，防止摆动。 （4）电源开关接通前，试验仪器接线应准确无误	10	试验接线接错一次扣5分； 试验前未检查试验接线扣3分； 接线不规范扣1～3分； 上述扣分，扣完为止		
2.2	试验流程	（1）清洁干燥互感器的瓷套表面。 （2）调试局部放电测试仪使其具备测试条件，检查是否已断开互感器倍频电源的连接。 （3）接线无误后，确保调压器在零位，试验回路中过电流和过电压保护应整定正确。 （4）加压过程中应有人监护并呼唱。接通试验电源，进行升压，操作人员的手应放在电源开关上，如有紧急情况应迅速断开电源。 （5）对互感器进行加压，根据标准规定，进行局放试验。 （6）待数据稳定后，读取互感器的放电量，降电压至零，断开电源。 （7）试验前后及变更接线应对设备充分放电	30	未清洁互感器瓷套表面扣3分； 加压前未调试局部放电测试仪扣5分； 加压前，调压器未归零扣3分； 试验过程中未高声呼唱每次扣2分； 试验过程中失误一次扣5分； 试验过程中监护不到位扣5分； 缺少试验项目的扣5分； 试验前后及变更接线未对被试设备放电扣5分； 上述扣分，扣完为止		
3	结果分析					
3.1	试验报告	结合测试数据做出分析判断，出具试验报告	25	试验数据分析不准确扣5分； 试验结论不正确扣5分； 试验报告填写不规范扣1～5分； 未给出试验结论扣5分		
4	试验结束					
4.1	现场恢复	清理现场，人员撤离	6	被试设备有遗留物品扣2分； 仪器、工器具等未定置恢复扣2分； 未检查或清理现场扣2分		
4.2	办理收工手续	向考评员汇报试验结果，并办理工作终结手续	4	未汇报试验结果扣2分； 未办理工作票终结手续扣2分		
合计			100			

Jc0302242019　110kV 套管交流耐压试验。（100 分）

考核知识点：套管试验

难易度：中

技能等级评价专业技能考核操作工作任务书

一、任务名称

110kV 套管交流耐压试验。

二、适用工种

电气试验工高级技师。

三、具体任务

（1）工作状态为模拟 110kV 套管停电，工作内容为套管交接试验。

（2）工作任务：

1）套管交流耐压试验。

2）根据试验记录出具试验报告，并对数据进行分析。

四、工作规范及要求

（1）工器具使用及安全措施。

（2）按要求进行高压试验。

（3）出具试验报告和试验结果分析。

五、考核及时间要求

（1）本考核操作时间为 60 分钟，包括试验接线和报告整理，时间到停止考评。

（2）试验过程中如试验仪器、试验电源出现故障，可向考评员申请故障排除，故障排除时间不计入考核。

（3）按照技能操作要求进行操作，试验报告包括试验项目、仪器型号、试验结果等。

（4）试验过程中如遇突发状况，如不涉及人身、设备安全，则由试验人员自行排查、处理；如危及人身、设备安全，则应立即停止操作，人员及时撤离作业现场。

技能等级评价专业技能考核操作评分标准

<table>
<tr><td>工种</td><td colspan="5">电气试验工</td><td>评价等级</td><td>高级技师</td></tr>
<tr><td>项目模块</td><td colspan="5">套管试验—交流耐压试验</td><td>编号</td><td>Jc0302242019</td></tr>
<tr><td>单位</td><td colspan="2"></td><td>准考证号</td><td colspan="2"></td><td>姓名</td><td></td></tr>
<tr><td>考试时限</td><td colspan="2">60 分钟</td><td>题型</td><td colspan="2">单项操作</td><td>题分</td><td>100 分</td></tr>
<tr><td>成绩</td><td></td><td>考评员</td><td colspan="2"></td><td>考评组长</td><td></td><td>日期</td></tr>
<tr><td>试题正文</td><td colspan="7">110kV 套管交流耐压试验</td></tr>
<tr><td>需要说明的问题和要求</td><td colspan="7">（1）试验过程单人操作，数据分析在试验过程中完成。
（2）操作过程应注意安全，按照标准化作业流程做好安全措施。
（3）现场完成试验结果分析，出具试验报告。
（4）检测仪器可选考场提供或自带</td></tr>
</table>

序号	项目名称	质量要求	满分	扣分标准	扣分原因	得分
1	试验前准备					
1.1	工器具使用	熟练正确使用各种工器具	5	未正确使用一次扣 1 分，扣完为止		
1.2	试验记录	收集被试设备基础信息和历史试验数据	5	未收集被试设备历次试验报告扣 1 分； 未记录被试设备铭牌，现场温、湿度等条件的，每处扣 1 分，扣完为止		
1.3	仪器、仪表选择	选择合适的试验仪器、仪表	5	选用仪器不合适扣 3 分； 未检查试验仪器合格证或校验证书扣 2 分		

续表

序号	项目名称	质量要求	满分	扣分标准	扣分原因	得分
1.4	安全措施	（1）办理工作票、交代安全注意事项，分工明确，并做好记录。 （2）设置高压试验安全围栏。 （3）安全工器具使用。 （4）试验仪器正确接地	10	试验仪器未正确接地扣 2 分； 未检查安全工器具扣 3 分； 安全措施交代不清楚或未确认签字扣 2 分； 试验前未将试验区域用安全围栏隔离扣 3 分		
2	试验开展					
2.1	试验接线	（1）仪器现场布置合理。 （2）高压引线应尽量缩短，并采用专用的高压试验线，必要时用绝缘物支持牢固。 （3）电源开关接通前，试验仪器接线应准确无误	10	试验接线接错一次扣 5 分； 试验前未检查试验接线扣 3 分； 接线不规范扣 1～3 分； 上述扣分，扣完为止		
2.2	试验流程	（1）试验前，测试绝缘电阻，其值应正常。 （2）应对套管主绝缘和末屏耐压试验。 （3）套管主绝缘耐压试验时，将套管的一次侧接入交流耐压装置高压部分，法兰及末屏接地；末屏对耐压时，将套管末屏接入耐压装置高压部分，法兰接地。 （4）加压过程中应有人监护并呼唱。接通试验电源，进行升压，操作人员的手应放在电源开关上，如有紧急情况应迅速断开电源。 （5）升压必须从零（或接近于零）开始，切不可冲击合闸。升压速度在 75%试验电压以前，可以是任意的，自 75%电压开始应均匀升压，均为每秒 2%试验电压的速率升压。升至试验电压后，开始计时并读取试验电压。耐压试验后，迅速均匀降压到零（或接近于零），然后切断电源。 （6）测试绝缘电阻，其值应正常。 （7）试验前后及变更接线应对设备充分放电	30	加压前后未测试绝缘电阻扣 5 分； 加压前，调压器未归零扣 3 分； 试验过程中未高声呼唱每次扣 2 分； 试验过程中失误一次扣 5 分； 试验过程中监护不到位扣 5 分； 缺少试验项目的扣 5 分； 试验前后及变更接线未对被试设备放电扣 5 分； 上述扣分，扣完为止		
3	结果分析					
3.1	试验报告	结合测试数据做出分析判断，出具试验报告	25	试验数据分析不准确扣 5 分； 试验结论不正确扣 5 分； 试验报告填写不规范扣 1～5 分； 未给出试验结论扣 5 分		
4	试验结束					
4.1	现场恢复	清理现场，人员撤离	6	被试设备有遗留物品扣 2 分； 仪器、工器具等未定置恢复扣 2 分； 未检查或清理现场扣 2 分		
4.2	办理收工手续	向考评员汇报试验结果，并办理工作终结手续	4	未汇报试验结果扣 2 分； 未办理工作票终结手续扣 2 分		
合计			100			

Jc0302242020　220kV 套管交流耐压试验。（100 分）

考核知识点：套管试验

难易度：难

技能等级评价专业技能考核操作工作任务书

一、任务名称

220kV 套管交流耐压试验。

二、适用工种

电气试验工高级技师。

三、具体任务

（1）工作状态为模拟 220kV 套管停电，工作内容为套管交接试验。

（2）工作任务：

1）套管交流耐压试验。

2）根据试验记录出具试验报告，并对数据进行分析。

四、工作规范及要求

（1）工器具使用及安全措施。

（2）按要求进行高压试验。

（3）出具试验报告和试验结果分析。

五、考核及时间要求

（1）本考核操作时间为 60 分钟，包括试验接线和报告整理，时间到停止考评。

（2）试验过程中如试验仪器、试验电源出现故障，可向考评员申请故障排除，故障排除时间不计入考核。

（3）按照技能操作要求进行操作，试验报告包括试验项目、仪器型号、试验结果等。

（4）试验过程中如遇突发状况，如不涉及人身、设备安全，则由试验人员自行排查、处理；如危及人身、设备安全，则应立即停止操作，人员及时撤离作业现场。

技能等级评价专业技能考核操作评分标准

工种	电气试验工					评价等级	高级技师
项目模块	套管试验—交流耐压试验					编号	Jc0302242020
单位			准考证号			姓名	
考试时限	60 分钟		题型	单项操作		题分	100 分
成绩		考评员		考评组长		日期	
试题正文	220kV 套管交流耐压试验						
需要说明的问题和要求	（1）试验过程单人操作，数据分析在试验过程中完成。 （2）操作过程应注意安全，按照标准化作业流程做好安全措施。 （3）现场完成试验结果分析，出具试验报告。 （4）检测仪器可选考场提供或自带						

序号	项目名称	质量要求	满分	扣分标准	扣分原因	得分
1	试验前准备					
1.1	工器具使用	熟练正确使用各种工器具	5	未正确使用一次扣 1 分，扣完为止		
1.2	试验记录	收集被试设备基础信息和历史试验数据	5	未收集被试设备历次试验报告扣 1 分； 未记录被试设备铭牌，现场温、湿度等条件的，每处扣 1 分，扣完为止		
1.3	仪器、仪表选择	选择合适的试验仪器、仪表	5	选用仪器不合适扣 3 分； 未检查试验仪器合格证或校验证书扣 2 分		

续表

序号	项目名称	质量要求	满分	扣分标准	扣分原因	得分
1.4	安全措施	（1）办理工作票、交代安全注意事项，分工明确，并做好记录。 （2）设置高压试验安全围栏。 （3）安全工器具使用。 （4）试验仪器正确接地	10	试验仪器未正确接地扣2分； 未检查安全工器具扣3分； 安全措施交代不清楚或未确认签字扣2分； 试验前未将试验区域用安全围栏隔离扣3分		
2	试验开展					
2.1	试验接线	（1）仪器现场布置合理。 （2）高压引线应尽量缩短，并采用专用的高压试验线，必要时用绝缘物支持牢固。 （3）电源开关接通前，试验仪器接线应准确无误	10	试验接线接错一次扣5分； 试验前未检查试验接线扣3分； 接线不规范扣1～3分； 上述扣分，扣完为止		
2.2	试验流程	（1）试验前，测试绝缘电阻，其值应正常。 （2）应对套管主绝缘和末屏耐压试验。 （3）套管主绝缘耐压试验时，将套管的一次侧接入交流耐压装置高压部分，法兰及末屏接地；末屏对耐压时，将套管末屏接入耐压装置高压部分，法兰接地。 （4）加压过程中应有人监护并呼唱。接通试验电源，进行升压，操作人员的手应放在电源开关上，如有紧急情况应迅速断开电源。 （5）升压必须从零（或接近于零）开始，切不可冲击合闸。升压速度在75%试验电压以前，可以是任意的，自75%电压开始应均匀升压，均为每秒2%试验电压的速率升压。升至试验电压后，开始计时并读取试验电压。耐压试验后，迅速均匀降压到零（或接近于零），然后切断电源。 （6）测试绝缘电阻，其值应正常。 （7）试验前后及变更接线应对设备充分放电	30	加压前后未测试绝缘电阻扣5分； 加压前，调压器未归零扣3分； 试验过程中未高声呼唱每次扣2分； 试验过程中失误一次扣5分； 试验过程中监护不到位扣5分； 缺少试验项目的扣5分； 试验前后及变更接线未对被试设备放电扣5分； 上述扣分，扣完为止		
3	结果分析					
3.1	试验报告	结合测试数据做出分析判断，出具试验报告	25	试验数据分析不准确扣5分； 试验结论不正确扣5分； 试验报告填写不规范扣1～5分； 未给出试验结论扣5分		
4	试验结束					
4.1	现场恢复	清理现场，人员撤离	6	被试设备有遗留物品扣2分； 仪器、工器具等未定置恢复扣2分； 未检查或清理现场扣2分		
4.2	办理收工手续	向考评员汇报试验结果，并办理工作终结手续	4	未汇报试验结果扣2分； 未办理工作票终结手续扣2分		
合计			100			

Jc0302242021　110kV耦合电容器交流耐压试验。（100分）

考核知识点：耦合电容器试验

难易度：中

技能等级评价专业技能考核操作工作任务书

一、任务名称

110kV 耦合电容器交流耐压试验。

二、适用工种

电气试验工高级技师。

三、具体任务

（1）工作状态为模拟 110kV 耦合电容器停电，工作内容为耦合电容器交接试验。

（2）工作任务：

1）耦合电容器交流耐压试验。

2）根据试验记录出具试验报告，并对数据进行分析。

四、工作规范及要求

（1）工器具使用及安全措施。

（2）按要求进行高压试验。

（3）出具试验报告和试验结果分析。

五、考核及时间要求

（1）本考核操作时间为 60 分钟，包括试验接线和报告整理，时间到停止考评。

（2）试验过程中如试验仪器、试验电源出现故障，可向考评员申请故障排除，故障排除时间不计入考核。

（3）按照技能操作要求进行操作，试验报告包括试验项目、仪器型号、试验结果等。

（4）试验过程中如遇突发状况，如不涉及人身、设备安全，则由试验人员自行排查、处理；如危及人身、设备安全，则应立即停止操作，人员及时撤离作业现场。

技能等级评价专业技能考核操作评分标准

工种	电气试验工					评价等级	高级技师
项目模块	电容器试验—交流耐压试验					编号	Jc0302242021
单位			准考证号			姓名	
考试时限	60 分钟		题型	单项操作		题分	100 分
成绩		考评员		考评组长		日期	
试题正文	110kV 耦合电容器交流耐压试验						
需要说明的问题和要求	（1）试验过程单人操作，数据分析在试验过程中完成。 （2）操作过程应注意安全，按照标准化作业流程做好安全措施。 （3）现场完成试验结果分析，出具试验报告。 （4）检测仪器可选考场提供或自带						

序号	项目名称	质量要求	满分	扣分标准	扣分原因	得分
1	试验前准备					
1.1	工器具使用	熟练正确使用各种工器具	5	未正确使用一次扣 1 分，扣完为止		
1.2	试验记录	收集被试设备基础信息和历史试验数据	5	未收集被试设备历次试验报告扣 1 分； 未记录被试设备铭牌，现场温、湿度等条件的，每处扣 1 分，扣完为止		

续表

序号	项目名称	质量要求	满分	扣分标准	扣分原因	得分
1.3	仪器、仪表选择	选择合适的试验仪器、仪表	5	选用仪器不合适扣 3 分； 未检查试验仪器合格证或校验证书扣 2 分		
1.4	安全措施	（1）办理工作票、交代安全注意事项，分工明确，并做好记录。 （2）设置高压试验安全围栏。 （3）安全工器具使用。 （4）试验仪器正确接地	10	试验仪器未正确接地扣 2 分； 未检查安全工器具扣 3 分； 安全措施交代不清楚或未确认签字扣 2 分； 试验前未将试验区域用安全围栏隔离扣 3 分		
2	试验开展					
2.1	试验接线	（1）仪器现场布置合理。 （2）高压引线应尽量缩短，并采用专用的高压试验线，必要时用绝缘物支持牢固。 （3）电源开关接通前，试验仪器接线应准确无误	10	试验接线接错一次扣 5 分； 试验前未检查试验接线扣 3 分； 接线不规范扣 1～3 分； 上述扣分，扣完为止		
2.2	试验流程	（1）试验前，对电容器充分放电，测试绝缘电阻，其值应正常。 （2）将耦合电容器高压端与试验变压器高压引线相连，下法兰和小套管接地。 （3）加压过程中应有人监护并呼唱。接通试验电源，进行升压，操作人员的手应放在电源开关上，如有紧急情况应迅速断开电源。 （4）升压必须从零（或接近于零）开始，切不可冲击合闸。升压速度在 75%试验电压以前，可以是任意的，自 75%电压开始应均匀升压，均为每秒 2%试验电压的速率升压。升至试验电压后，开始计时并读取试验电压。耐压试验后，迅速均匀降压到零（或接近于零），然后切断电源。 （5）测试绝缘电阻，其值应正常。 （6）试验前后及变更接线应对设备充分放电	30	试验前未对电容器充分放电扣 5 分； 加压前后未测试绝缘电阻扣 5 分； 加压前，调压器未归零扣 3 分； 试验过程中未高声呼唱每次扣 2 分； 试验过程中失误一次扣 5 分； 试验过程中监护不到位扣 5 分； 缺少试验项目的扣 5 分； 试验前后及变更接线未对被试设备放电扣 5 分； 上述扣分，扣完为止		
3	结果分析					
3.1	试验报告	结合测试数据做出分析判断，出具试验报告	25	试验数据分析不准确扣 5 分； 试验结论不正确扣 5 分； 试验报告填写不规范扣 1～5 分； 未给出试验结论扣 5 分		
4	试验结束					
4.1	现场恢复	清理现场，人员撤离	6	被试设备有遗留物品扣 2 分； 仪器、工器具等未定置恢复扣 2 分； 未检查或清理现场扣 2 分		
4.2	办理收工手续	向考评员汇报试验结果，并办理工作终结手续	4	未汇报试验结果扣 2 分； 未办理工作票终结手续扣 2 分		
合计			100			

Jc0302242022　220kV 耦合电容器交流耐压试验。（100 分）

考核知识点：耦合电容器试验

难易度：难

技能等级评价专业技能考核操作工作任务书

一、任务名称

220kV 耦合电容器交流耐压试验。

二、适用工种

电气试验工高级技师。

三、具体任务

（1）工作状态为模拟 1220kV 耦合电容器停电，工作内容为耦合电容器交接试验。

（2）工作任务：

1）耦合电容器交流耐压试验。

2）根据试验记录出具试验报告，并对数据进行分析。

四、工作规范及要求

（1）工器具使用及安全措施。

（2）按要求进行高压试验。

（3）出具试验报告和试验结果分析。

五、考核及时间要求

（1）本考核操作时间为 60 分钟，包括试验接线和报告整理，时间到停止考评。

（2）试验过程中如试验仪器、试验电源出现故障，可向考评员申请故障排除，故障排除时间不计入考核。

（3）按照技能操作要求进行操作，试验报告包括试验项目、仪器型号、试验结果等。

（4）试验过程中如遇突发状况，如不涉及人身、设备安全，则由试验人员自行排查、处理；如危及人身、设备安全，则应立即停止操作，人员及时撤离作业现场。

技能等级评价专业技能考核操作评分标准

<table>
<tr><td>工种</td><td colspan="4">电气试验工</td><td>评价等级</td><td>高级技师</td></tr>
<tr><td>项目模块</td><td colspan="4">电容器试验—交流耐压试验</td><td>编号</td><td>Jc0302242022</td></tr>
<tr><td>单位</td><td colspan="2"></td><td>准考证号</td><td></td><td>姓名</td><td></td></tr>
<tr><td>考试时限</td><td colspan="2">60 分钟</td><td>题型</td><td>单项操作</td><td>题分</td><td>100 分</td></tr>
<tr><td>成绩</td><td></td><td>考评员</td><td></td><td>考评组长</td><td>日期</td><td></td></tr>
<tr><td>试题正文</td><td colspan="6">220kV 耦合电容器交流耐压试验</td></tr>
<tr><td>需要说明的问题和要求</td><td colspan="6">（1）试验过程单人操作，数据分析在试验过程中完成。
（2）操作过程应注意安全，按照标准化作业流程做好安全措施。
（3）现场完成试验结果分析，出具试验报告。
（4）检测仪器可选考场提供或自带</td></tr>
</table>

序号	项目名称	质量要求	满分	扣分标准	扣分原因	得分
1	试验前准备					
1.1	工器具使用	熟练正确使用各种工器具	5	未正确使用一次扣 1 分，扣完为止		
1.2	试验记录	收集被试设备基础信息和历史试验数据	5	未收集被试设备历次试验报告扣 1 分； 未记录被试设备铭牌，现场温、湿度等条件的，每处扣 1 分，扣完为止		
1.3	仪器、仪表选择	选择合适的试验仪器、仪表	5	选用仪器不合适扣 3 分； 未检查试验仪器合格证或校验证书扣 2 分		

续表

序号	项目名称	质量要求	满分	扣分标准	扣分原因	得分
1.4	安全措施	（1）办理工作票、交代安全注意事项，分工明确，并做好记录。 （2）设置高压试验安全围栏。 （3）安全工器具使用。 （4）试验仪器正确接地	10	试验仪器未正确接地扣 2 分； 未检查安全工器具扣 3 分； 安全措施交代不清楚或未确认签字扣 2 分； 试验前未将试验区域用安全围栏隔离扣 3 分		
2	试验开展					
2.1	试验接线	（1）仪器现场布置合理。 （2）高压引线应尽量缩短，并采用专用的高压试验线，必要时用绝缘物支持牢固。 （3）电源开关接通前，试验仪器接线应准确无误	10	试验接线接错一次扣 5 分； 试验前未检查试验接线扣 3 分； 接线不规范扣 1～3 分； 上述扣分，扣完为止		
2.2	试验流程	（1）试验前，对电容器充分放电，测试绝缘电阻，其值应正常。 （2）将耦合电容器高压端与试验变压器高压引线相连，下法兰和小套管接地。 （3）加压过程中应有人监护并呼唱。接通试验电源，进行升压，操作人员的手应放在电源开关上，如有紧急情况应迅速断开电源。 （4）升压必须从零（或接近于零）开始，切不可冲击合闸。升压速度在 75%试验电压以前，可以是任意的，自 75%电压开始应均匀升压，均为每秒 2%试验电压的速率升压。升至试验电压后，开始计时并读取试验电压。耐压试验后，迅速均匀降压到零（或接近于零），然后切断电源。 （5）测试绝缘电阻，其值应正常。 （6）试验前后及变更接线应对设备充分放电	30	试验前未对电容器充分放电扣 5 分； 加压前后未测试绝缘电阻扣 5 分； 加压前，调压器未归零扣 3 分； 试验过程中未高声呼唱每次扣 2 分； 试验过程中失误一次扣 5 分； 试验过程中监护不到位扣 5 分； 缺少试验项目的扣 5 分； 试验前后及变更接线未对被试设备放电扣 5 分； 上述扣分，扣完为止		
3	结果分析					
3.1	试验报告	结合测试数据做出分析判断，出具试验报告	25	试验数据分析不准确扣 5 分； 试验结论不正确扣 5 分； 试验报告填写不规范扣 1～5 分； 未给出试验结论扣 5 分		
4	试验结束					
4.1	现场恢复	清理现场，人员撤离	6	被试设备有遗留物品扣 2 分； 仪器、工器具等未定置恢复扣 2 分； 未检查或清理现场扣 2 分		
4.2	办理收工手续	向考评员汇报试验结果，并办理工作终结手续	4	未汇报试验结果扣 2 分； 未办理工作票终结手续扣 2 分		
合计			100			

Jc0302242023　220kV 分节避雷器直流 1mA 电压（U_{1mA}）及 0.75U_{1mA} 下的泄漏电流试验。（100 分）

考核知识点：避雷器试验

难易度：中

技能等级评价专业技能考核操作工作任务书

一、任务名称

220kV 分节避雷器直流 1mA 电压（U_{1mA}）及 0.75U_{1mA} 下的泄漏电流试验。

二、适用工种

电气试验工高级技师。

三、具体任务

（1）工作状态为模拟 220kV 分节避雷器停电，工作内容为 220kV 分节避雷器直流 1mA 电压（U_{1mA}）及 0.75U_{1mA} 下的泄漏电流试验。

（2）工作任务：

1）220kV 分节避雷器直流 1mA 电压（U_{1mA}）及 0.75U_{1mA} 下的泄漏电流试验。

2）根据试验记录出具试验报告，并对数据进行分析。

四、工作规范及要求

（1）工器具使用及安全措施。

（2）按要求进行 220kV 分节避雷器直流 1mA 电压（U_{1mA}）及 0.75U_{1mA} 下的泄漏电流试验。

（3）出具试验报告和试验结果分析。

五、考核及时间要求

（1）本考核操作时间为 60 分钟，包括试验接线和报告整理，时间到停止考评。

（2）试验过程中如试验仪器、试验电源出现故障，可向考评员申请故障排除，故障排除时间不计入考核。

（3）按照技能操作要求进行操作，试验报告包括试验项目、仪器型号、试验结果等。

（4）试验过程中如遇突发状况，如不涉及人身、设备安全，则由试验人员自行排查、处理；如危及人身、设备安全，则应立即停止操作，人员及时撤离作业现场。

技能等级评价专业技能考核操作评分标准

工种	电气试验工				评价等级	高级技师
项目模块	避雷器试验—直流 1mA 电压（U_{1mA}）及 0.75U_{1mA} 下的泄漏电流试验				编号	Jc0302242023
单位		准考证号			姓名	
考试时限	60 分钟	题型	单项操作		题分	100 分
成绩		考评员		考评组长	日期	
试题正文	220kV 分节避雷器直流 1mA 电压（U_{1mA}）及 0.75U_{1mA} 下的泄漏电流试验					
需要说明的问题和要求	（1）试验过程单人操作，数据分析在试验过程中完成。 （2）操作过程应注意安全，按照标准化作业流程做好安全措施。 （3）现场完成试验结果分析，出具试验报告。 （4）检测仪器可选考场提供或自带					

序号	项目名称	质量要求	满分	扣分标准	扣分原因	得分
1	试验前准备					
1.1	工器具使用	熟练正确使用各种工器具	5	未正确使用一次扣 1 分，扣完为止		
1.2	试验记录	收集被试设备基础信息和历史试验数据	5	未收集被试设备历次试验报告扣 1 分； 未记录被试设备铭牌，现场温、湿度等条件的，每处扣 1 分，扣完为止		
1.3	仪器、仪表选择	选择合适的直流高压发生器	5	选用仪器不合适扣 3 分； 未检查试验仪器合格证或校验证书扣 2 分		
1.4	安全措施	（1）办理工作票、交代安全注意事项，分工明确，并做好记录。 （2）设置电气试验安全围栏。 （3）正确使用安全工器具。 （4）试验仪器正确接地	10	安全措施交代不清楚或未确认签字扣 2 分； 试验前未将试验区域用安全围栏隔离扣 3 分； 未检查安全工器具扣 3 分； 试验仪器未正确接地扣 2 分		

续表

序号	项目名称	质量要求	满分	扣分标准	扣分原因	得分
2	试验开展					
2.1	试验接线	（1）仪器现场布置合理。 （2）电源开关接通前，试验仪器接线应准确无误	10	试验接线接错一次扣 2～5 分； 试验前未检查试验接线扣 3 分； 接线不规范扣 1～3 分； 上述扣分，扣完为止		
2.2	试验流程	（1）试验前仪器、仪表自检，正确选择试验电压、电流，试验过程中高声呼唱。 （2）将无间隙金属氧化物避雷器表面擦拭干净，拆除全部接线。 （3）分别逐节测试 220kV 避雷器直流 1mA 电压（U_{1mA}）及 0.75U_{1mA} 下的泄漏电流。 （4）将测试值与规程值及历史测试值进行比对分析。 （5）试验前后及变更接线应对架空线路进行充分放电	30	未进行仪器、仪表自检扣 3 分； 试验过程中未高声呼唱每次扣 2 分； 试验过程中失误一次扣 5 分； 试验过程中监护不到位扣 5～10 分； 试验前后及变更接线未对被试设备放电扣 10 分； 上述扣分，扣完为止		
3	结果分析					
3.1	试验报告	结合测试数据做出分析判断，出具试验报告	25	试验数据分析不准确扣 5 分； 试验结论不正确扣 5 分； 试验报告填写不规范扣 1～5 分； 未给出试验结论扣 5 分		
4	试验结束					
4.1	现场恢复	清理现场，人员撤离	6	被试设备有遗留物品扣 2 分； 仪器、工器具等未定置恢复扣 2 分； 未检查或清理现场扣 2 分		
4.2	办理收工手续	向考评员汇报试验结果，并办理工作终结手续	4	未汇报试验结果扣 2 分； 未办理工作票终结手续扣 2 分		
合计			100			

Jc0302241024　220kV 绝缘操作杆试验。（100 分）

考核知识点：绝缘操作杆试验

难易度：易

技能等级评价专业技能考核操作工作任务书

一、任务名称

220kV 绝缘操作杆试验。

二、适用工种

电气试验工高级技师。

三、具体任务

（1）工作状态为模拟绝缘操作杆检验，工作内容为绝缘操作杆交接试验。

（2）工作任务：

1）绝缘操作杆试验。

2）根据试验记录出具试验报告，并对数据进行分析。

四、工作规范及要求

（1）工器具使用及安全措施。

（2）按要求进行高压试验。

（3）出具试验报告和试验结果分析。

五、考核及时间要求

（1）本考核操作时间为 60 分钟，包括试验接线和报告整理，时间到停止考评。

（2）试验过程中如试验仪器、试验电源出现故障，可向考评员申请故障排除，故障排除时间不计入考核。

（3）按照技能操作要求进行操作，试验报告包括试验项目、仪器型号、试验结果等。

（4）试验过程中如遇突发状况，如不涉及人身、设备安全，则由试验人员自行排查、处理；如危及人身、设备安全，则应立即停止操作，人员及时撤离作业现场。

技能等级评价专业技能考核操作评分标准

工种	电气试验工					评价等级	高级技师
项目模块	安全工器具试验—绝缘操作杆试验					编号	Jc0302241024
单位			准考证号			姓名	
考试时限	60 分钟		题型	单项操作		题分	100 分
成绩		考评员		考评组长		日期	
试题正文	220kV 绝缘操作杆试验						
需要说明的问题和要求	（1）试验过程单人操作，数据分析在试验过程中完成。 （2）操作过程应注意安全，按照标准化作业流程做好安全措施。 （3）现场完成试验结果分析，出具试验报告。 （4）检测仪器可选考场提供或自带						

序号	项目名称	质量要求	满分	扣分标准	扣分原因	得分
1	试验前准备					
1.1	工器具使用	熟练正确使用各种工器具	5	未正确使用一次扣 1 分，扣完为止		
1.2	试验记录	收集被试设备基础信息和历史试验数据	5	未收集被试设备历次试验报告扣 1 分； 未记录被试设备铭牌，现场温、湿度等条件的，每处扣 1 分，扣完为止		
1.3	仪器、仪表选择	选择合适的试验仪器、仪表	5	选用仪器不合适扣 3 分； 未检查试验仪器合格证或校验证书扣 2 分		
1.4	安全措施	（1）办理工作票、交代安全注意事项，分工明确，并做好记录。 （2）设置高压试验安全围栏。 （3）安全工器具使用。 （4）试验仪器正确接地	10	试验仪器未正确接地扣 2 分； 未检查安全工器具扣 3 分； 安全措施交代不清楚或未确认签字扣 2 分； 试验前未将试验区域用安全围栏隔离扣 3 分		
2	试验开展					
2.1	试验接线	（1）仪器现场布置合理。 （2）电源开关接通前，试验仪器接线应准确无误	10	试验接线接错一次扣 5 分； 试验前未检查试验接线扣 3 分； 接线不规范扣 1～3 分； 上述扣分，扣完为止		

续表

序号	项目名称	质量要求	满分	扣分标准	扣分原因	得分
2.2	试验流程	（1）试验前，对试品进行外观及尺寸检查，测试绝缘电阻，其值应正常。 （2）将高压引线接至绝缘操作杆，接线无误后，确保调压器在零位，试验回路中过电流和过电压保护应整定正确。 （3）加压过程中应有人监护并呼唱。接通试验电源，进行升压，操作人员的手应放在电源开关上，如有紧急情况应迅速断开电源。 （4）升压必须从零（或接近于零）开始，切不可冲击合闸。升压速度在75%试验电压以前，可以是任意的，自75%电压开始应均匀升压，均为每秒2%试验电压的速率升压。升至试验电压后，开始计时并读取试验电压。耐压试验后，迅速均匀降压到零（或接近于零），然后切断电源。 （5）试验完毕后，立即触摸绝缘表面，不应发热，测试绝缘电阻，其值应正常。 （6）试验前后及变更接线应对设备充分放电	30	试验前未检查被试品外观扣3分； 加压前后未测试绝缘电阻扣3分； 加压前，调压器未归零扣2分； 试验过程中未高声呼唱每次扣2分； 试验过程中失误一次扣5分； 试验过程中监护不到位扣5分； 缺少试验项目的扣5分； 试验前后及变更接线未对被试设备放电扣5分； 上述扣分，扣完为止		
3	结果分析					
3.1	试验报告	结合测试数据做出分析判断，出具试验报告	25	试验数据分析不准确扣5分； 试验结论不正确扣5分； 试验报告填写不规范扣1～5分； 未给出试验结论扣5分		
4	试验结束					
4.1	现场恢复	清理现场，人员撤离	6	被试设备有遗留物品扣2分； 仪器、工器具等未定置恢复扣2分； 未检查或清理现场扣2分		
4.2	办理收工手续	向考评员汇报试验结果，并办理工作终结手续	4	未汇报试验结果扣2分； 未办理工作票终结手续扣2分		
合计			100			

Jc0302241025　220kV 绝缘梯试验。（100 分）

考核知识点：绝缘梯试验

难易度：易

技能等级评价专业技能考核操作工作任务书

一、任务名称

220kV 绝缘梯试验。

二、适用工种

电气试验工高级技师。

三、具体任务

（1）工作状态为模拟绝缘梯检验，工作内容为绝缘梯交接试验。

（2）工作任务：

1）绝缘梯试验。

2）根据试验记录出具试验报告，并对数据进行分析。

四、工作规范及要求

（1）工器具使用及安全措施。

（2）按要求进行高压试验。

（3）出具试验报告和试验结果分析。

五、考核及时间要求

（1）本考核操作时间为60分钟，包括试验接线和报告整理，时间到停止考评。

（2）试验过程中如试验仪器、试验电源出现故障，可向考评员申请故障排除，故障排除时间不计入考核。

（3）按照技能操作要求进行操作，试验报告包括试验项目、仪器型号、试验结果等。

（4）试验过程中如遇突发状况，如不涉及人身、设备安全，则由试验人员自行排查、处理；如危及人身、设备安全，则应立即停止操作，人员及时撤离作业现场。

技能等级评价专业技能考核操作评分标准

工种	电气试验工					评价等级	高级技师
项目模块	安全工器具试验—绝缘梯试验					编号	Jc0302241025
单位			准考证号			姓名	
考试时限	60分钟		题型	单项操作		题分	100分
成绩		考评员		考评组长		日期	
试题正文	220kV绝缘梯试验						
需要说明的问题和要求	（1）试验过程单人操作，数据分析在试验过程中完成。 （2）操作过程应注意安全，按照标准化作业流程做好安全措施。 （3）现场完成试验结果分析，出具试验报告。 （4）检测仪器可选考场提供或自带						

序号	项目名称	质量要求	满分	扣分标准	扣分原因	得分
1	试验前准备					
1.1	工器具使用	熟练正确使用各种工器具	5	未正确使用一次扣1分，扣完为止		
1.2	试验记录	收集被试设备基础信息和历史试验数据	5	未收集被试设备历次试验报告扣1分； 未记录被试设备铭牌，现场温、湿度等条件的，每处扣1分，扣完为止		
1.3	仪器、仪表选择	选择合适的试验仪器、仪表	5	选用仪器不合适扣3分； 未检查试验仪器合格证或校验证书扣2分		
1.4	安全措施	（1）办理工作票、交代安全注意事项，分工明确，并做好记录。 （2）设置高压试验安全围栏。 （3）安全工器具使用。 （4）试验仪器正确接地	10	试验仪器未正确接地扣2分； 未检查安全工器具扣3分； 安全措施交代不清楚或未确认签字扣2分； 试验前未将试验区域用安全围栏隔离扣3分		
2	试验开展					

续表

序号	项目名称	质量要求	满分	扣分标准	扣分原因	得分
2.1	试验接线	（1）仪器现场布置合理。 （2）电源开关接通前，试验仪器接线应准确无误	10	试验接线接错一次扣5分； 试验前未检查试验接线扣3分； 接线不规范扣1～3分； 上述扣分，扣完为止		
2.2	试验流程	（1）试验前，对试品进行外观及尺寸检查，测试绝缘电阻，其值应正常。 （2）将高压引线接至绝缘梯，接线无误后，确保调压器在零位，试验回路中过电流和过电压保护应整定正确。 （3）加压过程中应有人监护并呼唱。接通试验电源，进行升压，操作人员的手应放在电源开关上，如有紧急情况应迅速断开电源。 （4）升压必须从零（或接近于零）开始，切不可冲击合闸。升压速度在75%试验电压以前，可以是任意的，自75%电压开始应均匀升压，均为每秒2%试验电压的速率升压。升至试验电压后，开始计时并读取试验电压。耐压试验后，迅速均匀降压到零（或接近于零），然后切断电源。 （5）试验完毕后，立即触摸绝缘表面，不应发热，测试绝缘电阻，其值应正常。 （6）试验前后及变更接线应对设备充分放电	30	试验前未检查被试品外观扣3分； 加压前后未测试绝缘电阻扣3分； 加压前，调压器未归零扣2分； 试验过程中未高声呼唱每次扣2分； 试验过程中失误一次扣5分； 试验过程中监护不到位扣5分； 缺少试验项目的扣5分； 试验前后及变更接线未对被试设备放电扣5分； 上述扣分，扣完为止		
3	结果分析					
3.1	试验报告	结合测试数据做出分析判断，出具试验报告	25	试验数据分析不准确扣5分； 试验结论不正确扣5分； 试验报告填写不规范扣1～5分； 未给出试验结论扣5分		
4	试验结束					
4.1	现场恢复	清理现场，人员撤离	6	被试设备有遗留物品扣2分； 仪器、工器具等未定置恢复扣2分； 未检查或清理现场扣2分		
4.2	办理收工手续	向考评员汇报试验结果，并办理工作终结手续	4	未汇报试验结果扣2分； 未办理工作票终结手续扣2分		
合计			100			

Jc0302241026　220kV 绝缘绳索类工具试验。（100 分）

考核知识点：绝缘绳索试验

难易度：易

技能等级评价专业技能考核操作工作任务书

一、任务名称

220kV 绝缘绳索类工具试验。

二、适用工种

电气试验工高级技师。

三、具体任务

（1）工作状态为模拟绝缘绳索类工具检验，工作内容为绝缘绳索类工具交接试验。

（2）工作任务：

1）绝缘绳索类工具试验。

2）根据试验记录出具试验报告，并对数据进行分析。

四、工作规范及要求

（1）工器具使用及安全措施。

（2）按要求进行高压试验。

（3）出具试验报告和试验结果分析。

五、考核及时间要求

（1）本考核操作时间为60分钟，包括试验接线和报告整理，时间到停止考评。

（2）试验过程中如试验仪器、试验电源出现故障，可向考评员申请故障排除，故障排除时间不计入考核。

（3）按照技能操作要求进行操作，试验报告包括试验项目、仪器型号、试验结果等。

（4）试验过程中如遇突发状况，如不涉及人身、设备安全，则由试验人员自行排查、处理；如危及人身、设备安全，则应立即停止操作，人员及时撤离作业现场。

技能等级评价专业技能考核操作评分标准

工种	电气试验工					评价等级	高级技师
项目模块	安全工器具试验—绝缘绳索类工具试验					编号	Jc0302241026
单位			准考证号			姓名	
考试时限	60分钟		题型	单项操作		题分	100分
成绩		考评员		考评组长		日期	
试题正文	220kV绝缘绳索类工具试验						
需要说明的问题和要求	（1）试验过程单人操作，数据分析在试验过程中完成。 （2）操作过程应注意安全，按照标准化作业流程做好安全措施。 （3）现场完成试验结果分析，出具试验报告。 （4）检测仪器可选考场提供或自带						

序号	项目名称	质量要求	满分	扣分标准	扣分原因	得分
1	试验前准备					
1.1	工器具使用	熟练正确使用各种工器具	5	未正确使用一次扣1分，扣完为止		
1.2	试验记录	收集被试设备基础信息和历史试验数据	5	未收集被试设备历次试验报告扣1分； 未记录被试设备铭牌，现场温、湿度等条件的，每处扣1分，扣完为止		
1.3	仪器、仪表选择	选择合适的试验仪器、仪表	5	选用仪器不合适扣3分； 未检查试验仪器合格证或校验证书扣2分		
1.4	安全措施	（1）办理工作票、交代安全注意事项，分工明确，并做好记录。 （2）设置高压试验安全围栏。 （3）安全工器具使用。 （4）试验仪器正确接地	10	试验仪器未正确接地扣2分； 未检查安全工器具扣3分； 安全措施交代不清楚或未确认签字扣2分； 试验前未将试验区域用安全围栏隔离扣3分		
2	试验开展					

续表

序号	项目名称	质量要求	满分	扣分标准	扣分原因	得分
2.1	试验接线	（1）仪器现场布置合理。 （2）电源开关接通前，试验仪器接线应准确无误	10	试验接线接错一次扣5分； 试验前未检查试验接线扣3分； 接线不规范扣1～3分； 上述扣分，扣完为止		
2.2	试验流程	（1）试验前，对试品进行外观及尺寸检查，测试绝缘电阻，其值应正常。 （2）将高压引线接至绝缘绳索类工具，接线无误后，确保调压器在零位，试验回路中过电流和过电压保护应整定正确。 （3）加压过程中应有人监护并呼唱。接通试验电源，进行升压，操作人员的手应放在电源开关上，如有紧急情况应迅速断开电源。 （4）升压必须从零（或接近于零）开始，切不可冲击合闸。升压速度在75%试验电压以前，可以是任意的，自75%电压开始应均匀升压，均为每秒2%试验电压的速率升压。升至试验电压后，开始计时并读取试验电压。耐压试验后，迅速均匀降压到零（或接近于零），然后切断电源。 （5）试验完毕后，立即触摸绝缘表面，不应发热，测试绝缘电阻，其值应正常。 （6）试验前后及变更接线应对设备充分放电	30	试验前未检查被试品外观扣3分； 加压前后未测试绝缘电阻扣3分； 加压前，调压器未归零扣2分； 试验过程中未高声呼唱每次扣2分； 试验过程中失误一次扣5分； 试验过程中监护不到位扣5分； 缺少试验项目的扣5分； 试验前后及变更接线未对被试设备放电扣5分； 上述扣分，扣完为止		
3	结果分析					
3.1	试验报告	结合测试数据做出分析判断，出具试验报告	25	试验数据分析不准确扣5分； 试验结论不正确扣5分； 试验报告填写不规范扣1～5分； 未给出试验结论扣5分		
4	试验结束					
4.1	现场恢复	清理现场，人员撤离	6	被试设备有遗留物品扣2分； 仪器、工器具等未定置恢复扣2分； 未检查或清理现场扣2分		
4.2	办理收工手续	向考评员汇报试验结果，并办理工作终结手续	4	未汇报试验结果扣2分； 未办理工作票终结手续扣2分		
合计			100			

Jc0302242027　35kV 高压并联电容器交流耐压试验。（100 分）

考核知识点：电容器试验

难易度：中

技能等级评价专业技能考核操作工作任务书

一、任务名称

35kV 高压并联电容器交流耐压试验。

二、适用工种

电气试验工高级技师。

三、具体任务

（1）工作状态为模拟 35kV 高压并联电容器停电，工作内容为电容器交接试验。

（2）工作任务：

1）电容器交流耐压试验。

2）根据试验记录出具试验报告，并对数据进行分析。

四、工作规范及要求

（1）工器具使用及安全措施。

（2）按要求进行高压试验。

（3）出具试验报告和试验结果分析。

五、考核及时间要求

（1）本考核操作时间为 60 分钟，包括试验接线和报告整理，时间到停止考评。

（2）试验过程中如试验仪器、试验电源出现故障，可向考评员申请故障排除，故障排除时间不计入考核。

（3）按照技能操作要求进行操作，试验报告包括试验项目、仪器型号、试验结果等。

（4）试验过程中如遇突发状况，如不涉及人身、设备安全，则由试验人员自行排查、处理；如危及人身、设备安全，则应立即停止操作，人员及时撤离作业现场。

技能等级评价专业技能考核操作评分标准

工种	电气试验工				评价等级	高级技师
项目模块	电容器试验—交流耐压试验				编号	Jc0302242027
单位		准考证号			姓名	
考试时限	60 分钟	题型	单项操作		题分	100 分
成绩		考评员		考评组长		日期
试题正文	35kV 高压并联电容器交流耐压试验					
需要说明的问题和要求	（1）试验过程单人操作，数据分析在试验过程中完成。 （2）操作过程应注意安全，按照标准化作业流程做好安全措施。 （3）现场完成试验结果分析，出具试验报告。 （4）检测仪器可选考场提供或自带					

序号	项目名称	质量要求	满分	扣分标准	扣分原因	得分
1	试验前准备					
1.1	工器具使用	熟练正确使用各种工器具	5	未正确使用一次扣 1 分，扣完为止		
1.2	试验记录	收集被试设备基础信息和历史试验数据	5	未收集被试设备历次试验报告扣 1 分； 未记录被试设备铭牌，现场温、湿度等条件的，每处扣 1 分，扣完为止		
1.3	仪器、仪表选择	选择合适的试验仪器、仪表	5	选用仪器不合适扣 3 分； 未检查试验仪器合格证或校验证书扣 2 分		
1.4	安全措施	（1）办理工作票、交代安全注意事项，分工明确，并做好记录。 （2）设置高压试验安全围栏。 （3）安全工器具使用。 （4）试验仪器正确接地	10	试验仪器未正确接地扣 2 分； 未检查安全工器具扣 3 分； 安全措施交代不清楚或未确认签字扣 2 分； 试验前未将试验区域用安全围栏隔离扣 3 分		

续表

序号	项目名称	质量要求	满分	扣分标准	扣分原因	得分
2	试验开展					
2.1	试验接线	（1）仪器现场布置合理。 （2）高压引线应尽量缩短，并采用专用的高压试验线，必要时用绝缘物支持牢固。 （3）电源开关接通前，试验仪器接线应准确无误	10	试验接线接错一次扣5分； 试验前未检查试验接线扣3分； 接线不规范扣1～3分； 上述扣分，扣完为止		
2.2	试验流程	（1）试验前，对电容器充分放电，测试绝缘电阻，其值应正常。 （2）将两电极短接后接高压，电容器外壳接地。 （3）加压过程中应有人监护并呼唱。接通试验电源，进行升压，操作人员的手应放在电源开关上，如有紧急情况应迅速断开电源。 （4）升压必须从零（或接近于零）开始，切不可冲击合闸。升压速度在75%试验电压以前，可以是任意的，自75%电压开始应均匀升压，均为每秒2%试验电压的速率升压。升至试验电压后，开始计时并读取试验电压。耐压试验后，迅速均匀降压到零（或接近于零），然后切断电源。 （5）测试绝缘电阻，其值应正常。 （6）试验前后及变更接线应对设备充分放电	30	试验前未对电容器充分放电扣3分； 加压前后未测试绝缘电阻扣3分； 加压前，调压器未归零扣2分； 试验过程中未高声呼唱每次扣2分； 试验过程中失误一次扣5分； 试验过程中监护不到位扣5分； 缺少试验项目的扣5分； 试验前后及变更接线未对被试设备放电扣5分； 上述扣分，扣完为止		
3	结果分析					
3.1	试验报告	结合测试数据做出分析判断，出具试验报告	25	试验数据分析不准确扣5分； 试验结论不正确扣5分； 试验报告填写不规范扣1～5分； 未给出试验结论扣5分		
4	试验结束					
4.1	现场恢复	清理现场，人员撤离	6	被试设备有遗留物品扣2分； 仪器、工器具等未定置恢复扣2分； 未检查或清理现场扣2分		
4.2	办理收工手续	向考评员汇报试验结果，并办理工作终结手续	4	未汇报试验结果扣2分； 未办理工作票终结手续扣2分		
合计			100			

Jc0302242028　10kV 电缆串联谐振试验。（100 分）

考核知识点：电缆试验

难易度：中

技能等级评价专业技能考核操作工作任务书

一、任务名称

10kV 电缆串联谐振试验。

二、适用工种

电气试验工高级技师。

三、具体任务

（1）工作状态为模拟 10kV 电缆停电，工作内容为电缆交接试验。

（2）工作任务：

1）电缆串联谐振试验。

2）根据试验记录出具试验报告，并对数据进行分析。

四、工作规范及要求

（1）工器具使用及安全措施。

（2）按要求进行高压试验。

（3）出具试验报告和试验结果分析。

五、考核及时间要求

（1）本考核操作时间为 60 分钟，包括试验接线和报告整理，时间到停止考评。

（2）试验过程中如试验仪器、试验电源出现故障，可向考评员申请故障排除，故障排除时间不计入考核。

（3）按照技能操作要求进行操作，试验报告包括试验项目、仪器型号、试验结果等。

（4）试验过程中如遇突发状况，如不涉及人身、设备安全，则由试验人员自行排查、处理；如危及人身、设备安全，则应立即停止操作，人员及时撤离作业现场。

技能等级评价专业技能考核操作评分标准

<table>
<tr><td>工种</td><td colspan="5">电气试验工</td><td>评价等级</td><td>高级技师</td></tr>
<tr><td>项目模块</td><td colspan="5">电缆试验—串联谐振试验</td><td>编号</td><td>Jc0302242028</td></tr>
<tr><td>单位</td><td colspan="2"></td><td>准考证号</td><td colspan="2"></td><td>姓名</td><td></td></tr>
<tr><td>考试时限</td><td colspan="2">60 分钟</td><td>题型</td><td colspan="2">单项操作</td><td>题分</td><td>100 分</td></tr>
<tr><td>成绩</td><td></td><td>考评员</td><td colspan="2"></td><td>考评组长</td><td></td><td>日期</td><td></td></tr>
<tr><td>试题正文</td><td colspan="8">10kV 电缆串联谐振试验</td></tr>
<tr><td>需要说明的问题和要求</td><td colspan="8">（1）试验过程单人操作，数据分析在试验过程中完成。
（2）操作过程应注意安全，按照标准化作业流程做好安全措施。
（3）现场完成试验结果分析，出具试验报告。
（4）检测仪器可选考场提供或自带</td></tr>
</table>

序号	项目名称	质量要求	满分	扣分标准	扣分原因	得分
1	试验前准备					
1.1	工器具使用	熟练正确使用各种工器具	5	未正确使用一次扣 1 分，扣完为止		
1.2	试验记录	收集被试设备基础信息和历史试验数据	5	未收集被试设备历次试验报告扣 1 分； 未记录被试设备铭牌，现场温、湿度等条件的，每处扣 1 分，扣完为止		
1.3	仪器、仪表选择	选择合适的试验仪器、仪表	5	选用仪器不合适扣 3 分； 未检查试验仪器合格证或校验证书扣 2 分		
1.4	安全措施	（1）办理工作票、交代安全注意事项，分工明确，并做好记录。 （2）设置高压试验安全围栏。 （3）安全工器具使用。 （4）试验仪器正确接地	10	试验仪器未正确接地扣 2 分； 未检查安全工器具扣 3 分； 安全措施交代不清楚或未确认签字扣 2 分； 试验前未将试验区域用安全围栏隔离扣 3 分		
2	试验开展					
2.1	试验接线	（1）仪器现场布置合理。 （2）尽量使试验设备接线紧凑并安放稳固，接地线应使用专用接地线。 （3）电源刀关接通前，试验仪器接线应准确无误	10	试验接线接错一次扣 5 分； 试验前未检查试验接线扣 3 分； 接线不规范扣 1～3 分； 上述扣分，扣完为止		

续表

序号	项目名称	质量要求	满分	扣分标准	扣分原因	得分
2.2	试验流程	（1）试验前，充分对被试电缆放电，拆除被试电缆两端引线，测试绝缘电阻。 （2）检查试验设备的接地、分压器的分压比和档位是否正确。 （3）接线无误后，确保调压器在零位，试验回路中过电流和过电压保护应整定正确。 （4）加压过程中应有人监护并呼唱。接通试验电源，进行升压，操作人员的手应放在电源开关上，如有紧急情况应迅速断开电源。 （5）按规定的升压速度将电压从零开始均匀地升压至耐压试验电压值，读取试验电压，并开始计时1min。试验结束后，将电压降至零位，切断变频电源主回路开关，断开变频器电源和试验电源。 （6）试验结束后，测量绝缘电阻。 （7）试验前后及变更接线应对设备充分放电	30	加压前未对电缆充分放电扣3分； 加压前后未进行绝缘电阻测试扣3分； 加压前，调压器未归零扣2分； 试验过程中未高声呼唱每次扣2分； 试验过程中失误一次扣5分； 试验过程中监护不到位扣5分； 缺少试验项目的扣5分； 试验前后及变更接线未对被试设备放电扣5分； 上述扣分，扣完为止		
3	结果分析					
3.1	试验报告	结合测试数据做出分析判断，出具试验报告	25	试验数据分析不准确扣5分； 试验结论不正确扣5分； 试验报告填写不规范扣1～5分； 未给出试验结论扣5分		
4	试验结束					
4.1	现场恢复	清理现场，人员撤离	6	被试设备有遗留物品扣2分； 仪器、工器具等未定置恢复扣2分； 未检查或清理现场扣2分		
4.2	办理收工手续	向考评员汇报试验结果，并办理工作终结手续	4	未汇报试验结果扣2分； 未办理工作票终结手续扣2分		
合计			100			

Jc0302242029　35kV 电缆串联谐振试验。（100 分）

考核知识点：电缆试验

难易度：中

技能等级评价专业技能考核操作工作任务书

一、任务名称

35kV 电缆串联谐振试验。

二、适用工种

电气试验工高级技师。

三、具体任务

（1）工作状态为模拟 10kV 电缆停电，工作内容为电缆交接试验。

（2）工作任务：

1）电缆串联谐振试验。

2）根据试验记录出具试验报告，并对数据进行分析。

四、工作规范及要求

（1）工器具使用及安全措施。

（2）按要求进行高压试验。

（3）出具试验报告和试验结果分析。

五、考核及时间要求

（1）本考核操作时间为60分钟，包括试验接线和报告整理，时间到停止考评。

（2）试验过程中如试验仪器、试验电源出现故障，可向考评员申请故障排除，故障排除时间不计入考核。

（3）按照技能操作要求进行操作，试验报告包括试验项目、仪器型号、试验结果等。

（4）试验过程中如遇突发状况，如不涉及人身、设备安全，则由试验人员自行排查、处理；如危及人身、设备安全，则应立即停止操作，人员及时撤离作业现场。

技能等级评价专业技能考核操作评分标准

工种	电气试验工					评价等级	高级技师
项目模块	电缆试验—串联谐振试验					编号	Jc0302242029
单位			准考证号			姓名	
考试时限	60 分钟		题型	单项操作		题分	100 分
成绩		考评员		考评组长		日期	
试题正文	35kV 电缆串联谐振试验						
需要说明的问题和要求	（1）试验过程单人操作，数据分析在试验过程中完成。 （2）操作过程应注意安全，按照标准化作业流程做好安全措施。 （3）现场完成试验结果分析，出具试验报告。 （4）检测仪器可选考场提供或自带						

序号	项目名称	质量要求	满分	扣分标准	扣分原因	得分
1	试验前准备					
1.1	工器具使用	熟练正确使用各种工器具	5	未正确使用一次扣1分，扣完为止		
1.2	试验记录	收集被试设备基础信息和历史试验数据	5	未收集被试设备历次试验报告扣1分； 未记录被试设备铭牌，现场温、湿度等条件的，每处扣1分，扣完为止		
1.3	仪器、仪表选择	选择合适的试验仪器、仪表	5	选用仪器不合适扣3分； 未检查试验仪器合格证或校验证书扣2分		
1.4	安全措施	（1）办理工作票、交代安全注意事项，分工明确，并做好记录。 （2）设置高压试验安全围栏。 （3）安全工器具使用。 （4）试验仪器正确接地	10	试验仪器未正确接地扣2分； 未检查安全工器具扣3分； 安全措施交代不清楚或未确认签字扣2分； 试验前未将试验区域用安全围栏隔离扣3分		
2	试验开展					
2.1	试验接线	（1）仪器现场布置合理。 （2）尽量使试验设备接线紧凑并安放稳固，接地线应使用专用接地线。 （3）电源开关接通前，试验仪器接线应准确无误	10	试验接线接错一次扣5分； 试验前未检查试验接线扣3分； 接线不规范扣1～3分； 上述扣分，扣完为止		

续表

序号	项目名称	质量要求	满分	扣分标准	扣分原因	得分
2.2	试验流程	（1）试验前，充分对被试电缆放电，拆除被试电缆两端引线，测试绝缘电阻。 （2）检查试验设备的接地、分压器的分压比和档位是否正确。 （3）接线无误后，确保调压器在零位，试验回路中过电流和过电压保护应整定正确。 （4）加压过程中应有人监护并呼唱。接通试验电源，进行升压，操作人员的手应放在电源开关上，如有紧急情况应迅速断开电源。 （5）按规定的升压速度将电压从零开始均匀地升压至耐压试验电压值，读取试验电压，并开始计时1min。试验结束后，将电压降至零位，切断变频电源主回路开关，断开变频器电源和试验电源。 （6）试验结束后，测量绝缘电阻。 （7）试验前后及变更接线应对设备充分放电	30	加压前未对电缆充分放电扣3分； 加压前后未进行绝缘电阻测试扣3分； 加压前，调压器未归零扣2分； 试验过程中未高声呼唱每次扣2分； 试验过程中失误一次扣5分； 试验过程中监护不到位扣5分； 缺少试验项目的扣5分； 试验前后及变更接线未对被试设备放电扣5分； 上述扣分，扣完为止		
3	结果分析					
3.1	试验报告	结合测试数据做出分析判断，出具试验报告	25	试验数据分析不准确扣5分； 试验结论不正确扣5分； 试验报告填写不规范扣1～5分； 未给出试验结论扣5分		
4	试验结束					
4.1	现场恢复	清理现场，人员撤离	6	被试设备有遗留物品扣2分； 仪器、工器具等未定置恢复扣2分； 未检查或清理现场扣2分		
4.2	办理收工手续	向考评员汇报试验结果，并办理工作终结手续	4	未汇报试验结果扣2分； 未办理工作票终结手续扣2分		
合计			100			

Jc0302243030　10kV 电缆 0.1Hz 超低频耐压试验。（100 分）

考核知识点：电缆试验

难易度：中

技能等级评价专业技能考核操作工作任务书

一、任务名称

10kV 电缆 0.1Hz 超低频耐压试验。

二、适用工种

电气试验工高级技师。

三、具体任务

（1）工作状态为模拟 10kV 电缆停电，工作内容为电缆交接试验。

（2）工作任务：

1）电缆 0.1Hz 超低频耐压试验。

2）根据试验记录出具试验报告，并对数据进行分析。

四、工作规范及要求

（1）工器具使用及安全措施。

（2）按要求进行高压试验。

（3）出具试验报告和试验结果分析。

五、考核及时间要求

（1）本考核操作时间为 60 分钟，包括试验接线和报告整理，时间到停止考评。

（2）试验过程中如试验仪器、试验电源出现故障，可向考评员申请故障排除，故障排除时间不计入考核。

（3）按照技能操作要求进行操作，试验报告包括试验项目、仪器型号、试验结果等。

（4）试验过程中如遇突发状况，如不涉及人身、设备安全，则由试验人员自行排查、处理；如危及人身、设备安全，则应立即停止操作，人员及时撤离作业现场。

技能等级评价专业技能考核操作评分标准

<table>
<tr><td>工种</td><td colspan="4">电气试验工</td><td>评价等级</td><td>高级技师</td></tr>
<tr><td>项目模块</td><td colspan="4">电缆试验—0.1Hz 超低频耐压试验</td><td>编号</td><td>Jc0302243030</td></tr>
<tr><td>单位</td><td colspan="2"></td><td>准考证号</td><td></td><td>姓名</td><td></td></tr>
<tr><td>考试时限</td><td colspan="2">60 分钟</td><td>题型</td><td>单项操作</td><td>题分</td><td>100 分</td></tr>
<tr><td>成绩</td><td></td><td>考评员</td><td></td><td>考评组长</td><td>日期</td><td></td></tr>
<tr><td>试题正文</td><td colspan="6">10kV 电缆 0.1Hz 超低频耐压试验</td></tr>
<tr><td>需要说明的问题和要求</td><td colspan="6">（1）试验过程单人操作，数据分析在试验过程中完成。
（2）操作过程应注意安全，按照标准化作业流程做好安全措施。
（3）现场完成试验结果分析，出具试验报告。
（4）检测仪器可选考场提供或自带</td></tr>
</table>

序号	项目名称	质量要求	满分	扣分标准	扣分原因	得分
1	试验前准备					
1.1	工器具使用	熟练正确使用各种工器具	5	未正确使用一次扣 1 分，扣完为止		
1.2	试验记录	收集被试设备基础信息和历史试验数据	5	未收集被试设备历次试验报告扣 1 分； 未记录被试设备铭牌，现场温、湿度等条件的，每处扣 1 分，扣完为止		
1.3	仪器、仪表选择	选择合适的试验仪器、仪表	5	选用仪器不合适扣 3 分； 未检查试验仪器合格证或校验证书扣 2 分		
1.4	安全措施	（1）办理工作票、交代安全注意事项，分工明确，并做好记录。 （2）设置高压试验安全围栏。 （3）安全工器具使用。 （4）试验仪器正确接地	10	试验仪器未正确接地扣 2 分； 未检查安全工器具扣 3 分； 安全措施交代不清楚或未确认签字扣 2 分； 试验前未将试验区域用安全围栏隔离扣 3 分		
2	试验开展					
2.1	试验接线	（1）仪器现场布置合理。 （2）尽量使试验设备接线紧凑并安放稳固，接地线应使用专用接地线。 （3）电源开关接通前，试验仪器接线应准确无误	10	试验接线接错一次扣 5 分； 试验前未检查试验接线扣 3 分； 接线不规范扣 1～3 分； 上述扣分，扣完为止		

续表

序号	项目名称	质量要求	满分	扣分标准	扣分原因	得分
2.2	试验流程	（1）试验前，充分对被试电缆放电，拆除被试电缆两端引线，测试绝缘电阻。 （2）检查试验设备的接地、分压器的分压比和档位是否正确。 （3）接线无误后，确保调压器在零位，试验回路中过电流和过电压保护应整定正确。 （4）加压过程中应有人监护并呼唱。接通试验电源，进行升压，操作人员的手应放在电源开关上，如有紧急情况应迅速断开电源。 （5）按规定的升压速度将电压从零开始均匀地升压至耐压试验电压值，读取试验电压，并开始计时1min。试验结束后，将电压降至零位，切断变频电源主回路开关，断开变频器电源和试验电源。 （6）试验结束后，测量绝缘电阻。 （7）试验前后及变更接线应对设备充分放电	30	加压前未对电缆充分放电扣3分； 加压前后未进行绝缘电阻测试扣3分； 加压前，调压器未归零扣2分； 试验过程中未高声呼唱每次扣2分； 试验过程中失误一次扣5分； 试验过程中监护不到位扣5分； 缺少试验项目的扣5分； 试验前后及变更接线未对被试设备放电扣5分； 上述扣分，扣完为止		
3	结果分析					
3.1	试验报告	结合测试数据做出分析判断，出具试验报告	25	试验数据分析不准确扣5分； 试验结论不正确扣5分； 试验报告填写不规范扣1～5分； 未给出试验结论扣5分		
4	试验结束					
4.1	现场恢复	清理现场，人员撤离	6	被试设备有遗留物品扣2分； 仪器、工器具等未定置恢复扣2分； 未检查或清理现场扣2分		
4.2	办理收工手续	向考评员汇报试验结果，并办理工作终结手续	4	未汇报试验结果扣2分； 未办理工作票终结手续扣2分		
合计			100			

Jc0302243031　35kV电缆0.1Hz超低频耐压试验。（100分）

考核知识点： 电缆试验

难易度： 中

技能等级评价专业技能考核操作工作任务书

一、任务名称

35kV电缆0.1Hz超低频耐压试验。

二、适用工种

电气试验工高级技师。

三、具体任务

（1）工作状态为模拟35kV电缆停电，工作内容为电缆交接试验。

（2）工作任务：

1）电缆0.1Hz超低频耐压试验。

2）根据试验记录出具试验报告，并对数据进行分析。

四、工作规范及要求

（1）工器具使用及安全措施。

（2）按要求进行高压试验。

（3）出具试验报告和试验结果分析。

五、考核及时间要求

（1）本考核操作时间为60分钟，包括试验接线和报告整理，时间到停止考评。

（2）试验过程中如试验仪器、试验电源出现故障，可向考评员申请故障排除，故障排除时间不计入考核。

（3）按照技能操作要求进行操作，试验报告包括试验项目、仪器型号、试验结果等。

（4）试验过程中如遇突发状况，如不涉及人身、设备安全，则由试验人员自行排查、处理；如危及人身、设备安全，则应立即停止操作，人员及时撤离作业现场。

技能等级评价专业技能考核操作评分标准

工种	电气试验工					评价等级	高级技师
项目模块	电缆试验—0.1Hz超低频耐压试验					编号	Jc0302243031
单位			准考证号			姓名	
考试时限	60分钟		题型	单项操作		题分	100分
成绩		考评员		考评组长		日期	
试题正文	35kV电缆0.1Hz超低频耐压试验						
需要说明的问题和要求	（1）试验过程单人操作，数据分析在试验过程中完成。 （2）操作过程应注意安全，按照标准化作业流程做好安全措施。 （3）现场完成试验结果分析，出具试验报告。 （4）检测仪器可选考场提供或自带						

序号	项目名称	质量要求	满分	扣分标准	扣分原因	得分
1	试验前准备					
1.1	工器具使用	熟练正确使用各种工器具	5	未正确使用一次扣1分，扣完为止		
1.2	试验记录	收集被试设备基础信息和历史试验数据	5	未收集被试设备历次试验报告扣1分； 未记录被试设备铭牌，现场温、湿度等条件的，每处扣1分，扣完为止		
1.3	仪器、仪表选择	选择合适的试验仪器、仪表	5	选用仪器不合适扣3分； 未检查试验仪器合格证或校验证书扣2分		
1.4	安全措施	（1）办理工作票、交代安全注意事项，分工明确，并做好记录。 （2）设置高压试验安全围栏。 （3）安全工器具使用。 （4）试验仪器正确接地	10	试验仪器未正确接地扣2分； 未检查安全工器具扣3分； 安全措施交代不清楚或未确认签字扣2分； 试验前未将试验区域用安全围栏隔离扣3分		
2	试验开展					
2.1	试验接线	（1）仪器现场布置合理。 （2）尽量使试验设备接线紧凑并安放稳固，接地线应使用专用接地线。 （3）电源开关接通前，试验仪器接线应准确无误	10	试验接线接错一次扣5分； 试验前未检查试验接线扣3分； 接线不规范扣1～3分； 上述扣分，扣完为止		

续表

序号	项目名称	质量要求	满分	扣分标准	扣分原因	得分
2.2	试验流程	（1）试验前，充分对被试电缆放电，拆除被试电缆两端引线，测试绝缘电阻。 （2）检查试验设备的接地、分压器的分压比和档位是否正确。 （3）接线无误后，确保调压器在零位，试验回路中过电流和过电压保护应整定正确。 （4）加压过程中应有人监护并呼唱。接通试验电源，进行升压，操作人员的手应放在电源开关上，如有紧急情况应迅速断开电源。 （5）按规定的升压速度将电压从零开始均匀地升压至耐压试验电压值，读取试验电压，并开始计时1min。试验结束后，将电压降至零位，切断变频电源主回路开关，断开变频器电源和试验电源。 （6）试验结束后，测量绝缘电阻。 （7）试验前后及变更接线应对设备充分放电	30	加压前未对电缆充分放电扣3分； 加压前后未进行绝缘电阻测试扣3分； 加压前，调压器未归零扣2分； 试验过程中未高声呼唱每次扣2分； 试验过程中失误一次扣5分； 试验过程中监护不到位扣5分； 缺少试验项目的扣5分； 试验前后及变更接线未对被试设备放电扣5分； 上述扣分，扣完为止		
3	结果分析					
3.1	试验报告	结合测试数据做出分析判断，出具试验报告	25	试验数据分析不准确扣5分； 试验结论不正确扣5分； 试验报告填写不规范扣1～5分； 未给出试验结论扣5分		
4	试验结束					
4.1	现场恢复	清理现场，人员撤离	6	被试设备有遗留物品扣2分； 仪器、工器具等未定置恢复扣2分； 未检查或清理现场扣2分		
4.2	办理收工手续	向考评员汇报试验结果，并办理工作终结手续	4	未汇报试验结果扣2分； 未办理工作票终结手续扣2分		
合计			100			

Jc0302242032　220kV 分节避雷器工频参考电流下的工频参考电压试验。（100 分）

考核知识点：避雷器试验

难易度：难

技能等级评价专业技能考核操作工作任务书

一、任务名称

220kV 分节避雷器工频参考电流下的工频参考电压试验。

二、适用工种

电气试验工高级技师。

三、具体任务

（1）工作状态为模拟 220kV 分节避雷器停电，工作内容为 220kV 分节避雷器工频参考电流下的工频参考电压试验。

（2）工作任务：

1）220kV 分节避雷器工频参考电流下的工频参考电压试验。

2）根据试验记录出具试验报告，并对数据进行分析。

四、工作规范及要求

（1）工器具使用及安全措施。

（2）按要求进行 220kV 分节避雷器工频参考电流下的工频参考电压试验。

（3）出具试验报告和试验结果分析。

五、考核及时间要求

（1）本考核操作时间为 60 分钟，包括试验接线和报告整理，时间到停止考评。

（2）试验过程中如试验仪器、试验电源出现故障，可向考评员申请故障排除，故障排除时间不计入考核。

（3）按照技能操作要求进行操作，试验报告包括试验项目、仪器型号、试验结果等。

（4）试验过程中如遇突发状况，如不涉及人身、设备安全，则由试验人员自行排查、处理；如危及人身、设备安全，则应立即停止操作，人员及时撤离作业现场。

技能等级评价专业技能考核操作评分标准

工种	电气试验工				评价等级	高级技师
项目模块	避雷器试验—工频参考电流下的工频参考电压试验				编号	Jc0302242032
单位		准考证号			姓名	
考试时限	60 分钟	题型	单项操作		题分	100 分
成绩		考评员		考评组长	日期	
试题正文	220kV 分节避雷器工频参考电流下的工频参考电压试验					
需要说明的问题和要求	（1）试验过程单人操作，数据分析在试验过程中完成。 （2）操作过程应注意安全，按照标准化作业流程做好安全措施。 （3）现场完成试验结果分析，出具试验报告。 （4）检测仪器可选考场提供或自带					

序号	项目名称	质量要求	满分	扣分标准	扣分原因	得分
1	试验前准备					
1.1	工器具使用	熟练正确使用各种工器具	5	未正确使用一次扣 1 分，扣完为止		
1.2	试验记录	收集被试设备基础信息和历史试验数据	5	未收集被试设备历次试验报告扣 1 分； 未记录被试设备铭牌，现场温、湿度等条件的，每处扣 1 分，扣完为止		
1.3	仪器、仪表选择	选择合适的直流高压发生器	5	选用仪器不合适扣 3 分； 未检查试验仪器合格证或校验证书扣 2 分		
1.4	安全措施	（1）办理工作票、交代安全注意事项，分工明确，并做好记录。 （2）设置电气试验安全围栏。 （3）正确使用安全工器具。 （4）试验仪器正确接地	10	安全措施交代不清楚或未确认签字扣 2 分； 试验前未将试验区域用安全围栏隔离扣 3 分； 未检查安全工器具扣 3 分； 试验仪器未正确接地扣 2 分		
2	试验开展					
2.1	试验接线	（1）仪器现场布置合理。 （2）电源开关接通前，试验仪器接线应准确无误	10	试验接线接错一次扣 2～5 分； 试验前未检查试验接线扣 3 分； 接线不规范扣 1～3 分； 上述扣分，扣完为止		

续表

序号	项目名称	质量要求	满分	扣分标准	扣分原因	得分
2.2	试验流程	（1）试验前仪器、仪表自检，正确选择试验电压，试验过程中高声呼唱。 （2）将无间隙金属氧化物避雷器表面擦拭干净，拆除全部接线。 （3）逐节对避雷器加压至试验电压，以工频参考电流为基础，读取试验电压值作为避雷器的参考电压。 （4）将测试值与规程值及历史测试值进行比对分析 （5）试验前后及变更接线应对架空线路进行充分放电	30	未进行仪器、仪表自检扣3分； 试验过程中未高声呼唱每次扣2分； 试验过程中失误一次扣5分； 试验过程中监护不到位扣5～10分； 试验前后及变更接线未对被试设备放电扣10分； 上述扣分，扣完为止		
3	结果分析					
3.1	试验报告	结合测试数据做出分析判断，出具试验报告	25	试验数据分析不准确扣5分； 试验结论不正确扣5分； 试验报告填写不规范扣1～5分； 未给出试验结论扣5分		
4	试验结束					
4.1	现场恢复	清理现场，人员撤离	6	被试设备有遗留物品扣2分； 仪器、工器具等未定置恢复扣2分； 未检查或清理现场扣2分		
4.2	办理收工手续	向考评员汇报试验结果，并办理工作终结手续	4	未汇报试验结果扣2分； 未办理工作票终结手续扣2分		
合计			100			

Jc0302242033　220kV分节避雷器运行电压下的交流泄漏电流试验。（100分）

考核知识点：避雷器试验

难易度：难

技能等级评价专业技能考核操作工作任务书

一、任务名称

220kV分节避雷器运行电压下的交流泄漏电流试验。

二、适用工种

电气试验工高级技师。

三、具体任务

（1）工作状态为模拟220kV分节避雷器停电，工作内容为220kV分节避雷器运行电压下的交流泄漏电流试验。

（2）工作任务：

1）220kV分节避雷器运行电压下的交流泄漏电流试验。

2）根据试验记录出具试验报告，并对数据进行分析。

四、工作规范及要求

（1）工器具使用及安全措施。

（2）按要求进行220kV分节避雷器运行电压下的交流泄漏电流试验。

（3）出具试验报告和试验结果分析。

五、考核及时间要求

（1）本考核操作时间为60分钟，包括试验接线和报告整理，时间到停止考评。

（2）试验过程中如试验仪器、试验电源出现故障，可向考评员申请故障排除，故障排除时间不计入考核。

（3）按照技能操作要求进行操作，试验报告包括试验项目、仪器型号、试验结果等。

（4）试验过程中如遇突发状况，如不涉及人身、设备安全，则由试验人员自行排查、处理；如危及人身、设备安全，则应立即停止操作，人员及时撤离作业现场。

技能等级评价专业技能考核操作评分标准

工种	电气试验工				评价等级	高级技师
项目模块	避雷器试验—运行电压下的交流泄漏电流试验				编号	Jc0302242033
单位			准考证号		姓名	
考试时限	60 分钟		题型	单项操作	题分	100 分
成绩		考评员		考评组长	日期	
试题正文	220kV 分节避雷器运行电压下的交流泄漏电流试验					
需要说明的问题和要求	（1）试验过程单人操作，数据分析在试验过程中完成。 （2）操作过程应注意安全，按照标准化作业流程做好安全措施。 （3）现场完成试验结果分析，出具试验报告。 （4）检测仪器可选考场提供或自带					

序号	项目名称	质量要求	满分	扣分标准	扣分原因	得分
1	试验前准备					
1.1	工器具使用	熟练正确使用各种工器具	5	未正确使用一次扣 1 分，扣完为止		
1.2	试验记录	收集被试设备基础信息和历史试验数据	5	未收集被试设备历次试验报告扣 1 分； 未记录被试设备铭牌，现场温、湿度等条件的，每处扣 1 分，扣完为止		
1.3	仪器、仪表选择	选择合适的变压器、调压器、阻性电流测试仪、保护电阻、分压器等	5	选用仪器不合适扣 3 分； 未检查试验仪器合格证或校验证书扣 2 分		
1.4	安全措施	（1）办理工作票、交代安全注意事项，分工明确，并做好记录。 （2）设置电气试验安全围栏。 （3）正确使用安全工器具。 （4）试验仪器正确接地	10	安全措施交代不清楚或未确认签字扣 2 分； 试验前未将试验区域用安全围栏隔离扣 3 分； 未检查安全工器具扣 3 分； 试验仪器未正确接地扣 2 分		
2	试验开展					
2.1	试验接线	（1）仪器现场布置合理。 （2）电源开关接通前，试验仪器接线应准确无误	10	试验接线接错一次扣 2～5 分； 试验前未检查试验接线扣 3 分； 接线不规范扣 1～3 分； 上述扣分，扣完为止		
2.2	试验流程	（1）试验前仪器、仪表自检，正确选择试验电压，试验过程中高声呼唱。 （2）将无间隙金属氧化物避雷器表面擦拭干净，拆除全部接线。 （3）逐节分别加压至避雷器的持续运行电压及系统运行电压，分别读取总泄漏电流峰值、有效值及阻性电流峰值，有功损耗值。 （4）将测试值与规程值及历史测试值进行比对分析。 （5）试验前后及变更接线应对架空线路进行充分放电	30	未进行仪器、仪表自检扣 3 分； 试验过程中未高声呼唱每次扣 2 分； 试验过程中失误一次扣 5 分； 试验过程中监护不到位扣 5～10 分； 试验前后及变更接线未对被试设备放电扣 10 分； 上述扣分，扣完为止		

续表

序号	项目名称	质量要求	满分	扣分标准	扣分原因	得分
3	结果分析					
3.1	试验报告	结合测试数据做出分析判断，出具试验报告	25	试验数据分析不准确扣5分； 试验结论不正确扣5分； 试验报告填写不规范扣1～5分； 未给出试验结论扣5分		
4	试验结束					
4.1	现场恢复	清理现场，人员撤离	6	被试设备有遗留物品扣2分； 仪器、工器具等未定置恢复扣2分； 未检查或清理现场扣2分		
4.2	办理收工手续	向考评员汇报试验结果，并办理工作终结手续	4	未汇报试验结果扣2分； 未办理工作票终结手续扣2分		
合计			100			

Jc0302241034　750kV 变压器直流电阻试验。（100 分）

考核知识点：变压器试验

难易度：难

技能等级评价专业技能考核操作工作任务书

一、任务名称

750kV 变压器直流电阻试验。

二、适用工种

电气试验工高级技师。

三、具体任务

（1）工作状态为模拟 750kV 变压器停电，工作内容为 750kV 变压器直流电阻试验。

（2）工作任务：

1）750kV 变压器直流电阻试验。

2）根据试验记录出具试验报告，并对数据进行分析。

四、工作规范及要求

（1）工器具使用及安全措施。

（2）按要求进行 750kV 变压器直流电阻试验。

（3）出具试验报告和试验结果分析。

五、考核及时间要求

（1）本考核操作时间为 60 分钟，包括试验接线和报告整理，时间到停止考评。

（2）试验过程中如试验仪器、试验电源出现故障，可向考评员申请故障排除，故障排除时间不计入考核。

（3）按照技能操作要求进行操作，试验报告包括试验项目、仪器型号、试验结果等。

（4）试验过程中如遇突发状况，如不涉及人身、设备安全，则由试验人员自行排查、处理；如危及人身、设备安全，则应立即停止操作，人员及时撤离作业现场。

技能等级评价专业技能考核操作评分标准

工种	电气试验工				评价等级	高级技师	
项目模块	变压器试验—直流电阻试验				编号	Jc0302241034	
单位			准考证号		姓名		
考试时限	60 分钟		题型	单项操作	题分	100 分	
成绩		考评员		考评组长		日期	
试题正文	750kV 变压器直流电阻试验						
需要说明的问题和要求	（1）试验过程单人操作，数据分析在试验过程中完成。 （2）操作过程应注意安全，按照标准化作业流程做好安全措施。 （3）现场完成试验结果分析，出具试验报告。 （4）检测仪器可选考场提供或自带						

序号	项目名称	质量要求	满分	扣分标准	扣分原因	得分
1	试验前准备					
1.1	工器具使用	熟练正确使用各种工器具	5	未正确使用一次扣 1 分，扣完为止		
1.2	试验记录	收集被试设备基础信息和历史试验数据	5	未收集被试设备历次试验报告扣 1 分； 未记录被试设备铭牌，现场温、湿度等条件的，每处扣 1 分，扣完为止		
1.3	仪器、仪表选择	选择合适的直流电阻测试仪	5	选用仪器不合适扣 3 分； 未检查试验仪器合格证或校验证书扣 2 分		
1.4	安全措施	（1）办理工作票、交代安全注意事项，分工明确，并做好记录。 （2）设置高压试验安全围栏。 （3）正确使用安全工器具。 （4）试验仪器正确接地	10	安全措施交代不清楚或未确认签字扣 2 分； 试验前未将试验区域用安全围栏隔离扣 3 分； 未检查安全工器具扣 3 分； 试验仪器未正确接地扣 2 分		
2	试验开展					
2.1	试验接线	（1）仪器现场布置合理。 （2）电源开关接通前，试验仪器接线应准确无误	10	试验接线接错一次扣 2～5 分； 试验前未检查试验接线扣 3 分； 接线不规范扣 1～3 分； 上述扣分，扣完为止		
2.2	试验流程	（1）试验前仪器、仪表自检，正确选择试验电流，试验过程中高声呼唱。 （2）应分别测量变压器各侧绕组 A、B、C 三相各个档位的直流电阻值，经过温度换算后与历史数据进行比对分析。 （3）试验前后及变更接线应对设备充分放电	30	未进行仪器、仪表自检扣 3 分； 试验过程中未高声呼唱每次扣 2 分； 试验过程中失误一次扣 5 分； 试验过程中监护不到位扣 5～10 分； 试验前后及变更接线未对被试设备放电扣 10 分； 上述扣分，扣完为止		
3	结果分析					
3.1	试验报告	结合测试数据做出分析判断，出具试验报告	25	试验数据分析不准确扣 5 分； 试验结论不正确扣 5 分； 试验报告填写不规范扣 1～5 分； 未给出试验结论扣 5 分		
4	试验结束					
4.1	现场恢复	清理现场，人员撤离	6	被试设备有遗留物品扣 2 分； 仪器、工器具等未定置恢复扣 2 分； 未检查或清理现场扣 2 分		
4.2	办理收工手续	向考评员汇报试验结果，并办理工作终结手续	4	未汇报试验结果扣 2 分； 未办理工作票终结手续扣 2 分		
合计			100			

Jc0302242035　220kV GIS 设备电压互感器的变比、极性试验。(100 分)

考核知识点：电压互感器试验

难易度：难

技能等级评价专业技能考核操作工作任务书

一、任务名称

220kV GIS 设备电压互感器的变比、极性试验。

二、适用工种

电气试验工高级技师。

三、具体任务

（1）工作状态为模拟 220kV GIS 设备电压互感器停电，工作内容为 220kV GIS 设备电压互感器的变比、极性试验。

（2）工作任务：

1）220kV GIS 设备电压互感器的变比、极性试验。

2）根据试验记录出具试验报告，并对数据进行分析。

四、工作规范及要求

（1）工器具使用及安全措施。

（2）按要求进行 220kV GIS 设备电压互感器的变比、极性试验。

（3）出具试验报告和试验结果分析。

五、考核及时间要求

（1）本考核操作时间为 60 分钟，包括试验接线和报告整理，时间到停止考评。

（2）试验过程中如试验仪器、试验电源出现故障，可向考评员申请故障排除，故障排除时间不计入考核。

（3）按照技能操作要求进行操作，试验报告包括试验项目、仪器型号、试验结果等。

（4）试验过程中如遇突发状况，如不涉及人身、设备安全，则由试验人员自行排查、处理；如危及人身、设备安全，则应立即停止操作，人员及时撤离作业现场。

技能等级评价专业技能考核操作评分标准

工种	电气试验工					评价等级	高级技师
项目模块	GIS 设备电压互感器试验—变比、极性试验					编号	Jc0302242035
单位			准考证号			姓名	
考试时限	60 分钟		题型	单项操作		题分	100 分
成绩		考评员		考评组长		日期	
试题正文	220kV GIS 设备电压互感器的变比、极性试验						
需要说明的问题和要求	（1）试验过程单人操作，数据分析在试验过程中完成。 （2）操作过程应注意安全，按照标准化作业流程做好安全措施。 （3）现场完成试验结果分析，出具试验报告。 （4）检测仪器可选考场提供或自带						

序号	项目名称	质量要求	满分	扣分标准	扣分原因	得分
1	试验前准备					
1.1	工器具使用	熟练正确使用各种工器具	5	未正确使用一次扣 1 分，扣完为止		

续表

序号	项目名称	质量要求	满分	扣分标准	扣分原因	得分
1.2	试验记录	收集被试设备基础信息和历史试验数据	5	未收集被试设备历次试验报告扣1分； 未记录被试设备铭牌，现场温、湿度等条件的，每处扣1分，扣完为止		
1.3	仪器、仪表选择	选择合适的互感器变比测试仪	5	选用仪器不合适扣3分； 未检查试验仪器合格证或校验证书扣2分		
1.4	安全措施	（1）办理工作票、交代安全注意事项，分工明确，并做好记录。 （2）设置高压试验安全围栏。 （3）正确使用安全工器具。 （4）试验仪器正确接地	10	安全措施交代不清楚或未确认签字扣2分； 试验前未将试验区域用安全围栏隔离扣3分； 未检查安全工器具扣3分； 试验仪器未正确接地扣2分		
2	试验开展					
2.1	试验接线	（1）仪器现场布置合理。 （2）电源开关接通前，试验仪器接线应准确无误	10	试验接线接错一次扣2～5分； 试验前未检查试验接线扣3分； 接线不规范扣1～3分； 上述扣分，扣完为止		
2.2	试验流程	（1）试验前仪器、仪表自检，正确选择接线方式，试验过程中高声呼唱。 （2）应测量电压互感器高压绕组对低压绕组的变比，并进行比对分析。 （3）试验前后及变更接线应对设备充分放电	30	未进行仪器、仪表自检扣3分； 试验过程中未高声呼唱每次扣2分； 试验过程中失误一次扣5分； 试验过程中监护不到位扣5～10分； 试验前后及变更接线未对被试设备放电扣10分； 上述扣分，扣完为止		
3	结果分析					
3.1	试验报告	结合测试数据做出分析判断，出具试验报告	25	试验数据分析不准确扣5分； 试验结论不正确扣5分； 试验报告填写不规范扣1～5分； 未给出试验结论扣5分		
4	试验结束					
4.1	现场恢复	清理现场，人员撤离	6	被试设备有遗留物品扣2分； 仪器、工器具等未定置恢复扣2分； 未检查或清理现场扣2分		
4.2	办理收工手续	向考评员汇报试验结果，并办理工作终结手续	4	未汇报试验结果扣2分； 未办理工作票终结手续扣2分		
合计			100			

Jc0302242036　220kV GIS 设备断路器机械特性试验。（100 分）

考核知识点：断路器试验

难易度：中

技能等级评价专业技能考核操作工作任务书

一、任务名称

220kV GIS 设备断路器机械特性试验。

二、适用工种

电气试验工高级技师。

三、具体任务

（1）工作状态为模拟 220kV GIS 设备断路器设备停电，工作内容为 220kV GIS 设备断路器机械特性试验。

（2）工作任务：

1）220kV GIS 设备断路器机械特性试验。

2）根据试验记录出具试验报告，并对数据进行分析。

四、工作规范及要求

（1）工器具使用及安全措施。

（2）按要求进行 220kV GIS 设备断路器机械特性试验。

（3）出具试验报告和试验结果分析。

五、考核及时间要求

（1）本考核操作时间为 60 分钟，包括试验接线和报告整理，时间到停止考评。

（2）试验过程中如试验仪器、试验电源出现故障，可向考评员申请故障排除，故障排除时间不计入考核。

（3）按照技能操作要求进行操作，试验报告包括试验项目、仪器型号、试验结果等。

（4）试验过程中如遇突发状况，如不涉及人身、设备安全，则由试验人员自行排查、处理；如危及人身、设备安全，则应立即停止操作，人员及时撤离作业现场。

技能等级评价专业技能考核操作评分标准

工种	电气试验工				评价等级	高级技师
项目模块	GIS 断路器试验—机械特性试验				编号	Jc0302242036
单位			准考证号		姓名	
考试时限	60 分钟		题型	单项操作	题分	100 分
成绩		考评员		考评组长	日期	
试题正文	220kV GIS 设备断路器机械特性试验					
需要说明的问题和要求	（1）试验过程单人操作，数据分析在试验过程中完成。 （2）操作过程应注意安全，按照标准化作业流程做好安全措施。 （3）现场完成试验结果分析，出具试验报告。 （4）检测仪器可选考场提供或自带					

序号	项目名称	质量要求	满分	扣分标准	扣分原因	得分
1	试验前准备					
1.1	工器具使用	熟练正确使用各种工器具	5	未正确使用一次扣 1 分，扣完为止		
1.2	试验记录	收集被试设备基础信息和历史试验数据	5	未收集被试设备历次试验报告扣 1 分； 未记录被试设备铭牌，现场温、湿度等条件的，每处扣 1 分，扣完为止		
1.3	仪器、仪表选择	选择合适的断路器机械特性测试仪	5	选用仪器不合适扣 3 分； 未检查试验仪器合格证或校验证书扣 2 分		
1.4	安全措施	（1）办理工作票、交代安全注意事项，分工明确，并做好记录。 （2）设置电气试验安全围栏。 （3）正确使用安全工器具。 （4）试验仪器正确接地	10	安全措施交代不清楚或未确认签字扣 2 分； 试验前未将试验区域用安全围栏隔离扣 3 分； 未检查安全工器具扣 3 分； 试验仪器未正确接地扣 2 分		
2	试验开展					

续表

序号	项目名称	质量要求	满分	扣分标准	扣分原因	得分
2.1	试验接线	（1）仪器现场布置合理。 （2）电源开关接通前，试验仪器接线应准确无误	10	试验接线接错一次扣 2～5 分； 试验前未检查试验接线扣 3 分； 接线不规范扣 1～3 分； 上述扣分，扣完为止		
2.2	试验流程	（1）试验前仪器、仪表自检，正确选择试验电流，试验过程中高声呼唱。 （2）合上被测断路器相关合闸及控制电源。 （3）分别按要求测试断路器的分、合闸时间，同期性，并与规程值及历史测试值进行比对分析。 （4）试验前后及变更接线应对设备充分放电	30	未进行仪器、仪表自检扣 3 分； 试验过程中未高声呼唱每次扣 2 分； 试验过程中失误一次扣 5 分； 试验过程中监护不到位扣 5～10 分； 试验前后及变更接线未对被试设备放电扣 10 分； 上述扣分，扣完为止		
3	结果分析					
3.1	试验报告	结合测试数据做出分析判断，出具试验报告	25	试验数据分析不准确扣 5 分； 试验结论不正确扣 5 分； 试验报告填写不规范扣 1～5 分； 未给出试验结论扣 5 分		
4	试验结束					
4.1	现场恢复	清理现场，人员撤离	6	被试设备有遗留物品扣 2 分； 仪器、工器具等未定置恢复扣 2 分； 未检查或清理现场扣 2 分		
4.2	办理收工手续	向考评员汇报试验结果，并办理工作终结手续	4	未汇报试验结果扣 2 分； 未办理工作票终结手续扣 2 分		
合计			100			

Jc0302241037　110kV 变压器有载分接开关试验。（100 分）

考核知识点：变压器试验

难易度：中

技能等级评价专业技能考核操作工作任务书

一、任务名称

110kV 变压器有载分接开关试验。

二、适用工种

电气试验工高级技师。

三、具体任务

（1）工作状态为模拟 110kV 变压器设备停电，工作内容为 110kV 变压器有载分接开关试验。

（2）工作任务：

1）110kV 变压器有载分接开关试验。

2）出具试验报告和试验结果分析。

四、工作规范及要求

（1）工作过程严格执行安规相关要求。

（2）试验仪器仪表配件齐全、接线应正确、规范。

（3）进行试验分析并填写试验报告。

五、考核及时间要求

（1）本考核操作时间为60分钟，包括试验接线和报告整理，时间到停止考评。

（2）试验过程中如试验仪器、试验电源出现故障，可向考评员申请故障排除，故障排除时间不计入考核。

（3）按照技能操作要求进行操作，试验报告包括试验项目、仪器型号、试验结果等。

（4）试验过程中如遇突发状况，如不涉及人身、设备安全，则由试验人员自行排查、处理；如危及人身、设备安全，则应立即停止操作，人员及时撤离作业现场。

技能等级评价专业技能考核操作评分标准

<table>
<tr><td>工种</td><td colspan="4">电气试验工</td><td>评价等级</td><td>高级技师</td></tr>
<tr><td>项目模块</td><td colspan="4">变压器试验—有载分接开关试验</td><td>编号</td><td>Jc0302241037</td></tr>
<tr><td>单位</td><td colspan="2"></td><td>准考证号</td><td></td><td>姓名</td><td></td></tr>
<tr><td>考试时限</td><td colspan="2">60分钟</td><td>题型</td><td>单项操作</td><td>题分</td><td>100分</td></tr>
<tr><td>成绩</td><td></td><td>考评员</td><td></td><td>考评组长</td><td>日期</td><td></td></tr>
<tr><td>试题正文</td><td colspan="6">110kV变压器有载分接开关试验</td></tr>
<tr><td>需要说明的问题和要求</td><td colspan="6">（1）试验过程单人操作，数据分析在试验过程中完成。
（2）操作过程应注意安全，按照标准化作业流程做好安全措施。
（3）现场完成试验结果分析，出具试验报告。
（4）检测仪器可选考场提供或自带</td></tr>
</table>

序号	项目名称	质量要求	满分	扣分标准	扣分原因	得分
1	试验前准备					
1.1	工器具使用	熟练正确使用各种工器具	5	未正确使用一次扣1分，扣完为止		
1.2	试验记录	收集被试设备基础信息和历史试验数据	5	未收集被试设备历次试验报告扣1分； 未记录被试设备铭牌，现场温、湿度等条件的，每处扣1分，扣完为止		
1.3	仪器、仪表选择	选择合适的变压器有载分接开关测试仪	5	选用仪器不合适扣3分； 未检查试验仪器合格证或校验证书扣2分		
1.4	安全措施	（1）办理工作票、交代安全注意事项，分工明确，并做好记录。 （2）设置电气试验安全围栏。 （3）正确使用安全工器具。 （4）试验仪器正确接地	10	安全措施交代不清楚或未确认签字扣2分； 试验前未将试验区域用安全围栏隔离扣3分； 未检查安全工器具扣3分； 试验仪器未正确接地扣2分		
2	试验开展					
2.1	试验接线	（1）仪器现场布置合理。 （2）电源开关接通前，试验仪器接线应准确无误	10	试验接线接错一次扣2～5分； 试验前未检查试验接线扣3分； 接线不规范扣1～3分； 上述扣分，扣完为止		
2.2	试验流程	（1）试验前仪器自检，正确选择试验电流，试验过程中高声呼唱。 （2）应准确记录测试波形及过渡电阻值。 （3）试验后应正确恢复设备接线	30	未进行仪器、仪表自检扣3分； 试验过程中未高声呼唱每次扣2分； 试验过程中失误一次扣5分； 试验过程中监护不到位扣5～10分； 试验前后及变更接线未对被试设备放电扣10分； 上述扣分，扣完为止		
3	结果分析					
3.1	试验报告	结合测试数据做出分析判断，出具试验报告	25	试验数据分析不准确扣5分； 试验结论不正确扣5分； 试验报告填写不规范扣1～5分； 未给出试验结论扣5分		
4	试验结束					

续表

序号	项目名称	质量要求	满分	扣分标准	扣分原因	得分
4.1	现场恢复	清理现场，人员撤离	6	被试设备有遗留物品扣 2 分； 仪器、工器具等未定置恢复扣 2 分； 未检查或清理现场扣 2 分		
4.2	办理收工手续	向考评员汇报试验结果，并办理工作终结手续	4	未汇报试验结果扣 2 分； 未办理工作票终结手续扣 2 分		
合计			100			

Jc0302241038　220kV 变压器有载分接开关试验。（100 分）

考核知识点：变压器试验

难易度：中

技能等级评价专业技能考核操作工作任务书

一、任务名称

220kV 变压器有载分接开关试验。

二、适用工种

电气试验工高级技师。

三、具体任务

（1）工作状态为模拟 220kV 变压器设备停电，工作内容为 220kV 变压器有载分接开关试验。

（2）工作任务：

1）220kV 变压器有载分接开关试验。

2）出具试验报告和试验结果分析。

四、工作规范及要求

（1）工作过程严格执行安规相关要求。

（2）试验仪器仪表配件齐全、接线应正确、规范。

（3）进行试验分析并填写试验报告。

五、考核及时间要求

（1）本考核操作时间为 60 分钟，包括试验接线和报告整理，时间到停止考评。

（2）试验过程中如试验仪器、试验电源出现故障，可向考评员申请故障排除，故障排除时间不计入考核。

（3）按照技能操作要求进行操作，试验报告包括试验项目、仪器型号、试验结果等。

（4）试验过程中如遇突发状况，如不涉及人身、设备安全，则由试验人员自行排查、处理；如危及人身、设备安全，则应立即停止操作，人员及时撤离作业现场。

技能等级评价专业技能考核操作评分标准

<table>
<tr><td>工种</td><td colspan="5">电气试验工</td><td>评价等级</td><td>高级技师</td></tr>
<tr><td>项目模块</td><td colspan="5">变压器试验—有载分接开关试验</td><td>编号</td><td>Jc0302241038</td></tr>
<tr><td>单位</td><td colspan="2"></td><td>准考证号</td><td colspan="2"></td><td>姓名</td><td></td></tr>
<tr><td>考试时限</td><td colspan="2">60 分钟</td><td>题型</td><td colspan="2">单项操作</td><td>题分</td><td>100 分</td></tr>
<tr><td>成绩</td><td></td><td>考评员</td><td></td><td>考评组长</td><td></td><td>日期</td><td></td></tr>
<tr><td>试题正文</td><td colspan="7">220kV 变压器有载分接开关试验</td></tr>
</table>

续表

需要说明的问题和要求	（1）试验过程单人操作，数据分析在试验过程中完成。 （2）操作过程应注意安全，按照标准化作业流程做好安全措施。 （3）现场完成试验结果分析，出具试验报告。 （4）检测仪器可选考场提供或自带					
序号	项目名称	质量要求	满分	扣分标准	扣分原因	得分
1	试验前准备					
1.1	工器具使用	熟练正确使用各种工器具	5	未正确使用一次扣1分，扣完为止		
1.2	试验记录	收集被试设备基础信息和历史试验数据	5	未收集被试设备历次试验报告扣1分； 未记录被试设备铭牌，现场温、湿度等条件的，每处扣1分，扣完为止		
1.3	仪器、仪表选择	选择合适的变压器有载分接开关测试仪	5	选用仪器不合适扣3分； 未检查试验仪器合格证或校验证书扣2分		
1.4	安全措施	（1）办理工作票、交代安全注意事项，分工明确，并做好记录。 （2）设置电气试验安全围栏。 （3）正确使用安全工器具。 （4）试验仪器正确接地	10	安全措施交代不清楚或未确认签字扣2分； 试验前未将试验区域用安全围栏隔离扣3分； 未检查安全工器具扣3分； 试验仪器未正确接地扣2分		
2	试验开展					
2.1	试验接线	（1）仪器现场布置合理。 （2）电源开关接通前，试验仪器接线应准确无误	10	试验接线接错一次扣2～5分； 试验前未检查试验接线扣3分； 接线不规范扣1～3分； 上述扣分，扣完为止		
2.2	试验流程	（1）试验前仪器自检，正确选择试验电流，试验过程中高声呼唱。 （2）应准确记录测试波形及过渡电阻值。 （3）试验后应正确恢复设备接线	30	未进行仪器、仪表自检扣3分； 试验过程中未高声呼唱每次扣2分； 试验过程中失误一次扣5分； 试验过程中监护不到位扣5～10分； 试验前后及变更接线未对被试设备放电扣10分； 上述扣分，扣完为止		
3	结果分析					
3.1	试验报告	结合测试数据做出分析判断，出具试验报告	25	试验数据分析不准确扣5分； 试验结论不正确扣5分； 试验报告填写不规范扣1～5分； 未给出试验结论扣5分		
4	试验结束					
4.1	现场恢复	清理现场，人员撤离	6	被试设备有遗留物品扣2分； 仪器、工器具等未定置恢复扣2分； 未检查或清理现场扣2分		
4.2	办理收工手续	向考评员汇报试验结果，并办理工作终结手续	4	未汇报试验结果扣2分； 未办理工作票终结手续扣2分		
合计			100			

Jc0302243039　220kV 变压器短路试验。（100 分）

考核知识点：变压器试验

难易度：难

技能等级评价专业技能考核操作工作任务书

一、任务名称

220kV 变压器短路试验。

二、适用工种

电气试验工高级技师。

三、具体任务

（1）工作状态为模拟220kV变压器停电，工作内容为220kV变压器短路试验。

（2）工作任务：

1）220kV变压器短路试验。

2）根据试验记录出具试验报告，并对数据进行分析。

四、工作规范及要求

（1）工器具使用及安全措施。

（2）按要求进行变压器短路试验。

（3）出具试验报告和试验结果分析。

五、考核及时间要求

（1）本考核操作时间为60分钟，包括试验接线和报告整理，时间到停止考评。

（2）试验过程中如试验仪器、试验电源出现故障，可向考评员申请故障排除，故障排除时间不计入考核。

（3）按照技能操作要求进行操作，试验报告包括试验项目、仪器型号、试验结果等。

（4）试验过程中如遇突发状况，如不涉及人身、设备安全，则由试验人员自行排查、处理；如危及人身、设备安全，则应立即停止操作，人员及时撤离作业现场。

技能等级评价专业技能考核操作评分标准

工种	电气试验工					评价等级	高级技师
项目模块	变压器试验—短路试验					编号	Jc0302243039
单位			准考证号			姓名	
考试时限	60分钟		题型	单项操作		题分	100分
成绩		考评员		考评组长		日期	
试题正文	220kV变压器短路试验						
需要说明的问题和要求	（1）试验过程单人操作，数据分析在试验过程中完成。 （2）操作过程应注意安全，按照标准化作业流程做好安全措施。 （3）现场完成试验结果分析，出具试验报告。 （4）检测仪器可选考场提供或自带						

序号	项目名称	质量要求	满分	扣分标准	扣分原因	得分
1	试验前准备					
1.1	工器具使用	熟练正确使用各种工器具	5	未正确使用一次扣1分，扣完为止		
1.2	试验记录	收集被试设备基础信息和历史试验数据	5	未收集被试设备历次试验报告扣1分； 未记录被试设备铭牌，现场温、湿度等条件的，每处扣1分，扣完为止		
1.3	仪器、仪表选择	选择合适的变压器短路试验测试仪	5	选用仪器及测试线不合适扣2～5分； 未检查试验仪器合格证或校验证书扣2分		
1.4	安全措施	（1）办理工作票、交代安全注意事项，分工明确，并做好记录。 （2）设置高压试验安全围栏。 （3）正确使用安全工器具。 （4）试验仪器正确接地	10	安全措施交代不清楚或未确认签字扣2分； 试验前未将试验区域用安全围栏隔离扣3分； 未检查安全工器具扣3分； 试验仪器未正确接地扣2分		

续表

序号	项目名称	质量要求	满分	扣分标准	扣分原因	得分
2	试验开展					
2.1	试验接线	（1）仪器现场布置合理。 （2）电源开关接通前，试验仪器接线应准确无误	10	试验接线接错一次扣2～5分； 试验前未检查试验接线扣3分； 接线不规范扣1～3分； 上述扣分，扣完为止		
2.2	试验流程	（1）试验前仪器、仪表自检，正确连接试验接线，试验过程中高声呼唱。 （2）应分别测量三相三绕组变压器高—中、高—低、中—低（三相两绕组变压器高—低）短路试验数据。 （3）对比分析各相绕组测试值，并与历史测试值进行比对分析。 （4）试验前后及变更接线应对设备充分放电	30	未进行仪器、仪表自检扣3分； 试验过程中未高声呼唱每次扣2分； 试验过程中失误一次扣5分； 试验过程中监护不到位扣5～10分； 试验前后及变更接线未对被试设备放电扣10分； 上述扣分，扣完为止		
3	结果分析					
3.1	试验报告	结合测试数据做出分析判断，出具试验报告	25	试验数据分析不准确扣5分； 试验结论不正确扣5分； 试验报告填写不规范扣1～5分； 未给出试验结论扣5分		
4	试验结束					
4.1	现场恢复	清理现场，人员撤离	6	被试设备有遗留物品扣2分； 仪器、工器具等未定置恢复扣2分； 未检查或清理现场扣2分		
4.2	办理收工手续	向考评员汇报试验结果，并办理工作终结手续	4	未汇报试验结果扣2分； 未办理工作票终结手续扣2分		
合计			100			

Jc0302242040　220kV变压器频响法绕组变形试验。（100分）

考核知识点：变压器试验

难易度：难

技能等级评价专业技能考核操作工作任务书

一、任务名称

220kV变压器频响法绕组变形试验。

二、适用工种

电气试验工高级技师。

三、具体任务

（1）工作状态为模拟220kV变压器停电，工作内容为220kV变压器频响法绕组变形试验。

（2）工作任务：

1）220kV变压器频响法绕组变形测试。

2）根据试验记录出具试验报告，并对数据进行分析。

四、工作规范及要求

（1）工器具使用及安全措施。

（2）按要求进行绕组变形试验。

（3）出具试验报告和试验结果分析。

五、考核及时间要求

（1）本考核操作时间为60分钟，包括试验接线和报告整理，时间到停止考评。

（2）试验过程中如试验仪器、试验电源出现故障，可向考评员申请故障排除，故障排除时间不计入考核。

（3）按照技能操作要求进行操作，试验报告包括试验项目、仪器型号、试验结果等。

（4）试验过程中如遇突发状况，如不涉及人身、设备安全，则由试验人员自行排查、处理；如危及人身、设备安全，则应立即停止操作，人员及时撤离作业现场。

技能等级评价专业技能考核操作评分标准

工种	电气试验工				评价等级	高级技师
项目模块	变压器试验—频响法绕组变形试验				编号	Jc0302242040
单位		准考证号			姓名	
考试时限	60分钟	题型	单项操作		题分	100分
成绩	考评员		考评组长		日期	
试题正文	220kV变压器频响法绕组变形试验					
需要说明的问题和要求	（1）试验过程单人操作，数据分析在试验过程中完成。 （2）操作过程应注意安全，按照标准化作业流程做好安全措施。 （3）现场完成试验结果分析，出具试验报告。 （4）检测仪器可选考场提供或自带					

序号	项目名称	质量要求	满分	扣分标准	扣分原因	得分
1	试验前准备					
1.1	工器具使用	熟练正确使用各种工器具	5	未正确使用一次扣1分，扣完为止		
1.2	试验记录	收集被试设备基础信息和历史试验数据	5	未收集被试设备历次试验报告扣1分； 未记录被试设备铭牌，现场温、湿度等条件的，每处扣1分，扣完为止		
1.3	仪器、仪表选择	根据现场需要选择合适的绕组变形测试仪	5	选用仪器不合适扣3分； 未检查试验仪器合格证或校验证书扣2分		
1.4	安全措施	（1）办理工作票、交代安全注意事项，分工明确，并做好记录。 （2）设置高压试验安全围栏。 （3）正确使用安全工器具。 （4）试验仪器正确接地	10	安全措施交代不清楚或未确认签字扣2分； 试验前未将试验区域用安全围栏隔离扣3分； 未检查安全工器具扣3分； 试验仪器未正确接地扣2分		
2	试验开展					
2.1	试验接线	（1）仪器现场布置合理。 （2）电源开关接通前，试验仪器接线应准确无误	10	试验接线接错一次扣2～5分； 试验前未检查试验接线扣3分； 接线不规范扣1～3分； 上述扣分，扣完为止		
2.2	试验流程	（1）试验前仪器、仪表自检，正确选择试验电压，试验过程中高声呼唱。 （2）应分别测量变压器各侧绕组A、B、C三相的绕组变形频响曲线。 （3）对比分析各侧绕组三相频响曲线、相关系数，并与历史频响曲线进行比对分析。 （4）试验前后及变更接线应对设备充分放电	30	未进行仪器、仪表自检扣3分； 试验过程中未高声呼唱每次扣2分； 试验过程中失误一次扣5分； 试验过程中监护不到位扣5～10分； 试验前后及变更接线未对被试设备放电扣10分； 上述扣分，扣完为止		

续表

序号	项目名称	质量要求	满分	扣分标准	扣分原因	得分
3	结果分析					
3.1	试验报告	结合测试数据做出分析判断，出具试验报告	25	试验数据分析不准确扣 5 分； 试验结论不正确扣 5 分； 试验报告填写不规范扣 1～5 分； 未给出试验结论扣 5 分		
4	试验结束					
4.1	现场恢复	清理现场，人员撤离	6	被试设备有遗留物品扣 2 分； 仪器、工器具等未定置恢复扣 2 分； 未检查或清理现场扣 2 分		
4.2	办理收工手续	向考评员汇报试验结果，并办理工作终结手续	4	未汇报试验结果扣 2 分； 未办理工作票终结手续扣 2 分		
合计			100			

Jc0302242041　220kV 电流互感器励磁特性试验。（100 分）

考核知识点：电流互感器试验

难易度：难

技能等级评价专业技能考核操作工作任务书

一、任务名称

220kV 电流互感器励磁特性试验。

二、适用工种

电气试验工高级技师。

三、具体任务

（1）工作状态为模拟 220kV 电流互感器设备停电，工作内容为 220kV 电流互感器励磁特性试验。

（2）工作任务：

1）220kV 电流互感器励磁特性试验。

2）根据试验记录出具试验报告，并对数据进行分析。

四、工作规范及要求

（1）工器具使用及安全措施。

（2）按要求进行 220kV 电流互感器励磁特性试验。

（3）出具试验报告和试验结果分析。

五、考核及时间要求

（1）本考核操作时间为 60 分钟，包括试验接线和报告整理，时间到停止考评。

（2）试验过程中如试验仪器、试验电源出现故障，可向考评员申请故障排除，故障排除时间不计入考核。

（3）按照技能操作要求进行操作，试验报告包括试验项目、仪器型号、试验结果等。

（4）试验过程中如遇突发状况，如不涉及人身、设备安全，则由试验人员自行排查、处理；如危及人身、设备安全，则应立即停止操作，人员及时撤离作业现场。

技能等级评价专业技能考核操作评分标准

工种	电气试验工					评价等级	高级技师
项目模块	电流互感器试验—励磁特性试验					编号	Jc0302242041
单位			准考证号			姓名	
考试时限	60 分钟		题型	单项操作		题分	100 分
成绩		考评员		考评组长		日期	
试题正文	220kV 电流互感器励磁特性试验						
需要说明的问题和要求	（1）试验过程单人操作，数据分析在试验过程中完成。 （2）操作过程应注意安全，按照标准化作业流程做好安全措施。 （3）现场完成试验结果分析，出具试验报告。 （4）检测仪器可选考场提供或自带						

序号	项目名称	质量要求	满分	扣分标准	扣分原因	得分
1	试验前准备					
1.1	工器具使用	熟练正确使用各种工器具	5	未正确使用一次扣 1 分，扣完为止		
1.2	试验记录	收集被试设备基础信息和历史试验数据	5	未收集被试设备历次试验报告扣 1 分； 未记录被试设备铭牌，现场温、湿度等条件的，每处扣 1 分，扣完为止		
1.3	仪器、仪表选择	选择合适的互感器特性测试仪	5	选用仪器不合适扣 3 分； 未检查试验仪器合格证或校验证书扣 2 分		
1.4	安全措施	（1）办理工作票、交代安全注意事项，分工明确，并做好记录。 （2）设置电气试验安全围栏。 （3）正确使用安全工器具。 （4）试验仪器正确接地	10	安全措施交代不清楚或未确认签字扣 2 分； 试验前未将试验区域用安全围栏隔离扣 3 分； 未检查安全工器具扣 3 分； 试验仪器未正确接地扣 2 分		
2	试验开展					
2.1	试验接线	（1）仪器现场布置合理。 （2）电源开关接通前，试验仪器接线应准确无误	10	试验接线接错一次扣 2～5 分； 试验前未检查试验接线扣 3 分； 接线不规范扣 1～3 分； 上述扣分，扣完为止		
2.2	试验流程	（1）试验前仪器、仪表自检，正确选择二次试验电流测试点，试验过程中高声呼唱。 （2）电流互感器一次绕组处于开路状态，铁芯及外壳可靠接地，拆除二次引线，从保护绕组施加试验电压，非试验绕组应为开路状态（当有多个保护绕组时，应分别进行测试）。 （3）参考出厂试验数据或选取几个电流点，以电流的倍数为准，读取相应的各点电压值，绘制励磁特性曲线。 （4）试验前后及变更接线应对设备充分放电	30	未进行仪器、仪表自检扣 3 分； 试验过程中未高声呼唱每次扣 2 分； 试验过程中失误一次扣 5 分； 试验过程中监护不到位扣 5～10 分； 试验前后及变更接线未对被试设备放电扣 10 分； 上述扣分，扣完为止		
3	结果分析					
3.1	试验报告	结合测试数据做出分析判断，出具试验报告	25	试验数据分析不准确扣 5 分； 试验结论不正确扣 5 分； 试验报告填写不规范扣 1～5 分； 未给出试验结论扣 5 分		
4	试验结束					

续表

序号	项目名称	质量要求	满分	扣分标准	扣分原因	得分
4.1	现场恢复	清理现场，人员撤离	6	被试设备有遗留物品扣 2 分； 仪器、工器具等未定置恢复扣 2 分； 未检查或清理现场扣 2 分		
4.2	办理收工手续	向考评员汇报试验结果，并办理工作终结手续	4	未汇报试验结果扣 2 分； 未办理工作票终结手续扣 2 分		
合计			100			

Jc0302242042　220kV 电压互感器励磁特性试验。(100 分)

考核知识点：电压互感器试验

难易度：难

技能等级评价专业技能考核操作工作任务书

一、任务名称

220kV 电压互感器励磁特性试验。

二、适用工种

电气试验工高级技师。

三、具体任务

（1）工作状态为模拟 220kV 电压互感器设备停电，工作内容为 220kV 电压互感器励磁特性试验。

（2）工作任务：

1）220kV 电压互感器励磁特性试验。

2）根据试验记录出具试验报告，并对数据进行分析。

四、工作规范及要求

（1）工器具使用及安全措施。

（2）按要求进行 220kV 电压互感器励磁特性试验。

（3）出具试验报告和试验结果分析。

五、考核及时间要求

（1）本考核操作时间为 60 分钟，包括试验接线和报告整理，时间到停止考评。

（2）试验过程中如试验仪器、试验电源出现故障，可向考评员申请故障排除，故障排除时间不计入考核。

（3）按照技能操作要求进行操作，试验报告包括试验项目、仪器型号、试验结果等。

（4）试验过程中如遇突发状况，如不涉及人身、设备安全，则由试验人员自行排查、处理；如危及人身、设备安全，则应立即停止操作，人员及时撤离作业现场。

技能等级评价专业技能考核操作评分标准

工种	电气试验工					评价等级	高级技师
项目模块	电压互感器试验—励磁特性试验					编号	Jc0302242042
单位			准考证号			姓名	
考试时限	60 分钟		题型	单项操作		题分	100 分
成绩		考评员		考评组长		日期	

续表

试题正文	220kV 电压互感器励磁特性试验
需要说明的问题和要求	（1）试验过程单人操作，数据分析在试验过程中完成。 （2）操作过程应注意安全，按照标准化作业流程做好安全措施。 （3）现场完成试验结果分析，出具试验报告。 （4）检测仪器可选考场提供或自带

序号	项目名称	质量要求	满分	扣分标准	扣分原因	得分
1	试验前准备					
1.1	工器具使用	熟练正确使用各种工器具	5	未正确使用一次扣 1 分，扣完为止		
1.2	试验记录	收集被试设备基础信息和历史试验数据	5	未收集被试设备历次试验报告扣 1 分； 未记录被试设备铭牌，现场温、湿度等条件的，每处扣 1 分，扣完为止		
1.3	仪器、仪表选择	选择合适的互感器特性测试仪	5	选用仪器不合适扣 3 分； 未检查试验仪器合格证或校验证书扣 2 分		
1.4	安全措施	（1）办理工作票、交代安全注意事项，分工明确，并做好记录。 （2）设置电气试验安全围栏。 （3）正确使用安全工器具。 （4）试验仪器正确接地	10	安全措施交代不清楚或未确认签字扣 2 分； 试验前未将试验区域用安全围栏隔离扣 3 分； 未检查安全工器具扣 3 分； 试验仪器未正确接地扣 2 分		
2	试验开展					
2.1	试验接线	（1）仪器现场布置合理。 （2）电源开关接通前，试验仪器接线应准确无误	10	试验接线接错一次扣 2～5 分； 试验前未检查试验接线扣 3 分； 接线不规范扣 1～3 分； 上述扣分，扣完为止		
2.2	试验流程	（1）试验前仪器、仪表自检，正确选择二次试验电压测试点，试验过程中高声呼唱。 （2）拆除电压互感器一次、二次所有接线，加压的二次绕组开路，一次绕组尾端、非加压绕组尾端、铁芯及外壳可靠接地。 （3）参考出厂试验数据及相关标准选取电压点，读取相应的各点电流值，绘制励磁特性曲线。 （4）试验前后及变更接线应对设备充分放电	30	未进行仪器、仪表自检扣 3 分； 试验过程中未高声呼唱每次扣 2 分； 试验过程中失误一次扣 5 分； 试验过程中监护不到位扣 5～10 分； 试验前后及变更接线未对被试设备放电扣 10 分； 上述扣分，扣完为止		
3	结果分析					
3.1	试验报告	结合测试数据做出分析判断，出具试验报告	25	试验数据分析不准确扣 5 分； 试验结论不正确扣 5 分； 试验报告填写不规范扣 1～5 分； 未给出试验结论扣 5 分		
4	试验结束					
4.1	现场恢复	清理现场，人员撤离	6	被试设备有遗留物品扣 2 分； 仪器、工器具等未定置恢复扣 2 分； 未检查或清理现场扣 2 分		
4.2	办理收工手续	向考评员汇报试验结果，并办理工作终结手续	4	未汇报试验结果扣 2 分； 未办理工作票终结手续扣 2 分		
合计			100			

Jc0302242043　110kV 电流互感器励磁特性测试。（100 分）

考核知识点：电流互感器试验

难易度：中

技能等级评价专业技能考核操作工作任务书

一、任务名称

110kV 电流互感器励磁特性测试。

二、适用工种

电气试验工高级技师。

三、具体任务

（1）工作状态为模拟 110kV 电流互感器停电，工作内容为电流互感器交接试验。

（2）工作任务：

1）110kV 电流互感器励磁特性测试。

2）根据试验记录出具试验报告，并对数据进行分析。

四、工作规范及要求

（1）工器具使用及安全措施。

（2）按要求进行高压试验。

（3）出具试验报告和试验结果分析。

五、考核及时间要求

（1）本考核操作时间为 60 分钟，包括试验接线和报告整理，时间到停止考评。

（2）试验过程中如试验仪器、试验电源出现故障，可向考评员申请故障排除，故障排除时间不计入考核。

（3）按照技能操作要求进行操作，试验报告包括试验项目、仪器型号、试验结果等。

（4）试验过程中如遇突发状况，如不涉及人身、设备安全，则由试验人员自行排查、处理；如危及人身、设备安全，则应立即停止操作，人员及时撤离作业现场。

技能等级评价专业技能考核操作评分标准

<table>
<tr><td>工种</td><td colspan="5">电气试验工</td><td>评价等级</td><td colspan="2">高级技师</td></tr>
<tr><td>项目模块</td><td colspan="5">电流互感器试验—励磁特性测试</td><td>编号</td><td colspan="2">Jc0302242043</td></tr>
<tr><td>单位</td><td colspan="2"></td><td>准考证号</td><td colspan="2"></td><td>姓名</td><td colspan="2"></td></tr>
<tr><td>考试时限</td><td colspan="2">60 分钟</td><td>题型</td><td colspan="2">单项操作</td><td>题分</td><td colspan="2">100 分</td></tr>
<tr><td>成绩</td><td></td><td>考评员</td><td></td><td>考评组长</td><td></td><td>日期</td><td colspan="2"></td></tr>
<tr><td>试题正文</td><td colspan="8">110kV 电流互感器励磁特性测试</td></tr>
<tr><td>需要说明的问题和要求</td><td colspan="8">（1）试验过程单人操作，数据分析在试验过程中完成。
（2）操作过程应注意安全，按照标准化作业流程做好安全措施。
（3）现场完成试验结果分析，出具试验报告。
（4）检测仪器可选考场提供或自带</td></tr>
</table>

序号	项目名称	质量要求	满分	扣分标准	扣分原因	得分
1	试验前准备					
1.1	工器具使用	熟练正确使用各种工器具	5	未正确使用一次扣 1 分，扣完为止		
1.2	试验记录	收集被试设备基础信息和历史试验数据	5	未收集被试设备历次试验报告扣 1 分； 未记录被试设备铭牌，现场温、湿度等条件的，每处扣 1 分，扣完为止		
1.3	仪器、仪表选择	选择合适的试验仪器、仪表	5	选用仪器不合适扣 3 分； 未检查试验仪器合格证或校验证书扣 2 分		

续表

序号	项目名称	质量要求	满分	扣分标准	扣分原因	得分
1.4	安全措施	（1）办理工作票、交代安全注意事项，分工明确，并做好记录。 （2）设置高压试验安全围栏。 （3）安全工器具使用。 （4）试验仪器正确接地	10	试验仪器未正确接地扣 2 分； 未检查安全工器具扣 3 分； 安全措施交代不清楚或未确认签字扣 2 分； 试验前未将试验区域用安全围栏隔离扣 3 分		
2	试验开展					
2.1	试验接线	（1）仪器现场布置合理。 （2）电源开关接通前，试验仪器接线应准确无误。 （3）当电流互感器为多抽头时，可在使用抽头或最大抽头测量，其余二次绕组应开路	10	试验接线接错一次扣 5 分； 试验前未检查试验接线扣 3 分； 接线不规范扣 1～3 分； 上述扣分，扣完为止		
2.2	试验流程	（1）对电流互感器进行放电，拆除电流互感器二次引线，一次绕组处于开路状态，铁芯及外壳接地。 （2）正确进行接线。选择合适的电压表、电流表档位，检查接线无误后提醒监护人注意监护。 （3）合上电源开关，准备升压。 参考出厂试验数据，并选取几个等分的电流点，将调压器缓慢升压，以二次额定电流的倍数为准，读取相应的各点电压值，观察电压与电流的变化趋势，当电流增长而电压变化不大时，可认为铁芯饱和，在拐点附近读取并记录至少 5～6 组数据。 （4）在根据出厂试验的数据进行对点比较，读取数据后，缓慢降下电压，切不可突然拉闸造成铁芯剩磁过大，影响电流互感器保护性能。 （5）电压降至零位后，再切断电源。 （6）当有多个保护绕组时，每个绕组均应进行励磁曲线试验，试验步骤同上	30	试验电压选择错误扣 5 分； 未设置围栏扣 2 分； 试验过程中未高声呼唱每次扣 2 分； 试验过程中失误一次扣 5 分； 试验过程中监护不到位扣 5～10 分； 缺少试验项目的扣 5 分		
3	结果分析					
3.1	试验报告	结合测试数据做出分析判断，出具试验报告	25	试验数据分析不准确扣 5 分； 试验结论不正确扣 5 分； 试验报告填写不规范扣 1～5 分； 未给出试验结论扣 5 分		
4	试验结束					
4.1	现场恢复	清理现场，人员撤离	6	被试设备有遗留物品扣 2 分； 仪器、工器具等未定置恢复扣 2 分； 未检查或清理现场扣 2 分		
4.2	办理收工手续	向考评员汇报试验结果，并办理工作终结手续	4	未汇报试验结果扣 2 分； 未办理工作票终结手续扣 2 分		
合计			100			

Jc0302242044　110kV 电压互感器励磁特性测试。（100 分）

考核知识点： 电压互感器试验

难易度： 中

技能等级评价专业技能考核操作工作任务书

一、任务名称

110kV 电压互感器励磁特性测试。

二、适用工种

电气试验工高级技师。

三、具体任务

（1）工作状态为模拟 110kV 电压互感器停电，工作内容为电压互感器交接试验。

（2）工作任务：

1）110kV 电压互感器励磁特性测试。

2）根据试验记录出具试验报告，并对数据进行分析。

四、工作规范及要求

（1）工器具使用及安全措施。

（2）按要求进行高压试验。

（3）出具试验报告和试验结果分析。

五、考核及时间要求

（1）本考核操作时间为 60 分钟，包括试验接线和报告整理，时间到停止考评。

（2）试验过程中如试验仪器、试验电源出现故障，可向考评员申请故障排除，故障排除时间不计入考核。

（3）按照技能操作要求进行操作，试验报告包括试验项目、仪器型号、试验结果等。

（4）试验过程中如遇突发状况，如不涉及人身、设备安全，则由试验人员自行排查、处理；如危及人身、设备安全，则应立即停止操作，人员及时撤离作业现场。

技能等级评价专业技能考核操作评分标准

工种	电气试验工					评价等级	高级技师
项目模块	电压互感器试验—励磁特性测试					编号	Jc0302242044
单位			准考证号			姓名	
考试时限	60 分钟		题型	单项操作		题分	100 分
成绩		考评员		考评组长		日期	
试题正文	110kV 电压互感器励磁特性测试						
需要说明的问题和要求	（1）试验过程单人操作，数据分析在试验过程中完成。 （2）操作过程应注意安全，按照标准化作业流程做好安全措施。 （3）现场完成试验结果分析，出具试验报告。 （4）检测仪器可选考场提供或自带						

序号	项目名称	质量要求	满分	扣分标准	扣分原因	得分
1	试验前准备					
1.1	工器具使用	熟练正确使用各种工器具	5	未正确使用一次扣 1 分，扣完为止		
1.2	试验记录	收集被试设备基础信息和历史试验数据	5	未收集被试设备历次试验报告扣 1 分； 未记录被试设备铭牌，现场温、湿度等条件的，每处扣 1 分，扣完为止		
1.3	仪器、仪表选择	选择合适的试验仪器、仪表	5	选用仪器不合适扣 3 分； 未检查试验仪器合格证或校验证书扣 2 分		

续表

序号	项目名称	质量要求	满分	扣分标准	扣分原因	得分
1.4	安全措施	（1）办理工作票、交代安全注意事项，分工明确，并做好记录。 （2）设置高压试验安全围栏。 （3）安全工器具使用。 （4）试验仪器正确接地	10	试验仪器未正确接地扣 2 分； 未检查安全工器具扣 3 分； 安全措施交代不清楚或未确认签字扣 2 分； 试验前未将试验区域用安全围栏隔离扣 3 分		
2	试验开展					
2.1	试验接线	（1）仪器现场布置合理。 （2）电源开关接通前，试验仪器接线应准确无误。 （3）在进行励磁特性试验时，电磁式电压互感器的 N 端应接地，其余二次绕组应开路，且同名端应接地	10	试验接线接错一次扣 5 分； 试验前未检查试验接线扣 3 分； 接线不规范扣 1～3 分； 上述扣分，扣完为止		
2.2	试验流程	（1）对电压互感器进行放电，并将高压侧尾端接地，拆除电压互感器一次、二次所有接线。加压的二次绕组开路，非加压绕组尾端、铁芯及外壳接地。 （2）根据电压互感器最大容量计算出其最大允许电流。 （3）正确接线，检查接线无误后提醒监护人注意监护。 （4）合上电源，调节调压器缓慢升压，按要求施加试验电压，并读取各点试验电压的电流。在此过程中应注意试验电流不超过电压互感器最大允许电流。 （5）读取电流后立即降压，电压降至零位后切断电源，将被试品放电接地	30	试验电压选择错误扣 5 分； 未设置围栏扣 5 分； 试验过程中未高声呼唱每次扣 5 分； 试验过程中失误一次扣 5 分； 试验过程中监护不到位扣 5 分； 缺少试验项目的扣 5 分		
3	结果分析					
3.1	试验报告	结合测试数据做出分析判断，出具试验报告	25	试验数据分析不准确扣 5 分； 试验结论不正确扣 5 分； 试验报告填写不规范扣 1～5 分； 未给出试验结论扣 5 分		
4	试验结束					
4.1	现场恢复	清理现场，人员撤离	6	被试设备有遗留物品扣 2 分； 仪器、工器具等未定置恢复扣 2 分； 未检查或清理现场扣 2 分		
4.2	办理收工手续	向考评员汇报试验结果，并办理工作终结手续	4	未汇报试验结果扣 2 分； 未办理工作票终结手续扣 2 分		
合计			100			

Jc0302242045　110kV 变压器低电压短路阻抗法绕组变形试验。（100 分）

考核知识点： 变压器试验

难易度： 难

技能等级评价专业技能考核操作工作任务书

一、任务名称

110kV 变压器低电压短路阻抗法绕组变形试验。

二、适用工种

电气试验上高级技师。

三、具体任务

（1）工作状态为模拟 110kV 变压器停电，工作内容为变压器交接试验。

（2）工作任务：

1）变压器低电压短路阻抗法绕组变形试验。

2）根据试验记录出具试验报告，并对数据进行分析。

四、工作规范及要求

（1）工器具使用及安全措施。

（2）按要求进行高压试验。

（3）出具试验报告和试验结果分析。

五、考核及时间要求

（1）本考核操作时间为 60 分钟，包括试验接线和报告整理，时间到停止考评。

（2）试验过程中如试验仪器、试验电源出现故障，可向考评员申请故障排除，故障排除时间不计入考核。

（3）按照技能操作要求进行操作，试验报告包括试验项目、仪器型号、试验结果等。

（4）试验过程中如遇突发状况，如不涉及人身、设备安全，则由试验人员自行排查、处理；如危及人身、设备安全，则应立即停止操作，人员及时撤离作业现场。

技能等级评价专业技能考核操作评分标准

工种	电气试验工				评价等级	高级技师
项目模块	变压器试验—低电压短路阻抗法绕组变形试验				编号	Jc0302242045
单位		准考证号			姓名	
考试时限	60 分钟	题型	单项操作		题分	100 分
成绩	考评员		考评组长		日期	
试题正文	110kV 变压器低电压短路阻抗法绕组变形试验					
需要说明的问题和要求	（1）试验过程单人操作，数据分析在试验过程中完成。 （2）操作过程应注意安全，按照标准化作业流程做好安全措施。 （3）现场完成试验结果分析，出具试验报告。 （4）检测仪器可选考场提供或自带					

序号	项目名称	质量要求	满分	扣分标准	扣分原因	得分
1	试验前准备					
1.1	工器具使用	熟练正确使用各种工器具	5	未正确使用一次扣 1 分，扣完为止		
1.2	试验记录	收集被试设备基础信息和历史试验数据	5	未收集被试设备历次试验报告扣 1 分； 未记录被试设备铭牌，现场温、湿度等条件的，每处扣 1 分，扣完为止		
1.3	仪器、仪表选择	选择合适的试验仪器、仪表	5	选用仪器不合适扣 3 分； 未检查试验仪器合格证或校验证书扣 2 分		
1.4	安全措施	（1）办理工作票、交代安全注意事项，分工明确，并做好记录。 （2）设置高压试验安全围栏。 （3）安全工器具使用。 （4）试验仪器正确接地	10	试验仪器未正确接地扣 2 分； 未检查安全工器具扣 3 分； 安全措施交代不清楚或未确认签字扣 2 分； 试验前未将试验区域用安全围栏隔离扣 3 分		
2	试验开展					

续表

序号	项目名称	质量要求	满分	扣分标准	扣分原因	得分
2.1	试验接线	（1）仪器现场布置合理。 （2）断开试品端子，对侧绕组短接。 （3）电源开关接通前，试验仪器接线应准确无误	10	试验接线接错一次扣5分； 试验前未检查试验接线扣3分； 接线不规范扣1～3分； 上述扣分，扣完为止		
2.2	试验流程	（1）对被试设备进行放电，正确记录分接开关的位置和绕组平均温度。 （2）应将被测绕组对的不加压侧所有接线端全部短接，被试品试验接线并检查确认接线正确，被加压绕组和被短接绕组均应置于最高分接位置。 （3）按选定的接线方式进行短路阻抗测量。 （4）记录试验数据，拆除试验接线并断电。 （5）试验前后及变更接线应对设备充分放电	30	试验过程中未高声呼唱每次扣5分； 试验过程中失误一次扣5分； 试验过程中监护不到位扣5分； 缺少试验项目的扣5分； 试验前后及变更接线未对被试设备放电扣5分 未将分接位置于最高位置扣5分； 上述扣分，扣完为止		
3	结果分析					
3.1	试验报告	结合测试数据做出分析判断，出具试验报告	25	试验数据分析不准确扣5分； 试验结论不正确扣5分； 试验报告填写不规范扣1～5分； 未给出试验结论扣5分		
4	试验结束					
4.1	现场恢复	清理现场，人员撤离	6	被试设备有遗留物品扣2分； 仪器、工器具等未定置恢复扣2分； 未检查或清理现场扣2分		
4.2	办理收工手续	向考评员汇报试验结果，并办理工作终结手续	4	未汇报试验结果扣2分； 未办理工作票终结手续扣2分		
合计			100			

Jc0302241046　750kV 变压器变比、极性及接线组别试验。(100分)

考核知识点：变压器试验

难易度：难

技能等级评价专业技能考核操作工作任务书

一、任务名称

750kV 变压器变比、极性及接线组别试验。

二、适用工种

电气试验工高级技师。

三、具体任务

（1）工作状态为模拟 750kV 变压器停电，工作内容为 750kV 变压器变比、极性及接线组别试验。

（2）工作任务：

1）750kV 变压器变比、极性及接线组别测试。

2）根据试验记录出具试验报告，并对数据进行分析。

四、工作规范及要求

（1）工器具使用及安全措施。

（2）按要求进行变压器变比、极性及接线组别试验。

（3）出具试验报告和试验结果分析。

五、考核及时间要求

（1）本考核操作时间为60分钟，包括试验接线和报告整理，时间到停止考评。

（2）试验过程中如试验仪器、试验电源出现故障，可向考评员申请故障排除，故障排除时间不计入考核。

（3）按照技能操作要求进行操作，试验报告包括试验项目、仪器型号、试验结果等。

（4）试验过程中如遇突发状况，如不涉及人身、设备安全，则由试验人员自行排查、处理；如危及人身、设备安全，则应立即停止操作，人员及时撤离作业现场。

技能等级评价专业技能考核操作评分标准

工种	电气试验工					评价等级	高级技师
项目模块	变压器试验—变比、极性及接线组别试验					编号	Jc0302241046
单位			准考证号			姓名	
考试时限	60分钟		题型	单项操作		题分	100分
成绩		考评员		考评组长		日期	
试题正文	750kV变压器变比、极性及接线组别试验						
需要说明的问题和要求	（1）试验过程单人操作，数据分析在试验过程中完成。 （2）操作过程应注意安全，按照标准化作业流程做好安全措施。 （3）现场完成试验结果分析，出具试验报告。 （4）检测仪器可选考场提供或自带						

序号	项目名称	质量要求	满分	扣分标准	扣分原因	得分
1	试验前准备					
1.1	工器具使用	熟练正确使用各种工器具	5	未正确使用一次扣1分，扣完为止		
1.2	试验记录	收集被试设备基础信息和历史试验数据	5	未收集被试设备历次试验报告扣1分； 未记录被试设备铭牌，现场温、湿度等条件的，每处扣1分，扣完为止		
1.3	仪器、仪表选择	选择合适的变压器变比测试仪	5	选用仪器不合适扣3分； 未检查试验仪器合格证或校验证书扣2分		
1.4	安全措施	（1）办理工作票、交代安全注意事项，分工明确，并做好记录。 （2）设置高压试验安全围栏。 （3）正确使用安全工器具。 （4）试验仪器正确接地	10	安全措施交代不清楚或未确认签字扣2分； 试验前未将试验区域用安全围栏隔离扣3分； 未检查安全工器具扣3分； 试验仪器未正确接地扣2分		
2	试验开展					
2.1	试验接线	（1）仪器现场布置合理。 （2）电源开关接通前，试验仪器接线应准确无误	10	试验接线接错一次扣2～5分； 试验前未检查试验接线扣3分； 接线不规范扣1～3分； 上述扣分，扣完为止		
2.2	试验流程	（1）试验前仪器、仪表自检，正确选择试验电压，试验过程中高声呼唱。 （2）应分别测量变压器各侧调压绕组A、B、C、O对非调压绕组的变比、极性和接线组别。 （3）试验前后及变更接线应对设备充分放电	30	未进行仪器、仪表自检扣3分； 试验过程中未高声呼唱每次扣2分； 试验过程中失误一次扣5分； 试验过程中监护不到位扣5～10分； 试验前后及变更接线未对被试设备放电扣10分； 上述扣分，扣完为止		
3	结果分析					

续表

序号	项目名称	质量要求	满分	扣分标准	扣分原因	得分
3.1	试验报告	结合测试数据做出分析判断，出具试验报告	25	试验数据分析不准确扣5分； 试验结论不正确扣5分； 试验报告填写不规范扣1～5分； 未给出试验结论扣5分		
4	试验结束					
4.1	现场恢复	清理现场，人员撤离	6	被试设备有遗留物品扣2分； 仪器、工器具等未定置恢复扣2分； 未检查或清理现场扣2分		
4.2	办理收工手续	向考评员汇报试验结果，并办理工作终结手续	4	未汇报试验结果扣2分； 未办理工作票终结手续扣2分		
合计			100			

Jc0302243047 220kV GIS设备电流互感器的变比、极性试验。(100分)

考核知识点：电流互感器试验

难易度：难

技能等级评价专业技能考核操作工作任务书

一、任务名称

220kV GIS设备电流互感器的变比、极性试验。

二、适用工种

电气试验工高级技师。

三、具体任务

（1）工作状态为模拟220kV GIS设备电流互感器停电，工作内容为220kV GIS设备电流互感器的变比、极性试验。

（2）工作任务：

1）220kV GIS设备电流互感器的变比、极性试验。

2）根据试验记录出具试验报告，并对数据进行分析。

四、工作规范及要求

（1）工器具使用及安全措施。

（2）按要求进行220kV GIS设备电流互感器的变比、极性及接线组别试验。

（3）出具试验报告和试验结果分析。

五、考核及时间要求

（1）本考核操作时间为60分钟，包括试验接线和报告整理，时间到停止考评。

（2）试验过程中如试验仪器、试验电源出现故障，可向考评员申请故障排除，故障排除时间不计入考核。

（3）按照技能操作要求进行操作，试验报告包括试验项目、仪器型号、试验结果等。

（4）试验过程中如遇突发状况，如不涉及人身、设备安全，则由试验人员自行排查、处理；如危及人身、设备安全，则应立即停止操作，人员及时撤离作业现场。

技能等级评价专业技能考核操作评分标准

工种	电气试验工				评价等级	高级技师
项目模块	GIS 电流互感器试验—变比、极性及接线组别试验				编号	Jc0302243047
单位		准考证号			姓名	
考试时限	60 分钟	题型	单项操作		题分	100 分
成绩		考评员		考评组长	日期	
试题正文	220kV GIS 设备电流互感器的变比、极性试验					
需要说明的问题和要求	（1）试验过程单人操作，数据分析在试验过程中完成。 （2）操作过程应注意安全，按照标准化作业流程做好安全措施。 （3）现场完成试验结果分析，出具试验报告。 （4）检测仪器可选考场提供或自带					

序号	项目名称	质量要求	满分	扣分标准	扣分原因	得分
1	试验前准备					
1.1	工器具使用	熟练正确使用各种工器具	5	未正确使用一次扣 1 分，扣完为止		
1.2	试验记录	收集被试设备基础信息和历史试验数据	5	未收集被试设备历次试验报告扣 1 分； 未记录被试设备铭牌，现场温、湿度等条件的，每处扣 1 分，扣完为止		
1.3	仪器、仪表选择	选择合适的互感器变比测试仪	5	选用仪器不合适扣 3 分； 未检查试验仪器合格证或校验证书扣 2 分		
1.4	安全措施	（1）办理工作票、交代安全注意事项，分工明确，并做好记录。 （2）设置高压试验安全围栏。 （3）正确使用安全工器具。 （4）试验仪器正确接地	10	安全措施交代不清楚或未确认签字扣 2 分； 试验前未将试验区域用安全围栏隔离扣 3 分； 未检查安全工器具扣 3 分； 试验仪器未正确接地扣 2 分		
2	试验开展					
2.1	试验接线	（1）仪器现场布置合理。 （2）电源开关接通前，试验仪器接线应准确无误	10	试验接线接错一次扣 2～5 分； 试验前未检查试验接线扣 3 分； 接线不规范扣 1～3 分； 上述扣分，扣完为止		
2.2	试验流程	（1）试验前仪器、仪表自检，正确选择试验电压，试验过程中高声呼唱。 （2）正确合理地选择测试点位置，确保测试准确、可靠。 （3）试验前后及变更接线应对设备充分放电	30	未进行仪器、仪表自检扣 3 分； 试验过程中未高声呼唱每次扣 2 分； 试验过程中失误一次扣 5 分； 试验过程中监护不到位扣 5～10 分； 试验前后及变更接线未对被试设备放电扣 10 分； 上述扣分，扣完为止		
3	结果分析					
3.1	试验报告	结合测试数据做出分析判断，出具试验报告	25	试验数据分析不准确扣 5 分； 试验结论不正确扣 5 分； 试验报告填写不规范扣 1～5 分； 未给出试验结论扣 5 分		
4	试验结束					
4.1	现场恢复	清理现场，人员撤离	6	被试设备有遗留物品扣 2 分； 仪器、工器具等未定置恢复扣 2 分； 未检查或清理现场扣 2 分		
4.2	办理收工手续	向考评员汇报试验结果，并办理工作终结手续	4	未汇报试验结果扣 2 分； 未办理工作票终结手续扣 2 分		
合计			100			

Jc0302243048　220kV GIS 设备电流互感器励磁特性试验。(100 分)

考核知识点：电流互感器试验

难易度：难

技能等级评价专业技能考核操作工作任务书

一、任务名称

220kV GIS 设备电流互感器励磁特性试验。

二、适用工种

电气试验工高级技师。

三、具体任务

(1) 工作状态为模拟 220kV GIS 设备电流互感器设备停电，工作内容为 220kV GIS 设备电流互感器励磁特性试验。

(2) 工作任务：

1) 220kV GIS 设备电流互感器励磁特性试验。

2) 根据试验记录出具试验报告，并对数据进行分析。

四、工作规范及要求

(1) 工器具使用及安全措施。

(2) 按要求进行 220kV GIS 设备电流互感器励磁特性试验。

(3) 出具试验报告和试验结果分析。

五、考核及时间要求

(1) 本考核操作时间为 60 分钟，包括试验接线和报告整理，时间到停止考评。

(2) 试验过程中如试验仪器、试验电源出现故障，可向考评员申请故障排除，故障排除时间不计入考核。

(3) 按照技能操作要求进行操作，试验报告包括试验项目、仪器型号、试验结果等。

(4) 试验过程中如遇突发状况，如不涉及人身、设备安全，则由试验人员自行排查、处理；如危及人身、设备安全，则应立即停止操作，人员及时撤离作业现场。

技能等级评价专业技能考核操作评分标准

工种	电气试验工					评价等级	高级技师
项目模块	GIS 电流互感器试验—励磁特性试验					编号	Jc0302243048
单位			准考证号			姓名	
考试时限	60 分钟		题型	单项操作		题分	100 分
成绩		考评员		考评组长		日期	
试题正文	220kV GIS 设备电流互感器励磁特性试验						
需要说明的问题和要求	(1) 试验过程单人操作，数据分析在试验过程中完成。 (2) 操作过程应注意安全，按照标准化作业流程做好安全措施。 (3) 现场完成试验结果分析，出具试验报告。 (4) 检测仪器可选考场提供或自带						

序号	项目名称	质量要求	满分	扣分标准	扣分原因	得分
1	试验前准备					
1.1	工器具使用	熟练正确使用各种工器具	5	未正确使用一次扣 1 分，扣完为止		

续表

序号	项目名称	质量要求	满分	扣分标准	扣分原因	得分
1.2	试验记录	收集被试设备基础信息和历史试验数据	5	未收集被试设备历次试验报告扣1分； 未记录被试设备铭牌，现场温、湿度等条件的，每处扣1分，扣完为止		
1.3	仪器、仪表选择	选择合适的互感器特性测试仪	5	选用仪器不合适扣3分； 未检查试验仪器合格证或校验证书扣2分		
1.4	安全措施	（1）办理工作票、交代安全注意事项，分工明确，并做好记录。 （2）设置电气试验安全围栏。 （3）正确使用安全工器具。 （4）试验仪器正确接地	10	安全措施交代不清楚或未确认签字扣2分； 试验前未将试验区域用安全围栏隔离扣3分； 未检查安全工器具扣3分； 试验仪器未正确接地扣2分		
2	试验开展					
2.1	试验接线	（1）仪器现场布置合理。 （2）电源开关接通前，试验仪器接线应准确无误	10	试验接线接错一次扣2～5分； 试验前未检查试验接线扣3分； 接线不规范扣1～3分； 上述扣分，扣完为止		
2.2	试验流程	（1）试验前仪器、仪表自检，正确选择二次试验电流测试点，试验过程中高声呼唱。 （2）电流互感器一次绕组处于开路状态，铁芯及外壳可靠接地，拆除二次引线，从保护绕组施加试验电压，非试验绕组应为开路状态（当有多个保护绕组时，应分别进行测试）。 （3）参考出厂试验数据或选取几个电流点，以电流的倍数为准，读取相应的各点电压值，绘制励磁特性曲线。 （4）试验前后及变更接线应对设备充分放电	30	未进行仪器、仪表自检扣3分； 试验过程中未高声呼唱每次扣2分； 试验过程中失误一次扣5分； 试验过程中监护不到位扣5～10分； 试验前后及变更接线未对被试设备放电扣10分； 上述扣分，扣完为止		
3	结果分析					
3.1	试验报告	结合测试数据做出分析判断，出具试验报告	25	试验数据分析不准确扣5分； 试验结论不正确扣5分； 试验报告填写不规范扣1～5分； 未给出试验结论扣5分		
4	试验结束					
4.1	现场恢复	清理现场，人员撤离	6	被试设备有遗留物品扣2分； 仪器、工器具等未定置恢复扣2分； 未检查或清理现场扣2分		
4.2	办理收工手续	向考评员汇报试验结果，并办理工作终结手续	4	未汇报试验结果扣2分； 未办理工作票终结手续扣2分		
合计			100			

Jc0302243049　220kV GIS 设备电压互感器的变比、极性试验。（100 分）

考核知识点：电压互感器试验

难易度：难

技能等级评价专业技能考核操作工作任务书

一、任务名称

220kV GIS 设备电压互感器的变比、极性试验。

二、适用工种

电气试验工高级技师。

三、具体任务

（1）工作状态为模拟220kV GIS设备电压互感器停电，工作内容为220kV GIS设备电压互感器的变比、极性试验。

（2）工作任务：

1）220kV GIS设备电压互感器的变比、极性试验。

2）根据试验记录出具试验报告，并对数据进行分析。

四、工作规范及要求

（1）工器具使用及安全措施。

（2）按要求进行220kV GIS设备电压互感器的变比、极性试验。

（3）出具试验报告和试验结果分析。

五、考核及时间要求

（1）本考核操作时间为60分钟，包括试验接线和报告整理，时间到停止考评。

（2）试验过程中如试验仪器、试验电源出现故障，可向考评员申请故障排除，故障排除时间不计入考核。

（3）按照技能操作要求进行操作，试验报告包括试验项目、仪器型号、试验结果等。

（4）试验过程中如遇突发状况，如不涉及人身、设备安全，则由试验人员自行排查、处理；如危及人身、设备安全，则应立即停止操作，人员及时撤离作业现场。

技能等级评价专业技能考核操作评分标准

工种	电气试验工				评价等级	高级技师
项目模块	GIS电压互感器试验—变比、极性试验				编号	Jc0302243049
单位		准考证号			姓名	
考试时限	60分钟	题型	单项操作		题分	100分
成绩		考评员		考评组长	日期	
试题正文	220kV GIS设备电压互感器的变比、极性试验					
需要说明的问题和要求	（1）试验过程单人操作，数据分析在试验过程中完成。 （2）操作过程应注意安全，按照标准化作业流程做好安全措施。 （3）现场完成试验结果分析，出具试验报告。 （4）检测仪器可选考场提供或自带					

序号	项目名称	质量要求	满分	扣分标准	扣分原因	得分
1	试验前准备					
1.1	工器具使用	熟练正确使用各种工器具	5	未正确使用一次扣1分，扣完为止		
1.2	试验记录	收集被试设备基础信息和历史试验数据	5	未收集被试设备历次试验报告扣1分； 未记录被试设备铭牌，现场温、湿度等条件的，每处扣1分，扣完为止		
1.3	仪器、仪表选择	选择合适的互感器变比测试仪	5	选用仪器不合适扣3分； 未检查试验仪器合格证或校验证书扣2分		
1.4	安全措施	（1）办理工作票、交代安全注意事项，分工明确，并做好记录。 （2）设置高压试验安全围栏。 （3）正确使用安全工器具。 （4）试验仪器正确接地	10	安全措施交代不清楚或未确认签字扣2分； 试验前未将试验区域用安全围栏隔离扣3分； 未检查安全工器具扣3分； 试验仪器未正确接地扣2分		
2	试验开展					

续表

序号	项目名称	质量要求	满分	扣分标准	扣分原因	得分
2.1	试验接线	（1）仪器现场布置合理。 （2）电源开关接通前，试验仪器接线应准确无误	10	试验接线接错一次扣 2～5 分； 试验前未检查试验接线扣 3 分； 接线不规范扣 1～3 分； 上述扣分，扣完为止		
2.2	试验流程	（1）试验前仪器、仪表自检，正确选择试验电压，试验过程中高声呼唱。 （2）试验前后及变更接线应对设备充分放电	30	未进行仪器、仪表自检扣 3 分； 试验过程中未高声呼唱每次扣 2 分； 试验过程中失误一次扣 5 分； 试验过程中监护不到位扣 5～10 分； 试验前后及变更接线未对被试设备放电扣 10 分； 上述扣分，扣完为止		
3	结果分析					
3.1	试验报告	结合测试数据做出分析判断，出具试验报告	25	试验数据分析不准确扣 5 分； 试验结论不正确扣 5 分； 试验报告填写不规范扣 1～5 分； 未给出试验结论扣 5 分		
4	试验结束					
4.1	现场恢复	清理现场，人员撤离	6	被试设备有遗留物品扣 2 分； 仪器、工器具等未定置恢复扣 2 分； 未检查或清理现场扣 2 分		
4.2	办理收工手续	向考评员汇报试验结果，并办理工作终结手续	4	未汇报试验结果扣 2 分； 未办理工作票终结手续扣 2 分		
合计			100			

Jc0302243050　220kV GIS 设备电压互感器励磁特性试验。（100 分）

考核知识点： 电压互感器试验

难易度： 难

技能等级评价专业技能考核操作工作任务书

一、任务名称

220kV GIS 设备电压互感器励磁特性试验。

二、适用工种

电气试验工高级技师。

三、具体任务

（1）工作状态为模拟 220kV GIS 设备电压互感器设备停电，工作内容为 220kV GIS 设备电压互感器励磁特性试验。

（2）工作任务：

1）220kV GIS 设备电压互感器励磁特性试验。

2）根据试验记录出具试验报告，并对数据进行分析。

四、工作规范及要求

（1）工器具使用及安全措施。

（2）按要求进行 220kV GIS 设备电压互感器励磁特性试验。

（3）出具试验报告和试验结果分析。

五、考核及时间要求

（1）本考核操作时间为60分钟，包括试验接线和报告整理，时间到停止考评。

（2）试验过程中如试验仪器、试验电源出现故障，可向考评员申请故障排除，故障排除时间不计入考核。

（3）按照技能操作要求进行操作，试验报告包括试验项目、仪器型号、试验结果等。

（4）试验过程中如遇突发状况，如不涉及人身、设备安全，则由试验人员自行排查、处理；如危及人身、设备安全，则应立即停止操作，人员及时撤离作业现场。

技能等级评价专业技能考核操作评分标准

工种	电气试验工				评价等级	高级技师
项目模块	GIS 电压互感器试验—励磁特性试验				编号	Jc0302243050
单位		准考证号			姓名	
考试时限	60 分钟	题型	单项操作		题分	100 分
成绩		考评员		考评组长	日期	
试题正文	220kV GIS 设备电压互感器励磁特性试验					
需要说明的问题和要求	（1）试验过程单人操作，数据分析在试验过程中完成。 （2）操作过程应注意安全，按照标准化作业流程做好安全措施。 （3）现场完成试验结果分析，出具试验报告。 （4）检测仪器可选考场提供或自带					

序号	项目名称	质量要求	满分	扣分标准	扣分原因	得分
1	试验前准备					
1.1	工器具使用	熟练正确使用各种工器具	5	未正确使用一次扣 1 分，扣完为止		
1.2	试验记录	收集被试设备基础信息和历史试验数据	5	未收集被试设备历次试验报告扣 1 分； 未记录被试设备铭牌，现场温、湿度等条件的，每处扣 1 分，扣完为止		
1.3	仪器、仪表选择	选择合适的互感器特性测试仪	5	选用仪器不合适扣 3 分； 未检查试验仪器合格证或校验证书扣 2 分		
1.4	安全措施	（1）办理工作票、交代安全注意事项，分工明确，并做好记录。 （2）设置电气试验安全围栏。 （3）正确使用安全工器具。 （4）试验仪器正确接地	10	安全措施交代不清楚或未确认签字扣 2 分； 试验前未将试验区域用安全围栏隔离扣 3 分； 未检查安全工器具扣 3 分； 试验仪器未正确接地扣 2 分		
2	试验开展					
2.1	试验接线	（1）仪器现场布置合理。 （2）电源开关接通前，试验仪器接线应准确无误	10	试验接线接错一次扣 2～5 分； 试验前未检查试验接线扣 3 分； 接线不规范扣 1～3 分； 上述扣分，扣完为止		
2.2	试验流程	（1）试验前仪器、仪表自检，正确选择二次试验电压测试点，试验过程中高声呼唱。 （2）拆除电压互感器一次、二次所有接线，加压的二次绕组开路，一次绕组尾端、非加压绕组尾端、铁芯及外壳可靠接地。 （3）参考出厂试验数据及相关标准选取电压点，读取相应的各点电流值，绘制励磁特性曲线。 （4）试验前后及变更接线应对设备充分放电	30	未进行仪器、仪表自检扣 3 分； 试验过程中未高声呼唱每次扣 2 分； 试验过程中失误一次扣 5 分； 试验过程中监护不到位扣 5～10 分； 试验前后及变更接线未对被试设备放电扣 10 分； 上述扣分，扣完为止		
3	结果分析					

续表

序号	项目名称	质量要求	满分	扣分标准	扣分原因	得分
3.1	试验报告	结合测试数据做出分析判断，出具试验报告	25	试验数据分析不准确扣 5 分； 试验结论不正确扣 5 分； 试验报告填写不规范扣 1～5 分； 未给出试验结论扣 5 分		
4	试验结束					
4.1	现场恢复	清理现场，人员撤离	6	被试设备有遗留物品扣 2 分； 仪器、工器具等未定置恢复扣 2 分； 未检查或清理现场扣 2 分		
4.2	办理收工手续	向考评员汇报试验结果，并办理工作终结手续	4	未汇报试验结果扣 2 分； 未办理工作票终结手续扣 2 分		
合计			100			

Jc0302243051　220kV 变压器零序阻抗试验。（100 分）

考核知识点：变压器试验

难易度：难

技能等级评价专业技能考核操作工作任务书

一、任务名称

220kV 变压器零序阻抗试验。

二、适用工种

电气试验工高级技师。

三、具体任务

（1）工作状态为模拟 220kV 变压器停电，工作内容为 220kV 变压器零序阻抗试验。

（2）工作任务：

1）220kV 变压器零序阻抗测试。

2）根据试验记录出具试验报告，并对数据进行分析。

四、工作规范及要求

（1）工器具使用及安全措施。

（2）按要求进行变压器零序阻抗试验。

（3）出具试验报告和试验结果分析。

五、考核及时间要求

（1）本考核操作时间为 60 分钟，包括试验接线和报告整理，时间到停止考评。

（2）试验过程中如试验仪器、试验电源出现故障，可向考评员申请故障排除，故障排除时间不计入考核。

（3）按照技能操作要求进行操作，试验报告包括试验项目、仪器型号、试验结果等。

（4）试验过程中如遇突发状况，如不涉及人身、设备安全，则由试验人员自行排查、处理；如危及人身、设备安全，则应立即停止操作，人员及时撤离作业现场。

技能等级评价专业技能考核操作评分标准

<table>
<tr><td>工种</td><td colspan="7">电气试验工</td><td>评价等级</td><td>高级技师</td></tr>
<tr><td>项目模块</td><td colspan="7">变压器试验—零序阻抗试验</td><td>编号</td><td>Jc0302243051</td></tr>
<tr><td>单位</td><td colspan="2"></td><td colspan="2">准考证号</td><td colspan="3"></td><td>姓名</td><td></td></tr>
<tr><td>考试时限</td><td colspan="2">60 分钟</td><td colspan="2">题型</td><td colspan="3">单项操作</td><td>题分</td><td>100 分</td></tr>
<tr><td>成绩</td><td></td><td colspan="2">考评员</td><td colspan="2"></td><td>考评组长</td><td></td><td>日期</td><td></td></tr>
<tr><td>试题正文</td><td colspan="9">220kV 变压器零序阻抗试验</td></tr>
<tr><td>需要说明的问题和要求</td><td colspan="9">（1）试验过程单人操作，数据分析在试验过程中完成。
（2）操作过程应注意安全，按照标准化作业流程做好安全措施。
（3）现场完成试验结果分析，出具试验报告。
（4）检测仪器可选考场提供或自带</td></tr>
</table>

序号	项目名称	质量要求	满分	扣分标准	扣分原因	得分
1	试验前准备					
1.1	工器具使用	熟练正确使用各种工器具	5	未正确使用一次扣 1 分，扣完为止		
1.2	试验记录	收集被试设备基础信息和历史试验数据	5	未收集被试设备历次试验报告扣 1 分； 未记录被试设备铭牌，现场温、湿度等条件的，每处扣 1 分，扣完为止		
1.3	仪器、仪表选择	根据现场需要选择合适的绕组变形测试仪	5	选用仪器不合适扣 3 分； 未检查试验仪器合格证或校验证书扣 2 分		
1.4	安全措施	（1）办理工作票、交代安全注意事项，分工明确，并做好记录。 （2）设置高压试验安全围栏。 （3）正确使用安全工器具。 （4）试验仪器正确接地	10	安全措施交代不清楚或未确认签字扣 2 分； 试验前未将试验区域用安全围栏隔离扣 3 分； 未检查安全工器具扣 3 分； 试验仪器未正确接地扣 2 分		
2	试验开展					
2.1	试验接线	（1）仪器现场布置合理。 （2）电源开关接通前，试验仪器接线应准确无误	10	试验接线接错一次扣 2～5 分； 试验前未检查试验接线扣 3 分； 接线不规范扣 1～3 分； 上述扣分，扣完为止		
2.2	试验流程	（1）试验前仪器、仪表自检，正确选择试验电压，试验过程中高声呼唱。 （2）测试应在额定频率、额定分接下，在短接的 3 个线路端子（星形或三角形接线绕组的线路端子）与中性点端子间进行测试。 （3）试验前后及变更接线应对设备充分放电	30	未进行仪器、仪表自检扣 3 分； 试验过程中未高声呼唱每次扣 2 分； 试验过程中失误一次扣 5 分； 试验过程中监护不到位扣 5～10 分； 试验前后及变更接线未对被试设备放电扣 10 分； 上述扣分，扣完为止		
3	结果分析					
3.1	试验报告	结合测试数据做出分析判断，出具试验报告	25	试验数据分析不准确扣 5 分； 试验结论不正确扣 5 分； 试验报告填写不规范扣 1～5 分； 未给出试验结论扣 5 分		
4	试验结束					
4.1	现场恢复	清理现场，人员撤离	6	被试设备有遗留物品扣 2 分； 仪器、工器具等未定置恢复扣 2 分； 未检查或清理现场扣 2 分		
4.2	办理收工手续	向考评员汇报试验结果，并办理工作终结手续	4	未汇报试验结果扣 2 分； 未办理工作票终结手续扣 2 分		
合计			100			

Jc0302243052　110kV 变压器零序阻抗试验。（100 分）

考核知识点：变压器试验

难易度：难

技能等级评价专业技能考核操作工作任务书

一、任务名称

110kV 变压器零序阻抗试验。

二、适用工种

电气试验工高级技师。

三、具体任务

（1）工作状态为模拟 110kV 变压器停电，工作内容为 110kV 变压器零序阻抗试验。

（2）工作任务：

1）110kV 变压器零序阻抗测试。

2）根据试验记录出具试验报告，并对数据进行分析。

四、工作规范及要求

（1）工器具使用及安全措施。

（2）按要求进行变压器零序阻抗试验。

（3）出具试验报告和试验结果分析。

五、考核及时间要求

（1）本考核操作时间为 60 分钟，包括试验接线和报告整理，时间到停止考评。

（2）试验过程中如试验仪器、试验电源出现故障，可向考评员申请故障排除，故障排除时间不计入考核。

（3）按照技能操作要求进行操作，试验报告包括试验项目、仪器型号、试验结果等。

（4）试验过程中如遇突发状况，如不涉及人身、设备安全，则由试验人员自行排查、处理；如危及人身、设备安全，则应立即停止操作，人员及时撤离作业现场。

技能等级评价专业技能考核操作评分标准

工种	电气试验工				评价等级	高级技师
项目模块	变压器试验—零序阻抗试验				编号	Jc0302243052
单位			准考证号		姓名	
考试时限	60 分钟		题型	单项操作	题分	100 分
成绩		考评员		考评组长		日期	
试题正文	110kV 变压器零序阻抗试验					
需要说明的问题和要求	（1）试验过程单人操作，数据分析在试验过程中完成。 （2）操作过程应注意安全，按照标准化作业流程做好安全措施。 （3）现场完成试验结果分析，出具试验报告。 （4）检测仪器可选考场提供或自带					

序号	项目名称	质量要求	满分	扣分标准	扣分原因	得分
1	试验前准备					
1.1	工器具使用	熟练正确使用各种工器具	5	未正确使用一次扣 1 分，扣完为止		

续表

序号	项目名称	质量要求	满分	扣分标准	扣分原因	得分
1.2	试验记录	收集被试设备基础信息和历史试验数据	5	未收集被试设备历次试验报告扣1分； 未记录被试设备铭牌，现场温、湿度等条件的，每处扣1分，扣完为止		
1.3	仪器、仪表选择	根据现场需要选择合适的绕组变形测试仪	5	选用仪器不合适扣3分； 未检查试验仪器合格证或校验证书扣2分		
1.4	安全措施	（1）办理工作票、交代安全注意事项，分工明确，并做好记录。 （2）设置高压试验安全围栏。 （3）正确使用安全工器具。 （4）试验仪器正确接地	10	安全措施交代不清楚或未确认签字扣2分； 试验前未将试验区域用安全围栏隔离扣3分； 未检查安全工器具扣3分； 试验仪器未正确接地扣2分		
2	试验开展					
2.1	试验接线	（1）仪器现场布置合理。 （2）电源开关接通前，试验仪器接线应准确无误	10	试验接线接错一次扣2～5分； 试验前未检查试验接线扣3分； 接线不规范扣1～3分； 上述扣分，扣完为止		
2.2	试验流程	（1）试验前仪器、仪表自检，正确选择试验电压，试验过程中高声呼唱。 （2）测试应在额定频率、额定分接下，在短接的3个线路端子（星形或三角形接线绕组的线路端子）与中性点端子间进行测试。 （3）试验前后及变更接线应对设备充分放电	30	未进行仪器、仪表自检扣3分； 试验过程中未高声呼唱每次扣2分； 试验过程中失误一次扣5分； 试验过程中监护不到位扣5～10分； 试验前后及变更接线未对被试设备放电扣10分； 上述扣分，扣完为止		
3	结果分析					
3.1	试验报告	结合测试数据做出分析判断，出具试验报告	25	试验数据分析不准确扣5分； 试验结论不正确扣5分； 试验报告填写不规范扣1～5分； 未给出试验结论扣5分		
4	试验结束					
4.1	现场恢复	清理现场，人员撤离	6	被试设备有遗留物品扣2分； 仪器、工器具等未定置恢复扣2分； 未检查或清理现场扣2分		
4.2	办理收工手续	向考评员汇报试验结果，并办理工作终结手续	4	未汇报试验结果扣2分； 未办理工作票终结手续扣2分		
合计			100			

Jc0302242053　110kV避雷器运行电压下的交流泄漏电流试验。（100分）

考核知识点：避雷器试验

难易度：中

技能等级评价专业技能考核操作工作任务书

一、任务名称

110kV避雷器运行电压下的交流泄漏电流试验。

二、适用工种

电气试验工高级技师。

三、具体任务

（1）工作状态为模拟110kV避雷器停电，工作内容为110kV避雷器运行电压下的交流泄漏电流试验。

（2）工作任务：

1）110kV避雷器运行电压下的交流泄漏电流试验。

2）根据试验记录出具试验报告，并对数据进行分析。

四、工作规范及要求

（1）工器具使用及安全措施。

（2）按要求进行110kV避雷器运行电压下的交流泄漏电流试验。

（3）出具试验报告和试验结果分析。

五、考核及时间要求

（1）本考核操作时间为60分钟，包括试验接线和报告整理，时间到停止考评。

（2）试验过程中如试验仪器、试验电源出现故障，可向考评员申请故障排除，故障排除时间不计入考核。

（3）按照技能操作要求进行操作，试验报告包括试验项目、仪器型号、试验结果等。

（4）试验过程中如遇突发状况，如不涉及人身、设备安全，则由试验人员自行排查、处理；如危及人身、设备安全，则应立即停止操作，人员及时撤离作业现场。

技能等级评价专业技能考核操作评分标准

工种	电气试验工				评价等级	高级技师
项目模块	避雷器试验—运行电压下的交流泄漏电流试验				编号	Jc0302242053
单位		准考证号			姓名	
考试时限	60分钟	题型	单项操作		题分	100分
成绩	考评员		考评组长		日期	
试题正文	110kV避雷器运行电压下的交流泄漏电流试验					
需要说明的问题和要求	（1）试验过程单人操作，数据分析在试验过程中完成。 （2）操作过程应注意安全，按照标准化作业流程做好安全措施。 （3）现场完成试验结果分析，出具试验报告。 （4）检测仪器可选考场提供或自带					

序号	项目名称	质量要求	满分	扣分标准	扣分原因	得分
1	试验前准备					
1.1	工器具使用	熟练正确使用各种工器具	5	未正确使用一次扣1分，扣完为止		
1.2	试验记录	收集被试设备基础信息和历史试验数据	5	未收集被试设备历次试验报告扣1分； 未记录被试设备铭牌，现场温、湿度等条件的，每处扣1分，扣完为止		
1.3	仪器、仪表选择	选择合适的变压器、调压器、阻性电流测试仪、保护电阻、分压器等	5	选用仪器不合适扣3分； 未检查试验仪器合格证或校验证书扣2分		
1.4	安全措施	（1）办理工作票、交代安全注意事项，分工明确，并做好记录。 （2）设置电气试验安全围栏。 （3）正确使用安全工器具。 （4）试验仪器正确接地	10	安全措施交代不清楚或未确认签字扣2分； 试验前未将试验区域用安全围栏隔离扣3分； 未检查安全工器具扣3分； 试验仪器未正确接地扣2分		

续表

序号	项目名称	质量要求	满分	扣分标准	扣分原因	得分
2	试验开展					
2.1	试验接线	（1）仪器现场布置合理。 （2）电源开关接通前，试验仪器接线应准确无误	10	试验接线接错一次扣2～5分； 试验前未检查试验接线扣3分； 接线不规范扣1～3分； 上述扣分，扣完为止		
2.2	试验流程	（1）试验前仪器、仪表自检，正确选择试验电压，试验过程中高声呼唱。 （2）将无间隙金属氧化物避雷器表面擦拭干净，拆除全部接线。 （3）分别加压至避雷器的持续运行电压及系统运行电压，分别读取总泄漏电流峰值、有效值及阻性电流峰值，有功损耗值。 （4）将测试值与规程值及历史测试值进行比对分析。 （5）试验前后及变更接线应对架空线路进行充分放电	30	未进行仪器、仪表自检扣3分； 试验过程中未高声呼唱每次扣2分； 试验过程中失误一次扣5分； 试验过程中监护不到位扣5～10分； 试验前后及变更接线未对被试设备放电扣10分； 上述扣分，扣完为止		
3	结果分析					
3.1	试验报告	结合测试数据做出分析判断，出具试验报告	25	试验数据分析不准确扣5分； 试验结论不正确扣5分； 试验报告填写不规范扣1～5分； 未给出试验结论扣5分		
4	试验结束					
4.1	现场恢复	清理现场，人员撤离	6	被试设备有遗留物品扣2分； 仪器、工器具等未定置恢复扣2分； 未检查或清理现场扣2分		
4.2	办理收工手续	向考评员汇报试验结果，并办理工作终结手续	4	未汇报试验结果扣2分； 未办理工作票终结手续扣2分		
合计			100			

Jc0302242054　220kV避雷器运行电压下的交流泄漏电流试验。（100分）

考核知识点： 避雷器试验

难易度： 中

技能等级评价专业技能考核操作工作任务书

一、任务名称

220kV避雷器运行电压下的交流泄漏电流试验。

二、适用工种

电气试验工高级技师。

三、具体任务

（1）工作状态为模拟220kV避雷器停电，工作内容为220kV避雷器运行电压下的交流泄漏电流试验。

（2）工作任务：

1）220kV避雷器运行电压下的交流泄漏电流试验。

2）根据试验记录出具试验报告，并对数据进行分析。

四、工作规范及要求

（1）工器具使用及安全措施。

（2）按要求进行110kV避雷器运行电压下的交流泄漏电流试验。

（3）出具试验报告和试验结果分析。

五、考核及时间要求

（1）本考核操作时间为60分钟，包括试验接线和报告整理，时间到停止考评。

（2）试验过程中如试验仪器、试验电源出现故障，可向考评员申请故障排除，故障排除时间不计入考核。

（3）按照技能操作要求进行操作，试验报告包括试验项目、仪器型号、试验结果等。

（4）试验过程中如遇突发状况，如不涉及人身、设备安全，则由试验人员自行排查、处理；如危及人身、设备安全，则应立即停止操作，人员及时撤离作业现场。

技能等级评价专业技能考核操作评分标准

工种	电气试验工					评价等级	高级技师
项目模块	避雷器试验—运行电压下的交流泄漏电流试验					编号	Jc0302242054
单位			准考证号			姓名	
考试时限	60分钟		题型	单项操作		题分	100分
成绩		考评员		考评组长		日期	
试题正文	220kV避雷器运行电压下的交流泄漏电流试验						
需要说明的问题和要求	（1）试验过程单人操作，数据分析在试验过程中完成。 （2）操作过程应注意安全，按照标准化作业流程做好安全措施。 （3）现场完成试验结果分析，出具试验报告。 （4）检测仪器可选考场提供或自带						

序号	项目名称	质量要求	满分	扣分标准	扣分原因	得分
1	试验前准备					
1.1	工器具使用	熟练正确使用各种工器具	5	未正确使用一次扣1分，扣完为止		
1.2	试验记录	收集被试设备基础信息和历史试验数据	5	未收集被试设备历次试验报告扣1分； 未记录被试设备铭牌，现场温、湿度等条件的，每处扣1分，扣完为止		
1.3	仪器、仪表选择	选择合适的变压器、调压器、阻性电流测试仪、保护电阻、分压器等	5	选用仪器不合适扣3分； 未检查试验仪器合格证或校验证书扣2分		
1.4	安全措施	（1）办理工作票、交代安全注意事项，分工明确，并做好记录。 （2）设置电气试验安全围栏。 （3）正确使用安全工器具。 （4）试验仪器正确接地	10	安全措施交代不清楚或未确认签字扣2分； 试验前未将试验区域用安全围栏隔离扣3分； 未检查安全工器具扣3分； 试验仪器未正确接地扣2分		
2	试验开展					
2.1	试验接线	（1）仪器现场布置合理。 （2）电源开关接通前，试验仪器接线应准确无误	10	试验接线接错一次扣2～5分； 试验前未检查试验接线扣3分； 接线不规范扣1～3分； 上述扣分，扣完为止		
2.2	试验流程	（1）试验前仪器、仪表自检，正确选择试验电压，试验过程中高声呼唱。 （2）将无间隙金属氧化物避雷器表面擦拭干净，拆除全部接线。 （3）分别加压至避雷器的持续运行电压及系统运行电压，分别读取总泄漏电流峰值、有效值及阻性电流峰值，有功损耗值。	30	未进行仪器、仪表自检扣3分； 试验过程中未高声呼唱每次扣2分； 试验过程中失误一次扣5分；		

续表

序号	项目名称	质量要求	满分	扣分标准	扣分原因	得分
2.2	试验流程	（4）将测试值与规程值及历史测试值进行比对分析。 （5）试验前后及变更接线应对架空线路进行充分放电	30	试验过程中监护不到位扣 5～10 分； 试验前后及变更接线未对被试设备放电扣 10 分； 上述扣分，扣完为止		
3	结果分析					
3.1	试验报告	结合测试数据做出分析判断，出具试验报告	25	试验数据分析不准确扣 5 分； 试验结论不正确扣 5 分； 试验报告填写不规范扣 1～5 分； 未给出试验结论扣 5 分		
4	试验结束					
4.1	现场恢复	清理现场，人员撤离	6	被试设备有遗留物品扣 2 分； 仪器、工器具等未定置恢复扣 2 分； 未检查或清理现场扣 2 分		
4.2	办理收工手续	向考评员汇报试验结果，并办理工作终结手续	4	未汇报试验结果扣 2 分； 未办理工作票终结手续扣 2 分		
合计			100			

Jc0302242055　35kV 电缆故障探测试验。（100 分）

考核知识点：电缆试验

难易度：难

技能等级评价专业技能考核操作工作任务书

一、任务名称

35kV 电缆故障探测试验。

二、适用工种

电气试验工高级技师。

三、具体任务

（1）工作状态为模拟 35kV 电缆故障，工作内容为 35kV 电缆故障探测试验。

（2）工作任务：

1）35kV 电缆故障探测试验。

2）根据试验记录出具试验报告，并对数据进行分析。

四、工作规范及要求

（1）工器具使用及安全措施。

（2）按要求进行 10kV 电缆故障探测试验。

（3）出具试验报告和试验结果分析。

五、考核及时间要求

（1）本考核操作时间为 60 分钟，包括试验接线和报告整理，时间到停止考评。

（2）试验过程中如试验仪器、试验电源出现故障，可向考评员申请故障排除，故障排除时间不计入考核。

（3）按照技能操作要求进行操作，试验报告包括试验项目、仪器型号、试验结果等。

（4）试验过程中如遇突发状况，如不涉及人身、设备安全，则由试验人员自行排查、处理；如危及人身、设备安全，则应立即停止操作，人员及时撤离作业现场。

技能等级评价专业技能考核操作评分标准

工种	电气试验工				评价等级	高级技师
项目模块	电缆试验—故障试验				编号	Jc0302242055
单位		准考证号			姓名	
考试时限	60 分钟	题型	单项操作		题分	100 分
成绩		考评员		考评组长	日期	
试题正文	35kV 电缆故障探测试验					
需要说明的问题和要求	（1）试验过程单人操作，数据分析在试验过程中完成。 （2）操作过程应注意安全，按照标准化作业流程做好安全措施。 （3）现场完成试验结果分析，出具试验报告。 （4）检测仪器可选考场提供或自带					

序号	项目名称	质量要求	满分	扣分标准	扣分原因	得分
1	试验前准备					
1.1	工器具使用	熟练正确使用各种工器具	5	未正确使用一次扣 1 分，扣完为止		
1.2	试验记录	收集被试设备基础信息和历史试验数据	5	未收集被试设备历次试验报告扣 1 分； 未记录被试设备铭牌，现场温、湿度等条件的，每处扣 1 分，扣完为止		
1.3	仪器、仪表选择	选择合适的电缆故障测试仪	5	选用仪器不合适扣 3 分； 未检查试验仪器合格证或校验证书扣 2 分		
1.4	安全措施	（1）办理工作票、交代安全注意事项，分工明确，并做好记录。 （2）设置高压试验安全围栏。 （3）正确使用安全工器具。 （4）试验仪器正确接地	10	安全措施交代不清楚或未确认签字扣 2 分； 试验前未将试验区域用安全围栏隔离扣 3 分； 未检查安全工器具扣 3 分； 试验仪器未正确接地扣 2 分		
2	试验开展					
2.1	试验接线	（1）仪器现场布置合理。 （2）电源开关接通前，试验仪器接线应准确无误	10	试验接线接错一次扣 2～5 分； 试验前未检查试验接线扣 3 分； 接线不规范扣 1～3 分； 上述扣分，扣完为止		
2.2	试验流程	（1）试验前仪器、仪表自检，正确选择试验电流，试验过程中高声呼唱。 (2)初步分析判断电缆故障原因，确定故障类别。 （3）针对确定的电缆故障类别确定合适的试验探测方法。 （4）试验前后及变更接线应对设备充分放电	30	未进行仪器、仪表自检扣 3 分； 试验过程中未高声呼唱每次扣 2 分； 试验过程中失误一次扣 5 分； 试验过程中监护不到位扣 5～10 分； 试验前后及变更接线未对被试设备放电扣 10 分； 上述扣分，扣完为止		
3	结果分析					
3.1	试验报告	结合测试数据做出分析判断，出具试验报告	25	试验数据分析不准确扣 5 分； 试验结论不正确扣 5 分； 试验报告填写不规范扣 1～5 分； 未给出试验结论扣 5 分		
4	试验结束					
4.1	现场恢复	清理现场，人员撤离	6	被试设备有遗留物品扣 2 分； 仪器、工器具等未定置恢复扣 2 分； 未检查或清理现场扣 2 分		

续表

序号	项目名称	质量要求	满分	扣分标准	扣分原因	得分
4.2	办理收工手续	向考评员汇报试验结果，并办理工作终结手续	4	未汇报试验结果扣 2 分； 未办理工作票终结手续扣 2 分		
合计			100			

Jc0302242056　10kV 电缆工频参数试验。(100 分)

考核知识点：电缆试验

难易度：中

技能等级评价专业技能考核操作工作任务书

一、任务名称

10kV 电缆工频参数试验。

二、适用工种

电气试验工高级技师。

三、具体任务

（1）工作状态为模拟 10kV 电缆停电，工作内容为 10kV 电缆工频参数试验。

（2）工作任务：

1）10kV 电缆工频参数试验。

2）根据试验记录出具试验报告，并对数据进行分析。

四、工作规范及要求

（1）工器具使用及安全措施。

（2）按要求进行 10kV 电缆工频参数试验。

（3）出具试验报告和试验结果分析。

五、考核及时间要求

（1）本考核操作时间为 60 分钟，包括试验接线和报告整理，时间到停止考评。

（2）试验过程中如试验仪器、试验电源出现故障，可向考评员申请故障排除，故障排除时间不计入考核。

（3）按照技能操作要求进行操作，试验报告包括试验项目、仪器型号、试验结果等。

（4）试验过程中如遇突发状况，如不涉及人身、设备安全，则由试验人员自行排查、处理；如危及人身、设备安全，则应立即停止操作，人员及时撤离作业现场。

技能等级评价专业技能考核操作评分标准

<table>
<tr><td>工种</td><td colspan="5">电气试验工</td><td>评价等级</td><td>高级技师</td></tr>
<tr><td>项目模块</td><td colspan="5">电缆试验—工频参数试验</td><td>编号</td><td>Jc0302242056</td></tr>
<tr><td>单位</td><td colspan="2"></td><td>准考证号</td><td colspan="2"></td><td>姓名</td><td></td></tr>
<tr><td>考试时限</td><td colspan="2">60 分钟</td><td>题型</td><td colspan="2">单项操作</td><td>题分</td><td>100 分</td></tr>
<tr><td>成绩</td><td></td><td>考评员</td><td></td><td>考评组长</td><td></td><td>日期</td><td></td></tr>
<tr><td>试题正文</td><td colspan="7">10kV 电缆工频参数试验</td></tr>
</table>

续表

需要说明的问题和要求	（1）试验过程单人操作，数据分析在试验过程中完成。 （2）操作过程应注意安全，按照标准化作业流程做好安全措施。 （3）现场完成试验结果分析，出具试验报告。 （4）检测仪器可选考场提供或自带

序号	项目名称	质量要求	满分	扣分标准	扣分原因	得分
1	试验前准备					
1.1	工器具使用	熟练正确使用各种工器具	5	未正确使用一次扣1分，扣完为止		
1.2	试验记录	收集被试设备基础信息和历史试验数据	5	未收集被试设备历次试验报告扣1分； 未记录被试设备铭牌，现场温、湿度等条件的，每处扣1分，扣完为止		
1.3	仪器、仪表选择	选择合适的电力电缆综合参数测试仪	5	选用仪器不合适扣3分； 未检查试验仪器合格证或校验证书扣2分		
1.4	安全措施	（1）办理工作票、交代安全注意事项，分工明确，并做好记录。 （2）设置电气试验安全围栏。 （3）正确使用安全工器具。 （4）试验仪器正确接地	10	安全措施交代不清楚或未确认签字扣2分； 试验前未将试验区域用安全围栏隔离扣3分； 未检查安全工器具扣3分； 试验仪器未正确接地扣2分		
2	试验开展					
2.1	试验接线	（1）仪器现场布置合理。 （2）电源开关接通前，试验仪器接线应准确无误	10	试验接线接错一次扣2～5分； 试验前未检查试验接线扣3分； 接线不规范扣1～3分； 上述扣分，扣完为止		
2.2	试验流程	（1）试验前仪器、仪表自检，正确选择试验电压、电流，试验过程中高声呼唱。 （2）逐相测试电缆线路感应电压，测试时金属屏蔽或金属套和铠装层一起接地。 （3）逐相测试电缆线路感应电流，测试时金属屏蔽或金属套和铠装层一起接地。 （4）电缆线路一端短路接地，从另一端两相间分别测试电缆线路直流电阻，并进行温度换算。 （5）电缆线路一端短路，从另一端测试电缆线路正序阻抗。 （6）电缆线路一端短路接地，从另一端测试电缆线路零序阻抗。 （7）将测试值与理论计算值进行比对分析。 （8）试验前后及变更接线应对电缆线路进行充分放电	30	未进行仪器、仪表自检扣3分； 试验过程中未高声呼唱每次扣2分； 试验过程中失误一次扣5分； 试验过程中监护不到位扣5～10分； 试验前后及变更接线未对被试设备放电扣10分； 上述扣分，扣完为止		
3	结果分析					
3.1	试验报告	结合测试数据做出分析判断，出具试验报告	25	试验数据分析不准确扣5分； 试验结论不正确扣5分； 试验报告填写不规范扣1～5分； 未给出试验结论扣5分		
4	试验结束					
4.1	现场恢复	清理现场，人员撤离	6	被试设备有遗留物品扣2分； 仪器、工器具等未定置恢复扣2分； 未检查或清理现场扣2分		
4.2	办理收工手续	向考评员汇报试验结果，并办理工作终结手续	4	未汇报试验结果扣2分； 未办理工作票终结手续扣2分		
合计			100			

Jc0302242057 35kV 电缆工频参数试验。（100 分）

考核知识点： 电缆试验

难易度： 中

技能等级评价专业技能考核操作工作任务书

一、任务名称

35kV 电缆工频参数试验。

二、适用工种

电气试验工高级技师。

三、具体任务

（1）工作状态为模拟 35kV 电缆停电，工作内容为 35kV 电缆工频参数试验。

（2）工作任务：

1）35kV 电缆工频参数试验。

2）根据试验记录出具试验报告，并对数据进行分析。

四、工作规范及要求

（1）工器具使用及安全措施。

（2）按要求进行 10kV 电缆工频参数试验。

（3）出具试验报告和试验结果分析。

五、考核及时间要求

（1）本考核操作时间为 60 分钟，包括试验接线和报告整理，时间到停止考评。

（2）试验过程中如试验仪器、试验电源出现故障，可向考评员申请故障排除，故障排除时间不计入考核。

（3）按照技能操作要求进行操作，试验报告包括试验项目、仪器型号、试验结果等。

（4）试验过程中如遇突发状况，如不涉及人身、设备安全，则由试验人员自行排查、处理；如危及人身、设备安全，则应立即停止操作，人员及时撤离作业现场。

技能等级评价专业技能考核操作评分标准

<table>
<tr><td>工种</td><td colspan="4">电气试验工</td><td>评价等级</td><td>高级技师</td></tr>
<tr><td>项目模块</td><td colspan="4">电缆试验—工频参数试验</td><td>编号</td><td>Jc0302242057</td></tr>
<tr><td>单位</td><td colspan="2"></td><td>准考证号</td><td></td><td>姓名</td><td></td></tr>
<tr><td>考试时限</td><td colspan="2">60 分钟</td><td>题型</td><td>单项操作</td><td>题分</td><td>100 分</td></tr>
<tr><td>成绩</td><td></td><td>考评员</td><td></td><td>考评组长</td><td></td><td>日期</td></tr>
<tr><td>试题正文</td><td colspan="6">35kV 电缆工频参数试验</td></tr>
<tr><td>需要说明的问题和要求</td><td colspan="6">（1）试验过程单人操作，数据分析在试验过程中完成。
（2）操作过程应注意安全，按照标准化作业流程做好安全措施。
（3）现场完成试验结果分析，出具试验报告。
（4）检测仪器可选考场提供或自带</td></tr>
</table>

序号	项目名称	质量要求	满分	扣分标准	扣分原因	得分
1	试验前准备					
1.1	工器具使用	熟练正确使用各种工器具	5	未正确使用一次扣 1 分，扣完为止		

续表

序号	项目名称	质量要求	满分	扣分标准	扣分原因	得分
1.2	试验记录	收集被试设备基础信息和历史试验数据	5	未收集被试设备历次试验报告扣1分； 未记录被试设备铭牌，现场温、湿度等条件的，每处扣1分，扣完为止		
1.3	仪器、仪表选择	选择合适的电力电缆综合参数测试仪	5	选用仪器不合适扣3分； 未检查试验仪器合格证或校验证书扣2分		
1.4	安全措施	（1）办理工作票、交代安全注意事项，分工明确，并做好记录。 （2）设置电气试验安全围栏。 （3）正确使用安全工器具。 （4）试验仪器正确接地	10	安全措施交代不清楚或未确认签字扣2分； 试验前未将试验区域用安全围栏隔离扣3分； 未检查安全工器具扣3分； 试验仪器未正确接地扣2分		
2	试验开展					
2.1	试验接线	（1）仪器现场布置合理。 （2）电源开关接通前，试验仪器接线应准确无误	10	试验接线接错一次扣2～5分； 试验前未检查试验接线扣3分； 接线不规范扣1～3分； 上述扣分，扣完为止		
2.2	试验流程	（1）试验前仪器、仪表自检，正确选择试验电压、电流，试验过程中高声呼唱。 （2）逐相测试电缆线路感应电压，测试时金属屏蔽或金属套和铠装层一起接地。 （3）逐相测试电缆线路感应电流，测试时金属屏蔽或金属套和铠装层一起接地。 （4）电缆线路一端短路接地，从另一端两相间分别测试电缆线路直流电阻，并进行温度换算。 （5）电缆线路一端短路，从另一端测试电缆线路正序阻抗。 （6）电缆线路一端短路接地，从另一端测试电缆线路零序阻抗。 （7）将测试值与理论计算值进行比对分析。 （8）试验前后及变更接线应对电缆线路进行充分放电	30	未进行仪器、仪表自检扣3分； 试验过程中未高声呼唱每次扣2分； 试验过程中失误一次扣5分； 试验过程中监护不到位扣5～10分； 试验前后及变更接线未对被试设备放电扣10分； 上述扣分，扣完为止		
3	结果分析					
3.1	试验报告	结合测试数据做出分析判断，出具试验报告	25	试验数据分析不准确扣5分； 试验结论不正确扣5分； 试验报告填写不规范扣1～5分； 未给出试验结论扣5分		
4	试验结束					
4.1	现场恢复	清理现场，人员撤离	6	被试设备有遗留物品扣2分； 仪器、工器具等未定置恢复扣2分； 未检查或清理现场扣2分		
4.2	办理收工手续	向考评员汇报试验结果，并办理工作终结手续	4	未汇报试验结果扣2分； 未办理工作票终结手续扣2分		
合计			100			

Jc0302242058　110kV GIS 设备断路器机械特性试验。（100分）

考核知识点：断路器试验

难易度：中

技能等级评价专业技能考核操作工作任务书

一、任务名称

110kV GIS 设备断路器机械特性试验。

二、适用工种

电气试验工高级技师。

三、具体任务

（1）工作状态为模拟 110kV GIS 设备断路器设备停电，工作内容为 110kV GIS 设备断路器机械特性试验。

（2）工作任务：

1）110kV GIS 设备断路器机械特性试验。

2）根据试验记录出具试验报告，并对数据进行分析。

四、工作规范及要求

（1）工器具使用及安全措施。

（2）按要求进行 110kV GIS 设备断路器机械特性试验。

（3）出具试验报告和试验结果分析。

五、考核及时间要求

（1）本考核操作时间为 60 分钟，包括试验接线和报告整理，时间到停止考评。

（2）试验过程中如试验仪器、试验电源出现故障，可向考评员申请故障排除，故障排除时间不计入考核。

（3）按照技能操作要求进行操作，试验报告包括试验项目、仪器型号、试验结果等。

（4）试验过程中如遇突发状况，如不涉及人身、设备安全，则由试验人员自行排查、处理；如危及人身、设备安全，则应立即停止操作，人员及时撤离作业现场。

技能等级评价专业技能考核操作评分标准

<table>
<tr><td>工种</td><td colspan="5">电气试验工</td><td>评价等级</td><td>高级技师</td></tr>
<tr><td>项目模块</td><td colspan="5">GIS 断路器试验—机械特性试验</td><td>编号</td><td>Jc0302242058</td></tr>
<tr><td>单位</td><td colspan="2"></td><td colspan="2">准考证号</td><td></td><td>姓名</td><td></td></tr>
<tr><td>考试时限</td><td colspan="2">60 分钟</td><td colspan="2">题型</td><td>单项操作</td><td>题分</td><td>100 分</td></tr>
<tr><td>成绩</td><td></td><td>考评员</td><td></td><td>考评组长</td><td></td><td>日期</td><td></td></tr>
<tr><td>试题正文</td><td colspan="7">110kV GIS 设备断路器机械特性试验</td></tr>
<tr><td>需要说明的问题和要求</td><td colspan="7">（1）试验过程单人操作，数据分析在试验过程中完成。
（2）操作过程应注意安全，按照标准化作业流程做好安全措施。
（3）现场完成试验结果分析，出具试验报告。
（4）检测仪器可选考场提供或自带</td></tr>
</table>

序号	项目名称	质量要求	满分	扣分标准	扣分原因	得分
1	试验前准备					
1.1	工器具使用	熟练正确使用各种工器具	5	未正确使用一次扣 1 分，扣完为止		
1.2	试验记录	收集被试设备基础信息和历史试验数据	5	未收集被试设备历次试验报告扣 1 分； 未记录被试设备铭牌，现场温、湿度等条件的，每处扣 1 分，扣完为止		

续表

序号	项目名称	质量要求	满分	扣分标准	扣分原因	得分
1.3	仪器、仪表选择	选择合适的断路器机械特性测试仪	5	选用仪器不合适扣3分； 未检查试验仪器合格证或校验证书扣2分		
1.4	安全措施	（1）办理工作票、交代安全注意事项，分工明确，并做好记录。 （2）设置电气试验安全围栏。 （3）正确使用安全工器具。 （4）试验仪器正确接地	10	安全措施交代不清楚或未确认签字扣2分； 试验前未将试验区域用安全围栏隔离扣3分； 未检查安全工器具扣3分； 试验仪器未正确接地扣2分		
2	试验开展					
2.1	试验接线	（1）仪器现场布置合理。 （2）电源开关接通前，试验仪器接线应准确无误	10	试验接线接错一次扣2～5分； 试验前未检查试验接线扣3分； 接线不规范扣1～3分； 上述扣分，扣完为止		
2.2	试验流程	（1）试验前仪器、仪表自检，正确选择试验电流，试验过程中高声呼唱。 （2）合上被测断路器相关合闸及控制电源。 （3）分别按要求测试断路器的分、合闸时间，同期性，并与规程值及历史测试值进行比对分析。 （4）试验前后及变更接线应对设备充分放电	30	未进行仪器、仪表自检扣3分； 试验过程中未高声呼唱每次扣2分； 试验过程中失误一次扣5分； 试验过程中监护不到位扣5～10分； 试验前后及变更接线未对被试设备放电扣10分； 上述扣分，扣完为止		
3	结果分析					
3.1	试验报告	结合测试数据做出分析判断，出具试验报告	25	试验数据分析不准确扣5分； 试验结论不正确扣5分； 试验报告填写不规范扣1～5分； 未给出试验结论扣5分		
4	试验结束					
4.1	现场恢复	清理现场，人员撤离	6	被试设备有遗留物品扣2分； 仪器、工器具等未定置恢复扣2分； 未检查或清理现场扣2分		
4.2	办理收工手续	向考评员汇报试验结果，并办理工作终结手续	4	未汇报试验结果扣2分； 未办理工作票终结手续扣2分		
合计			100			

Jc0302243059　10kV 电缆线路工频参数测试。（100 分）

考核知识点：电缆线路试验

难易度：中

技能等级评价专业技能考核操作工作任务书

一、任务名称

10kV 电缆线路工频参数测试。

二、适用工种

电气试验工高级技师。

三、具体任务

（1）工作状态为模拟 10kV 电缆线路停电，工作内容为电缆线路工频参数测试。

（2）工作任务：

1）10kV 电缆线路工频参数测试。

2）根据试验记录出具试验报告，并对数据进行分析。

四、工作规范及要求

（1）工器具使用及安全措施。

（2）按要求进行高压试验。

（3）出具试验报告和试验结果分析。

五、考核及时间要求

（1）本考核操作时间为 60 分钟，包括试验接线和报告整理，时间到停止考评。

（2）试验过程中如试验仪器、试验电源出现故障，可向考评员申请故障排除，故障排除时间不计入考核。

（3）按照技能操作要求进行操作，试验报告包括试验项目、仪器型号、试验结果等。

（4）试验过程中如遇突发状况，如不涉及人身、设备安全，则由试验人员自行排查、处理；如危及人身、设备安全，则应立即停止操作，人员及时撤离作业现场。

技能等级评价专业技能考核操作评分标准

工种	电气试验工					评价等级	高级技师
项目模块	电缆试验—线路工频参数测试					编号	Jc0302243059
单位			准考证号			姓名	
考试时限	60 分钟		题型	单项操作		题分	100 分
成绩		考评员		考评组长		日期	
试题正文	10kV 电缆线路工频参数测试						
需要说明的问题和要求	（1）试验过程单人操作，数据分析在试验过程中完成。 （2）操作过程应注意安全，按照标准化作业流程做好安全措施。 （3）现场完成试验结果分析，出具试验报告。 （4）检测仪器可选考场提供或自带						

序号	项目名称	质量要求	满分	扣分标准	扣分原因	得分
1	试验前准备					
1.1	工器具使用	熟练正确使用各种工器具	5	未正确使用一次扣 1 分，扣完为止		
1.2	试验记录	收集被试设备基础信息和历史试验数据	5	未收集被试设备历次试验报告扣 1 分； 未记录被试设备铭牌，现场温、湿度等条件的，每处扣 1 分，扣完为止		
1.3	仪器、仪表选择	选择合适的试验仪器、仪表	5	选用仪器不合适扣 3 分； 未检查试验仪器合格证或校验证书扣 2 分		
1.4	安全措施	（1）办理工作票、交代安全注意事项，分工明确，并做好记录。 （2）设置高压试验安全围栏。 （3）安全工器具使用。 （4）试验仪器正确接地	10	试验仪器未正确接地扣 2 分； 未检查安全工器具扣 3 分； 安全措施交代不清楚或未确认签字扣 2 分； 试验前未将试验区域用安全围栏隔离扣 3 分		
2	试验开展					
2.1	试验接线	（1）仪器现场布置合理。 （2）高压引线应尽量缩短，并采用专用的高压试验线，必要时用绝缘物支持牢固。 （3）电源开关接通前，试验仪器接线应准确无误	10	试验接线接错一次扣 5 分； 试验前未检查试验接线扣 3 分； 接线不规范扣 1～3 分； 上述扣分，扣完为止		

续表

序号	项目名称	质量要求	满分	扣分标准	扣分原因	得分
2.2	试验流程	（1）试验前，测试绝缘电阻，其值应正常。 （2）将高压线正确连接被侧线路，对侧按照测试要求正确接线。 （3）加压过程中应有人监护并呼唱。接通试验电源，进行升压，操作人员的手应放在电源开关上，如有紧急情况应迅速断开电源。 （4）待数据稳定后记录线路参数。 （5）试验前后及变更接线应对设备充分放电	30	加压前后未测试绝缘电阻扣 5 分； 加压前，未联系对侧扣 2 分； 试验过程中未高声呼唱每次扣 2 分； 试验过程中失误一次扣 5 分； 试验过程中监护不到位扣 5～10 分； 缺少试验项目的扣 5 分； 试验前后及变更接线未对被试设备放电扣 10 分； 上述扣分，扣完为止		
3	结果分析					
3.1	试验报告	结合测试数据做出分析判断，出具试验报告	25	试验数据分析不准确扣 5 分； 试验结论不正确扣 5 分； 试验报告填写不规范扣 1～5 分； 未给出试验结论扣 5 分		
4	试验结束					
4.1	现场恢复	清理现场，人员撤离	6	被试设备有遗留物品扣 2 分； 仪器、工器具等未定置恢复扣 2 分； 未检查或清理现场扣 2 分		
4.2	办理收工手续	向考评员汇报试验结果，并办理工作终结手续	4	未汇报试验结果扣 2 分； 未办理工作票终结手续扣 2 分		
合计			100			

Jc0302243060　35kV 电缆线路工频参数测试。（100 分）

考核知识点：电缆线路试验

难易度：中

技能等级评价专业技能考核操作工作任务书

一、任务名称

35kV 电缆线路工频参数测试。

二、适用工种

电气试验工高级技师。

三、具体任务

（1）工作状态为模拟 35kV 电缆线路停电，工作内容为电缆线路工频参数测试。

（2）工作任务：

1）35kV 电缆线路工频参数测试。

2）根据试验记录出具试验报告，并对数据进行分析。

四、工作规范及要求

（1）工器具使用及安全措施。

（2）按要求进行高压试验。

（3）出具试验报告和试验结果分析。

五、考核及时间要求

（1）本考核操作时间为 60 分钟，包括试验接线和报告整理，时间到停止考评。

（2）试验过程中如试验仪器、试验电源出现故障，可向考评员申请故障排除，故障排除时间不计入考核。

（3）按照技能操作要求进行操作，试验报告包括试验项目、仪器型号、试验结果等。

（4）试验过程中如遇突发状况，如不涉及人身、设备安全，则由试验人员自行排查、处理；如危及人身、设备安全，则应立即停止操作，人员及时撤离作业现场。

技能等级评价专业技能考核操作评分标准

工种	电气试验工				评价等级	高级技师
项目模块	电缆试验—线路工频参数测试				编号	Jc0302243060
单位		准考证号			姓名	
考试时限	60 分钟	题型	单项操作		题分	100 分
成绩		考评员		考评组长	日期	
试题正文	35kV 电缆线路工频参数测试					
需要说明的问题和要求	（1）试验过程单人操作，数据分析在试验过程中完成。 （2）操作过程应注意安全，按照标准化作业流程做好安全措施。 （3）现场完成试验结果分析，出具试验报告。 （4）检测仪器可选考场提供或自带					

序号	项目名称	质量要求	满分	扣分标准	扣分原因	得分
1	试验前准备					
1.1	工器具使用	熟练正确使用各种工器具	5	未正确使用一次扣 1 分，扣完为止		
1.2	试验记录	收集被试设备基础信息和历史试验数据	5	未收集被试设备历次试验报告扣 1 分； 未记录被试设备铭牌，现场温、湿度等条件的，每处扣 1 分，扣完为止		
1.3	仪器、仪表选择	选择合适的试验仪器、仪表	5	选用仪器不合适扣 3 分； 未检查试验仪器合格证或校验证书扣 2 分		
1.4	安全措施	（1）办理工作票、交代安全注意事项，分工明确，并做好记录。 （2）设置高压试验安全围栏。 （3）安全工器具使用。 （4）试验仪器正确接地	10	试验仪器未正确接地扣 2 分； 未检查安全工器具扣 3 分； 安全措施交代不清楚或未确认签字扣 2 分； 试验前未将试验区域用安全围栏隔离扣 3 分		
2	试验开展					
2.1	试验接线	（1）仪器现场布置合理。 （2）高压引线应尽量缩短，并采用专用的高压试验线，必要时用绝缘物支持牢固。 （3）电源开关接通前，试验仪器接线应准确无误	10	试验接线接错一次扣 5 分； 试验前未检查试验接线扣 3 分； 接线不规范扣 1～3 分； 上述扣分，扣完为止		
2.2	试验流程	（1）试验前，测试绝缘电阻，其值应正常。 （2）将高压线正确连接被侧线路，对侧按照测试要求正确接线。 （3）加压过程中应有人监护并呼唱。接通试验电源，进行升压，操作人员的手应放在电源开关上，如有紧急情况应迅速断开电源。 （4）待数据稳定后记录线路参数。 （5）试验前后及变更接线应对设备充分放电	30	加压前后未测试绝缘电阻扣 5 分； 加压前，未联系对侧扣 2 分； 试验过程中未高声呼唱每次扣 2 分； 试验过程中失误一次扣 5 分； 试验过程中监护不到位扣 5～10 分； 缺少试验项目的扣 5 分； 试验前后及变更接线未对被试设备放电扣 10 分； 上述扣分，扣完为止		

续表

序号	项目名称	质量要求	满分	扣分标准	扣分原因	得分
3	结果分析					
3.1	试验报告	结合测试数据做出分析判断，出具试验报告	25	试验数据分析不准确扣5分； 试验结论不正确扣5分； 试验报告填写不规范扣1～5分； 未给出试验结论扣5分		
4	试验结束					
4.1	现场恢复	清理现场，人员撤离	6	被试设备有遗留物品扣2分； 仪器、工器具等未定置恢复扣2分； 未检查或清理现场扣2分		
4.2	办理收工手续	向考评员汇报试验结果，并办理工作终结手续	4	未汇报试验结果扣2分； 未办理工作票终结手续扣2分		
合计			100			

Jc0302243061　接地及接地短路装置试验。（100分）

考核知识点：接地装置试验

难易度：难

技能等级评价专业技能考核操作工作任务书

一、任务名称

接地及接地短路装置试验。

二、适用工种

电气试验工高级技师。

三、具体任务

（1）工作状态为模拟接地及接地短路装置检验，工作内容为接地及接地短路装置交接试验。

（2）工作任务：

1）接地及接地短路装置试验。

2）根据试验记录出具试验报告，并对数据进行分析。

四、工作规范及要求

（1）工器具使用及安全措施。

（2）按要求进行高压试验。

（3）出具试验报告和试验结果分析。

五、考核及时间要求

（1）本考核操作时间为60分钟，包括试验接线和报告整理，时间到停止考评。

（2）试验过程中如试验仪器、试验电源出现故障，可向考评员申请故障排除，故障排除时间不计入考核。

（3）按照技能操作要求进行操作，试验报告包括试验项目、仪器型号、试验结果等。

（4）试验过程中如遇突发状况，如不涉及人身、设备安全，则由试验人员自行排查、处理；如危及人身、设备安全，则应立即停止操作，人员及时撤离作业现场。

技能等级评价专业技能考核操作评分标准

工种	电气试验工					评价等级	高级技师
项目模块	接地装置试验—接地及接地短路装置试验					编号	Jc0302243061
单位			准考证号			姓名	
考试时限	60 分钟		题型	单项操作		题分	100 分
成绩		考评员		考评组长		日期	
试题正文	接地及接地短路装置试验						
需要说明的问题和要求	（1）试验过程单人操作，数据分析在试验过程中完成。 （2）操作过程应注意安全，按照标准化作业流程做好安全措施。 （3）现场完成试验结果分析，出具试验报告。 （4）检测仪器可选考场提供或自带						

序号	项目名称	质量要求	满分	扣分标准	扣分原因	得分
1	试验前准备					
1.1	工器具使用	熟练正确使用各种工器具	5	未正确使用一次扣 1 分，扣完为止		
1.2	试验记录	收集被试设备基础信息和历史试验数据	5	未收集被试设备历次试验报告扣 1 分； 未记录被试设备铭牌，现场温、湿度等条件的，每处扣 1 分，扣完为止		
1.3	仪器、仪表选择	选择合适的试验仪器、仪表	5	选用仪器不合适扣 3 分； 未检查试验仪器合格证或校验证书扣 2 分		
1.4	安全措施	（1）办理工作票、交代安全注意事项，分工明确，并做好记录。 （2）设置高压试验安全围栏。 （3）安全工器具使用。 （4）试验仪器正确接地	10	试验仪器未正确接地扣 2 分； 未检查安全工器具扣 3 分； 安全措施交代不清楚或未确认签字扣 2 分； 试验前未将试验区域用安全围栏隔离扣 3 分		
2	试验开展					
2.1	试验接线	（1）仪器现场布置合理。 （2）电源开关接通前，试验仪器接线应准确无误	10	试验接线接错一次扣 5 分； 试验前未检查试验接线扣 3 分； 接线不规范扣 1～3 分； 上述扣分，扣完为止		
2.2	试验流程	（1）试验前，对试品进行外观及尺寸检查，测试绝缘电阻，其值应正常。 （2）测试接地线的成组直流电阻试验。 （3）对接地及接地短路装置进行交流耐压试验，接线无误后，确保调压器在零位，试验回路中过电流和过电压保护应整定正确。 （4）加压过程中应有人监护并呼唱。接通试验电源，进行升压，操作人员的手应放在电源开关上，如有紧急情况应迅速断开电源。 （5）升压必须从零（或接近于零）开始。升至试验电压后，开始计时并读取试验电压。耐压试验后，迅速均匀降压到零（或接近于零），然后切断电源。 （6）试验完毕后，立即触摸绝缘表面，不应发热，测试绝缘电阻，其值应正常	30	试验前未检查被试品外观扣 3 分； 加压前后未测试绝缘电阻扣 5 分； 加压前，调压器未归零扣 2 分； 试验过程中未高声呼唱每次扣 2 分； 试验过程中失误一次扣 5 分； 试验过程中监护不到位扣 5～10 分； 缺少试验项目的扣 5 分； 上述扣分，扣完为止		

续表

序号	项目名称	质量要求	满分	扣分标准	扣分原因	得分
3	结果分析					
3.1	试验报告	结合测试数据做出分析判断，出具试验报告	25	试验数据分析不准确扣 5 分； 试验结论不正确扣 5 分； 试验报告填写不规范扣 1～5 分； 未给出试验结论扣 5 分		
4	试验结束					
4.1	现场恢复	清理现场，人员撤离	6	被试设备有遗留物品扣 2 分； 仪器、工器具等未定置恢复扣 2 分； 未检查或清理现场扣 2 分		
4.2	办理收工手续	向考评员汇报试验结果，并办理工作终结手续	4	未汇报试验结果扣 2 分； 未办理工作票终结手续扣 2 分		
合计			100			